개정판

소비자학의
기초

개정판

소비자학의 기초

INTRODUCTION TO CONSUMER SCIENCE

허경옥 지음

교문사

머리말

현대사회는 시장개방과 지구촌화가 가속화되어 가고 있으며, 홈쇼핑 및 전자상거래 등이 확산되면서 소비생활에 많은 변화가 일어나고 있다. 소비자시대라고 지칭되는 밀레니엄시대에 소비자들 그리고 소비자를 둘러싸고 있는 국내·외 소비환경 또한 급속히 변화하고 있다. 그 결과 소비자학 분야에서의 주요 이슈 및 관심 또한 이 같은 변화에 대응하지 않을 수 없게 되었다. 따라서 본 서에서는 변화하는 소비자들 및 소비환경에 보다 많은 관심을 두고 소비자학 전공자 그리고 교양으로서 소비자학을 접하는 학생들이 알아야 할 기본적인 내용을 포괄적으로 싣고자 하였다.

이 책에서는 교양 및 전공기초 과목에서 보다 쉽고 재미있게 소비자학을 접할 수 있도록 하였다. 먼저 최근 뉴스나 중요한 소비자 이슈들을 소비자수첩이라는 별도의 공간에 제시함으로써 소비자능력 향상 및 소비자로서의 자질을 갖추는 데 필요한 기초자료를 제공하고자 하였다.

또한 그 동안 교양과목 및 소비자학 기초과목을 강의하면서 나름대로 느낀 점을 충분히 반영하고 교양과목이나 전공 기초과목 교재로서의 기능을 수행할 수 있도록 나름대로 고심하였다. 기존의 교재들과 차별화하면서도 전공 기초과목으로서 그리고 교양과목으로서 다루어야 할 기본적인 것들을 빠뜨리지 않으려고 노력하였다. 그러나 충분한 시간적 여유 없이 출간을 서두르다 보니 여러 가지로 미흡한 부분이 많음을 인정하지 않을 수 없다. 앞으로 시간을 더 갖으면서 미비한 것은 보완하고 좀 더 알찬 내용으로 개정하고자 한다.

　끝으로 이 책을 나오게 해주신 교문사의 류원식 대표이사님과 무리하게 서둘러 출간을 하느라 고생한 편집부 직원들에게 감사의 말씀을 전한다. 또한, 방학 내내 집에서 엄마 없이 지낸 나의 사랑스런 두 딸과 일에 매달리느라 따뜻하게 챙겨 주지 못해 남편에게 미안한 마음을 전한다.

2021년 8월
성신여대 운정그린캠퍼스

CONTENTS

머리말 iv

CHAPTER 1   소비생활과 소비자

1. 소비생활의 중요성 2
   1) 소비자복지 2 | 2) 기업의 경쟁력 3 | 3) 국가경제 3

2. 소비생활과정 4

3. 소비자란 5
   1) 구매행동에 따른 소비자 특성 6 | 2) 연령에 따른 소비자 특성 7

4. 소비자학의 이해 13
   1) 소비자학의 성립 배경 13 | 2) 소비자학이란? 13
   3) 소비자학의 연구영역과 관련 학문 13

CHAPTER 2   소비자와 소비자행동의 기초   18

1. 소비자에 대한 기초 개념 18
   1) 소비자권리 18 | 2) 소비자책임 19 | 3) 소비자역할 20
   4) 소비자능력 22 | 5) 소비자주의 22 | 6) 소비자주권 23

2. 소비자행동 24
   1) 소비행동의 논리적 배경 24 | 2) 합리적 소비자행동 27
   3) 비합리적 소비자행동 28 | 4) 합리적 소비생활 방안 35

CHAPTER 3 소비자행동의 이론적 접근

1. 소비자행동의 기초 38
1) 소비자행동이란? 38 | 2) 소비자행동 연구분야 38
3) 소비자의사결정이란? 39 | 4) 소비자의사결정의 어려움 39
5) 소비자행동에 대한 경제주체별 관심 40

2. 소비자행동에 대한 이론적 접근 43
1) 소비자행동에 대한 여러 학문적 접근 43 | 2) 소비자행동의 경제학적 접근 46
3) 소비자행동의 심리학적 접근 51 | 4) 소비자행동의 행동주의적 접근 57
5) 소비자행동의 기타 이론 59

CHAPTER 4 소비자요구와 트렌드 및 소비자조사법

1. 소비자요구 70
1) 소비자요구란? 70 | 2) 소비자요구의 새로운 관점 71
3) 소비자요구 조사기법 73

2. 소비자트렌드 74
1) 새로운 소비자트렌드 74 | 2) 소비자트렌드 분석 77

3. 소비자조사 78
1) 양적 연구와 질적 연구 79 | 2) 정량조사 79 | 3) 정성조사 81

CHAPTER 5 소비시장환경의 변화와 소비자

1. 소비자의 변화 96
1) 소비자의 사회·인구학적 변화 96 | 2) 소비패턴의 변화 98
3) 소비자 가치관의 변화 98

2. 소비환경의 변화 100
1) 과학기술의 발달 100 | 2) 판매경쟁의 격화 100
3) 유통시장의 변화 101 | 4) 치열한 광고 경쟁 101

3. 기업의 변화 102
1) 고객만족경영이란? 103 | 2) 고객만족경영의 필요성 103
3) 소비자의 구매의도와 고객만족경영 105 | 4) 고객만족경영 패러다임 106
5) 고객만족 향상을 위한 마케팅 전략 114

4. 세계소비환경의 변화 120
　　1) WTO체제하의 자유무역주의 121 | 2) 세계경제협력기구(OECD) 122
　　3) 다국적기업의 팽창과 수입개방의 가속화 125

CHAPTER 6　소비자정보의 기초

1. 소비자정보의 특성 128
　　1) 정보의 비대칭성 128 | 2) 정보의 비배타성 및 비경합성 128
　　3) 정보의 과부하 129

2. 소비자정보의 원천 129
　　1) 개인적 정보원천 129 | 2) 상업적 정보원천 131
　　3) 객관적 정보원천 131

3. 소비자정보의 종류 132
　　1) 가격정보 132 | 2) 품질정보 134
　　3) 시장정보 134 | 4) 상품정보 134

4. 소비자정보의 유형 134
　　1) 표시정보 135 | 2) 약관정보 141
　　3) 품질인증정보 143 | 4) 등급사정 145
　　5) 품질비교정보 145

5. 소비자정보의 활용 150

CHAPTER 7　소비자정보의 이론적 접근

1. 소비자정보의 행동과학적 접근 154
　　1) 소비자의사결정과정의 정보탐색행동 154
　　2) 소비자정보처리과정 155
　　3) 소비자정보탐색량 영향요인 157
　　4) 정보탐색행동 관련 주요 요인의 영향력 160

2. 소비자정보의 경제학적 접근 : 가격과 품질의 최적 소비선택 163
　　1) 완전정보선이란? 163 | 2) 완전정보선의 도출방법 163
　　3) 완전정보선 도출 164

3. 소비정보탐색량결정의 경제학적 접근 166
　　1) 균일가격분포에서의 최적 정보탐색량 167
　　2) 정규가격분포에서의 최적 정보탐색량 168

CHAPTER 8　　광고의 이해

1. 광고의 기초 174
　　1) 광고란? 174 | 2) 광고의 기능 175

2. 광고의 영향 178
　　1) 경제에 미치는 영향 179 | 2) 제품가치에 미치는 영향 180
　　3) 가격에 미치는 영향 180 | 4) 경쟁에 미치는 영향 181
　　5) 소비자수요에 미치는 영향 181

3. 광고 전략 182
　　1) 광고내용상의 광고 전략 182 | 2) 광고기법상의 광고 전략 186

4. 비교광고 192
　　1) 비교광고의 효과 193 | 2) 바람직한 비교광고의 요건 194
　　3) 각국의 비교광고제도 194

5. 부당광고 195
　　1) 부당광고란? 195 | 2) 부당광고의 유형 196
　　3) 부당광고의 판별기준 199

6. 광고규제 203
　　1) 광고규제의 유형 204 | 2) 우리나라의 광고규제 207
　　3) 외국의 광고규제 212

7. 광고실증제 213
　　1) 광고실증제의 기능 214 | 2) 실증시기에 따른 광고실증제 214
　　3) 우리나라의 광고실증제 214 | 4) 미국의 광고실증제 216

CHAPTER 9 소비자와 시장

1. 시장의 이해 220
    1) 시장의 개념 220 | 2) 시장의 역할 221

2. 시장구조 222
    1) 시장구조결정요인에 따른 시장구조 222 | 2) 시장구조별 특성 224
    3) 시장구조와 소비자주권 226

3. 시장실패와 정부규제 228
    1) 독과점규제 229 | 2) 기업결합으로 인한 경쟁제한 규제 232
    3) 공동행위로 인한 경쟁제한행위 규제 233
    4) 불공정거래 행위로 인한 경쟁제한행위 규제 234

CHAPTER 10 인터넷과 소비자

1. 인터넷과 소비자주권 244
    1) 소비자 지향적 거래 244 | 2) 가격 및 품질경쟁 245 | 3) 가격결정 245
    4) 소비자선택 245 | 5) 소비자정보 246

2. 인터넷과 소비자 이슈 247
    1) 인터넷상의 소비자정보 247 | 2) 인터넷과 유통 252
    3) 인터넷 광고 252 | 4) 인터넷과 기업 마케팅 254

3. 인터넷과 소비자문제 255
    1) 비용의 문제 255 | 2) 정보의 격차문제 255
    3) 불법 및 사기 거래 255 | 4) 기업의 교묘한 인터넷 마케팅 피해 256

4. 인터넷상의 소비자운동 257
    1) 인터넷 소비자운동의 특징 258 | 2) 인터넷 소비자운동의 유형 258
    3) 인터넷 소비자운동의 과제 263

CHAPTER 11 전자상거래와 소비자

1. 전자상거래의 현황과 특성 266
1) 전자상거래의 개념 266 | 2) 전자상거래가 등장하게 된 배경 266
3) 인터넷 전자상거래의 특징 267 | 4) 전자상거래의 장·단점 268

2. 전자상거래 시 소비자문제 270
1) 전자상거래의 각종 소비자문제 270
2) 우리나라 전자상거래의 문제점 273
3) 전자상거래로 인한 소비자피해 유형 274
4) 청소년 및 무능력 소비자의 전자상거래 276

3. 전자상거래와 소비자보호 277
1) 전자상거래 시 소비자 주의사항 277
2) 전자상거래 피해에 따른 소비자보호 방안 278
3) 우리나라의 전자상거래 관련 법 282
4) 세계 각국의 전자상거래 관련 소비자피해구제제도 284

4. 국제전자상거래 285
1) 거래제한 품목 또는 수입제한 품목의 구입 286
2) 국제전자상거래 시 분쟁처리 및 소비자피해 구제 286
3) '전자상거래법'의 국제적 동향 289

CHAPTER 12 우리나라의 소비자운동

1. 시대별 소비자운동의 전개 294
1) 1960년대의 소비자운동 295 | 2) 1970년대의 소비자운동 295
3) 1980년대의 소비자운동 296 | 4) 1990년대 이후의 소비자운동 297

2. 소비자단체의 주요 활동 299
1) 소비자단체협의회 299 | 2) 한국소비자연맹 301
3) 소비자문제를 연구하는 시민의 모임 303 | 4) 한국소비생활연구원 307
5) 녹색소비자연대 307 | 6) 한국부인회 308

3. 소비자운동의 문제점 및 해결방안 310
1) 소비자시민운동으로의 확대 310 | 2) 소비자운동의 방향 재정립 311
3) 소비자정보제공형 소비자운동 311 | 4) 소비자교육의 활성화 312
5) 소비자단체의 재정비 312

CHAPTER 13 외국의 소비자운동

1. 미국의 소비자운동 316
   1) 1930년대까지의 소비자운동 317 | 2) 1960~1970년대의 소비자운동 318
   3) 1980년대 이후의 소비자운동 322

2. 영국의 소비자운동 323
   1) 소비자단체의 소비자운동 324 | 2) 소비자보호정책 327

3. 일본의 소비자운동 330
   1) 시대별 소비자운동의 전개 330 | 2) 일본 소비자운동의 특징 334

4. 소비자 관련 국제기구의 활동 335
   1) 국제소비자기구 335
   2) ISO의 소비자 관련 활동 : 국제소비자정책위원회 338

CHAPTER 14 소비자정책

1. 소비자정책의 기초 342
   1) 소비자정책의 정의 및 목표 342 | 2) 소비자정책의 실현방법 342

2. 소비자정책의 전개 344
   1) 1960년대 소비자정책 344 | 2) 1970년대 소비자정책 345
   3) 1980년대 소비자정책 346 | 4) 1990년대 소비자정책 347
   5) 2000년대 소비자정책 348

3. 소비자행정체계 351
   1) 중앙 소비자행정체계 및 운영 351 | 2) 지방소비자행정체계 및 운영 353

4. 소비자정책의 문제점 및 해결방안 354
   1) 소비자정책의 문제점 354 | 2) 소비자정책의 발전 방안 357

5. 외국의 소비자정책 359
   1) 미 국 359 | 2) 일 본 363

CHAPTER 15 소비자안전과 안전관리법제도

1. 안전의 기초 368
　1) 안전의 개념 368 | 2) 안전 관련 주요 이슈 369

2. 제품안전 정부정책 수단 370
　1) 제품안전을 위한 행정규제 371 | 2) 안전사고 예방 및 피해구제제도 372
　3) 위해 및 안전정보공개 정책 372 | 4) 소비자지원 정책 : 제품안전교육 및 홍보 373

3. 소비자안전의식과 안전추구행동 374
　1) 소비자의 안전정보인지 부족 원인 374
　2) 기업의 안전정보제공 부족 원인 375
　3) 소비자 안전체감지수 375

4. 제품안전정책 및 안전관리제도 376
　1) 기술표준원의 제품안전업무 현황 376
　2) 한국소비자원의 소비자안전업무 현황 378
　3) 제품안전업무 수행 기타 기관 381

5. 제품안전사후관리제도 383
　1) 신속조치제도 383 | 2) 제품안전자율이행협약제도 383
　3) 시판품조사 383 | 4) 제품안전 모니터링 384
　5) 리콜제도 384 | 6) 소비자안전 관련 기타업무 현황 384

6. 제품안전 관련 법제도 386
　1) 우리나라의 제품안전 관련 법 386 | 2) 미국의 리콜제도 387

7. 외국의 제품안전관리 법제도 391
　1) 미국 CPSC의 제품안전관리 391 | 2) 일본의 제품안전관리제도 393
　3) 유럽의 소비자안전관리제도 395 | 4) 소비자안전 관련 국제기구 398

CHAPTER 16 소비자피해 구제

1. 소비자피해 유형의 기초 402
　1) 피해내용에 따른 유형 403 | 2) 소비자피해 발생 원인에 따른 유형 404
　3) 피해자 수 및 피해 정도에 따른 유형 405 | 4) 새로운 소비자피해 유형 405

2. 소비자피해의 특징 406
　1) 피해발생의 보편성 406 | 2) 피해범위의 확대 407
　3) 피해원인규명의 곤란 407 | 4) 피해의 심각성 408

3. 소비자피해 구제방법 408
  1) 피해 구제 시기 408 | 2) 피해 구제 주체 409
  3) 법원에 의한 피해 구제 413 | 4) 피해 구제과정 414

4. 소비자피해보상 416
  1) 소비자분쟁해결기준의 의의 416 | 2) 소비자피해보상의 일반적 기준 417

5. 다른 나라의 소비자피해 구제제도 420
  1) 미 국 420 | 2) 독 일 421
  3) 일 본 421 | 4) 스웨덴 423

CHAPTER 17

소비자 관련 법제도

1. 소비자 관련 법 426
  1) 소비자 관련 법 제정 426 | 2) '소비자보호법' 427
  3) '약관규제법' 428 | 4) '할부거래법' 433
  5) '방문판매법' 435 | 6) 전자상거래 관련 법 440

2. 리콜제도 444
  1) 리콜제도란? 445 | 2) 리콜제도의 기능 445
  3) 리콜제도 실시 현황 446

3. 소비자피해 구제 관련 법 449
  1) '제조물책임법' 449 | 2) '집단소송법' 454
  3) 징벌적 손해배상 법제도 460

4. '소비자생활협동조합법' 464
  1) 소비자생활협동조합이란? 465
  2) 소비자생활협동조합의 기능 465
  3) 소비자생활협동조합활동 현황 467
  4) 소비자생활협동조합법 제정의 원칙 및 내용 468

5. 소비자파산제도 469
  1) 소비자파산제도란? 470
  2) 소비자파산의 원인 470
  3) 소비자파산제도의 기능 471
  4) 소비자파산제도 운영 현황 472
  5) 소비자파산 절차 472

6. 금융소비자보호 법제도 473

　1) 금융소비자보호 법제도의 현황 473

　2) 금융소비자보호법상의 금융소비자보호제도 474

　3) 사후적 금융소비자보호제도 479

　4) 금융감독체계 481

7. 블랙컨슈머 문제와 감정노동자 보호 관련 법제도 482

　1) 블랙컨슈머란? 483

　2) 블랙컨슈머 유형 484

　3) 블랙컨슈머 증가 원인 485

　4) 블랙컨슈머 폐해 및 감정노동자 문제 486

　5) 산업안전보건법상의 감정노동자보호 규정 490

8. 자동차관리법 상의 신차 교환 · 환불제도 493

　1) 레몬법이란? 493

　2) 한국 자동차관리 관련 법에서 레몬법 시행 493

　3) 한국 레몬법의 평가 494

참고문헌 496

찾아보기 509

소비자 수첩	1-1	영화 재미없다고 집단으로 환불요구 소동 3
	1-2	어린이들을 망치는 얄팍한 상술 7
	1-3	선진국선 청소년 때부터 금융교육 필수 8
	1-4	청바지와 청소년 9
	1-5	프랑스도 무시 못한 한국의 '아줌마' 10
	1-6	갱년기 쇼핑중독, 내가 왜 이러는지 몰라 12
	2-1	책임 있는 소비자가 되려면? 화장품 거의 다 쓴 뒤 "바꿔 줘", 모조품 가져와 "환불해 주오", 건강식품 다 먹고 트집, 석달 전에 산 오징어 변했다고 반품, 3~4년 지난 옷 "새 모델로 바꿔 줘" 20
	2-2	블랙컨슈머 판친다! 쥐우깡 이후 너도나도 '돈벌자' 21
	2-3	올바른 소비생활 학창시절부터 배워요! 28
	2-4	과소비지수 29
	2-5	과시형 소비 31
	2-6	저가충동구매증 33
	2-7	쇼핑중독증의 자가진단방법 34
	3-1	알쏭달쏭 소비자 심리 다섯 가지 53
	3-2	고물가시대 똑똑한 소비자 64
	4-1	"고객의 숨은 욕구 찾아라!!" 인사이트 교육 열풍 72
	4-2	문화 팔아야 자동차도 팔린다, 車업체 '문화마케팅' 76
	5-1	'프로슈머 마케팅'으로 승부한다! 111
	5-2	고객만족도 떨어지는 기업, 이중처벌(고객이탈+투자자자금회수) 받는다!! 114
	5-3	한국에서 성공하면 세계적 성공?… 한국 '특별대우' 하는 기업들 120
	5-4	휘센 에어컨, 지펠 냉장고… 한국 가전, 세계 휩쓸다 121
	5-5	지적재산권 123
	5-6	각종 용어 정리 124
	5-7	국경 없는 다국적기업 활동과 소비자 124
	6-1	주문형 맞춤 소비자정보 130
	6-2	신뢰가는 소비자정보 공유돼야 : 한국소비자원 티게이트! 130
	6-3	가격 비싼 외국산 스타킹, 어떤 차이가 있나? 131
	6-4	가격의 거품은 어느 정도인가? 132
	6-5	소비자의 십자군, 日 가격파괴왕 미야지 133
	6-6	제품사용설명서의 부실 135
	6-7	치수표시의 문제 : 의류 및 신발의 경우 136
	6-8	단위당 가격제도의 중요성 137

6-9 공장도가격 및 권장소비자가격의 폐지 138

6-10 원산지 및 생산지표시 쟁점 139

6-11 수입제품의 유효기간 표시문제 140

6-12 상품비교테스트결과와 관련한 법적 소송사례 147

6-13 미국에서의 자동차 테스트! 148

6-14 꼬리표에 상품정보 빼곡… '소통의 경제'가 뜬다! 149

7-1 식역이란? 156

8-1 광고에 대한 소비자 태도 176

8-2 '신기한 영어나라' 광고 177

8-3 대부업 광고만 나쁜가? 아파트 광고도 못지않아 178

8-4 소비사회의 광고와 이미지 179

8-5 우리나라 방송광고비 180

8-6 광고비평 : 너희가 스타를 믿느냐? 181

8-7 기업이미지 광고 사례 185

8-8 선정적인 광고 사례 : 휴대용 피부관리기 '뷰리' 187

8-9 종교에 버금가는 '절대적 믿음'을 갖게 된 브랜드 191

8-10 트집잡기식 비방광고? 192

8-11 허위광고로 인한 소비자피해 사례 196

8-12 허위과장광고의 실례 : 유산소운동 기구 198

8-13 업체 간의 비방광고 사례 199

8-14 은행상품광고도 조심! 204

8-15 아파트과장광고 소비자피해배상 판결 205

8-16 광고중단운동 네티즌 시민법정 개최… 배심원 판결 엇갈려 208

8-17 과장광고 첫 임시중지령 215

9-1 마이크로 소프트사(MS)의 분할과 소비자주권 227

9-2 우리 기업의 독과점적 구조와 담합 그리고 소비자주권 227

9-3 신생아에게 우리 회사 분유만 먹여라! 235

9-4 배보다 배꼽이 더 큰 잡지들의 경품경쟁 238

9-5 클릭한 번으로 1억 원? 휴대폰가입으로 BMW스포츠카? 239

9-6 백화점 사은품의 실제 240

9-7 백화점 불공정거래 행위의 대표적 사례 240

10-1 인터넷 전자상거래에서의 맞춤형 제품 구매 245

10-2 '인터넷 천재, 네티켓 바보' 초등 저학년부터 바로 잡는다 249

10-3	인터넷 댓글을 분석하라… 위기탈출 길이 보인다	251
10-4	인터넷 사이트와 광고	253
10-5	인터넷 저작권 분쟁	256
10-6	인터넷 소비자상담 실례 1	259
10-7	인터넷 소비자상담 실례 2	262
10-8	협박당하는 기업들	263
11-1	인터넷 창고세일업(www.half.com 사이트)	268
11-2	인터넷 쇼핑몰 정보공개 외면	270
11-3	어린이를 대상으로 하는 정보수집의 규제	271
11-4	(주)하나로텔레콤 고객정보무단유출사건 관련 손해배상 청구소송 1차 소송인단 소장 접수	272
11-5	신용카드 수수료 분쟁	273
12-1	농민들의 소비자피해 구제	298
12-2	녹색소비자운동이란?	310
12-3	문화소비자운동	311
13-1	FDA가 있어 미국 소비자들은 안전하다	317
13-2	미국 소비자연맹의 맹활약	318
13-3	미국의 'Give Five' 운동	322
13-4	영국 소비자협회의 맹활약	324
13-5	프랑스의 소비자안전 확보	329
13-6	"이 제품 사지 말라" 일본이 술렁	333
13-7	국제소비자기구활동의 어려움	335
13-8	제3세계 소비자운동가 : Anwar Fazal	337
14-1	기억도 없는 만화책 연체료가 230만 원?…'묻지 마' 채권추심 사례 빈번하게 발생	343
15-1	담뱃불소송 법정 설전… 경기도지사 "화재안전담배 만들어라", KT&G "소비자부주의 탓"	370
15-2	공산품 안전관리제도 정리 · 요약	376
15-3	상품시험검사의 유형	377
15-4	중국산 완구, 기준치 280배 환경호르몬	380
15-5	휴대전화 추정 사망사고 원인 논란	382
15-6	CPSC의 주요 업무 정리 · 요약	391
15-7	미국 민간 주도의 품질인증제도 : UL 인증	392
15-8	각국의 소비자 기관 및 소비자단체	395

16-1 악덕상술로부터의 소비자피해 402

16-2 악덕상술로부터의 주의 정도 자가진단 403

16-3 미국의 수입제품 검역 404

16-4 새로운 소비자문제 : 유전자변형 농산물 405

16-5 소비자피해구제의 필요성 407

16-6 흡연 및 간접흡연으로 인한 소비자피해소송 410

16-7 소비자피해소송실례 : 백화점 공작물설치하자로 인한 피해소송 414

16-8 소송외적 피해 구제의 실패 415

16-9 신용카드 관련 피해보상규정 419

17-1 알아두면 좋은 약관조항 429

17-2 신문구독 약관 431

17-3 청소년과 핸드폰 계약 435

17-4 판매방법으로 인한 소비자피해 436

17-5 불법 다단계판매로부터의 피해 438

17-6 저가충동구매증 441

17-7 학원의 리콜제 도입 445

17-8 외국의 리콜제도 운영 현황 448

17-9 미국의 '제조물책임법' 운영실태 451

17-10 징벌적 손해배상의 신설(제3조) 454

17-11 효과 없는 태반주사제 '집단손해배상訴' 급물살 455

17-12 집단소송법 제정의 움직임 456

17-13 광고피해로 인한 집단소송의 실례 457

17-14 환경오염으로 인한 피해 구제 457

17-15 미국의 '집단소송법' 적용 사례 459

17-16 "이름만 변호사" 파산 브로커 대거 적발 469

1

소비생활과
소비자

1. 소비생활의 중요성 | 2. 소비생활과정 | 3. 소비자란 | 4. 소비자학의 이해

CHAPTER 1

소비자생활과 소비자

1. 소비생활의 중요성

사람들은 태어나서 죽는 순간까지 소비생활을 하는데, 일상생활은 소비생활의 연속이다. 소비
자들은 생리적 요구 등과 같은 기본적 욕구에서부터 자아실현의 욕구까지 다양한 욕구를 가지
고 있으며, 이 욕구를 충족하기 위하여 소비를 하게 된다. 따라서 소비생활은 욕구충족을 통한
만족감, 나아가 보다 나은 생활을 위한 행위라고 하겠다.

소비는 소비자의 만족을 위한 개인적 선택일 뿐만 아니라 사회적 행위이다. 소비자의 욕구 및
소비행위는 그 사회의 경제, 사회, 문화, 생활양식 등에 의해 많은 영향을 받기 때문이다. 따라
서 소비생활은 공적인 행동으로 간주할 수 있으며 사회적 책임이 요구된다. 또한, 소비자의 소
비생활은 소비자 자신과 가계, 기업, 그리고 국민경제에 영향을 미치게 되므로 중요하다. 소비
생활의 중요성을 소비생활이 각 경제주체에 미치는 영향력을 중심으로 구분하여 살펴보면 다음
과 같다.

1) 소비자복지

소비생활은 소비자 자신 및 가계 전체의 복지를 결정하는 중요한 요소이다. 소비생활은 돈을 버
는 일, 즉 소득 획득 못지않게 중요하다. 소비자들은 소비를 통해 욕구충족을 하게 되고 그 결과
만족감, 행복감을 느끼며 나아가 삶의 질을 높이게 된다. 주어진 소득에서 최적의 선택을 통해
최대의 만족을 얻고 적합한 소비생활을 통해 삶의 질을 높이는 것은 돈을 버는 일 못지않게 중
요한 것이다. 소비자가 어떻게 소비생활을 하느냐에 따라 개인 및 가계복지 그리고 나아가서는
삶의 질이 결정되므로 소비생활은 매우 중요하다고 할 수 있다.

2) 기업의 경쟁력

개인의 소비생활은 기업경영의 성패를 결정한다. 소비자들이 무엇을 선택하느냐에 따라 무엇을 만들까, 어떻게 만들까 하는 기업의 기본적 의사결정은 물론, 가격과 품질 등 기업의 경쟁력에도 상당한 영향을 미친다. 일본 기업이 세계에서 경쟁력을 갖추게 된 것은 까다로운 일본 소비자들 때문이라는 분석을 통해 소비생활의 중요성을 다시 한 번 실감할 수 있다. 소비자들의 충동적이고 무책임한 소비행태, 광고 및 유행 등에 민감한 소비생활은 소비자선호를 왜곡시키고 기업의 가격과 품질경쟁을 저하시켜, 기업의 경쟁력 약화를 초래한다. 따라서 효율적이고 합리적인 선택에 기초한 바람직한 소비생활을 통해 소비자의 구매력(money vote)을 올바르게 행사하여야 기업의 경쟁력을 높일 수 있다.

3) 국가경제

소비자들이 어떠한 소비를 하는가는 기업의 경쟁력뿐만 아니라 국가경제의 성패에도 상당한 영향을 미친다. 소비의 일차적 목표가 소비를 통한 개별 소비자들의 만족증대에 있으나, 개인의 소비생활은 사회적 행위로서 사회 전반에 막대한 영향을 미치므로 무시할 수 없다. 소비자들의 무분별한 소비·과소비·비합리적 소비는 국가경제를 악화시키며, 궁극적으로는 소비자 개인에게도 부정적 영향을 미치게 된다. 따라서 소비생활을 어떻게 할 것인가는 국가경제 측면에서도 매우 중요한 사항이다.

영화 재미없다고 집단으로 환불요구 소동

영화를 보는 이유에는 감정적인 보상을 얻으려는 심리도 작용한다. 관객들은 영화를 보고 난 후에 '좋았다' 또는 '나빴다'며 친구에게 권하든지, 돈을 아끼라고 충고한다.

2005년 8월 28일 오후 10시 30분경 대구 메가박스에서는 영화 〈오픈 워터〉를 보던 도중 관객 30여 명이 광고에 비해 영화가 재미없다며 집단으로 항의, 환불을 요구한 사건이 있었다. 이 영화는 실수로 바다에 버려진 남녀가 상어 떼 위협에서 느끼는 공포를 그린 저예산 미국영화다. 그런데 한 관객이 사람 두 명과 상어가 전부인데 이게 무슨 6,500원짜리 영화냐고 항의하자 30여 명이 합세를 했다. 소비자주권을 내세우는 시대이긴 해도, 자신의 선택을 책임지기보다 집단적 항의를 통해 문제를 해결하려는 이 소동은 시대의 뜻을 지나치게 과격히 읽은 한국적인 현상이 아닐까.

출처 : 조선일보, 2005년 9월 5일

2. 소비생활과정

소비자는 소비자의 욕구충족을 위하여 소비한다. 다시 말해, 소비생활의 목표는 욕구충족을 통해 만족을 높이고 궁극적으로 소비생활의 질적 향상을 도모하기 위함이다. 소비생활의 과정을 도식화하면 〈그림 1-1〉과 같이 나타낼 수 있다.

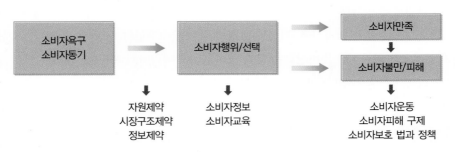

그림 1-1 소비생활과정 체계

소비자가 '배고프다', '춥다', '옷이 필요하다' 등의 소비욕구나 동기가 있게 되면 소비선택을 통해 소비행위를 하게 되고 그 결과 욕구충족으로 인한 만족이 생기며, 궁극적으로는 소비자 복지 증진이 이루어진다. 여기서 소비자요구(needs)와 소비자욕구(wants)는 구별되는 개념이다. 소비자요구는 인간의 생존유지를 위해 필요한 기본적 차원의 요구이며, 욕구는 생존에 필수적이지는 않으나 개인이 충족시키기를 원하는 것으로서 개성, 문화에 따라 차이가 있을 수 있다. 예를 들면, 배가 고플 때 무엇인가를 먹고 싶다는 것은 요구이나, 갈비를 먹고 싶다는 것은 욕구에 해당한다.[1]

소비생활과정에서 소비자들은 욕구가 무한하고 다양하지만, 이를 충족시켜주지 못하는 여러 가지 제약 상황에 부딪치게 된다. 여러 가지 제약 상황은 자원의 제약, 시장구조의 제약, 정보의 제약으로 아래와 같이 나타낼 수 있다.

- ■ 자원제약
  - • 물적 자원 제약 : 화폐 또는 소득의 제약
  - • 인적 자원 제약 : 소비자들의 지식, 기능, 에너지, 시간의 제약
- ■ 시장구조제약
  - • 대량생산 · 대량유통 · 대량소비의 경제구조에서 불량상품, 위해상품 등이 증가되어 소비

---

1) Maslow는 인간의 욕구를 생리적 욕구, 안전 욕구, 애정과 소속 욕구, 자기존중 욕구, 자아실현 욕구 다섯 단계로 구분하였다.

자안전 위협 및 소비자피해가 유발되는 시장 구조적 제약
- 비경쟁적 시장구조, 즉 독과점적 시장구조로 소비자권익 및 주권실현이 안됨. 특히, 소비자선택의 범위가 제한적이다.

■ 정보제약

신속성·정확성이 결여되어 있고, 충분한 양의 정보가 제공되지 못하는 제약. 부정확한 정보, 부족한 정보 또는 정보과부하로 인한 소비자혼란 등이 야기되며, 불완전한 소비자정보로 인해 합리적 소비선택의 장애가 된다.

소비생활에서 직면하는 이 같은 제약 상황은 최근 시장개방으로 인한 수입제품 증가, 인터넷 등 정보통신 발달, 전자상거래 활성화로 인한 경쟁적 시장구조의 확대 등으로 다소 완화되고 있다. 소비자는 이처럼 여러 제약조건 하에서 소비생활을 하여야 하므로 합리적이고 효율적인 선택을 추구하여야만 소비의 최종 목적인 소비자만족을 최대화할 수 있다. 결국, 여러 제약조건 하에서 합리적인 소비선택을 통해 소비자만족을 극대화하여 삶의 질을 향상시키는 것이 소비생활의 궁극적 목적이라 하겠다. 그러나 소비의 목적과는 달리 소비생활 결과 오히려 불만 또는 피해가 발생할 수 있다. 소비생활의 실패로 인한 소비자불만 및 소비자피해문제를 해결하기 위해 소비자정책 및 법제도 그리고 소비자운동이 필요하다.

3. 소비자란?

모든 사람들은 소비자다. 세계의 공통분모는 인간 모두가 소비자라는 점이다. 주부나 여성뿐만 아니라 남성, 노인, 아동 모두가 소비자이며 성별과 연령, 문화를 막론하고 모든 사람은 소비자다. 밀레니엄시대는 소비자시대라고 불리울 정도로 소비자의 중요성이 더욱 높아지고 있다.

모든 사람이 소비자인 점은 누구나 부인할 수 없는 사실이나, 소비자들은 여러 가지 측면에서 이질적이므로 다양한 소비생활을 영위하고 있다. 따라서 소비자들의 특성을 일괄적이고 획일적으로 규정한다는 것은 불가능한 일이다. 특히, 물질풍요시대에 접어들면서 다양한 소비자욕구, 소비자기대, 라이프스타일, 소비행태로 인해 소비자들의 특성을 일괄적으로 표현하기는 힘들기 때문에 소비자들의 다양하고 복잡한 특성을 연구하고자 하는 노력이 학문적 차원, 경영의 차원 등에서 계속되어 왔다. 소비자들의 특성을 알기 위해서는 여러 기준에 따라 자세하게 살펴보아야 하나 여기서는 구매행동과 연령에 따라 간단하게 구별하여 살펴보고자 한다.

1) 구매행동에 따른 소비자 특성

소비자가 구매행동을 어떻게 하느냐는 학문적 차원 및 마케팅 차원에서 중요한 관심사항이 되어 왔다. 여러 학자들이 연구목적에 따라 그리고 마케팅 차원에서도 주요 목적에 따라 소비자들의 구매행위를 다양하게 구분하여 왔다. 여기서는 간단하게 일부 연구자의 구분과 마케팅 차원에서 구분한 것을 소개하고자 한다. 먼저, Woods(1960)는 구매행위의 특성에 따라 소비자를 여섯 가지로 구분하였는데 이는 다음과 같다.

- 습관적 결정형 소비자 : 상표에 충실하게 습관적으로 구매하는 소비자
- 인지적 소비자 : 이성적 요구에 민감하며 조건부로만 상표에 충실한 소비자
- 가격인지적 소비자 : 가격에 가치를 두고 구매를 결정하는 소비자
- 충동적 소비자 : 상표의 외양이나 당시의 감정 등에 의해 구매하는 소비자
- 정서적 소비자 : 이미지에 영향을 받는 소비자
- 미분류 소비자 : 위의 유형에 속하지 않는 소비자

한편, Stone은 구매태도에 따라 네 가지 유형으로 구분하였다.

- 경제적 소비자 : 상품가격, 품질 등에 민감하게 반응하는 이성적인 소비자
- 사교적 소비자 : 점원과의 친교에 따라 상점선택 및 구매행동을 결정하는 소비자
- 도의적 소비자 : 약자 혹은 어려운 처지의 판매자의 제품을 구입하는 소비자
- 무관심한 소비자 : 구매자체에 관심이 없어 가격이나 품질 등에 관심을 많이 두지 않으며 편리한 장소에서 구입하는 경향의 소비자(예 : 남성소비자)

그 밖에 많은 학자나 마케팅 전문가들이 다양한 관심과 기준을 가지고 소비자들을 구분하여 왔다. 예를 들면, 삼성마케팅연구소에서는 소비자의 유형에 따라 시장 전략을 달리하고자 소비자의 구매행태를 중심으로 소비자를 다섯 가지 유형으로 분류하였는데 이는 다음과 같다.

- 서구형 소비자 : 가격을 따지지 않으며 생활편리를 위한 지출증가 및 환경오염은 크게 생각하지 않는 소비자로서 서구적 취향의 새로운 것에 과감하게 지출하며 외국제품명, 외국인 모델에 솔깃하는 형이다.
- 개성형 소비자 : 남다른 것이면 'OK' 하는 형태로 이기적이며 프라이버시를 중시하는 소비자 유형으로 세밀한 부분까지 예쁘고 독특한 제품을 좋아한다. 이 같은 유형의 소비자를 위해서는 광고는 유명메이커임을 강조하고 유명모델을 세우는 것이 좋다.
- 혼돈형 소비자 : 당장 눈에 띄는 이득을 추구하는 소비자로서 환경, 세계평화 등 거창한 일에

는 진보적이지만 자신의 이익과 결부되는 일에는 보수적인 태도를 취하는 소비자유형으로, 중간소득 계층과 비취업주부에게서 많이 나타난다.

- **합리형 소비자** : 공동체적 성향과 서구의 진보적인 인식이 조화를 이루는 소비자로서 기능이 우수하면 고가제품에도 구매의사를 보이며 편리함과 시간절약을 최우선으로 한다. 광고에서도 전문성을 강조하고 지적 분위기를 연출하여야 하며, A/S는 약속시간을 지키는 것이 중요하다.
- **전통형 소비자** : 저렴한 가격을 가장 중요시하는 소비자로서 가장 보수적이고 공동체적 의식이 높다. 나이 많은 기혼 남성이 많으며 기본기능과 내구성을 강조하는 제품을 선호하고, A/S는 시간보다 무료서비스를 중요시한다.

2) 연령에 따른 소비자 특성

① 아동소비자

아동은 여러 측면에서 과거에 비해 점차 큰 관심을 받고 있는 소비자다. 아동 또는 자녀에 대한 가치관과 인식이 달라지면서 자녀도 하나의 인격체로서, 의사결정의 주체로서 인정받고 있다. 과거 자녀를 위한 소비선택은 부모에 의해 대행되었으나, 점차 아동도 의사결정의 주체자로

소비자 수첩 1-2

어린이들을 망치는 얄팍한 상술

어린이들을 대상으로 하는 제품들에 대한 얄팍한 상술은 어린이들의 무분별한 소비를 부추기고 있어 사회적 문제로 대두되고 있다.

예를 들면, 얼마 전 '따죠'라는 딱지를 과자봉지에 넣어 판매함으로써 많은 어린이들이 '따죠'를 모으기 위해 과자를 사서 먹지도 않고 버려 문제가 된 바 있다. 최근에는 '포켓몬스터' 스티커 과열로 인해 어린이들의 소비행태가 문제시되고 있다. 스티커 투입 식품 제조회사 중 많은 수가 상품포장에 '스티커를 모으세요'라는 문구를 기재하여 어린이들의 스티커 모으기를 부추기고 있다.

많은 학생들이 노트에 수십 개의 포켓몬스터 스티커를 모으고 있는데, 1개에 500원 하는 빵을 사서 빵은 먹지는 않고 버리고 스티커만 모으는 경우가 많다고 한다. 한국소비자보호원(2000년)의 조사에 따르면, 조사대상 어린이의 84.7%가 스티커를 모으고 있으며, 평균 60개, 101개 이상의 스티커를 모은 어린이도 23.2%에 이른다고 한다.

500원을 하찮게 여기는 요즘 어린이들도 문제이며 이 같은 어린이들을 대상으로 하는 얄팍한 상술도 심각한 문제라고 하겠다. 분별력이 낮은 어린이를 대상으로 식품을 먹기 위해서가 아닌 스티커와 같은 부가물을 수집하기 위해 구매를 유도하는 비교육적 판매방법에 대해 생각해 보아야 할 때이다. 흥미본위를 넘어서 건전한 정서발달에 도움이 되는 스티커 개발 등 보다 교육적인 캐릭터 소비문화조성이 필요하다고 하겠다. 또한 어린이들이 먹을 것을 귀하게 여기고 낭비하지 않도록 하는 부모나 교사의 소비자 교육이 필요한 시점이다.

서 무엇을, 어떤 종류의 브랜드를 살 것인가 등의 선택을 스스로 하는 경향이 가속화되고 있다. 이 같은 추세는 가계소득이 전반적으로 증가한 점, 자녀의 자유재량 지출이 증가한 점, 자녀 수 감소와 아동의 지위가 향상된 점 등과 함께 더욱 두드러지고 있다.

소비자로서 아동의 중요성은 첫째, 아동의 소비 지출액이 증가하여 가계소비생활에 많은 부분을 차지하고 있다는 데 그 이유가 있다. 이 같은 이유에서 아동을 대상으로 하는 기업(예 : 아동용품 기업, 장난감제조기업)이 점차 늘어나고 있는데, 이러한 사업을 '엔젤사업'이라 하여 과거 IMF 한파 속에서도 호황을 누린 바 있다. 아동소비자가 점차 의사결정의 주체자가 되면서, 마케팅(예 : 광고)의 주요 대상이 되는 등 소비자로서의 아동에 대한 관심이 증가하고 있다.

둘째, 아동소비자의 소비생활은 미래의 소비생활 및 소비행동에 영향을 미치므로 중요하다. 어린 시절 소비 경험은 성인이 되었을 때의 소비행동에도 영향을 미치므로 아동의 소비행동은 소비자의 사회화과정에서 중요한 의미를 갖는다. 이 같은 이유에서 아동은 결코 무시할 수 없는 소비자라고 할 수 있다.

그러나 소비자로서 아동이 이처럼 중요함에도 불구하고 아동소비자가 올바른 소비생활을 하기 어렵다는 데 그 문제가 있다. 무엇보다도 아동은 대중매체에 무방비상태로 노출되어 있어 쉽게 설득되거나 현혹되기 쉽고, 부모나 주위 사람들의 소비행태를 비판과 여과 없이 무조건적으로 모방하려는 경향이 있다. 각종 광고 및 선전에 방어능력 없이 노출되어 있어 올바른 가치관

선진국선 청소년 때부터 금융교육 필수

미국, 영국 등 선진국들이 국민 금융교육에 인력과 자금을 쏟아 붓고 있다. 금융에 대한 국민들의 올바른 인식이 뒷받침되지 않고는 금융 산업이 성장할 수 없다. 미국 정부는 2001년 청소년 금융교육법안(youth financial education act)을 전격 통과시키면서 청소년 금융교육에 재정 지원을 시작했다. 이로써 각종 민간단체들이 개별적으로 진행해 온 청소년 금융교육이 국가 차원에서 체계화됐다. 정부보다 앞서 설립된 각종 단체들이 청소년 금융교육에 일찍이 눈을 뜬 것이 미국 금융산업 성장의 밑거름이 됐다. 1919년 설립된 청소년의 성공(junior achievement)은 지금까지 3,900만여 명의 학생들에게 생활경제를 가르쳐 왔다. 이는 이민자들과 저소득층의 금융자산 축적과 금융에 대한 인식 전환에 기여했다.

영국은 2004년 정부 주도로 민관협력 형태의 금융역량계발 국가전략 보고서를 발표하고 금융에 대한 국민의식 전환 운동을 펼쳐 왔다.

금융역량계발 국가전략 보고서가 밝히고 있는 목표는 국민들에게 △보다 많은 금융정보를 제공하고 △보다 많은 투자기회를 제공하며 △보다 많은 책임감을 갖게 하고 △금융지식을 더 많이 가르친다는 것이다.

진념 청소년금융교육협의회 회장은 "한국도 최근 언론사와 금융회사 정부단체 등이 주도해 청소년 금융교육이 빠른 속도로 확산되고 있으나 이를 통합하고 체계화하는 작업이 필요하다."고 말했다.

출처 : 매일경제, 2007년 3월 23일

청바지와 청소년

청바지의 고급화·패션화가 계속되면서 청소년들의 청바지 과소비가 문제시되고 있다. 많은 청소년들이 평균 4~5개의 청바지를 가지고 있다고 하는데, 이들은 10여만 원 정도씩 하는 수입브랜드 청바지를 선호하고 있어 청바지 과소비 또는 과시적 소비현상이 심각한 지경이다. IMF 이후 얼어 붙은 내수시장을 활성화시키는 전초적인 역할을 담당한 것이 청소년들의 청바지 소비였다고 할 정도이다.

1848년 미국 캘리포니아에서 금이 발견되자 많은 사람들이 금광을 찾아 이 지역에 몰리게 되었다. 그런데 리바이 스트라우스(리바이스 청바지 창시)는 어느 한 광부로부터 무거운 광석과 연장을 넣고 다니기 위한 작업용 바지를 만들어 달라는 요청을 받았다. 요청에 따라 탠트용 캔버스지로 바지를 만들었고 바지는 불티나게 팔렸다. 그 이후 소재를 데님으로 바꾸고, 색깔도 갈색에서 푸른색으로 바꾸었는데 이것이 지금의 지구패션인 청바지이다.

실용적이고 가격도 저렴하여 남녀노소 가릴 것 없이 작업복처럼 활용하는 청바지가 우리 시장에서 너무 비싸고, 업계의 끊임없는 유행창조 및 고가화 전략으로 인해 청소년들의 과소비를 부추기고 있다. 우리나라에서 수입청바지 가격(외국의 1.4~2.7배)은 수출 현지국가는 물론 전 세계에서 매우 비싼 것으로 꼽히고 있으며, 수입품의 주요품목이 되고 있는 실정이다. 보통, 청바지 수입가격은 2만 5,000원~2만 8,000원 선인데 판매관리비(광고비), 마진율 등이 추가되어 9만 5,000원~9만 8,000원에 판매되고 있으므로 청바지소비에 대해 심각하게 생각해 보아야 할 때이다. 지나친 유행창조, 무분별한 수입, 비합리적 가격책정 등이 시정되어야 하며, 무분별한 유명브랜드 선호 등 불합리한 소비의식에서 품질지향의 합리적 구매습관으로 전환되어야 한다.

을 형성하거나 합리적인 소비생활을 하지 못하고 있다. 게다가, 지식위주의 교육 풍토 속에서 화폐에 대한 올바른 가치관, 소비생활의 중요성, 합리적 소비선택 등에 대한 가정이나 학교에서의 효과적인 소비자교육이 절실하다.

② 청소년소비자

우리나라 가계소득이 증가하면서 청소년소비자들이 사용하는 가용 화폐액수가 점차 증가하고 있으며, 이들의 소비지출액수는 가계 및 기업경제에 많은 영향을 미치고 있어 소비자로서의 그 중요성이 부각되고 있다. 뿐만 아니라, 아동소비자와 마찬가지로 청소년기의 소비생활은 성인기 소비생활까지 연장되기 때문에, 청소년기에 어떻게 소비생활을 하는가는 매우 중요한 사항이다.

소비자로서 청소년의 특성을 살펴보면, 다른 연령층 소비자에 비해 충동적이고 무책임한 소비행동을 하는 경향이 있다는 것이다. 유행에 민감하고 즉흥적이며 때로는 과소비하기도 한다. 예를 들면, 옷을 구입할 때에도 용도, 품질, 필요성, 편리함보다는 유행하는 색상이나 스타일 등을 중시하는 경향이 있어 합리적이고 규모 있는 소비생활을 하지 못하는 경우가 많다.

우리나라의 입시 중심의 교육환경에서 부모들은 청소년들에게 공부만 잘하도록 권유하고 있으며 소비생활에 대한 가정교육은 거의 이루어지지 않고 있다. 평생 동안 소비생활을 하게 되며 우리 사회의 주역이 될 청소년들에게 보다 적절한 소비자교육이 필수적이다. 대개, 소비생활과 관련한 가정에서의 교육이 '옛날에는 먹을 것도 없었다', '옛날에 엄마 아빠가 얼마나 힘들게 고생했는데 너희는 이렇게 …' 등의 형태를 취하고 있어 그 효과 면에서 바람직하지 않다.

청소년의 강도나 절도행위의 이유가 '유행하는 물건을 사고 싶어서'인 것으로 조사되고 있는데, 이 결과를 통해 실천적 생활경제교육 또는 소비자교육이 우리의 청소년들에게 보다 절실함을 알 수 있다.

③ 성인소비자

성인소비자는 보통 성년의 나이를 가진 소비자로서 성년(만 20세)부터 60세 또는 65세 미만의 남녀 소비자를 의미한다. 다른 연령층에 비해 상대적으로 소비자의 역할을 가장 많이 수행하는 소비자이다. 점차 남성소비자들도 과거에 비해 소비생활에 관심을 갖기 시작하고 있으나 여전히 주부들이 소비의 많은 부분을 담당하고 있다. 이 같은 이유에서 주부들은 대부분의 사업자나 마케터들의 주요 관심 대상이 되어 왔는데, 소비자권익과 소비자주권 실현을 위해 주부소비자들의 소비자의식 및 행태에 대해 더 많은 관심을 가져야 하며 이들을 위한 다양한 소비자교육이 제공되어야 한다.

성인소비자들은 전체적으로 소비의 주요 역할을 담당하고 있으나, 변화하는 소비환경 및 복잡한 시장구조 속에서 보다 효과적인 소비생활을 하지 못하는 경우가 많으므로 이들을 대상으로 하는 소비자교육 등이 이루어져야 한다. 또한, 성인소비자들의 소비생활은 자녀들의 소비모델이 될 수 있으므로 바람직하고 효율적인 소비행태가 요구된다.

소비자수첩 1-5

프랑스도 무시 못한 한국의 '아줌마'

최근 프랑스 정부 관광청은 한국 관광시장 연구보고서에 '아줌마(adjumma)'라는 신종 마케팅 용어를 실었다. 여기서 '아줌마'는 자녀들을 다 키운 뒤 시간과 경제적 여유를 누리는 40대 이후의 한국 여성을 지칭하는 것으로, 계를 조직해 해외 여행을 즐기고, 왕성한 구매력으로 쇼핑을 즐기는 집단이라는 것이다. 프랑스 관광청은 한국 특유의 구매집단을 찾다가 '아줌마'라는 정체불명의 계층이 튀어나왔다며 알맞는 단어를 찾지 못해 그대로 계층을 분류했다고 한다.

④ 노인소비자

노인인구가 증가하면서 점차 고령화 사회로 전환되기 시작하였고, 노인은 무시할 수 없는 소비자로 부각되었다. 그 동안은 노인을 대상으로 하는 제품이나 서비스가 많지 않았고, 사업자나 마케터들의 관심 대상이 아니었다. 그러나 노인소비자가 양적으로 증대하고 있으며 과거에 비해 구매력이 높은 노인소비자가 많아져 점차 관심 있는 소비자계층으로 떠오르고 있다.

노인은 다른 연령층의 소비자에 비해 경제적으로 빈곤하며 복잡한 현대 경제구조 속에서 '상처받기 쉬운 소비자' 또는 '희생자'가 될 수 있다. 많은 제품 및 서비스가 더욱 전문화, 복잡화되고 있고 시장체계도 복잡해지면서 노인들은 합리적인 소비생활을 하기가 더욱 어려운 상황이다. 예를 들면, 다양한 판매방법으로부터 이용당하거나 기만당하기 쉽고, 자신의 자산을 처분 또는 관리하는 과정에서도 정보부족으로 이용당할 우려가 있으며, 건강이 나쁜 경우 각종 엉터리 치료법이나 건강식품으로부터 기만당하는 경우가 빈번하다.

사회적으로 약자인 노인 소비자들의 권리는 다른 어떤 소비자들보다 보호받지 못하고 있다. 특히, 노인의 약점을 노린 각종 교묘한 악덕상술로 인해 그 피해가 심각한 지경이다. 도시나 농촌을 가리지 않고 소외된 노인을 대상으로 '경로잔치', '효도관광', '족보' 등을 빙자하여 각종 물품을 떠맡기는 일이 다반사이다. 각종 미끼(예 : 건강식품, 생활용품)를 제공한 후 대금청구서를 발송하는 수법, 공공기관을 사칭하여 가스레인지나 전기시설물을 설치하고 돈을 요구하는 수법, 잠시만 보관해 달라, 1등에 당첨되었다는 식의 사기수법 등으로 노인소비자들을 공략하고 있어 심각한 사회문제가 되고 있다.

청약철회권을 행사하지 못하도록 교묘한 수법, 예를 들어 판매자·제조자·수금자가 각기 다른 점을 악용하거나, 계약서 작성 시 임의로 작성한 후 노인이 눈이 어둡거나, 글씨를 쓰지 못한다는 등의 이유로 핑계를 대는 수법 등을 사용하여 노인들이 청약철회기간을 넘기기 일쑤이며, 수금전문 업체들의 협박 등의 방법으로 노인소비자들을 울리고 있다.

아직도 노인소비자들의 요구와 관심이 무엇인지, 소비자로서 노인의 불리함은 어떤 것인지, 노인소비자들의 사고를 예방하기 위한 방법은 어떤 것이 있는지, 합리적이고 바람직한 소비생활을 하기 위해서는 어떻게 해야 하는지, 불리한 입장의 노인소비자들을 위한 법제도적 조치(예 : 방문판매법 등에 노인보호조항 신설)는 어떤 것이 있는지 등에 대한 계속적인 연구가 필요하다. 노인소비자들의 권익증진과 주권실현을 위한 구체적인 방안은 다음과 같다.

- 상품설명서의 표시 및 내용 개선(쉬운 말, 큰 글씨, 시각적 효과)
- 노인들의 필요와 취향에 걸맞는 실버산업 육성(실버산업 운영자에 대한 금융지원 및 세제 혜택)

- 노인 소비자를 보호할 수 있는 각종 법제도 구축(노인후견인제도 도입, 방문판매법 등에 노인보호 조항 신설, 노인의 청약철회제도 기간 연장)
- 노인소비자 전용 상담체제 구축(전국 동일한 노인상담 전화번호 구축)
- 다양한 노인소비자교육(노인학교에 소비자교육 프로그램 신설)

갱년기 쇼핑중독, 내가 왜 이러는지 몰라

쇼핑중독. 미국에서는 물건 사들이기에 집착하는 쇼핑중독자가 1,000만 명을 넘는 것으로 추정되며, 이에 따라 보건 당국이 쇼핑중독을 정신질환 목록에 포함시키는 문제도 검토할 정도라고 한다. 특히 갱년기뿐만 아니라, 유방암, 자궁암 등으로 인한 제거 수술로 '여성성'을 잃었다며 공허함을 느끼는 많은 여성들이 또 다른 고통인 '쇼핑중독'을 호소하는 경우가 종종 있다. 이중(二重) 고통을 겪고 있는 이들은 과연 어떻게 극복을 해야 할까?

갱년기 여성에게 오는 쇼핑중독 전 단계인 우울증의 경우, 호르몬 변화나 뇌 분비 호르몬 부족 등 내인성 요인에서 기인하는 경우도 있고, 불안감이나 가족 내부에서 오는 갈등 등 환경적 요인이 복합적으로 작용한다. 따라서 반드시 전문의를 찾아서 각종 자가 테스트와 임상 치료 등을 받아야 한다.

> **쇼핑 중독 체크리스트**
> ① 물건을 하나 사서는 절대 만족감을 느끼지 못한다.
> ② 안 사면 도저히 참을 수 없이 화가 난다.
> ③ 충동적으로 구매했는 데 결국 후회한다.
> ④ 도저히 지불할 능력이 없는 데도 빚을 져가며 산다.
> ⑤ 죄책감까지 느끼며 쇼핑을 하고 난 뒤 기분이 더 나쁘다.
> ⑥ 물건을 나중에 가족이 볼까봐 숨기는 데 급급하다.
> ⑦ 전혀 필요하지 않은 물건을 그것도 비슷한 종류로 반복해서 산다.
> ⑧ 주변 사람들로부터 "쇼핑 정도가 너무 심하다."라는 말을 여러 번 듣는다.

갱년기 쇼핑중독의 여성들은 보통 심리 검사에서 스트레스나 우울, 불안, 긴장감 지수가 일반인보다 상당히 크다. 다른 사람의 관심을 끌기 위해서 충동적으로 구매하는 등 무언가 '허전하다'고 느낄 때 시작되는 일이 잦다. 아이들이 다 커버려 자신의 품을 떠났을 때 느끼는 공허함도 상당하다.

남자들이 쇼핑중독 증세를 보일 경우에는 마치 전쟁 중 '신무기'를 구입하듯 좋은 자동차나, 고급 오디오 등 기계에 열광하는 경우가 많은데, 여성들의 경우에는 결국 쓰레기통으로 갈 만한 자질구레한 것들만 자꾸 사들이는 경향이 상대적으로 강하다.

쇼핑중독을 극복하기 위해서는 우선 가족들 혹은 가장 친하다고 생각하는 사람과 마음을 터놓을 수 있는 분위기가 조성돼야 한다. 개인 문제로 볼 게 아니라 가족들도 함께 풀어가야 할 숙제로 여겨야 한다. 비난부터 하게 되면 감정의 골이 깊어져 오히려 중독을 심화시킨다. 행동치료 요법이나, 필요하면 우울증 처방 등 약물 치료도 병행할 수 있다. 무엇보다 다른 '좋은' 행위로 대체할 수 있는 환경을 만들어 줘야 한다. 예를 들어 술 대신 담배가 아니라, 등산이 생각날 수 있는 분위기를 조성해야 한다는 것이다. 쇼핑 말고 어떤 부분에 관심을 기울일 수 있는지 기호를 파악한 뒤, '보상'을 통해 '좋은 중독'을 유도해야 한다.

출처 : 조선일보, 2007년 5월 9일

4. 소비자학의 이해

1) 소비자학의 성립 배경

소비생활의 중요성 인식과 함께 소비자를 대상으로 하는 독자적, 학문적 영역이 태동하였는데 이를 소비자학(consumer science)이라 한다. 소비생활은 가계의 경제활동 중의 중요한 한 영역이므로 소비자학은 우리나라뿐만 아니라 미국의 경우에도 가정학, 특히 가정경제학 영역에서 출발하였다. 1983년 숙명여대에 소비자경제학과가 신설, 1987년 서울대에서 가정관리학과가 소비자·아동학과로 명칭 개편되면서 소비자학이 대학에서 독립적인 학문분야로 자리 잡게 되었다. 그 후 소비자와 관련한 연구는 경제학·심리학·경영학에서도 중요한 세부 학문분야의 하나로 자리 잡게 되었다. 소비자역할과 기능, 소비자교육, 소비자보호, 환경문제, 삶의 질에 대한 관심이 고조되면서 소비자학의 중요성은 더욱 높아지기 시작하였다.

2) 소비자학이란?

소비자학은 일차적으로는 소비자를 연구대상으로 하는 학문이다. 그러나 소비자는 소비자가 처한 사회, 경제, 환경, 문화 등에 의해 많은 영향을 받고 있으므로 소비자를 연구하기 위해서는 소비자뿐만 아니라, 소비자를 둘러싸고 있는 사회·환경도 연구대상으로 해야 하며 소비자와 환경과의 상호관계 역시 연구대상으로 삼아야 한다.

이기춘 및 연구자들(1996)은 소비자학을 소비자와 소비자를 둘러싸고 있는 외부환경과의 상호작용을 연구하는 학문으로 정의하였다. 또한 이들은 포괄적 의미의 정의를 내렸는데, 소비자학은 기초/응용, 미시/거시, 사적/공적 차원을 모두 포함하는 학문이라고 하였다. 이 정의를 통해 소비자학이 여러 학문분야의 통합적(interdisciplinary) 학문임을 알 수 있다. 결론적으로, 소비자학이란 소비자와 이를 둘러싼 환경과의 관계를 종합적으로 연구하는 통합적 학문이면서 동시에 응용학문이라고 정의 내릴 수 있다.

3) 소비자학의 연구영역과 관련 학문

소비자학의 연구영역은 소비생활과정에 따라 〈그림 1-2〉로 나타낼 수 있다. 소비생활과정에 따른 소비자학의 연구영역과 관련 학문분야에 대해 구체적으로 살펴보면 다음과 같다.

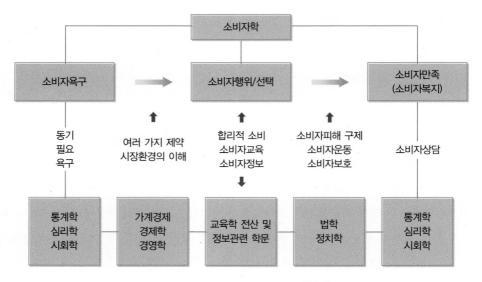

그림 1-2 소비자학 연구영역과 관련 학문체계

① 소비자요구 및 욕구파악

소비자는 소비하고자 하는 요구(needs) 또는 욕구(wants)가 있어야 하므로 소비자의 요구 및 욕구에 대한 파악이 우선적으로 필요하다. 물질풍요시대에 접어들면 소비자들의 기대 및 욕구가 보다 다양하고 복잡해지면서 소비자가 무엇을 원하는지, 소비자의 욕구가 어떤 것인지, 소비자의 불만은 어떤 것인지에 대한 충분한 기초연구가 필요하다. 예를 들면 연령, 성별, 소득계층, 라이프스타일, 가치관, 거주지역 및 주거환경에 따라 소비자들은 매우 이질적이며 다양한 소비행태를 보이고 있으므로 이에 대한 연구가 필요하다. 뿐만 아니라, 특수계층 소비자(예 : 환자, 장애자, 특수 소수 계층 등)에 대한 연구도 수행되어야 하므로 이 분야는 소비자학의 중요한 연구영역이라고 하겠다. 이 분야의 연구가 효과적으로 수행되기 위해서는 통계학·심리학·사회학 등 인접학문과의 상호 통합적 연구가 필요하다.

② 제약조건하의 효율적 선택

모든 소비자는 물적·인적 자원의 제약으로부터 합리적이고 효율적인 소비생활을 해야 하는 문제에 부딪힌다. 따라서 가계경제, 가계의 경제적 복지, 가계재무 분야 등 합리적 선택, 경제적인 소비생활과 관련한 연구영역과의 통합적 접근이 필요하다. 자원의 제한적 조건하에서 최대의 만족을 얻기 위한 소비선택은 가정경제 및 경제학의 주요 관심사이므로 가정경제 및 경제학은 소비자학의 주요 인접 학문영역이다.

③ 기업 및 시장환경

소비자학은 소비자와 소비자를 둘러싸고 있는 사회·환경과의 관계를 연구하는 학문이므로 소비생활을 결정하는 시장환경과 기업활동 부분도 연구대상이다. 따라서 인접 학문인 마케팅 분야 및 경영학과의 통합적 연구가 필요하다.

④ 소비자교육

소비자선택 또는 소비행위는 소비자만족 또는 소비자복지를 결정하는 중요한 과정이다. 이 소비행위가 합리적이며 효율적 선택일 경우에 소비자만족은 최대가 될 것이나, 많은 소비자들이 모두 합리적이고 효율적인 소비선택을 하지 못하는 것이 현실이다. 따라서 합리적인 소비선택 또는 소비생활의 질적 향상을 유도하는 소비자교육이 필요하다. 소비자교육 연구를 보다 효과적으로 수행하기 위해서는 교육학과의 상호 통합적 연구가 필요하다.

⑤ 소비자정보

합리적 소비선택을 하기 위하여 신속하고 정확한 소비자정보는 필수적이다. 정보의 홍수 속에서 살고 있는 소비자에게 소비자정보의 활용, 소비자정보탐색은 매우 중요한 사항이다. 최근 인터넷 및 각종 기술의 발달로 소비자정보 탐색 및 활용에 도움이 되는 정보의 경제학, 정보탐색 관련 경영학, 전산학 및 다양한 관련 학문과의 연계가 필요하다.

⑥ 소비자정책 및 소비자법

대량생산, 대량유통, 대량소비의 경제구조하에서 소비자문제 및 소비자피해가 광범위하게 발생하고 있다. 소비자문제를 해결하고 소비자피해를 효과적으로 구제하기 위한 소비자정책 및 소비자법 분야는 소비자학의 주요 연구 분야 중 하나이다. 때문에 소비자정책 및 소비자법 분야의 효과적인 연구를 위해 정치·행정학 및 법학 등의 인접 학문과의 통합적 연구가 필요하다.

⑦ 소비자상담

소비생활의 결과로 발생하는 소비자불만, 소비자피해를 해결하기 위해서는 우선적으로 소비자상담이 선행되어야 한다. 소비자상담과정을 통해 소비자문제 및 피해구제 등을 해결하여야 하므로 상담심리학, 사회학, 통계학 등의 인접 학문과의 통합적 연구가 필요하다.

BASICS OF CONSUMEROLOGY

2

소비자와
소비자행동의 기초

1. 소비자에 대한 기초 개념 | 2. 소비자행동

CHAPTER 2
소비자와 소비자행동의 기초

1. 소비자에 대한 기초 개념

소비자권리 및 책임, 합리적 소비, 소비자역할 및 소비자능력, 소비자주의(consumerism), 소비자주권 등의 기초 개념들에 대해 살펴보자.

1) 소비자권리

소비자권리에 대한 인식은 미국에서 가장 먼저 싹트기 시작하였다. 1962년 미국 케네디 대통령이 의회에 보내는 특별 교서에서 소비자의 4대 권리를 제시하였는데 다음과 같다.

- 안전할 권리(the right to safety)
- 알 권리(the right to be informed)
- 선택할 권리(the right to choose)
- 의사를 반영할 권리(the right to be heard)

케네디에 의해 주창된 소비자의 4대 권리는 소비자권리에 대해 전혀 의식이 없는 세계의 많은 국가에 소비자의식을 높이는 데 공헌하였다. 케네디 대통령 이후 포드 대통령은 소비자교육을 받을 권리(the rights to consumer education)를 추가함으로써 소비자교육의 중요성을 부각시켰다. 한편, OECD 소비자보호정책위원회에서는 다섯 가지의 소비자권리를 규정하고 있는데 이것은 생명 및 건강을 침해당하지 않을 권리, 적정한 표시를 하게 할 권리, 부당한 거래조건으로부터 보호받을 권리, 소비자피해 구제를 받을 권리, 신속한 정보를 제공받을 권리이다. 우리나라의 경우 소비자기본법에 여덟 가지의 소비자권리를 규정하였다. 이 여덟 가지의 권리는 안전할 권리, 정보를 제공받을 권리, 선택할 권리, 의사를 반영할 권리, 보상을 받을 권리, 소비자교육을 받을 권리, 단체를 조직·활동할 권리, 쾌적한 환경에서 살 권리를 포함한다.

2) 소비자책임

소비자책임에 대한 학자들의 견해는 다소 차이가 있으나, 소비자책임이란 소비자에게 기대되는 행동유형인 소비자역할에 대응하는 책임으로 규정할 수 있다. 소비자책임의 중요성은 여러 학자들에 의해 제기되었는데, 특히 Davis(1979)는 소비자들의 책임과 권리에 대한 수용태도를 비교·연구하면서 소비자책임을 보다 더 강조해야 한다고 하였다. 또한 그는 소비자교육에서는 윤리와 도덕을 강조하는 소비자책임을 본격적으로 다루어야 한다고 주장하였다.

Stampfl(1979)은 크게 네 가지의 소비자책임을 언급하였는데 이에 대해 살펴보자.

첫째, 소비자는 개인이나 가계뿐만 아니라 사회의 효용을 극대화시킬 수 있는 시장선택을 하여야 한다. 둘째, 개인이나 가계의 선택이 사회나 환경에 부정적인 영향을 미칠 수도 있으므로 충분한 소비자정보를 참조하여 균형 있는 선택을 하여야 한다. 셋째, 소비자는 상품사용에 따른 물리적 위험을 이해하고 사용지시서 및 바람직한 사용으로 다른 소비자의 물리적·심리적·환경적 측면의 안전을 침해하지 않아야 한다. 넷째, 소비자는 소비자의 욕구, 만족, 불만족에 대한 표현을 하여야 하고 필요에 따라서는 기업과 정부에 정직하고 가치 있는 제언을 하여야 한다고 하였다.

국제소비자기구(CI)는[1] 소비자행동윤리헌장에서 다섯 가지의 소비자책임을 제시하고 있는데 이는 자신이 사용하는 재화와 서비스에 대해 비판적 시각을 가질 책임, 자신의 행동이 공정하다고 생각되는 것에 대한 행동력을 보일 책임, 자신의 행동이 다른 시민 또는 국제사회에 미칠 영향에 대한 사회적 책임, 희소한 자원을 낭비하지 않고 지구를 오염시키지 않을 생태계보호의 책임, 자신의 이익을 증진시키고 강화하기 위해 행동해야 할 단합의 책임이다.

한편, Gordon과 Lee(1977; 이기춘, 1988; 재인용)는 소비자책임으로 여섯 가지 영역의 책임에 대해 논하고 있는데 이는 소비자의 역할과 기능을 잘 인식하고 실천할 책임, 효과적이고 합리적인 소비생활을 할 책임, 자원을 낭비하지 않을 책임, 노동시장에서 착취당하지 않고 착취하지 않을 책임, 모든 거래에서 정직할 책임, 부정한 일에 대해 항의할 책임이다. 우리나라에서는 소비자의 5대 책임으로 문제점을 지적할 책임, 인식할 책임, 행동할 책임, 이해할 책임, 참여할 책임을 들고 있다.

---

[1] 1995년 국제소비자기구는 명칭을 IOCU에서 CI(Consumer International)로 개정하였다. 보다 자세한 내용은 이 책의 13장 '외국의 소비자운동' 부분을 참조할 것

소비자
수첩 2-1

책임 있는 소비자가 되려면?

화장품 거의 다 쓴 뒤 "바꿔 줘", 모조품 가져와 "환불해 주오", 건강식품 다 먹고 트집,
석달 전에 산 오징어 변했다고 반품, 3~4년 지난 옷 "새 모델로 바꿔 줘"

제품을 구입한 뒤 터무니없는 이유를 들어 환불을 요구하는 '생떼 소비자들' 때문에 유통업체들이 골머리를 앓고 있다고 한다. 일부 무책임한 소비자들이 제품구입 후 일정 기간 안에 반품이 가능하도록 되어 있는 소비자보호규정을 악용하여 제품의 상당량을 사용하거나 훼손하고도 막무가내로 환불을 요구하고 있다고 한다. 이 같은 사례는 통신판매에서 빈번하게 발생한다고 한다.

예를 들면, 송년회, 동창회 등 모임이 줄을 잇는 12월에 고가의 보석을 TV 홈쇼핑에서 구입한 후 한 달 정도 착용하다가 1월이 되어 제품에 하자가 없는데도 단지 '디자인이 마음에 들지 않는다'는 이유로 환불해 달라는 고객이 많다는 것이 TV 홈쇼핑(제품을 보지 않고 구매하여야 하는 구매위험을 줄이고자 홈쇼핑회사에서 30일 이내 조건 없는 반품이나 환불 제공) 관계자의 하소연이다. 이 경우 소비자가 사전에 반품을 목적으로 의도적으로 구입했을 가능성이 높다는 지적이다. 이 같은 상황에서 홈쇼핑회사에서는 상습적인 얌체고객 600여 명의 블랙리스트를 전산입력하여 따로 관리한다고 한다.

이 외에도 의류에 부착된 세탁방법을 눈여겨 보지 않고 중성세제 대신 산성세제로 세탁 후 자신의 과실을 인정하지 않는 경우(물세탁여부, 사용 세제의 종류 등을 판정해 주는 최신 기계가 있음), 유명 의류회사 신상품을 구입 후 대형시장 상인들이 판매하는 똑같은 원단과 디자인의 모조품을 구입한 후 이 제품을 백화점에 가져와 환불을 요구하는 경우가 종종 발생한다고 한다.

소비자의 권리가 향상되었다고는 하나 아직도 소비자들은 제조 또는 유통업자들보다 약자에 있는 것이 우리 현실이다. 따라서 소비자권익이 침해된 경우 피해액이 크지 않더라도 정해진 절차를 밟아 정당한 요구를 하여야 하는 것은 소비자의 의무이자 권리이다. 하지만 소비자 자신의 과실과 의도성이 명백한데도 부당하게 자신의 권리만 주장한다면 이는 단기적으로 받아들여질지 몰라도 고스란히 제품원가에 반영되어 전체 소비자부담으로 돌아 갈 뿐만 아니라 윤리적 측면에서도 매우 위험한 일이다.

따라서 의도적으로 환불을 염두에 두고 사용 후 환불을 요구하지 않을 것, 세일기간에 제품을 구매한 후 비세일기간에 환불을 받을 경우 비세일기간의 가격으로 환불받지 않을 것, 판매원의 착오로 거스름돈을 더 받았을 경우 더 받은 돈을 되돌려 줄 것 등은 소비자들이 지켜야 할 기본적인 자세이다.

지금까지 살펴본 바와 같이, 소비자책임의 영역은 포괄적인 분야를 포함하고 있으며 학자들마다 다소 차이는 있으나 바람직한 소비생활을 하기 위해 필요한 최소한의 의무사항들이라고 하겠다.

3) 소비자역할

과거에는 주로 금전관리자 또는 구매자로서의 소비자의 역할만 중시하였다. 그러나 산업화 및 급속한 경제성장으로 물질풍요와 함께 소비지향적 사회로 전환되면서 소비자의 역할은 보다 확대된 의미로 받아들여지고 있다. 단순히 구매자 또는 금전관리자의 역할 이외에도 합리적인 소비자가 되기 위한 제반 지식, 태도, 가치관, 행동 모두를 포함하는 역할이 현대 소비자들의 역할이라고 하겠다. 가계예산을 기초로 소비, 저축, 투자, 배분 등 가계관리자로서의 역할과 구매행동과 관련한 모든 활동을 소비자의 역할로 보는 견해가 지배적이다.

Brim(1966)은 소비자역할이 현대 경제체제하에서 효율적인 소비자가 되기 위한 지식, 태도, 가치관, 행동을 포함한다고 하였다. 한편, Liston은 인간의 욕구를 충족시키기 위해 재화와 서비스를 구입하고 또 사용하게 되는데 관련된 모든 활동을 소비자역할의 범위로 간주하였다. 이때, 모든 활동은 소득획득, 자원배분, 소비지출, 저축과 사용, 정부와 상호작용, 사회와 상호작용, 가족 서비스, 자녀와 사회화 측면을 포함하였다.

소비생활은 소비자 개인의 만족 또는 복지증진을 목표로 하고 있으며 동시에 기업과 국민경제에도 많은 영향을 끼치므로 바람직한 소비자역할은 소비자 개인의 만족 이외에 사회복지 증진을 위한 역할을 포함한다. 결국, 소비자역할이란 개인의 권리뿐만 아니라 사회 구성원으로서의 소비자책임의 역할을 모두 포함하는 포괄적인 개념이다.

소비자 수첩 2-2

블랙컨슈머 판친다! 쥐우깡 이후 너도나도 '돈벌자'

2009년 2월 식품위생법 개정법이 공포됐다. 소비자로부터 이물 검출 등 불만사례를 신고받은 제조업체는 바로 식약청이나 해당 관청에 신고해야 한다는 것이 핵심이다. 일명 '쥐우깡' 사태가 발생한 후 식약청이 부랴부랴 개선책을 만든 것이다.

이에 악용하는 블랙컨슈머-악성을 뜻하는 블랙(black)과 소비자를 뜻하는 컨슈머(consumer)를 합성한 용어로 고의적으로 악성 민원을 제기하는 소비자를 지칭-가 횡행할 거란 의견이 있는가 하면, 반면에 업체가 법대로 처리하면 되므로 협박하는 블랙컨슈머에 더 이상 끌려 다니지 않아도 될 거라는 의견도 있다.

블랙컨슈머에는 환불형·억지형·전문꾼형 등 다양한 유형이 있는데, 업계 관계자들은 불황이 깊어질수록 블랙컨슈머들이 더욱 활개를 친다고 이구동성으로 전한다. 블랙컨슈머들은 대개 사실 관계를 확인할 수 있는 근거가 부족하다. 또한 언론사나 경찰서 등 권력기관과의 지인관계가 있음을 내세우고, 사회적 파장을 강조하며 임의 처리를 통한 보상을 요구한다. 그리고 과다비용을 요구한다는 공통된 특징이 있다.

이러한 블랙컨슈머가 늘어나면서 '스마일 페이스 증후군'이라는 용어가 나오기도 한다. 이는 자기감정을 드러내기는 커녕 항상 웃어야 하는 입장에 처한 사람이 겪는 우울증을 가리키는 말이다. 주로 '고객만족경영'을 최우선 가치로 내세우는 유통업체 직원들 중에는 이 증세로 소화불량, 불면증, 잦은 회의감, 무력감을 경험하는 경우가 꽤 많다.

블랙컨슈머 문제는 기업들의 블랙리스트 공유가 가장 대표적 대응책이다. 한 매장에서 문제를 일으킨 고객은 다른 매장에서도 문제 일으킬 소지가 높다는 생각에서다. 실례로 맥도날드, 버거킹, 롯데리아 등의 패스트푸드업체들은 블랙리스트 명단을 공유하고 있는 것으로 알려졌다.

그러나 이 같은 블랙리스트 공유가 꼭 해결책이 되는 것만은 아니어서 블랙컨슈머 협박에 법대로 하라고 응대하는 기업도 점차 늘고 있다. 기업 법무팀에 의뢰해 기업 잘못이 없다고 보일 경우 고객에게 식약청, 소비자원에 신고하라고 안내하기도 한다.

출처 : 매일경제, 2009년 4월 1일

4) 소비자능력

소비자능력은 소비자가 다양한 소비자역할 및 활동을 효과적으로 수행할 수 있게 하는 역량 또는 재능을 의미한다. 이기춘(1988, 1999)은 소비자역할을 효과적으로 수행하기 위해서 인지적 영역의 소비자지식, 정서적 영역의 소비자태도, 실천적 영역의 소비자기능이 필요하므로 소비자능력은 이 세 가지의 총체라고 보았다. 한편, 이기춘은 청소년의 소비자능력을 측정하는 연구에서 소비자지식은 일반 경제지식, 금전관리 및 투자지식, 소비자주의에 관한 지식, 구매지식 등 합리적인 의사결정을 하는 데 있어서 필요산 인지적 측면의 개념으로 보았다. 소비자태도는 소비자 개인이 획득, 배분, 소비, 저축, 정부 및 지역사회와의 상호작용, 가족서비스, 자녀의 소비자사회화, 소비자시민성 등에 대해 가지고 있는 태도(긍정적 또는 부정적)와 인식으로 간주하였다. 한편, 소비자기능은 지식의 응용 및 실제 행위에 해당하는 개념으로, 정보를 획득하고 사용하는 방법, 구매지불방법, 저축방법, 상품비교능력, 소비시기 조절 등 금전관리기능과 구매관리 기능영역으로 간주하였다.

결국, 소비자능력은 효율적인 소비생활을 영위하는 데 필수적인 요건으로, 변화하는 소비자환경을 이해하고 적응하게 할 뿐만 아니라 소비자의 욕구, 목표, 가치와 부합하는 차원의 개념이다. 소비자를 둘러싸고 있는 시장환경이 급속하게 변화하고 있는 요즘의 상황에서 소비자능력향상은 더욱 필요하다고 하겠다. 이 같은 이유에서 소비자교육의 기본적 목표는 소비자능력 향상에 두고 있다.

5) 소비자주의

소비자주의(consumerism) 또는 컨슈머리즘이란 1969년대 이후에 사용되기 시작한 용어로 소비자의 권리 실현과 보호를 위한 하나의 사회적 운동이라고 정의할 수 있다. Kotler(1972)는 소비자주의를 판매자에 대한 소비자의 권리와 권익을 강화하기 위한 사회적 운동으로 정의하였다. Bkirk와 Rothe(1970)은 소비자들이 누적된 불만을 해소, 보상, 시정하기 위한 소비자들의 조직적 활동을 소비자주의라고 하였다. 여러 학자마다 소비자주의에 대한 정의는 다소 차이가 있으나, 종합적으로 정리하여 볼 때 소비자주의는 소비자, 정부, 기업, 소비자단체, 관련 기관 등의 소비자권리를 보호하기 위한 모든 활동으로 정의할 수 있다. 소비자주의의 발생동기는 여러 가지로 살펴볼 수 있는데 Kotler(1972)의 정의에 기초하여 〈표 2-1〉과 같이 분류할 수 있다.

| 표 2-1 | 소비자주의 발생 요인

소비자 요인	사회구조적 요인	시장구조적 요인	제반촉진 요인
• 교육수준 향상 • 소득수준 향상 • 소비자의식수준 향상 • 높아진 비판의식 • 소비자기대수준 향상	• 인플레 • 경제적 불안/불만 • 사회적 불안/불만 • 환경적 문제	• 기업의 저항적 태도 • 기업의 무관심 • 기업간의 불공정거래 행위 • 악덕상술 • 마케팅에 대한 불만	• 소비자문제전문가활동 • 주부들의 조직적 활동 • 대중매체 기사 • 소비자권익단체활동

출처 : 김영신 외(2000). 소비자의사결정. 교문사. p. 420.

〈표 2-1〉을 통해 소비자주의의 발생은 제품이나 서비스와 관련한 것 이외에 시장구조 또는 마케팅 측면, 사회경제적 측면, 환경적 측면, 인구통계적 요인, 사회심리적 요인 등 복합적 요인에 의해 발생되고 있음을 알 수 있다. 소비자주의의 확장원인을 구체적으로 살펴보면, 첫째 소비자 측면의 요인에서 살펴볼 수 있다. 계속적인 경제성장으로 인해 물질풍요시대로 접어들면서, 소비자들의 욕구는 보다 다양·무한해져 가고 있으며 또한 복잡해져 가고 있다. 게다가 교육수준 및 소득수준의 향상은 소비자들의 기대수준 및 비판의식을 높이는 데 많은 영향을 미쳤고, 이 같은 변화는 소비자주의의 확장에 주요 요인으로 작용하게 되었다. 둘째, 인플레, 경제적·사회적 불안이나 불만, 환경문제 등은 소비자주의를 확장시키는 사회구조적 요인이 되고 있다. 셋째, 소비자권익 및 주권에 대한 기업의 무관심, 저항적 태도, 악덕상술 등 시장구조적 원인도 소비주의를 팽창시키고 있다. 한편, 소비지향적 사회 구조, 고객만족 지향적 경영 역시 소비자들의 의식고취 및 소비자주의를 팽창시키고 있다. 넷째, 각종 매스미디어 및 소비자단체들의 활동 등 또한 소비자주의를 계속 확대시키는 요인이 되고 있다.

결론적으로, 소비자주의의 원인 또는 확장의 배경을 상품이나 서비스 측면 이외에도 기업환경, 사회경제적 구조, 사회심리적 요인, 소비자들의 측면 등 보다 복합적이고 포괄적으로 이해하여야 한다.

6) 소비자주권

소비자주권(consumer sovereignty)이란 1936년에 Hutt가 처음 사용한 용어로서 시장경제체제에서 소비자들의 경제적 의미의 주권을 말한다. 민주사회에서 정치적 주권은 국민이 가지고 있는 것과 마찬가지로 시장경제체제에서 경제적 주권은 소비자가 가지고 있다는 것이다.

시장경제에서 주어진 사회 전체적 자원으로 무엇을, 얼마만큼, 어떻게 생산할 것인가 등 각종 경제활동과 관련한 의사결정이 소비자의 자유로운 선택에 의해 결정될 때 소비자주권이 실현될 수 있다고 본다. 시장점유율이나 매출액이 아닌 소비자만족도가 경영성과를 판단하는 기준이 되어야 소비자주권이 실현되었다고 볼 수 있다.

소비자권리가 제품안전, 선택의 자유, 피해구제의 권리 등 사회적 차원에서 실현될 수 있는 것이라면, 소비자주권은 시장과정을 통해 달성되는 경제적 차원의 권리라고 정의 내릴 수 있다. 장기적인 차원에서는 사회적 차원의 소비자권리보다 시장메커니즘에 의해 경제적 차원의 권리가 실현될 때 보다 효과적으로 소비자이익이 실현될 수 있다. 소비자주권이 실현되기 위해서는 크게 두 가지 조건이 전제되어야 한다.

- 첫 번째 조건(객관적 조건) : 경쟁(경쟁적 시장구조)
- 두 번째 조건(주체적 조건) : 소비자의 합리적 선택

소비자주권이 실현되기 위한 첫 번째 조건은 시장에 경쟁이 존재하여 공급자위주의 기업경영에서 소비자위주의 경제환경으로 전환되어야 한다는 것이다. 소비자욕구, 소비자선호 등은 경쟁구조 속에서 기업 또는 공급자에게 효과적으로 전달되기 때문이다. 독과점적 구조, 즉 공급지향적인 구조 속에서는 공급자가 의사결정권을 가지고 있게 되므로 소비자의 경제적 주권이 실현되지 않는다.

두 번째 조건은 소비자의 합리적 선택이 전제되어야 한다는 것이다. 소비자 자신이 정보탐색을 활발하게 하고 합리적인 소비선택을 하여야만 소비자주권이 실현된다. 경쟁적 시장구조가 갖추어졌다 하더라도 소비자들이 비합리적인 선택을 한다면, 소비자의 선호, 소비자불만 등이 제대로 기업에게 전달되지 않는다.

2. 소비자행동

소비자들의 다양한 소비행태를 설명하는 주요 논리를 살펴보고, 소비자들의 소비행태를 크게 합리적 소비행태와 비합리적 소비행태로 구분하여 보자.

1) 소비행동의 논리적 배경

소비자의사결정을 설명함에 있어 크게 두 가지 관점이 존재하는데 이는 경제적 측면에 초점을 두는 소비자수요이론과 사회적 가치, 문화적 배경 등 비경제적 요인들이 소비자들의 의사결정에 영향을 미치는 점을 반영하는 제도학파적 접근이다. 소비자수요이론은 소비자선택을 설명함

에 있어 소득, 가격, 제품의 특성 등 경제적 요인에 치중하여, 주어진 예산하에서 만족을 최대화시켜 주는 합리적 선택을 기본적 논리로 하고 있다.

반면, 제도학파들은 소비자들의 의사결정을 설명함에 있어 경제적 요인 이외에 그 소비자가 속한 사회, 주변환경, 문화, 심리적 측면 등 복잡한 요인에 의해 영향을 받는 점을 강조하고 있다. 이들은 인간은 완전히 독립된 주체로서가 아니라 사회적 동물로서 사회집단의 구성원이며, 복잡한 사회조직의 일부이므로 소비행동을 포함하는 인간의 행동을 연구함에 있어 사회심리, 사회환경, 문화적 접근이 필요하다고 주장하고 있다(이승신 외, 1996). 다시 말해, 소비자행동 문제를 가치판단의 문제로 파악하여 사회적으로 적절하고 필요한 수준인 '생활표준(standard of living)'에 의해 영향을 받는다고 보았다. 생활표준이란 어떤 생활양식에 대한 태도나 그것을 간주하는 방식, 혹은 그것을 평가하는 방식이다. 생활표준은 어떤 객관적인 사실들에 대한 하나의 주관적인 견해이고, 재화를 필수적/비필수적으로 구분 짓고 소비자의 물질생활에 대한 만족/불만족을 결정짓는 것이다(김기옥 외, 1998).[2] 소비자들은 생활표준에 근거하여 소비선택을 하게 되는데, 생활표준은 사회, 관습, 문화 등 다양한 제도적 측면에 의해 영향을 받는다는 점이 제도학파에 의해 강조되고 있다. 소비자들의 소비행동이 사회, 문화, 사회 · 심리적 요인에 영향을 받아 나타난다는 제도학파적 관점의 논리적 배경에 대해 구체적으로 살펴보자.

(1) 베블런 효과

1899년 노르웨이 출신의 미국 경제학자 Thorstein Veblen은 그의 저서 《유한계급론(The Theory of Leisure Class)》에서 유한계급에 속하는 소비자들의 소비행동을 분석한 결과 소비자들은 기존의 전통적 소비자수요이론이나 경제학적 설명에서 주장하는 합리적 선택과는 달리, 자신을 과시하기 위해 소비하는 과시적 소비(conspicuous consumption)를 하고 있음을 발견하였다(김기옥 외, 1998). 유한계급의 소비자들은 욕구충족을 위해 합리적 소비선택을 하지 않고 자신의 위신을 과시하기 위해 소비하며, 저소득층의 경우에도 이 같은 과시적 소비를 모방하는 경향이 있다고 주장하였다. 베블런은 신고전학파의 기본적 이론인, 값이 내릴수록 소비자의 수요는 증가한다는 수요공급 원칙과 반대되는 소비행동, 즉 값이 오를수록 오히려 수요가 증가하는 현상을 발견하였다. 이처럼 값이 비쌀수록 오히려 수요가 증가하는 효과를 베블런 효과(Veblen effect)라고 부르게 되었다. '노 세일 브랜드(no sale brand)'를 강조하는 유명브랜드 회사들의 마케팅 전략은 베블런 효과를 반영하는 것이라고 하겠다. 같은 이치로, 값이 내릴 경

---

2) 생활표준을 구성하는 요소에 대해 Kyrk(1923)는 첫째, 생존적 가치 때문에 선택된 요소, 둘째, 문화적 요소, 셋째, 사회집단의 최대의 관심이나 이상을 나타내는 복지 개념을 반영하는 요소 세 가지를 제시했다. 또한 Hoyt(1938)는 생활표준의 구성요소로써 생리적 요소, 관습적 요소, 개인적 요소의 세 가지로 설명하였다.

우 제품의 질이 떨어진 것으로 생각하거나, 누구나 갖게 될 것을 우려하여 오히려 수요가 감소하는 소비선택 역시 베블런 효과 때문이라고 할 수 있다.

(2) 스노브 효과

어떤 소비자들은 자기만이 특정 상품을 소유하고 있다는 사실에 가치를 부여한다. 남들과 자신을 차별화하기 위해 일반적으로 보급되지 않은 희소성이 있는 재화를 구입하여 사용하는 소비행동은 스노브 효과(snob effect)의 결과이다(박명희, 1993). 남들이 사용하지 않는 희소성이 있는 재화를 소비함으로써 더욱 만족하고 그 상품이 폭넓게 유행되어 대중화되면 더 이상 그 상품을 선택, 소비하지 않는 것이 스노브 효과이다. 유행의 최첨단을 가는 것을 추구하는 소비행동은 스노브 효과로 설명할 수 있다.

(3) 밴드왜건 효과

스노브 효과가 남과 달라 보이기 위한 소비행동을 설명하는 것이라면, 밴드왜건 효과(bandwagon effect) 또는 편승효과는 타인의 소비성향을 쫓아가는 소비행동을 의미한다. 다시 말해 같은 가격 조건에서 다른 사람들이 많이 사는 제품을 소비하려는 경향은 밴드왜건 효과이다. 특정한 재화에 대한 소비자의 수요는 다른 사람이 많이 구매할수록, 즉 시장점유율이 높을수록 증가하는 경향을 보이는데, 이는 대중적인 소비성향을 그대로 수용하기 때문에 나타나는 현상이다. 유행이 되는 옷이나 장식품을 너도나도 계속적으로 구매하는 행태는 편승효과의 단면을 잘 보여주는 예라고 할 수 있다. 시청률이 높은 TV 드라마에 출연한 유명연예인의 의류, 헤어스타일, 장식품 등이 대유행을 하는 것도 이러한 편승효과에 의한 것이라고 하겠다.

(4) 터부 효과

터부 효과(turboo effect)는 사회적으로 금하거나 바람직하지 못하다고 여기기 때문에 소비선택을 하지 못하는 것을 말한다. 예를 들면, 골프에 대한 사회적 인식이 긍정적이지 못하므로 공직자가 골프 관련 제품 구매를 꺼리거나 조심스럽게 구매하는 경우, 대학교수가 경제적 발전이 계속되면서 다른 여러 사람들이 보편적으로 구매하면 자신도 그때 고급 외제차를 구매하는 경향이 있다. 이 같은 소비행동은 터부 효과의 결과라고 하겠다.

지금까지 소비자선택을 설명하는 제도학파적 접근에 대해 살펴보았다. 제도학파적 관점은 소비자들의 다양한 소비행동을 포괄적으로 설명한다는 점에서 그 가치가 있다고 하겠다. 광고나 언론매체, 마케팅 전략, 유행 등에 의해 소비자들의 생활표준이 과거에 비해 점차 일원화되어 가고 있는 최근의 경향 속에서도 각기 다른 소비선택이나 소비행동을 설명하는 데 유용하다.

2) 합리적 소비자행동

합리적 소비는 소비자이익 측면에서 그리고 기업의 경쟁력 및 국가경제 측면에서 중요하다. 그런데 과연 "어떤 것이 합리적 소비인가"라는 질문에 답하기는 그리 쉽지 않다. 많은 사람들이 '합리적 소비'라는 용어를 자주 그리고 쉽게 사용하는 것에 비해 과연 "합리적 소비란 어떤 소비인가?"를 정의 내리기란 쉽지 않다. 합리적 소비가 무엇인가를 정의하기 위해서는 합리성에 대해 살펴보아야 한다. 합리적이란 보통 이치에 맞는 것, 이해가 되는 것, 사리분별력이 있는 것이라고 할 수 있다. 이 같은 합리성은 자신의 판단뿐만 아니라 타인의 판단에 의해서 평가되는 개념이라고 할 수 있다. 이 같은 합리성에 근거하여 정준(1997)은 합리적 소비의 두 가지 조건을 제시하고 있다.

- 인지적 조건 : 소비자 이익과 효용에 대한 인지
- 사회·윤리적 조건 : 소비자이익과 사회적 이익의 조화

첫째, 무엇보다도 자신의 이익과 효용이 무엇인가를 인지할 수 있어야 하고 이를 충족시키는 방법을 파악·실천하여야 한다. 여기서 소비자이익과 효용을 극대화하기 위해서는 소비자의 정보처리 능력이 전제되어야 한다. 합리적 소비선택은 자신의 이익과 효용을 극대화하기 위한 최적의 선택을 의미하므로 소비자정보의 충분하고 적절한 활용이 필수적이다. 소비선택의 자유 속에서 잘못된 선택 또는 비효율적인 선택은 합리적 소비의 장애조건이므로 소비자는 상품구매 이전 충분한 정보를 수집하고 가장 효율적인 선택을 하여야 합리적인 소비생활을 할 수 있다.

둘째, 자신의 이익과 사회적 효용을 동시에 충족 또는 극대화시키는 조건이다. 소비자 자신의 욕구충족을 위한 소비뿐만 아니라 다른 소비자 또는 다른 사람들의 복리증진도 함께 추구할 수 있는 소비선택이야 말로 합리적인 소비라고 할 수 있다.

합리적 소비를 위한 이 두 가지 조건은 경제적 측면과 사회·윤리적 측면의 조건을 모두 포함한다고 하겠다. 합리적 소비를 단순히 효율적인 선택이나 경제적 논리에 근거한 소비만으로 생각하기 쉬우나 이 같은 경제적 측면 이외에 사회적으로 바람직한 소비, 윤리·도덕적으로 납득이 가는 소비를 포함하는 시각이 필요하다. 합리적이지 못한 소비는 개인 자신의 효용극대화를 추구할 수 없을 뿐만 아니라 공정한 경쟁규칙을 어기고 시장질서를 지키지 않는 기업이 시장에서 살아남을 수 있는 길을 터주게 된다.

소비는 '재생산'의 측면에서도 중요한 사항이다. 과거처럼 무조건적인 '안 쓰기'나 '쥐어짜기'식의 절제보다는 생활의 윤택함과 삶의 질을 높이면서도 불필요하고 낭비적인 소비는 과감하게 없애는 것이 중요하다. 일회성 소비는 줄이고 생산적인 소비, 미래의 삶에 도움이 되는 소

비를 하여야 한다. 한편, 소비의 양도 중요하나 어디에 어떤 이유로 지출하였는지와 관련한 소비의 질적 측면도 고려하는 소비생활이 필요하다. 결국, 소비자이익과 효용을 극대화하면서도 사회·윤리적으로 바람직한 소비선택을 하는 것이 합리적인 소비라고 할 수 있다.

올바른 소비생활 학창시절부터 배워요!

10대 남학생들이 소비자운동에 솔선수범하고 나섰다. 김포중학교에서 인기가 높은 특별활동반은 '소비자반' 이며, 4층의 '녹색가게' 가 인기다. 1997년 교육부로부터 경제교육시범학교로 지정된 이후 특별활동의 하나로 소비자반이 신설되어 소비자단체견학, 소비자의식 고취, 소비자문제 연구, 소비자단체봉사활동 등을 펼치고 있으며, 녹색가게를 열어 아나바다운동 등을 펼치고 있다. 학생들이 운영하는 학교안 상설매장으로 유일한 녹색가게는 1교시 전, 점심시간, 방과 후에 문을 여는데 책, 문제집, 의류, CD 등(1,000원 미만 가격)을 사고팔고 있다. 1,000원이나 1만 원 단위의 고가품은 복도의 게시판 '팝니다 삽니다' 코너를 이용하고 있다.

출처 : 문화일보, 1999년 5월 15일

3) 비합리적 소비자행동

우리나라 소비자들의 비합리적 소비는 심각한 수준에 이르러 사회적 문제로 대두되고 있다. 비합리적 소비의 다양한 형태인 과소비, 과시소비, 충동소비, 중독소비, 모방소비 등에 대해 구체적으로 살펴보자.

(1) 과소비

비합리적 소비행태의 대표적인 유형은 과소비 또는 과열소비이다. 1980년대 후반부터 경제성장에 비해 지나치게 소비가 조장되고 과열되어 심각한 사회적 문제로 떠오르고 있다.

과소비라는 용어 그 자체는 매스컴의 용어일 뿐 학문적 용어는 아니며 헤픈 씀씀이나 분수 이상의 소비를 두고 통상적으로 일컫는 말이다. 보통 자신의 소득수준이나 한정된 예산규모를 초과하여 불투명한 미래의 소득까지도 앞당겨 사용하는 과도한 소비를 의미한다.

그런데 여기서 우리는 과소비의 정의와 관련하여 질문을 제기할 수 있다. 보통 과소비는 자신의 소득수준이나 한정된 예산을 초과하여 지출하는 경우, 빚을 내어 소비하는 경우를 의미하는데 이 정의에 따른다면 대부분의 소비자들은 과소비를 하고 있지 않다고 볼 수 있다. 가계재정이 적자가 날 정도로 소비를 하는 경우는 많지 않기 때문이다. 그 동안 우리 가계가 과소비를 많이 한다는 지적을 받아왔는데, 이 정의에 따르면 우리나라 가계 중 적자수준으로 소비를 하는 경우는 많지 않기 때문이다.

과소비의 정의와 관련한 또 다른 질문은 자신의 소비는 과소비가 아니며 타인의 소비는 과소비라고 보는 경향이 높다. 과소비의 상대성과 관련한 것으로 과소비는 타인의 소비와 비교한 상대적 개념임을 보여준다. 한국소비자보호원(1996)의 조사에 따르면 58%의 응답자가 주변 사람들이 자신의 소득수준에 비해 과다한 소비를 하는 것으로 평가하고 있으나 자신의 소비생활수준에 대한 조사에서는 단지 9%만이 자신의 소비생활수준이 남보다 높은 편이라고 응답하고 있었다. 결국, 과연 "어떤 것이 과소비인가", "어느 수준의 소비가 과소비에 해당하는가"라는 질문을 갖게 된다.

한편, 일반적으로 비싼 제품을 사는 것을 무조건 과소비로 규정하는 경우도 있으나 이 또한 잘못된 인식이다. 연봉소득이 1억인 사람이 5,000만 원짜리 자동차를 산 경우와 연봉이 3,000만 원인 사람이 2,000만 원짜리 자동차를 구입한 경우 5,000만 원짜리 자동차를 구입한 경우를 과소비한 것으로 볼 수만은 없다. 소득액수에 따라 소비액수가 차이가 있는 것은 당연한 이치이므로 과소비에 대한 개념은 상대적 개념임을 알 수 있다.

과소비지수

모 생명회사에서는 비만과 과소비자료에서 과소비지수를 개발하여 소비자들의 과소비 정도를 파악하는 기준을 제시하였다. 이 과소비지수는 다음과 같다.

$$과소비지수 = \frac{(월평균\ 수입 - 월평균\ 저축)}{(금융자산의\ 1\% + 월평균\ 수입)}$$

이 과소비지수값이 1 이상이면 재정적 파탄상태, 0.7 이상이면 과소비증후군에 속한 경우, 0.6~0.7 사이이면 평범한 수준, 0.6 미만이면 근검절약형이라고 하였다.

결국 과소비에 대한 평가는 절대적인 소비액수보다는 소득에 비해 소비지출이 차지하는 상대적 비율, 즉 상대적 개념이 과소비를 정의하는 기본적 근거가 되어야 한다. 또한 가계지출이 과소비인지 아닌지를 평가하기 위해 단순히 소득만으로 평가하는 것은 무리가 있다. 자녀 수, 가계의 규모 등에 따라 가계지출은 큰 차이가 있기 때문이다. 가족 수가 많은 경우 과소비지수 값이 높게 나왔다고 해서 과소비를 한다고 보기 어렵기 때문이다.

그 동안 과소비가 사회적 문제로 대두되면서 과소비 개념을 많이 사용하여 온 것에 비해 어떤 것이 과소비인가에 대한 개념적 정의가 확립되지 않아 앞으로는 과소비에 대한 명확한 기준이나 개념적 정립을 위한 노력이 진행되어야 하겠다.

과소비의 원인은 여러 가지가 있을 수 있다. 가장 대표적인 원인은 사회 전반적인 절약정신의 퇴조, 소득증대로 인한 소유욕구 증가, 지나친 과시욕구, 광고 및 세일 등 각종 소비지향적 분위기, 신용카드로 인한 구매의 용이성 등이라고 하겠다. 또한 부유층의 과시적 소비, 타인들의 소비행태를 따라하는 모방심리, 광고 등 사업적 자극, 소득수준향상 등인 것으로 조사되었다. 과시소비성향은 과소비를 일으키는 주요 요인으로 나타나고 있으며, 광고 또한 제품구매욕구를 자극하여 과소비를 부추긴다. 세일 등 각종 마케팅 전략 또한 과잉소비에 많은 영향을 끼치며, 신용카드 등 제품구매의 용이성 또한 과소비를 증가시키는 요인이 되고 있다.

과소비의 문제점은 가계의 재정적 위험, 빈부격차 및 위화감조성, 물가상승, 고가수입제품으로 국산품의 경쟁력 약화, 국제수지 적자 및 국제경쟁력 약화 등이다. 또한 과소비는 국민저축률감소와 무역적자를 초래하면서 물가상승을 동반하게 된다.

따라서 사회적으로 문제가 되고 있는 과소비를 줄이기 위한 방법은 건전한 소비의식 고취, 건전한 소비실천 유도, 과소비자에 대한 세금부과, 고급사치소비재에 세금부과, 가계저축유도, 고가 해외상품수입통제 등이라고 하겠다. 건전한 소비의식 및 소비실천유도는 주로 정부, 언론매체, 소비자단체 및 관련 기관이 앞장서서 소비자교육의 형태로 유도하여야 하며, 소비자 또한 스스로 자각하여 계획성 있는 그리고 적절한 규모의 소비를 하도록 하여야 한다.

(2) 과시소비

소비자들이 제품이나 서비스의 품질에서 만족을 얻기 위해 소비하지 않고 다른 사람들에게 자신의 부를 과시하기 위하여, 남에게 보여 주기 위하여 소비하는 경우 과시소비(conspicuous consumption)라고 한다. 과시소비란 제품이나 서비스의 상징성을 통해서 지위를 획득하거나 유지하려는 목적으로 타인에게 부를 과시할 수 있는 제품이나 서비스를 구매·사용하는 행위이다(백경미,1995). 다시 말해, 제품이나 서비스를 구입하여 효용을 얻기 위한 목적보다는 금전력 또는 자신의 지위를 과시하기 위한, 남에게 보이기 위한 목적으로 제품이나 서비스를 소비하는 것을 의미한다.[3] LaBarbera(1988)는 제품의 경제적·기능적 효용보다는 사회적·상징적 의미를 중시하여 타인에게 자신의 인상을 주려는 동기에 의한 소비를 과시소비로 정의하였다. 과시소비는 실익을 따지지 않고 그저 남보다 우월하게 보이기 위한, 자기도취에 빠져서 소비를 통해 다른 사람과 차별화하고자 하는, 또는 다른 사람보다 우월하기를 바라는 심리에서의 소비를 의미한다고 하겠다. 가격과 품질 비교는 하지 않고 무조건 외제만 구매하는 태도, 이왕이면 비싼

---

3) 과시소비를 과소비의 하위개념으로 파악하기도 하여 혼용하여 사용하기도 하나 엄격한 의미에서는 그 차이가 있다.

제품, 대형제품, 유명브랜드가 좋다는 식의 소비행태는 과시소비의 전형적인 유형이다.

백경미, 이기춘(1995)의 연구에서 우리나라 소비자들의 과시소비경향은 고소득계층에서만 나타나는 것이 아니고 전 소득계층에서 나타나는 현상임을 밝혔다. 또한 이 연구에서 남편의 직업이 과시소비 성향에 중요한 영향을 미치고 있으며, 주부의 연령이 낮을수록 과시소비 성향이 높은 것으로 나타났다.

과시소비의 원인은 크게 세 가지로 심리적 원인, 사회심리적 원인, 사회문화적 원인이다.

- 심리적 원인 : 개인적인 심리적 동기
- 사회심리적 원인 : 소비에 영향을 미치는 타인(예 : 대중매체, 판매업자, 이웃, 동료 등)
- 사회문화적 원인 : 사회 · 문화적 관습

과시소비를 부추기는 개인적인 요인은 주로 우리 사회의 깊은 경쟁의식, 소비자 자신의 열등감, 어린 시절 가난의 콤플렉스 등이 과시소비를 유발하는 동기가 된다. 그러나 과시소비는 이같은 개인적 측면의 원인보다는 사회심리적 그리고 사회문화적 원인에 의해 보다 많은 영향을 받는다. 과시소비 자체가 타인을 향한 전시효과(demonstration effect)에 초점을 두기 때문이다.

과시소비는 가시적으로 자신의 우월한 입장을 보여주는 방편이 되기 때문에 농어촌보다는 도시에서, 전원도시보다는 대중이 모이는 도심에서 더 많이 나타난다. 과시소비는 시간에 따라,

2-5

과시형 소비

'경제사상의 이단아' Thorstein Veblen에게는 졸부에 대한 미움을 가중시키는 DNA가 있었던 것 같다. 노르웨이계 미국 이민 2세로 위스콘신 주 빈농 가정 출신인 그는 고학과 주경야독으로 27세에 예일대 철학박사 학위를 받을 만큼 똑똑했다. 하지만 가난한 노르웨이 사람들 틈에서 자라난 그의 혀는 끝내 세련된 영어 발음을 구사하지 못했다. 평생 쪼들리는 아웃사이더였던 그의 눈에 세기 말의 미국은 기회의 신천지라기보다 정 · 상(政 · 商)이 도둑이나 진배없는 세상, 약육강식 '약탈형 자본주의'가 횡행하는 사회로 비쳤을 것이다. 《유한계급론》에서 부유층의 '과시형 소비' 이론을 체계화한 게 1899년이다. 그의 이름을 딴 '베블런 효과'는 100여 년이 지난 오늘날에도, 비쌀수록 잘 팔리는 명품 이야기가 나올 때마다 곧잘 회자되곤 한다.

마케팅 업계에서 한창 유행인 '트레이딩 업(trading up)'과도 일맥상통하는데, 이를 주창한 보스턴컨설팅그룹의 간판 컨설턴트 Silverstein은 '자기만의 독특한 감성욕구를 충족시킬 수 있다면 분에 넘치는 지출을 마다하지 않는 경향'이라 규정했다. 딜럭스, 프리미엄, 럭셔리 등이 앞뒤에 붙는 명품은 이제 부유층만의 화두가 아니다.

비싸도 아랑곳하지 않는, 오히려 비쌀수록 달려드는 수입차 마니아들은 '트레이딩 업'을 한 건지, 아니면 '베블런 효과'에 빠진 건지 자문해 볼 필요가 있지 않을까. 베블런과 같은 생각을 할지 모르는 소외계층을 달래기 위해서라도 그러하다.

출처 : 중앙일보, 2007년 5월 9일

사회에 따라, 그리고 제품에 따라 다양한 형태로 나타난다. 과시소비는 개인의 소비동기에 따라 복합적으로 일어나므로 어떤 소비행동이 과시소비인지 여부를 판단하는 것은 그리 쉬운 일이 아니다. 그러나 일반적으로 과시소비는 지위상징으로서 제품을 인식하고 구매하는 행위, 타인이 인정하는 유명상표 및 제품, 외제품, 고급품 등을 다른 사람에 비해 선호하면서 구입하는 행위라고 할 수 있다. 이 같은 과시소비 또는 경쟁적 소비가 반복되고 다른 소비자에게 영향을 미치면서 사회 전체적 소비풍토를 조성한다면 이는 바람직한 소비행태를 형성하는 데 큰 장애가 된다.

(3) 충동소비

충동소비(impulsive consumption)란 사전 구매계획 없이 구매현장에서 다양한 형태의 구매자극을 받아 충동적으로 제품 및 서비스를 구매하는 것을 의미한다. 꼭 필요하지도 않은 제품을 모양, 포장, 디자인 등의 순간적인 감정에 이끌려 구입하는 소비행태이다. 소비자들 중 1주일에도 여러 번 쇼핑을 가는 편이며 '꽝꽝세일', '바겐세일'이라면 일단 가서 구경이라도 하고 보자는 식의 소비자는 충동소비자일 가능성이 높다. "오늘 괜찮은 것 건졌다"라는 것은 이미 비계획적인 구매상태에서 충동적으로 구매했을 가능성이 높다. 충동소비는 미래소비의 주요 역할을 담당할 청소년에게 많이 나타나고 있어 심각하다. 이러한 충동구매를 막기 위해서는 무엇보다도 구매목록을 작성하여 계획구매를 하는 습관을 기르는 것이 바람직하다. 계획적이며 균형 있는 지출을 통해 소비자의 효용이 극대화되므로 충동소비를 방지하기 위하여는 가계부 쓰기가 우선적으로 시행되어야 한다. 균형적이며 분별력 있는 소비생활을 추구하고 잘못된 여러 가지의 소비행태를 바로잡는 길은 가계부 쓰기로부터 시작되어야 한다. 충동소비를 부추기는 원인은 주로 광고, 유행, 다양한 마케팅 전략이나 판매원의 권유, 신용카드 사용으로 인한 구매의 용이성 등이라고 할 수 있다. TV, 신문 등 화려하고 유혹적인 광고가 소비자의 충동구매를 부추기는 것은 익히 알려진 사실이다. 유행 또한 충동소비를 유발하는 주요 요인이다. 특히, 의류제품 등 표현적 기능이 강한 제품의 경우 유행이 과소비 및 충동소비를 유발하는 주요 요인이 되고 있다. 한편, 판매원의 권유 또는 다양한 마케팅 전략 역시 충동소비를 유발시키게 된다. 비계획적 구매 시 판매원의 권유나 마케팅 전략의 효과는 큰 것으로 알려져 있다. 게다가, 신용카드 사용이 급증하면서 당장 현금이 없어도 구매할 수 있다는 점은 충동소비를 부추기고 있다. 따라서 충동소비를 부추기는 요인인 광고, 유행, 다양한 마케팅 전략이나 판매원의 권유, 신용카드 사용 등에 대해 보다 비판적이고 냉정한 태도를 갖는 것이 충동소비를 억제하는 방법이 될 것이다.

저가충동구매증

IMF 한파 이후 백화점보다 비교적 싼 상가 쪽으로 발길을 돌린 주부들 중에 저가충동구매증에 걸린 주부들이 늘고 있다. 저가충동구매증이란, 상품의 품질과 가격을 비교해 싼 물건을 보면 사버리는 것을 말한다.

저가충동구매증은 쇼핑중독증과 유사하면서 본질적으로는 다르다. 쇼핑중독증은 일만 몰두하는 남편에게 복수하기 위해서, 남편의 관심을 끌기 위해서, 자신의 존재를 확인하기 위해서 고가의 물건을 사들이는 데 반해, 저가충동구매증은 알뜰 쇼핑을 하려고 나섰다가 싼 물건을 너무 많이, 자주 구매하게 되어 결과적으로 낭비하는 것이다.

서울 동대문 상가, 남대문 상가, 대형 할인매장 등에 이런 주부들이 늘고 있는데, 이는 경기가 나빠짐에 따라 중산층 주부들이 고가의 물건을 구입하면 죄책감을 느끼는 데 비해 저가의 물건을 사면 마음이 편해져 그러한 구매를 계속하다 오히려 지출이 더 많아지는 것이다.

출처 : 동아일보, 1998년 4월 14일

(4) 중독소비

중독소비(addictive consumption)란 지나치게 구매에 이끌려 구매 욕구를 억제하지 못하고 구매함으로써 결국은 지불능력을 초과하는 수준까지 도달하는 경우를 의미한다. 특히, 불안, 긴장, 우울감 등의 부정적인 감정을 극복하기 위한 방법으로 제품이나 서비스를 구매 또는 사용하는 경우 중독구매라고 한다. 일부 학자들은 강박적 소비(compulsive consumption)라는 용어를 혼용하기도 한다.[4] 결국, 중독구매는 통제를 벗어나 참을 수 없게 된 욕망으로 인하여 일종의 병적으로 습관적으로 구매하는 것이라고 할 수 있다.

미국의 경우에 쇼핑중독증은 단순한 과소비차원이 아니라 알코올·마약중독, 대식증과 같은 차원의 정신질환으로 취급한다. 필요하지 않은 상품을 마구 구입하고, 자기가 구입한 상품이 무엇인지 제대로 기억도 못하고, 쇼핑이 불가능해지면 심리적·육체적 부작용이 일어나는 상태가 바로 쇼핑중독증이다. 미국의 경우 전체 성인인구의 약 6% 정도가 쇼핑중독자로 추정되며 주요 병원들은 이의 치료를 위한 치료·재활프로그램을 운영하고 있다(송인숙, 1993; 박광희, 1995). 우리나라의 경우 삼성생명 사회정신건강 연구소에서 1999년 남녀 700명을 대상으로 조사한 결과 37%가 쇼핑습관에 문제가 있었는데, 조사대상자의 6.6%는 쇼핑중독, 11.9%는 평소 과다한 쇼핑으로 중독 상태에 빠질 가능성이 높은 위험군에 속함을 밝힌 바 있다.

중독소비자의 대부분이 쇼핑을 통해 불만을 해소하거나 대리만족을 느끼는 것이 쇼핑중독,

---

4) 중독적 구매와 강박적 구매를 혼용하여 사용하는 경우가 많은데, 일부 연구자들은 이 두 개념이 차이가 있다고 주장하기도 한다. 보통, 중독적 구매는 처음에 기쁘게 받아들이나 후일 경제적 고통에 이르는 경우가 많으며 통제가 불가능한 구매행태를 의미하는 반면, 강박적 구매는 자신의 의지와 상반되는 불쾌한 압력에 의해 통제되는 형태의 구매를 의미한다(박광희, 1995).

즉 중독구매의 주요 이유이며, 특히 여성들의 경우는 남편의 관심을 유발하려 하거나 훼방·보복을 하려는 심리가 큰 비중을 차지하는 것으로 조사되었다.

우리나라의 경우에도 신용카드의 사용이 확대되고 다양한 쇼핑방법이 도입되면서 쇼핑중독 증세를 보이는 소비자들이 증가하고 있다. 특히 외출할 필요도 없이 24시간 동안 쇼핑을 가능하게 한 케이블 TV의 홈쇼핑 채널, 통신판매업체의 증가는 소비자들의 구매충동이 구매중독으로 이어지게 하는 주요인 중의 하나라 할 수 있다. 쇼핑중독증세가 나타나면 스스로 문제를 깨닫고 합리적인 선별선택능력을 갖는 것이 가장 빠른 해결책이며 날마다 쇼핑품목과 구입액을 결산해 보는 것도 쇼핑중독을 예방하거나 치료하는 하나의 방법이 된다.

쇼핑중독증의 자가진단방법

현대의 소비자들은 소비에도 중독될 수 있다. 스트레스 등으로 인한 소비욕구는 억제하지 못하고 닥치는 대로 물건을 사야 하는 것이 쇼핑중독의 일반적인 증상이다. 이러한 쇼핑중독증의 정도를 판단하는 체크리스트는 다음과 같다. 각자 스스로가 자신의 쇼핑중독성 정도를 체크해 보자.

1. 지불할 능력이 없는 물건이라도 외상 또는 할부로 사게 된다.
2. 할인판매하기 때문에 종종 물건을 산다.
3. 월급날이 돌아올 때쯤 돈이 남아 있으면 써버린다.
4. 무엇이든 상관 없이 어떤 물건을 좀 사고 싶을 때가 있다.
5. 나는 씀씀이가 헤퍼 다른 사람이 안다면 놀랄 것이다.
6. 쇼핑하러 가지 않는 날은 불안하다.
7. 쇼핑을 하는 동안은 기분이 좋지만 집에 돌아오면 불안하다.
8. 물건을 산 후 사지 않았더라면 좋았을 걸 하고 종종 후회한다.
9. 돈이 있으면 전부 또는 일부를 써버리게 된다.
10. 종종 충동적으로 물건을 산다.
11. 무언가 쇼핑하러 가고 싶은 마음을 억누를 수 없을 때가 있다.
12. 쇼핑 후 바보같이 돈을 쓴 것이 아닌가 하는 두려움에 숨길 때가 있다.
13. 가게에 들어가면 물건을 사고 싶어 죽겠다.
14. 돈이 거의 바닥이 난 줄 알면서도 필요하지 않은 물건을 사곤 한다.

※ 진단방법 : 정말 그렇다(5점), 대체로 그렇다(4점), 그저 그렇다(3점), 대체로 그렇지 않다(2점), 전혀 그렇지 않다(1점).
☞ 합산결과가 47점 이상이면 구매중독증 위험상태이다.

출처 : The Weekly Economist, 1996년 10월 22일

(5) 모방소비

모방소비는 소비자들의 상위지향적 욕망 때문에 꼭 필요하지도 않으나 다소 무리를 해서라도 주위사람 또는 상위계층의 소비를 따라 하는 소비유형이다. IMF 사태 이전까지만 해도 경쟁적 소비 또는 모방소비는 과소비 또는 총체적 과열소비를 부추겨 왔다(백경미, 1997). '옆집에서 무엇을 샀더라', '그것 좋아 보이는데 우리도 사야겠다' 라는 식의 구매는 모방소비로 가는 지름 길이다. 이 같은 모방소비를 없애기 위해서는 심지어 반상회를 없애야 한다는 지적이 있을 정도 이다. 누구 유명 탤런트가 한 귀걸이, 누가 입은 옷 등을 운운하는 마케팅 전략에 많은 소비자들 이 편승하여 같은 제품을 소비하면서 만족 또는 심리적 안정을 찾는다면 이는 모방소비라고 할 수 있다.

국민경제교육연구소의 소비의식과 행태조사결과에 따르면 60%가 주위의 친구가 값비싼 유 명상표의 물건을 샀을 때 자신도 사고 싶다고 응답함으로써 우리나라 청소년의 모방소비성향은 높은 것으로 나타났다. 이 같은 모방 성향은 여학생의 경우 그 정도가 높았다(김경근, 1994). 따 라서 모방소비를 근절하기 위한 각종 소비자교육이 청소년, 특히 여학생을 대상으로 적극적으 로 실시되어야 하겠다.

4) 합리적 소비생활 방안

올바른 소비행태를 갖기 위해서는 소비자들의 바람직한 가치, 태도, 신념이 전제되어야 한다. 어린 시절부터 올바른 소비자의식을 갖도록 소비자교육이 활성화되어야 하며, 합리적인 소비행 태의 중요성에 대해 다시 한번 생각해 보아야 할 때이다. 합리적인 소비생활을 하기 위한 방안 을 간단하게 살펴보면 다음과 같다.

(1) 계획적인 소비생활

구매를 하기 전 반드시 구매계획을 세운다. 장보기에 앞서 사야 할 품목을 적는 것이 충동구매 와 시간의 낭비를 막아 준다. 한편, 가족생활주기를 고려한 장기적 지출과 저축계획을 세운다. 신혼기에는 지출이 적지만 시간이 지날수록 지출이 늘어나므로 미래지출에 대비하는 장기적 계 획을 세우는 것은 필수적이다. 계획적인 소비생활을 통해 충동구매를 억제하고, 사은품, 경품, 증정품 등에 현혹되어서는 안 되며, 과대광고에 속지 말고, 사재기 등 비윤리적 소비를 하지 않 아야 한다.

(2) 소비자정보의 적극적 활용

품질과 가격 측면에서 만족스러운 상품을 고르기 위해서 다양한 소비자정보를 습득하는 것이 중요하다. 신문과 잡지 등을 통해 객관적인 정보를 수집하고 국가기관, 소비자단체의 상품테스트결과, 생활정보 등을 적극적으로 활용한다. 각 상점별 기본적인 가격수준에 대한 정보, A/S에 대한 정보, 교환 및 환불에 대한 정보, 약정서나 계약서를 체결하는 경우 약관의 내용 확인, 기본적인 소비자 관련 법안이나 소비자보호센터에 대한 사전 정보 등은 반드시 활용하여야 한다.

(3) 가격과 품질에 근거한 소비선택

무조건 대형이나 외제를 선호하기보다는 가격과 품질과의 관계를 고려하여 효율적인 소비선택을 하는 것이 바람직하다. 각 개인의 생활여건과 편리성을 따져 물건을 고르고, 외제는 가격, 품질, 실용성을 고루 살펴보고 비슷한 국산제품과도 비교한 후 구매를 결정한다.

(4) 신용카드, 할부이용 자제

신용카드, 할부구매는 외상거래이다. 또한 연체 시에는 이용에 따른 수수료가 붙게 되므로 현금보다 더 많은 비용이 들게 된다. 따라서 적은 금액의 구매는 가능한 현금을 이용하고 신용카드와 할부로 구매할 경우에는 앞으로의 지불 계획을 세운 후 구매한다.

(5) 올바른 사용과 관리

제품을 합리적으로 구매하는 것 못지않게 효과적인 사용 또한 중요하다. 제품의 특성에 맞는 올바른 사용과 관리, 그리고 A/S를 받는 방법, 소비자피해보상방법 등을 알아두고 적극 활용한다.

(6) 생산적인 소비생활의 정착

생산적인 소비는 미래의 삶에 도움이 되는 것으로 같은 지출을 하더라도 더 나은 삶을 위한 수단으로 소비를 하는 것이다. 오락, 유흥비의 지출 등 일회성 소비는 자제하고 미래의 삶에 보탬이 되는 생산적 소비를 하도록 노력한다. 또한 스트레스 해소의 동기로, 열등감에 의하여, 과시하기 위하여 소비하지 않도록 한다.

3

소비자행동의
이론적 접근

1. 소비자행동의 기초 | 2. 소비자행동에 대한 이론적 접근

CHAPTER 3

소비자행동의 이론적 접근

1. 소비자행동의 기초

1) 소비자행동이란?

소비자행동이란 구매 및 소비 그리고 사용을 위한 소비자의 최종적인 실행행동뿐만 아니라 구매결정과 관련한 소비자의 내적·외적 행동을 모두 포함한다. 구체적으로, 소비자가 제품의 구매 및 사용과 관련한 의사결정 및 그 실행행동으로 어떤 제품을 어디서, 어떻게 구매할 것인가와 관련한 정보탐색, 상품 비교·평가, 구매 제품의 사용 및 소비 등 일련의 행동을 포함하며, 구매 관련 활동을 위한 소비자 내부의 인지적 활동도 포함한다. 또한 제품 사용 후 경험이나 평가 그리고 차기 구매결정에 피드백하는 심리적 움직임, 구매 및 소비행동과 관련하여 파생되는 집단적·사회적 행동(예 : 불매운동, 소비자주권 운동)도 포함한다.

2) 소비자행동 연구분야

소비자행동 분야에서는 소비자행동에 영향을 주는 제반 환경적 요인을 소비자행동에의 자극변수, 소비자의 개인 내적 요인을 매개변수, 자극변수와 매개변수의 함수관계로 생성되는 다양한 형태의 행동을 반응변수로 본다. 〈그림 3-1〉에 제시한 것 처럼 소비자행동의 일련과정과 연결된 다양한 요인과 반응변수들이 소비자행동의 연구분야이다.

```
┌─────────────┐      ┌─────────────┐      ┌─────────────┐
│   자극변수    │  ➡   │   매개변수    │  ➡   │   행동변수    │
│             │      │ (개인 내적 변수) │      │             │
└─────────────┘      └─────────────┘      └─────────────┘
```

마케팅 관련 요인
- 제품 및 서비스
- 가격, 광고
- 상품진열, 판매원

사회 문화적 요인
- 가족, 준거집단
- 사회계층, 문화

기타 환경적 요인
- 타인의 행동/태도
- 경제 상황
- 정치적 상황

개인 내적 요인
- 욕구, 필요, 동기
- 지각 및 인식구조
- 학습내용 및 수준
- 신념 및 태도

가시적 행동
- 상점내방
- 제품/상표선택
- 구매횟수 및 구매량

내면적 반응
- 제품 및 상표에 대한
- 지식 및 사용경험 획득
- 태도 변화
- 구매의도 변화
- 구매 후 만족/불만족

그림 3-1 소비자행동 영향요인과 행동요인

3) 소비자의사결정이란?

일반적으로 의사결정이란 인간의 욕구(목표)를 충족(성취)시키기 위하여 여러 대체방안을 비교·검토한 후 그 가운데 한 가지를 선택하는 것이다. 이때 대체방안이 둘 이상 존재할 때에만 의사결정이 발생한다. 그렇다면 소비자의사결정이란 소비자들의 욕구를 충족시키는 데 필요한 두 개 이상의 여러 가지 제품들이나 대안들을 비교·검토한 후 소비자 자신의 욕구를 최적으로 충족시켜줄 수 있는 것을 최종적으로 선택하는 것이다.

4) 소비자의사결정의 어려움

미국인의 경우 수면 & 노동 이외의 시간 중 9%를 소비자의사결정을 위한 정보수집에 할애한다고 한다. 완전정보는 소비자에게 비용 20% 절약 또는 20% 이상의 더 가치 있는 선택을 유도한다고 한다. Maynes(1990)는 소비자구매이득(consumer payoffs)이란 더 나은 가격, 더 나은 품질 등 효율적 구매로 인해 얻은 이익으로서 약 20% 정도라고 주장하였다. 이처럼 효율적 의사결정이 중요함에도 불구하고 소비자들은 정보탐색을 완벽히 하지 못하고 있으며 또한 의사결정에 어려움을 겪고 있다.

① 선택의 범위확대, 선택의 어려움

제품 증가, 신기술·복잡제품 증가, 제품의 다양함, 판매방법의 변화·다양, 마케팅방법의 교묘화로 소비자들이 의사결정을 하는 것이 점차 어려워지고 있다. 미국에서는 매년 2,500개 이상의 새로운 제품이 출시되고, 이 중 90%는 3년 안에 사라진다고 한다. 이 같은 상황에서 소비자는 상품선택 시 경제적·비경제적 요소를 모두 고려하기는 어렵다.

② 제품비교·평가의 어려움

소비자는 소비자정보활용의 한계, 정보처리능력의 한계로 제품비교·평가가 쉽지 않고 그 결과 소비선택의 의사결정이 어렵다. 제품의 수가 증가하면서 많은 제품에 대한 정보수집의 한계, 시간, 에너지, 인지적 능력의 한계로 의사결정이 점차 어려워지고 있다.

③ 높아지는 의사결정기대 부응의 어려움

교육수준 및 소비자의식수준이 높아지면서 이에 부응하는 소비선택이 쉽지 않다. 웬만한 소비자 선택, 소비자의사결정으로는 소비자만족이 높아지지 않고 있다. 보다 탁월한 선택, 효율적 소비자의사결정이 요구되어 소비자들은 의사결정의 어려움에 직면하고 있다.

④ 시간적 제약

소비자는 쇼핑할 시간이 없을 정도로 일을 많이 하고 있어 소비자정보탐색 시간에 대한 기회비용이 증가하고 있다. 그 결과 소비자들의 정보탐색 포기현상이 속출한다. 특히, 고소득층의 경우 정보탐색으로 인한 한계비용이 정보탐색으로 인한 한계이익보다 커서 정보탐색의 장애가 되고 있으며 그 결과 소비자의사결정이 더 어려워지고 있다.

5) 소비자행동에 대한 경제주체별 관심

(1) 소비자

일반소비자, 소비자교육자, 소비자옹호론자들이 소비자행동에 관심을 갖기 시작하였고 소비자경제학자들도 소비자들의 효율적 선택에 관심이 많았다. 소비자교육 관련자들은 소비자교육을 통해 사업자들의 사기로부터 보호하고, 효율적인 의사결정 방법을 알려주고자 하였다. 소비자들도 소비자행동에 대한 관심과 연구를 수행하여 왔다. 소비자들은 첫째, 소비자 자신의 욕구충족과 소비자복지향상을 위하여 소비자행동에 관심을 가져왔다. 자신 및 가족의 욕구가 무엇인지, 어떻게 최대한으로 충족시킬 수 있는지에 대해 고민해야 했고 기업의 다양한 마케팅활동에 현명하게 대처하는 방법, 합리적 구매행동을 하기 위해 구매결정의 타당성 평가 및 문제점 해결 방법 등에 대해 알아야 했다.

둘째, 소비자들은 경제발전 및 사회복지 증진을 위하여 소비자행동에 관심을 가져왔다. 우리나라 GNP의 2/3가 가계의 소비지출로 구성된다고 한다. 소비자들의 의사결정은 경제 시스템의 기본 구조를 좌우하며 한 나라의 재화 및 서비스의 성격을 결정하고 자원배분, 물가 등에 영향을 미친다. 따라서 소비자의 의사결정은 한 나라의 생활수준 및 삶의 질을 결정하므로 소비자행동에 대한 연구가 필요하다.

셋째, 소비자교육 수행을 위하여 소비자행동에 관심을 가졌다. 소비자들로 하여금 일상생활의 대부분을 차지하고 있는 소비 관련 활동을 보다 합리적으로 수행할 수 있도록 소비자교육을 개발·시행하기 위해서는 소비자행동에 대한 조사 및 연구가 필요하다.

(2) 기업

사업자들은 소비자동기와 행동에 관심을 가져왔다. 마케팅은 고객을 창출하는 것이 그 목적인데 소비자를 계속적으로 창출하고 유지하기 위해 소비과정, 구매과정은 물론 소비자의사결정 및 소비자행동에 더욱 관심을 갖고 있다. 기업은 크게 두 가지 측면에서 소비자행동연구가 필요하다.

첫째, 기업의 장기적 성장을 위해 제품 구매자인 소비자들의 행동을 이해하고 연구해야 한다. '어떤 제품을 생산할 것인가'에서부터 제품판매 후 서비스 제공까지 소비자지향적경영은 필수적이다. 둘째, 장기적 복지 증진 및 사회 이익 실현의 기업 윤리적 책임을 수행하기 위해서 소비자들의 사회·경제적 행동을 이해하고 연구해야 한다. 특히, 마케팅 차원에서의 소비자행동연구의 필요성은 다음과 같다.

첫째, 시장 기회분석을 위하여, 즉 기존 시장을 확대하거나 신제품을 제공하여 새로운 시장을 개척하려 할 때 소비자의 미충족 욕구를 파악하거나 분석이 필요하다.

둘째, 시장세분화 및 표적시장 선정을 위하여, 즉 시장세분화 전략이 성공하려면 표적시장의 소비자행동에 대한 충분한 이해가 선행되어야 한다. 이때, 시장세분화(market segmentation)란 동질적인 특성을 보이는 몇 개의 소비집단으로 분할하는 과정이다. 전체 시장을 표적으로 단일 마케팅 프로그램을 실행하는 경우 이 프로그램에 소외되는 소비자집단이 존재하게 되며, 다수의 이질적인 집단으로 구성된 경우 비효율적이다. 시장을 몇 개의 집단으로 세분한 후 이들 집단의 특성을 파악하여 이에 적합한 마케팅 프로그램을 개발, 실행하면 효율적이다. 예를 들어, 현대자동차는 미국시장에서 저렴한 가격의 엑셀 자동차 수출판매로 성공을 거두었다. 그러나 중형차인 쏘나타는 상당히 어려움을 겪었다. 그 이유는 미국 중산층 소비자들의 특성은 소형차를 구매하는 소비자들과는 다른 특성을 가지고 있었기 때문에 중산층의 외제에 대한 거부감은 소형차 시장 소비자들보다 거세며, 중형 자동차 시장을 표적으로 하고 있는 미국 자동차 회사들과 힘든 경쟁을 해야 했다.

셋째, 마케팅 믹스의 효율적 결정을 위하여 소비자행동에 관심을 가져왔다. 마케팅 믹스(marketing mix)란 표적시장과 관련하여 마케팅 주체가 통제할 수 있는 마케팅 관리요소의 조합으로 흔히 4P라 하는 제품(product), 가격(price), 유통경로(place), 촉진활동(promotion)이다. 마케팅의 성공여부는 표적시장에 적용할 마케팅 믹스의 내용에 달려 있다고 해도 과언이 아닌데, 이를 위해 표적시장의 소비자들의 활동을 이해하는 것은 필수적이다. 예를 들어, 표적시장의 소비자가 무엇을, 어떤 제품을, 어떤 가격에서 원하는지, 가격변화가 올 경우는 어떤 반응을 보일 것인지에 대한 충분한 이해를 기초로 제품의 품질 수준과 가격에 대한 적절한 믹스 결정을 해야 한다. 또 다른 예를 들면, 어떤 점포를 애호하는지, 신뢰하는 광고매체는 무엇인지, 효과적인 촉진방법은 무엇인지, 누구와 어떤 방법으로 제품 및 구매에 대해 의사전달을 하는지 등의 조사 및 이해가 필요하다. 가격 및 품질의 관계에 관한 지각, 가격탄력성, 매체 습성, 점포 이미지 등에 대한 조사 및 분석이 필요하다.

넷째, 총괄적인 마케팅 수립을 위하여 소비자들의 미래 수요 예측, 총괄적인 마케팅 전략 수립 등에 소비자행동연구는 필수적이다. 소비자들의 구매의도 및 행동, 제품 및 상표 등에 대한 소비자들의 지각, 신념, 태도 등에 대한 심층적 조사 및 분석이 필요하다.

(3) 정부

경제적, 사회적 차원의 많은 정책결정을 보다 합리적으로 수행하기 위해 정부에서도 소비자행동에 대해 연구한다. 정부 정책가는 교육만으로는 소비자복지가 보장되지 않는다고 생각한다. 자유경쟁체제에서 사업자의 남용이 증가하면 정부가 개입하여 기업의 독점적 지위와 기만이나 남용을 통제하고 불공정거래를 조절하고자 한다. 또한 소비자보호법과 소비자규제를 통해 해결하고자 하는데, 구체적으로 정부의 소비자행동에 대한 관심은 다음의 정책에 중요하기 때문이다.

- 정부의 공공 서비스 정책 : 대중교통, 도시계획, 위락시설 및 사회복지시설 운영 등에 대한 정책 결정에 이용자/소비자들에 대한 충분한 이해와 연구 필요
- 환경 및 소비자정책 : 소비자권익보호를 위한 공정거래법, 광고규제법, 독점규제법, 소비자보호법, 그리고 환경을 보호하기 위한 기업을 대상으로 하는 기업규제 및 환경정책 수립에 소비자행동에 대한 조사와 이해가 필요
- 소비 억제 마케팅 정책 : 자원낭비방지, 소비자의 건강보호 차원에서 정부에서 특정 제품이나 서비스를 권유 또는 억제하는 정책을 실행 시 소비자행동연구가 필요. 예를 들면 위해 제품 판매금지, 사치성 제품 소비억제, 약물 남용 방지, 금연을 위한 캠페인이나 규제

지금까지 소비자행동에 대한 여러 주체들의 관심에 대해 살펴보았다. 그렇다면 소비자행동에

대한 올바른 관심은 어떤 것일까? 한마디로 답한다면 기업가, 마케터들의 기대나 욕구에 기초한 관심이나 연구가 아닌 소비자들의 욕구를 충족시켜야 한다. 구체적으로 첫째, 소비자주권 (sovereignty)의 우선적인 시각이 중요하다. 소비자는 주권을 가지고 있다. 마케팅 입장에서는 소비자의 요구, 기대, 아이디어, 동기, 행동에 대한 충분한 이해와 반영이 필요하다. 소비자학에서 민주사회 정치가 국민에 의해 결정된다면, 경제사회는 소비자에 의해 결정되어야 한다고 인식하고 있다. 소비자 주권이란 소비자가 무엇을, 얼마만큼, 어떻게 만들 것인가를 결정하는 주권을, 즉 경제적 의미의 주권을 의미한다. 소비동기와 행동을 이해하고 받아들이는 것은 기업 생존에 있어서 필수적인 사항이다.

둘째, 소비자들에 대한 연구를 통한 소비자동기, 소비자행동의 이해가 우선적이어야 하고 이에 대한 관심과 연구가 필수적이다. 소비자행동에 영향을 미치는 요인을 파악하여야 한다. 기업가는 소비자주권이 확보되는 전제에서 소비자의 욕구나 기대에 부응하는 제품이나 서비스를 통해 소비자의 동기와 행동에 변화를 줄 수 있다.

2. 소비자행동에 대한 이론적 접근

1) 소비자행동에 대한 여러 학문적 접근

소비자행동을 체계적으로 이해하려는 노력이 소비자행동연구자, 소비자정책입안자, 기업들에 의해 이루어져 왔다. 미국에서는 1960년대 이후 Engel, Kollat, Blackwell에 의해 소비자행동 교과서가 최초로 출판되었고, 〈소비자 리서치 신문(Journal of consumer research)〉이 창간되면서 대학에서 교과목으로 채택되었다. 그 이후 소비자지향적 마케팅이 크게 부각하면서 소비자행동

| 표 3-1 | 소비자행동연구의 관점 비교

특징	마케팅 주체측 관점	소비자측 관점
연구 대상	외적(구매자)	내적(자신)
관심 대상	총체적 소비군(시장)	개별적 소비자(개인)
관심 범위	특정 제품(무엇을 생산?)	구매행동(무엇을 구매?)
바른 선택 기준	특정 상표(자사 상표)	최적 상표 대안(나를 위한)
연구 목적	소비자행동에의 영향	마케팅 주체의 영향으로부터 통제

출처 : 김종의(1999), 소비자행동, 형설출판사.

에 대한 학문적 관심이 높아졌다. 소비자행동연구자들은 심리학·사회학·사회심리학·문화인류학·경제학 등 행동과학 분야에서 개발된 여러 개념, 이론, 연구결과들을 도입하여 소비자행동을 설명하고 예측하고자 하였고 기업의 마케팅관리에 응용하기 위해서도 마케팅 학자나 실무자들에 의해 연구되어 왔다. 소비자행동에 대한 각 학문적 접근방식 및 초점은 〈표 3-1〉에서 제시한 바와 같이 서로 다르다.

소비자행동은 인간이 행하는 수많은 행위들 중 한 형태이므로, 자연히 소비자행동연구자들은 심리학·사회학·사회심리학·문화인류학·경제학 등 여러 학문 분야에서 개발된 여러 개념과 연구결과들을 도입하여 소비자행동을 설명하고 예측하는 데 적절히 적용하여 왔다. 여러 학문분야는 소비자의 행동을 학문의 대상으로 한다는 데 공통점이 있지만 여러 측면에서 차이가 있다. 예를 들어, 심리학은 개인 소비자의 심리를 연구하고, 사회학은 집단과 하부문화 구성원들의 소비자행동이 주요 관심대상이며, 사회심리학은 개인 소비자의 심리가 집단에 의해 영향을 받게 되는 과정을 주로 다루고 있다. 인류학은 사회와 문화를, 경제학은 사회의 경제적 복지를 주요 연구대상으로 하고 있다. 이처럼 소비자행동에 관한 다양한 학문적 이론의 수립은 소비행동에 대한 기본적 이해를 높이는 데 기여할 뿐만 아니라 경영자 및 마케터들의 전략 수립에도 도움을 준다.

초기 소비자행동에 대한 이론적 설명은 경제학에 의해 주도되었다. 경제학에서는 소비자의 제품에 대한 수요분석에 보다 초점을 두고 구매의사결정에서 효용을 극대화시키는 최적 대안을 선택하는 것을 주요 과제로 하고 있다. 주로 미시경제학자들에 의해 제기되어 온 접근은 소비행동 및 소비선택을 설명함에 있어 합리적 선택에 의한 효용극대화를 전제로 하는 신고전학파의 소비자수요이론(consumer demand theory)이 대표적이다. 한편, 신고전학파의 기본적인 논리체계를 그대로 수용하면서, 제품 자체가 아닌 제품의 속성이나 특성으로부터 효용이 발생한다는 데에 착안한 특성이론(characteristic theory)이 전개되기도 하였다. 그런데 경제학적 이론은 소비행동을 설명함에 있어 경제적 요인만을 강조하며, 소비자의 절대적 합리성과 이성적 판단 능력을 전제하고 있어 소비자들의 비합리적 행동이나 의사결정을 포괄적으로 설명하지 못한다는 지적이 제기되어 왔다. 경제학에서 개발된 소비자행동 모델은 개별 소비자들의 선택행위를 종합한 전반적인 수요 추세를 예측하는 데 유용하나, 소비자행동에 대한 포괄적인 분석을 하기에는 한계가 있다. 다시 말해, 경제학적 접근은 개별 소비자들의 소비선택, 즉 수요행위를 논리적으로 잘 설명하고 있으나 소비자들의 구매 동기, 의사결정과정, 전체적인 소비자행동을 포괄적으로 설명하지 못하며, 마케팅 차원의 전략 수립 등에 쉽게 적용하기 어렵다는 비판이 제기되었다.

미국에서 시작된 제도학파는 소비자수요이론이 경제적 측면의 효용추구 및 합리적 선택에만 초점을 둠으로써 복잡한 인간행동을 충분히 설명하지 못하는 한계점을 지적하였다. 제도학파는 소비자의 의사결정을 설명함에 있어 기존의 전통적 경제이론이 사회적 가치, 문화적 배경 등 비경제적 요인들이 소비자들의 의사결정에 영향을 미치는 점을 배제한 것에 대해 이의를 제기하였다. 제도학파들은 소비자행동을 설명함에 있어 경제적 요인 이외에 그 소비자가 속한 사회, 주변환경, 문화, 심리적 측면 등 복잡한 요인에 의해 영향받는 점을 강조하고 있다. 이들은 인간은 완전히 독립된 주체로서가 아니라 사회적 동물로서 사회집단의 구성원이며 사회조직의 일부이므로 소비행동을 포함하는 인간의 행동을 연구함에 있어 사회심리, 사회환경, 문화적 접근이 필요하다고 주장하였다(이승신 외, 1996).

경제학적 접근의 한계점에 대한 지적이 계속되면서 소비행동을 설명함에 있어 소비자들의 심리적 요인이나 심리적 환경을 강조하는 심리학적 접근이 대두되었다. 심리학적 접근은 경제학자들이 주장하는 것처럼 소비자가 언제나 효용에 근거한 합리적 선택을 하지 않는 점을 강조하면서 소비선택이나 행동과정에서 소비자들의 심리적 작용의 중요성을 강조하였다. Freud의 연구를 근간으로 하는 심리분석적 접근(psychoanalytic model)이나 Katona(1975)의 심리경제학 모델(psychological economics)이 대표적이다.

그러나 심리학적 접근이 소비자들의 비합리성, 실제적 소비행동을 포괄적으로 설명하는 장점이 있으나 논리적 체계나 구체적인 모델설정이 수립되지 않은 한계점을 보이고 있다. 이 같은 한계를 극복하고 소비자행동을 보다 통합적으로 그리고 체계적으로 설명하고자 개발된 모델이 행동주의적 접근 또는 다변수모델(multiple variable model)로서, 구체적으로 Nicosia 모델, Howard & Sheth 모델, Engel, Blackwell & Miniard 모델 등이 대표적이다.

결론적으로, 소비자행동의 초기 이론은 1950년대 경제학적 접근 이론으로 시작하여 1960년대 심리학적 접근이 제기되었으며, 1960년대 후반부터는 심리학이나 경제학 등 단일 학문이나 단일 개념으로 복잡하고 광범위한 소비자행동을 설명하기에는 한계가 있으므로 행동과학으로부터 도입된 여러 개념 및 이론들을 종합한 행동주의적 모델이 개발되기에 이르렀다.

지금까지 소비자행동 또는 소비자의사결정을 설명하는 다양한 이론들의 전개과정에 대해 살펴보았다. 그러나 소비자행동에 대한 사회적 · 학문적 · 실무적 차원의 관심이 높아졌음에도 불구하고 아직도 소비자행동에 관한 이론이 충분히 수립되지 않았으므로 다양한 이론이나 모델의 확립을 통해 소비자행동에 대한 종합적인 이해가 필요한 시점이다.

2) 소비자행동의 경제학적 접근

소비자행동을 설명하는 대표적인 초기이론은 경제학적 이론으로 소비자의 제품에 대한 수요분석을 주요 관심 대상으로 하는 소비자수요이론(consumer demand theory)이다. 한편, 기본적인 경제학적 틀과 모델을 그대로 적용하면서 소비자선택을 설명하는 특성이론(characteristics theory)이 제기되었다. 특성이론은 소득, 가격 등 경제적 변수에 의해 소비자선택이 결정된다는 소비자수요이론의 전제에서 탈피하여 제품의 속성이나 특성에 의해 소비자선택이 결정된다는 새로운 시각을 제시한 점에서 그 차이가 있다. 경제학에서는 비슷한 기능을 제공하는 두 대의 승용차 중에서 가격이 싼 승용차를 선택하는 행위를 합리적으로 보고 있지만, 어떤 소비자가 자신의 이미지를 강화시키고 권위를 상징하는 비싼 자동차를 구매함으로써 보다 큰 만족을 얻게 된다면 그러한 구매도 합리적 행동으로 볼 수 있다. 결국, 경제학에서 개발된 소비자행동모델은 시장에서의 개별 소비자행동에 대한 분석과 예측보다는 개별 소비자의 선택행위를 종합한 전반적인 수요추세를 예측하는 데 더 유용하다고 하겠다.

(1) 소비자수요이론

소비생활에서 가장 기본적인 행동은 시장에서 상품 및 서비스를 선택하는 것이다. 소비자는 제품 및 서비스를 선택하여 구매·소비함으로써 소비자의 다양한 욕구를 충족시키게 된다. 경제학자들은 소비자들의 상품에 대한 소비선택을 효용극대화를 추구하기 위한 노력으로 간주하였다. 소비자수요이론은 다음의 두 가지를 기본 전제로 한다.

- 소비자는 제품에 대한 완전한 정보를 수집하고 이에 기초하여 합리적인 의사결정을 한다.
- 소득수준과 제품가격이 주어졌을 때 각 제품의 소비로부터 최대의 효용을 얻을 수 있도록 제품의 종류와 구매량을 결정한다.

소비자수요이론은 소비자선택행위를 설명하는 대표적인 경제학적 이론으로서 소비자들의 수요예측 및 추세를 파악하는 데 유용하다. 그러나 소비자의 효용극대화에 초점을 두는 경제학적 접근은 소비자행동을 설명함에 있어 다음과 같은 비판이 제기되었다.

- 개인의 구매의사결정에서 효용을 극대화시키는 최적대안을 선택하기보다 적정한 만족 수준을 제공하는 대안을 선택하는 경우가 흔히 있다.
- 합리적 행동을 정의하는 일이 어렵다.

소비자의 소비선택을 설명하는 경제학적 모델은 소비자의 예산제약(budget constraint)과 선호(preference)체계에서 출발한다. 활용 가능한 자원이 제약되어 있고 희소하다는 데에서 예산제약이 존재하며, 소비자의 선호체계는 소비자의 효용극대화를 분석키 위하여 효용(utility)의 개념을 사용한 무차별곡선(indifference curve)으로 설명한다.

소비자수요이론에 따르면 소비자는 주어진 예산제약하에서 자신의 효용을 최대로 충족시켜주는 선택, 즉 합리적 선택을 한다고 전제한다. 인간의 욕망은 무한하나 이를 충족시킬 수 있는 제한된 자원으로 최대의 만족을 얻기 위한 가장 효율적인 선택이 바로 경제학에서 추구하는 목표이다.

소비자의 쌀과 옷 두 재화에 대한 예산제약과 무차별곡선으로 나타내는 선호체계가 주어지면 〈그림 3-2〉에 제시한 바와 같이 예산제약선과 무차별곡선이 만나는 접점이 소비자가 효용을 극대화하기 위한 최적 선택점이 된다. 소비자는 완전한 정보와 일관성 있는 선호를 가지고 주어진 예산하에서 최적의 선택을 한다고 전제하고 있다. 다시 말해, 소비자는 선택 가능한 상품으로부터 얻을 수 있는 효용(만족)을 극대화하는 합리적 선택을 한다고 가정한다.

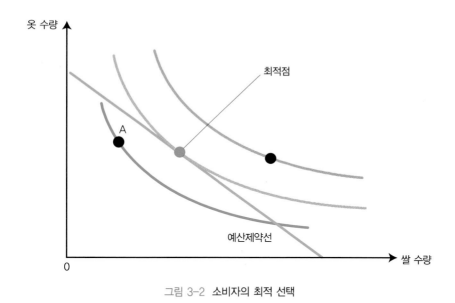

그림 3-2 소비자의 최적 선택

소비자수요이론은 신고전경제학파의 미시경제학적 접근으로 이 같은 소비자선택이론은 몇 가지 측면에서 제한적이라는 지적이 제기되어 왔다.

첫째, 소비자선택이론에서 전제하고 있는 소비자들의 합리적 선택, 이성적 판단에 대한 비현실적 가정에 대한 문제점이 제기되어 왔다. 많은 소비자가 언제나 효용을 극대화하기 위하여 합리적이고 이성적인 판단을 하지는 않는 것이 보통이다. 따라서 경제학자들의 가정은 비현실적이라고 하겠다.

둘째, 소비자행동에 관한 경제학적 분석은 소비자들이 무엇을 소비해야 하고 어떻게 소비해야 하는가에 대해 관심을 갖지 않는다. 경제학적 모델은 소비현상 그 자체에 대해 설명할 뿐 소비가 왜 일어나는가에 대한 설명이 되지 못하는 한계가 있다(조영달, 1993). 끝으로, 소비자의 선택은 개인의 의사결정사항으로서 주변의 사회환경, 문화적 배경, 사회·심리적 측면에 전혀 영향을 받지 않는다는 전제는 비현실적이다.

이 같은 지적에도 불구하고 신고전경제학의 소비자수요이론은 명확한 논리적 체계, 월등한 예측력 등으로 소비선택을 설명하는 중요한 이론적 논리체계로 인정받고 있다(김기옥, 1993). 신고전학파의 소비자수요 모델은 개별 소비자들의 일반적인 소비선택의 행위를 이해하는 데 도움이 되며, 소비자가 특정 재화의 구입을 증가시킬 것인지 아니면 감소시킬 것인지를 이해하고 또 예측하는 데 유용하다.

(2) 특성이론

특성이론(characteristics theory)[1]은 Lancaster(1971)에 의해 제기된 이론으로서 소비자들의 구매와 관련한 의사결정을 설명함에 있어 제품의 속성이나 특성을 중요시하는 이론이다. 특성이론의 기본적 틀은 경제학적 모델을 사용하고 있으나, 왜 소비자가 특정 제품을 선택하는가에 대한 기본적인 질문에 답하고자 하였다. 특성이론에 따르면, 어떤 소비자가 특정 브랜드를 선택한 이유는 단순히 그 제품의 소득, 가격 등 경제적 요인뿐만 아니라 그 제품의 속성이나 특성 때문임을 밝히고 있다. 다시 말해, 소비자는 제품으로부터 만족을 얻는 것이 아니라 제품의 속성이나 특성으로부터 만족을 얻는다고 전제하고 있다. 예를 들면, 자동차를 구매한 경우 소비자는 자동차 그 자체로부터 만족감을 얻는 것이 아니라, 자동차가 제공하는 속성인 안전함, 안락한 승차감, 멋스런 자동차의 디자인, 실내 장식 등으로부터 만족을 느낀다는 것이다. 결국, 소비자가 자동차를 구입하는 이유는 자동차가 제공하는 이 같은 다양한 속성들 때문이라고 할 수 있다. 특성이론에 따른 효용함수를 수식으로 나타내면 다음과 같다.

$$U = u(C_i)$$

여기서, C_i는 제품의 특성들(예 : 치약의 경우 미백특성, 충치방지, 악취제거 등)을 의미한다.

특성이론은 주어진 소득과 시장가격 하에서 상품을 선택하고, 이 상품으로부터 효용이 창출된다는 소비자수요이론의 논리에서 탈피하여, 상품이 아닌 상품의 속성이나 특성으로부터 효용

---

[1] 김영신, 강이주, 이희숙, 허경옥, 정순희(2008)의 《소비자의사결정》(교문사)에서 제시한 것과 거의 동일한 내용임.

이 창출된다고 주장하면서 소비자선택을 설명하는 새로운 시각을 제시하였다. 예를 들면 소비자가 치약을 구매하는 경우 치약으로부터 효용이 창출되는 것이 아니라, 치약의 속성인 미백작용, 충치방지기능, 구취제거기능 등으로부터 소비자는 만족(효용)을 느낀다는 것이다. 이때, 각기 다른 브랜드의 치약이 소비자에게 제공하는 속성 및 각 속성의 가격이 다르므로 소비자는 주어진 조건하에서 최대효용을 창출하는 브랜드를 선택한다고 설명하고 있다.

결론적으로, 상품의 속성이나 특성으로부터 소비자는 만족을 느끼므로 이 같은 속성이나 특성이 소비자선택을 결정한다는 논리가 특성이론의 주요 골자이다. 그러나 소비자수요이론과 특성이론 모두 효용의 개념을 사용하여 소비자의사결정을 설명하는 점 그리고 주어진 예산조건하에서 최적 선택이라는 기본적 경제논리를 적용한다는 점에서 두 이론은 공통적이다.

특성이론의 주창자인 Lancaster는 제품의 특성이 객관적으로 측정될 수 있다고 전제하였다. 또한 특정 제품에 대해 소비자가 인지하는 특성은 소비자마다 동일하다고 가정하고 있다. 뿐만 아니라 소비자는 특성의 가격을 알고 있다고 전제하고 특성이론의 기본 모델을 전개하고 있다. 특성이론에 대해 구체적으로 살펴보기 위해 소비자가 치약을 구입하려 한다고 하자. 치약이 제공하는 특성은 여러 가지이나 모델을 간명하게 전개하기 위해 두 가지로서 치아표백(C_1)과 충치예방(C_2)이라고 가정하자. 치약제품이 제공하는 이 두 가지 특성의 가격을 다섯 가지 브랜드 제품으로 구별하여 제시하면 〈표 3-2〉와 같다.

| 표 3-2 | 치약제품의 브랜드별 속성

치약 브랜드 / 특성량	천원당 치아 표백 제공량(C_1)	천원당 충치 방지 제공량(C_2)
A	10g	2g
B	5g	2g
C	8g	5g
D	5g	7g
E	2g	10g

〈표 3-2〉를 중심으로 주어진 예산 하에서 소비자가 얻을 수 있는 특성들의 양을 그래프상의 선으로 연결하면 〈그림 3-3〉에서 제시한 바와 같이 점 A, C, D, E를 연결한 선이 효율곡선(efficiency frontier)으로서 1,000원으로 얻을 수 있는 각 브랜드별로 제공되는 특성치의 양을 직선으로 연결한 선이다. 효율곡선은 전통적 소비자수요이론에서 예산선에 대응하는 개념이라고 하겠다. 효율선상의 점들은 브랜드별 구입 가능한 특성치들의 양의 조합을 나타낸다. 결국 효율곡선은 주어진 예산으로 최대의 특성치를 얻을 수 있는 점들을 연결한 선이다. 〈그림 3-3〉에서

효율곡선을 나타낼 때, 원점에서 가장 멀리 위치한 점인 점 A와 점 C를 직선으로 연결하게 되므로 효율곡선은 B점을 통과하지 않게 된다. 이때, 주어진 예산 하에서 구입 가능한 각 브랜드별 특성치를 나타내는 점들을 연결하되, 원점에서 가장 멀리 위치한 점과 직선으로 연결하여야 한다. 그 이유는 주어진 예산조건으로 가장 많은 양의 특성을 얻을 수 있는 조건을 충족시키기 위함이다. 다시 말해, 효율선 ACDE 이하(원점에 가까운)의 선택은 비효율적 선택이다. 예를 들면 점 B의 경우 1,000원으로 치아표백 특성량 5g, 충치방지 특성량 2g을 얻을 수 있는 데 반해, A와 C 브랜드를 선택하면 B 브랜드보다 많은 양의 두 가지 특성치를 얻을 수 있으므로 B 브랜드의 선택은 비효율적 선택이다.

한편, 제품의 특성에 대한 소비자들의 선호는 전통적 소비자수요이론에서와 마찬가지로 무차별곡선으로 나타낼 수 있다. 〈그림 3-3〉에 제시한 바와 같이 소비자들의 선호를 나타내는 무차별곡선이 I_1, I_2, I_3와 같다고 하자. 전통적 소비자수요이론과 마찬가지로 소비자들은 소비자들의 선호를 나타내는 무차별곡선과 주어진 예산조건 하에서 최적 선택을 함으로써 효용을 극대화시킬 수 있다. 다시 말해, 소비자들은 효율선과 소비자의 선호를 나타내는 무차별곡선과의 접점에서 선택을 하게 된다.

구체적으로 소비자선호가 무차별곡선 I_1의 형태로 나타나는 소비자의 경우 브랜드 E와 D 혼합형태로 구매하는 것이 최적 선택이 된다. 만약 I_2 형태의 무차별곡선을 갖는 소비자의 경우, 브랜드 D만을 구입하는 것이 가장 합리적인 최적 선택이 되며 I_3의 경우 브랜드 D와 C를 혼합하

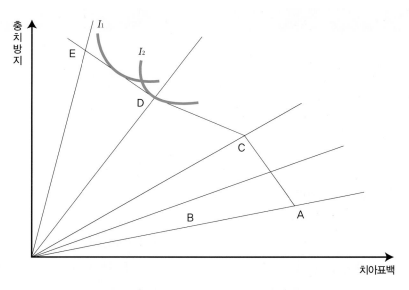

그림 3-3 **효율곡선(efficiency frontier)**

여 구매하는 것이 최적 선택이 되는 것이다.

　지금까지 특성이론을 통한 소비자선택, 즉 소비자의사결정에 대해 살펴보았다. 특성이론은 소비자가 새로운 상품을 왜 선택하는가, 어떤 소비자가 왜 특정 브랜드를 선택하였는가에 대한 이론적 근거를 제시한다는 점에서 그 가치가 있다. 종전의 소비자수요이론에서 소비자선택은 소득, 가격 등 경제적 변수에 의해서만 영향을 받는 것으로 전제되었으나, 특성이론에 의해 제품의 속성이나 특성에 의해 결정된다는 새로운 시각을 제시한 점에서 그 가치가 있다.

　그러나 특성이론은 몇 가지 측면에서 제한적이다. 첫째, 각 제품들이 갖고 있는 다양한 특성들을 규정하는 것이 쉽지 않다는 점이다. 둘째, 이 같은 제품들의 속성을 측정하기도 쉽지 않다는 점이다. Lancaster는 제품의 속성을 객관적으로 측정할 수 있으며 소비자들은 이 같은 특성이 무엇인지를 파악할 수 있다고 전제하고 있으나 제품이 보다 다양해지고 복잡해지고 있는 요즈음 현실에서 제품의 속성을 파악하고 또 측정한다는 것이 그리 쉬운 일은 아니다(Magrabi, Chung, Cha, & Yang, 1991). 예를 들면, 소비자는 자동차의 한 속성인 안락한 의자로부터 만족을 얻는다. 자동차 안의 의자는 의자를 둘러싸고 있는 재질, 좌석 조절 가능성의 여부, 좌석 수 등에 의해 결정되므로 의자로 인한 만족은 여러 다양한 요인에 의해 결정된다고 할 수 있다. 그런데 이 같은 복잡한 속성을 객관적이고 간단하게 분류하고 측정한다는 것은 그리 쉬운 일이 아니라고 할 수 있다. 게다가 자동차 안 좌석은 자동차의 속성 중 하나인 안락함의 한 요인이 되고 있다. 다시 말해 제품의 속성은 서로 연관이 되어 있어 쉽게 분류하고 측정하기 어렵다는 특징이 있다(Magrabi et al., 1991).

3) 소비자행동의 심리학적 접근

1950년대 이후 소비자행동연구에 심리학 관련 이론이 도입되면서 심리학적 측면의 소비자행동 연구가 이루어졌다. 소비선택이나 소비자들의 의사결정을 설명하는 경제학적 이론의 한계에 대한 지적이 제기되면서 소비자들의 구매동기, 구매심리 등에 대한 연구가 활발하게 진행되면서 소비자들의 심리적 요인이나 심리적 분석의 필요성이 강조되었다. 다시 말해, 소비자행동에 대한 경제학적 접근방법이 개인 소비자행동을 충분히 묘사하지 못하며 마케팅의사결정에 쉽게 적용하기 어렵다는 비판에 따라 소비자행동연구에 대한 새로운 접근방법이 요구되었다.

　소비자의사결정을 이해하는 데 있어 심리적 요인의 중요성은 Katona의 심리학적 경제학에서 주창되었다. Katona는 그의 저서인 《심리경제학(Psychological Economics)》에서 경제학적 모델에 심리적 요인이 추가되어야 소비선택과 소비자의사결정을 보다 포괄적으로 설명할 수 있으며, 소비자들의 행동에 대한 예측력이 높아질 수 있다고 주장하였다. 또한 그는 이 저서에서 미국 소비자를 대상으로 20년간의 자료를 분석한 결과 절대소득가설의 기본적 전제인 "저축은 소득의 함수이다"라는 것이 실제 상황에 맞지 않음을 발견하였다고 기술하고 있다(Katona, 1975). 사람들의 저축성향은 소득수준에 의해 결정되는 것이 아니라 사람들의 미래에 대한 예측, 즉 낙관적일 것인가 아니면 비관적일까 등의 심리적 요인에 의해 결정된다고 주장함으로써 심리적 요인의 중요성을 부각시켰다.

한편, 심리학자들은 소비자들의 구매욕구, 구매동기 등의 연구에 심리분석적 접근을 시도한 심리분석모델(psychoanalytic model)을 전개하기도 하였다. 심리학적 접근은 제품 전략개발에 유용하며, 커뮤니케이션 전략에 유용한 방향을 제시한다. 심리학적 접근에서 많이 사용하는 질적 분석방법, 예를 들면 표적집단면접법, 심층면접법 등은 마케팅조사 및 연구분석에 큰 도움이 되고 있기 때문이다(임종원 외, 1994).

(1) 소비자의사결정에서의 소비자심리

행동이라는 말은 외부에서 관찰할 수 있는 어떤 신체적 움직임에 대한 의미를 강하게 암시하기 때문에 흔히 소비자행동이라고 하면 제품의 구매 및 사용과 관련된 소비자의 물리적 행동(physical action)만을 의미하는 것으로 생각하기 쉽다. 그러나 소비자행동연구가들은 이와 같은 가시적인 신체적 움직임보다는 오히려 소비자의 내면에서 일어나고 있는 심리적인 변화, 즉 인지적 활동(cognitive activities)에 대해 더 많은 관심을 보인다. 따라서 소비자행동연구 분야에서는 소비자행동 개념을 상당히 포괄적으로 사용하고 있다.

심리학은 개인이 세상과의 상호작용에 사용하는 개인적 과정에 초점을 둔다. 이는 동기, 인지, 학습태도 형성 및 의사결정을 포함한다. 또한 심리학은 구매와 소비행동에서 개인이 사용하는 내면적 과정에 초점을 맞춘다. 이는 개인의 생각, 느낌, 태도 그리고 그 발달방식을 강조하며, 개성과 개인 경험의 중요성을 강조한다. 1950년대 이후 소비자행동연구에 심리적 측면을 강조하는 소비자행동연구가 이루어졌다. 소비자선택이나 소비자의사결정을 설명하는 경제학적 이론의 한계에 대한 지적이 제기되면서 소비자의 구매동기, 구매심리 등에 대한 연구가 활발하게 진행되었다. 이 과정에서 소비자의 심리적 요인이나 심리적 분석의 필요성이 강조되었다. 심리학적 접근은 경제학자들이 주장하는 것처럼 소비자가 언제나 효용에 근접한 합리적 선택을 하지 않는 점을 강조하면서 소비선택이나 행동과정에서 소비자의 심리적 작용의 중요성을 강조하였다.

동일한 상황하에서 동일한 자극이 주어진다 하더라도 소비자들은 서로 다른 반응을 보이는 것이 일반적이다. 그것은 개인마다 그들의 경험과 지식수준이 다르고, 사물을 인식하는 지각체계가 다르기 때문이다. 따라서 개인의 소비자로서의 행동은 비교적 주관성이 강한 특성을 지닌다. 행동에 주관적 특성이 강하다는 말은 바꾸어 말하면 행동주체가 이성적·객관적·합리적 이유에서보다는 비교적 감정적, 주관적, 충동적인 이유로 행동하는 경향이 많다는 것을 의미한다. 더군다나 사회윤리나 도덕성 문제 때문에 어느 정도는 객관적인 합리성을 보여야 하는 다른 사회행동과는 달리 제품을 구매하거나 사용하는 소비자행동에서는 상대적으로 윤리적 가치 적용이 크게 강요되지는 않기 때문에 소비자는 비교적 그들의 욕구나 감정에 따라 자유롭게 행동하는 경향이 있다. 따라서 행동이 주관적일수록 특정 행동에 대한 객관적인 설명이나 정확한 예측을 하기가 어려워진다.

 3-1

알쏭달쏭 소비자 심리 다섯 가지

흥미로우면서도 예측하기 어려운 비논리적 존재인 소비자의 생각과 행동을 제대로 이해하기 위해서는 소비자의 내면에 존재하는 심리를 알아야 한다는 지적이 나왔다.

소비자는 속내를 잘 드러내 보이지 않고, 설령 속내를 드러낸다 하더라도 그게 진실이라고 단언하기는 어렵고 소비자도 모르는 잠재적인 동기가 선택에 영향을 미치는 경우가 많기 때문이다. 모 경제연구소에서는 2007년 7월 19일 〈심리로 풀어보는 소비자 행동〉이라는 보고서에서 소비자의 행동을 이해하기 위해 마케터 등이 알아야 할 심리기제 다섯 가지를 다음과 같이 제시했다.

- **'희소한 것에 대한 가치부여'**: 희소성의 법칙으로 소비자를 유인하기 위한 방법은 수량을 한정하거나 구입 시기를 한정하는 것이다. 실제로 정말 구하기 힘든 희귀상품일 필요는 없고, 단지 소비자들이 그렇다고 믿게 만들면 된다.

- **'다수의 선택에 기대 선택'**: 불확실한 상황에서 선택을 해야 하는 경우 일반적으로 다수의 사람들이 이미 결정한 선택을 따르는 경우가 많다. 행동의 시비(是非)는 얼마나 많은 타인들이 자신과 같이 행동하느냐로 결정되기 때문이다.

- **'중요한 것만 장기기억으로'**: 인간은 관심이 가는 중요한 내용만 무의식적으로 자주 반복함으로써 장기기억으로 저장하려 한다. 가격의 끝자리는 의사결정에 있어 첫 자리에 비해 중요도가 덜해 관심이 덜 가게 되고 기억하기 위한 노력도 덜하게 돼 장기기억으로 가지 않는다. 때문에 199만 원짜리 TV가 200만 원짜리 TV보다 더 잘 팔리는 것이다.

- **'한 번 결정했으면 일관성을 유지하려 한다'**: 소비자가 어떤 선택을 하거나 입장을 취하게 되면 그와 일치되게 행동해야 한다는 심리적 부담감을 느끼게 된다. 복잡한 삶 속에서 이미 결정한 일을 번복하고 되돌리기 위해서는 또 과정을 거쳐야 하기 때문이다. 미끼상품을 사러갔다가 다 떨어졌으면 비슷한 물건이라도 사오는 소비자가 그 예라고 할 수 있다.

- **'받으면 되돌려줘야 한다'**: 작은 것이라도 호의를 받으면, 아무것도 받지 않았을 때보다 호의를 베푼 사람의 요구를 더 잘 들어준다. 최근 보험설계사들이 파이낸셜 컨설턴트라는 이름으로 보험판매 외에 재테크상담, 금융상품 소개 등 재정관리도 같이 해주는데, 이 정보들을 일방적으로 받다 보면 나중에 보험가입을 권유받았을 때 거절하지 못하는 경우가 많다.

출처 : 연합뉴스, 2007년 7월 19일

(2) 다양한 심리학적 접근

왜 소비자는 그 제품을 구매하는가? 예전부터 Freud나 Maslow 같은 심리학자들이 연구한 인간 행동에 관한 이론들은 현대의 마케팅 담당자에게도 도움을 주고 있다. 동기이론, 인지나 지각에 대한 여러 연구들, 즉 개인의 인지능력의 차이나 집중도의 차이, 지각된 현실의 중요성 등은 크게는 마케팅 전략의 수립에서부터 작게는 점포의 선반 진열방법에 이르기까지 여러 각도로 적용되면서 소비자들의 의사결정에 영향을 준다. 다양한 심리학적 접근에 대해 살펴보자.

① 정신분석학적 접근

소비자의사결정이나 소비자심리 및 행동에 대한 기본적인 이론은 Freud 심리학이다. Freud는 의식세계를 취급하기보다는 무의식 세계를 중심으로 이론을 전개하였다. Freud는 인간성은 세 가지의 주요 체계로 구성되어 있다고 보았는데 성격의 형성과 관련이 깊고 이러한 성격의 기능적 구조를 원초아(id), 자아(ego), 초자아(super ego)의 세 가지로 나눈다.

- **원초아** : 선천적인 본능적 충동의 덩어리로서 정신 에너지의 근본이 되고 완전 무의식적이다.
- **자아** : 원초아의 욕구를 충족시키거나 통제하기 위해 발달한 것으로 인간 의식의 일부가 된다. 그래서 현실적 원리에 따르는 과정이다.
- **초자아** : 사회·문화적인 제 규범이 내면화된 것으로 외부의 영향을 많이 받는다. 양심과 이상을 대표하는 기능이다.

인성은 원초아, 자아, 초자아와의 관계 속에서 끊임없이 변화하고 발달한다. 이러한 Freud의 심리학은 잠재의식을 자극하는 광고의 효과에 있어서 기본적인 이론적 바탕이 되고 있다. 이는 잠재의식적 자극이 무의식 속에 잠자고 있는 인간의 본능을 자극해서 광고의 내용을 기억하고 의식해서 행동으로 나타난다고 한다. 그런데 만약 어떤 본능적인 욕구가 충족되지 않았을 때 사람들은 불안을 경험하게 된다. 이러한 불안은 욕구가 합리적인 방향으로 충족되기를 위하여 동기를 유도한다. 이러한 욕구 충족의 매개체들 중에 하나를 소비행동으로 보는 것이다. 즉, 정신분석학에서는 신념이나 태도의 변화 등 정신적 활동까지도 소비자의 구매행동에 영향을 미칠 수 있다고 본다.

새로운 접근방법의 한 가지가 Freud의 심리분석이론을 바탕으로 한 동기조사이다. 동기조사에서는 상표 혹은 제품의 선택과 같은 특정한 소비자행동이 소비자 자신에게 어떠한 심리적 의미를 부여하는지를 조사하기 위해 Freud의 원초아, 자아, 초자아 같은 개성결정 변수들이 이용되었다. 초기 동기조사에서는 구매를 결정하는 심리적 요인들을 분석하기 위해 개인에 대한 심층면접이나 표적집단면접법이 주로 사용되었다. 동기조사는 제품을 소비자의 관점에서 보게 됨에 따라 제품의 상징적 의미가 소비자의 제품 구매에 중요한 결정요인임을 인식하게 되었다는 것과, 동기조사에 이용된 심층면접 같은 방법은 제품개발과 광고문안 작성에 필요한 다양한 정보를 비정형적인 방법으로 짧은 시간에 저렴하게 제공할 수 있었다는 점에서 소비자행동을 연구하는 학자와 마케팅 실무자에게 긍정적인 반응을 얻게 되었다. 그러나 동기조사가 가지는 다음과 같은 한계점으로 인하여 학계와 마케팅 실무자의 지속적인 관심을 끄는 데 실패하였다. 첫째, 동기조사는 소수의 소비자집단과의 면접에 의존하고 있기 때문에 조사결과를 전체소비자에게 일반화시키는 데 한계점이 있다. 둘째, 조사결과에 대한 해석도 분석자의 주관적 판단에 따라 달라질 가능성이 다분히 있다. 셋째, 어떤 소비자가 어떤 제품을 구매할 것인지를 동기조사에 의해 예측할 수 있는지에 의문이 제기될 수 있다.

② 학습론적 접근

파블로프의 고전적 조건화 모델은 일반적으로 중성자극을 무조건적 자극과 결합시켜 이를 조건자극화하여 중성자극이 무조건적 반응을 일으키도록 하는 방법이다. 〈그림 3-4〉에 제시한 바와 같이, 개에게 무조건 자극인 음식을 주면 무조건 반응인 타액분비가 일어난다. 다음 단계에서 무조건 반응인 음식과 함께 조건자극인 종소리를 들려주면서 조건반응인 타액분비가 일어나게 한다. 이런 과정을 반복하다 보면 어느 순간부터는 무조건자극 없이 조건자극만을 제공해도 타액분비가 일어난다는 것이 파블로프의 고전적 조건 형성의 기본 원리이다.

이 과정을 상품광고에 적용해서 살펴보면 소비자들에게 호소하고자 하는 특정 상품은 중립자극인 조건자극(종소리, 제품, 상표, 기업)에, 특정 상품에 대한 소비자들의 반응은 무조건적 반응에, 그리고 그 같은 반응을 유도한 자극은 무조건적 자극(음식, 인기 연예인, 멋진 풍경, 좋은 음악)에 해당한다. 반복적인 광고를 접하게 된 소비자들은 이 과정에 결과로 특정 연예인만 봐

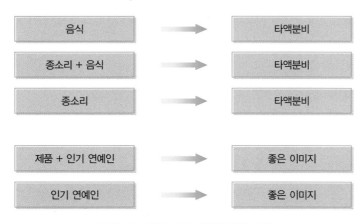

그림 3-4 파블로프의 고전적 조건화 모델

도 그 연예인이 출현했던 광고의 제품이 떠오르는 것이다. 이와 같이 특정 상품에 대한 소비자들의 생각이나 판단은 상품 그 자체의 속성에서부터 유래하는 것이 아니라 인위적으로 그 상품을 조건화하여 마치 관련이 있게 만든 무조건적 자극으로부터 유래한 것이라고 말하는 것이 학습론적 이론의 관점이다. 따라서 학습론적 접근은 소비자들의 특정 상품에 대한 생각이나 판단을 상품의 속성에 입각한 것이 아니라 무조건적 자극에 의해 조건 지워진 허상에 의한 것이라고 본다.

③ 게슈탈트 심리학

게슈탈트 심리학(gestalt psychology)에서는 소비자가 물건을 사려고 할 때 개인의 부분적인 자료를 의미 있는 전체로 변화시키는 과정을 거쳐 의사결정을 한다고 설명한다. 게슈탈트라는 개념은 인간이 사물을 개별적으로 무관한 존대로 지각한다기보다는 의미 있는 전체로 통합하여 지각하는 경향이 있다는 것을 말한다. 즉, 개인이 하나의 장면에 노출되었을 때 그는 그 장면의 여러 가지 자극들 중에서 자신의 관심을 끄는 어느 하나를 선택하여 포착한다는 것이다. 이때 선택받지 못한 자극은 배경이 되고 선택받은 소수의

그림 3-5 전경 배경 그림

자극이 전경이 된다. 개인의 관심이 바뀌면 그에 따라 전경과 배경이 상호 교대되어 지각되는 비교적 유종적인 상태에서 항상 존재하게 되는 것이다. 이 개념은 소비자들의 의사결정에 대해 다음과 같이 접근한다. 즉, 소비자는 가격, 디자인, 상점의 분위기 등을 총체적으로 고려하여 제품에 대한 구매를 결정하게 된다는 것이다. 소비자들은 개개인의 관심 밖의 배경으로 떠오르는 자극들은 무시하고 전경으로 떠오르는 관심사들을 중요하게 여겨서 의사결정을 하게 되는 것이다. 예를 들면, 〈그림 3-5〉에 제시한 전경 배경 그림의 경우 흰색을 전경으로 인식하면 꽃병으로 보이고 검정색을 전경으로 인식하면 마주 보고 있는 사람의 모습으로 지각된다.

(3) 심리학적 접근의 평가

심리학적 접근은 소비자들은 언제나 효용에 근거한 합리적 선택을 하지 않으므로 소비선택이나 소비행동을 이해함에 있어 심리적 요인을 고려하여야 한다는 시각을 제시한 공헌이 있다. 심리학에 토대를 둔 소비자행동연구에서는 소비자의 욕구, 동기, 구매심리, 구매행동 등이 주요 연구 초점이 되고 있다(이학식 외, 1997). 소비자행동 분석의 의미에는 그들을 알기 위해 그들이 심리나 소속집단, 의사결정 요인 등을 조사하는 것도 포함되어 있다. 고객만족, 고객감동이란 단어들은 요즘 특히 많이 접할 수 있는 말들이다. 많은 기업들이 고객만족, 고객감동을 내세우

며 소비자의 마음을 사로잡으려 하고 소비자를 만족, 감동시키기 위한 제품을 개발하려고 노력한다. "열 길 물 속은 알아도 한 길 사람의 속은 모른다"는 속담이 있는 것처럼 소비자의 속마음을 아는 것이 쉬운 일은 아니다. 하지만 다르게 생각하면 그만큼 소비자의 마음을 아는 것이 소비자들의 의사결정에 얼마나 큰 영향을 미칠 것인가를 알 수 있기 때문에 그만큼 소비자의사결정과정에 대한 심리학적 접근을 바탕으로 소비자의 심리를 이해하는 것은 중요하다고 할 수 있다.

심리학적 접근은 소비자선택 및 소비자동기 등을 이해하는 데에는 유용하나 소비자행동에 대한 실질적이고 논리적인 통찰력을 제공하지 못하는 한계가 있다. 다시 말해, 소비자구매에 관한 의사결정 및 예측행동에 대한 기본적인 틀을 제공하기는 하나 논리적이고 명확한 체계를 제공하지 못하는 단점이 있다. 예를 들면, 소비자행동에 직·간접적으로 영향을 미치는 요인들은 수적으로도 매우 많을 뿐만 아니라 그 성격도 매우 다양하기 때문에 소비행동의 심리적 변수를 이해하는 데에는 어려움이 많이 생긴다. 우선 소비자행동에 영향을 미치는 가장 중요한 요인들로는 행동의 매개변수로 불리는 소비자의 내적 요인을 들 수 있다. 태도나 신념과 같은 심리적 특성은 외부 자극을 지각하고 인식하는 방향 및 형태에 결정적인 영향을 미친다. 또한 소비자행동에 대한 조사연구는 대부분 특정 제품 중심적이기 때문에 그 조사결과를 소비자행동이론으로 일반화시키는 데에는 많은 문제점이 있다. 흔히 소비자행동연구가들은 특정 상황하에서 특정 제품에 대한 소비자들의 태도나 구매의도를 조사하여 분석하는 방법을 택하고 있다. 따라서 연구결과는 오직 그 제품 특유의 소비자행동반응으로 국한시켜야 하는 경우가 많다. 이를테면 동일 조사자가 동일 제품에 대하여 소비자 조사를 한다 하더라도 그 조사대상이 다르면 처음과는 상이한 조사결과를 얻게 될 가능성이 상당히 높다. 따라서 특정 대상자의 소비행동연구결과는 소비자행동의 지극히 단편적인 일면을 시사하기 때문에 이를 소비자행동으로 일반화시키기에는 상당한 위험성이 따른다고 볼 수 있다.

4) 소비자행동의 행동주의적 접근

1950년대 이후 소비자행동연구에 심리학과 사회학 관련 이론들이 도입됨에 따라 다양한 형태의 소비자행동연구가 이루어졌다. 하나의 개념이나 하나의 요인에 초점을 둔 모델은 소비자들의 복잡한 소비자행동을 설명하기 어려움을 인식하게 되었다. 기존의 경제학적 접근이나 심리적 접근은 단일 개념으로 소비자행동을 설명하고 있으므로 이 같은 한계를 극복하여 여러 개념과 여러 변수를 하나의 이론적 틀로서 체계화시킨 다변수모델로서 행동주의적 접근이 시도되었다. 행동주의적 접근은 기존의 경제학적 모델과는 달리 구매와 관련한 의사결정과정을 설명함에 있어 심리적 측면을 포함하고 있다. 행동주의적 접근은 지나치게 경제적 측면만을 강조하고 소비자

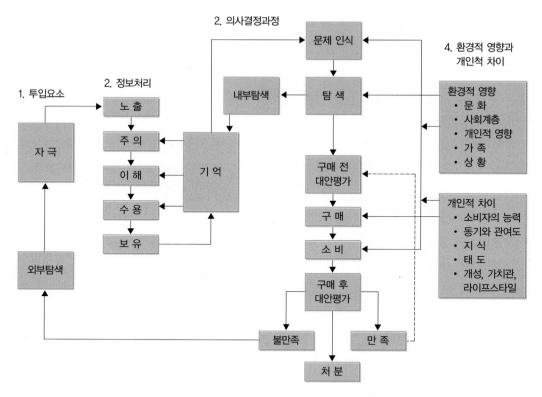

그림 3-6 엥겔-블랙웰-미니아드 모델

출처 : Engel, J.F., Blackwell, R.D., & Miniard, P.W.(1995). Consumer Behavior. 8th Eds. Dryden, p. 154.

들의 비합리성을 배제하는 경제학적 논리의 한계를 극복하면서 여러 기초 행동과학으로부터 소비자행동연구에 적절한 다수의 개념과 이론들을 도입·종합함으로써 그 가치를 인정받고 있다. 행동주의적 접근에 근거하여 수립된 모델의 이론적 틀은 행동과학에서 발전된 이론에 근거하고 있다(이기춘 외, 1994). 행동과학자들의 학제적 연구를 응용하여 소비자행동 모델을 수립하였다는 점에서 행동주의적 모델이라고 한다. 행동주의적 접근은 의사결정과정에 보다 초점을 두고 있으며 마케팅 전략 응용에 매우 유용하다. 행동주의적 접근에 근거한 소비자행동 모델의 대표적인 것으로는 Nicosia 모델, Howard & Sheth 모델, Engel, Blackwell & Miniard 모델 등이 있는데 이 중 Engel, Blackwell & Miniard 모델이 최근 가장 많이 활용되고 있다. 1968년 Engel-Kollat-Blackwell 모델이 개발된 이후 여러 차례 수정을 거듭하여 왔는데, 〈그림 3-6〉은 가장 최신 모델인 Engel, Blackwell & Miniard 모델을 도식한 것으로서 네 가지 구성요소로 이루어져 있다.

〈그림 3-6〉에 제시한 바와 같이 소비자의사결정과정은 다음의 일곱 단계로서 각 단계에 대해 살펴보면 다음과 같다.

- 문제인식(need recognition) : 의사결정 시 실제상황과 희망적 상태의 차이를 인식하는 단계
- 탐색(search for information) : 기억 속에 저장된 정보를 탐색하는 단계로서 내적 탐색과 주 변환경으로부터 의사결정과 관련된 정보를 탐색하는 외적 탐색
- 구매 전 대체안 평가(pre-purchase alternative evaluation) : 예상되는 이익의 대안들을 평가 하여 선호하는 대체안을 선택하는 과정
- 구매(purchase) : 선호하는 대체안을 획득하는 단계
- 소비(consumption) : 구입한 대체안을 소비하는 단계
- 구매 후 대안평가(post-purchase alternative evaluation) : 만족을 준 소비경험의 정도를 평가 하는 단계로 구매 후 만족, 불만족으로 세분화됨
- 처리(divestment) : 소비하지 않은 것, 남은 것(remnants)을 처분(disposal)하는 단계로서 완 전폐기, 재활용, 중고시장판매로 구분됨

5) 소비자행동의 기타 이론

(1) 소비자정보처리 관점

1960년대까지는 행동과학에서 개발된 여러 이론들이 각기 독립적으로 소비자행동연구에 도입 되어 이를 적용하려는 노력이 지배적이었다. 그러나 마케팅 학자들은 1960년대 후반에 들어 심 리학이나 경제학 등 단일 학문만으로는 복잡하고 광범위한 소비자행동을 충분히 설명할 수 없 을 뿐 아니라 행동과학으로부터 도입된 개념을 단순하게 소비자행동에 적용하는 데 한계가 있 음을 인식하게 되었다. 이에 따라 여러 기초행동과학으로부터 소비자행동연구에 적절한 여러 개념과 이론들을 도입하여 이를 종합한 소비자행동 모형들을 개발하게 되었다. 대표적인 소비 자행동 모형으로서 Howard & Sheth 모형과 Engel, Kollat & Blackwell 모형, Bettman의 정보처 리모형 등이 있다.

1960년대 후반 이후에 개발된 소비자행동 모형들은 소비자정보처리 관점에서 소비자행동을 설명하고 있으므로 이들은 소비자정보처리 모형으로 불린다. 소비자정보처리 모형에서는 소비 자를 논리적·체계적인 의사결정자로 보며, 의사결정과정에 많은 인지적 노력이 투입되는 것으 로 가정된다. 소비자정보처리 모형은 70년대 이후 현재까지 소비자행동연구에서 지배적인 개념 적 틀이 되고 있다.

소비자정보처리 모형은 소비자의 의사결정과정과 정보처리과정을 중심으로, 이에 영향을 미 치는 여러 요인들을 주요 연구주제로 한다. 소비자정보처리 모형은 심리학·사회학 및 인류학 에서 개발된 이론에 토대를 두고 있으며, 마케팅 분야의 소비자행동학자들은 심리학에서 연구

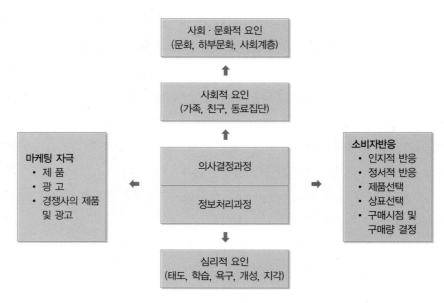

그림 3-7 소비자 정보 처리 관점에서 본 소비자행동 모형

되는 심리적 요인, 사회학에서 다루는 사회적 요인, 그리고 인류학에서 다루는 사회·문화적 요인들의 상호작용에 의해 소비자행동이 결정되는 것으로 파악하고 여러 가지 요인들을 포괄적으로 고려하는 소비자행동 모형을 개발하였다. 〈그림 3-7〉은 소비자정보 처리 관점에서 본 단순한 소비자행동 모형을 보여준다.

(2) 쾌락적·경험적 관점

1980년대 들어 일부 소비자행동연구자들에 의해 마케팅자극에 대한 소비자반응을 인지적 관점보다는 정서적 관점에서 보아야 한다는 주장이 제기되었다. 소비자의 구매행동은 합리적이고 논리적인 사고보다는 정서적 동기에서 이루어진다고 보았던 것이다. 쾌락적·경험적 소비자행동 모형에서는 소비자는 정서적 동기에서 구매행동을 하며, 소비과정에서 즐거움, 환타지와 같은 좋은 느낌을 경험하고자 한다고 가정한다. 쾌락적·경험적 모형에서는 제품을 단순히 물리적 속성들의 집합이 아니라 사랑, 긍지, 지위, 기쁨 등을 표현하는 주관적 상징물로 본다. 가령, '샤넬 No.5'는 아름다운 향 때문이 아니라 자아 이미지를 강화시켜 주기 때문에 구매되는 것이다. 소비자는 즐거움, 환타지, 감각적 자극을 추구하기 위해 제품을 구매·사용하는 경우가 흔히 있다. 순수공연예술(오페라, 현대무용), 대중예술(영화, 록콘서트), 패션의류, 스포츠, 여가·취미활동(윈드서핑, 행글라이드) 등에 대한 소비자구매행동은 쾌락적·경험적 관점에서 잘 설명될 수 있다.

쾌락적 · 경험적 관점은 소비자정보처리적 관점과 상치되는 것은 아니다. 쾌락적 · 경험적 관점도 소비자정보처리 관점과 마찬가지로 의사결정과정과 정보처리과정을 거치는 것으로 가정한다. 두 관점 간의 차이는 구매동기 및 평가기준이 다르다는 점에서 비롯된다. 소비자정보처리 관점은 제품의 효용적 가치 때문에 구매가 이루어진다고 보는 데 반해 쾌락적 · 경험적 관점은 제품의 상징적 가치 때문에 구매가 이루어지는 것으로 본다. 따라서 소비자정보처리 관점에서는 연료비, 성능 등과 같은 객관적 제품속성들이 상표대안의 평가기준이 되지만, 쾌락적 · 경험적 관점에서는 제품사용경험으로부터 얻게 되는 쾌락적 정서, 예를 들어 제품사용 중에 느끼는 짜릿함, 즐거움, 환타지나 제품의 상징적 의미에 의한 자아 이미지의 강화 등이 평가기준으로 이용된다.

(3) 프로스펙트이론

프로스펙트이론(prospect theory)은 Kahneman과 Tversky가 붙인 명칭으로, "사람은 변화에 반응한다"라는 전제가 이론의 출발점이다.[2] 전통적 효용이론에서 개인의 효용은 절대적 부의 수준에 의해서 좌우된다고 보는 데 반해 프로스펙트이론은 어떤 개인이 준거점을 어디에 두는가에 의해 평가대상의 가치가 결정된다고 본다.

프로스펙트이론은 모든 인간은 합리적이라는 경제학적 개념에서 벗어나 심리학적인 요소와 결합되어 나타난 이론으로 주류경제학으로 설명할 수 없는 부분, 심리학적인 부분을 설명하고 있다. 가치함수를 설명할 수 있는 주요 개념으로는 가치함수(value function)와 확률가중함수(probability weighting function)가 있다.

① 가치함수

가치 또는 효용은 어떤 기준(준거점)으로부터의 손익으로 측정하는데, 평가의 기준이 되는 점은 준거점이다. 〈그림 3–8〉에 제시한 바와 같이 준거점과 비교하여 원점의 오른쪽은 이익의 크기,

| 표 3-3 | 전통적 경제이론과 프로스펙트이론의 차이

전통적 의사결정이론	프로스펙트이론
• 주관적 확률 사용 • 효용함수 따름	• 확률가중함수 사용 • 가치함수 따름

출처 : 이명희(2007). 도모노노리오 행동경제학. 번역지형, p. 107.

---

2) 프로스펙트란 희망(가망)이나 기대를 뜻하는 말이지만, 프로스펙트이론에서는 특별히 중요한 의미는 없다. Kahneman과 Tversky는 원래 '가치이론'이라는 일반적인 명칭을 붙였으나, 독자적인 이름이 유리하다고 판단하여 큰 의미 없이 '프로스펙트' 이론이라고 명하였다.

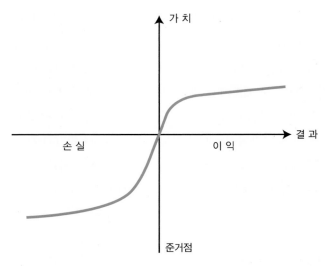

그림 3-8 프로스펙트이론의 가치함수

원점의 왼쪽은 손실의 크기를 의미하고, 원점으로부터 위쪽은 플러스(+), 아래쪽은 마이너스(−) 가치를 의미한다.

가치함수는 기존 주류경제학의 효용함수에 대응하는 함수로써 효용이 증가할수록 그 증가분이 점차 줄어드는 효용함수와 유사한 형태를 띤다. 가치함수의 특성 및 효용함수와의 차이점은 다음과 같이 나타낼 수 있다.

- 준거점(reference point) : 평가의 기준점이 되는 점을 말한다. 그래프로 나타냈을 때, 준거점은 원점이 된다. 준거점은 개인과 상황에 따라 다르게 설정되게 된다. 각기 다른 준거점을 0으로 두고 각 사건을 이익과 손실의 두 가지 차원으로 나누어 살펴볼 수 있다.
- 준거점 의존성 : 가치는 준거점(원점)으로부터의 변화 혹은 준거점과의 비교를 통하여 측정된다. 그러나 그 가치는 절대적인 가치(부)에 의해 결정되는 것이 아니며, 이는 주류경제학에서의 효용과는 다른 개념이다. 준거점은 현 상태가 될 수도 있고, 요구수준이나 목표, 행동에 대한 기대 등으로 다양하게 설정될 수 있다.

예를 들면, 1,000만 원에서 1,100만 원으로 자산이 증가(A)한 경우와 4,000만 원에서 3,000만 원으로 자산이 감소(B)한 경우 어느 쪽이 더 행복한가? 최종적인 부의 수준이 효용을 결정하는 주류경제학에서는 절대적 금액이 큰 후자(B)가 더 큰 효용을 갖는다. 그러나 프로스펙트이론에서는 두 사건의 준거점을 다르게 인식하여, 전자는 이익으로 인지되고 후자는 손실로 인지되어 전자(A)가 더 행복한 상태가 된다고 간주한다.[3]

- 민감도 체감성 : 주류경제학에서의 한계효용체감의 법칙과 동일하다. 손익의 한계가치가 체감하는 것을 의미하는 것으로, 이익이나 손실의 가치가 작을 때에는 변화에 민감하여 손익의 작은 변화가 비교적 큰 가치 변동을 가져온다는 것이다. 예를 들면, 따뜻함을 느끼는 정도에서 기온이 1도에서 4도로 오르는 경우(A)와 21도에서 24도로 상승하는 경우(B), 같은 3도 차이라도 1도 → 4도로 오른 경우(A의 경우)가 더 따뜻하게 느껴진다.
- 손실 회피성(loss aversion) : 소비자는 동일한 금액의 이익보다 손실을 더 강하게 평가한다는 것이다. 액수가 같은 손실과 이익이 있다면 손실액으로 인한 불만족은 이익금이 주는 만족보다 더 크게 느낀다. 예를 들어, 50%의 확률로 1,000원을 딸 수 있는 복권과 50%의 확률로 1,000원을 잃을 수 있는 복권이 있다면 보통 사람들은 두 개의 확률이 동일하더라도 손실을 나타내는 쪽의 복권을 더 크게 거부한다. 다시 말해, 복권을 통해 1만 원을 잃을 확률과 얻을 확률이 비슷할 경우 사람들은 복권을 사지 않는다.

② 확률가중함수

프로스펙트이론에서는 객관적 확률값 그 자체가 효용에 곱해지는 것이 아니라, 객관적 확률이 가중평가되어 효용과 곱해진다. 예를 들면, 연간 사망원인의 발생건수에 대해 사람들에게 주관적 예상치를 조사한 결과, 보톨리누스 중독이나 천연두와 같은 실제 발생건수가 적은 사건에 대해 사람들은 발생가능성을 과대평가하였다. 그러나 살인, 심장병, 위암 등 실제 발생건수가 많은 사건에 대해 사람들은 실제보다 낮은 발생가능 예상치를 보여주었다.

확률 p와 확률가중함수 w(p)의 관계를 살펴보자. 〈표 3-4〉와 〈그림 3-9〉에 제시한 바와 같이 확률이 작을 때에는 과대평가되고, 확률이 중간 정도부터 커지면 확률은 과소평가된다. 확률이 거의 그 가치대로 가중되는 것은 약 0.35이다. 확률가중함수는 확률 = 0 또는 확률 = 1일 때, 기울기가 가파르다(민감도가 큼). 확률이 중간값 정도일 때, 기울기가 완만하다(민감도가 작음).

| 표 3-4 | 기대효용이론과 프로스펙트이론

기대효용이론	프로스펙트이론
기대효용 = (x가 발생할 확률 p) × (x의 효용)	가치 = 가치함수v(x) × 확률가중함수w(p)

---

3) Daniel Bernoulli는 효용이론에서 효용을 부의 수준으로 측정하였으나, Kahneman은 효용을 부의 수준으로 측정하는 것을 '베르누이의 착오'라고 표현하며, 효용은 부의 변화로 측정해야 한다고 주장했다. 효용 및 불효용을 주는 것은 부의 변화이며, 절대량이 아니라는 생각은 1990년 노벨경제학상을 수상한 Harry Max Makowitz가 1952년에 발표한 논문에서 주장한 바 있다.

고물가시대 똑똑한 소비자

그야말로 경제가 바닥이라는 소리가 여기저기서 들린다. 경제가 이렇게 어려워질수록 경제의 한 축을 담당하는 소비자의 역할은 중요하다. 경제가 어렵다고 무조건 허리띠를 졸라매고 절약하는 것만이 능사는 아니다.

소비자가 무조건적으로 소비를 줄이면 경제가 위축되어서 기업은 생산과 투자를 줄이게 될 것이고 이는 곧 경기침체의 악순환으로 연결된다. 반대로 적절한 소비는 시장을 활성화시키고 기업으로 하여금 생산과 투자를 확대하게 만들어 경기 상승의 선순환으로 이어진다. 고물가시대에 똑똑한 소비자가 되기 위해서는 우선 소득의 범위 내에서 지출을 결정하는 합리적 소비자가 되어야 할 것이다. 소비에 필요한 자원은 항상 충분하지 못하므로 욕망을 확장하는 것으로는 해결되지 않는다. 가치소비의 실천, 선택과 집중을 통해 효용을 극대화해야 한다.

가치소비(value consumption)란 '자신의 주관적 가치 만족을 최대 덕목으로 삼는 소비 행위'이다. 가치를 두는 상품에는 실제 가치 이상의 비용을 지불하지만, 가치를 별로 두지 않는 상품에는 실제 가치 이하의 비용만을 지불한다.

사람들은 두 개의 서로 다른 재화를 소비하는 데서 얻어지는 효용과 두 개의 제품을 소비하기 위해 지불하는 비용이 같아지는 수준에서 소비를 결정한다. 즉, 비싸도 맘에 드는 가치상품은 선택하고 차선상품비용을 최대한 절약함으로써 자신의 제한적 자원 사용의 밸런스를 맞추는 것이다. 일견 불합리한 소비행태처럼 보여도 실제로는 합리적인 의사결정의 결과라고 볼 수 있다. 이처럼 한정된 자원으로 효용을 극대화하기 위해서는 소비생활에서도 선택과 집중이 필요한 것이다. 소비자도 고물가시대에 살아남기 위해서는 스스로 이런 가치투자의 효용을 극대화하기 위한 노력이 필요하다. 소비하기 전에 과연 나에게 소중하고 꼭 필요한 것이 무엇인지 한 번쯤 생각해 보는 생활 자세가 필요하다.

소비자가 경제 주체로서 똑똑한 소비자로 성장·발전하려면 적극적인 정보수집과 탐색 그리고 합리적 의사결정의 훈련이 필수적이다. 소비자는 정확한 인식과 합리적인 상품 선택을 통해 기업의 체질을 강화하고, 국민 경제를 튼튼하게 하는 주체적인 역할을 할 수 있다. 소비자의 선택이 기업의 방향을 좌우하고 나아가 소비자가 어떤 가치를 갖고 선택하는가는 국가의, 아니 세계 시장을 바꿔 놓을 수 있기 때문이다.

소비자가 안전을 최우선으로 생각하는 기업, 환경을 생각하고 지속가능한 소비를 추구하는 기업, 공정무역을 추구하는 기업, 화합하는 노사문화를 갖고 있는 기업의 상품·서비스를 선택함으로써 소비자는 시장문화를 바꿀 수 있는 힘을 갖출 수 있다.

그러나 지나치게 경제적인 이익만을 추구하는 소비행위가 과연 우리에게 진정한 행복을 가져다줄까? 경제적으로 힘든 이 시점에서 우리가 간과하지 말아야 할 부분은 물질 소비에 대한 과다한 집착으로 그동안 소홀히 했던 가족·친구와 정을 나누는 삶의 여유와 어려운 이웃에 대한 나눔의 정이다. 물질과 정신이 균형을 이루는 소비생활을 통해 고물가시대에도 소박하면서도 넉넉한 삶을 즐기는 사람들이 늘어나기를 기대한다.

출처 : 매경이코노미 제1470호, 2008년 8월 27일자

결국 〈표 3-5〉에서 확률이 0.35 이하일 때는 과대평가되고, 0.36 이상에서는 과소평가됨을 알 수 있다.

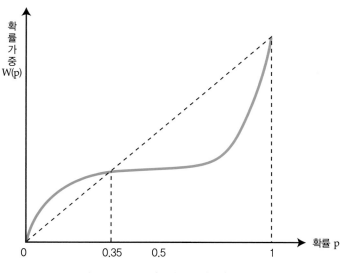

그림 3-9 프로스펙트이론의 확률가중함수

| 표 3-5 | 확률가중함수 예시 : 확률 p와 확률가중 W(p)

확률(p)	0.01	0.05	0.1	0.2	0.3	0.35	0.36	0.4	0.5	0.6	0.7	0.8	0.9	0.99
확률가중 함수w(p)	0.05	0.12	0.18	0.26	0.32	0.354	0.359	0.38	0.44	0.50	0.56	0.64	0.74	0.93

〈표 3-5〉를 정리해 보면 다음과 같다.

- **주류경제학과의 차이** : 기존 경제학 개념에서는 발생확률과 비발생확률을 모두 더했을 때 1이 나타나지만, 확률가중함수에서는 의사결정을 하는 사람마다 확률이 다른 크기로 받아들여 진다.
- 확률의 선 형성과는 달리, 주관적 확률값에 비선형적인 효용이 곱해지게 된다.
- **확률 정도에 따른 확률가중평가** : 확률이 작을 때는 과대평가되고, 확률이 중간일 때부터는 과 소평가된다. 즉, 확률이 0부터 0.1로 변하는 것은 0.6에서 0.7로 변하는 확률보다 심리적으 로 훨씬 큰 영향을 끼친다.

(4) 기대효용이론의 실증적 반례

① 확실성 효과
사람들은 확실한 것을 특별히 중시하는 경향이 있다. 이 역시 주류경제학의 기대효용이론을 비판하기 위해 제시한 실증적 근거에서 나타난 효과이다. 사람들은 객관적인 효용의 크기가 아닌 확실성에 의해 선택을 내린다는 것이다. 예를 들면, 100만 원을 확실하게 얻을 수 있는 복권(A)과 500만 원을 0.10의 확률로 얻을 수 있는 복권(B), 100만 원을 0.89의 확률로 얻을 수 있는 복권(C) 중 사람들은 어느 것을 선택할까? B복권의 경우 $500 \times 0.1 = 50$만 원, C복권의 경우 $100 \times 0.89 = 89$만 원으로 총 효용은 139만 원으로 표현할 수 있다. B복권보다 C복권이 더 큰 효용을 가짐에도 불구하고 실험결과 과반수 이상의 사람들이 B복권을 선택하였는데 이는 확실성 효과를 나타내는 좋은 예이다.

② 리스크 성향 패턴

확률의 수준에 따라 이익 혹은 손실이냐에 따라 리스크 성향 패턴이 다르게 나타난다. 사람들은 위험이 낮은 확률에 대한 과대평가로, 이익에 관해서는 리스크 추구행동이, 손실에서는 리스크 회피가 나타나는 것이다.

| 표 3-6 | 확률수준에 따른 이익과 손실

위험확률	이익	손실
중~고	위험 회피	위험 추구
저	위험 추구	위험 회피

확률이 높을 때와 확률이 낮을 때 리스크에 대한 사람들의 선호 성향이 다르게 나타난다. 리스크 성향의 네 가지 패턴에 대해 살펴보자. 예를 들어, 100명의 실험참가자들에게 둘 중에 하나의 대안을 선택하게 하는 실험을 한 결과에 대해 살펴보자.

○ 선택 1 : 4,000원을 0.8의 확률로 얻을 경우(A)와 3,000원을 1%의 확률로 얻을 경우(B)
　　　　 A(4,000원, 0.8%) < B(3,000, 1%)
　　　　　　[20명 선택]　　　　[80명 선택]

○ 선택 2 : 4,000원을 0.8의 확률로 잃을 경우(A)와 3,000원을 1%의 확률로 잃을 경우(B)
　　　　 A(-4,000원, 0.8%) > B(-3,000, 1%)
　　　　　　[92명 선택]　　　　[8명 선택]

선택 1과 선택 2의 경우, 돈을 얻을 확률과 잃을 확률이 각각 0.8과 1%로 확률이 비교적 크다. 이 경우 대부분의 사람들이 이익(선택 1)에 있어서는 돈을 얻을 확률이 1%로 확실한 B를 택했고, 손실(선택 2)에 있어서는 돈을 잃을 확률이 0.8%인 A를 택했다. 이처럼, 확률이 비교적 높은 경우 이익에 관한 선택에서는 리스크를 회피하고 확실한 대안을 선택하는 것을 '확실성 효과'라고 한다.

> ○ 선택 3 : 4,000원을 0.2%의 확률로 얻을 경우(A)와 3,000원을 0.25%의 확률로 얻을 경우(B)
>   A(4,000원, 0.2%) > B(3,000원, 0.25%)
>   [65명 선택]   [35명 선택]
>
> ○ 선택 4 : 4000원을 0.2%의 확률로 잃을 경우(A)와 3000원을 0.25%의 확률로 잃을 경우(B)
>   A(-4,000원, 0.2%) < B(-3,000원, 0.25%)
>   [42명 선택]   [58명 선택]

선택 3과 선택 4의 경우, 돈을 얻을 확률과 잃을 확률이 각각 0.2%와 0.25%로 비교적 확률이 적고 A대안과 B대안의 확률차가 크지 않다. 이 경우 대부분의 사람들이 이익(선택 3)에 있어서는 이익액수가 큰 A를 선택했고, 손실에 있어선 손실액수가 작은 B를 선택했다. 이처럼, 확률이 작을 때에는 확률이 클 때와 반대로 이익에 관해선 리스크 추구적, 손실에 관해선 리스크 회피적 성향을 보이는 것을 '반사효과'라고 한다.

③ 엘즈버그 패러독스
확실성에는 이벤트(event)의 확률분포를 완전히 이해한 상태인 '리스크'와 확률분포에 대해 전혀 모르는 상태인 '불확실성'으로 분류할 수 있다. 그러나 확률분포에 대해 전혀 모르는 상황도 아니고, 완전히 이해한 상황도 아닌 '애매모호성' 역시 존재한다. 그리고 사람들은 이러한 애매모호성 회피하는 경향이 있다. 예를 들어, 90개의 구슬이 들어 있는 항아리에는 30개의 빨간색 구슬과 60개의 검은색, 노란색 구슬이 있다. 단 검은색, 노란색 구슬의 비율은 알 수 없다고 하자.

- 실험 1 : 빨간색과 검은색 중 돈 걸기 → 대부분 빨간색 선택
- 실험 2 : 빨간색 또는 노란색/검은색 또는 노란색에 돈 걸기 → 대부분 검은색 또는 노란색 선택

이 실험에서 노란색은 공통으로 존재하여 선택에 영향을 주지 않는 요소임에도 두 가지 질문의 답이 모순되어 나타난 것은, 사람들이 애매모호한 상황을 싫어한다는 것을 알 수 있다. 사람들은 확실한 것을 특별히 중시하는 경향(알레 패러독스)이 있으며, 애매모호한 것은 회피하는 경향(엘즈버그 패러독스)이 있다.

BASICS OF CONSUMEROLOGY

4

소비자요구와
트렌드 및 소비자조사법

1. 소비자요구 | 2. 소비자트렌드 | 3. 소비자조사

CHAPTER 4

소비자요구와 트렌드 및 소비자조사법

1. 소비자요구

소비자요구(needs) 파악은 기업, 생산자, 마케팅 관련자, 머천다이저(MD)들에게 매우 중요한 과제이다. 공급경쟁의 현대 시장 환경에서 소비자들의 요구를 충족시키고 나아가 잠재된 소비자요구를 파악하며 소비자요구를 선도하는 것은 살아남기 위한 필수적인 과정이 되고 있다. 소비자트렌드를 파악하여 미래 트렌드를 예측하는 일도 마찬가지로 중요하다. 소비자요구 파악 및 트렌드 조사는 창업자, 자기사업자, 자영업자들에게도 매우 중요한 사항이며 나아가 부부관계 개선, 부모자녀관계 형성 등 인간의 전 생활에 응용할 수 있다. 같은 맥락에서 소비자요구, 소비자동기, 소비자트렌드 조사는 경영학에서 중요한 학문분야일 뿐만 아니라 소비자심리, 소비자행동을 연구하는 소비자학에서도 중요한 연구 분야이다.

1) 소비자요구란?

소비자요구란 소비자가 느끼는 막연한 욕구와 문제점의 인식을 말한다. 예를 들면, 배가 고프다는 것은 '요구' 이다. 이에 반해 욕망(wants)은 '쇠고기가 먹고 싶다' 와 같은 구체적인 욕구를 의미한다. 소비자요구란, 소비자가 느끼는 일차적이고 본능적인 문제를 말한다. 이와 비슷한 개념으로 소비자욕구, 소비자욕망(want)이 있는데 이는 요구를 기반으로 한 좀 더 구체적인 소비자문제를 말한다. 소비자의 요구는 자발적인 의지에 의하여 발생하지만, 소비자가 스스로 느끼지 못하는 욕구가 마케팅 자극에 의하여 발생하는 경우도 있다. 예를 들어 '장은 물론 위까지 생각해 주는 헬리코박터 프로젝트 윌' 이나 '섬유에 배인 냄새를 없애주는 페브리즈' 같은 경우 소비자의 욕구보다는 마케팅 전략에 의해 발생한 요구라고 볼 수 있다.

Maslow의 욕구위계설에 따르면 욕구의 수직적 단계는 생리적 요구, 안전에 대한 요구, 사회적 요구, 위신·자존·지위에 대한 요구, 자아실현 요구이다. Maslow의 욕구위계설의 주요 내용을 살펴보면 다음과 같다.

- 요구의 위계는 하위 단계에서부터 생리적 요구, 안전에 대한 요구, 사회적 요구, 위신·자존·지위에 대한 요구, 자아실현 요구 등 다섯 단계로 형성되어 있다.
- 어떤 욕구가 충족되면 이 욕구는 더 이상 동기유발을 하지 못한다.
- 하위 요구의 우선적 충족에서부터 점차 상위 요구의 충족으로 이동해 간다. 즉, 인간은 좀 더 근원적인 요구가 만족되고 나서야 다른 요구를 충족시키려는 경향이 있다.

소비자요구는 Maslow의 욕구 5단계설에 의하여 다섯 가지로 분류할 수 있다. Maslow의 욕구 5단계설에 따라 나누어진 소비자의 요구와 그 제품의 예를 살펴보면 〈표 4-1〉과 같다.

| 표 4-1 | 소비자욕구와 요구 사례

욕구5단계설	특징	니즈 충족의 예
생리적 욕구	의식주, 배고픔 등의 가장 기본적인 욕구	각종 건강식품
안전의 욕구	육체 및 감정적 해로움으로부터의 보호욕구	보험, 세콤
사회적 욕구	애정과 소속감 등의 욕구	"우리는 당신과 함께 입니다"라는 광고 카피
자존 욕구	자기 존중, 성취감 등의 욕구	여러 호텔의 '스위트 룸'
자아실현욕구	자신을 성장시키고자 하는 욕구	"이것을 가진 당신을 특별해 질 수 있다"라는 광고 카피

출처 : 허경옥 외(2006). 소비자 트렌드와 시장. 교문사.

2) 소비자요구의 새로운 관점

소비자요구에 대해서는 새로운 시각으로 접근하여야 한다. 이에 대해 구체적으로 살펴보자.

(1) 말로 표현이 되는 요구는 5%에 불과하다

사람들은 언어로 생각하고 커뮤니케이션한다는 인식이 널리 퍼져 있다. 기업들은 고객의 욕구나 불만 사항을 파악하기 위해 소비자들에게 의견과 느낌을 언어로 표현하도록 요구하여 왔다. 그러나 언어로 표현되지 않는 무의식적인 요구까지 고려해야 한다. 기업은 소비자들이 말로 표현한 요구만 고려할 경우, 소비자들의 본심을 알아차리지 못하여 획기적인 아이디어 상품도 만들어 낼 수 없다. 소비자요구를 표면에 들어나는 획일적인 구조로 판단하지 말고, 무의식적 요구와 인지된 요구 등으로 구분하여 접근한다. 언어와 문자 중심의 대화로는 억양, 눈맞춤, 몸짓, 주시 동작 등 준언어(paralanguage)적 의미를 포착할 수 없다. 예를 들면, 국내 모 기업의 콜센터는 고객만족도조사에서 긍정적 결과를 얻었지만 목소리 분석에서 음파가 불안정한 것으로 나타나자 고객답변이 과장되었다고 판단하였다고 한다.

(2) 논리적으로 이해되지 않는 소비자요구 및 행동

일반적으로 소비자의 구매의사결정이 이성적 사고과정을 거친다고 전제를 한다. 가격, 품질 등 상품 속성별 중요도와 호감도를 기준으로 하여 논리적 사고과정을 거쳐 상품이 선택된다고 본다. 그러나 소비자의 판단과 행동은 습관적, 자동적으로 이루어지며 감성적, 상징적인 요인이 작용하기 때문에 논리적으로 이해하는 것이 불가능한 경우가 더 많다.

(3) 소비자요구의 거짓 대응

소비자들의 경우 윤리적 측면, 사회적 인식 등으로 인해 자신의 요구나 욕구에 대해 의식·무의식적으로 거짓으로 대답할 가능성이 있다. 이로 인해 소비자요구 파악이 제대로 되지 않는 경우가 발생한다. 설문조사나 소비자조사에서 고객들의 사회 통념이나 도덕에 위배되는 사항에 대

"고객의 숨은 욕구 찾아라!" 인사이트 교육 열풍

소비자의 마음속을 들여다보기가 점점 어려워지면서 숨겨진 소비자의 욕구를 찾아내려는 기업들의 노력도 한층 강화되고 있다. 기업들의 이러한 노력은 임직원들의 인사이트(insight·통찰력)를 기르기 위한 체계적인 교육 프로그램 개설로 이어지고 있다. 기업들이 창조경영의 원천인 통찰력이 저절로 생겨나는 것이 아니라 다양한 이론 습득과 교육 훈련으로 길러진다는 사실을 절감했기 때문이다.

LG전자는 2008년 소비자 통찰을 기르기 위한 체계화된 교육 프로그램 '인사이트 스쿨'을 만들었다. 이 프로그램에서 교육 참가자들은 인사이트의 중요성을 배운 뒤, 소비자의 내면을 파악할 수 있는 새로운 리서치방법과 정성분석방법을 습득한다.

SK텔레콤도 휴먼 센터드 이노베이션(human centered innovation·인간중심혁신)팀을 중심으로 인사이트를 기를 수 있는 교육 프로그램을 진행하고 있다. 프로그램에서는 소비자들을 관찰하는 과정으로 이들이 던진 사소한 말 뒤에 전혀 다른 욕구가 숨어 있지 않을까 해석하는 것을 중요하게 여긴다. 또한 수집한 수많은 정보 속에서 의미 있는 유사성을 발견하기 위해 클러스터링(clustering)이란 기법을 활용해 소비자들의 요구를 분석하고, 실제 업무에 적용하려고 노력한다.

날이 갈수록 소비자들의 행동과 요구가 복잡해지면서 이를 해결하기 위한 도구로 '행동경제학'에 대한 기업들의 관심도 높아지고 있다. 행동경제학은 인간이 언제나 합리적인 판단을 하는 것이 아니라 모순적이고 감정적인 선택을 할 때도 많다는 점에 착안해 발달한 것으로, 소비자선택 유도에 유용한 툴이 될 수 있는 학문분야다.

출처 : 동아일보, 2008년 9월 13일

해서는 답변을 기피하는 경향이 있으므로 조사결과를 그대로 해석하는 것은 위험하다. '사회적 당위 응답(socially desirable response)'이라고 불리는 응답오류가 흔하게 발생하기 때문이다. 사람들은 자신의 솔직한 의견보다는 응당 그래야만 하는 당위에 의해 응답하는 경향이 있다는 것이다. 예를 들면, "거리에 있는 휴지를 주워야 한다."고 응답한 사람 중 90%는 실제로 거리에 떨어져 있는 휴지를 줍지 않았다는 연구결과가 있다.

맥도날드는 맥린(McLean)의 출시에 앞서 광범위한 소비자조사를 통해 다이어트버거의 수요가 충분하다고 판단하였으나, 실제 제품은 실패에 그치고 말았다. 다른 사람들이 물으면 "다이어트해야지."라고 응답하지만, 정작 제품 선택에 있어 맛을 포기하고 다이어트를 선택하는 소비자들이 많지 않았기 때문이다. 여론조사를 해보면 스포츠 신문이 지나치게 선정적이어서 문제가 있다는 소비자 응답이 많지만, 막상 가판대에서는 선정적 제목을 가진 신문을 선택하는 것 역시 소비자들이다.

3) 소비자요구 조사기법

많은 기업들이 정량조사에 의존하여 고객 요구를 조사하고 있다. 1960년대 미국에서 장거리 전화와 우편을 사용한 대량, 저비용조사가 행해진 이후로 정량적 조사가 마케팅 조사의 대세를 이루었다. 시장조사는 원래 가정방문조사(door-to-door interview)에서 유래되었으나 장거리 전화가 등장하면서 사라지게 되었다. 기업들은 낮은 비용, 이해 용이성, 의사결정 기준의 명료성 때문에 수치화되고 통계적 검증이 가능한 정량적 조사방법을 선호하게 되었다.

그러나 정량적 조사는 추상적 이미지나 잠재된 요구를 파악하는 데 한계가 있다. 즉, 정량적 조사는 객관적 측면에서는 유용하지만 소비심리를 심층적으로 이해하는 데는 한계가 있다. 정량적 자료 해석에 치중하여 고객의 숨겨진 마음을 읽지 못해 실패한 경우도 많이 있었다. 고객들이 사회 통념이나 도덕에 위배되는 사항에 대해서는 답변을 기피하는 경향이 있으므로 조사결과를 그대로 해석하는 것은 위험하다.

소비자감성과 체험이 중시되면서 정성조사의 중요성이 더욱 더 커지고 있다. 객관적인 해석만을 고집하면 경영자의 직관이나 전문가의 경륜을 활용하지 못한다. 혁신적인 정성조사기법이 선진기업을 중심으로 다양한 산업 분야에서 확산되는 추세이다. 특히 심리학·인류학·사회학적 관점을 접목시켜 다분야적 접근을 시도하고 있다. 소비자요구를 잘 알아내어 그것을 기업의 마케팅 전략에 활용하기 위해서는 소비자요구를 분석해야 한다. 소비자요구를 분석하기 위하여 가장 많이 사용되고 있는 정성조사방법에는 ZMET, 전문가 모니터링, 참여관찰법, FGI, 사다리기법 등이 있다.

2. 소비자트렌드

트렌드란 유행과는 다른 개념이다. 유행이란 다른 사람들의 모습이나 행동 등을 따라 하려는 일시적이고 단순한 것을 말한다. 하지만 트렌드라는 것은 대부분의 사람에게 있어 동질적인 욕구나 심리적 이유 등을 내재하면서 오랜 기간 지속되는 것을 말한다. 트렌드는 유행처럼 어느 한 사람이 창조하여 다른 사람들이 그것을 모방하는 것은 아니고 여러 사람들에 의해 관찰되고 있는 일부분이다. 그리고 트렌드는 사람들에 의하여 변화시킬 수 있는 것이 아니라, 단지 트렌드를 믿는 사람들 마음을 변화시킬 수 있을 뿐이다. 소비자트렌드에 대한 조사는 매우 다양한 기관에서 다양한 방법으로 수행하고 있고 그 결과 또한 다양하게 발표되고 있다. 최근 발표되고 있는 소비자트렌드에 대해 살펴보면 다음과 같다.

1) 새로운 소비자트렌드

소비자트렌드를 조사하기 위해 김상일(2004)은 오프라인 및 온라인 쇼핑몰에 대한 관찰조사와 소비자 인터뷰 등을 실시했다. 조사결과 새로운 시대의 소비패턴을 다음의 일곱 가지로 요약하였다.

- 아낄 때는 아끼고 쓸 땐 쓴다.
- 함께 구매하면 즐겁다.
- 더 이상 현금은 쓰지 않는다.
- 명품 브랜드는 거부할 수 없다.
- 소비는 점점 더 양극화된다.
- 몸에 대한 소비는 아깝지 않다.
- 나만을 위해 소비한다.

이 중 '브랜드 중시', '몸에 대한 소비', '나만을 위한 소비'는 과거에도 조짐을 보였던 모습이나, 점점 더 그 강도가 강해지고 있는 것으로 밝혀지고 있다. 그 밖에 '함께 사면 즐겁다', '현금을 쓰지 않는다' 등은 새롭게 발견되는 패턴이다.

한편, 모 경제연구소에서는 16개 업종(전통제조업, 서비스업, 유통업) 20개사를 대상으로 소비자 트렌드를 조사(마케팅 실무자 인터뷰)하였다. 조사결과, 시장에서 두드러지게 나타나는 5대 트렌드를 도출하였는데 이는 〈그림 4-1〉과 같다.

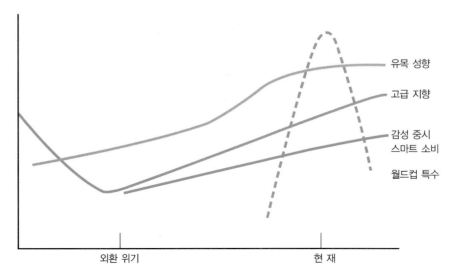

그림 4-1 소비트렌드 변화
출처 : 모 경제연구소의 소비자트렌드 조사결과

- 외환 위기의 충격으로 한때 주춤했던 '고급 지향' 소비 계속 증가
- 모바일 기기를 일상적으로 사용하고 편의성 및 신속성을 추구하는 '유목적 성향' 확산
- 상품이미지와 디자인, 브랜드에 따라 구매를 결정하고 상품과 관련된 서비스와 문화적 체험을 중시하는 '감성 중시' 소비 정착
- 상품정보를 능동적으로 수집하고 합리적으로 판단하며, 제품의 소유보다는 사용을 우선하는 '스마트 소비' 일반화

① 고급 지향 트렌드

고급문화 소비와 수입명품 소비가 빠른 속도로 증가하고 있고, 다양한 계층이 고급소비 시장에 참여하고 있고 고가품의 수요층이 중산층, 젊은층 등으로 확대되고 있다. 구매력이 부족한 계층도 명품계, 인터넷 공동구매, 신용카드결제 등을 통해 귀족적 소비, 가치(value) 위주의 소비성향이 두드러지고 있다.

② 유목 성향 트렌드

모바일 커머스 시대에 언제 어디서든 정보처리가 가능한 이동 컴퓨팅(mobile computing)의 시대가 열리고 관련 제품들이 고성장을 하고 있다. 21세기형 유목민인 디지털 노마드족이 향후의 소비트렌드를 주도하는데 노마드족은 자유와 개방, 홀가분하고 쾌적한 삶을 추구하면서 모바일 커머스 시장을 주도하는 소비층이다. 한편, 편리성과 시간절약을 중시하는 것도 하나의 트렌드로써 홀가분한 삶을 추구하는 행태가 두드러지고 있는 것으로 나타났다.

③ 감성 중시 트렌드

이미지와 미적 측면을 중시하는 소비생활의 감성화·패션화가 진행되고 있는데, 저연령층일수록 상품의 브랜드 이미지와 상징성을 더욱 중시하고 있고 휴머니즘과 부드러움을 함께 제공하는 휴먼터치형 상품을 요구하고 있다.

④ 스마트 소비 트렌드

스마트 소비자들은 신뢰할 수 있는 정보를 수집, 선별하는 능력을 보유하고 있다. 이들은 기업이 제공하는 다양한 혜택을 세부적으로 이해하고 또한 활용하고 있다. 소유에 연연하지 않고 리스나 렌털을 통해 소비 목적을 달성하는, 즉 제품의 소유보다는 소비 목적에 충실한 사용을 선호한다.

4-2

문화 팔아야 자동차도 팔린다, 車업체 '문화마케팅'

자동차업체들이 구매력이 높은 고급 소비자들을 잡기 위해 최근 경쟁적으로 '문화마케팅'에 나서고 있다. 특정 자동차를 구입하는 고객을 수준 높은 공연과 전시회 등에 초대해 '선택된 사람'이라는 느낌을 심어 주고 브랜드의 이미지도 높이는 일석이조의 효과를 노린 것으로 이 같은 문화마케팅은 더욱 확대될 전망이다.

기아자동차는 오피러스 보유 고객 중 1,200명을 선정해 유명 공연에 초대하고 있다. BMW는 6월 한 달간 7시리즈를 구입한 고객 전원에게 조지 윈스턴 내한 공연 VIP 티켓을 두 장씩 제공했다. 푸조를 수입하는 한불모터스의 경우 '프랑스의 문화 예술적 가치를 제공하는 차'라는 표어를 내걸고 8월 재즈 피아니스트 우에하라 히로미의 공연과 3월 재즈 보컬그룹 Take6 공연을 후원하며 '고객 초청 이벤트'도 벌였다. 기아자동차로부터 '미스 사이공' 초대장을 받은 김모(43) 씨는 "선택된 사람이라는 느낌이 들어 기분이 좋았다"고 말했다.

브랜드 인지도를 높이기 위해 회사의 이름을 걸고 직접 문화행사를 주최하는 경우도 늘고 있다. 인피니티는 11월 30일까지 인피니티 전시장 세 곳에서 사진작가 3인의 예술사진전을 진행 중이다. 판매된 작품의 수익금은 예술단체에 지원된다. 볼보코리아는 지난해부터 안전, 환경, 삶의 질 개선을 위해 헌신한 숨은 인물을 발굴해 5,000만 원의 상금을 주는 '볼보 포 라이프 어워즈'를 개최하고 있다.

수입자동차협회 관계자는 "고급 브랜드 혹은 고가(高價)의 자동차는 성능과 품질뿐만 아니라 문화적인 아이콘으로도 성공해야 하는 시대가 됐다."고 말했다.

출처 : 동아일보, 2006년 09월 26일

2) 소비자트렌드 분석

소비자트렌드 분석은 소비자, 소비자단체, 기업, 정부 등 경제 주체자들에게 중요한 관심 대상이다. 특히, 소비자트렌드 파악 및 분석 그리고 예측은 상품이나 서비스 생산 및 개발, 마케팅 전략 수립 등 기업의 경영활동에 있어 매우 중요하다. 소비자들의 심리를 읽고 행동을 파악하며 소비생활 트렌드를 이해하는 것은 소비자학, 경영학, 경제학 등의 학문분야에서 중요한 연구 분야이다. 트렌드는 현재 수용되고 소통되는 하나의 주요 흐름으로 이를 파악하고 예측하는 것은 쉽지 않다. 그러나 과학적인 조사 및 분석 방법을 활용한다면 트렌드를 구성하는 요소들을 종합하여 파악하고 예측할 수 있다.

트렌드는 대중이 부지불식간에 만들어가는 카오스와 같은 것이다(김병조, 2004). 따라서 트렌드는 추세만 있을 뿐 정답이 없다. 누구나 트렌드를 예측하고 싶지만 추측만 가능할 뿐 정확한 예측이 어렵다. 그럼에도 불구하고 여러 방법을 동원하고 노력한다면 트렌드를 구성하는 요소들을 종합하면서 트렌드를 제안할 수 있다.

소비자트렌드를 분석하기 위해서는 크게 두 가지 방법을 사용한다. 정량조사방법과 정성조사방법이 그것이다. 정성조사는 질적 연구방법, 정량조사는 양적 연구방법이라고 할 수 있다.

(1) 정량조사와 소비자트렌드 분석

대부분의 사람에게 있어 동질적인 욕구나 심리적 이유 등을 내재하면서 오랜 기간 지속되는 트렌드를 정량조사를 통해 분석하기란 쉽지 않다. 트렌드 개념 자체가 다소 질적인 개념이므로 트렌드조사는 주로 정성조사, 즉 질적 조사방법을 사용하는 것이 보통이다. 예를 들어, 소비자에게 설문지를 배부하여 소비자욕구를 파악한다고 할 경우 빠르게 변화하는 소비자의 마음을 파악하거나 숨겨진 소비자욕구를 파악하는 것은 쉬운 일이 아니다. 현대사회에서 소비자는 자신이 무엇을 원하는지 정확히 알지 못하는 경우가 많고, 설사 알고 있다고 해도 표현하지 못하는 경우도 많다. 그러므로 설문조사를 통해 소비자욕구를 파악하기 어렵다.

(2) 정성 · 정량조사와 트렌드 분석

소비자를 연구하는 데 있어 단 한 가지의 방법만이 옳거나 또는 절대적으로 잘못된 방법은 없다. 정성조사와 정량조사 둘 다 각기 장점과 단점을 가지고 있다. 다양하고 복잡한 소비자의식, 태도, 행동, 요구, 트렌드, 문화는 다수의 다양한 인접 학문의 조사방법을 응용하는 것이 중요하다. 다양한 조사방법 중 어떤 방법을 선택할 것인가는 연구자의 조사목적, 연구자의 관심, 조사의 특성 등에 따라 결정된다. 조사목적 및 연구자의 이론적 토대와 문제의 가정에 따라서 전혀 다른 방식으로 접근될 수 있다.

소비자트렌드는 생활방식, 가치관, 행동 등 광범위한 범위를 포함하는 다소 추상적인 개념이므로 정량조사를 통해 충분히 파악하고 조사하기 어렵다. 만약 정량조사를 통해 트렌드를 분석하고자 할 경우 정성조사방법을 적절히 병행·활용하여 종합적인 결과를 얻는 것이 바람직하다고 할 수 있다.

예로 커피의 신제품 개발이나 커뮤니케이션 전략을 구상하기 위해 소비자조사를 한다고 가정해보자. '어떤 커피를 좋아하는가?', '왜 좋아하는가?'에 대한 소비자의 응답은 'OO 커피를 좋아하고 그것이 가장 맛이 있다'고 하는 정도일 뿐 더 이상의 얘기를 얻기가 어렵다. 그럼 실제로 '맛이 있다'고 하는데, 무엇을 맛으로 판단하는 것일까? 커피를 마시는 사람들의 행동을 잘 보면 그들은 커피를 찻잔에 담아 처음 마시는 순간에 잠시 멈추고 있다는 사실을 발견할 수 있을 것이다. 즉, 후각을 통해서 들어오는 첫 번째의 자극(냄새)을 느끼고 있을 것이다. 이는 커피향이 맛의 판단 기준에 큰 영향을 미칠 수 있으며, 적절한 커피향이 중요함을 시사하는 것이라고 할 수 있다. 나아가 소비자가 커피를 언제, 어디에서 누구와 마시는가에 대한 세심한 관찰도 좋은 아이디어의 원천이 될 수 있을 것이다.

3. 소비자조사

기업에서 소비자조사는 촉진적인 메시지에 대해 어떻게 반응을 하는지 예측을 가능케 하며, 소비자가 왜 구매결정을 하는가에 대해 이해를 얻기 위해 수행한다. 마케터들은 그들이 소비자의 사결정과정에 대해 모든 것을 알고 있다면, 소비자가 원하는 방법에 영향을 주는 마케팅 전략을 세울 수 있을 것이라고 가정한다. 조사자의 조사목적, 조사취지에 따라 양적 조사를 선호하기도 하고 또는 질적 조사를 사용하기도 하며 때로는 양적 조사와 질적 조사를 병행하여 사용한다. 질적 조사에서 새로운 사상과 소비자 통찰력을 발견하고, 양적 조사에서 다양한 조사목적을 달성한다. 소비자들의 의식, 요구, 태도, 가치관, 행동 등에 대한 소비자조사방법은 매우 다양하다. 연구목적이 단순히 소비자의 행동을 이해하고자 하는 것인지, 아니면 소비자행동을 예측하고자 하는 것인지, 가설적 모델을 검증하는 것인지 등에 따라 활용 가능한 조사방법이 다르다. 보통, 소비자조사방법은 질적 조사와 양적 조사방법으로 구분한다.

1) 양적 연구와 질적 연구

질은 개별적 사물의 고유한 속성이며, 그것을 그것답게 만드는 내재적 속성이다. 그와 달리 양은 비교와 측정을 통해 인식되는 관계적 속성이며, 효율적인 커뮤니케이션을 위해 이차적으로 부가된 속성이다. 그리고 숫자는 양을 보다 체계적·표준적으로 비교, 측정하기 위해 고안된 도구이다. 질적 인식은 사물을 최대한 '있는 그대로' 보기 위해서 인위적인 개념, 범주, 표준, 척도 등을 통한 부차적 감환(reduction)을 최소화하고자 한다. 질적 인식이 자연언어(natural language)에 주로 의존하는 데 비해서, 양적 인식은 인공언어(artificial language)에 많이 의존한다. 수식과 도형, 그리고 가공 척도를 나타내는 부호들은 대표적인 인공언어이다. 인공언어는 맥락의존성이 낮은 많은 표준화가 가능하고, 그 때문에 객관적이고 과학적인 언어로 널리 활용되고 있다. 이처럼 질과 양의 속성을 감안하여 소비자조사방법을 설계하게 된다. 양적 연구와 질적 연구의 비교는 〈표 4-2〉에 제시한 바와 같다.

| 표 4-2 | 양적 연구와 질적 연구의 비교

비교 기준	양적 접근	질적 연구방법
1. 자료의 성격	숫자	말, 글
2. 연구 환경	인공적-실험	자연적-현지조사
3. 연구의 초점	행동	의미
4. 자연과학모델과의 관계	자연과학의 모델	자연과학의 모델 아님
5. 접근방식	연역적	귀납적
6. 연구 목적	과학적 법칙(nomothetic)	문화적 양식(idiographic)
7. 인식론적 입장	사실론	관념론

2) 정량조사

정량조사(quantitative research)는 대체로 구조화된 또는 비구조화된 서베이(survey)나 설문지를 사용하여 실시한다. 연구목적에 부합하는 질문항을 담은 설문지나 조사표를 사전에 작성한 후 다양한 방법으로 조사를 하게 된다. 정량조사는 양적 조사를 하는 것이므로 설문지의 응답을 최종적으로 수량화하게 된다. 준비된 설문지나 조사표를 어떤 형태로 배포하는가 또는 어떤 방식으로 응답자가 답하는가에 따라 다음과 같은 다양한 정량조사방법이 사용된다.

- 면접조사(face to face interview)

  면접원이 응답자나 가구를 방문하여 직접 설문을 응답받는 방식이다. 상세하고 다양한 설문을 받을 수 있고 높은 응답률을 보장할 수 있으나 조사기간이 길고 조사비용이 비싸다는 단점이 있다.

- 전화조사(telephone survey)

  저렴한 비용으로 짧은 시간에 넓은 지역을 대상으로 응답을 받을 수 있으나 설문의 양이 제한적이고 풍부한 데이터를 확보할 수 없다는 단점이 있다.

- 우편조사(mall survey)

  면접조사 대비 저렴한 반면 조사기간과 회수율, 응답자의 의존도가 높아 응답자를 통제하여 응답받기 어렵다는 단점이 있다.

- CLT(Central Location Test)

  조사대상자들을 한곳에 모이게 한 후 조사를 진행하는 방식이다. 시제품, 광고카피 등에 대한 소비자반응을 조사하는 방법으로, 홀 테스트(hall test)라 불리기도 한다. 실제 소비자와 구매상황과 유사한 상황하에서 조사가 이루어져야 한다.

- 갱 서베이(gang survey)

  CLT와 비슷한 방법으로 신제품 또는 광고카피 등과 같은 보조물을 이용하여 조사목적에 대한 상세한 설명을 하며 자료수집과정을 통제할 수 있으므로 보다 높은 질의 자료를 수집할 수 있고 조사과정이 외부에 유출되는 것을 방지할 수 있다.

- HUT(Home Use Test)

  가정 내 사용조사는 응답자가 실제 상황 하에서 제품을 장기간 사용하여 본 후 소비자반응을 조사하는 방법으로 가정유치조사(home placement test)라고도 한다. 이 조사는 자료의 수집을 위하여 응답자의 장기간에 걸친 협조를 필요로 하므로 응답자의 선발·관리가 중요하다.

- 패널조사(panel survey)

  소비자패널(panel)이란 조사회사 또는 제조회사와 계약을 맺고 지속적으로 자료를 제공하기로 한 소비자집단을 의미한다. 패널조사란 조사회사나 제조회사에서 소비자패널을 구축한 후, 패널 내의 소비자들로부터 정기적으로 제품구매 또는 제품사용과 관련된 자료를 수집하여 그 변화를 추적하는 조사방법이다.

- 온라인조사(e-mail, 리서치 시스템 등)

  인터넷 리서치라고도 말하며 최근 인터넷과 이메일이 활성화되면서 사용하고 있으며, 이 조사는 모집단이 명확한 경우 이용할 수 있다. 전 국민 대상으로 조사를 진행하는 방법에서는 아직 이용하기에는 조사의 신뢰성에 문제가 있을 수 있다.

3) 정성조사

정성조사(qualitative research)란 일정한 틀을 사용한 설문이 아닌 개방형 설문을 통해 응답자의 태도, 감성, 제안 등을 찾아내는 조사를 말한다. 정성조사는 소수의 응답자를 대상으로 하기 때문에 넓게 조사한다기보다는 깊게 동기, 태도, 가치, 감정, 지각을 발견하는 데 효과적인 방법이다. 1950년대의 주요 심리학 이론인 행동과학에서 비롯되었으며 정성조사로 정량조사를 대체할 수 없다는 것이다. 왜냐하면 정성조사는 적은 숫자의 사람들을 대상이므로 시장 전체를 대표할 수는 없기 때문이다. 정성조사의 영역을 예를 들어 살펴보면 다음과 같다.

- 구매동기 탐색
- 실태의 종류 열거
- 신제품 아이디어 수집
- 제품 콘셉트의 평가, 개선점의 발견
- CF의 평가, 개선점의 발견
- 제품의 평가, 개선점의 발견
- 어떤 특정 화제에 대한 태도 경향
- 시장에 있어서의 문제 발견과 대책안 추출
- 테스트 마켓의 평가
- 패키지, 네이밍에 대한 아이디어 수집
- 패키지, 네이밍에 대한 반응 추출
- 새로 시작하려는 분야의 제품, 생활에 대하여 전반적인 힌트 정보 수집
- 델리케이트한 화제에 대한 정보 수집
- 지역차에 대한 힌트 정보 수집
- 기타 그룹 인터뷰의 특징 활용
- 정량적 조사검증의 사전조사
- 정량조사 이후 조사 발견점에 대한 심층적 이해가 필요할 때

정성조사의 구체적인 특성은 다음과 같다.

- 광고대행사에서 정성조사가 행해지는 만큼 신제품 혹은 광고 콘셉트 개발을 위해서 창조적인 아이디어를 위해 작은 아이디어에도 귀를 기울이게 된다는 것이다.

- 브랜드의 이미지 파악이 행해진다는 것이다. 현대 사회처럼 제품의 차별화가 어려운 시장 상황에서 브랜드에 대한 이미지 파악은 중요하다.
- 새로운 소비자층에 대해 알아보기 위해서 탐색차원의 조사를 시행하게 된다는 것이다.
- 투사기법을 통하여 소비자 자신도 알 수 없는 무의식적인 동기나 본능을 파악할 수 있다는 것이다.

정성조사방법에는 여러 가지가 있다. 브레인스토밍, 관찰법, 투사법, ZMET, 면접법, 실험법, 모니터링, 투사법, 전문가 델파이법 등 다양하다. 이 중 면접법의 두 종류인 포커스 그룹(focus group)조사와 일대일 심층면접법(one-on-one in-depth)이 널리 사용된다. 두 방법의 큰 차이라면 포커스 그룹은 참석자의 공통된 경험에 집중한다는 것이고, 일대일 심층면접법은 사람들이 무엇에 집중하는가에 대해서 좀 더 통제를 할 필요성을 느낄 때 활용한다는 것이다.

(1) 브레인스토밍

브레인스토밍(brainstorming)은 '두뇌'라는 뜻의 브레인(brain)과 '폭풍'이라는 뜻의 스토밍(storming)이 결합된 단어로 '두뇌폭풍(brainstorming)'을 의미한다. 이 기법은 1938년 광고회사인 BBD & D(Batter, Barton, Durstine & Osborn)의 창립자인 Osborn이 개발하여 1940년대와 1950년에 보급하였고, 후에 제자이자 후임자인 Sidney Parnes에 의해 지속적으로 보급되었다.

브레인스토밍은 일정한 테마에 관하여 회의 형식을 채택하고, 구성원의 자유발언을 통한 아이디어의 제시를 요구하여 발상을 찾아내는 일종의 아이디어 회의 방법이다. 브레인스토밍은 아이디어에 대한 평가를 아이디어 창출과 엄격히 분리시킨다는 개념에서 출발한다. 브레인스토밍은 정신분석학자인 프로이트가 1900년대 초에 적용한 심리학적 기법의 일종으로 볼 수도 있다. 치료요법의 일부분으로 프로이트는 의뢰인을 긴 의자에 눕히고 머릿속에 떠오르는 생각과 아이디어를 자유연상하도록 했다. 다음 그 생각과 아이디어를 의뢰인과 함께 분석했다.

브레인스토밍은 비교적 빠르고 구조화된 방식으로 아이디어를 생산하는 활동이다. 나이와 직업에 관계없이 모든 사람들이 브레인스토밍활동을 한다. 이제 특정한 문제를 해결하고 사태를 처리하는 데 잠재적으로 도움이 되는 복합적인 아이디어를 생각해 내기 위해 당신의 창의적 사고기술을 시험할 때다.

브레인스토밍은 크게 넓은 범위의 대안이 필요할 때, 창조적이고 독창적인 아이디어가 요망될 때, 그룹 전체가 문제 해결에 참여할 필요가 있을 때 많이 사용한다. 브레인스토밍의 원리는 다음과 같다. 첫째, 한 사람보다 다수인 쪽이 제기되는 아이디어가 많다. 둘째, 아이디어 수가 많을수록 질적으로 우수한 아이디어가 나올 가능성이 많다. 셋째, 일반적으로 아이디어는 비판이 가해지지 않으면 많아진다.

브레인스토밍에서는 어떠한 내용의 발언이라도 그에 대한 비판을 해서는 안 되며, 오히려 자유분방하고 엉뚱하기까지 한 의견을 출발점으로 해서 아이디어를 전개시켜 나가도록 하고 있다. 이를테면, 일종의 자유연상법이라고도 할 수 있다. 브레인스토밍 회의에서는 리더를 두며, 구성원의 수는 열 명 내외를 한도로 하는 것이 보통이다. 브레인스토밍기법은 유창성과 융통성 신장에 도움을 주며, 민주 시민으로서 성장하고 활동하기 위해 요청되는 필수적인 토론과 대화 기술을 함양시킬 수 있다. 브레인스토밍을 하기 위한 규칙은 다음과 같다.

- 브레인스토밍의 목적을 정하고 문제를 정의하라.
- 규칙을 마련하고 엄수하라.
- 목표치를 정하라.
- 어떤 아이디어든 관계없이 말하라.
- 서두르지 마라.
- 자신의 아이디어를 일찍 판단하지 마라.
- 흥분과 열정에 찬 분위기를 조성하라.
- 다른 사람의 아이디어를 개량하라.
- 아이디어를 많이 만들어라.
- 두려워하지 마라.
- 사물을 다른 시각으로 바라보라.
- 일이 잘 풀리지 않을 때에는 브레인스토밍 자극제를 활용하라.

한편, 브레인스토밍의 장애요소를 극복하는 방법은 다음과 같다.

- 창의력이 계속해서 샘솟게 하는 생활습관을 익혀라.
- 진정한 영감을 주는 외부 요인을 증진시켜라.
- 브레인스토밍의 장애요소를 만났을 때 무엇이 발목을 잡았는가를 확인하라.
- 창의력 장애요소를 극복하라.
- 빡빡한 마감일과 결과를 빨리 달성하려는 스트레스에서 벗어나라.

(2) 관찰법

참여관찰은 고객들의 일상생활 속에서의 행동과 그 배경을 체계적으로 조사하는 기법이다. 포커스그룹조사가 짧은 기간에 인위적 환경하에서 이루어진다면, 참여관찰은 조사대상의 자연스런 행동을 관찰하면서 사회·문화 배경을 보다 폭넓게 파악하며, 인류학의 일종인 민족학적 연구에서 출발한다. 응답자는 조사자가 관심이 없을 것이라고 판단하고 이야기하지 않거나 자신이 원하는 바를 분명히 표현하지 못하는 경향이 있는데, 참여관찰법은 이러한 한계를 극복할 수 있다.

소비자를 파악하는 방법에는 여러 가지가 있으나 소비자를 잘 파악하려면 그들에 대한 통찰력을 가지는 것이 중요하다. 통찰력을 발견하려면 질문을 잘하기보다는 먼저 소비자를 관찰하고 소비자의 말을 잘 들을 수 있어야 한다. 보거나 듣는 것에 익숙해질 수 있는 가장 좋은 방법은 질문이 필요 없는 상황에 놓이는 것이다. 소비자 관찰과 청취에 능숙해지면 소비자에게 실제로 질문을 해야 할 경우에 전보다 훨씬 더 생산적인 결과를 얻을 수 있다. 그러므로 소비자를 잘 파악하기 위해서는 우선 소비자를 잘 관찰한 후 질문하는 형식이 효과적이다.

예를 들면, 엄마와 아기의 목욕장면을 관찰함으로써 우리는 소비자와 제품에 관한 통찰력을 얻는 데 필요한 많은 정보를 얻을 수 있으며, 무미건조한 면접이나 포커스 그룹에서 엄마들에게 목욕장면을 기술하게 하는 것보다 더 많은 아이디어를 끌어낼 수 있다. 이렇게 소비자를 직접 관찰하는 것은 많은 시간이 소요되지만 그 효과는 소비자에게 질문하는 것보다 성과가 크다. 소비자를 관찰함으로써 새로운 제품을 개발할 수도 있고, 기존 제품을 새롭게 포지셔닝하는 데 도움이 될 수 있다. 민속기술지에 의한 소비자 관찰에서 중요한 사항은 다음과 같다.

■ 소비자가 가장 편안한 상태에서 그들을 만나야 한다(옷을 판매한다면 같이 쇼핑을 가거나 카탈로그를 함께 본다). 그러면 그들이 어떻게 행동하고 반응하는지를 더 잘 알 수 있다.
■ 소비자의 행동을 사진에 담아 슬라이드를 만들자. 그리고 그것을 보면서 얻은 통찰력을 이야기하자.
■ 소비자의 일상적인 활동을 파악해야 한다(소비자가 선호하는 것과 그들의 행동을 따라하자).
■ 소비자의 생활 속으로 들어가서 그들의 눈으로 사물을 볼 줄 알아야 한다.

(3) 투사법

투사법(projective technique)은 쉽게 전통적인 조사방법으로는 측정되지 않고, 밝혀지기 어려운 소비자의 신념, 가치, 동기, 개성, 남과 다른 독특한 행동(예 : 제품구매) 등을 파악·조사하는 데 많이 활용된다. 투사법은 특정 상황에서 사람들이 어떻게 행동할 것인가를 응답자가 말하도록, 표현하도록 하는 기법이다. 사람들은 자신의 태도나 동기를 솔직히 표현하지 않는 경향이 있으므로 다른 사람의 태도나 행동을 설명하도록 하여 간접적으로 응답자의 태도나 동기 등을 파악하기 위한 조사기법이 투사법이다. 다시 말해, 사람들은 자신의 약점, 밝히기를 꺼리는 부분은 남이나 이웃에 관해 기술하게 하도록 하면 주저 없이 응하므로 투사법은 다른 사람의 태도, 동기를 추리할 때 그 자신의 태도나 동기를 투사할 것이라고 가정한다. 즉, 투사법은 인간 행위, 태도의 무의식적 동기를 파악하고자 하는 방법이다.

투사법은 콜라주, 문장완성법, 제목 없는 그림 또는 만화, 잉크 오점, 단어연상법, 시험법(다른 사람의 성격과 같은 애매모호한 자극을 포함하여 다양하게 구별하도록 하는 방법) 등 다양하다(황용철, 1998). 투사법은 보통 응답자에게 그 물체가 무엇인지, 그에 대한 이야기는 어떤 것인지 그것을 그려 달라고 부탁한다. 소비자에게 어떤 상황을 제시함으로써 자주 연상을 시키고 그 반응을 평가하기도 한다. 이 같은 조사는 응답자들의 응답내용을 통해 행동의 동기를 추정하고자 하는 방법이다. 예를 들면, 만화 그림 안에 "당신 어머니는 그릇세척기에 대해 어떻게 생각하십니까?"라고 질문하고 답을 적거나 그리게 할 수 있다. 여기서 투사기법을 이용해야 할 때 명심해야 할 것은 참석자 스스로에게 왜 그렇게 선택하고 말했는지에 대해 설명을 하도록 하고, 이를 경청해야 한다는 것이다.

투사기법을 응용한 조사기법은 콜라주, 그림그리기, 문장완성법, 자유연상법 등 다양하다. 이외에도 가족 만들기(creating familiy), 환타지와 데이드림(fantasy and daydreams)기법, 풍선 그림(bubble drawings) 등도 있다. 가족 만들기는 여러 브랜드들을 가족이라고 생각하고 한 카테고리와 다른 카테고리 간의 관계를 밝힐 때 쓰는 기법으로 소비자인식상 경쟁관계를 파악하는 데 유용하다. 여기서 꼭 가족이라고 국한시키지 않고 다른 기준 하에 그룹핑(grouping)을 하는 것도 같은 맥락이라 하겠다.

환타지와 데이드림은 중요한 캐릭터나 특성들을 끄집어내기 위해 특정한 상황이라고 가정하게 한 후 의견을 자유롭게 받는 기법이다. 예를 들어, "여기에 마술 지팡이가 있습니다. 이 지팡이를 돌릴 거예요. 당신이 이걸 받았을 때, 이 문제에 대한 당신의 마술적 해법을 보여주세요. 이 지팡이를 흔들면, 당신이 말한 대로 이루어질 거예요. 자, 마술지팡이를 잡으세요."라는 질문이 이에 해당한다. 이때 긴장을 풀기 위해 음악을 틀어주거나 어떤 이미지를 보여주면서 대화의 분위기를 조성하면 더욱 더 효과를 높일 수 있다.

풍선 그림은 어떤 특정한 상황을 그림이나 만화형태로 제시한 후 응답자에게 그림에 대사를 넣어보라고 요구한다. 마치 만화 속에 대사를 상상하도록 하게 하는 것으로 응답자의 상상력, 주요 문제를 투사하게 하는 것이다. 〈그림 4-2〉에 제시한 바와 같이 만화 그림 안에 제시된 빈 풍선에 응답자가 대사를 채우도록 하는 것이다.

그림 4-2 풍선 그림 투사 도구 예

(4) 면접법

면접법은 일대일 심층면접법과 표적집단면접법(FGI : Focus Group Interview)으로 구분할 수 있다. 일대일 심층면접과 표적집단면접법의 차이는 조사 대상자가 한 명인가 아니면 정해진 특정 집단인가에 있다. 또한 표적집단면접법은 참석자의 공통된 경험에 집중한다는 것이고, 일대일 심층면접법은 사람들이 무엇에 집중하는가에 대해서 좀 더 통제를 할 필요성을 느낄 때 활용한다는 것이다. 표적집단면접법은 체계적인 토론방법을 통해서 정보검색과정에서 경험하는 여러 문제, 의견, 대안 등에 관한 정보를 교환함으로써 각 피험자들이 잘 의식하지 못했던 문제점들을 발견하고, 창의적인 대안을 발견, 제시할 수 있도록 유도하는 기법이다. 두 방법은 공통적으로 표준화된 자료나 수집도구(설문지, 관찰표 등) 없이 사회자의 판단에 따라 조사를 진행시켜 응답자의 반응을 이끌어 내는 비체계적 자료수집방법이다.

일대일 심층면접(in-depth interview)은 심층 인터뷰, 상세 인터뷰라고도 한다. 다른 정성조사방법과 마찬가지로 비체계적인 조사방법(비구조화된 질문방식)으로써 응답자로부터 어떤 주제에 대한 정보를 수집하는 방법이다. 응답자의 잠재된 동기, 신념, 태도 등을 도출해 내거나 특정 전문분야에 대한 내용 파악 시 주로 사용한다. 예를 들면, 제품의 종류가 민감한 것일 경우(여자 속옷, 사적인 토의내용), 소극적인 사람들, 10대의 의견을 얻고자 할 때 일대일 심층면접법의 활용성이 높아진다. 조사 양식은 비구성적 또는 비체계적인 형태이며, 결과분석에 의해 정성적 정보가 얻어지나 응답자가 어느 정도 양적으로 확보되면 응답결과를 집계하여 간단한 정량적 정보를 구할 수 있다. 보통 30분부터 길게는 1시간 이상의 면접시간이 소요되며 훈련을 받은 고도로 숙련된 면접자를 필요로 한다. 예를 들면, 소비자는 일반적으로 자신이 특정한 구매결정을 한 이유를 명확히 알지 못하는 경우가 많기 때문에 직접적인 질문을 하면 유용한 응답을 얻기가 힘들다. 따라서 조사표에 의한 질문에서 벗어나 소비자의 심리 가까이 접근하여 사실을 조사하는 것이 중요하다.

표적집단면접법 또는 포커스그룹 인터뷰(FGI)는 정성조사의 대표적인 조사방법으로 면접 진행자(moderator) 또는 조정자가 면접 대상자들을 한 장소에 모이게 한 후, 비체계적이고 자연스러운 분위기에서 조사목적과 관련된 토론을 함으로써 자료를 수집하는 방법이다. 예를 들면, 소수의 면접 참여자들이 광고 효과, 브랜드 인지도 및 만족도 등 특정 주제에 대해 집중 토론하는 기법이다. 면접 진행자의 지도하에 6~8명 참여자들이 주어진 주제에 대해 토론하는데 참여자들은 제품, 서비스의 사용경험이 있어야 가치 있는 정보를 제공할 수 있다. 면접 진행자는 상품에 대한 전문적인 지식과 경험 외에 토론을 이끌 수 있는 숙련된 기술을 보유해야 한다. 이때 초점 패널(focus panel)이라 해서 동일한 소비자패널 집단을 면접대상으로 사용하기도 한다. 흔히 패널 간 토의를 한 후 필요한 경우 제품을 주고 사용 후 경험에 대해 다시 토의하기도 한다. 보통 제품 개발 단계나 저장 중의 변화를 알고 싶을 때 초점 패널을 사용한다.

표적집단면접법은 조사목적을 달성하기 위하여 독립적으로 사용되는 조사방법이라기보다는 본격적인 소비자조사 또는 마케팅조사를 위한 사전·사후 검증 목적으로 활용되는 경향이 있다. 따라서 토론 주제에 대한 숙고 없이 순간적인 최초 반응만으로 진행되므로 조사결과에 전적으로 의존하는 것은 위험할 수 있다. 표적집단면접법을 효과적으로 시행하기 위해 딱딱한 인터뷰사결간과 방식을 사용하면 참여자의 사고가 제약을 받으므로 상품과 소비자의 특성으로 시행하는 방법을 달리하여 조사효과를 극대화한다. 감각과 체험이 중시되는 상품의 경우, 소비환경과 유사한 사결간에서 상품을 직접 체험하게 하면서 면접을 실시하기도 한다.

(5) 전문가 모니터링

전문가 모니터링을 소비자트렌드조사에 활용할 경우 트렌드 리더 또는 전문지식이 있는 전문가가 조사목적에 해당하는 사항을 관찰하도록 하는 기법이다. 상품이나 시장에 대한 전문적 지식과 경험, 적극적 마인드를 보유한 모니터일수록 보다 심층적인 관찰과 분석이 가능하다. 보통 전문가 수준의 지식을 보유하거나 트렌드 리더의 역할을 하는 특정 고객을 모니터로 선정한다. 선정된 모니터들은 자신의 일상적인 생활 속에서 주변인들의 행동을 관찰하거나 의견을 수집한다. 이들은 소비자와 관찰자의 역할을 동시에 수행하므로 시장조사자가 일방적으로 관찰하는 것보다 더욱 현실적인 결과를 도출할 수 있다. 또한 트렌드를 주도하는 사고방식과 라이프스타일, 유행을 선도하는 아이템을 파악할 수 있다. 전문가 모니터가 제시하는 의견이 신빙성이 있으므로 이들을 통한 제품 콘셉트와 이미지의 홍보도 가능하다. 정기적으로 모니터들에게 교육을 실시하거나 토론과 발표를 권장하여 모니터 요원 간 지식 공유와 시너지를 극대화할 필요가 있다.

(6) ZMET

ZMET(Zaltmen Metaphor Elicitation Technique)는 1995년 하버드대학교 경영대학의 Zaltman 교수가 개발한 소비자조사기법으로, 'Zaltman 은유 유도기법'으로도 불린다. ZMET는 소비자가 무의식 속에 갖고 있는 요구를 비언어적, 시각적 이미지를 통해 은유적으로 유도하여 파악하는 방법을 말한다. ZMET는 제품, 브랜드 등과 관련된 소비자의 인식, 사회적 관계 등을 탐색하기 위해 인류학·사진학·신경생물학·심리분석학 등을 폭넓게 활용하는 기법으로서, 고객의 생각을 구성하는 기본 개념들을 찾아내고 상호관계를 설명할 수 있다. ZMET방법을 사용·활용할 수 있는 분야는 매우 넓다. ZMET는 인간의 사고와 감정에 대한 심층적인 통찰력을 필요로 하는 모든 분야에 적용 가능하다. 특히 소비자의 심층적 사고과정 규명을 통해 효과적인 마케팅 전략 개발이 가능하며, 기업과 공공기관의 커뮤니케이션 전략 개발에도 유용하게 이용할 수 있다.

ZMET의 실행방법은 일대일 면담으로 진행된다. 예를 들면, 참여자에게 특정 상품 또는 브랜드에 대해 2주 정도 숙고하게 한 후, 자신의 느낌이나 생각을 표현해 주는 사진, 그림 등 이미지를 수집해 오도록 한다. 연구자는 심층면담을 통해 수집된 이미지를 해석하고 소비자사고의 틀을 분석한다. 구체적으로, 12~20명의 고객에게 실시하여 유사성, 특성 등을 찾아 공통 테마를 파악하고 이를 다시 콜라주나 모자이크로 재창조하여 소비자들의 정신세계를 설명한다.

인간심리에 대한 최근 연구 성과에 따르면, 인간의 의사결정의 95%가 스스로도 자각하지 못하는 심층적인 무의식적 차원에서 결정된다고 한다. 또한 인간의 의사결정과정에 이성과 함께 감성(emotion)이 중요한 역할을 담당하며, 인간의 대부분 생각은 본질적으로 은유(metaphor)에 기반한다고 한다. 아울러 인간 상호간 커뮤니케이션의 80% 이상이 비언어적 수단을 매개로 이루어진다고 한다.

이러한 최근 연구성과에 비추어 볼 때, 소비자와의 언어적·이성적·의식적 커뮤니케이션에 기반한 기존의 정량조사와 정성조사 방법은 나름의 장점에도 불구하고, 소비자의 언어화되지 않은 무의식적 요구를 포착하는 데에는 한계가 있다. 미국 특허를 받은 일대일 심층면접기법인 ZMET조사기법은 바로 이러한 조사방법 간 괴리를 극복하기 위해 1995년에 Zaltman 교수에 의해 개발된 것이다.

(7) 델파이법

델파이법(delphi method)은 미국의 랜드(Rand)사에 의해 개발된 예측기법의 하나로서 앙케이트수렴법이라고도 한다. 한 문제에 대해 여러 전문가들의 독립적인 의견을 우편으로 수집한 다음 이 의견들을 요약·정리하여 다시 전문가들에게 배부하여 일반적인 합의가 이루어질 때까지 서로의 아이디어에 대해 논평하게 하는 방법이다.

델파이법의 출현배경을 보다 구체적으로 소개하면, 델파이법은 1950년대 미국 공군의 의뢰를 받은 랜드회사의 Helmer와 Dalkey라는 두 명의 연구자에 의해 제안되었다. '델파이'의 뜻은 그리스 아폴로신의 신탁에 나오는 유명한 장소로 그룹의 회답자에서 합리적인 의견을 도출하는 방법으로 정의할 수 있다. 델파이의 이름은 고대 그리스 신을 숭배하는 성직자들이 어떠한 중요한 화제가 있을 때 나라 곳곳의 현명한 사람들로부터 견해를 얻기 위해 사자를 보낸 것에서 비롯되었다.

델파이기법은 특정한 주제에 대하여 전문가들로부터 직관적 반응을 체계적으로 검증 반문하여 의견을 통합하는 하나의 미래예측기법이며, 회의나 세미나 등 전통적 의견 종합식의 단점을 보완하려는 데서 고안된 것이다. 이 방법은 예측하고자 하는 주제에 대한 해당 전문가를 선정하여 이들에게 설문지를 보내 의견 합의 또는 응답의 안정성이 이루어질 때까지 반복하여 예측결과를 얻어내는 것으로 정보흐름의 조직화, 참여자의 피드백, 참여자의 익명성 등이 핵심 요소라고 할 수 있다(김경동 외, 1986). 다시 말해, 델파이기법은 의미 직관적 예측방법의 하나로 유능한 전문가를 따로따로 분산시켜(통상 20~30명 선발) 익명성이 유지된 상태에서 각각 전문가들이 독자적으로 형성한 판단들을 종합·정리하는 방법으로, 쉽게 말해 전문가들에 대한 여론조사기법이라고 할 수 있다. 전문가들에게 2~3회 이상 반복하여 자신의 의견 수정 기회를 부여하고 다수의 견해를 통계적으로 종합·분석해서 미래 사태를 비교적 객관적으로 예측할 수 있다.

델파이법은 전문가를 한 자리에 모아 의견을 개진하는 것이 아니라, 의견 질문서를 배포하여 수집 후 전체 의견을 평균치와 4분위(分位) 값으로 나타내어 종합하고, 재차 의견을 묻는 피드백 과정을 거듭하여 의견을 좁혀 나가게 된다. 집단의 창의력을 자극할 수는 없지만, 중·장기 계획에서 여타 정성적 기법보다 정확도가 높은 것으로 알려져 있다.

델파이법의 장점은 첫째, 여러 전문가가 참여함으로써 많은 양의 지식을 나눌 수 있다. 둘째, 미래예측상의 위험을 감소시킬 수 있다. 또한 다양한 차원의 전문적 지식을 모으고 공유할 수 있어 미래예측에 전문성을 높일 수 있다. 셋째, 여러 사람이 한 자리에 모여 토론하는 데서 오는 비효율성을 줄일 수 있다. 넷째, 영향력 있는 소수에 의하여 의사결정이 이루어지는 것을 방지할 수 있다. 즉, 동료들의 의견에 반대하기 어려운 폐단을 극복할 수 있다.

한편, 델파이법의 단점은 다음과 같다. 첫째, 모든 사람들이 응답을 한 것을 요약·정리하여 다시 우송하는 과정이 합의에 도달하게 될 때까지 계속되므로 소요되는 시간이 길고 일반적으로 비용이 많이 든다. 둘째, 합의·도출 과정에서 소수의 의견이 묵살될 가능성이 있다. 셋째, 여러 번의 합의도출과정에서 발생하는 응답지연, 탈락 등 응답자에 대한 통제가 어렵다.

(8) 사다리기법

정성적 조사기법의 하나로 사다리기법(laddering)은 사다리와 같은 도식 형태로 소비자들의 의식, 가치, 태도 등을 추리·파악하는 기법이다. 예를 들면, 제품의 물리적 특성과 고객 가치 간의 연결 관계를 파악, 심리지도를 그리는 조사방법이다. 구체적으로, 소비행태를 유발하는 근본 이유를 파악하기 위해 사다리를 오르듯이 지각과정을 거슬러 개인의 내면 가치에 접근한다. 상품의 구매와 사용을 유도하는 구체적·현실적 핵심 요소와 추상적·존재적 가치를 연결한다. 다시 말해, 사다리기법은 연상 네트워크를 이용한 질문 시리즈로 소비자의 잠재의식에 접근하는 기법이다. 색상, 맛, 가격 등 제품의 구체적인 속성으로부터 시작하여 "그것이 왜 중요한가?" 하는 질문을 연속하면서 추상적·상징적 개념으로 접근한다. 보통 일대일 심층면담으로 이루어지며, 짧고 적은 수의 질문으로 소비자의 내면 가치를 알아내기 어려우므로 질문 시리즈는 최대 20여 단계까지 연장한다.

(9) 미스터리 쇼핑

미스터리 쇼핑(mystery shopping)은 일반 고객으로 가장하여 사업장을 방문해서 실제 고객들이 할 수 있는 행동(예 : 고객질문, 구매, 환불)을 수행하면서 사업장을 평가하는 것을 말한다. 간단히 말해, 미스터리 쇼퍼가 일반 고객처럼 가장하여 매장을 돌아보고 평가하는 것을 뜻한다. 기업 스스로 고객만족도를 평가하는 방식에서 벗어나 고객의 입장에서 자사의 서비스 수준을 돌아보고자 하는 기업 자체의 노력에서 비롯된 미스터리 쇼핑은 기업의 마케팅 전략에 중요한 해답을 던져 주고 있으며 실제로 많은 기업에서 행해지고 있다. 미스터리 쇼퍼는 매장을 방문하면서 발생한 내용이나 개인적으로 느낀 점들을 평가표를 토대로 보고서를 작성하는 것이 보통이다.

미스터리 쇼퍼는 본사의 지정을 받은 모니터 등이 고객을 가장해 기업이나 매장의 서비스, 청결상태, 품질 등을 비밀리에 체크하고 고객만족도 등을 점검하는 신종직업이다. 일종의 '암행어사' 라고 할 수 있다. 주로 백화점 등 대기업에서 많이 활용했지만 '고객만족경영' 이 확산하면서 최근에는 중소기업과 프랜차이즈 업체들도 적극 활용하고 있다.

| 표 4-3 | 미스터리 쇼핑 조사 시 공통 체크 리스트

고객 입·퇴점 시	고객 안내 시	근무자세/업무처리능력	점포 위치 및 환경
• 첫 인사/ 끝 인사 • 고객을 맞이하는 표정/자세 • 절제된 인사말 • 안내요원의 태도	• 대기시간 • 대화 시 상냥함 • 주차안내/고객안내 • 고객대기 시간 지연 시 인사말	• 직원의 복장/용모 • 전화 수신 및 배달의 신속성 • 직원 간의 협조도 • 직원의 적절한 언어 상용 • 불만사항에 대한 대처능력 • 문제발생 시 직원의 관심정도 • 직원들의 근무 분위기 • 직원들의 잡담 및 흡연	• 매장 위치의 접근용이성 • 쾌적한 실내환경(조명, 온도 등) • 점포의 넓이 • 편의시설의 적절성 • 실내 인테리어 체크 • 전체적인 분위기(의자, 테이블) • 주차시설 • 종업원의 수

한편, 미스터리 쇼핑의 주요 조사 분야는 다음과 같다.

① 고객만족도 수준조사

조사원이 고객을 가장하여 의뢰한 회사 제품을 구매 시 직원들의 복장, 태도, 어투, 친절도, 고객 응대 등을 체크하여 고객만족경영을 위한 토대를 마련한다. 미스터리 쇼핑 리서치를 주기적인 조사를 통하여 고객의 다양한 욕구의 변화에 따라 기업의 고객만족경영을 위한 자료를 제공한다. 비디오 미스터리 쇼핑(hidden-video mystery shopping)의 경우 조사자의 옵션 사항으로 캠코더 등을 사용하여 직원들의 서비스 태도를 비디오, DVD, CD로 녹화하거나 직원음성을 녹취하여 조사의뢰 회사에게 제공한다.

② 전화 모니터링조사

고객상담센터는 고객과의 제1접점에 위치한다. 자사의 전화 응대의 실체를 알기 위한 가장 효과적인 리서치방법이다. 쇼퍼는 신분을 밝히지 않고 일반적인 손님과 똑같이 귀사의 전화 응대를 받는다. 손님의 시점에서 그 점포나 영업소 등의 종업원의 접객 태도, 상품지식, 판촉 응대에

| 표 4-4 | 미스터리 쇼핑의 구성요소

객관성	• 편견 없이 객관적인 기준으로 평가한다. • 장단점 발견 수단으로 활용한다.
타당성	• 실제 고객이 느껴지는 서비스에 대한 평가를 반영한다.
유용성	• 자사와 고객에게 영향을 줄 수 있는 유용한 데이터를 창출한다.
신뢰성	• 모든 평가자가 객관적인 체크 리스트로 평가함으로써 조사에 오차가 없도록 한다.
차별성	• 해당사의 분점별 차이를 인정하고 평가에 반영한다.
대표성	• 미스터리 쇼핑을 통해 해당사의 서비스 특성과 수준을 측정한다. • 하루의 모든 시간대 및 요일을 대표할 수 있도록 설계한다.

이르기까지 객관적으로 측정하여 일반화 지표를 마련한다. 전화 모니터링조사는 기업의 이미지와 서비스 수준을 평가하여 대고객 전화 서비스 수준을 점검하고 서비스 개선을 위한 프로그램 개발 및 교육의 틀을 마련해 준다.

③ 경쟁사 모니터링조사

현대는 정보의 사회이다. 신속하고 정확한 정보가 아니라면 그 기업은 도태될 수밖에 없다. 경쟁사 모니터링조사를 통하여 경쟁사 대고객 서비스, 점포환경, 근무자세 등 세부 항목의 장단점을 파악하여 능동적 대처방안을 제시하여 준다.

한편, 미스터리 쇼핑 조사 시 오차제거방법은 다음과 같다.

■ 주관적 평가 가능성에 의한 편차 제거 : 표준화된 평가지표 및 객관적 기준안 마련, 고객 서비스에 영향을 미칠 수 있는 요인들을 중점적으로 조사
■ 미스터리 쇼퍼에 의한 편차 제거 : 미스터리 쇼퍼의 전문 쇼퍼 선정시 교육 강화, 표준화법에 의한 역할극 5회 이상 실시(실전 연습 및 교육 강화를 통하여 일관적 평가 가능)
■ 요일/시간에 의한 편차 제거 : 쇼핑 시간대별/요일별 할당(오전/오후 또는 요일별로 종업원의 응답태도가 틀릴 수 있으므로 쇼핑 수를 각 시간 및 요일별로 할당함)
■ 시나리오에 의한 편차 제거 : 가상설정 시나리오 작성 배분(업주/서비스 직원의 표준 응대법에 적당하도록 가상 시나리오 설정), 쇼퍼 시나리오 할당 배분(설정 시나리오에 대하여 유의한 평가를 위한 최소 방문 수 할당)

| 표 4-5 | 레스토랑과 은행에 대한 미스터리 쇼핑 조사 시 체크 리스트

레스토랑 및 음식점		은행/증권사	
음식 주문 및 취식 시	음식의 질 및 계산 시	직원의 업무처리 능력	기타 서비스
• 종업원의 충실한 답변 • 종업원의 업무숙지능력 • 직원의 친절도 • 음식을 취급하는 태도 • 고객에 대한 예의 • 돌발상황 발생 시 대처능력 • 취식 시 서비스 수준 • 음식불만에 대한 대처방안	• 메뉴판 디자인/메뉴선택 용이성 • 메뉴의 종류 • 음식의 맛 • 가격 처리 방식의 다양성 (현금, 카드 등) • 쿠폰제/사은행사 등의 다양한 이벤트	• 직원의 충실한 답변 • 직원의 업무숙지능력 • 직원의 친절도 • 고객에 대한 예의 • 돌발상황 발생 시 대처능력 • 투자 상담에 대한 처리 능력	• 정보제공능력 및 금융서비스 • 상품의 종류 • 단말기/CD기의 충분성 • 시황방송은 충실 • 투자정보지/잡지의 비치

출처 : 중앙경제, 2005년 11월 22일

(10) 타운 워칭

타운 워칭은 어느 특정 도심에 있어 거리를 오가는 통행인들이나 일정 장소에 모여 있는 일반 대중들의 사실적인 행동을 자세히 살펴보거나 각종 소매 점포라든지 외식업소 및 위락시설 등에 대하여 유심히 관찰하는 행위이다. 이는 일반적으로 어느 특정 상권 내의 소비자 행동조사 등을 파악하고자 할 경우에 많이 쓰이는데, 오늘날과 같이 비즈니스행동이 다양하고 변화무쌍한 경우에는 통상적인 문자정보보다는 사실에 근접한 비주얼정보가 가치를 얻으며 이제까지는 기업의 마케팅 담당자 등이 개별적으로 해왔으나 몇몇 회원을 모집해 단체로 외국으로 가거나 지방 등지로 거리를 관찰하는 타운 투어가 유행하고 있다. 최근 창업하기 전 창업 업종 소재지 근처에서 며칠간 지나가는 소비자들의 수, 연령, 성별, 기타 특성들을 사전조사하여 창업 전략 수립에 활용하는 경우가 많아지고 있다.

BASICS OF CONSUMEROLOGY

5

소비시장환경의
변화와 소비자

1. 소비자의 변화 | 2. 소비환경의 변화 | 3. 기업의 변화 | 4. 세계소비환경의 변화

CHAPTER 5

소비시장환경의 변화와 소비자

1. 소비자의 변화

소비자들은 변화하고 있다. 소비인구 증가, 노인소비자 증가, 가계소득 향상, 소비자들의 가치관 변화, 라이프스타일 변화, 소비지출구조 및 소비패턴의 변화 등이 주요 변화라고 하겠다. 도시화진전 및 인구 증가는 전체적으로 소비구매력을 증가시켰는데, 특히 가계소득 증가는 이를 더욱 부추기는 데 결정적인 역할을 하였다. 여러 측면에서 소비자들이 변화함에 따라 제품과 서비스의 질이 향상되었으며 소비자편의를 위한 간편한 제품의 개발과 유통구조의 변화를 촉진시켰다. 또한 소비자들의 다양하고 개성화된 욕구를 충족시키기 위한 새로운 상품이나 서비스가 개발·유통되는 변화를 초래하였다. 소비자들의 변화에 대해 보다 구체적으로 살펴보면 다음과 같다.

1) 소비자의 사회·인구학적 변화

(1) 평균 수명 연장 및 노령화

과학 및 의료기술의 발달로 인해 평균 수명이 남자가 70세, 여자가 77세로 과거에 비해 많이 길어지고 있다. 수명이 연장된다는 것은 그만큼 소비생활의 시간이 연장된다는 의미이다. 소비생활의 연장은 전체적으로 구매력 증가로 이어지면서 소비확대가 가속화된다. 이처럼 평균 수명이 길어지면서 노인인구가 급증하고 있다. 현재 65세 이상의 노인소비자가 전체 인구의 약 6%이상으로 1980년의 3.9%에 비해 1.5배 이상 증가하였고, 앞으로 30년 후에는 65세 이상의 노인소비자가 현재의 3배가 넘을 것으로 전망하고 있다. 이 같은 노인소비자가 급격히 증가하는 것은 노인소비계층의 증가를 의미한다. 이러한 변화는 최근 실버시장(silver market), 즉 고령 소비계층을 주요 고객으로 하는 실버산업이나 시장이 팽창하는 결과로 나타나고 있다. 앞으로 구매력 있는 노인소비자가 더욱 증가함으로써 이들을 대상으로 하는 새로운 제품과 서비스의 개발이 급증할 것으로 보인다. 노인들은 건강 및 의료서비스, 여행, 레저활동, 주택관리 등에 대해 요구가 높아 이를 반영하는 소비환경이 구축될 것으로 보인다.[1]

(2) 가족구조의 변화

남편과 부인 그리고 미혼 자녀로 구성된 핵가족은 소비의 기본단위이다. 그러나 이러한 소비단위인 핵가족 형태가 변하고 있다. 주요 변화는 이혼의 증가로 인한 핵가족의 붕괴, 새로운 가족형성 등이다. 한편, 가족구조의 변화와 함께 소득원의 상실, 소득수준 감소 등의 변화는 소비생활에도 많은 영향을 미치고 있다.

또 다른 가족구조의 변화는 독신자 가족, 무자녀가족 등 다양한 가족형태가 확대되고 있다는 사실이다. 구체적으로, 초혼 연령이 높아지고 있으며 독신자가족, 딩크족(DINK : Double Income No Kids)들의 비율이 점차 증가하고 있는데 이들의 소비선택 및 소비생활패턴은 변화하고 있다. 이들은 핵가족과 비교해 가족 수가 적기 때문에 소량구매, 인스턴트 식품이나 패스트푸드(fast food) 수요 증가, 편의점이나 통신판매 선호, 전자상거래 이용, 홈 오토메이션과 관련된 가구 수요 증가 등의 소비패턴을 보이고 있어 유통구조, 마케팅, 판매방법 등에 많은 변화를 요구하고 있다.

한편, 취업여성이 증가하면서 가족의 소비선택 및 소비행동이 변화하고 있다. 취업여성, 즉 맞벌이 가계는 향상된 소득수준으로 비싼 내구재를 구매하는 등 기존의 전업주부 가계와는 다른 생활방식을 영위하고자 하는 경향이 있다. 대체로 맞벌이 가계는 그렇지 않은 가계에 비해 교통비, 가사용품비, 피복비 등에 많은 지출을 하고 있으며 이들 가계는 소비생활을 위한 시간이 부족하므로 편리함과 효율성 위주의 구매행태를 보이고 있다. 취업주부 가계의 경우 가사노동절약형 가전제품, 가사노동 및 육아 대행 서비스, 즉석 요리 및 인스턴트 식품에 대한 수요가 높은 경향이 있다. 이 같은 소비패턴의 변화는 기업 및 시장환경에 많은 영향을 미치고 있다.

(3) 소득수준의 향상

우리나라 가계의 소득수준은 점차 향상되어 왔고 그 결과 가계의 구매력이 높아져 왔다. 이 같은 소득의 증가는 가족규모의 감소와 함께 가처분소득 증가의 결과를 초래하였고 그 결과 선택적 소비지출의 증가, 즉 삶을 영위하는 데 필수적인 소비지출 이외의 자아실현, 문화적 욕구충

---

[1] 미국에서는 우피족(Woopies : Well-off older people)이라 하여 부유한 노인층을 대상으로 하는 마케팅 전략의 개발이 확대되고 있다.

족 등을 위한 소비지출을 증가시켰다. 가계소득수준의 향상은 여타의 변화 중 소비생활에 가장 커다란 영향을 미치는 변화로써 전체적 소비지출의 양을 증가시켰고, 기본적 지출보다는 선택적 지출, 즉 문화, 오락, 여가 등과 관련한 소비를 증가시켜 왔다. 또한 소득 증가를 통한 구매력 증가는 상품의 종류를 보다 다양하게 하는 데 결정적인 영향을 미쳤고 보다 표준화되고 구색이 잘 맞춰지는 소매업태를 활성화시켰다. 게다가, 소득 증가에 기반을 두고 여가시간의 증가로 인한 미시(missy), 젊은층 등이 새로운 소비계층으로 부각하고 있어 이들을 위한 제품개발 및 유통이 촉진되고 있다.

2) 소비패턴의 변화

소비자들의 소비패턴은 소득, 시간의 비용, 기호, 물가 등에 따라 달라지게 된다. 우리나라 가계의 소비패턴의 변화에 대해 간단하게 살펴보자. 우리나라 가계 소비패턴의 변화는 먼저 소비지출항목별 소비지출액수의 변화를 제일 먼저 살펴볼 수 있다. 전체적으로, 우리나라 가계의 소비지출항목별 소비지출의 변화는 크게 세 가지이다. 첫째, 과거에 비해 기본적 삶을 영위하기 위하여 필요한 필수재 구입 등의 소비지출 비중이 점차 감소하고 있다. 식료품, 주거, 광열·수도, 보건·의료 등 필수재 지출이 1980년도에는 소득의 70% 이상을 차지한 데 비해, 최근에는 약 1/2 정도를 차지하고 있어 감소하고 있음을 알 수 있다. 둘째, 외식비, 교육, 교양 및 오락, 교통 및 통신 등을 위한 가계지출이 크게 증가하고 있다. 이 같은 추세는 여가 시간 증가 및 소득수준 증가가 계속되고 있어 더욱 가속화될 전망이다. 셋째, 점차 서비스 관련 소비지출항목에 가계소비지출이 증가하고 있다. 스포츠, 레져, 여행, 교육, 문화활동 등 심리적·정서적 만족과 관련된 서비스 분야의 소비지출이 증가하고 있다. 특히, 고소득계층에서는 총 식료품비의 40% 이상을 외식비로 지출하고 있는 등 서비스에 대한 소비지출은 경제가 변화하고 생활방식이 다양해짐에 따라 계속 증가할 것이다. 지금까지 살펴본 바와 같이 가계지출구조의 변화는 소비패턴의 변화로 이어져 생산자, 판매자, 마케터들의 활동에 변화를 요구하고 있다.

3) 소비자 가치관의 변화

소비자들의 소비선택 및 소비생활은 소비자들의 가치관이나 태도에 의해 결정된다. 경제·사회환경의 변화에 따라 소비자들의 가치관이 변화하면서 다양한 소비자들의 욕구 및 취향은 기업경영에 많은 영향을 미쳤다. 과거에는 소비자들이 생존을 위해 그리고 생리적 이유로 소비하였으나 점차 기호를 추구하고 자아실현을 위해 소비를 즐기게 되면서 소비환경의 변화를 유도하고 있다. 편리지향적 소비, 시간절약형 소비가 중심을 이루고 있으며 가격보다 품질 또는 브랜드 중심의 선택으로 자기지향적 소비패턴이 보편화되고 있다.

1980년대와 1990년대의 소비행태를 비교하면, 도시 중심에서 도시 주변과 신도시로, 과시소비에서 겸양의 소비로, 감성과 유행에 민감한 소비에서 이성과 지성 그리고 연속성과 안정을 추구하는 소비로, 흥미와 화려함을 추구하는 소비에서 성실과 단순함을 추구하는 소비로, 쓰고 버리는 소비행태에서 지속 가능한 소비로 전환되고 있다고 하겠다.

Stample(1981)은 소비자들의 가치관 체계를 산업기, 과도기, 후기산업기 등 산업화의 정도에 따라 구분하여 비교·설명하고 있다. 그에 따르면, 산업기 소비자들은 "많이 소유할수록 더 좋다."는 가치관을 주로 가지고 있으며, "자연자원이 풍부한 시기이므로 편안한 생활을 위해 필요한 모든 것을 가질 수 있다."는 가치관을 가지고 있다고 한다. 반면, 후기 산업기에는 인플레이션, 물자부족, 공해문제, 에너지 위기와 시장에 대한 강력한 정부규제 등의 상황에서 소비자들은 자신이 원하는 것이 모두 충족될 수 없음을 인식하게 되었고, 건강과 복지에 대해 더 많은 가치를 부여하기 시작하고 있다고 주장하였다. 또한 제품의 질에 대한 기대수준이 높아지고 있으며, 구매의사결정에서도 생산과정, 포장, 사용, A/S, 사용 후 처분까지 중요한 기준으로 간주하고 있다고 설명하면서 이 같은 가치관은 과거의 소비가치관이나 소비패턴과는 구별된다고 하였다.

한편, 우리나라의 세대별 의식구조와 라이프스타일을 조사·분석한 연구발표에 따르면, 우리나라는 크게 네 세대로 분류되는데 10대 계층인 뉴키즈세대, 70년대 전후 출생의 약관세대, 현재 40~50대인 베이비 붐세대, 한국사회 발전의 주역들이었던 뉴그레이세대이다(김영신 외, 1999). 이 세대들은 한국사회의 경제발전 정도, 물질적 풍요 정도 등 세대 간의 사회·문화적 차이에 의해 각기 다른 소비가치관 및 소비행태를 보이고 있는 것으로 조사되고 있다.

- 뉴키즈세대 : 풍요 속에서 성장하여 개성화, 차별화의 소비패턴을 보이고 있어 마음에 든다면 가격은 문제가 되지 않는 세대이다.
- 약관세대 : 70~80년대에 산업화와 개방화시대의 교육을 받고 성장한 세대로 개성을 중시하며, 자아실현 욕구가 강한 집단이다. 이들은 뉴키즈세대들과 마찬가지로 인스턴트, 패스트푸드 제품을 선호하고 유행에도 민감하며, 소비에서도 디자인과 패션을 중요시하는 등 소유보다는 고감각적인 것을 중요시하는 세대라고 하겠다.
- 베이비 붐세대 : 탈권위주의와 생활주의, 생산보다는 소비주의, 집단보다는 가정/가족에의 우선성 등이 주된 가치관으로 기능과 실질을 중시하며, 저가 상품을 추구하는 경향이 있다.
- 뉴그레이세대 : 생애기간 동안 최악의 배고픔과 최고의 풍요로움을 동시에 경험한 뉴그레이

세대들은 저축을 강조하며 독립된 노후생활 준비, 생활영역의 다원적 분화 등의 가치관을 가지고 있다.

2. 소비환경의 변화

1) 과학기술의 발달

최근 과학기술이 급속도로 발달하면서 우리 생활에 많은 영향을 주고 있다. 특히 컴퓨터, 통신, 건강, 식품, 환경보호, 에너지 분야에 있어서 기술발달은 더욱 두드러질 것으로 보인다. 기술혁신이 계속되면서 식품, 의류, 전자제품, 주택 등 일일이 나열할 수 없을 만큼 다양한 신제품, 기술제품이 대량으로 생산되고 있다. 특히, 컴퓨터의 발달은 자동은행기기, 직불카드, IC카드(혹은 스마트 카드) 등 소비생활의 여러 부분에 변화를 제공하고 있다. 뿐만 아니라 과학기술의 발달로 인해 다양한 서비스가 먼 곳까지 제공되기도 하며, 새로운 제품의 판매증대를 위해 기업들은 생산, 포장, 마케팅, 유통에서 새로운 기술을 개발하고 있다. 소비자들도 시간제약, 편리함 추구, 기대수준 향상, 다양한 라이프스타일 등의 변화 속에서 고기술제품을 선호하고 있다. 또한 이 같은 과학기술의 진보로 인해 보다 간편하고, 효과적이며, 만족스러운 소비생활을 기대할 수 있게 되었다.

2) 판매경쟁의 격화

수입개방화 및 소비의 지구촌화가 진행되면서 시장이 확대되자 기업들의 판매경쟁은 더욱 격화되고 있다. 과거 우리나라 산업구조는 중공업은 물론 경공업분야까지 독과점적 구조를 유지하여 왔으나, 점차 수입개방 및 자유무역으로 인한 소비의 지구촌화가 가속화되면서 시장에서의 판매경쟁은 격화되기 시작하였다. 이 같은 경쟁은 가격, 품질 등의 경쟁을 촉진시키는 긍정적인 측면도 초래하였으나 광고, 판매원 동원, 교묘한 상술 등 비품질, 비가격경쟁으로 격화되고 있어 사회적 문제가 되고 있다. 이처럼 판매경쟁이 더욱 거세지면서 소비자들은 보다 교묘하고 복잡한 판매방법과 상술의 환경에 처하게 되었고 합리적 소비생활의 어려움이 가중되고 있다.

3) 유통시장의 변화

유통시장이 개방화되면서 우리나라 유통산업구조에 많은 변화가 초래되었다. 외국의 대형전문 유통업체들은 1996년 한국 유통시장의 완전개방과 함께 유통경영노하우와 자본력을 근거로 국 내유통시장의 시장조사와 국내업체와의 합작 등 국내시장진출에 러시를 이루었다. 그 결과 외 국 전문유통업체인 네덜란드계의 마크로, 프랑스계의 까르푸, 미국계의 월마트 등을 우리 주변 에서 쉽게 발견할 수 있게 되었다. 유통시장개방은 편의점이나 할인점 이외에도 외식업, 미용실 체인, 영어학원, 아동 놀이방, 빨래방, 비디오 대여점, 버스 대여업 등 서비스업계에도 다양하게 확대되었다. 버거킹, 맥도날드 등 패스트푸드점은 이제 거리에서 쉽게 발견할 수 있을 정도로 국내에 많이 진출하였으며 피자체인점 및 패밀리레스토랑 등 다양한 다국적 업체들이 진출해 있다. 유통시장개방은 국내 유통업계에 많은 영향을 미쳐 왔다. 유통업계 전체 경영의 효율성 증진, 새로운 유통경영기술과 노하우 전수, 국내 유통산업의 대형화 및 현대화, 관련 산업성장 촉진 등의 긍정적인 영향을 미쳤으며 동시에 영세소매상들 및 재래시장의 경쟁력 약화, 소비재 의 수입 증가로 국가경제 악화 등의 부정적 영향을 미치기도 하였다.

유통시장개방은 소비자에게도 많은 영향을 미치고 있는데, 소비자선택의 권리 실현, 가격경쟁 촉진으로 인한 소비자이익 증대 등의 긍정적인 자극을 주고 있다. 그러나 외국 소비문화의 무분 별한 도입으로 사치성 소비, 과시적 소비, 계층 간 위화감 조성 등의 문제를 야기하기도 하였다.

한편, 통신기술과 멀티미디어의 발달은 종래의 거래 형태와는 다른 우편판매, 전화주문판매, TV 홈쇼핑, 전자상거래 등 다양한 판매방법을 보편화시키고 있다. 이 같은 판매방식은 소비자 가 시장과 장소에 구애받지 않고 구매를 할 수 있는 장점으로 인해 앞으로도 계속 증가할 전망 이다. 그러나 이러한 판매방법으로 인한 새로운 소비자문제 및 피해가 발생하고 있어 소비자권 익실현 및 주권실현을 위한 과제가 산적해 있다고 하겠다. 예를 들면, 텔레마케팅은 기업 측면 에서는 과거보다 소비자와 더 가깝고 빠르게 접속할 수 있어서 마케팅 부담이 적어졌으나, 소비 자 입장에서는 사생활 침해 등의 문제가 제기되고 있다. 또한 전자상거래의 경우 개인정보유출 의 문제, 사기거래 및 기만행위문제 등이 새로운 문제로 나타나고 있다.

4) 치열한 광고 경쟁

시장개방화 추세에서 다양한 판매방법이 도입되고 판매 경쟁이 격화되면서 광고 경쟁은 더욱 치열해지고 있다. 광고는 소비자수요를 창출하고 상품정보를 제공하는 기능을 하므로 기업에게 가장 각광받는 마케팅방법으로 사용되고 있다. 요즈음의 소비자들은 눈을 뜨는 아침부터 밤까지 다양하고 수많은 광고 속에서 살고 있다고 해도 과언이 아니다. 라디오, 텔레비전, 전화, 신문, 팩시밀리, 컴퓨터 등을 통한 광고발달뿐만 아니라 길가 주변, 건물 옥외, 지하철, 화장실 등 소비자들이 접하는 거의 모든 곳에 광고가 눈에 띌 정도로 확산되어 있다. 광고는 소비자들에게 제품 및 서비스에 대한 정보제공 및 기업 간의 경쟁촉발 등의 긍정적 기능을 수행하기도 하나, 허위·과장 광고 등을 통해 소비자선호를 왜곡시키고 과소비, 과시소비 등 비합리적 소비를 조장하는 부정적 영향을 미치기도 한다. 수입개방 등 치열한 판매경쟁 속에서 광고의 긍정적 기능보다는 제품판매만을 최우선으로 하는 기업들로 인해 부정적 영향이 더욱 확대되고 있어 소비자들의 정보활용 및 선택의 어려움을 가중시키고 있으며, 비합리적 소비생활을 부추기고 있어 문제시되고 있다.

3. 기업의 변화

수입개방 및 소비의 지구촌화가 계속되면서 기업 간의 경쟁은 더욱 치열해지고 있다. 뿐만 아니라 소비자기호 및 욕구가 다양해지고 개성화되면서 기업은 소비자들의 변화 및 세계의 시장환경의 변화에 대응하는 제품이나 서비스를 제공해야 하고 또한 이에 적절한 기업 전략을 구사해야 하는 시점에 와 있다. 소비자동기, 소비자욕구 및 선호, 소비자취향 등에 대한 충분한 관심과 조사·연구를 통해 이들의 욕구를 충족시킬 수 있는 제품이나 서비스를 제공할 수 있는지의 여부는 기업생존을 결정하는 중요한 사항이 되었다. 이 같은 상황에서 고객만족경영(CS경영 : Customer Satisfaction management), 심지어는 고객만족을 넘어서서 고객을 감동시키고 열광시켜야 한다는 경영철학이 빠르게 확산되고 있다. 세계의 많은 기업들과 국내외 시장에서 무한경쟁을 하여야 하는 상황에서 고객만족경영은 생존의 필수적인 사항이 되어 가고 있다. 예를 들면 'No가 없는 Yes 서비스 캠페인', '무한 책임주의', '소비자감동, 열광 서비스' 등 우리 기업들도 고객만족경영을 실천하고 있다. 소비자가 무엇을 원하는지를 찾아 이를 충족시킴으로써 기업의 목표를 달성하고자 하는 고객만족경영이 경영철학의 제일주의로 떠오르고 있다. 여기서는 기업의 대표적인 변화라고 할 수 있는 고객만족경영의 확대에 대해 자세하게 살펴보고자 한다. 고객만족경영이란 어떤 것인지에 대해 먼저 살펴보고 고객만족경영의 필요성, 소비자의 구매의도와 고객만족경영, 고객만족경영 패러다임, 고객만족 향상을 위한 마케팅 전략 등에 대해 살펴보자.

1) 고객만족경영이란?

고객만족경영이란 기업경영의 목표를 고객만족에 두고 경영방침, 의사결정, 회사조직 등 모든 경영활동의 초점을 소비자 그리고 고객만족 추구에 두는 경영방식을 의미한다. 다시 말해, 소비자가 무엇을 원하는지 조사하여 이를 충족시킴으로써 기업목적을 달성하고자 하는 경영철학이며, 판매부서나 고객만족 전담 부서 이외에 기획에서 생산, A/S 부서에 이르기까지 전 회사 내로 확산시켜 고객만족 극대화를 추구하는 경영체제를 말한다. 지금까지의 생산자 또는 판매자 중심의 경영활동을 소비자에 의해 결정되고 평가되는, 즉 소비자에 의해 이끌어지는 경영으로 바꾸자는 것이 고객만족경영이다.

최근 고객만족경영이 중요하다는 인식이 확산되고 있으나 아직도 고객만족 지향의 기업문화가 정착되지 않고 있다는 지적이 제기되고 있다. 고객만족활동이 구호나 일과성 행위에 그치고 있고, 대외적으로 알려지고 있는 것에 비해 내실은 형편없는 경우가 많다는 지적이 제기되어 왔다. 한국산업기술진흥협회, 한국소비자학회 등의 조사에서 우리나라 기업의 가장 취약한 부분이 고객만족경영인 것으로 조사되고 있다(이유재, 1999). '고객만족' 이라는 현수막, 리본 등을 달고도 실제 행동과 서비스는 판매자 위주인 경우가 많으며, '소비자/고객만족 부서' 라는 팻말을 걸어 놓고도 소비자를 만족시키는 서비스 제공, 적절한 환불조치, 친절한 서비스 제공이 되지 않고 있다는 비판이 일고 있다.

미국, 일본 및 세계 선진국 기업은 일찍부터 고객만족경영의 중요성을 인식하여 소비자문제 및 피해구제에 적극적으로 대처하여 왔음을 주지하여야 한다. 선진국의 경우 기업의 중요한 사항을 결정하는 회의에 반드시 소비자상담 부서의 대표가 참가하고 있다. 일본 기업의 경쟁력은 까다로운 일본 소비자들, 기업의 자율적이고 적극적인 고객만족경영에 의해 이루어졌다는 것은 이미 잘 알려진 사실이다. 선진국의 적극적인 고객만족경영은 우리에게 시사하는 바가 크다고 하겠다.

2) 고객만족경영의 필요성

고객이 만족하는지의 여부는 고객의 충성도 유지, 재구매 창출, 나아가 기업의 성장 여부를 결정하므로 고객만족경영은 기업 이익을 보장하는 필수적인 경영철학이다. 고객만족도지수(CSI)를 1점 높일 경우 기업수익에 어떤 변화가 오는가를 연구한 최근 연구에 따르면 5년 동안 매년 1점씩 고객만족도지수(CSI)를 높일 경우 뉴스위크 1,000대 기업의 경우 평균 투자수익률의 11.4%가 증가한다고 한다(이유재, 1999). 뿐만 아니라 한 신용카드사의 고객이탈률이 10%일 때 고객 생애가치는 $300였다고 한다.[2] 그런데 이 기업의 이탈률을 5%로 줄이게 되면 생애가치는 $525로 증가한다고 한다. 이 결과는 고객 가치가 75%나 증가했음을 보여주는 것으로 고객을 만족시켜 이탈을 방지하는 것이 기업의 미래 수익성에 중요함을 증명하고 있다.

기존 고객을 유지하는 것보다 새로운 고객을 끌어들이는 것은 더 많은 비용(다섯 배 정도)이 든다고 한다. 그러므로 기존의 고객을 유지하기 위한 고객만족경영은 필수적이라고 하겠다. 만족한 고객은 반복구매를 하게 되고, 또 브랜드 충성도가 높아지므로 고객의 만족은 단순한 매체광고보다 훨씬 효과적인 광고이다.

또 다른 조사에 의하면 만족한 소비자는 만족했던 좋은 경험을 세 명의 타인에게 이야기하는 반면, 불만족한 소비자는 열한 명에게 말한다고 한다. 이처럼, 불만족한 소비자들의 구전활동은 재구매 등 기업의 성패에 심각한 부정적인 영향을 미치므로 소비자들의 만족추구를 위한 경영은 기업생존에 중요한 사항임을 확인할 수 있다.

그러나 아직도 많은 기업 경영자나 실무자들이 고객만족경영이 기업의 비용으로서 수익성을 낮추는 결과를 초래한다는 인식을 가지고 있다고 한다. 고객만족경영의 성과는 장기적으로 나타나며, 이를 실행하기 위해서는 많은 비용이 든다는 사고가 있으나, 실제적으로 이는 잘못된 사고라는 것이 지배적이다. 고객만족경영의 성과는 결코 장기적인 것이 아니라 단기적으로도 거둘 수 있으며, 적은 비용으로도 커다란 효과를 발휘할 수 있다.

고객만족경영의 중요성이 인식되면서 기업경영에 고객만족 제일주의를 실천하는 기업이 증가하고 있다. 예를 들면, 홈쇼핑 전문업체에서는 소비자들이 직접 제품을 보지 않고 구매해야 하는 구매 위험도를 낮추고자 30일 이내에 조건 없는 환불을 보증하는 판매 전략을 펼치고 있다. 홈쇼핑업체의 이 같은 적극적인 고객만족경영은 소비자들의 만족도를 높이고 있으며, 그 결과 계속적으로 사업이 확장되고 있다.

최근 생명보험회사들은 약관전달, 자필서명, 청약서전달의 세 가지 기본 준수 사항으로 정해 이 기본을 지키지 않았을 경우 고객의 납입보험료를 전액 환불해 주는 보험품질보증제도를 도입하여 보험상품과 관련한 소비자불만을 줄이는 소비자만족경영을 추구하고 있다. 또 다른 예로서, 최근 유통시장의 경쟁이 가속화되면서, 재래시장인 동대문시장에서도 친절서비스를 제공하여 소비자들의 만족을 높이기 위한 노력을 펼치고 있다. 대형 의류상가인 밀리오레에서는 입주 상인을 대상으로 불친절한 상점은 강제로 휴점시키는 제도를 도입하였다. 고객과 말싸움을 하거나, 환불·반품문제로 손님과 다툼이 생겨 신고가 접수될 경우 해당 점포의 문을 사흘간 닫

---

2) 고객 생애가치(customer lifetime value)란 한 고객이 평균적으로 기업에게 기여하는 미래수익의 현재가치이다. 다시 말해, 한 고객이 특정 기업과 거래하는 기간 동안 그 기업에게 얼마나 수익을 가져다 주는가를 의미한다.

도록 하는 제도를 도입하여 소비자들의 만족을 높이고자 하는 재래시장업자들의 노력을 엿볼 수 있다.

3) 소비자의 구매의도와 고객만족경영

고객을 구매의도 수준에 따라 구분하면 잠재 고객(suspect customer), 가망 고객(prospect customer), 현재 고객(customer), 충성 고객(loyalty customer), 이탈 고객(exit customer)으로 구분할 수 있다. 잠재 고객과 가망 고객은 현재 제품을 쓰지는 않지만 향후 제품을 구입할 가능성이 있는 고객을 말한다. 그런데 잠재 고객과 가망 고객은 기업 입장에서 고객유치(customer aquisition)가 필요한 고객집단이다.

반면, 현재 고객은 기업의 고객 서비스와의 상호작용 결과 이탈 고객이 되거나 충성 고객이 된다. 충성 고객은 현재에도 제품을 사용하고 있고 만족도가 높아 미래에도 동일 제품을 사용할 가능성이 높은 고객을 의미하며, 이탈 고객은 기업의 제품이나 고객 서비스에 불만을 느껴 더 이상 그 제품을 사용할 가능성이 없는 고객을 의미한다. 현재 고객이 이탈 고객이 되지 않고 충성 고객이 되도록 하기 위해서는 여러 방안이 모색되어야 하는데 그 중에서 가장 중요한 것이 기업의 고객 서비스이다. 기존 고객을 계속적으로 유지하여 충성 고객이 되도록 하는 것을 고객유지(customer retention)라 하는데 기업들은 새로운 고객을 끌어들이는 고객유치와 고객유지를 위해 다양한 마케팅 전략을 펼치는 것이 보통이다. 보통 광고, 판촉활동, 다양한 이벤트 등 고객유치에 더 초점을 두는 기업의 마케팅 전략으로 알려져 왔다. 그러나 기업의 마케팅 전략은 제품의 특성, 시장의 경쟁적 취지 등에 따라 다르게 나타난다.

사업자가 이미 어느 정도의 시장점유율을 확보한 기존 업체인 경우에는 기존 고객관리, 즉 고객유지에 보다 더 신경을 쓰게 되는데 일반적으로 고객유치와 고객유지는 1 : 5의 가치가 있다고 평가되고 있다(불황기의 경우 1 : 10). 기존 고객의 이탈을 방지하고 충성 고객으로 전환시키고자 하는 고객유지 전략의 대표적인 것은 관계 마케팅(relation marketing)이나 대고객 서비스 향상(예 : 생일카드 제공, 사보 송달, 이벤트 행사 초대, 각종 할인쿠폰이나 혜택 제공 등)을 통한 고객관리이다.

관계 마케팅은 고객과의 관계 개선에 초점을 두고 기존 고객의 장기적 관리 및 유지를 추구하는 것으로 〈표 5-1〉에 제시한 바와 같이 기존의 마케팅방법에 고객(People)과 과정(Process)의 개념을 더 강화한 전략이다. 조직 내의 사람들 그리고 이 관계를 엮어 주는 절차의 개선이나 강화과정이 고객유지를 위한 관계 마케팅의 중요한 요소가 된다. 불만소비자나 피해를 입은 소비자를 대상으로 하는 소비자상담, 각종 대고객 서비스, 그리고 관계 마케팅 전략은 고객이탈을

| 표 5-1 | 기존 마케팅과 관계 마케팅의 비교

구분	기존 마케팅	관계 마케팅
초점	일회성 판매	고객의 유지
관점	제품의 특성	제품의 혜택
소요시간	짧다	길다
고객 서비스	덜 중요함	매우 중요함
고객접촉도	보통	높다
구성요소	4P(Production, Price, Place, Promotion)	4P + People, Process

출처 : 김진국(1998). IMF시대의 마케팅 전략. 기업소비자정보. 1-2월호. 25 p.

방지하고 충성 고객이 되도록 하는, 즉 고객유지 전략의 대표적인 방법이다.

4) 고객만족경영 패러다임

고객만족경영이 기업 이익에 중요한 사항이므로 이를 실천하기 위해서 갖추어야 할 패러다임 또는 전략에 대해 살펴보아야 한다. 무엇보다도 고객이나 고객만족 그리고 고객만족경영에 대한 기본적 이해가 필수적이며, 시장조사나 고객만족도조사를 통한 과학적인 경영 전략, 고객만족을 높이기 위한 적절한 실천 전략 등이 필요하다. 이에 대해 간단하게 살펴보면 다음과 같다.

(1) 고객 및 고객만족에 대한 이해

고객만족경영은 우선적으로 고객 및 고객만족에 대한 이해를 필요로 한다. 먼저, 고객이란 좁은 의미에서 제품을 구매하거나 서비스를 이용하는 사람을 의미하며, 넓은 의미에서는 상품을 생산하고 이용하며 서비스를 제공하는 과정에 관련된 나 이외에 모든 사람을 말하는데 고객에 대한 기본적인 인식이나 이해를 바탕으로 고객만족경영 실현이 가능하다.

한편, 고객만족이란 소비자들이 제품이나 서비스를 구매, 사용, 평가, 비교, 선택하는 과정에서의 호의적 감정의 정도이다. 넓은 의미에서는 제품이나 서비스의 구매과정에서의 만족 이외에 제품이나 서비스를 제공하는 기업, 사회·경제적 시스템, 마케팅구조, 시장환경 등에 대해 일반적으로 느끼는 만족의 정도로 정의한다.

고객이 만족하지 않을 경우의 개념인 불만족은 여러 형태로 표출되는데, 클레임(claim)은 소비자의 권리가 인정되는 불만으로 보상이 따라야 하는 것, 컴플레인(complaint)은 표현하여 상담을 하는 불만, 컴플레임(complaim)은 소리내지 않는 잠재적 불만을 의미한다. 결국 고객의 불만은 클레임이나 컴플레인 등 표출되는 불만 이외에도 잠재된 불만 또는 표출되지 않은 불만

○ 고객이란?
- 고객은 우리에게 가장 중요한 사람이다.
- 고객이 우리에게 의존하는 것이 아니라 우리가 고객에게 의존하는 것이다.
- 고객을 위하여 우리가 존재하는 것이다.
- 우리에게 서비스할 기회를 제공해 줌으로써 고객이 우리에게 베푸는 것이다.
- 고객은 우리가 논쟁하거나 경쟁할 대상이 아니다. 누구도 고객과 경쟁해서 이겨본 역사가 없다.
- 고객은 우리에게 자신이 원하는 것을 해주기 바라는 사람이다.
- 고객은 자신을 이해시키고자 하는 욕구, 환영받고자 하는 욕구, 소중한 존재로 인식되고 싶은 욕구, 편안하고자 하는 욕구를 가지고 있다.
- 고객은 이기적이고 자기 중심적이다. 고객은 더 많은 것을 원하며, 저마다 다른 것을 원한다. 관심과 정성, 공정한 일처리, 유능하고 책임 있는 일처리, 신속, 완벽해야 한다.

출처 : 제5차 대학생 고객만족 현장실습. OCAP, pp. 74~75

이 있으므로 고객만족경영은 단순히 행동으로 나타나는 불만뿐만 아니라 잠재적 불만까지 반영하는 차원의 경영을 의미한다고 하겠다.

(2) 고객만족경영에 대한 이해

고객만족경영은 첫째, 고객만족을 높이는 것에 가장 큰 가치를 두는 것을 의미한다. 무조건 값싼 제품생산 등 제품위주나 판매위주보다는 소비자 입장에서 소비자가치, 소비자효용을 증진시키기 위한 제품 및 서비스를 제공하고자 하는 노력이 필요하다. 단순히 가격과 품질향상 이외에도 디자인, 스타일, 포장, 성능, 편리성, 안전성, 내구성, A/S, 폐기 이용성, 사용 후 잔존가치, 사용 후 환경문제 등의 측면에서 고객만족을 최대목표로 하여 기업경영전략을 펼치는 것이 고객만족경영의 기본 원칙이다. 예를 들면, 컴퓨터 제품 생산업체인 IBM의 경우 좋은 제품을 만들면 소비자들이 저절로 사 갈 것이라는 판단하에 제품의 품질향상에만 초점을 두고 고품질·고가격 정책을 펼쳐 왔다. 하지만 한국, 대만 등에 의해 품질은 다소 낮으나 저렴한 가격의 컴퓨터가 계속적으로 보급되자 최근 최고의 품질수준유지 전략을 바꾸어 소비자들이 원하는 수준의 품질을 제공하는 방향으로 전환하였다. IBM사의 사례를 통해 고객만족경영은 생산자가 아닌 소비자를 목표로 소비자에 의해 이끌어지는, 소비자들이 원하는 욕구를 충족시켜 주는 경영을 의미함을 알 수 있다.

둘째, 고객만족경영은 소비자욕구 충족을 넘어서서 소비자들의 잠재적 요구(latent needs)까지 찾아내어 이를 충족시켜 소비자를 감동시키는 경영이다. 소비자가 전혀 인식하지 못했던 욕구나 필요를 찾아 그것을 충족시켜 줌으로써 소비자가 진정 마음속으로 감동할 수 있도록 하는 것을 말한다. 다시 말해, 고객만족경영은 만족추구에서 더 나아가 소비자감동을 추구하는 경영

철학이다. 감동과 만족은 다소 차이가 있는데, 감동은 만족보다 강도가 높은 개념으로 소비자들의 충성도를 높이고 궁극적으로 그 제품이나 서비스의 후원자가 되도록 해야 한다.

예를 들면 한국형 물걸레질 진공청소기는 기술혁신을 통한 고객감동 마케팅의 전형적인 예가 될 수 있다. 진공청소기는 기본적으로 서구의 생활양식을 근거하여 제작된 것이어서 물걸레질이 필요한 우리의 온돌방 위주의 주거환경에 적합하지 않은 제품이었다. 이외에도 인터넷상의 의류업체가 컴퓨터에 카메라를 장착하여 소비자의 신체치수를 정확하게 측정하여 소비자에게 맞는 패턴을 프린트하여 소비자가 선택한 원단과 함께 최종적으로 의류를 만들어 제공하는 사업은 소비자의 신체를 충분히 반영하는 그리고 소비자의 취향을 반영하는 고객감동형 경영의 사례가 될 수 있을 것이다.

(3) 시장조사 및 고객만족도조사

소비자들의 욕구 및 취향이 개성화·다양화되면서 이 같은 소비자들의 변화에 대응하는 기업경영을 실현하고자 시장조사, 고객만족도조사 등을 수행하게 된다. 소비자들의 특성 및 욕구를 조사하기 위한 시장조사는 특정 마케팅활동에 적합한 정보나 자료를 체계적으로 수집·분석하여 활용하게 되는데, 예를 들면 장단기 수요예측, 신제품의 가격 및 품질에 대한 소비자반응, 시장 특성, 광고효과, 고객만족 등에 많이 활용되고 있다. 단순히, 경영자의 직관이나 경험에 의존하여 기업경영을 하는 것보다 객관적이고 정확한 시장조사를 통해 의사결정을 내리고 경영 전략을 수립하는 것이 바람직하다.

고객만족도조사는 제품이나 서비스 자체에 대한 소비자들의 만족도조사 이외에도 전체적인 기업 이미지, 판매 서비스, A/S, 고객 상담 서비스 등 다양한 범위에서 소비자들로부터의 정기적인 평가를 의미한다. 고객만족도조사는 제품과 서비스활동을 개선하고 경영지표로 활용하는 데 필수적이다. 또한 경쟁사와의 비교를 위해서도 필요하므로 객관성 유지를 위해 외부기관에 의뢰해 조사하기도 한다. 제품이나 서비스의 가격이나 질, 판매 서비스, A/S, 고객 상담 서비스 등 기업의 제반 활동에 대한 고객만족도조사 중 가장 기본적인 조사인 제품이나 서비스에 대한 만족도조사에 대해 구체적으로 살펴보면 다음과 같다.

고객만족도조사는 먼저, 사업별로 고객만족 요소 및 각 요소의 중요도를 설정한다. 그러고 나서 고객만족도를 체계적으로 측정하기 위하여 고객만족도지수(CSI : Customer Satisfaction Index)를 작성하여 이에 따라 정확히 측정한다. 제품이나 서비스에 따라 고객만족을 결정하는 요소들은 차이가 있다. 제품에 대한 고객만족도 평가는 주로 제품의 속성기준을 중심으로 수행하게 되는데 〈표 5-2〉에 제시한 바와 같다. 예를 들어, 자동차에 대한 소비자만족도는 자동차의 주요 속성인 안전성, 승차감, 가격, 디자인 등에 대한 만족의 정도를 통해 평가하게 된다.

| 표 5-2 | 제품의 고객만족 요소 순위

제품종류	1순위	2순위	3순위	4순위	5순위
승용차	성능	디자인	가격	서비스 담당자의 기술	편의성
화장품	품질	가격	사용편리성	판매원의 태도, 말씨	판매원의 제품 지식
패스트푸드	가격	가격	메뉴의 다양성	점포의 청결	입지장소의 편리성

출처 : 윤형석(1996). 고객만족경영과 고객만족도. 기업소비자정보. 9월호. p. 19

한편, 서비스의 경우 서비스의 특성상 무형적 서비스에 대한 주관적 판단에 의거하므로 서비스에 대한 고객만족·불만족을 평가하는 것은 제품보다 어렵다. 서비스의 질 측정에 가장 일반적으로 많이 사용되어 온 기준은 Parasuraman, Zeithaml, Berry(1993)의 서비스질(SERVQUAL) 평가기준이다. 이들의 평가기준은 신용도(credibility), 신뢰성(reliability), 응답성(responsiveness), 안전성(security), 능력(competence) 등이다. 이들의 평가기준을 기초로 김재일 등(1996)은 우리 실정에 맞게 서비스의 질을 평가하는 기준을 제시하였는데, 서비스의 질에 대한 소비자의 만족·불만족을 평가하는 기준은 〈표 5-3〉과 같다.

한편, 다양한 서비스 업종의 고객만족도를 결정하는 요소에 대한 구체적인 것은 〈표 5-4〉에 제시한 바와 같다.

지금까지 제품이 무엇인가 그리고 서비스가 무엇인가에 따라 그 제품이나 서비스에 대한 소비자들의 만족도를 조사하는 요소 순위 등을 살펴보았다. 그런데 고객만족도조사는 이외에도

| 표 5-3 | 서비스품질을 평가하는 기준

평가기준	정 의
신용도	서비스 제공자의 진실성, 정직성
안전성	위험, 의심으로부터의 자유
접근가능성	접근가능성과 쉬운 접촉
의사소통	고객의 말에 귀를 기울이고, 고객에게 쉬운 말로 알림
고객을 이해	고객과 그들의 욕구를 알려는 노력
유형성	물적 시설, 장비, 사람, 의사소통도구의 외형
신뢰성	약속된 서비스를 정확하게 수행하는 능력
응답성	고객을 돕고 즉각적인 서비스를 제공하려는 의지
능력	서비스를 수행하는 데 필요한 기술과 지식의 소유
예의 바름	고객과 접촉하는 종업원의 친절과 배려, 공손함

출처 : 김재일 외(1996). 서비스산업의 현황과 서비스 품질. 한국소비자학회 학술대회 논문집. p. 4.

| 표 5-4 | 서비스의 고객만족 요소 순위

서비스	1순위	2순위	3순위	4순위	5순위
은행	창구 수속의 편의성	입지 장소	대기시간	업무 지식	
생명보험	제공 정보의 내용, 빈도	제공 중인 보험상품	영업담당자 태도, 말씨	영업담당자의 업무지식	
신용카드	제공 정보지의 내용	가입자 특전	이용명세서의 알기 쉬움	가입수속 쉽고 간단	가맹점 수
운송서비스	요금	배달 담당자 태도, 말씨	배달 약속, 시간의 정확성	부재 시 대응	발송 수속을 하는 입지장소
항공사	항공권 구입 편리성	요금	기내 청결성	출발, 도착의 정확성	승무원의 업무지식
백화점	상품의 매력	가격	알기쉽고 깨끗한 상품 진열	취급 제품의 풍부, 다양	입지장소의 편리성
편의점	가격	상품의 매력	알기쉽고 깨끗한 상품 진열	점원의 태도, 말씨	취급 상품의 풍부, 다양

출처 : 윤형석(1996). 고객만족경영과 고객만족도. 기업소비자정보, 9월호. p. 19.

기업이미지, 영업 등에 대한 소비자들의 만족도를 조사할 뿐만 아니라, 경쟁사에 대한 만족도 조사도 실시하여 비교하기도 한다. 또한 지역별로 제품이나 서비스 및 기업 이미지 등을 조사·비교하며, 소비자상담실이나 A/S 등 서비스 담당자에 대한 만족도를 조사하는 등 다양한 기업 활동에 대해 포괄적으로 조사한다.

지금까지는 고객만족도조사에 대해 살펴보았는데 고객만족도조사 결과를 경영이나 마케팅 전략 수립에 반영시키기 위해서는 고객만족도지수를 정확하게 평가하고 또 정기적으로 조사하여야 한다. 이때 고객만족도조사는 왜 했는가, 그 방법은 옳았는가, 또 그로부터 얻은 것은 무엇인가, 그래서 그 결과를 놓고 어떤 경영 조치를 취하려 하는가 등에 대한 질문을 하여야 한다. 이 같은 질문을 토대로 계획적으로 준비하여 고객만족도조사를 수행하여야 하는 것이다.

그런데 잘못된 고객과의 의사소통이나 시장조사로 인해 기업경영상 문제가 발생하거나 많은 손실을 보기도 한다. 실제 예를 들면, 국내 모 회사는 그 동안 비디오테이프만을 생산해 오다가 비디오 영상 프로그램을 제작하기 위하여 서울의 주부들을 대상으로 시장조사를 실시하였다. 주로 빌려 보는 비디오 프로그램은 무엇인지, 어떤 프로그램이 나왔으면 좋겠는지에 대한 조사 결과 에어로빅, 관광, 역사 등 건전한 교양 및 상식, 스포츠 등에 대한 요구가 높은 것으로 나타났다. 그 회사에서는 이 같은 조사 결과를 기반으로 교양 관련 비디오 프로그램을 만들었으나 대실패를 하고 말았다.

한편, 또 다른 예로서 주부들을 겨냥한 월간지 〈마리안느〉는 창간 17호만에 부도를 내고 말았다. 〈마리안느〉는 창간을 앞두고 철저한 소비자조사를 실시한 결과, 이야기나 루머일색의 잡지에 식상해 있어 유익한 정보만 전해 주는 잡지가 나올 경우 45% 이상이 구독하겠다는 응답을 했다고 한다. 이에 〈마리안느〉는 '無섹스', '無스캔들', '無루머'의 3무(三無)정책을 표방했으나 독자들의 외면으로 사라져 버렸다. 이 사례는 고객조사가 정확히 되지 않은 경우를 여실히 보여주고 있다. 많은 응답자들이 사회적, 윤리적으로 바람직한 방향으로 대답하는 오류를 충분히 감안하지 못한 결과라고 하겠다. 만약, 첫 번째 조사 예제에서 이웃 사람들이 주로 보는 비디오는 어떤 것이었는지를 조사하였거나, 대여점의 종업원에게 직접 면접조사를 세밀하게 수행하였다면 이 같은 문제가 야기되지 않았을 것이다. 결국, 조사설문지 작성부터 자료수집 및 분석, 그리고 해석에 이르기까지 편견이나 오류가 없이 객관적이고 과학적인 조사방법을 사용하여 소비자들의 욕구, 필요, 선호 등을 파악하여야 한다. 고객만족도조사 항목 및 조사방법도 환경변화에 맞도록 수정 · 보완하여야 하며, 실질적인 고객의 요구가 정확히 조사될 수 있도록 하는 것이 중요하다.

소비자 수첩 5-1

'프로슈머 마케팅'으로 승부한다!

생산영역을 뛰어넘는 똑똑한 소비자가 넘쳐난다….' 이제 고객의 정의는 통상적인 최종 소비자를 넘어 거래선 · 투자자 · 협력사 등으로 확대되면서, 경영핵심 축으로 부상하고 있다. 소비자가 생산 공정까지 참여하는 프로슈머[prosumer, 생산자(producer)와 소비자(consumer)의 합성어]가 고객참여 마케팅의 일환으로 확산되면서 기업들마다 프로슈머 마케팅에 승부를 걸고 있다.

SAMSUNG 삼성	삼성전자	'자이제니아' (컴퓨터), '애니콜 드리머즈' (휴대폰) 프로슈머 운영
	삼성SDI	소비자대상 '능동형 OLED디자인 · 마케팅 콘테스트' 개최
	삼성화재	고객의견 프로세스에 반영 '고객패널제' 도입
LG	LG전자	'싸이언 프로슈머', 휴대폰 디자인 등 고객참여 모집
	LG화학	'고객맞춤형 인테리어 디자인 센터' 운영
SK	SK(주)	'OK캐쉬백 연구 모임' 고객이 통합 마일리지 연구
	SK텔레콤	'인턴십 프로그램' 통해 프로슈머 마케팅 전개
	SK네크웍스	대학생 모니터집단활용 프로슈머 마케팅
GS	GS칼텍스	주유소 주변환경 평가 '아름다운 모니터제' 운영
	GS홈쇼핑	30~50대 주부 중심 '고객모니터제' 도입

출처 : 파이낸셜뉴스, 2007년 2월 6일

(4) 다양한 고객만족 향상 실천 전략

고객만족경영을 실천하기 위해서는 다양한 전략을 수립하여 이를 시행하여야 한다. 고정 고객이 중요하고 고객이탈을 막기 위한 다양한 고객 유지 전략을 수립하여 이를 실천하여야 한다. 구체적인 방법에 대해 간단하게 살펴보면 다음과 같다.

① 고객의 소리 청취

고객의 소리를 청취하는 것은 VOC(Voice Of Customer)라고 해서 대부분의 기업에서 중시하는 사항이다. 고객은 기업에게 끊임없는 아이디어를 제공해 줄 뿐만 아니라 소비자욕구를 파악하고 잘못된 것을 개선하려는 자극을 준다. 기업은 잘 들리지 않는 고객의 소리를 적극적으로 찾아 들어야 하며 이 같은 소리를 데이터베이스화하여 개별적이고 세심한 관리를 할 필요가 있다.

보통 소비자들과의 소통채널 또는 커뮤니케이션 방법은 아래에 제시한 바와 같이 크게 네 가지로 구분된다.

- 고객들의 적극적인 대화 유도(예 : 인터넷 서점의 고객 서평 코너)
- 고객들 간의 정보교류로 고객 커뮤니티 형성(예 : 구매 및 사용경험 교류)
- 고객의 다양성에 초점을 둔 경영 강조
- 고객의 경험을 가능한 특화함(예 : 아이들 눈높이에 맞춘 아동용 소프트웨어)

그런데 고객들의 경우 불만이 있을 때 기업에게 직접 그 불만을 토로하는 경우는 대략 10% 미만이며, 나머지 90% 고객은 불만이 있어도 침묵하며 다시는 돌아오지 않는 이탈 고객이 된다는 것이다(재구매율 9% 내외). 그러나 불만이 있는 고객의 문제를 해결해 줄 경우 재구매율은 54%나 된다고 하므로 이들에 대한 소리를 청취하는 것은 고객만족경영의 기본적 실천 전략이다.

고객들은 불만을 털어놓는 순간 불만의 일정 부분이 해소되는 경우가 많아 고객의 불만을 들어주는 것 자체가 고객 서비스라고 할 수 있다. 해결될 수 없는 문제일수록 더욱 그러하므로 고객의 소리를 청취하려는 시작 그 자체가 상당한 효과를 갖는다고 할 수 있다.

② 고객 불평의 악순환 제거

고객 불평은 성가시고 귀찮은 것이 아니라는 의식전환이 필요하다. 고객이 불평을 제기함으로써 문제를 해결하게 되고 불평 고객을 충성 고객으로 만들 수 있는 기회를 제공하는 것이다. 따라서 고객 불평이 많이 발생하는 부서일수록 시스템을 개선해 주고 더 많은 지원과 교육이 필요하다. 기업에서 흔히 고객 불평의 빈도를 가지고 해당 부서의 성과를 평가하는 경향이 있다. 고객 불평이 많은 부서장의 승진기회를 박탈한다든가 하는 분위기는 고스란히 고객에게 전달되므로 잘못된 관행이다. 이 같은 분위기에서 해당 부서장은 고객의 불만이나 불평에 대해 숨기려고

하기 때문에 고객 불평은 계속적으로 해결되지 않아 악순환이 되기 때문에 심각한 결과를 초래한다. 따라서 고객 불평의 악순환을 끊기 위한 전략이 필요하다.

③ 서비스의 질 향상

할인경쟁 등 가격경쟁이나 품질경쟁도 중요하나 서비스의 질을 향상시키는 것이 기업의 경쟁력 확보에 보다 효과적인 수단이라는 것이 지배적인 견해이다. 고정 고객을 확보하여 가격 민감도를 떨어뜨리고, 충성 고객이 긍정적 구전활동(word of mouth)을 할 수 있도록 기업의 대고객 서비스의 질을 높여야 한다. 만약, 서비스상의 실수가 발생한 경우 이를 만회하고 상처 받은 소비자의 마음을 회복시킬 수 있는 다양한 서비스 회복 전략이 필요하다.

④ 철저한 사후 고객 관리

판매시점도 중요하나 더욱 중요한 것은 판매 후 고객의 관리이다. 일단 계약을 체결하고 나면 그 다음에는 관심을 두지 않고 다른 새로운 고객을 찾아 나서는 것은 기업의 장기적 이익 측면에서 부정적이다. 새로운 고객을 유치하기 위한 마케팅 비용은 기존의 고객을 유지하는 데 드는 비용보다 엄청나게 비싸다(다섯 배 이상)는 것은 익히 알려진 사실이다.

한 번 판매로 이어진 고객과의 관계를 지속적으로 유지하는 철저한 고객 관리가 중요하다. "제품을 구입한 후 마음에 들었습니까?", "사용과정에서 불편한 점은 없었습니까?", "고장은 없습니까?", "문제가 있으면 상담센터로 전화주세요." 등의 전화를 받은 고객은 그 기업의 고정 고객이 될 가능성이 높다.

영업, 수리나 보수 서비스, 고객이 사용하는 소모용품 등에 대한 개별적인 고객 관리는 물론이고 지속적인 사(社)보 발송, 생일카드 발송, 각종 판매 제품이나 서비스 관련 혜택 제공(예 : 자동차 회사의 경우 세차권 발송) 등 구매 후 관리 및 정기적인 고객만족도조사 등은 매스미디어에 의존한 광고, 이벤트 행사 등의 비싼 마케팅 전략보다 효과적이다.

한편, 고객 관리의 방법으로 우량고객을 집중관리하는 전략의 중요성도 제기되고 있다. 어떤 고객을 대상으로 광고 등 판촉활동을 할 것인가와 관련한 마케팅의 원칙 중 하나가 20 : 80 법칙이다. 즉, 기업 매출액의 80%는 20%의 우량고객에 의해 이루어진다는 법칙이다. 일명 파레토 법칙이라고도 하는데 이탈리아 경제학자였던 Pareto가 19세기 영국을 대상으로 한 연구에서 인구의 20%가 전체 부와 수입에 있어서 80%를 차지하고 있다는 사실을 1987년에 발표하였다. LG 경제연구원의 조사에 따르면, 우리나라 금융기관들의 경우 상위 15∼20% 고객이 매출의 60∼85%를 차지하고 있다고 한다(김진국, 1998). 이 같은 20 : 80 법칙을 활용하는 마케팅 전략 중 대표적인 것이 항공사들의 상용고객 우대제도이다. 증권사나 은행 등 금융기관에서도 우수 고객을 위한 VIP 룸을 설치하거나 정보지를 제공, 개인 자산관리 등의 특별 관리를 하고 있다.

소비자
수첩 5-2

고객만족도 떨어지는 기업, 이중처벌(고객이탈 + 투자자자금회수) 받는다!

Claes Fornell(미국 미시간대 경영대학원) 교수는 1994년에 소비자들의 만족도를 계량화한 미국 고객만족지수(ACSI : American Customer Satisfaction Index)를 개발하였다. 고객만족 분야의 권위자인 그는 2008년 2월 권력이 이동하자 소비자들이 이제 자본과 손을 잡고 기업을 압박하고 있다며, 이를 경제적 쓰나미(economic tsunami)라고 논하였다. 자본은 항상 권력을 따른다는 전제하에서 권력이 소비자로 이동하니 당연히 자본이 소비자와 '동맹'을 맺게 된다는 것이다.

Fornell에 따르면, 단순히 시장점유율을 높이는 것보다 고객의 만족이 더 중요한 일이며, 경영목표를 생산성 향상에만 두는 것은 위험하다. 서비스업체의 경우, 생산성 향상을 인원 감축으로 오해하는 경우가 많은데 이때 고객만족도가 떨어져 득보다 실이 클 수 있다고 그는 경고했다.

현대 자본주의 시장경제에서 소비자들은 대체재에 대한 정보, 어디서 사야 할지, 어떻게 사야 할지, 누가 무엇을 시장에 내놓았는지 등에 관한 정보를 속속들이 알게 되었다. 전 세계에 1억 개의 블로그는 소비자들이 정보를 공유할 수 있는 공간인 셈이다. 이제 소비자를 만족시키지 못한 기업은 즉각적인 혹독한 대가를 치르게 됐다.

실제로 고객의 만족과 기업 실적 사이에는 아주 긴밀한 관계가 있다. 애플·아마존·이베이·구글 등의 기업은 미국 고객만족지수조사에서 상위에 올라 있고, 실적 역시도 좋다. 고객만족도를 알면 어떤 기업이 잘할 수 있는 것인지 예상할 수 있고, 결국 어디에 투자해야 하는지를 알 수 있다. 즉 고객이라는 자산은 기업 미래를 결정한다.

출처 : 조선일보, 2008년 2월 16일

5) 고객만족 향상을 위한 마케팅 전략

고객만족 마케팅이란 광고, 판촉 등 다양한 마케팅 개념이 판매위주의 마케팅에서 소비자들의 필요와 욕구를 찾아 이를 충족시켜 주고 기업의 목적을 달성하고자 하는 마케팅 개념이라고 하겠다. 고객만족 마케팅은 시장분석에서 마지막 A/S까지 모든 마케팅 전략을 수립함에 있어 소비자들의 의사를 가장 중요한 기준으로 삼는 전략을 의미한다. 결국 고객만족경영은 소비자에 의해 이끌어지는 경영 전략 및 고객만족 마케팅에 이루어지는 경영방식이다. 다양한 고객만족 마케팅방법에 대해 구체적으로 살펴보면 다음과 같다.

(1) 관계 마케팅

소비자와의 관계를 잘 만들어 놓아 계속적으로 제품 또는 서비스 판매가 가능한 마케팅 전략으로 '한 번 고객이면 평생 고객이 되도록 한다'는 것이 관계 마케팅(relationship marketing)의 기본 전략이다. 고객만족경영의 기본 원칙이 고객관리와 영업에 적용된 마케팅 전략으로, 소비자 충성도를 높여 한 번 고객을 평생 고객으로 만들면 고객의 생애가치가 높아져 매출과 이익이 보장된다는 것이 바로 관계 마케팅이다. 예를 들면, 어떤 30세 여성 소비자가 화장품 소매점에서 한달 평균 5만 원의 화장품을 구매할 경우 이 소비자와 관계를 잘 이루고 만족을 높여준다면 이 여성 소비자가 기업에게 제공하는 생애 가치는 5만 원이 아니라 240만 원(평균수명 70세까지 매년 60만 원씩 구입)이라는 것이다. 뿐만 아니라 고정 고객이 기업에게 주는 경제적 이익은 이들이 제공하는 긍정적 구전활동, 즉 광고효과라고 할 수 있다. 충성스런 고정 고객은 여러 해에 걸쳐 자신이 애용하는 기업에 대해 다른 사람들에게 선전하기 때문에 최선의 광고효과를 창출한다.

관계 마케팅을 효과적으로 수행하려면 단순히 판매에서 그치는 것이 아니라 소비자가 제품이나 서비스에 대한 불만이나 질문이 있으면 언제든지 응하고 소비자문제를 같이 해결하려는 동반자적 노력을 취하여야 한다. 수신자 부담 전화제공 및 고객응답 서비스 제공 수준을 넘어서서 고객과의 접촉이나 관계를 보다 적극적으로 촉진시키기 위해 적극적으로 관계를 유지시켜 줄 수 있는 금전적 혜택(예 : 항공사들의 고객 마일리지 제도, 백화점의 누적 포인트 제도), 사회적 혜택 등을 제공하는 공격적 마케팅이 필요하다.

(2) 내부 마케팅

고객만족경영을 보다 효과적으로 수행하기 위해서는 외부 소비자와 직접 접촉하는 영업사원이나 현장 종업원 등 회사 내 직원들을 만족시켜야 한다는 것이 내부 마케팅의 기본적 논리이다. 내부 고객이 회사에 대해 만족감을 가져야만 이들이 고객과 만났을 때 보다 효과적인 활동을 하게 되며, 고객과 이들과의 상호관계의 질이 높아진다는 것이다. 회사나 조직에 만족하지 못하는 종업원이 소비자와 접촉을 할 경우 질 높은 서비스를 소비자에게 제공하거나 소비자와 깊은 관계를 맺을리 없기 때문에, 고객만족에 중요한 영향을 미치는 회사 내 종업원이나 직원을 내부 고객으로 인식하여 이들을 만족시켜야 한다는 원리이다. 최고 경영자의 관심과 소비자들과 만나는 최일선 영업직 사원이나 상담실 사원에 대한 배려 없이 고객만족경영은 성공할 수 없다. 서비스산업의 경우 이 같은 내부 마케팅이 더욱 중요한데, 효과적인 교육훈련, 동기부여, 종업원들의 소비자 지향적 사고 등이 필요하다. 따라서 내부 마케팅 원리에 따르면 광고, 판촉 등 외부 소비자들을 위한 각종 마케팅을 적극적으로 하는 것도 중요하지만 내부 고객인 자사 직원들을 만족시켜 그들로 하여금 소비자들을 만족시키도록 하는 것이 더욱 중요하다고 하겠다.

(3) 시장세분화 전략

소비자들의 기호가 점차 다양하고 개성화되면서 시장을 하나의 시장으로 보지 않고 소비자들의 특성에 따라 세분화하여 각 시장에 대한 마케팅 전략을 차별화하는 것이 시장세분화 전략이다. 시장을 나누는 것은 제품에 따라 그 기준도 다양한데 연령, 지역, 소득, 라이프스타일 등에 따라 세분화하는 것이 보통이다. 시장세분화 전략이 다양한 소비자들의 욕구나 필요를 보다 많이 충족시켜 주기 위한 전략이라는 점에서 고객만족을 추구하는 마케팅이라고 할 수 있다.

(4) 포지셔닝

포지셔닝(positioning)은 소비자에게 제품에 대한 차별화된 이미지를 심어 줌으로써 효과적으로 마케팅을 실현하고자 하는 전략이다. 다시 말해, 소비자들의 머릿속에 자사제품에 대한 자리 매김을 시켜주는 시장위치정립 전략으로 현대 경영전략에서 그 중요성이 높아지고 있다. 예를 들면, 독일의 벤츠(Benz)차는 고급차의 이미지를, 스웨덴의 볼보(Volvo)는 안전성을 강조하는 자동차로, 현대의 엑셀은 경제성의 이미지를 소비자들에게 심어 주고 있다. 스포츠음료의 경우 운동 후 갈증해소라는 주제로 일반음료와 차별화시키고 있으며, 조선맥주의 하이트는 "물이 좋아야 맥주 맛도 좋다. 하이트는 지하 150미터 암반천연수로 만든 맥주다."라는 광고를 통해 깨끗한 맥주라는 이미지를 강하게 심어 주고 있다. 포지셔닝 전략은 구체적으로 제품의 특성을 강조하거나, 제품을 구매함으로써 얻는 혜택 강조, 이용자의 특성 강조, 타제품과 비교를 통해 자사 제품의 이미지 구축 등 다양한 방법을 사용하고 있다. 예를 들어, 브랜드 포지셔닝의 경우 경쟁업체의 브랜드와 자사 브랜드에 대한 소비자들의 이미지를 조사하여 자사 브랜드의 이미지를 차별화시키는 전략이라고 하겠다. 이 같은 포지셔닝 전략을 수립하기 위해서는 소비자들이 원하는 바람직한 이상이나 제품이미지를 찾아 소비자들의 인식을 바꾸거나 재정립하기 위한 전략을 수립하여야 한다.

(5) 제품믹스

제품믹스(product line)란 기업이 구매자에게 제공하는 모든 형태의 제품계열 및 제품품목을 통틀어 말하는 것이다. 제품계열은 제품믹스 중에서도 그 특성이나 용도가 비슷한 제품집단을 의미한다. 예를 들어, 자동차의 경우 승용차, 버스, 트럭, 밴 등의 제품계열을 가지고 있는 경우 이 자동차회사의 제품믹스 폭은 4이며, 승용차의 경우 배기량에 따라 소형, 중형, 대형의 세 가지 모델이 있다면, 이 자동차 제품믹스의 폭은 3이라고 하겠다. 기업들은 새로운 제품계열을 추가하거나, 한 제품 내에서 제품 품목을 늘리는 등 제품계열의 연장을 통해 제품믹스확대 전략을 펼치게 된다. 고급품만을 생산하던 회사가 낮은 가격과 품질의 품목을 추가(하향확대 전략)하기도 하며, 반대로 현재 품목보다 더 높은 가격과 품질의 품목을 추가(상향확대 전략)하기도 하며, 고급품과 저급품의 제품을 동시에 확대(쌍방확대 전략)하기도 한다. 제품믹스 전략 수립 시 고객만족경영 철학이 반영되어 새로운 품목이 추가되는 경우 고객만족 마케팅이라고 할 수 있다. 이때, 기존의 제품보다 소비자에게 더 많은 이익과 가치를 제공하여야 함은 물론이다. 자사 제품이 경쟁사 제품보다 비슷한 품질을 추가하는 경우 가격을 낮추고, 품질이 더 나은 것을 추가할 경우 기존 가격과 비슷하게 책정함으로써 고객만족을 높이고 궁극적으로는 기업성공을 꾀하여야 한다.

(6) 아웃사이드 인 전략

신제품개발과 관련한 고객만족경영 철학이 반영된 전략은 아웃사이드 인(outside-in) 전략이다. 종전의 신제품개발이 기업 내의 기술자나 과학자에 의해 개발 아이디어가 시작되어 상품화하는 인사이드 아웃(inside-out) 전략이었다면, 신제품에 대한 아이디어를 영업사원이나 소비자조사를 통해 얻는 아웃사이드 인 전략은 고객만족을 우선적으로 추구하는 신제품개발 전략이라고 하겠다. 소비자들의 불평, 불만, 신제품개발 요구, 소비자욕구 등을 충족시키기 위한 제품개발(예 : 디자인, 형태, 기능 등)이 이루어지는 것이 아웃사이드 인 전략이다. 이 전략은 결국 기업 외부 소비자들의 불평, 불만, 의견 등을 기업 내부의 과학자, 기술자들의 아이디어보다 우선하는 전략이라고 하겠다. 진공청소기에 물걸레를 부착하여 제품개발에 성공한 LG전자의 물걸레 진공청소기의 경우도 소비자의 불평, 불만에 착안하여 상품화한 경우라고 하겠다.

(7) 데이터베이스 마케팅 전략

데이터베이스 마케팅 전략은 고객 개인에 대한 정보를 기반으로 개인별로 차별화된 마케팅 전략을 구사하는 것을 말한다. 고객 유지의 중요성이 더욱 높아지면서 기업들은 데이터를 활용하는 고객 관리 마케팅을 적극적으로 수행하고 있다. 데이터 마이닝(data mining)이라는 새로운 기법이 폭넓게 개발되면서 경영정보 시스템은 고객 관리를 넘어서서 '고객 관계 관리', '고객 지원'이라는 이름으로 확장되고 있다. 고객 관리가 성공하지 못하는 경우는 고객에 대한 정보 부족, 정보를 다루는 기술 부족 등이 그 원인으로 지적되고 있다.

데이터베이스 마케팅이 어떻게 활용되고 있는지를 실제 예를 들어 살펴보면, 먼저 메리어트 호텔은 지난 3년간 직접판매(direct mail)의 양을 절반으로 줄이면서도 동일한 수의 고객을 유치했다. 이는 이 회사에서 데이터베이스 분석을 통해 이 호텔을 찾을 가능성이 있는 잠재 고객에게만 우편물을 보냈기 때문이라고 한다.

생명보험회사인 푸르덴셜은 회사가 보유하고 있는 생명보험, 주식, 부동산, 신용카드 정보를 1,000만 가구의 각종 정보와 연결하여 1,000만 가구가 어느 정도 연금에 관심이 있는지를 추정해 낸 후 연금 가입 가능성이 있는 고객들을 대상으로 영업활동을 한 결과 과거 무작위추출을 통한 영업활동보다 2배 이상의 성과를 거둘 수 있었다.

신용카드회사인 아메리칸 익스프레스에서는 수억 명의 고객 데이터를 신경망 모델을 이용하여 분석해 고객별로 어디서 어떻게 신용카드를 사용하는지를 나타내는 일렬의 구매성향 점수를 만들어 통신판매사와 연결하여 신용카드 보유 소비자가 구매할 가능성이 큰 상품들의 카탈로그를 청구서와 함께 보내고 있다.

이 같은 사례들은 기업들이 마케팅의 효율을 높이기 위해 데이터베이스 마케팅을 어떻게 응용하고 있는가를 보여준다. 특히, 데이터 마이닝은 방대한 자료에서 유의미한 패턴과 규칙을 찾아내어 자동적 자료탐색 및 분석을 통해 불량 고객, 우수 고객 등을 구분해 주고, 고객 특성에 대한 정보를 제공하는 등 고객 개개인에 대한 차별적이고 독특한 지원이나 서비스를 제공할 수 있게 한다. 이 외에도 고객이 다음 달에 이탈할 가능성이 몇 %인지를 예측할 수 있으며, 쇼핑 카트에 어떤 상품들이 같이 들어 갈 가능성이 높은가(장바구니 분석)를 확인할 수 있어 제품이나 서비스의 믹스 전략에 활용할 수 있다. 게다가, 유사한 소비자집단을 묶거나 분류함으로써 고객의 세분화가 가능하여 이들 집단만을 대상으로 하는 차별적 마케팅 전략수립이 가능하다.

데이터 마이닝이란 한 번이라도 기업 제품이나 서비스를 이용한 고객에 대한 자료를 데이터베이스화한 후 이 자료를 활용하여 고객획득, 고객유지, 고객유기(customer abandonment), 장바구니 분석 등에 활용하는 마케팅 전략인데 이 네 가지에 대해 간단하게 살펴보면 다음과 같다.

① 고객획득

데이터 마이닝은 잠재 고객이 누구인지를 파악할 수 있게 하므로 궁극적으로 고객획득의 마케팅 전략을 수립하는 데 활용할 수 있다. 예를 들면, 요금청구서와 함께 통신판매용 카다로그를 보낼 때 어떤 소비자들이 읽어 볼 것인가를 파악해 낼 수 있다.

② 고객유지

이탈 가능성이 있는 우량 고객을 확인하여 이들에 대한 특별 제안이나 관리를 통해 지속적인 거래를 유도해 내는 데 사용할 수 있다.

③ 고객유기(customer abandonment)

어떤 고객은 기업의 이익에 기여하기보다는 더 많은 비용을 지출하게 하는 고객도 있다. 최근에는 이 같은 고객은 다른 곳으로 가도록 적극적으로 유도해 나가야 한다는 전략도 제기되고 있다. 과거의 거래 내용을 중심으로 데이터 마이닝을 통해 어떤 고객이 유기(퇴출)되어야 하는지를 선별해 낼 수 있다.

④ 장바구니 분석(market basket analysis)

장바구니 분석이란 어떤 상품들이 동시에 구매되는 경향이 있는지를 찾아내는 것이다. 예를 들면, 동시에 구매되는 경향이 많은 제품들을 찾아 하나의 패키지화하거나, 하나의 카탈로그에 싣는다든가, 상품진열 시 근거리에 배열하는 데 활용할 수 있다.

데이터 마이닝을 통해 기업경영의 효율성이 증가했다는 조사발표가 계속 나오고 있다. 데이터베이스 전략이나 데이터 마이닝은 독립적으로 관리되던 자료들을 서로 연결 지어 통합적으로 관리하고 분석하여 고객관리나 유지를 위한 차별적인 마케팅 전략 수립에 기초 자료를 제공함으로써 기업의 성패 그리고 경쟁력 확보에 중요한 역할을 하고 있다.

결국, 데이터베이스 마케팅을 효과적으로 펼치기 위해서는 정확한 고객 정보가 우선적으로 필요하다. 이벤트 행사 초대, 구매 가능 잠재 고객 파악, 우량 고객을 위한 다양한 마케팅 전략 구사 등을 위해서는 제품이나 서비스를 구매한 고객들에 대한 정확한 정보가 수집되어야 한다.[3]

최근에는 기업들이 소프트웨어와 인터넷 등 IT 관련 기술을 활용하여 고객을 평생토록 과학적으로 관리할 수 있는 마케팅 전략인 고객관계 관리(CRM : Customer Relationship Management) 제도를 도입하고 있다. 익명의 다수를 대상으로 하는 대량 마케팅(mass marketing)보다는 시간과 비용을 절감하면서 기존 고객을 잘 관리하는 전략이 각광 받고 있다. 한편, CRM 전략과 관련하여 고객 관리를 위한 소프트웨어 개발 분야가 부가가치가 높고 안정적인 산업으로 각광받고 있다. 본사는 물론, 영업점, 콜센터, 인터넷 사이트 등에서 취합한 각종 고객 정보를 연령, 성별 등은 물론 구매성향, 충성도, 회사이익에 대한 기여도 등 세부 항목에 이르기까지 체계적으로 분석해 내는 소프트웨어 개발이 가속화되고 있다.

지금까지 고객만족 향상을 추진하기 위한 마케팅 전략들을 살펴보았다. 마케팅의 기본적 원칙을 소비자의 관점에서 수립하여 고객만족을 유도하는 마케팅이 고객만족 마케팅이라고 하겠다. 생산자 위주의 사고, 엔지니어의 아이디어에 의한 제품개발, 단순히 제품판매 후 서비스만을 개선하여 고객만족을 유도하려는 정책 등은 진정한 차원의 고객만족을 추구하는 마케팅 전략이라고 볼 수 없다. 이외에도 개인에 대한 정보를 기반으로 차별화된 마케팅 전략을 구사하는 데이터베이스 마케팅, 제품구입 횟수나 가격 등에 의해 소비자에게 인센티브를 제공하는 마케팅 전략인 프리퀀시(frequency) 마케팅, 일정량의 제품이나 서비스를 구입한 고객 또는 회비를 받고 클럽 멤버십을 주어 구매활동을 하게 하는 클럽(club) 마케팅, 우편 판촉물이나 카탈로그 등을 통해 소비자들의 관심을 유발시켜 전화로 주문을 하도록 하는 텔레마케팅(telemarketing) 등이 확장되고 있다.

---

3) 데이터 웨어 하우스(data warehouse)는 기업 내의 모든 중요한 운영조직은 물론 중요한 외부 데이터까지 함께 연결된 전사수준의 데이터 창고를 말하며, 데이터 마트는 부서 수준의 데이터 창고라고 할 수 있다. 데이터베이스 마케팅을 펼치기 위해 이 같은 창고의 구축이 필요하다.

소비자
수첩 5-3

한국에서 성공하면 세계적 성공?…한국 '특별대우' 하는 기업들

세계적인 글로벌 기업들이 까다롭기로 유명한 한국 소비자들을 잡기 위해 안간힘을 쓰고 있다. 한국 소비자들의 독특한 취향에 맞춰 새로운 제품을 개발하는가 하면 한국 문화에 맞는 마케팅과 서비스를 시도하는 등 세심한 배려까지 하고 있다.

전 세계 로봇청소기 판매 1위인 미국의 아이로봇사는 유일하게 '한국형 제품 개발 전담팀'을 구성, 마룻바닥 문화인 한국 가정에 적합한 제품 개발에 박차를 가하고 있다. 아이로봇사가 한국형 마케팅에 주력하는 이유는 한국 소비자의 까다로운 성향 외에도 로봇청소기가 북미권을 제외하고는 한국에서 가장 많이 팔리고 있기 때문이다.

세계적인 시계 생산업체인 스위스의 스와치그룹은 최근 한국법인을 직영체제로 전환, 한국에서 판매하는 모든 브랜드를 직접 관리하기 시작했다. 또 애프터서비스(A/S)센터를 설치하고 기술진 10여 명을 배치해 고객들의 요구조건을 충족시켜주고 있다. A/S센터 설치는 스위스 외에 한국이 처음이다.

크룹스가 한국에서 판매하는 토스터에는 '먼지 방지용 뚜껑'이 있다. 빵을 주식으로 삼지 않아 먼지가 쌓이는 등의 불만과 깔끔한 관리를 원하는 한국 주부들의 요구를 수용, 한국형 토스터에만 특별히 뚜껑을 추가했다.

또 세계 최초로 양문형 냉장고를 개발한 GE도 세계에서 유일하게 한국 수출품에만 홈바를 장착한 냉장고 아티카를 공급하고 있다. 한국 소비자들에게 물을 마실 때마다 냉장고 문을 여닫아야 하는 것은 가장 큰 불만으로 지적됐고 비싼 전기료도 민감한 문제로 분석됐기 때문이다.

테팔도 국물 요리가 많은 한국 요리의 특성을 감안해 전골 요리까지 할 수 있는 한국형 그릴을 선보였다. 이후 한국 주부들로부터 큰 호응을 얻자 업그레이드된 제품을 만들어 전 세계에 수출하고 있다.

출처 : 쿠키뉴스, 2007년 01월 29일

4. 세계소비환경의 변화

정치, 경제, 무역, 지구환경, 소비자보호 등 여러 측면에서 세계는 급속한 변화를 맞고 있다. 이 같은 변화는 소비자에게 새로운 소비환경으로 다가서고 있다. 세계소비환경 변화 중 우리나라 소비자들의 소비환경에 커다란 영향을 미치는 변화는 크게 세계무역기구(World Trade Organization : 이하 WTO)시대의 개막, 세계경제협력기구(OECD) 가입, 그리고 다국적기업의 팽창이라고 할 수 있다. 특히, WTO체제로 인한 자유무역주의, 다국적기업 팽창으로 인한 수입개방의 가속화 등은 소비자를 둘러싸고 있는 세계소비환경 변화의 주요 사항이라고 하겠다.

국제 간의 무역이나 교류가 활발해지면서 소비자들은 매우 다양하고 복잡한 제품과 서비스 중에서 소비선택을 하여야 하는 문제에 부딪치고 있다. 이 같은 소비환경 속에서 소비자들은 기존의 기호, 선호, 가치와는 다른 것을 경험하게 되고, 이에 따라 소비자들의 선호와 가치도 변하고 있다. 이 같은 상황에서 소비자들은 어떤 역할과 책임을 수행하여야 하며, 어떤 소비생활을

소비자 수첩 5-4

휘센 에어컨, 지펠 냉장고… 한국 가전, 세계 휩쓸다

삼성전자·LG전자·대우일렉 등 한국 업체는 요즘 유럽의 양문형 냉장고 시장을 휩쓸고 있다. 프랑스·독일·스페인·스웨덴 등 주요 시장에서 한국 업체의 점유율을 합치면 60~80%에 달한다. 해외 가전 시장은 2000년대 초까지 '토박이 업체'가 강세를 보이는 현상이 일반적이었다. 북미(北美)는 GE·월풀 등 미국 업체가 시장의 70% 안팎을, 유럽은 일렉트로룩스·보시 등 유럽 업체가 역시 시장의 70% 이상을 차지했다. 때문에 북미 업체는 유럽 수출을 시도하지 않았고, 유럽 업체 역시 북미 진출을 꿈꾸지 못했다.

한국 업체들은 2000년대 들어 이 틈을 파고 들어갔다. 유럽이 원조인 드럼 세탁기를 북미 시장에 팔기 시작한 것도, 미국식 양문형 냉장고를 유럽에 처음 소개한 것도 한국 업체다.

'가전은 백색(白色)'이라는 금기(禁忌)를 깨뜨린 것도 한국 업체다. LG전자는 2001년 국내 시장에 처음 선보인 파스텔 색상의 액자형 에어컨이 인기를 끌자, 2002년 유럽 시장에도 컬러 제품을 출시했다. 이후 백색(白色)가전이라는 말이 무색할 정도로 가전의 컬러화가 빠르게 진행됐다. 한국 업체들은 요즘 화려한 문양이나 신소재를 적용한 가전을 속속 내놓고 있다.

디지털 TV 등 다른 전자제품은 갈수록 가격이 내리지만, 생활가전은 기능·디자인 개선과 함께 가격이 거꾸로 오르기도 한다. 삼성전자가 올해 국내 시장에 내놓은 '지펠 콰트로 냉장고'는 370만 원, LG전자가 지난여름 선보인 휘센 멀티 에어컨은 300만 원을 넘는다. 40인치대 PDP·LCD TV보다 비싸지만, 판매량은 당초 예상을 훨씬 초과했다.

LG전자 이영하 사장은 "한국 주부들에게 항상 감사하는 마음을 갖고 있다"고 말했다. 까다로운 한국 주부들의 눈높이에 맞추다 보니 품질이 좋아졌고, 손 큰 한국 주부들이 내수 시장에서 고급 가전을 많이 사준 덕분에 신기능을 제대로 검증 받을 수 있다는 의미다.

출처 : 조선일보, 2006년 10월 31일

추구하는 것이 바람직한가에 대해 더욱더 신중하게 판단하여야 할 시점이다.

1) WTO체제하의 자유무역주의

GATT(General Agreement of Tariffs and Trade)체제의 붕괴 속에서 보호무역주의와 지역주의적 경제환경이 만연되자 새로운 세계경제 및 무역질서를 확립키 위해 제8차 우루과이 라운드(Uruguay Round) 타결 결과 WTO(World Trade Organization)가 발족함으로써 우리나라 소비자에게도 직접적 그리고 간접적으로 많은 영향을 미치고 있다. 다시 말해, WTO는 새로운 국제교역질서를 확립코자 열린 1986년 8차 UR협상으로 발족된 기구로서, 기존의 GATT의 기능을 더욱 강화하여 상품, 서비스, 농산물, 지적재산권 등 광범위한 분야를 총괄하는 강력한 국제기구이다.[4] WTO활동의 기본 목적은 자유롭고 공정하며 안정적인 무역환경을 조성하여 세계경제

---

4) 우루과이 라운드(1986년부터 1994년)는 제8차 무역협상으로 우루과이에서 107개국이 참가하여 타결한 협상으로 공산품관세 인하 및 농산물 시장개방, 서비스 산업개방 등을 주요 내용으로 하고 있다.

발전에 기여하는 것이다.[5] WTO의 관할범위는 그 동안 GATT체제하에서 관할해 온 공산품뿐만 아니라 서비스분야, 투자(자본이동), 지적재산권(기술이동) 등의 분야까지 포함하며, 과거 GATT체제에서 관할하지 않았던 농산물, 섬유분야 등도 포함하고 있다. WTO는 자유무역실현을 위해 공산품의 경우 관세인하, 섬유부문의 수입제한장벽 철폐, 수출자율규제철폐 등을 통해 시장개방을 가속화시키는 역할을 하고 있는데, 특히 서비스업의 개방 및 지적재산권, 즉 저작권과 상표권에 대한 보호 강화는 기존의 라운드와는 달리 새로이 추가된 개방 분야이다.

WTO체제 중심의 자유무역체제, 자유경쟁, 또는 수입개방화는 우리나라 소비자에게 많은 영향을 미치고 있다. 긍정적인 영향은 크게 네 가지로, 정부정책, 기업경영 등 소비자 지향적 구조 정착, 가격, 품질 등 경쟁촉진, 소비자선택의 권리 실현, 서비스산업의 경쟁 촉진이다.

반면, WTO체제가 소비자에게 미치는 부정적인 영향은 크게 두 가지로, 비합리적 소비 조장, 수입제품으로부터의 소비자피해라고 하겠다.

지금까지 살펴본 바와 같이, 자유경쟁, 시장경제의 원리, 자유무역으로 인한 수입개방 등은 소비자에게 긍정적 영향과 부정적 영향을 동시에 미치고 있으므로 우리나라 소비자들이 어떤 의식과 소비선택을 하는가에 따라 그 영향력이 달라진다고 하겠다. 다시 말해, 자유경쟁과 시장개방에 따른 소비자이익 증대는 건전하고 합리적인 소비선택에 의해 실현되므로 철저한 합리적 소비선택 및 소비생활을 추구하여야 한다.

2) 세계경제협력기구(OECD)

우리나라는 1996년 12월 OECD에 29번째 국가로 가입하였다.[6] OECD에 가입하기 전후에 논의된 내용은 대부분 OECD가입이 우리나라 정치·경제·무역·사회적 측면에 미치는 영향력에 관한 것이었다. 그러나 OECD가입은 소비자에게 많은 영향을 미치며, 소비자정책에도 많은 영향을 미칠 것임을 간과하여 왔다. OECD체제하에는 소비자보호정책위원회가 구성되어 있어 소비자이익을 추구하고 소비자보호활동을 펼치고 있으며 이 위원회의 활동이 OECD 회원국의 경제·정치·사회정책에까지 많은 영향을 미치고 있다. 특히, 소비자보호정책위원회를 중심으로 하는 OECD 회원국가의 국제무역 분야에서의 적극적 소비보호활동은 점차 국제적이고 전 세계 소비자를 위한 활동으로 확대되어 가고 있음을 알 수 있다.

---

5) OECD, GATT의 분석결과에 의하면 WTO의 역할로 향후 10년 내에 세계경제에 약 2~3천억 불의 소득증대효과가 창출될 것이라 한다.
6) OECD는 1948년 전후 유럽경제의 복구 및 경제문제해결을 위해 설립된 유럽의 경제협력기구(OEEC)로 출발하였다. 그 후 1961년 미국과 캐나다가 추가 회원국(당시 : 총 20개 회원국)이 되면서 세계경제협력기구로 확대·개편한 기구이다. OECD의 회원국은 대체로 선진국이 주요 회원이며 멕시코나 터키 등과 같은 개도국도 일부 포함하고 있다. OECD는 과거 선진제국클럽이라는 배타적 성격에서 벗어나 국제경제를 관장하는 모임으로 변모하고 있다.

지적재산권

지적재산권(intellectual property)에는 기술개발과 관련한 무형의 재산권인 산업재산권(industrial property ; 옛날 : 공업소유권 : 특허권, 실용안전권, 의장권, 상표권 등)과 저작권(copyright)이 포함되며, 최근에는 신지적소유권(new intellectual property)이라 하여 컴퓨터 소프트웨어 및 반도체칩, 각종 영업비밀 등을 포함한다. 산업재산권과 저작권의 차이점을 비교하여 보면 다음과 같다.

구분	산업재산권	저작권
목적	• 발명고안 보호장려 • 기술개발 촉진 및 산업발전	• 저작물보호 및 공정 이용 • 문화예술 향상 발전
종류	• 특허 • 실용신안 • 의장 • 상표	• 저작재산권 • 저작인격권 • 저작인접권
권리형성	• 법적절차(출원심사등록 등)	• 저작한 때
보호기간	• 특허 : 20년 • 실용신안, 의장 : 15년 • 상표 : 10년(갱신가능)	• 저작자 생존 시+사후 50년
권리성질	• 절대적 독점권 • 권리주체 이전가능	• 상대적 독점권(도작 제외) • 저작재산권과 저작인접권 이전 가능

지적재산권은 소비자의 입장에서 전체적으로 긍정적인 영향을 미칠 것으로 기대된다. 소비자의 경우 모조품에 속거나 의심하여야 할 필요 없이 믿고 구매할 수 있다는 측면에서 지적재산권보호에 대한 협상결과는 긍정적 영향을 미친다고 하겠다. 무조건적으로 외제 유명브랜드를 선호하는 일부 국내 소비자들의 소비행태도 문제지만, 이를 악용하여 가짜와 모조품을 유통시키는 업자들로 인해 소비자피해가 급증하고 있는 실정에서 지적재산권보호와 관련한 UR협상 결과는 소비자에게 긍정적인 효과를 제공할 것으로 보인다. 따라서 우리도 지적 권리에 대한 인식을 달리해야 할 시점이며 우리 자체의 브랜드 개발 및 고유제품을 위한 기술개발과 노력이 필요한 시점이라고 보며, 이 같은 노력이 장기적으로 기업에게도 이익이라고 본다.

OECD 회원 각국의 소비자보호활동은 주로 OECD체제하의 소비자보호정책위원회를 중심으로 활동하여 왔다. 소비자보호정책위원회의 주요 활동은 소비자 지위 고양 및 보호, 시장기능 개선, 국가개입지양이다.

회원국들은 1970년대 중반기에 소비자보호정책의 제도화에 대한 기초를 마련하였다. 대부분의 회원국가에서 소비자안전에 관한 엄격한 법적 기준을 정하고 있으며 리콜제도, 위해제품의 수거의무, 제조물책임법 등을 제정하여 소비자피해예방 및 피해구제를 효과적으로 달성하고 있다. 특히, 회원국에서 취해진 각종 소비자안전과 관련한 조치들은 회원국가들에게 알리도록 하고 있는 고지체계는 효율적인 국제소비자보호운동에 공헌하고 있다. 1980년대후반부터 OECD

각종 용어 정리

- **회색무역규제조치(Grey Area Measures)** : 긴급수입제한조치, 시장질서유지협정, 수출자율규제 등과 같은 선택적인 수입제한 또는 선별적인 적용에 관한 총칭으로 GATT 내 근거가 불확실하다는 의미에서 붙여진 명칭
- **긴급수입제한조치** : 특정상품의 수입증대가 수입국의 동종산업에 심각한 영향을 주거나 피해를 주는 경우 필요에 따라 취해온 조치
- **수출자율규제** : 수입국이 특정상품시장의 교란원인이 되는 특정수출국의 수출을 자율적으로 규제하여 수입억제효과를 가져오는 규제(예 : 미국의 섬유분야)
- **시장질서유지협정** : 수출자율규제와 같은 성격으로 수출국과 수입국 양자 간에 협정을 맺는 형태로 특정수출국의 상품에 대해 수입을 제한하는 선별적용의 형태
- **반덤핑관세(anti-dumping duty)** : 정상적인 국제상거래에서 원산 지국가에서의 판매가격보다 상당한 수준이하의 낮은 가격으로 수출하는 덤핑행위를 방지하고 공정한 무역질서를 확립하기 위해 수입국이 정상가격과의 차이만큼 추가관세를 부과하는 것
- **보조금** : 각국 정부가 특정한 정책목표를 달성하기 위해 자국의 산업 및 기업활동에 제공하는 각종 지원
- **상계관세** : 보조금은 기업경쟁력에 영향을 미쳐 수출촉진이나 수입억제 등 장기적인 무역왜곡현상을 초래하므로 수출보조금지급을 억제하고 이를 지키지 않은 수출품에 대해 부과하는 관세

국경 없는 다국적기업 활동과 소비자

세계시장에서 다국적기업은 급속하게 팽창하여 왔고 다국적기업의 활동은 보다 복잡해져가고 있다. 이 같은 상황에서 소비자들은 다국적기업에 대한 올바른 판단과 이해를 하기가 점차 어려워지고 있다.

1997년 겨울 일간지에 개제된 Fila Korea 회사의 광고문구를 통해 이를 실감할 수 있다. 이 광고에서는 "무엇이 진정한 국산입니까?", "해외에서 생산해서 국내상표만 붙인게 국산입니까?", "해외상표라도 국내에서 생산한 제품이 국산입니까?", "WTO체제하에서 국산제품의 올바른 정의는 무엇입니까?" 라고 질문을 던지고 있다. 이 광고에서의 질문을 통해 소비자들은 생산국표시에 대한 이해가 쉽지 않으며 나아가서는 선택의 어려움에 부딪치게 되었다.

이와 같이 무역의 자유화, 수입개방화 등 국경 없는 지구촌화가 계속되면서 소비자들의 선택의 어려움은 더욱 가중되고 있으며 복잡한 시장구조 속에서 합리적인 소비생활을 한다는 것이 더욱 어려워지고 있다고 하겠다.

다국적기업의 확대 및 시장개방이라는 불가피한 상황에서 소비자 각자의 선택이 소비자, 기업, 국가경제에 미치는 영향력이 막대하므로 사회적으로 책임 있는 소비자역할 그리고 소비자의식의 중요성이 부각되고 있는 시점이다. 시장개방에 대한 올바른 이해, 소비자선택의 중요성 등에 대한 충분한 인식을 통해 어떤 선택이, 어떻게 소비생활을 영위하는 것이 바람직한가에 대해 다시 생각해 볼 때이다. 급변하는 세계경제환경 속에서 소비자들은 무엇을 선택하여야 하며, 어떤 소비행동을 취하여야 하는가에 대한 어려움이 발생한다. 이와 관련하여 허경옥(1998)은 세 가지의 소비자역할과 책임을 제시하였다. 이 세 가지는 세계변화에 대한 관심과 이해의 필요성, 소비선택의 중요성에 대한 인식, 합리적 소비생활의 실천이다.

회원국은 금융부문, 공공서비스, 보험, 부동산투자 그리고 각종 신용거래와 관련한 소비자들의 이익과 보호에 많은 관심을 기울여 왔다. 또한 1980년대부터 OECD 소비자보호정책위원회는 국제무역 및 이와 관련한 사항들과 소비자이익에 대해 관심을 갖기 시작하였다. 국제무역과 관련하여 자유무역의 기술적 장벽인 제품의 비표준화 문제, 유사제품의 거래 등에 관한 문제, 소비자이익과 국제무역에 관한 프로젝트를 계속적으로 추진하여 왔다. 1990년대 접어들면서 소비자보호정책위원회는 소비자거래분야에 대한 관심이 높아 왔다. UR타결과 WTO체제가 구축되면서 세계시장(global market)이 급속화되면서 국제 간의 소비자거래, 특히 인터넷거래, 원거리 직접판매(distant selling), 각종 신용카드문제 및 환불, 직접판매방식으로 인한 피해나 구매거절 또는 환불의 문제, 국제소비자거래상의 신용카드문제 등에 관한 대응방안이 논의되었다.

3) 다국적기업의 팽창과 수입개방의 가속화

우리 소비자들은 이제 맥도날드, KFC 등 다국적 외식업체를 거리 곳곳에서 발견할 수 있고 까르프, 마크로 등과 같은 대규모 유통업체까지 무수히 많은 다국적기업을 우리 주변에서 쉽게 발견할 수 있다.[7]

세계화, 세계자유무역주의 등의 분위기가 가속화되면서 다국적기업은 더욱 팽창하고 있다. 전문화와 규모의 경제(economy of scale)를 통해 품질, 서비스, 가격 등의 여러 측면에서 유리하게 경영활동을 할 수 있기 때문에 다국적기업의 활동은 계속적으로 확대되고 있다. 다국적기업이 우리 주변에 가까이 다가서면서 이들이 소비자 그리고 소비생활에 미치는 영향은 매우 커지고 있는데 소비자에게 미치는 긍정적 영향은 경쟁촉진, 선택의 권리실현이다. 반면, 다국적기업 활동은 소비자에게 부정적 영향을 미칠 수 있는데, 이는 소비자안전위협, 환경오염문제, 문화 및 생활양식침해 등이다. 구체적으로, 다국적기업이 활동하는 현지국의 안전에 대한 기준과 법적 규제가 선진국 또는 다국적기업의 모기업이 속한 나라에 비해 낙후되어 있는 경우가 많아 수입제품이나 다국적기업의 제품으로부터 현지국 소비자들의 안전이 위협받을 수 있다. 또한 환경에 대한 인식이 부족하고 환경과 관련한 제도 및 규제가 제대로 되어 있지 않은 후발국가에 다국적기업이 진출하여 위험물질을 함부로 이전시키거나 불건전한 생산체계로 환경을 오염시키는 경우가 빈번하게 발생하고 있다. 끝으로, 다국적기업의 활동으로 모기업이 속한 나라의 문

---

7) 다국적기업(Multinational Corporation)이란 여러 나라에 진출해 있는 관련 기업을 통해 해외생산 및 마케팅 등의 국제경영활동을 하는 기업으로 몇 개 이상의 나라(현지국)에서 생산시설을 갖추고 동시에 제품의 생산, 판매활동을 영위하는 기업이다. 다시 말해, 기업 전체의 경영목표를 달성하기 위하여 국가를 초월하여 경영전략을 수립하고 시행하며 경영활동을 벌이는 기업으로서, 모기업은 다른 여러 나라에서 활동하고 있는 관계기업 또는 자회사와 제품생산, 마케팅, 재무, 연구 및 개발 등 여러 경영활동 측면에서 상호 유기적인 협조체제를 유지하게 된다.

화나 생활양식 등 외래문화가 유입되어 현지 국가 고유의 문화나 생활양식에 부정적인 영향을 미친다. 선진국 문화 속에서 발달한 제품이나 서비스가 고도의 마케팅기법을 통해 급속도로 현지국에 유입되면서 현지국의 전통양식이나 가치관이 무너질 수 있다. 많은 아동소비자들이 피자나 햄버거를 선호함으로써 우리나라 고유의 음식문화가 사라진다는 우려가 이에 해당하는 대표적인 문제이다.

6

소비자정보의
기초

1. 소비자정보의 특성 | 2. 소비자정보의 원천 | 3. 소비자정보의 종류 | 4. 소비자정보의 유형 | 5. 소비자정보의 활용

CHAPTER 6

소비자정보의 기초

1. 소비자정보의 특성

1) 정보의 비대칭성

소비자는 기업 또는 공급자에 비해 정보의 양적 그리고 질적 측면에서 불리한 입장에 처해 있다. 특정 제품 및 서비스에 대해 소비자가 가지고 있는 정보는 공급자 또는 제조자들이 가진 정보에 비해 정확성, 신속성, 그리고 충분한 양의 측면에서 불완전한 것이 현실이다. 이 같이 공급자와 소비자 간에 존재하는 정보의 격차를 정보의 비대칭성(asymetry)이라고 한다. 공급자와 소비자 간에 존재하는 정보의 양과 질적 측면의 격차는 과학과 기술발전으로 첨단 신기술 상품이 증가하면서 더욱 벌어지고 있다. 첨단기술을 통해 생산되는 제품에 대한 소비자의 지식은 매우 부족한 것이 보통이므로 공급자 또는 제조자가 제공하는 정보에 의존할 수밖에 없는 것이 현실이다.

2) 정보의 비배타성 및 비경합성

정보는 일반적인 재화와는 달리 일단 공급되기만 하면 공급자가 누구이건 간에 소비자 모두가 경쟁 없이, 아무 불편 없이 공동으로 활용할 수 있다. 다시 말해, 일단 제공된 정보는 소비자가 누구인가에 따라 차별 없이, 즉 배타적인 특성을 갖지 않고 사용 또는 활용하게 된다. 이 같은 특성은 정보의 공공적 특성이라고도 부른다. 일반적으로 최초의 소비자정보를 획득하는 데는 상당한 시간, 노력, 금전적 비용이 들지만 일단 그것이 획득되면 다수의 소비자가 그 정보를 비용 없이 공유할 수 있게 된다. 정보의 비배타성과 비경합성 때문에 많은 소비자들이 정보탐색

비용을 지불하면서 정보획득에 나서지 않고 다른 소비자가 정보를 획득하여 제공해 주기를 원하는 경향이 있고 스스로 정보를 획득하기 위하여 시간과 비용을 들이려고 하지 않는 성향을 보인다. 즉, 정보탐색의 비용을 지불하지 않고 획득, 사용하는 정보의 무임승차자가 발생한다. 이같은 정보의 비배타성, 공공성의 특성을 반영하여 정부에서는 보다 완전한 소비자정보를 제공하기 위한 각종 정책을 펼치게 된다. 사업자들에게 각종 표시제도, 약관제시의 의무화, 피해구제 등에 대한 정보제공의 의무화 등을 부과하는 것은 공공재적 성격의 소비자정보를 많은 소비자들에게 값싸게 제공하려는 취지에 의한 것이다.

3) 정보의 과부하

우리는 정보의 홍수 속에서 살고 있다고 할 정도로 수많은 정보 속에서 생활하고 있다. 존재하는 많은 정보 중에는 허위정보도 존재하고 있으며, 설사 정확한 정보가 제공된다 해도 소비자들의 정보처리능력의 한계로 인해 불완전한 정보로 사용되기도 한다. 너무 많은 정보는 소비자에게 오히려 혼란만 가중시켜 비효과적인 의사결정을 내리게 한다. 많은 정보들이 신뢰할 수 없거나 소비자가 판단할 수 없는 상태로 제공되기 때문에 오히려 소비자의 합리적 선택이나 바람직한 의사결정에 도움이 되지 못하는 경우도 발생한다. 따라서 소비자는 합리적 선택과 바람직한 소비생활을 위해 필요한 정보를 획득하고 평가할 수 있는 능력을 갖도록 하는 것이 무엇보다 중요하다. 그리고 소비자가 합리적 선택을 하기 위하여 소비자정보가 불충분하다고 인식되는 경우 적극적인 정보탐색을 추구하고 소비자정보를 효과적으로 활용하여야 한다.

2. 소비자정보의 원천

소비자들이 소비선택을 하는 데 있어서 필수적인 각종 소비자정보는 어디서 얻게 되는가? 소비자정보의 원천은 크게 세 가지라고 할 수 있다. 이 세 가지 정보원천에 대해 구체적으로 살펴보자.

1) 개인적 정보원천

소비자들은 필요한 정보를 소비자 자신의 과거 경험이나, 친구, 친지, 이웃 등 다른 소비자들의 경험이나 판단에 의해 얻는 경우가 많다. 이 같은 정보는 개인적 차원의 주관적인 정보로서 정

주문형 맞춤 소비자정보

소비자가 내리는 의사결정의 불확실성을 감소시켜 줄 수 있는 소비자정보는 매우 다양하다. 이렇게 우리에게 제공되는 정보의 양은 많아졌지만 막상 필요한 정보를 찾으려 하면 그것이 어디에 있는지, 어떻게 얻을 수 있는지 곤란을 겪을 때가 있다. 빠르게 변하는 시대 속에서 적절한 정보를 필요한 때에 얻는 것은 매우 중요한 일이다. 그러나 대부분의 경우에 소비자가 무수히 많은 정보 중에서 자기가 원하는 정보를 찾기 위해서는 특정 자료실에 직접 가거나 관련 서적을 찾아보는 등의 개인적인 노력을 하여야 한다. 최근에는 소비자가 원하는 정보를 국내는 물론 해외자료까지 모두 망라하여 정리해 보내 주는 주문형 맞춤 정보업체가 등장하여 소비자가 원하는 정보를 주문대로 입수해 제공해 주고 있다. 이러한 주문형 맞춤 소비자정보는 특정한 정보에 대한 소비자의 요구를 충족시키는 것으로 대부분 일정한 대가를 받고 소비자의 정보탐색 노력을 줄여 주는 것이라 할 수 있다.

　최근 필요한 정보 검색을 홈페이지에 지시해두면 이곳에 접속할 때마다 관련 정보만 자동으로 모아주는 서비스를 제공하는 사이트도 있다. 또한, 뉴스 관련 맞춤정보 서비스를 이용하면 자신의 관심있는 분야의 기사만 자동으로 검색해 준다.

출처 : 조선일보, 1996년 3월 14일

보의 질적 측면에서 불완전성을 보일 가능성이 높다. 소비자들의 경험이나 판단은 각기 다를 수 있으며 편견이 배제되지 않은 부정확한 정보일 가능성이 높아 소비자의 구매의사결정에 도움이 되지 않을 수 있다. 독립적이고 객관적인 정보가 부족한 경우 이 같은 개인적 정보에 의존하는 경향이 높다.

신뢰가는 소비자정보 공유돼야 : 한국소비자원 티게이트!

우리의 일상은 상품을 선택하고 구입하고 소비하는 과정의 연속이다. 하지만 매일 이루어지는 소비행위 과정에서 우리는 상품에 대한 정보나 거래조건을 제대로 알지 못하고 상품을 구입하는 경우가 많다. 이 경우 경제적 피해나 신체상 위해와 같은 소비자 피해가 발생한다. 이러한 소비자 피해가 발생하는 근본적인 이유는 무엇일까? 바로 당사자 간 정보의 비대칭성 때문이다. 소비자정보의 비대칭성은 사업자와 소비자 간에 존재하는 정보의 양과 질적 측면의 격차를 말한다.

　소비자 정보는 사적인 재화와는 달리 그것이 누구의 노력이든 일단 생산돼 공급되기만 하면 소비자 모두에게 불편이나 효용의 감소 없이 공동으로 이용할 수 있는 매우 효율성이 높은 공공재가 된다. 그러나 소비자들은 일반적으로 소비자 정보를 비용을 들여서 얻으려고 하기보다는 아무런 노력 없이 편익만 얻으려 하는 경향이 있다. 이런 점에서 소비자 정보 제공 정책의 필요성이 제기된다.

　최근 한국소비자원이 신뢰할 수 있는 소비자 정보의 생산과 공급을 위해 온라인 상품정보 포털사이트인 '티게이트(www.tgate.or.kr)'를 오픈했다. '티게이트는 신뢰성과 공정성을 갖춘 상품선택 정보를 종합적으로 제공하기 위한 시도라는 점에서 의미가 있다. 티게이트와 같은 정보원을 통해기업과 소비자와 페어플레이를 통해 시장의 경쟁력을 높이는 데 당당한 역할을 하기를 바란다.

출처 : 파이낸셜뉴스, 2009년 04월 15일

2) 상업적 정보원천

제조업자, 판매자 등에 의해 제공되는 정보로서 광고·판매촉진용 제품정보지, 판매원이 제공하는 정보 등이 상업적 정보라고 할 수 있다. 상업적인 정보는 제품을 판매하기 위한 판매촉진의 일환으로 기업이나 공급자에 의해 제공되는 무료정보(보통은 무료임)인데, 소비자들은 이 같은 정보를 신뢰하지 않는 경향이 있다. 그러나 고도의 기술을 통해 생산되는 신기술 제품의 경우 소비자들은 상업적 정보원천에만 의존할 수밖에 없는 경우도 속출하고 있다.

3) 객관적 정보원천

객관적 소비자정보는 신문이나 잡지, 정부보고서, 조사기관이나 소비자단체에서 제공하는 정보로서 사실에 근거하고 편견이 없어 신뢰할 수 있는 정보를 말한다. 공급자도 아니고 소비자도 아닌 제3자 또는 제3기관에 의해 제공되는 정보로서 소비자모니터, 제품비교평가에 의해 제공되는 정보들이다. 소비자단체의 적극적인 활동, 정보산업과 인터넷의 발달로 객관적 소비자정보는 점차 다양하게 제공되고 있어 소비자가 정보탐색의 노력을 조금만 기울인다면 실제 소비생활에 도움이 되는 정보를 쉽게 구할 수 있다.

가격 비싼 외국산 스타킹, 어떤 차이가 있나?

백화점에 가면 1만 원이 훌쩍 넘는 외국 스타킹을 볼 수 있다. 국산 제품과 품질 면에 큰 차이가 없음에도 가격은 매우 비싸지만, 특별히 좋은 몇 가지 점들이 있다.

먼저 색상이 다양하다. 국산 제품 색상은 커피 1·2호, 아이보리, 살색, 검정, 비둘기색, 재색 정도만 이루어지고 있다. 그러나 외국 제품들은 각 색상 계통에서만 3~4개의 색상이 나와 소비자들의 선택의 폭이 넓다. 약간 붉은 기가 도는 살색이나 흰색에 가까운 아이보리색 등의 주문이 가능하다.

둘째로 사이즈별 제품분화가 잘 이루어져 있고 표시 사항이 철저하다. 국산 제품은 일부 제품을 제외하고는 대부분 표준체형을 기준으로 한 가지 사이즈로만 나오다 보니, 매우 뚱뚱한 사람이나 키가 큰 사람은 일반적인 스타킹이 맞지 않는다. 반면 외국 제품을 보면 엉덩이 둘레와 신장이 기재되어 있어 자신의 체형에 맞는 스타킹을 고를 수 있다.

출처 : 임은정(1999). 소비자시대 10월호, p. 77.

3. 소비자정보의 종류

1) 가격정보

다양한 소비자정보 중에서 가격정보는 소비자에게 매우 중요하고도 기본적인 정보이다. 가격이 흥정에 의해 결정되던 시절도 있었으나, 가격은 소비생활에 있어 가장 중요하고도 기본적인 정보이므로 지금은 대부분 가격표시제도를 통해 소비자에게 제공되고 있다. 소비자에게 제공되는 가격정보는 주로 표준소매가격, 희망소매가격, 공장도가격, 권장소비자가격 등이다. 권장소비자가격을 제외한 공장도 가격(또는 수입가격)과 소매가격은 의무적으로 제공되고 있다. 그러나 오래전부터 공장도가격표시, 권장 또는 희망소비자가격표시 등의 문제점이 나타나면서 이 같은 가격표시제도가 폐지되고 공산품 등 많은 제품에 오픈 프라이스(open price)제도가 도입되었다.

그러나 유통업체 간의 가격경쟁, 제품가격인하 등 소비자들을 위해 마련된 오픈 프라이스제도가 제대로 시행되지 않고 있다는 평가가 제기되고 있다. 아직도 제조업체가 유통업체보다 경제적 지위에서 압도적으로 우위에 있는 상황에서 유통업체가 자율적으로 가격을 조절하지 못해 백화점 등 많은 매장에서 거의 같은 수준의 가격으로 판매되고 있다. 한편, 권장소비자가격에 익숙한 소비자들이 충분히 가격탐색을 하지 않고 구입한 후 다른 매장의 낮은 가격을 알고 후회하는 등 가격 관련 불만이 높아지고 있다. 오픈 프라이스제도가 실효를 거두기 위해서 제조업체

6-4
가격의 거품은 어느 정도인가?

1996년 중소 신발제조업체들이 대형신발업체에 맞서 공동브랜드활용과 공동판매를 통해 유명브랜드와 같은 신발제품을 절반 가격으로 공급하겠다고 나서면서 구두값의 폭리 논쟁이 붙은 바 있다. 중소신발제조업체들의 모임인 한국신발공업협동조합은 자사들이 켤레당 1만 7,000원에서 2만 8,000원에 납품한 구두가 대기업으로 들어가 유명브랜드로 변해 소비자에게 10여만 원씩에 팔리고 있다고 폭로하였다. 또한, "5,000원짜리 가죽 한 장이 10만 원짜리 구두로 둔갑해도 되느냐"는 내용의 광고가 게재되면서 진짜 구두값이 얼마인가에 대한 논쟁이 붙었다. 이들은 유명회사의 7만 5,000원짜리 신사구두를 자신들이 공동판매할 경우 대리점마진 등을 모두 포함해 최종소비자가격 3만 6,900원에 판매할 수 있다고 주장한 바 있다.

가격의 거품은 구두에만 있는 것이 아니다. 약품의 경우 가격거품이 더욱 심각한 것으로 나타나 있다. 국내제약회사들이 일반 약국에 의약품을 공급하면서 실제 거래가격보다 평균 3배, 최고 14배 비싸게 소비자 가격을 책정한 뒤 약국에 덤핑 판매해 온 것으로 밝혀지고 있다. S사의 '쌍감탕'은 실제 가격보다 소비자가격이 3.9배 높게, W제약의 '유로비드'(400mg)는 실제가격이 80원인데, 소비자가격은 13.8배인 1,000원에 이르고 있다. 구두가격과 약품가격의 실태를 통해 우리가 지불하고 있는 가격이 과연 적정한가에 대해 소비자들이 다시 한번 생각해 보아야 할 때이다.

출처 : 조선일보, 1996년 3월 14일

는 제조만 하고, 마케팅 및 판매는 전문유통업체가 전담하여 경쟁적 시장구조를 갖추고 가격인하가 이루어지는 유통구조가 정착되어야 한다. 또한, 소비자들도 가격과 관련한 정보탐색을 충분히 하는 구매 습관이 정착되어야 한다.

이처럼, 소비자에게 있어서 가격정보는 가장 중요한 정보 중의 하나이지만 수많은 제품이 다양한 방법으로 제공되는 상황에서 가격을 비교하는 것이 과거에 비해 점차 어려운 일로 제기되고 있다. 포장, 디자인, 크기/중량 등 여러 측면에서 수많은 제품들이 다양한 가격으로 제공되고 있는 최근의 복잡한 시장환경 속에서 소비자가 가진 예산으로 취향이나 선호를 가장 충족시켜주는 가격의 제품을 선택한다는 것은 그리 쉬운 일이 아님에 틀림없다.

최근 인터넷의 발달로 다양한 가격대와 상품종류에 대해 가격비교정보를 제공하는 사이트가 생기고 있어 소비자들에게 중요한 정보를 제공하고 있다. 일반 점포거래에서 구입할 수 있는 제품들의 가격비교정보를 제공하는 사이트 이외에 2,000여 개가 넘는 인터넷쇼핑몰 사이트들의 가격을 비교해 주는 정보사이트도 늘고 있어 소비자에게 중요한 정보제공 수단이 되고 있다.

한편, 인터넷을 통해 소비자가 제품의 값을 결정하는 서비스가 제공되고 있어 제품가격결정권이 제조업체에서 유통업체로 넘어온 데 이어 소비자에게 옮겨오고 있다는 주장이 제기되고 있다. 역경매방식으로 불리는 이 서비스는 소비자가 사고 싶은 제품의 값을 제시하면 사이버상의 업체들이 견적을 보내 주는 방식의 판매로써 자동차분야에 우선적으로 적용되고 있다.

6-5

소비자의 십자군, 日 가격파괴왕 미야지

1994년 3월 일본 도쿄 시내의 가전제품 소매회사 조난(城南) 전기 앞. 이른 새벽 3,000여 명의 시민이 가전제품이 아니라 쌀을 사기 위해 장사진을 이룬 진풍경이 벌어졌다. 쌀 흉작으로 쌀값이 급등하자 가전제품 회사사장인 미야지 도시오는 농가에서 직접 쌀을 사들여 시중 가격의 50%만 받고 판매한 것이다. 일본 식량청은 "허가받지 않은 쌀 판매는 불법이니 당장 중단하라"고 지시했다. 그러나 정부 가격규제 정책을 비판하며 감옥에라도 갈 희생의 준비가 되어 있다고 맞받아친 미야지 사장의 쌀은 2시간 내에 모두 팔렸고, 그의 처벌 건은 여론 눈치 때문에 흐지부지됐다.

소비자에게 물건을 싸게 파는 데 방해가 되는 정부 규제에 과격하게 저항하는 미야지 사장의 기행(奇行)은 그에게 '가격파괴왕', '소비자의 십자군'이란 명예로운 별명을 안겨줬다.

미야지 사장이 1998년 5월 9일 70세의 나이로 숨지자 부음 기사 중에 "정부 규제에 대한 그의 오랜 '게릴라전'도 이제야 막을 내렸다"는 내용이 있을 정도였다. 그가 그처럼 가격을 파괴할 수 있었던 비결은 늘 가지고 다니는 루이비통 가방에 있었다. 그 가방 안에 항상 들어 있는 3,000만 엔의 현금 덕분에 파격적으로 싼값에 물건을 사올 수 있었다는 것이다. 한때 일본 소비자들 사이에서는 미야지 사장의 친소비자 정책 때문에 그의 제품을 산다는 목소리가 높았다. 그러나 그의 회사는 그가 세상을 떠난 지 몇 개월 되지 않아 망하고 말았다. 비록 그의 회사는 간 데 없지만 가격은 파괴되기 위해 존재한다는 그의 명언은 지금도 세계 유통업계에서 회자되고 있다.

출처 : 동아일보, 2007년 5월 9일

2) 품질정보

소비자에게 중요한 또 하나의 정보는 제품의 품질정보이다. 제품의 품질 또는 서비스의 특성은 소비자욕구를 충족시키는 기본적인 사항이다. 소비자는 제품의 품질로 인한 효용을 얻기 위해 소비생활을 하는 것이므로 품질에 대한 정보는 매우 중요한 정보이다. 품질에 대한 정보는 다양한 방법으로 소비자에게 제공되는데 보통 표시, 품질인증제도, 상품비교테스트결과 등을 통해 제공된다.

3) 시장정보

시장정보란 소비자가 필요한 제품이나 서비스를 제공, 판매하는 장소에 대한 정보라고 할 수 있다. 어느 시장에서 소비자의 욕구를 충족시킬 수 있는 제품이나 서비스를 제공하는지에 대한 정보로서 지리적인 정보를 포함한다. 최근에는 전화 및 우편을 통한 통신판매, 인터넷을 통한 전자상거래가 확장되면서 단순히 동대문시장, 어느 백화점 등과 같은 전통적 시장에 대한 정보이외에 통신판매와 관련한 시장정보, 인터넷상에서의 시장정보 등도 중요한 시장정보이다.

4) 상품정보

상품정보는 소비자가 욕구충족을 위해 구입할 수 있는 상품들의 대안에 관한 정보를 의미한다. 소비자가 선택할 수 있는 상품들의 대안에 대한 정보는 가격정보, 품질정보 못지 않게 중요하다. 인터넷을 통한 전자상거래가 확장되면서 소비자들이 얻을 수 있는 상품정보는 더욱 많아지기 시작하였으며 소비자가 선택할 수 있는 상품대안도 보다 확대되고 있다.

4. 소비자정보의 유형

기술의 발달 및 국제교역의 증가로 소비자는 무수히 많은 상품을 접하게 된다. 이렇게 많은 상품 속에서 소비자들이 안전하고 품질이 좋은 상품을 고르는 것은 결코 쉬운 일이 아니다. 자신의 취향을 충족시키면서도 바람직한 소비선택을 하기 위해서는 각종 소비자정보를 충분히 활용하여야 한다. 소비자정보의 대표적인 유형은 각종 표시정보, 약관에 의한 정보, 품질인증정보, 상품비교테스트정보 등이다. 이 같은 유형의 정보는 상품의 가격, 품질 등 각종 구체적인 정보를 제공하는 중요한 역할을 수행한다.

**소비자
수첩** 6-6

제품사용설명서의 부실

컴퓨터 주변기기와 소프트웨어 업체들이 제품의 사용설명서를 성의 없이 대충 만들어 사용법을 아는 데 어려움이 많다는 것이 소비자들의 지적이다. 업체들이 제품은 신경 써서 만들면서 사용설명서는 대충 만들어 이 같은 문제가 발생하고 있다. 이같이 제품설명서가 부실한 이유는 크게 두 가지로 나타나고 있다.

첫째, 사용설명서는 제품개발자정도의 실력을 갖춘 전문가가 만들면서 전문용어를 사용하고, '이 정도는 알겠지' 하면서 상세한 설명을 생략하기 때문으로 나타났다.

둘째, 보통, 제품개발이 다 끝나야 제품사용설명서를 제작하게 되는데 신제품발표시기가 가까워야 제품개발이 끝나는 경우가 많아 시간상 촉박한 상황에서 사용설명서를 성의 있게 만들지 못하는 것으로 밝혀지고 있다. 업체들의 고객에 대한 서비스가 고객지원인력과 전화회선을 늘리는 것보다 사용설명서를 좀 더 쉽게 그리고 성의 있게 만드는 것이 시급하다는 지적이다.

출처 : 한겨레신문, 1996년 4월 30일

1) 표시정보

상품에 대한 기본적인 정보는 각종 표시에 의해 소비자에게 제공된다. 정부에서는 각종 제품에 대한 일정사항을 제조자가 의무적으로 표시하도록 하고 있다. 보통 제품의 용기나 포장에 그 제품의 특성상 기본적으로 제공하여야 하는 정보, 또는 각각의 상품과 관련하여 소비자의 안전을 위해 가장 중요한 영향을 미치는 사항을 표시하도록 하고 있다. 예를 들면, 식품의 경우 유효기간, 제조일자, 가격, 중량, 성분, 소비자 문제 발생 시 연락처 등을 표시하도록 하고 있다. 의류제

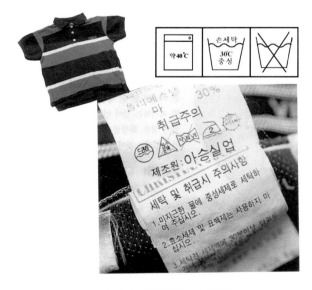

그림 6-1 의류제품의 표시사항

소비자 수첩 6-7

치수표시의 문제 : 의류 및 신발의 경우

여성복의 치수표시와 관련하여 가장 심각한 문제는 치수를 표준화하여 제공하지 않아 소비자들이 자신의 몸에 맞는 치수를 선택하기 어렵다는 것이다. 국가공인표준 사이즈에 의하면 여성복 웃옷의 44사이즈는 가슴둘레 82cm, 엉덩이둘레 92cm, 키 150cm이다. 그러나 대부분의 여성복업체들은 각기 다른 치수를 사용하고 있어 문제가 심각하다. 여성복 '베스띠벨리' 44사이즈의 경우 가슴둘레 82cm, 엉덩이둘레 90cm, 키 155cm를 82-90-155로 표시하고 있는 반면, 'CC클럽'은 44사이즈를 82-92-154로 표시하는 등 업체마다 차이가 있어 소비자들이 자신에게 맞는 치수가 어떤 것인지 혼란을 겪고 있다. 이외에도 치수가 3~4개밖에 없어 체형에 따라 자신에게 맞는 옷을 구입하지 못하고 있다.

의류제품뿐만 아니라 신발의 경우에도 다양한 발의 사이즈를 반영하지 못하고 있어 문제시되고 있다. 어린이 사이즈의 경우 남녀 구별없이 150~210mm, 청소년 사이즈는 남자의 경우 245~280mm, 여자의 경우 225~255mm가 나오고 있으나 중학생에 해당하는 사이즈는 제대로 분류 조치가 되어 있지 않다. 최근 아이들의 발의 크기가 매우 커져 맞는 사이즈를 고르기가 쉽지 않으며, 신발의 길이 못지 않게 볼의 너비가 다양하게 나와 있지 않아 소비자선택의 범위가 매우 좁다는 것이 지배적인 견해이다. 국제규격은 볼이 좁은 A부터 E, EE, EEE, EEEE까지 8단계나 있으나 우리나라의 유명메이커들이 내 놓는 것은 여성의 경우 E, 남성의 경우 D 한 가지 뿐이라는 것이다.

따라서 무엇보다도 의류 및 신발제품의 경우 치수표준화를 추구하여야 하며 동시에 보다 세분화된 치수를 사용하여 소비자들이 자신들의 다양한 체형에 맞는 제품을 선택할 수 있도록 하여야 한다.

출처 : 한겨레신문, 1996년 3월 21일; 조선일보, 1996년 4월 2일

품의 경우 가격, 옷의 치수, 겉감과 안감 섬유의 성분, 세탁방법, 다림질의 온도 및 방법, 제조년월일 등을 표시하도록 하고 있다.

상품이나 서비스의 가격 및 품질에 관한 기본적인 정보를 생산자나 공급자가 상품의 포장이나 용기에 표시하도록 법으로 정한 표시의 의무화는 소비자들의 정보탐색비용을 감소시키기 위한 것으로 어떤 사항을 표시하게 하느냐는 대단히 중요한 문제이다. 주로 품질 및 성분, 효능 및 성능, 제조일자 및 유효기간, 사용방법, 수리보증 등을 의무적으로 표시하도록 하고 있다. 의무적으로 표시를 하지 않을 경우 소비자가 쉽게 알아낼 수 없는 정보는 반드시 표시 내용에 포함하는 것이 중요하다.

정부에서는 수입제품에 대한 원산지표시를 소비자가 쉽게 알아볼 수 있는 곳에 쉽게 판독할 수 있는 크기의 활자체로 인쇄, 낙인, 박음질 등 변조와 훼손이 어려운 방식, 즉 영구적으로 보존되는 방법만을 허용하고 있다. 그동안 라벨, 스티커 부착이 인정되어 왔으나 쉽게 위조·변조되어 마치 국내에서 생산된 것처럼 변조되는 사례가 적지 않았기 때문이다.

표시제도는 소비자에게 기본적인 정보를 제공할 뿐만 아니라 기업이나 제조자에게는 품질과 서비스경쟁을 유발시키기도 한다. 일정사항을 의무적으로 표시하도록 함으로써 소비자들은 이

정보를 소비선택의 판단기준으로 삼게 되고, 기업입장에서는 표시와 관련한 내용측면에서 경쟁이 유발된다. 표시제도를 통해 제공되는 정보를 유형별로 간단하게 다음과 같다.

(1) 가격표시정보

표시정보 중에서도 가격표시는 소비자에게 매우 중요한 표시정보이다. 가격표시제도는 일반 공산품을 제조·판매하는 자에게 소비자의 보호 또는 공정한 거래를 도모하기 위해 유통단계의 거래가격을 의무적으로 표시하도록 하고 있다. 물가안정 및 유통질서 확립을 위해 도입된 가격표시제도는 소비자가격, 공장도가격, 수입가격을 표시하도록 한 바 있다. 그러나 이 가격표시제도는 처음 도입될 당시와는 달리 실효성을 잃어 상품구매 시 타 매장과의 가격비교 및 타 상품과의 단위가격비교로 저렴한 상품 구매가 가능한 장점이 있는 오픈 프라이스 제도 및 단위가격표시제를 도입하고 있다.

가격표시와 관련하여 중요한 것은 단위당 가격(unit price)표시이다. 제품의 중량이나 포장방법에 다라 다른 제품으로 오인되거나 다른 값으로 판매될 경우 소비자의 합리적 선택에 방해가 되므로 단위당 가격을 표시하여 가격비교를 용이하도록 하는 것이 단위당 가격표시이다. 최근, 할인점 간의 가격경쟁이 심화되면서, 많은 할인점에서 상품묶음, 계량단위, 중량을 경쟁업체와 달리하여 소비자들의 가격비교를 어렵게 하고 있다. 제품별, 할인점 간의 가격비교가 용이한 포장 및 중량단위당 가격을 표시하는 제도가 필요하다는 지적이 높아짐에 따라, 정부에서는 1999년 하반기부터 수량단위로 거래되는 주요 공산품(예 : 100mm당 ○○원)에 대해 단위가격표시제

소비자수첩 6-8

단위당 가격제도의 중요성

경기도 중소도시의 한 할인매장에서는 '1kg에 6,000원 하는 딸기를 20% 할인해서 2근에 4,800원에 드립니다' 라는 내용의 광고가 메카폰 마이크를 통해 울리고 있었다. 이 같은 광고는 매우 크게 반복되고 있었는데 많은 소비자들이 20% 할인된다는 말에 구매를 서두르고 있었다.

이 광고는 얼핏 듣기에는 아무 문제가 없는 듯하지만, 잠시만 신경써서 파악해 보면 큰 오류를 범하고 있는 것임을 쉽게 알 수 있다. 1근은 약 400g이므로 2근은 800g이다. 따라서 딸기 2근은 원래 제값인 4,800원인 것이다. 다시 말해, 20% 할인이라고 광고하고 있으나 사실은 하나도 할인을 하지 않고 있는 것이다.

이처럼, 근과 kg의 관계에 대해 소비자들이 크게 신경을 쓰지 않는 것을 이용하여 소비자들을 속이고 있는 것이며, 측정단위상의 차이로 인한 소비자들은 가격비교를 하기가 어려운 실정에 처해 있다. 설령, 같은 단위라 해도 300g이 포장된 쇠고기, 450g이 포장된 쇠고기, 690g이 포장된 쇠고기가 있을 경우, 소비자들은 현실적으로 각각 다르게 포장된 쇠고기 값을 비교하기가 어렵다. 따라서 1g당 가격, 즉 단위당 가격을 포장용기에 표시하도록 하는 단위당표시가격제는 가격비교를 위해서는 필수적이라고 하겠다.

소비자 수첩 6-9

공장도가격 및 권장소비자가격의 폐지

공장도가격표시 및 권장소비자가격표시는 과거 공급부족시대에 폭리방지와 물가안정을 위해 도입된 제도이다. 그러나 제조업체들이 공장도가격 및 권장소비자가격을 지나치게 높게 책정하여 제조업자나 유통업자의 폭리방지라는 본래의 취지를 상실하고 소비자보호보다는 업자의 이익을 지키는 수단으로 전락하자 공정거래위원회, 산업자원부, 보건복지부 등 관련 정부부처에서는 경쟁이 제한적이거나 국민생활에 필수적인 일부품목만을 남기고 폐지할 방침이다. 가전제품, 기성복, 가구, 구두 등은 권장소비자가격을 폐지하고, 구매빈도가 잦고 가격비교를 통해 구입하기 어려운 라면, 과자 등 가공식품류만 권장소비자가격을 표시하도록 남길 예정이다. 화장품의 경우 거품가격이 심하고, 권장소비자가격이 턱없이 높은 등 문제점이 많아 이미 권장소비자가격을 없앤 바 있고, 계속 물의를 빚어 온 약품의 권장소비자가격제도도 폐지하기로 하였다.

출처 : 조선일보, 1998년 6월 2일

를 시행하고 있다.

최근, 대형할인점의 대용량제품의 단위가격이 소용량제품보다 비싸 할인점들의 속임수 판매에 대한 소비자들의 불만이 높다고 한다(한국일보, 2000년 4월 11일). 할인점에서 포장, 용량, 크기 등의 측면에서 다양한 제품을 판매하고 있어 가격비교에 있어서 단위당 가격의 중요성은 더욱 높다고 하겠다.

(2) 원산지 표시정보

다국적 기업의 팽창 등 시장개방이 가속화되면서 제품의 원산지가 어디인가는 소비자에게 중요한 정보로 자리잡기 시작하였다. 우리나라의 경우에도 '농수산물 가공산업 육성 및 품질관리에 관한 법률'에 의거하여 농수산물은 수입품은 물론 국산의 경우에서도 원산지를 표시하도록 하고 있다. 농림수산식품부(2000년 5월)는 수입원료를 사용한 가공품에 대해 혼합비율이 높은 원료 두 개의 원산지 표기를 의무화하도록 조치를 내린 바 있다.

다국적 기업이 확대되면서 원산지 표시가 문제되기도 한다. 예를 들면, 일본 브랜드인 소니 TV가 말레이시아에서 조립된 경우의 표시문제, 옷감은 중국산이나 염색 및 디자인은 이탈리아에서 이루어져 미국에 수출되는 경우의 표시문제, 원산지가 3개국 이상인 경우와 관련한 표시문제 등이 이슈가 되고 있다. 말레이시아산 고무장갑에 일어로 표시해 마치 일본제품인 것처럼 오인케 하는 경우, 호주산 곰탕류에 한글로 '자연 그대로의 담백한 맛, 한국 전통음식'이라고 표시하여 국산품으로 오인케 하는 경우 등이 발생하고 있다. 외국인 투자기업이 국내에서 생산한 제품이 외제품으로 배격당하거나 외국어 브랜드명을 사용한 국산품이 외제품으로 오인되는 등 국

6-10

원산지 및 생산지표시 쟁점

다국적 기업의 팽창 등으로 원산지, 조립국, 최종생산지 등의 표시와 관련한 문제가 제기되고 있다. 최근 고급 구찌 스카프로 인하여 미국과 유럽 간의 분쟁이 계속되고 있다. 이 스카프의 비단은 중국에서 만들어졌고 디자인, 표백, 염색 등의 가공은 이탈리아에서 이루어졌다. 이로 인해 이 스카프가 중국제인가 아니면 이탈리아제인가에 대한 논쟁이 계속되고 있다. 문제의 발단은 미국이 직물표시에 있어서 '실질적인 변화'가 이루어진 국가의 생산지 표시를 해야 한다는 법을 만들면서부터 시작되었다. 미국 법에 따르면 이 스카프를 미국으로 수출 시 중국제로 표기하여야 함을 의미한다. 그러나 유럽 국가들은 지금까지 중국제 비단으로 가공되어진 제품들을 이탈리아제 또는 프랑스제로 표기하여 수출하여 왔으며 앞으로도 이를 고수하고자 하고 있어 논쟁이 되고 있다. 유명 디자이너 제품의 생산지가 중국이라고 표시된다면 비싼 제품을 누가 사겠냐는 것이 유럽 국가들의 주장이다.

이와 같이 무역의 자유화, 수입개방화 등 국경 없는 지구촌화가 계속되는 상황에서, 해외에서 생산하였으나 국내 상표를 붙인 제품, 해외상표가 부착되었으나 국내에서 생산한 제품이 증가하면서 제품의 생산지가 어디인가도 쉽게 구별하기 어려운 실정이다. 이같이 복잡한 시장구조 속에서 합리적인 소비선택을 한다는 것이 더욱 어려워지고 있다.

산품판정기준에 대한 혼란이 있어 왔다. 따라서 원산지 표시에 있어서 조립국, 원료생산국 등에 대한 자세한 정보제공 및 표준화된 정보제공이 의무화되어야 소비자들에게 중요한 정보로서의 기능을 수행할 수 있다.

(3) 유효/유통기간

제조년월일, 유효기간 또는 유통기간에 관한 정보는 소비자안전에 필수적인 사항이다. 식품 등 소비자안전에 직결되는 제품뿐만 아니라 의류, 생필품, 약품, 가전제품 등 거의 모든 제품에 표시되는 제조년월일 또는 유효기간은 중요한 정보이다. 우리나라 식품위생법에는 유통기한을 제품포장의 오른쪽 아래에 14포인트 이상의 활자크기로 지워지지 않는 잉크 등을 사용하여 표시하도록 하고 있다. 그러나 이 같은 규정을 지키지 않는 제품이 유통되는 경우도 발생하고 있으며 알아보기 어려운 글씨로 표시하거나, 수입제품의 경우 정확한 표시가 없거나 한글이 아닌 영문으로 표시하여 소비자에게 정보로써의 기능을 하지 못하는 경우도 있다.

(4) 중량 또는 내용물의 정보

식품의 경우 중량이나 내용물에 대한 정보를 의무적으로 제공하고 있다. 의류 및 각종 제품의 경우 재질, 재료 등에 대한 정보를 제공하고 있다. 그러나 아직도 중량 미달, 내용물 표시와 실제 내용물과의 차이 등이 발견되고 있어 정확한 정보제공의 측면에서 심각한 문제가 되고 있다.

수입제품의 유효기간 표시문제

1996년 수입과자의 유통기한 해석에 관한 논쟁이 있었다. 소비자단체인 '시민의 모임'에서 해태상사가 미국의 나비스코사의 리츠 크래커와 칩스아호이 등 일곱 개 과자를 수입·판매하면서 유통기한을 제조업체가 정한 것보다 6개월 연장해 유통시키고 있다고 주장하였고 이 제품에 대해 불매운동을 펼쳤다.

이 발표에 대해 해태상사는 제품에 표기된 날짜가 유통기한이 아닌 품질재고관리기간이므로 유통기한 표기에 문제가 없다고 반박하였다. 예를 들면, 리츠 크래커의 과자에 '6031AE516'이라는 표기가 있을 경우, 맨 앞의 6은 1996년을 의미하며 031은 1996년도의 31번째 되는 날, 즉 1월 31일을 의미한다. 이때, 해태상사는 1월 31일을 품질재고 관리기간으로 해석하여 유통기한은 7월 31일로 표기하여 판매하였던 것이다.

그러나 미국 소비자연맹 및 미국 본사인 나비스코 등에 조사를 의뢰한 결과 제품에 표기된 1월 31일이 유통기한이라는 사실을 확인함으로써 해태상사는 잘못을 인정하고 말았다. 이 사건으로 수입제품의 유효기간에 대한 정확한 이해와 철저한 감시가 필요함을 알 수 있었다.

(5) 보관상 주의사항

제품의 사용 또는 보관상 주의사항에 관한 정보 역시 소비생활에서 중요하다. 식품의 경우 부패, 변질을 방지하기 위한 보존방법 및 주의사항은 소비자의 신체 및 생명유지에 중요한 정보이며 기타 의류, 가전제품 등 소비용품의 경우에도 마찬가지이다. 의류제품의 경우 세탁 및 다림질방법에 대한 표시정보는 사용·관리상뿐만 아니라 세탁물과 관련한 분쟁 발생 시 과실의 원인을 판단하는 중요한 기준이 되고 있다. 이 같은 이유에서 의류업체들은 꼭 필요하지 않은 경우에도 손세탁을 금하고 드라이클리닝 등 전문 세탁업체에게 세탁하도록 표시하는 경향이 있어 소비자들의 세탁비용을 높인다는 지적도 있다.

(6) 반품 및 교환, 환불정보

소비자가 제품 사용 시 발생하는 문제를 해결하기 위한 정보로서 식품의 경우 '식품위생법'에 따라 소비자상담실 연락처 및 교환방법에 대한 정보를 의무적으로 제공하게 하고 있다. 그러나 식품이 아닌 제품의 경우 대부분 반품 및 교환에 관한 정보를 적극적으로 제공하고 있지 않아 문제가 되고 있다. 조건 없는 환불정책이 일부업자들에 의해 도입되고 있기는 하나, 아직도 많은 기업들이 환불에 대해 소극적인 것이 우리의 현실이다. 따라서 환불 여부, 환불의 조건 등에 대한 기본적인 정보제공이 시급하며 이 같은 정보제공이 반품, 교환, 환불과 관련한 기업경쟁으로 유도되어야 한다.

2) 약관정보

약관은 사업자가 일정한 형식에 의해 다수의 상대방과 계약을 체결하기 위해 미리 마련한 계약 내용을 의미한다. 대량생산, 대량소비의 경제사회구조 속에서 거래마다 당사자들이 일일이 거래조건을 개별적으로 교섭하고 제시해야 하는 것은 불가능하다. 따라서 다양하고 복잡한 형태의 대량거래를 효과적으로 수행하기 위해서 약관이 이용되기 시작하였다. 약관은 주로 서비스 제공과 관련한 정보공개의 형태로서 사업자가 다수의 소비자와 상거래시 필요한 기본적인 원칙, 기준, 기타 거래 관련 사항 등에 대해 획일적으로 적용하기 위하여 사전에 마련한 계약내용을 의미한다. 보통, 약관은 사업자가 소비자에게 서면으로 제공하게 된다.

약관정보는 은행거래, 보험계약, 운송계약, 할부 및 통신판매, 여행계약, 변호사 서비스, 신용카드 서비스, 학습지, 휴대폰 서비스 등 다양한 형태의 서비스 제공 시 필요한 기본적인 내용을 서면을 통해 제공하는 정보이다. 신용카드에 가입할 때 신청서에 깨알 같은 글씨로 적혀 있는 조항들, 아파트분양 계약서상에 인쇄된 내용들, 주차장에서 주차 후 받는 주차카드 뒷면에 적힌 내용들, 비행기표와 기차표 뒤에 적힌 사항들은 모두 약관조항이다. 은행서비스의 경우 이자율, 대출이자율, 세금 등 각종 은행서비스거래에서 필요한 기본적인 정보가 약관의 형태로 소비자에게 제공되고 있다. 보험회사의 경우 최근 소비자만족을 증진시키는 차원에서 보험상품을 계약할 경우 판매자는 반드시 소비자에게 보험의 약관이 있음을 알리고 또한 약관의 내용에 대해 설명하도록 하고 있다. 소송과 관련한 변호사 서비스의 경우 소송비용, 승소 시 또는 패소 시 변

| 표 6-1 | 업종별 표준약관 내용

업 종	내 용
아파트 분양 · 임대차	공급면적에 차이가 날 경우 사업자는 소유권 이전때까지 분양당시가격으로 보상. 분양위약금은 거래금액의 10%이며, 임대차는 보증금이 아닌 총 임대료의 10%. 분양 후 소비자 동의 없이 사업자가 임의로 시설 · 용도 변경 할 수 없음
주차장	차량 및 차내 소지품이 분실 · 훼손됐을 때 주차장 관리자가 관리에 소홀하지 않았음을 증명하지 못하면 손해를 배상해야 함. 주차장 정기이용자가 차량수리 · 출장 등 정당한 사유로 주차장을 이용하지 못한다고 통보하면 사용 안 한 기간만큼 주차료의 80%를 환불 또는 소비자 동의하에 주차장이용권 대신 지급
병 원	의료분쟁 발생 시 환자는 의료심사조정위원회를 거치지 않고 바로 병원을 고소 · 고발할 수 있음. 환자나 보호자 동의 없이 병원이 임의로 수술을 강행할 수 없음. 병원은 수술 · 마취 때 환자에게 수술내용과 예상후유증 · 합병증을 설명하고 수술동의서에 기재해야 함
휴대폰	소비자가 음성사서함이나 호출기능 등 부가서비스 해지신청을 냈을 때 사업자는 특별한 경우가 아닌 한 허용해야 함. 통신장애 발생때 반환요금은 장애발생 8시간 이상을 기준으로 함

참조 : 표준약관이 만들어 진 업종은 아직 일곱 개 분야로서 은행의 여수신거래, 아파트분양 및 임대차, 여행업, 주차장이용, 백화점 및 상가 임대, 병원, 콘도 등이다. 변호사, 휴대폰은 표준약관이 제정되지 않았으나 공정거래위원회의 시정조치 조항임.

호사비용 지불 등 변호사서비스와 관련한 기본적인 사항을 약관을 통해 소비자에게 전달하고 있다.

약관은 크게 세 가지 형태로, 사업자가 독자적으로 만들어 사용하는 개별약관, 법령에 의해 약관의 내용이 강제되는 통일약관, 사업자간의 협의에 의해 결정된 내용을 개별사업자가 받아 들여 사용하는 표준약관이 있다. 개별약관으로는 자동차판매약관, 상가분양약관, 놀이시설약 관, 통신판매약관 등이 있으며 통일약관으로는 중고자동차매매계약서, 새마을금고약관, 신용협 동조합약관 등이 있다. 약관의 형식이나 내용이 동일하거나 거의 유사한 표준약관으로는 보험 업계의 보험표준약관, 자동차 운송사업자들의 운송사업약관, 금융업계의 여수신 관련 표준약관 등이 있다.

약관이나 계약서를 통한 정보는 일반 소비자가 쉽게 이해할 수 있도록 쉬운 말로 작성되어야 하며, 무엇보다도 소비자에게 충분한 설명 및 이해를 주지시키는 것이 중요하다. 그러나 아직도 많은 소비자들이 약관이 있다는 사실조차 모르고 거래를 시작하는 경우가 빈번하며, 혹 안다고 해도 약관을 읽어 볼 겨를도 없이 정형적인 계약서에 서명을 하거나 거래를 함으로써 약관을 계 약 내용으로 받아들이고 있는 실정이다. 이 같은 상황에서 거래 후 소비자분쟁이나 피해가 발생 시 약관에 제시된 내용에 대해 알고 있지 못해 불이익을 입는 경우가 많아 소비자들의 주의가 요구된다.

표시제도와 마찬가지로 소비자보호 및 소비자정보제공의 이유에서 서비스 관련 거래 시 필요 한 기본적인 정보를 약관이나 계약서 등을 통해 의무적으로 제공하도록 하고 있다. 그런데, 약 관은 사업자가 일방적으로 작성하여 소비자에게 제공하므로 사업자에게 유리한 불공정한 조항 을 담고 있어 소비자에게 불리하게 적용될 가능성이 있다. 이 같은 약관과 관련한 소비자문제, 소비자피해를 해결하기 위하여 정부에서는 1986년 '약관규제에 관한 법률'을 제정하여 1987년 7월부터 시행하고 있다. 이 법에 근거하여 공정거래위원회에서는 불공정한 약관을 심사하여 부 당한 내용의 경우 무효심결을 내려 소비자를 보호하고 있다. 공정거래위원회에서는 소비자들이 불공정한 약관으로 부터의 피해를 예방하기 위하여 업종별로 표준약관을 만들어 사업자들이 사 용하도록 권고하고 있다. 이 중 여행사 약관의 경우 여행조건, 항공기좌석 및 시간변경을 여행 사가 마음대로 바꾸지 못하게 하고 있으며 관광입장료, 여행보험료 등이 포함되는지를 계약서 에 명시하여야 한다. 계약금은 전체 여행요금의 10% 이하로 정하고 있으며, 현지에서 이중으로 돈을 내게 하는 바가지요금을 금지하고 있다. 은행대출과 관련한 표준약관에 따르면, 대출약정 서 사본을 소비자가 교부받을 수 있으며, 은행이 연체이자를 물리려면 3일 전에 소비자에게 의 무적으로 알리도록 되어 있다. 변호사서비스의 경우 표준약관은 없으나 일부 조항에 대해 공정거래위원회로부터 시정조치를 받은 바 있는데, 변호사가 불성실한 태도를 보이거나 수임업무를 제대로 수행하지 않을 경우 착수금을 반환 받을 수 있으며 고객이 상대와 화해를 통해 소송을 취하한 경우 성공을 조건으로 한 수임료 전액을 낼 필요가 없다.

3) 품질인증정보

소비자는 재화를 구매할 때 품질이 좋은 것을 구입하고자 한다. 소비자는 제품의 품질에 대한 정보를 얻기 위해 스스로 품질정보를 탐색하게 된다. 그러나 각 제품마다 소비자 스스로가 품질을 탐색하는 데 많은 시간과 비용이 들게 된다. 이 같은 문제점을 해결하기 위하여 정부 또는 객관적인 제3인증기관이 특정 제품의 품질·기능 등이 특정 표준이나 규격에 적합한가를 심사하여 그 제품에 인증 마크를 붙이는 것이 품질인증제도이다. 품질인증은 소비자에게 품질에 관한 기본적인 정보를 제공하게 된다. 품질인증제도를 통한 품질정보는 소비자에게 정보를 제공한다는 측면에서, 그리고 기업에게는 품질향상을 꾀하게 하는 동기가 되므로 유용하다. 즉, 소비자나 사용자는 인증마크가 붙어 있는 것을 확인하는 것으로 그 제품을 안심하고 구입할 수 있으며, 생산자는 그 제품의 품질이 제3자인 인증기관에 의해 보증받기 위해 안전, 기능, 성능의 향상을 꾀하게 된다.

그러나 품질인증이 된 제품도 사후관리가 철저히 이루어지지 않으면, 기준 이하의 상품이 인증을 부착한 채 시장에 유통되거나 허위로 인증마크를 부착한 상품들이 유통되어 오히려 소비자의 선택에 장애요인이 될 수도 있음을 간과하여서는 안 된다. 인증기관의 적합 판정을 받은 제품에 대한 감시와 인증 기준에 부적합한 제품이 유통되는 것을 단속하여 품질인증제도가 효율적으로 운영될 수 있도록 정책적 지원이 강구되어야 한다. 실제로, 'KS' 표시 제품이나 '검' 표시 제품에도 결함이 종종 발견되고 소비자피해가 발생하고 있다.

한편, 인증제품에 대한 소비자피해보상제도가 제대로 이루어지지 않고 있다. 따라서 소비생활용품과 관련된 품질인증제도를 운영하는 기관들은 인증제품으로 인한 소비자피해 발생 시 소비자보상을 위해 기금을 설치하거나 배상책임보험가입을 통하여 제품결함이나 하자로 인한 위해사고 발생시 배상조치를 할 수 있어야 한다.

(1) 품질인증의 주체

우리가 주위에서 쉽게 접할 수 있는 품질인증마크는 상품의 규격과 품질, 안전도 등을 정부 또는 공공단체가 보증하는 것이다. 품질인증은 추진 주체가 누구냐에 따라 국가인증, 단체인증, 기관인증, 국제인증으로 구분할 수 있다(김기옥 외, 1998).

① 국가인증

자국 내에서 유통되기 위한 최소한의 수준을 국가에서 정한 법규 및 기준에 따라 갖춘 제품에 대해 국가가 인증하는 것을 말한다. 'KS' 표시제도, 안전검사제도, 가스용품검사제도, 신기술상품표시제도, 우수산업디자인 마크제도, 농산물품질인증제도, 전통식품품질인증제도, A/S마크제도, 환경마크제도 등이 있다.

② 단체인증

조합이나 협회·진흥회 등에서 소비자 보호와 산업발전을 위하여 자체 규격 기준을 제정하여 적합여부를 평가하고 인증하는 것이다. 정수기의 물마크, 싱크대의 3S마크, 플라스틱 제품류의 PL마크, 유리제 식기류·판유리를 대상으로 하는 GLASS마크, 하이텔 단말기 등의 KTIC마크 등이 있다.

③ 기관인증

민간시험검사기관에서 제조업체의 품질인증에 대한 신청을 받아 해당 제품이 일정 기준에 적합하면 품질을 인증하는 것이다. Q마크, C마크, 태극마크가 이에 속한다.

④ 국제인증

ISO(국제표준화기구)는 제품의 국가 간 교역을 위해 국제기구에서 정한 기준에 따라 적합평가를 하는 대표적인 국제인증이다. ISO 인증을 받은 제품은 회원국 상호간에 더 이상의 품질 확인을 위한 시험검사를 하지 않고 국제무역을 할 수 있다는 이점이 있다.

(2) 품질인증의 종류

품질인증마크에는 일정한 규격에 따라 상품을 제조하여 반드시 정부의 승인을 받아야 하는 공산품 규격인증마크, 의무사항은 아니지만 우수한 품질을 표시하는 품질인증마크, 그리고 특수마크가 있다. 공산품규격인증마크에는 KS마크 등이 있다. KS마크는 국립기술품질원이 공산품의 규격 이상의 품질을 갖춘 제품에 표시하는 마크이다. kps마크는 공산품안전관리법에 의해 기술표준원이 일정 수준의 품질과 안전을 갖춘 경우 표시하는 마크이며, E마크는 전기용품 및 생활용품안전관리법에 따라 감전, 화재 등 위험성이 있는 가전제품이 기본적 안전규격을 갖춘 경우 부착하게 하고 있다. 그러나, 수많은 마크의 통용 등으로 소비자 혼란이 초래되는 등 여러 문제점을 해결하고자 2009년 이후 KC마크로 통합하였다(본 책 15장 참조).

　품질이 우수한 제품에 부착하는 마크는 품질우수인증마크로서 Q마크, GD마크, 물마크, C마크 등이 있다. 이 외에도 전자파장애검정마크, 환경마크, 재활용마크, 농산물 품질인증마크, A/S마크 등이 있다.

4) 등급사정

품질인증과 유사한 품질정보로서 등급사정이 있다. 등급사정은 특정 상품에 대해 품질을 사정하여 그 판정등급을 포장에 부착하도록 하는 방법이다. 어떤 제품의 품질을 여러 등급으로 사정하여 판정된 등급을 제품의 포장에 부착하는 것이 보통이다. 예를 들면, 돼지고기를 상등 · 중등 · 하등으로 구분하여 표시하는 경우이다. 이 같은 등급사정도 소비자에게 품질에 관한 정보를 제공하게 된다. 결국, 품질인증제도는 일정한 제품에 대해 품질기준, 안전기준 등을 제정하고 기업이 생산하는 제품이 이에 부합할 때 제품이 일정기준을 통과했다는 인증마크를 제품에 부착하도록 하는 제도이고, 등급사정은 품질이 상대적으로 매우 다양한 경우에 사용하는 방법이다. 따라서 품질인증제도는 등급사정의 단순한 형태라고 간주할 수 있다.

5) 품질비교정보

다양한 형태의 소비자정보 중에서 품질비교정보, 즉 여러 상품들의 품질을 비교테스트한 정보는 소비자에게 가장 중요한 정보이다. 여러 형태의 소비자정보들에 비해 품질비교정보는 가장 정확하고 가치 있는 객관적인 정보이다. 품질비교정보는 단순히 제품뿐만 아니라 서비스의 질에 대한 비교 · 평가도 활발하게 이루어지고 있다. 서비스의 질에 대한 비교 · 평가는 대부분 대다수의 독자나 청취자를 확보하고 있는 대중매체에 의해 주로 행해져 곧바로 소비자에게 알려지는 형태를 취하고 있다. 예를 들면, 여러 음식점의 음식 맛, 분위기, 서비스, 청결 등에 대한 비교 · 평가는 서비스질에 대한 비교테스트정보의 한 형태이다.

(1) 품질비교정보의 의의
품질비교정보는 객관적인 소비자정보로서 정보탐색에 필요한 많은 시간과 노력을 감소시켜 주는 기능을 하므로 그 가치가 높다. 상품비교정보 제공이 활성화되고, 소비자들 또한 이 같은 정보를 충분히 활용한다면 합리적 소비선택을 잘 할 수 있게 된다. 또한, 품질비교정보는 기업 간의 품질경쟁을 촉진시키는 역할을 하므로 그 가치가 높다.

(2) 품질비교정보 창출방법
상품의 품질을 비교 테스트하는 것은 미국에서 일찍부터 시작되었는데 우리나라에서도 점차 보편화되고 있다. 품질비교정보는 주로 제품에 대한 실험이나 시험 결과에 의해 생산된다. 우리나라의 경우 상품비교테스트는 한국소비자원의 시험검사실에서 많이 이루어지고 있으며 그 결과

| 표 6-2 | 우리나라 소비자전문 잡지 발행 현황

발행처	잡지명	발행간격	판매여부/연회비
한국소비자원	소비자시대	월간	유가(2,000원)
한국소비자원	상품품질비교테스트	년간	유가
소비자보호단체협의회	소비자	연 10회	회원용(비매품)
시민의 모임	시민의 모임	격월간	회원용(비매품)/년회비 3만 원
한국소비생활연구원	녹색소비자	격월간	회원용(비매품)/년회비 1만 원
기업소비자전문가협회	기업소비자정보	월간지	회원용(비매품)/년회비 5만 원

는 한국소비자원이 발행하는 〈소비자시대〉라는 월간지에 발표되고 있다. 한국소비자원의 시험
검사실은 가전제품팀, 정보통신팀, 주방용품팀, 열기계팀, 자동차팀, 응용화학팀, 섬유제품팀,
식품분석팀, 유해물질팀으로 총 아홉 개의 팀으로 이루어져 많은 제품의 품질을 테스트하고 있
다. 이외에도 한국소비자연맹에서는 자체적으로 실험실을 갖고 있어 다양한 제품을 비교테스트
하고 있다. 한편, 품질비교테스트 결과가 나오면 이를 주로 소비자잡지나 언론 등을 통해 소비
자들에게 전달된다. 우리나라의 경우 품질비교정보는 주로 〈표 6-2〉에 제시한 바와 같은 잡지
에 실리게 된다.

품질비교테스트의 실제 결과를 예시한 〈표 6-3〉는 냉장고의 성능, 가격 등 품질비교평가결
과를, 〈표 6-3〉는 할인점별 생필품의 가격차이를 보여주고 있다. 이 표에서 세 개의 국산 냉장

| 표 6-3 | 전기냉장고의 품질비교결과

제품 및 평가 항목	대우, 신선은행 FRB-5350NB	삼성, 따로따로 SR-5456	LG R-B53AM	수입, G.E. TBK19PAXER	수입, Whirlpool 4YET18TKDN
구조 및 전기 안전성	문제 없음	문제 없음	문제 없음	인체유해재료 사용	인체유해재료 사용 냉장실
냉각속도 (문선반/특선실)	B/A	A+/A+	A+/A+	C-/A	C-/C-
문 개방 시 온도상승 (냉동실/냉장실)	C/A+	A+/B	A/B	C-/C-	B/C
야채실 건조도	C	B	C	B	A
소음	A	A+	A+	C	C-
에너지소비효율등급	1등급	1등급	1등급	5등급	1등급
유효 내용적(l)	534	544	530	532	513
가격	93만 원	89만 8,000원	89만 9,000원	85만 원	90만 원

참조 : A+=매우 우수, A=우수, C-=상대적 미흡
출처 : 한국소비자원(1998). 상품테스트모음집 : 어느 회사제품이 가장 좋은가. p.43.

6-12

상품비교테스트결과와 관련한 법적 소송사례

1989년 8월 한국소비자원은 시판우유의 품질테스트 결과를 언론과 〈소비자시대〉에 발표하였다. 당시 파스퇴르회사는 기존의 우유살균방식에 대해 정면도전장을 내고 저온살균방식을 쓰는 자사제품이 최고임을 내세우는 광고를 대대적으로 하고 있던 때였다. 당시, 한국소비자원의 테스트결과는 저온살균방식의 파스퇴르제품이 품질면에서 기존의 우유와 별반차이가 없다는 것이었다. 그럼에도 가격은 기존우유보다 1.6배나 비싸다고 주장하였다.

이 같은 내용이 언론매체에 보도되자 파스퇴르측은 즉각 한국소비자원의 테스트결과가 잘못된 것처럼 원색적인 내용의 비방광고를 시작하였다. "소비자보호원이 터무니 없이 장난으로 소비자를 우롱한다", "과학술어조차도 자기의 형편대로 해석, 사용하여서야...", "사과도 삶아 먹어야 비타민 C가 다섯 배로 증가한다는 식의 소비자보호원의 분석결과를 어떻게 보아야 할까요?", "소비자보호원의 권영태씨는 대학교 1학년 실습학생입니까?" 등 소비자를 혼란에 빠드리는 광고를 계속 게재하였다.

파스퇴르의 비난성광고가 계속되자 한국소비자원은 1989년 9월 파스퇴르사를 '출판물에 의한 명예훼손 및 업무방해죄'로 형사소송을 제기하였고, 또한 파스퇴르사의 악의성 비방행위로 훼손된 명예를 회복하고자 민사손해배상청구까지 제기하였다. 이 소송은 4년 5개월이라는 긴 시간이 걸려 1994년에서야 최종 판결이 나게 되었다. 판결결과 형사소송에서 파스퇴르측은 징역 8월(집행유예 1년), 벌금 100만 원을 선고받았으며, 민사소송에서는 한국소비자원에 5,000만 원, 권영태 실장에게 1,500만 원을 배상하도록 하는 판결이 내려졌다.

출처 : 소비자시대, 1994년 4월호, p. 68~70.

고와 두 개의 수입 냉장고를 비교하고 있는데 수입품의 경우 대체적으로 품질이 좋지 않음을 알 수 있다. 냉장실 냉장속도, 문개방 시 온도상승, 소음 등의 측면에서 국산보다 뒤떨어지고 있고, GE제품의 경우 에너지소비 측면에서도 비경제적임을 알 수 있다.

(3) 다른 나라의 품질비교정보

미국의 소비자운동은 소비자정보제공 형태로 발전되어 왔다. 미국의 경우 일찍부터 제품들의 질을 비교·평가하여 왔는데, 주로 민간소비자단체인 미국소비자연맹(Consumer Union)에 의해 〈소비자 리포트〉 잡지에 제공되어 왔다.

〈그림 6-4〉는 세계 자동차의 품질비교테스트결과로서 미국 소비자잡지인 〈소비자 리포트〉에 실린 내용이다. 이 결과를 통해 우리나라 현대 자동차 중 소형인 엑셀은 세계의 다른 자동차들과 비교할 때 전체적으로 중간이상으로 경쟁력 있는 제품임을 알 수 있으나 중형인 소나타의 경우 다소 처지고 있음을 알 수 있다.

(4) 품질비교정보의 활용

품질비교정보가 소비자에게 그리고 기업의 경쟁력 강화에 매우 중요함에도 불구하고 우리나라

Medium cars under $ 25,000	P	F	G	VG	E
Toyota Camry LE 4					
Subaru Legacy LS AWD					
Infiniti G20					
Nissan Maxima GXE					
Chrysler Cirrus LXi					
Volkswagen Passat GLX					
Mercury Mystique LS V6					
Honda Accord EX 4					
Mazda 626 LX 4					
Mitsubishi Galant LS 4					
Pontiac Grand Prix GT					
Buick Regal GS					
Ford Contour GL 4					
Nissan Altima GXE					
Chevrolet Lumina LS					
Hyundai Sonata GLS					
Dodge Stratus 4					
Oldsmobile Cutlass Supreme SL					
Chevrolet Corsica 4					
Buick Century Special					
Oldsmobile Ciera					

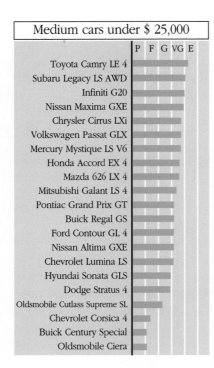

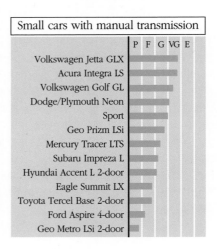

Small cars with manual transmission	P	F	G	VG	E
Volkswagen Jetta GLX					
Acura Integra LS					
Volkswagen Golf GL					
Dodge/Plymouth Neon					
Sport					
Geo Prizm LSi					
Mercury Tracer LTS					
Subaru Impreza L					
Hyundai Accent L 2-door					
Eagle Summit LX					
Toyota Tercel Base 2-door					
Ford Aspire 4-door					
Geo Metro LSi 2-door					

그림 6-4 세계 자동차의 품질비교테스트결과

참조 : P(poor, 불량), F(fair, 중간), G(good, 양호), VG(very good, 아주 양호), E(excellent, 최상)
출처 : 1996년 Consumer Report : The 1996 New car yearbook. p. 8.

에서 제공되는 품질비교정보 또는 상품비교테스트정보는 그 양적 측면에서 충분치 않다. 상품
비교테스트를 위한 전문인력과 시설 부족으로 상품비교테스트정보의 제작 및 공급이 미흡한 상
황이다. 또한, 많은 비용을 들여 만든 상품비교테스트정보가 소비자에게 매우 중요한 정보임에

미국에서의 자동차 테스트!

현대는 1999년 11월 12일에서 14일 까지 샌디에고 쇼핑센터인 '노스카운티 페어 몰'에서 미국 소비자들
을 대상으로 EF 쏘나타와 일본산 캠리(camry) 자동차의 '블라잉드 테스트(blind test)'를 실시하였다. 이
테스트는 갈색 천으로 차량 외관을 완전히 가린 뒤 직접 차를 타 본 사람들이 성능이 좋은 차를 선택토
록 하는 것이었다. 테스트결과 EF 쏘나타의 압승으로 나타났다.
   현대의 발표에 따르면 테스트에 참가한 591명 중 73%가 EF 쏘나타를 성능이 좋은 차로 선정하였다
고 한다. 캠리는 미국 시장에서 가장 잘 팔리는 일본산 차종의 하나이나 이번 테스트에서 현대 쏘나타보
다 성능이 낮다고 평가되었다. 현지 법인 관계자들은 이 테스트를 미국 다른 지역으로도 확산시켜나갈
계획이라고 밝혔으며 직원들도 자신감을 갖고 영업에 나서고 있다고 한다.

출처 : 한국경제신문, 1999년 11월 17일

도 불구하고 소비자에게 제대로 전달되지 않는 문제점이 지적되고 있다. 상품비교테스트정보는 주로 '소비자시대(유가)', '소비자(회원용)' 등의 잡지에 실리고 있으나, 회원용으로 판매되지 않거나, 판매되는 경우에도 이 같은 정보를 얻기 위해 구독하는 소비자가 많지 않아 상품비교테스트정보가 제대로 전달되지 않고 있는 실정이다.

따라서 이 같은 상품비교테스트정보를 어떻게 소비자에게 효과적으로 전달할 것인가는 매우 중요한 과제이다. TV, 신문 등 대중매체가 소비자에게 미치는 영향력을 고려할 때 대중매체의

소비자수첩 6-14

꼬리표에 상품정보 빼곡… '소통의 경제'가 뜬다!

태그 이코노미(tag economy)란, 기업과 소비자가 '태그'를 통해 소통하는 새로운 경제 현상을 일컫는 말로, 본래 '물건에 붙이는 가격표'를 뜻하는 태그에 기업들이 다양한 정보를 담기 시작하면서 최근 상품과 서비스에 붙는 '신뢰와 안심의 표시'로 의미가 확대된 것을 뜻한다. 기업들이 저마다 꼬리표 안에 제품에 관한 기본 정보는 물론 제품을 만든 사람, 제품 탄생과정, 제품이 갖는 윤리적 신념 등의 다양한 정보들을 담아내고 있다.

선진국에서는 태그 이코노미가 이미 놀라운 수준으로 '진화'했다. 뉴질랜드 기업 아이스브레이커(Icebreaker)는 소비자가 목장에서 재봉 과정까지 추적할 수 있게끔 가격표를 달아놓았다. 네덜란드 니트브랜드 플록스는 양털 스웨터, 토끼털 장갑 등에 '동물 패스포트(passport, 여권)'를 달아놓아 소비자들은 해당 제품을 만드는 데 쓰인 동물사진, 품종, 몸무게, 태어난 농장 주소까지 파악할 수 있다. 미국 커피 중간 판매 업체 크롭투컵(Crop to Cup)사는 커피 포장지에 적힌 코드를 입력하면 커피의 원두를 수확한 농부의 신상정보는 물론 농부의 개인 연락처까지 파악할 수 있다.

국내에서도 태그 이코노미가 정착 중이다. 특히 소비자들을 안심시키기 위한 기능이 강하다. '안전성'이 중요한 식품·생활품 부문에서 이 같은 움직임이 가장 활발한 것도 이 때문이다. 대표적인 것이 2009년 6월 22일부터 의무 시행되고 있는 '쇠고기 이력 추적제'이다. 소비자가 쇠고기에 붙은 라벨을 통해 소가 태어나 소비자 식탁에 오를 때까지 이력을 상세히 파악할 수 있다. 또한 탈크 사태 이후 화장품 기업들도 '안심 마케팅'에 분주하다. 이지함화장품은 화장품 포장 안에 들어 있는 자세한 설명서를 아예 제품 겉면으로 빼 라벨로 붙였다. 소비자가 물건을 살 때에 포장을 뜯어보지 못한다는 점에 착안해 라벨을 통하여 화장품에 사용된 모든 성분, 제조년월일, 사용방법은 물론 품질 보증 확인까지 할 수 있게 하였다.

출처 : 조선일보, 2009년 6월 25일

적극적 활용 등 대다수 소비자들에게 품질정보를 제공하기 위한 노력이 시급하다.

5. 소비자정보의 활용

품질 및 가격 등, 제품 및 서비스에 관한 다양한 소비자정보는 소비자의 합리적 소비선택에 필수적이다. 신속하고 적절한 소비자정보의 활용은 소비자만족을 높이고 소비자주권을 실현하는 데 꼭 필요하다. 소비자정보의 적절한 활용은 성공적인 소비선택을 유도하여 소비자만족을 높인다는 것이 이 분야 연구들의 공통적인 견해이다. 그런데, 소비선택에 실질적 도움이 되는 중요한 소비자정보를 소비자 스스로 수집한다는 것은 매우 어려운 일이다. 무엇보다도 탐색비용이 많이 들게 되며, 정확하고 객관적인 정보를 충분하게 탐색하기가 어렵다.

이 같은 이유에서 정부는 사업자들에게 표시, 약관, 품질보증 등의 방법을 통해 제품의 기본적인 정보를 제공하도록 의무화시키고 있는 등 소비자정보 공개 관련 정책을 펼치고 있다. 뿐만 아니라 언론, 소비자단체, 관련 기관에서 다양한 소비자정보를 제공하고자 노력하고 있으며, 소비자단체들은 주로 소비자잡지를 통해 소비자정보를 제공하고 있다. 이처럼 소비자들에게 제공되는 정보를 소비자가 충분히 활용한다면 소비자이익을 증진시킬 뿐만 아니라 생산자 또는 판매자들의 가격경쟁 및 품질경쟁을 유도할 수 있어 긍정적인 효과가 기대된다.

그러나 우리나라 소비자들은 대체로 소비자정보를 충분히 탐색·활용하지 않는 것으로 판단된다. 무엇보다도 소비자정보를 제공하는 각종 소비자 관련 잡지를 구독하지 않고 있는 점이 이를 증명한다고 하겠다. 미국의 최대 소비자단체인 소비자연맹(CU)이 발행하는 〈소비자 리포트〉는 매달 470만 부가 팔리고 있으며, 영국 소비자협회(CA)가 발행하는 〈Which?〉의 구독자는 50만 명을 넘는다고 한다. 또한, 프랑스(정부 INC 발행 '6,000만' 잡지는 매달 20여만 부 팔림)에서 소비자연맹(UFC)은 소비자잡지인 〈크 슈아지(무엇을 선택할 것인가?)〉를 발행하고 있는데 매달 23만 부 정도 팔린다고 한다. 이에 비해 한국소비자원이 발행하는 〈소비자시대(2000원)〉의 구독자는 2만 명에 불과하다고 하니 우리나라 소비자들의 정보활용 실태를 단적으로 보여준다. 우리나라 소비자들은 상품을 살 때 정보를 구하지 않으며 또한 정보를 얻는 데 돈을 지불하려 하지 않는다는 것이 일반적인 평가이다.

이처럼 우리나라 소비자들이 소비자잡지를 충분히 활용하지 않는 이유는 여러 측면에서 찾아볼 수 있다.

첫째, 우리나라 시장구조가 중공업은 물론 경공업분야까지 거의 대부분 독과점적 구조를 이루고 있으므로 소비자가 선택할 제품의 종류가 다양하지 않은 상태에서 가격, 품질, 디자인 등에 대한 세부적인 소비자정보가 필요하지 않았다는 점이다. 그러나 최근 시장개방으로 다양한 수입제품이 제공되고 있어 이 같은 수입제품 들에 대한 가격, 품질, 디자인, AS 등의 정보가 더욱 필요하게 되었다. 또한, 오픈 프라이스제도의 도입, 유통업체의 경쟁적 구조, 인터넷상의 전자상거래의 발달로 인해 다양한 가격과 품질의 제품을 선택할 수 있게 되면서 가격, 품질, 디자인 등에 대한 적극적인 정보탐색이 필요하게 되었다.

둘째, 한국소비자원 및 소비자단체들이 제공하는 소비자잡지의 내용이 부실하다는 것이다. 외국 소비자정보지들의 경우 내용의 약 90% 이상이 상품의 질이나 가격을 비교하는 것임에 비해 소비자시대의 경우 상품비교정보는 전체 내용의 25% 정도에 불과하며 기업이 꺼리는 정보를 제공하지 않고 있다는 점이다.

셋째, 소비자정보제공에 필요한 예산 및 인력 그리고 상품비교를 객관적으로 할 수 있는 능력과 의지가 부족한 점이다. 미국 소비자연맹의 경우 50여 개의 실험실을 운영하고 있는데 기업이나 정부로부터 일체의 기부를 받지 않고 독립적으로 제품비교테스트를 실시하고 있다. 해당 연구 인력 및 검사의 철저함을 기하고 있어 〈소비자 리포트〉지에 실리는 상품정보의 신뢰성은 매우 높다. 한편, 영국 소비자협회의 소속직원은 400명으로 웬만한 기업규모 정도라고 하는데, 우리나라 소비자시대의 제작인원은 5명에 불과하며, 예산부족으로 자동차 등 값비싼 제품을 분석할 장비가 부족하며 외부기관의 장비를 적극 활용할 의지가 낮다. 또한, 소비자단체들의 잡지는 대부분 비매품이어서 일반 소비자들이 쉽게 접하지 못하고 있다.

넷째, 소비자들의 정보탐색에 대한 인식부족 및 활용의지가 낮은 점이다. 많은 소비자들이 소비선택의 중요성에 대한 인식이 부족하고 또한 합리적 소비행태가 생활화되지 않아 소비자정보탐색을 충분히 하지 않고 있다. 또한, 소비자정보는 돈을 주고라도 구입하여야 한다는 인식이 부족한 상태이다.

지금까지 살펴 본 바와 같이 대부분의 소비자들이 여러 가지 이유로 적극적인 소비자정보탐색 및 활용을 하지 않고 있으므로 이를 해결하기 위한 방안이 모색되어야 한다. 국내외 시장환경이 속도로 변화하고 있는 상황에서 합리적 소비선택의 필수적 사항인 소비자정보탐색 및 활용을 유도하기 위한 방안에 대해 살펴 보면 다음과 같다.

첫째, 소비자정보탐색 및 활용의 중요성에 대한 소비자의식교육이 시급하다. 어느 곳에 가나 가격이 비슷했던 과거의 소비환경과는 달리 가격, 품질, 디자인 등 여러 측면에서 소비자선택의 범위가 넓어지고 있으므로 적극적인 정보탐색 및 활용의 필요성에 대한 소비자교육이 필요하다.

둘째, 새로운 소비환경에 대응하는 신속하고, 정확하며, 충분한 양의 소비자정보가 소비자들에게 제공되어야겠다. 소비자단체, 매스미디어, 한국소비자원 등 소비자정보제공 가능 기관에서는 소비자들이 원하는 정보가 무엇인지를 파악하고, 변화하는 소비환경에 필요한 정보를 보다 적극적으로 제공하여야 한다. 소비자단체 및 한국소비자원에서 제공하는 정보가 구매선택과정에서 실질적인 도움이 되고 있는지, 상품비교정보가 추상적이거나 불분명하여 정보로서의 기능을 제대로 하지 못하고 있는 것은 아닌지, 생산된 정보가 소비자들에게 전달이 잘 되고 있지 않는지 등에 대한 검토가 필요하다. 인터넷 등 정보통신을 활용한 체계적이고, 과학적이며, 효과적인 정보제공이 시급한 시점이다.

셋째, 기업, 소비자단체 및 한국소비자원 등이 적극적으로 소비자정보제공을 할 수 있는 정부정책이 필요하다. 정부의 경우 기본적인 정보를 표시할 것, 약관의 내용을 공개할 것, 품질인증을 부착 할 것 등의 방법으로 소비자정보를 제공하도록 하고 있으나 보다 실질적이며 효과적인 정보제공이 될 수 있는 정책을 마련하여야 한다. 즉, 기업 간의 소비자정보제공 경쟁을 유도할 수 있는 광고정책이나 정보공개정책을 모색하여야 한다. 우리나라 소비자들이 적극적으로 소비자정보 탐색 및 활용을 하지 않고 있다는 사실은 곧 합리적 소비생활을 하지 않고 있다는 증거이다. 그러므로, 적극적인 소비자정보탐색 및 활용을 통해 합리적 선택을 추구하여야 한다.

소비자정보의
이론적 접근

1. 소비자정보의 행동과학적 접근 | 2. 소비자정보의 경제학적 접근 : 가격과 품질의 최적 소비선택
3. 소비정보탐색량결정의 경제학적 접근

CHAPTER 7

소비자정보의 이론적 접근

1. 소비자정보의 행동과학적 접근

소비자정보에 대한 이론적 모델은 행동과학적 접근과 경제학적 접근이 대표적이다. 행동과학적 접근은 소비자의사결정과정에서 정보탐색 및 정보처리과정에 대해 주로 다루고 있다. 행동과학적 접근에서는 구매의사결정에서 최종목표를 달성하기 위해 정보탐색과정을 거치게 되며 정보탐색의과정은 노출, 주의, 이해, 수용, 보유단계를 거친다고 보고 이 과정을 자세하게 설명하고 있다. 특히, 행동과학적 모델에서는 일련의 정보탐색행동에 제품의 특성, 관여도, 소매점 특성, 소비자 경험 등 다양한 요인들의 영향력에 관심을 두고 이를 설명하고 있다. 한편, 소비자정보에 대한 경제학적 접근은 정보탐색행동으로 얻을 수 있는 이익과 손실에 대한 비교·분석하는 것에 큰 관심을 두고 있다. 정보의 탐색비용은 잠재된 정보탐색에 다양한 비용이 수반된다는 것은 무조건 탐색을 많이 하는 것이 능사가 아니라 추가적인 탐색을 통해서 얻은 것이 추가적인 탐색에 수반된 비용보다 많다면 소비자는 정보탐색을 하게 되는 것을 알려준다.

　소비자행동을 설명하는 대표적인 이론적 접근은 행동과학적 접근이다. 행동과학적 접근 모델은 다양하게 제시되어 왔는데 Engel, Blackwell, Miniard(1995)의 모델이 가장 대표적이다. 행동과학적 모델에서의 정보탐색과정에 대해 살펴보자.

1) 소비자의사결정과정의 정보탐색행동

소비자는 욕구충족을 위해 재화를 구입할 것인지 아닌지를 생각하게 되고 재화의 구입을 결정하게 되면 어떤 것을 언제, 어디서, 어떻게 구입하며 어떤 방법으로 지불할 것인지와 관련된 문제들을 단계적으로 결정해야 한다. 〈그림 7-1〉에 제시한 바와 같이 소비자가 특정 욕구를 느끼

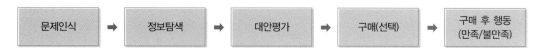

| 문제인식 | → | 정보탐색 | → | 대안평가 | → | 구매(선택) | → | 구매 후 행동
(만족/불만족) |

그림 7-1 소비자의사결정 5단계

는 단계를 문제인식단계라고 하며 문제인식을 효율적으로 해결하기 위하여(어떤 것을, 언제, 어디서, 어떻게 지불) 정보를 탐색하고, 탐색한 정보를 바탕으로 구매대안을 평가한 후 구매결정을 내리게 된다.

여기서, 소비자정보란 소비자가 자신의 욕구 충족을 위한 구매의사결정에 도움이 되는 모든 것이라고 할 수 있다. 소비자들이 어떤 문제(욕구)를 인식하게 되면 이를 해결하기 위해 많은 정보를 수집할 수도 있지만 그렇지 않을 수도 있다. 소비자는 문제 해결과 관련한 자신의 직접 경험이나 능동적 혹은 수동적으로 획득된 정보를 어느 정도 가지고 있는 경우가 많은데 이러한 문제인식 유형(problem-solving style)에 따라 다양한 형태의 내적 정보탐색을 하게 된다. 한편, 컴퓨터나 승용차 등과 같이 비교적 장기간 사용하는 고가제품을 구매하려고 할 경우 이 문제를 잘 해결하는 것은 소비자에게 어려운 과제가 될 것이다. 소비자가 자신이 가지고 있는 정보로는 고가제품구매라는 문제를 충분하게 해결할 수 없다고 판단되는 경우 외부로부터 정보를 획득하려고 노력하는데 이를 외적 정보탐색이라 한다.

2) 소비자정보처리과정

소비자는 원하든 원치 않던 마케팅 자극에 노출되어 주의를 기울이고, 내용을 지각하며, 새로운 신념과 태도를 형성하거나, 기존의 신념 및 태도를 변화시켜 기억 속에 저장시키는 과정을 갖게 되는데 이를 정보처리과정이라 한다. 소비자정보처리과정은 노출 → 주의 → 이해 → 수용 → 보유의 다섯 단계를 거친다.

(1) 노 출

인간의 오감, 즉 미각 · 시각 · 청각 · 후각 · 촉감 중 하나 또는 그 이상이 정보 또는 설득에 접하게 되는 단계가 노출(exposure)단계이다. 노출은 누구에게나 되는 것이 아니라 자극의 성격, 소비자 개인의 특성에 따라 노출 여부, 노출의 정도는 차이가 있다. 노출은 다음과 같이 세 가지 유형으로 구분된다.

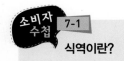

7-1

식역이란?

식역(threshold)은 감각을 활성화시키는 데 필요한 자극 에너지의 강도를 말하는데 크게 세 유형으로 구분할 수 있다.

- **절대식역** : 보통사람들이 자극을 지각하는데 필요한 최소치
- **차별식역** : 사람들이 변화를 지각 또는 감지할 수 있는 최소치
- **시나브로 지각** : 어느 정도의 식역 이하의 자극은 사람들에게 감지되지 않는데 통상적인 지각활동에 의해 쉽게 식별되지 않는 자극상태에서의 지각

- 우연적 노출 : 우연히 TV, NEWS로 광고 등의 정보에 노출되는 경우
- 의도적 노출 : 소비자가 적극적으로 외적 정보를 찾아 정보에 접하는 경우
- 선택적 노출 : 노출이 선택적이어서 소비자가 원하는 정보에 노출되는 경우(예 : 선별적 TV 시청, 욕구와 필요에 따른 광고시청)

(2) 주 의

주의(attention)는 소비자가 자극 또는 정보에 노출된 이후 소비자의 정보처리 능력을 집중시키는 과정이다.

(3) 이해 또는 지각

이해(comprehension)는 자극이나 정보의 내용을 이해하고 나름대로 의미를 부여하는 단계이다. 소비자가 자극이나 정보를 어떻게 이해하고 해석하느냐에 따라 그의 태도와 행동방향이 결정되므로 이 세 번째 단계가 정보처리과정에서 가장 중요한 단계이다.

(4) 수용 또는 동의

수용(acceptance)은 새로운 정보에 의해 소비자가 설득되는 단계이다. 다시 말해, 새로운 신념이나 태도가 형성되거나 기존의 것이 수정/변경되는 단계이다. 그러나 앞의 단계에서 자극이나 정보가 완벽히 이해되었다고 하여 반드시 수용되는 것은 아니다. 인정 또는 동의가 있어야 수용된다.

(5) 보 유

보유(retention)는 소비자가 앞선 단계의 정보탐색과정을 거쳐 새로운 정보를 기억고에 저장하는 단계이다. 기억 속에 정보가 보존되어도 그것이 이용될 기회를 갖지 못하거나 반복해서 학습

되지 않으면 망각되기 쉽다.

3) 소비자정보탐색량 영향요인

소비자가 구매 전 탐색하는 상표들의 개수 또는 방문점포의 개수는 서로 다르다. 즉, 어떤 소비자들은 많은 시간을 들여 많은 정보를 탐색하기도 하지만 어떤 소비자들은 그렇지 않다. 소비자의 정보탐색량에 영향을 미치는 요인들에 대해 살펴보자.

(1) 내적 정보탐색량 영향요인

소비자의 내적 정보탐색량에 영향을 미치는 주요 요인으로는 소비자의 기억 속에 저장된 정보의 양, 그 정보의 적합성(suitability) 등이 있는데, 대체로 기억 속에 저장된 관련 정보가 많을수록 그리고 그 정보의 적합성이 클수록 소비자의 내적 정보탐색양은 증가한다.

(2) 외적 정보탐색량 영향요인

소비자가 내적 정보탐색에 그치는가 아니면 외적 정보탐색을 수행하는가는 소비자가 가지고 있는 현재의 지식이 구매결정에 충분한가의 여부 또는 질적으로 우수한가에 달려 있다. 외적 정보탐색은 소비자가 현재 보유하고 있는 지식만으로는 충분하지 못하다고 느끼는 경우 추가로 정보를 탐색하는 과정에서 일어난다. 이러한 외적 탐색의 정도에는 시장 자체의 특성뿐만 아니라 제품의 특성, 소비자의 특성 및 상황적인 특성들이 영향을 받게 된다.

① 시장의 특성

외적 정보탐색량에 영향을 미치는 시장의 특성으로는 대체안의 수, 상점의 분포상태, 가격분포 상태, 정보의 이용가능성 등이 있다. 이들 요인의 영향력을 구체적으로 살펴보자.

첫째, 시장에 존재하는 제품, 상표, 상점 등과 같은 대체안의 수가 많을수록 외적 정보탐색량은 증가하게 된다. 극단적으로 시장에서의 독점적 구조로 인해 선택 가능한 제품이 한 가지 밖에 없을 경우 소비자의 외적 정보탐색은 불필요하게 된다.

둘째, 상점의 분포 상태로서 비슷한 속성을 가진 상표의 제품들이 다양한 가격대(서로 다른 가격대)를 형성하고 있을 경우 외적 정보탐색량이 증가하게 된다. 이 경우 가격분포와 외적 정보탐색량과의 관계는 저렴한 가격의 제품을 탐색하는 데 드는 탐색비용이 추가적인 탐색으로 인한 이익을 초과하지 않는 범위 내에서 정적 상관관계를 보인다.

셋째, 가격분포 상태로서 상점의 수가 많고 상점 간의 거리 등이 짧을수록 외적 정보탐색량은 증가한다. 상점들이 밀집되어 있는 쇼핑상가나 백화점 등에서는 상점 간의 근접성으로 인하여 추가적 정보탐색에 소요되는 시간, 돈, 에너지 등이 절약되기 때문에 외적 정보탐색량을 증가시킨다.

넷째, 정보의 이용가능성으로 정보에의 접근과 이용가능성이 높으면 외적 정보탐색량은 일반적으로 증가하게 된다.

그러나 유의할 점도 있다.

첫째, 소비자가 접하는 정보가 너무 많으면 오히려 광범위한 정보탐색을 포기하고 획득이 용이한 제한된 정보만을 탐색하는 경향이 있다.

둘째, 이용가능한 정보가 많으면 학습효과가 생겨 오히려 정보탐색량이 감소할 수도 있다.

② 제품의 특성

소비자의 외적 정보탐색량에 영향을 미치는 제품의 특성으로는 가격수준, 제품차별화의 정도, 제품군의 안정성 등이 있다. 일반적으로 제품의 가격이 높을수록 외적 정보탐색량이 증가하는데, 이는 제품구매와 관련된 경제적 위험이 크기 때문에 이로 인한 위험부담이 외적 탐색을 촉진한다. 일반적으로 가격과 품질은 정적인 상관관계를 가지므로 소비자는 가격이 높은 제품은 품질이 좋다고 믿는 경향이 있다. 한편, 품질에 관한 소비자정보는 소비재의 시장구조에 의해 영향을 받는다. 예를 들면, 소비자가 과점적 시장구조에서 단지 몇몇 상표의 품질에 관해서만 알고 있다면 소비재에 대한 기업의 독점력은 더 커지게 된다. 즉, 소비자들은 상표 파워가 큰 제품에 관해 더 많은 정보를 가지게 된다. 제품 차별화의 요인은 가격, 성능, 스타일 등 다양한데, 소비자의 일상생활과 밀접한 의복, 가구, 자동차 등이 대체로 제품 차별화가 심한 제품이며, 제품차별화가 심할수록 소비자의 외적 정보탐색량은 증가하는 경향이 있다. 제품군의 안정성도 외적 정보탐색량에 영향을 미치는데, 제품군의 안정성이란 가격이나 기능 등과 같은 제품의 특성이나 속성이 얼마나 안정적으로 유지되느냐를 의미한다(우유, 라면 등과 같이 그 특성이 자주 바뀌지 않는 제품). 제품의 기능이나 가격변화가 빈번한 제품은 제품군이 안정되어 있지 않기 때문에 상대적으로 많은 외적 탐색활동을 하게 된다.

③ 소비자의 특성

소비자의 외적 정보탐색량에 영향을 미치는 소비자의 특성으로는 소비자의 사전 지식, 과거 경험, 관여도, 나이, 소득, 교육수준 등이 있다. 이들의 영향력을 살펴보면 다음과 같다.

첫째, 소비자가 가지고 있는 사전 지식이나 경험이 많으면 일반적으로 외적 정보탐색량은 감소한다. 그러나 사전 지식과 외적 탐색량이 항상 부(負)의 상관관계만을 가지고 있는 것은 아니다. 즉, 사전 지식이 많을수록 외적 탐색량이 증가할 수도 있는데, 기존 지식으로 인해 새로운 정보를 보다 효과적으로 활용할 수 있다는 자신감을 가지게 될 때 적극적으로 외적 탐색활동을 할 수 있다. 사전 지식이나 경험은 외적 탐색량을 증가시키는 효과와 감소시키는 효과를 동시에 가져올 수 있고, 이로 인한 사전 지식 및 경험과 외적 탐색량과의 관계는 역U자 형태를 가지게 된다. 즉, 일정수준까지는 지식이 증가함에 따라 외적 탐색량도 증가하지만, 일정수준을 초과하게 되면 관련 정보가 충분하여 탐색량이 감소하게 된다.

둘째, 제품이나 구매에 대하여 소비자가 부여하는 관심이나 중요성의 정도를 관여도라고 하는데, 보통 관여도가 높을수록 외적 정보탐색량은 증가한다. 관여도는 구매제품의 특성이나 구매상황에 따라서 달라질 수 있으며 개인적 특성에 의해서도 크게 영향을 받게 된다. 어떤 소비자에게는 매우 중요한 제품, 즉 다시 말하면 관여도가 높은 제품이 다른 소비자에게는 그렇지 않을 수도 있다. 보통 가격이 비싸지 않은 기호품인 경우 개인적 특성이 크게 작용한다. 예를 들어 담배를 사는 것은 애연가에게는 관여도가 매우 높은 구매활동이지만, 담배의 맛이나 상표에 대해서 그다지 신경을 쓰지 않은 소비자에게 있어서는 낮은 관여도로 인해 낮은 정보탐색활동으로 나타난다.

셋째, 소비자의 연령으로써 보통 나이가 많아질수록 정보처리능력이 감퇴하여 가능한 적은 정보를 처리하려고 하며, 과거의 경험이나 지식에 의존하고 상표충성도가 있는 제품을 구매하려는 경향이 강하기 때문에 나이와 외적 정보탐색량과는 부의 관계가 있다.

넷째, 소비자의 교육수준으로써 교육수준이 높을수록 정보처리에 대하여 자신감을 갖게 되고 그로 인해 보다 활발한 정보탐색을 하는 경향이 있어 교육수준과 탐색량 간에는 정의 관계를 갖는다고 할 수 있다(Claxton, Fry & Protis, 1974).

다섯째, 소비자의 소득으로서 소득과 정보탐색량 간의 관계는 두 가지 측면에서 논의할 수 있는데 하나는, 정보탐색비용 중 시간비용과 관련하여 고소득 소비자의 탐색비용이 저소득 소비자에 비해 높아 정보탐색을 적게 한다는 관점과 나머지 하나는, 소득과 교육 간의 정의 상관관계에 근거하여 고소득 소비자는 교육수준이 높고 이에 따라 저소득 소비자보다 정보탐색을 많이 한다는 관점이다. 또한 고소득 소비자는 저소득 소비자에 비해 상대적으로 가격이 비싼 제품을 구매할 기회가 많고 그 결과 더 많은 탐색활동을 하기 때문으로 설명할 수 있다. 결국 소득과 정보탐색량 간의 관계에 대해서는 일치하지 않은 결과가 제시되고 있으며, 각각이 타당한 근거를 가지고 있는 만큼 소득과 정보탐색량 간의 관계에 대한 조사는 계속되어야 한다. 이 외에도 소비자의 정보탐색량은 소비자가 직면해 있는 시간적·공간적 상황과 개인적 상황에 의해서도 영향을 받는다. 소비자가 사용할 수 있는 여유 시간을 받는다. 외적 정보탐색량은 증가할 것이며, 구매환경이 열악할수록 정보탐색량은 감소한다. 즉, 바겐세일 때 상점의 사람이 너무 많은 공간적 환경도 정보탐색량에 부정적인 영향을 준다. 또한 소비자의 신체적 상태도 정보탐색활동에 영향을 줄 수 있는데, 소비자가 신체적으로 활력이 있고 정서적으로 여유가 있을 때 정보탐색량이 증가하는 경향이 있다.

4) 정보탐색행동 관련 주요 요인의 영향력

(1) 문제해결방식과 정보탐색

소비자는 욕구충족을 위한 문제인식을 하게 되는데 이를 어떻게 해결하는가 하는 문제해결방식에 따라 정보탐색행동이 어떻게 달라지는가를 살펴볼 필요가 있다.

① 제한적인 문제해결방식(LPS : Limited Problem Solving)과 정보탐색

이 방식은 문제 자체가 복잡하지 않거나 소비자가 문제해결과 관련하여 어느 정도의 정보를 확보하고 있을 때 나타난다. 소비자가 문제해결을 위한 노력을 부분적으로 수행하여 해결하는 방식이다. 소비자가 제품에 대한 지식은 어느 정도 있지만 상표나 스타일, 가격 등에 대한 지식이 부족할 경우 또는 과거 구매 경험은 있으나 현재의 변화된 상황을 잘 모를 때 등의 경우에 나타난다. 제한적 문제해결방식의 경우 소비자는 외적 정보탐색에 소극적이다.

② 포괄적인 문제해결방식(EPS : Extended Problem Solving)과 정보탐색

소비자 입장에서 소비자문제가 매우 중요하며 위험부담이 클 때 또는 고관여 제품을 구매해야하는 경우 이를 해결하기 위하여 소비자는 광범위한 정보탐색노력을 기울이게 된다. 주로 내구재 구매와 관련된 의사결정은 이러한 해결방식을 취하게 된다. 이처럼 포괄적인 문제를 해결하고자 하는 경우 소비자는 제한적 문제해결 방식이 또는 일상적 문제해결보다 더 많은 소비자정보를 탐색하는 것이 보통이다.

③ 일상적 문제해결방식(RPS : Routinized Problem Solving)과 정보탐색

일상적 문제해결 방식은 소비자가 이미 내재된 정보를 가지고 습관적으로 문제를 해결할 때 나타난다. 쌀이나 라면 등과 같이 소비자들이 자주 구매하는 상품인 경우 자신이 좋아하는 것이 뚜렷하게 정해져서 반복적·습관적으로 되는 경우이다.

(2) 관여도와 정보탐색행동

소비자의 믿음, 태도, 관여도, 지식과 같은 변수는 소비자의 정보탐색행동에 영향을 미치는 것이 보통이다. 이 중 가장 중요한 변수는 관여도(involvement)이다. 관여도란 어떤 대상이 특정 상황에서 한 개인에게 관련된 정도 혹은 부여하는 의미의 정도를 뜻한다. 고관여 제품들의 구매는 포괄적 문제해결방식을, 저관여 제품들은 일상적 문제해결방식을 취한다. 다시 말해, 고관여 제품을 구매하는 경우 적극적인 정보탐색을 하게 되며, 저관여 제품의 경우 소극적 정보탐색을

하게 되는 것이 보통이다.

(3) 제품품질의 특성과 정보탐색행동

소비자가 구입하는 제품품질의 특성에 따라 정보탐색행동은 달라진다. 일반적으로 품질정보의 획득은 가격정보를 획득하는 것 보다 더 많은 비용이 든다. 이는 소비자들이 가격정보로부터 얻는 만족보다 품질로부터 얻는 만족을 더 기대함을 의미한다. 품질에 대한 정보는 제품의 특성에 따라 탐색과 경험의 방법을 통해서 이루어진다. 소비자가 탐색만을 통해서 가격 및 품질에 대한 정보를 얻을 수 있는 유형의 제품은 탐색재(search goods)라고 하며, 탐색하는 것만으로는 제품의 품질에 대한 정보를 얻을 수 없고 반드시 구매 후의 사용경험을 통해서 제품품질에 대한 정보를 얻을 수 있는 제품 유형을 경험재(experience goods)라 한다. 예를 들면, 가전제품 또는 참치캔과 같은 제품은 소비자가 구매한 후 경험을 통해서 그 품질을 평가할 수 있으므로 경험재라고 한다.

① 탐색재

탐색재 제품의 경우 소비자는 정보탐색을 통해 제품의 비교·평가가 가능하고 소비자가격에 대한 한계효용을 근거로 구매할 수 있으므로 소비자는 유리한 위치에 있게 된다.

② 경험재

경험재란 소비자가 제품사용 후에야 그 특성을 평가할 수 있는 제품이다. 따라서 이 경우 소비자는 구매 전에는 제품의 질을 알 수 없고, 돈을 지불하고 사용한 후에야 한계효용을 평가할 수 있기 때문에 최적구매·선택하기 어렵다. 예를 들어 침대의 경우 구조, 재료, 견고성 등에 대한 정보는 구매 전에 알 수 있지만 그 침대가 얼마나 편안하고 안락한지는 그 침대에서 자보고 난 후에야 최종평가를 내릴 수 있다. 소비자는 구매 전 경험제의 질을 평가할 수 없는 만큼 한계효용은 기업의 정보제공에 의해 과대 혹은 과소평가되어 최적구매에 도달할 수 없을 수도 있다. 소비자는 신제품 사용으로 인한 기대이익이 소비자가격보다 클 경우 신제품을 구매하게 된다.

③ 신뢰재

신뢰재(credence goods)는 제품사용 후에도 소비자가 그 특성과 질을 평가할 수 없는 제품이다. 예를 들면, 오일을 교환하러 자동차 정비소에 갔더니 정비사가 팬벨트와 에어필터를 교환해야 한다고 해서 그것을 교환하였다고 하자. 그러나 보통 일반적인 소비자는 구매 후에도 사실상 자동차에 대해 잘 모르고 있고 또한 그 평가가 불가능하다. 팬벨트와 에어필터가 정품으로 제대로 교환되었는지, 정말 부품을 바꿀 때가 되어서 바꾸라고 했는지, 정비사 용역의 질을 평가하기가 어렵다. 따라서 한계효용의 측정이 어렵거나 불가능하므로 구매의 적합성을 측정하는 것도 마찬가지로 어렵거나 불가능하다. 이때, 소비자는 신뢰재제품 구매 및 사용경험이 있는 다른 소비자 또는 전문가로부터의 의견, 나아가 다양한 정보원천을 활용해야 한다.

기업은 탐색재보다 경험재의 경우 소비자정보제공을 더 많이 하는 경향이 있다. 또한 반복적으로 구매가 이루어지는 제품보다는 자주 구매하지 않는 제품의 경우 정보제공을 더 많이 하는 경향이 있다. 경험에 근거한 제품 정보는 소비자가 제품 사용 후 얻는 만족감의 사후평가가 결합된 것이다. 만약 사용경험이 없다면 소비자는 제품 사용 전에 제품 가격만으로 제품을 평가할 수 있다.

(4) 소비자의 위험인지도

소비자의 위험인지도(perceived risk)는 소비자의 정보탐색행동에 영향을 미친다. 특히, 고가의 상품을 구매할 때 소비자의 위험인지도 수준은 상점선택과정에 영향을 미친다는 것이 지배적인 견해다.

- **재정 위험** : 구매결과 금전적 손해 또는 다른 자원의 손해 가능성의 위험
- **성과 위험** : 구매한 상품이 기대 이상 기능하지 않거나 작동하지 않는 위험
- **사회적 위험** : 구매한 상품이 가족 또는 친구들로부터 호응이 좋지 않을 위험
- **심리적 위험** : 구입한 상품이 내가 가졌던 상품의 이미지와 일치하지 않은 경우
- **물리적 위험** : 구매한 상품이 신체에 상처를 입히는 위험성을 가진 위험
- **시간 위험** : 상품이나 서비스의 구매를 위해 투자하는 시간적 손해

(5) 소비자의 구매 전 경험 및 지식 등의 특성

소비자의 정보탐색량은 구매 전 상표인식, 구매경험, 상품정보에 의해 직접적인 영향을 받는다는 것이 일반적인 견해이다. 또한, 소비자의 사회·인구학적 변수도 소비자정보탐색량을 결정하는 요인이다. 이 외에도 접근의 용이성, 정보탐색 필요인식 등 다양한 변수들이 소비자의 정보탐색행동에 영향을 미친다. 소비자의 상품에 관한 지식은 소비자의 정보탐색행동에 영향을 미친다. 보통 상품에 관한 소비자의 지식이 높을수록 소비자의 구매에 대한 위험인지를 감소시키므로 소비자의 정보탐색량이 감소한다는 것이 일반적인 견해이다. 소비자의 제품에 관한 소비자경험은 소비자정보탐색행동에 영향을 미친다. 예를 들어, 자동차를 구입한 경험이 있는 소비자들이 경험하지 못한 소비자보다 자동차구매에 있어 구매위험 인지도가 낮다. 보통 소비자경험의 양 또는 소비자의 정보탐색에 대한 기대 이익이 커지면 소비자의 정보탐색량은 감소한다. 만약 소비자가 인지하는 정보탐색이 추가적 이익이 일정하다면 소비자경험의 증가도 소비자정보탐색량에 부정적 영향을 미친다.

2. 소비자정보의 경제학적 접근 : 가격과 품질의 최적 소비선택[1]

소비자정보에 대한 경제학적 접근은 소비자의 효율적 선택에 초점을 두고 있다. 소비자들은 어떤 제품을 구매하고자 할 때 제품의 가격과 제품의 품질에 대한 정보탐색을 하게 된다. 소비자가 구매선택에 있어서 가격과 품질 두 가지를 고려할 때 소비자의 최적 선택이 어떤 것인가에 대한 것은 중요한 연구대상이다. 소비자는 최적선택을 위해 가격과 품질을 동시에 고려해야 한다. 소비자가 가장 좋은 품질의 제품을 선택했다고 해서 최적선택이라고 볼 수 없으며, 또한 소비자만족도가 높은 것은 아니다. 왜냐하면 가격이 비싸기 때문이다. 소비자선택에서 가격과 품질을 고려한 효율적인 정보탐색에 대한 경제학적 이론은 노벨경제학상을 수상한 Stigler(1961)의 완전정보선 개념과 이론으로 설명할 수 있다.

1) 완전정보선이란?

완전정보선이란(perfect information frontier) 제품의 품질과 가격을 고려한 소비자 만족의 극대점을 이은 선이다. 즉, 완전정보선은 제품 또는 여러 상표의 품질과 가격이 다양하게 분포되어 있는 상황에서 소비자의 최적 의사결정점을 제공해 준다. 그러나 현실시장에서 이 같은 경우는 존재하지 않으므로 소비자는 가격과 품질 간의 관계를 고려한 최적 대안(완전정보선상의 제품)을 선택하여야 한다. 시장에서 상품 및 서비스에 대한 정보가 완전하다면, 즉 완전정보상태가 주어진다면 품질정보가 확실히 보장되고 모든 소비자는 완전정보를 완전하게 활용하여 가격과 품질 사이의 관계가 명확해진다. 다시 말해, 시장에서 상품정보가 완전하고 정확하며 시장실패가 일어나지 않는다면 가격이 높을수록 품질이 높아진다. 이때, 완전정보선상의 상품을 선택하는 소비자는 효율적인 구매행위를 하는 집단으로 간주되고, 이와 동시에 상품에 대한 소비자의 만족도와 총효용이 극대화된다면 이 같은 선택행위는 합리적이라고 간주한다. 즉, 완전정보선은 가격과 품질 간의 상관관계를 활용해서 최적의 선택을 가능하게 해주는 중요한 역할을 한다.

2) 완전정보선의 도출방법

품질점수는 완전정보선을 도출하기 위한 기본요소임과 동시에 소비자에게 효용을 주는 기본 요

---

1) 본 책의 소비자학 분야 이론은 《소비자정보론》(허경옥 외, 2008) 파워북에서의 내용을 참조하였음.

소이므로 효용을 주는 기준으로 품질을 점수화하여 계산한다. 품질을 측정하는 방법은 미국의 소비자잡지(예 : 〈소비자 리포트〉) 등에서 상품에 대한 품질을 평가하는 기준을 활용한다. 구체적으로, 상품의 대표적인 특징들에 가중치를 주어 100점을 만점으로 하며, 각각 특징에 가중치를 주어 그 합으로써 품질점수를 계산한다. 다시 말해, 품질점수 계산에서 중요한 특성에는 가중치를 부여하여 총 합을 구하는데, 학생들의 성적 산출과 같은 방식으로 산출한다. 예를 들어, 자동차 특성 중 안전성이 연료의 경제성보다 세 배 중요할 경우, 가중치는 안전성에 세 배의 점수를 부여할 수 있다. 이때 품질은 객관적 평가를 중요시하는데, 소비자의 만족도와 관계가 있으므로 주관적 측면의 품질평가도 무시할 수는 없다.

$$\text{품질점수(Quality Score)} = \frac{\sum w_i c_{ij}}{\sum w_i}$$

3) 완전정보선 도출

완전정보선을 도출하기 위해 자동차 관련 자료를 사용해 보자. 자동차는 여러 가지 품질 특성을 가지고 있고 이 같은 특성은 소비자만족을 창출해 준다. 여기서는 분석의 간단함과 명료함을 위해 자동차가 안전성와 연료의 경제성이라는 두 가지의 특성을 가지고 있다고 하자(허경옥외, 2008). 안전성은 제동거리가 얼마나 되느냐로, 연료의 경제성은 연료당 운전 가능한 거리, 즉 연비로 측정한다고 하자. 〈표 7-1〉은 자동차의 품질을 안전성과 연비로 하였을 때, 제동거리와 연비를 측정한 것이며, 〈표 7-2〉는 〈표 7-1〉의 제동거리와 연비의 품질점수를 고려한 자동차의 품질점수를 계산한 것이다. 〈표 7-3〉은 각 자동차 모델(A, B, C, D, E)을 판매하는 판매영업점들의 가격을 나타낸 것이다.

〈표 7-1〉, 〈표 7-2〉, 〈표 7-3〉을 바탕으로 각 영업판매점에서 제공하는 자동차 모델 A, B, C, D, E의 가격과 품질 사이의 관계를 보여주는 그래프를 그리면 〈그림 7-2〉와 같다.

| 표 7-1 | 자동차의 제동거리와 연비 특성의 품질 측정방법

제동거리	품질점수	연 비	품질점수
150m	1.00	100km/ℓ	1.00
300m	0.80	81km/ℓ	0.80
600m	0.50	50km/ℓ	0.50
900m	0.00	40km/ℓ	0.40
제동거리의 가중치 : 0.75 (75%)		연비의 가중치 : 0.25 (25%)	

| 표 7–2 | 제동거리와 연비 점수를 반영한 각 자동차의 품질 점수

모 델	제동거리	연 비	제동거리 점수	연비 점수	자동차의 품질점수
A	600	80	0.50	0.80	0.50×0.75+0.80×0.25=0.575
B	150	50	1.00	0.50	1.00×0.75+0.50×0.25=0.875
C	600	40	0.50	0.40	0.50×0.75+0.40×0.25=0.475
D	300	80	0.80	0.80	0.80×0.75+0.80×0.25=0.800
E	150	100	1.00	1.00	1.00×0.75+1.00×0.25=1.00

| 표 7–3 | 자동차 모델에 따른 판매영업점들의 판매가격

모 델	판매자 1	판매자 2	판매자 3	판매자 4
A	$ 20,000	$ 22,000	$ 21,000	
B	$ 32,000	$ 35,000		
C		$ 16,000	$ 15,000	$ 17,000
D	$ 35,000	$ 30,000	$ 32,000	
E	$ 40,000			

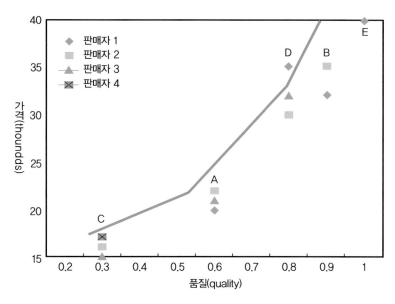

그림 7–2 가격–품질 그래프 : 완전정보선 도출

〈그림 7-2〉에서 완전정보선은 직선으로 나타낸 선이다. 완전정보선 아래 영역(오른쪽 하단 영역)이 완전정보영역이다. 완전정보영역은 가장 싼 값으로 구매 가능한 품질을 가진 상품영역을 말한다. 다시 말해 C모델의 경우 ▲표시된, 즉 판매자 3이 판매하는 자동차를 구매하는 것이 가장 최적의 선택이다. A모델과 B모델의 경우 ◆표시된, 즉 판매자 1이 판매하는 자동차, E점의 경우 판매자 1의 제품을 구매하는 것이 합리적이다. 가격과 품질을 동시에 고려할 때 완전정보선 상의 선택 또는 오른쪽 하단영역에 속한 제품이 값이 싸면서도 품질이 좋으므로 소비자의 최적선택영역이다. 구체적으로 C모델의 경우 판매자 3(▲)을 선택한 경우가 최적 선택이며 판매자 2와 판매자 4의 경우 합리적 선택이 아니다. A와 B모델의 경우 판매자 1(◆)을 선택하여야 한다. 반면, D모델의 경우 어떤 판매점에서 구매해도 적합하지 않다고 하겠다.

3. 소비정보탐색량결정의 경제학적 접근

소비자는 어떤 특정 제품을 구매하고자 할 경우 여러 가게를 방문하여 가격비교를 해보아야 한다. 그 이유는 같은 제품이라 해도 판매점에 따라 가격이 상이하기 때문이다. 가격이 상점마다 다른 원인은 첫째, 판매자, 기업, 상점 간의 가격경쟁 때문이다. 둘째, 구매자들의 탐색비용의 차이이다. 만약 시장조건이 불변하고, 추가적 탐색의 기회가 없다면 가격은 정규분포를 보일 것이다. 동일제품에 대한 가격의 차이는 이 외에도 시간변화에 따른 이자율, 제품의 수요와 공급 상태, 시장의 크기에 따라 달라지게 된다.

소비자는 가격에 대한 정보탐색을 통해 같은 품질의 제품을 더 싸게 구매하고자 하는데 이를 위해 몇 개의 상점을 방문해야 할 것인가? 즉, 소비자는 최적의 정보탐색량은 어느 정도인가 하는 의사결정을 해야 한다. 이때, 제품의 품질은 일정하다고 전제하고 또는 다른 의미에서는 가격이 품질이 대표한다고 가정하고 가격탐색을 어느 정도 할 것인지를 결정하여야 한다고 하자. 소비자는 제품구매 시 저가격구매로 인한 구매이익을 위해 정보탐색을 하는데 이 과정에서는 비용이 따른다. 소비자의 정보탐색에 드는 비용은 가격탐색을 위한 교통비, 전화요금, 정보지 구매 등의 금전비용, 소비자의 심리적 비용, 시간비용이 있다. 이때, 소비자 개인의 선호와 가치관의 차이로 인해 정보탐색 비용이 모든 소비자에게 동일한 것은 아니다.

정보탐색의 최적 조건에 대한 이론적 모델은 Stigler(1960)에 의해 처음 주창되었다. 정보탐색량은 정보탐색으로 인한 이익과 비용을 동시에 감안하여 가장 최적점을 찾는 것이라고 전제하고 있다. 정보탐색의 최적량을 결정하기 위해서는 소비자의 시간 및 다른 교통비용을 포함한 비용인 한계탐색비용을 고려하며, 상품과 서비스의 품질은 고려하지 않는다. 즉, 상품을 구매하는

데 드는 총 비용인 완전비용은 상품의 구매가격에 정보탐색에 소비된 총 탐색비용을 합한 것이다. 따라서 정보탐색의 최적량은 한계이익이 한계비용(또는 탐색비용)과 최소 같거나 크며, 총 비용 또는 완전비용(full cost)이 가장 작을 때 결정된다. 이때, 가격정보탐색에 대한 모델을 간단하고 쉽게 전개하기 위해 소비자마다 가격정보탐색에 따른 금전비용과 심리적 비용은 같다고 가정하고 탐색비용을 시간비용 측면에서만 살펴보기로 한다. 그러면 소비자의 최적 탐색상 점수는 소비자의 탐색비용인 시간비용과 시장에서의 가격분포를 갖는 것으로 간주한다.

○ 정보탐색의 최적량 결정의 두 가지 조건
  〈조건 1〉 한계이익(MR)이 한계비용(ME)과 최소 같거나 클 때
  〈조건 2〉 총 소비자지불가격(소비자완전비용)이 가장 적을 때

결론적으로, 소비자의 최적 정보탐색량은 총 소비자지불가격이 가장 작으면서 한계이익이 한계비용과 최소 같거나 큰 지점에서 결정된다. 그런데 앞서 논의한 바와 같이 정보의 최적 탐색량은 여러 군데의 소매점포에서 제품가격이 어떻게 분포되어 있는가에 따라 다르게 나타난다. 시장에서 가격분포는 크게 균일가격분포와 정규가격분포의 형태로 나타난다.

다시 말해, 정보의 최적 탐색량은 많은 소매점포에서 제품의 가격이 어떻게 분포 또는 분산되어 있는가에 따라 다르게 나타난다. 가격분포의 원인은 딜러, 기업, 상점 간의 경쟁 때문에 발생하며 이 같은 경쟁이 없을지라도 가격은 상점마다 다르게 분포한다. 소비자의 정보탐색량은 제품의 가격분포가 존재하는 상황에서 발생하게 되는데, 경제학자인 Stigler(1960)는 두 가지 유형의 가격분포에 대한 소비자의 최적 정보탐색량에 대해 이론적 모델을 제시하였다.

1) 균일가격분포에서의 최적 정보탐색량

시장 내 제품의 가격이 대체로 균일하게 분포되어 있는 것으로 N개의 상점을 방문한다고 가정할 때 기대할 수 있는 최저가격인 기대최저가격을 구함으로써 최적 소비자정보탐색량 결정이 가능하다. 균일가격분포(uniform price distribution)라는 것은 만약 여러 상점들의 가격들을 그래프에 그려보면 사각형(rectangular)형태를 보이는 경우를 말한다. 정규가격분포(bell-shaped price distribution)란 여러 상점들의 가격이 종모양 형태, 즉 대부분의 가게가 비슷한 가격대를 형성하고 있고, 일부 가게의 가격이 비슷한 가격대보다 싸거나 비싼 경우를 의미한다.

기대최저가격=최저가격+(최고가격−최저가격)/(n+1)n = 정보탐색 상점 개수

문제 1	균일가격분포 문제[2]

최고가격 9만 원, 최소가격 5만 원, 평균가격 7만 원, 한계탐색비용(소비자의 시간, 교통비용 포함한 비용)이 시간당 1,000원이라고 하자. 한 시간에 한 상점의 가격을 체크한다고 가정하면, 이 소비자는 상점 몇 개를 탐색해야 하는가?

정 답	다섯 개 상점 탐색(다섯 번째 상점에서 두 개의 조건 동시만족)

| 표 7-4 | 균일가격분포의 경우 최적 상점 수 계산표 예

상점 수	기대 최저가격(원)	기대 한계이익	한계비용(원)	총 비용(원)	소비자가격(원)
1	$150,000 + (90,000 - 50,000)/2$ $= 70,000$	–	1,000	1,000 (상점 수×1,000)	71,000
2	$50,000 + (90,000 - 50,000)/3$ $= 63,333$	$(70,000 - 63,333) = 6,667$	1,000	2,000	65,333
3	60,000	3,333	1,000	3,000	63,000
4	58,000	2,000	1,000	4,000	62,000
5	556,667	1,333	1,000	5,000	61,667
6	55,714	952	1,000	6,000	61,714
7	55,000	714	1,000	7,000	62,000
8	54,444	556	1,000	8,000	62,444

정보경제학 접근에 따르면 위 〈표 7-4〉에서 두 가지 원칙에 의거하여 다섯 개 상점의 가격을 탐색하는 것이 탐색비용과 시장의 가격분포 특성에서 가장 이상적인 정보탐색결정이다.

2) 정규가격분포에서의 최적 정보탐색량

제품에 대한 시장에서 가게의 요구가격 분포가 종모양(bell-shaped)으로 구성되어 있는 시장으로 평균점에 가까운 가격을 요구하는 상점이 가장 많지만, 드물게는 아주 낮거나 높은 가격을 부르는 상점이 있다. 따라서 시장에서의 상품의 기대가격은 종모양의 정규분포(Normal) 형태를 띠게 된다. 상점 수를 탐색함으로써 얻는 기대 최저가격은 가격분포의 평균, 표준편차에 달려 있으며, 다음은 정규분포의 k지수 구하는 방법이다(k=정규분포의 k지수).

---

2) 이하 균일가격분포 및 정규분포 관련 문제는 《소비자정보론》(허경옥 외, 2008)의 것과 동일한 예제임.

| 표 7-5 | 정규분포의 κ지수

n	k	n	k	n	k	n	k
2	0.564	13	1.668	24	1.048	35	2.107
3	0.846	14	1.703	25	1.965	36	2.118
4	1.029	15	1.736	26	1.982	37	2.129
5	1.163	16	1.766	27	1.998	38	2.140
6	1.267	17	1.794	28	2.014	39	2.151
7	1.352	18	1.820	29	2.029	40	2.161
8	1.424	19	1.844	30	2.043	41	2.171
9	1.485	20	1.867	31	2.056	42	2.180
10	1.539	21	1.889	32	2.070	43	2.190
11	1.586	22	1.910	33	2.082	44	2.199
12	1.629	23	1.929	34	2.095	45	2.208

- 두 개 상점을 쇼핑한 후 얻는 기대 최저가격 = [M-.564(S.D.)]

- 세 개 상점을 쇼핑한 후 얻는 기대 최저가격 = [M-.846(S.D.)]

- 네 개 상점을 쇼핑한 후 얻는 기대 최저가격 = [M-1.029(S.D.)]

- 다섯 개 상점을 쇼핑한 후 얻는 기대 최저가격 = [M-1.163(S.D.)]

- n개 상점을 쇼핑한 후 얻는 기대 최저가격 = [M-κ(S.D.)]

- (가격분포가 정규분포인 경우)기대 최저가격 = 평균값-(κ지수)×(표준편차)

문제 1   정규분포가격 문제
한 지역의 오디오 가격을 조사한 결과 평균가격은 41만 1,470원(허경옥 외, 2008), 표준편차 1만 9,950원으로 가격분포가 정규분포를 이룬다고 하자. 또 소비자의 시간 및 다른 교통비용을 포함한 한계탐색비용은 시간당 1,000원이라고 하자. 이 소비자는 상점 몇 개를 탐색해야 하는가?

정 답   두 개 상점 탐색

| 표 7-6 | 정규분포가격의 경우 최적 상점 수 계산표

상점 수	기대 최저가격	기대 한계이익	한계비용 (원)	총 비용(원)	총 지불가격 (완전비용, 원)
1	411,470	–	1,000	1,000 (상점 수×1,000)	71,000
2	411,470 – .564(19,950) = 400,230	411,470 – 400,230 = 11,240	1,000	2,000	402,230
3	411,470 – .846(19,950) = 394,590	400,230 – 394,590 = 564	1,000	3,000	397,590
4	390,940	365	1,000	4,000	394,940
5	388,270	267	1,000	5,000	393,270

참조 : MB ≒ MC 이면서 소비자의 총지불비용이 작은 경우는 두 개 상점을 방문할 경우이다.

이때, 가게를 두 곳 방문 시 소비자 지불 비용이 40만 2,230원으로 세 개 방문 시 39만 7,590원보다 다소 높기는 하나, 그 차이가 크지 않고 MB=MC가 충족되어야 하므로 세 곳보다는 두 곳 탐색이 효율적이다.

지금까지 Stigler의 최적정보탐색이론에 대해 살펴보았다. Stigler의 이론은 매우 명확하고 최적탐색을 위한 한계비용과 한계이익의 개념을 잘 보여주고 있다. 그럼에도 이 이론은 몇 가지 한계를 가지고 있다. 무엇보다도, 시간비용 산정이 적절하게 되었는가하는 문제를 안고 있다. 심리적 가치관의 문제가 정보탐색량 결정에 배제되고 있으며 상품과 서비스의 질적인 측면이 배제되고 있다. 오늘날 최적의 정보탐색량의 결정에 있어서는 절대적 개념보다 상대적 개념이 더 중요할 수 있음을 고려하지 않고 있다. Phillip Nelson(1960)은 Stigler의 이론의 문제점 및 전제조건을 지적하였다. 구체적으로, Nelson(1960)은 소비자가 구매 전에 몇 번의 탐색을 해야 하는 조건과 탐색 후 최적조건을 찾아 결정한다는 가정이 현실에서는 맞지 않는다고 주장하였다. 점포탐색에서 실제 현실의 소비자는 랜덤쇼핑을 하지 않으므로 Stingler의 전제조건은 비현실적이다 라는 것이다. 흔히 현실에서 소비자는 정보탐색 전에 가격분포를 어느 정도 알고 있으며, 경제적 요소만 고려하지 않고 다양한 요소를 고려하며 소비자의 관여도 등은 고려하지 않는 한계를 가지고 있다.

○ 균일분포와 정규분포 동시 분석 예제

미국의 A도시와 B도시에서 22세 독신 여성을 위한 연간 자동차보험가입을 위한 가격표를 가지고 앞서의 공식을 이용하여 기대최저가격을 계산하였다. 이때 A도시는 자동차 보험료의 가격분산이 균일가격분포를 이루고 있고, B도시는 정규가격분포를 이루고 있었다고 하자. 이때 A, B 두 도시의 보험료자료를 가지고 기대최저가격에 대한 도식을 나타내면 〈그림 7-3〉과 같다고 하자.

A도시에서 보험료가격은 균일분포를 이루고 있었고, 구매를 위한 사전탐색의 기대최저가격과 한계이익을 계산하여 자동차보험가입을 위한 기대최저가격과 탐색한 회사 개수를 도식에 제시하였고, 자동차보험가입에 대한 가격분포가 정규분포를 이루고 있는 B도시의 경우도 도식으로 나타냈다. 다시 말해, 두 도시의 자동차 보험가입에 대한 기대최저가격에 대한 균일분포와 정규분포를 도식으로 나타내면 다음과 같다.

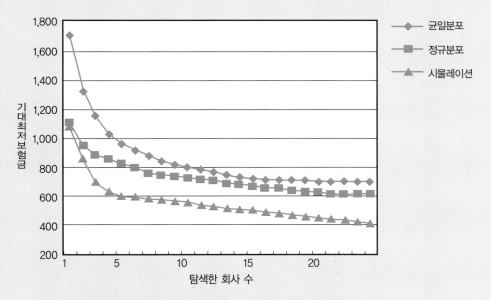

자동차보험 가입에 대한 기대최저가격 : 균일분포와 정규분포 비교

여기서 시뮬레이션(소비자 가격탐색실험)이란 실제로 소비자를 대상으로 A도시에서 가격탐색조사를 직접 실험한 결과이다. 소비자가 직접 자동차보험회사를 방문하여 가격을 탐색할 경우 기대최저가격이 균일분포와 정규분포인 경우보다 낮게 나타나고 있다. 이는 아마도 현실 세계에서 소비자들이 유명하고 홍보를 많이 한 대규모업체, 즉 낮은 가격을 제공하는 업체를 우선순위로 방문할 가능성이 높기 때문으로 추정된다. 〈그림 7-3〉을 볼 때, 두 도시의 경우 모두 기대최저가격은 가격탐색을 더 많이 하면 할 수록 점점 더 작아지며, 최저가격보다는 높은 완전비용 중에서 비용이 가장 적은 다섯 곳의 회사를 탐색하는 것이 최적의 구매라로 할 수 있다.

BASICS OF CONSUMEROLOGY

8

광고의 이해

1. 광고의 기초 │ 2. 광고의 영향 │ 3. 광고 전략 │ 4. 비교광고
5. 부당광고 │ 6. 광고규제 │ 7. 광고실증제

CHAPTER 8

광고의 이해

1. 광고의 기초

광고는 소비자정보의 한 유형으로서 소비생활에 많은 영향을 미치고 있다. 수많은 광고 속에서 살아가는 소비자에게 광고가 소비선택에 미치는 영향은 실로 막대하므로 광고란 무엇인지, 광고의 기능, 광고의 영향 등에 대한 충분한 이해와 판단이 요구된다. 이에 대해 구체적으로 살펴보면 다음과 같다.

1) 광고란?

광고란 어떠한 사실을 널리 알려 사람들의 주의와 관심을 끌어 자기가 바라는 일정한 목적을 달성하려는 고지적인 행위를 의미한다. 한국광고학회에서는 광고를 광고주가 청중을 설득하거나 영향력을 미치기 위하여 대중매체를 이용하는 유료의 비대면적 의사전달의 형태라고 정의하였다. 1948년 미국 마케팅학회(AMA : America Marketing Association)에서는 광고를 "시장에 정보를 제공하고 설득하는 특정기업에 의한 아이디어, 상품, 서비스의 촉진과 매체에 대한 통제된 형태"라고 하였다. 한편, 우리나라 공정거래지침에 따르면 광고는 사업자가 상품, 거래내용, 거래조건 등에 관하여 신문, TV, 포스터, 방문, 입장권, 애드벌룬 등의 매체를 이용하여 일반 소비자에게 선전 또는 제시하는 행위라고 정의내리고 있다. 결국, 광고란 사업자가 판매촉진을 위하여 자사제품/서비스의 내용, 거래조건 등에 관한 정보를 소비자에게 선전하는 행위라고 결론내릴 수 있다.

2) 광고의 기능

광고의 기능은 기업과 소비자입장에서 구별하여 살펴 볼 수 있다. 무엇보다도 광고는 사업자 또는 기업에게는 상품과 서비스의 판매를 촉진하기 위한 대표적인 마케팅 전략 중의 하나이다. 다시 말해, 광고는 기업 입장에서는 제품의 판매촉진기능을 수행한다. 기업은 광고를 통해 새로운 상품과 기존 상품의 소비욕구를 자극하고, 상품의 특정 장점을 부각시켜 소비자들의 인지도를 높이고, 새로운 상품 또는 변화된 상품정보를 제공하며, 제품의 특성 및 차별화를 강조하게 된다.

한편, 소비자입장에서 광고의 기능은 크게 두 가지 기능을 수행하고 있다. 하나는 소비자에게 제품 및 서비스에 대한 정보전달의 기능이며, 다른 하나는 설득의 기능이다.

- **정보전달의 기능** : 소비자에게 제품의 특성, 가격, 품질, 거래조건 등에 관한 각종 정보를 제공함으로써 소비자의 올바른 구매결정을 도와주는 기능
- **설득의 기능** : 광고를 통해 소비자들의 제품구입 욕구를 자극하고 구매를 유도 또는 설득하는 기능

시장경제체제에서 광고는 상품에 대한 정보를 소비자에게 제공하는, 즉 정보전달의 긍정적 기능을 수행한다. 광고의 정보전달의 기능은 소비자에게 합리적 소비를 유도하고, 또한 기업 간 경쟁을 촉진시키는 유용한 측면이 있다. 소비자 입장에서 정보전달의 기능은 제품선택과 관련한 의사결정에 긍정적인 기능을 하게 된다. 합리적 소비선택, 바람직한 소비생활을 하기 위해 정확하고, 신속하며, 적절한 정보는 필수적인데 광고의 정보전달 기능은 이 같은 역할을 수행한다. 그러나 대부분의 많은 광고는 정보전달의 기능보다는 판매촉진에만 초점을 둔 광고, 즉 설득적 기능만을 수행하는 경우가 많아 소비자이익 및 소비자만족 측면에서 부정적인 영향을 미치므로 문제가 되고 있다. 설득의 기능은 제품구매욕구자극, 충동구매, 과잉소비 등 합리적인 소비생활을 저해한다. 대부분의 많은 광고가 정보전달 형태의 광고보다는 설득적 광고 형태에 치중해 있기 때문에 품질과 가격경쟁을 피하고 광고경쟁만 심화시키는 등 심각한 문제를 안고 있다. 광고는 위의 두 가지 주요 기능 이외에도 다양한 범위에서 그 기능을 수행하고 있다. 광고의 기능을 긍정적 기능과 부정적 기능으로 구분하여 더 자세하게 살펴보면 다음과 같다.

(1) 광고의 긍정적 기능

① 정보제공

광고는 소비자에게 시장에 존재하는 제품의 종류, 특성, 가격, 품질, 거래조건, A/S 등에 관한 다양한 정보를 알려 주어 소비자의 구매활동에 도움을 준다. 광고는 품질과 가격경쟁을 촉진하며

구매에 드는 시간과 비용을 절약하게 해주는 등 소비자들에게 구매편의를 제공한다. 때에 따라서 광고는 판매인이나 광고로부터 속지 않는 방법 또는 소비자피해보상 등에 관한 정보를 제공하기도 한다.

② 경제발전에 기여

광고는 거시적 차원에서 경제발전 및 성장에 기여한다. 광고를 통해 소비자들의 구매욕구가 증가됨으로써 소비성향이 높아지게 되어 내수시장을 활성화시키며, 궁극적으로는 경제성장에 기여하게 된다. 광고는 신제품 판매시장을 형성하는 데 일조하며 제품표준화, 대량생산구조를 가속화시켜 경기활성화에 긍정적인 효과를 창출한다. IMF사태 이후 소비가 급격하게 줄자 지나치게 위축된 소비 또는 소비억제도 국내경기 활성화에 걸림돌이 될 수 있음을 경험하였다. 이 경험은 광고를 통한 적절한 정도의 소비자극이 경기촉진의 긍정적 영향을 미칠 수 있음을 보여준다.

③ 상업매체 후원

상업매체는 광고를 통해 재정적 지원을 받게 된다. 방송매체, 신문사, 잡지 등 각종 상업매체는 광고를 통한 경제적 지원에 의해 존재가 가능하다고 해도 과언이 아니다. 광고는 각종 상업매체의 활동, 각종 행사 등의 경제적 지원자의 역할을 하고 있다.

8-1

광고에 대한 소비자 태도

금강기획, MBC 애드컴, 대흥기획, 코래드 등 여섯 개 광고대행사가 1994년 공동으로 전국의 6,000명을 대상으로 광고에 대한 소비자 태도를 조사하였다. 그 결과 'TV 프로그램보다 광고가 더 재미있다(53%)', '광고를 보면 구매하고 싶은 생각이 든다(54%)'는 대답이 반수를 넘었고, 젊은 층일수록 광고에 대한 호의가 높은 것으로 나타났다.

'광고를 보고 있으면 우롱당한 느낌이 든다'는 소비자가 34%로 나타났는데, 연령이 낮은 소비자층에서는 24%만이 그런 느낌을 받는다고 하였다. '광고를 보면 물건을 사고 싶은 충동을 느낀다'는 소비자는 54%로 나타났는데, 10대(71%)와 20대(62%)처럼 연령이 낮은 소비자가 더 구매충동을 받는 것으로 나타났다. 또한, '광고에서 얻은 정보가 물건을 살 때 도움이 된다'는 응답자가 전체의 83%로, 많은 소비자가 광고에서 유용한 정보를 얻는 것으로 조사되었다. 그리고 '광고를 많이 한 제품이 신뢰가 간다'는 소비자가 60%, '광고에서 하는 말은 믿을 수 없다'고 응답한 소비자가 63%로 나타나 광고의 구체적인 메시지에 대해서는 신뢰하지 못하고 있는 반면 광고를 많이 한 제품은 큰 회사의 제품이라고 생각하여 신뢰하는 것으로 나타났다.

출처 : 기업소비자정보. 1995년 4월호. p. 16~17.

(2) 광고의 부정적 기능

광고는 부정적인 기능도 수행한다. 광고가 주로 소비자에게 미치는 부정적 영향은 충동구매 및 과다소비를 부추겨 소비자의 합리적인 선택을 방해하고 나아가서는 소비자이익과 소비자주권 실현에 부정적인 영향을 미친다.

① 소비자선호 왜곡

광고를 통해 유행이 성행하고 대량생산이 가속화되면서 소비자들은 자신의 취향 및 기호가 무엇인지 망각하게 된다. 광고로 인한 대량소비 경향과 이에 따른 제품표준화 및 규격화로 소비자 선호가 왜곡될 수 있다. 결국, 광고를 통해 공급자지향적 구조가 정착되면서 소비자들의 취향 및 기호 등이 무시될 수 있는 것이다.

② 충동소비 및 과다소비 조장

광고의 대표적인 부정적 영향 중의 하나는 과다소비성향을 부추기는 것이다. 광고는 비계획적 소비를 충동질시킬 뿐만 아니라, 소비자욕구를 야기시켜 더 좋은 주택, 더 좋은 음식, 더 좋은 옷 등 끊임 없이 더 좋은 것을 추구하도록 자극함으로써 과소비 및 낭비를 조장한다. 광고는 주로 제품에 대한 호의적인 정보만을 제공하며, 성적인 매력 혹은 사회적 지위의 개선과 같은 것들을 약속함으로써 구매할 능력도, 필요도 없는 제품들을 구매하도록 유도한다. 결국, 광고는 충동구매, 과소비 등을 유발시켜 소비자들의 합리적인 선택, 바람직한 소비생활에 부정적인 영향을 미친다.

③ 과잉광고의 공해

광고에 대한 가장 보편적인 불만 중의 하나는 광고가 지나치게 많이 소비자들에게 제공된다는 것이다. 소비자들은 라디오, TV, 신문 그리고 우편물 등을 통해 가정에서 뿐만 아니라 자동차,

'신기한 영어나라' 광고

'신기한 영어나라'에서는 1998년 TV 및 출판물에 자사의 영어교육 서비스를 광고하고 있다. "네 살짜리가 영어하는 모습, 보셨습니까?", "영어는 네 살도 빠르게 아닙니다"라는 광고문구를 통해 많은 부모들이 영어교육을 시키도록 유혹하고 있다. 특히, 영어를 모국어로 하는 외국인 아이와 유창하게 영어로 대화하는 우리나라 네 살 어린이의 모습은 자녀교육에 관심이 많은 우리나라 부모들의 가슴에 파고 들고 있다.

과연 두 살부터 시켜야 할 정도로 영어 조기교육이 꼭 필요한가 하는 질문을 제치고라도 이 광고는 많은 부모(소비자)들에게 영어교육에 대한 과잉적 소비, 무비판적 선택을 부추기고 있는 것은 부정할 수 없는 사실이다.

엘리베이터, 극장, 호텔 로비, 전철 등에서도 끊임 없이 광고와 접하고 있다. 소비자들의 주의를 끌기 위해 수많은 광고들은 광고 메세지를 통해 끝없이 소리치며, 놀라게 하고, 기억시키고자 한다. 많은 매체들이 자율적으로 광고를 규제하고 있지만 경쟁이 가속화되는 현실 속에서 판매를 높이고자 하는 기업의 영리추구 행동으로 광고량은 좀처럼 줄어들지 않고 있다. 이 같은 끊임 없는 광고, 과다광고는 소비자들에게 소리공해, 시각공해, 정보공해를 일으킨다. 광고사회라고 할 만큼 광고가 넘쳐나는 현대사회에서 소비자들은 과잉광고로 인한 피해를 입고 있다고 할 수 있다.

2. 광고의 영향

광고는 직접적인 구매뿐만 아니라 소비자의 가치관 및 소비태도에도 상당한 영향력을 행사하는데 인간의 꿈, 동기, 가치관, 태도 등에까지 많은 영향을 미치게 된다. 광고는 좁은 의미에서는 마케팅 도구로서 존재하나, 그것이 미치는 영향이나 효과는 마케팅의 차원을 훨씬 벗어나 한 사회와 인간생활 저변까지 광범위하다고 하겠다. 특히, TV광고의 경우 음향과 영상이 작용하여

8-3

대부업 광고만 나쁜가? 아파트 광고도 못지않아

멀쩡한 사람을 순식간에 신용불량자로 전락시키는 대부업체 광고에 못지않은 피해를 낳는 광고는 많다. 경제정의실천시민연합(경실련)은 이런 광고 가운데 대표적인 경우로 신문 광고의 20% 이상을 차지하는 아파트 광고를 뽑았다.

경실련 아파트값 거품 빼기 운동본부는 2007년 6월 15일 '선(先) 분양 아파트광고 출연중단 캠페인'을 시작했다. 이와 함께 경실련은 선 분양 아파트 광고에 등장한 연예인들에게 출연 자제를 권하는 편지를 보냈다. 옷이나 구두 같은 상품은 다 만들어진 채로 판매되나, 아파트만은 건설 계획서만으로 분양가를 마음대로 책정, 입주자들로부터 공사비를 미리 받고 있다. 아직 지어지지 않은 아파트 분양가를 건설회사가 마음대로 정할 수 있게 돼 있는 까닭에 아파트 가격에는 심한 거품이 끼었다.

경실련의 주장에 따르면 이런 악순환 구조가 이어지는 데 결정적인 기여를 하고 있는 게 유명 연예인들의 광고다. 마치 평소 좋은 이미지를 갖고 있던 연예인들이 출연한 광고로 인해 대부업체에 대한 부정적 인식이 희석된 것과 닮았다.

정부나 건설회사가 밝히지 못하는 분양원가에는 언론사를 대상으로 한 건설사의 막대한 로비성 광고자금이 흘러 들어가고 있다. 건설회사의 홍보비용은 고스란히 소비자들에게 고분양가로 전가된다. 완공된 아파트를 꼼꼼히 따져보고 구매를 결정하는 후(後) 분양제와는 달리, 선(先) 분양제의 경우에는 품질이 아닌, 막연히 제품 이미지만으로 거래가 이루어지고 있다. 때문에 건설 업체들이 언론홍보에 큰 공을 들이고, 거액의 출연료를 제공하며 유명 연예인 등장 광고를 제작하고 있는 것이다.

출처 : 프레시안, 2007년 6월 15일

강력한 자극을 주며, 반복성으로 인해 그 침투력은 다른 어떤 메시지보다 포괄적이며 강력하다. 무분별한 광고는 우리의 식생활, 의생활, 인생관, 인간관 등 모든 문화적 생활양식 및 정신적 고유성과 자율성에 영향을 미친다. 여기서는 광고의 영향력에 대해 살펴보되 소비자입장에 보다 초점을 두고 구체적으로 살펴보자.

1) 경제에 미치는 영향

광고에 미치는 영향력은 무엇보다도 경제 전반에 미치는 효과에서 살펴볼 수 있다. 기업이 광고를 하는 순간부터 경제적 효과를 창출한다. 광고는 신제품시장 확대, 유효수요유지, 경기활성화, 경제성장, 투자 및 고용을 촉진시키며, 기업 간의 경쟁을 유발한다. 이 같은 광고의 긍정적 측면 때문에 '광고는 자본주의의 꽃'이라고 불린다. 우리나라 광고비는 1997년 약 80억 $(7조여 원)로 광고규모면에서 세계 7위라고 한다. 국민총생산(GNP)에서 광고비는 그 나라 경제의 시장경제화 정도를 측정하는 척도로 여겨지고 있다. GNP대비 광고비 비율이 1%를 넘으면 일단 시장경제가 뿌리를 내리고 광고시장도 성숙단계인 것으로 보는 것이 보통이다. 우리나라의 경우 1984년 1%를 넘은 이후 꾸준히 1% 이상을 유지하고 있다.

그러나 광고는 경제적 측면에서 부정적인 영향을 미치기도 하는데 주로 자원낭비, 독점적 구조 형성, 비가격경쟁유도 등의 효과이다. 광고의 소비자수요 창출 및 구매욕구에 미치는 광범위한 영향력 때문에 기업들은 제품을 보다 싸게 잘 만들려는 노력을 하기 이전에 유혹적이고 기억에 남는 광고제작에 보다 관심을 두게 될 우려가 있다. 이 같은 상황은 광고경쟁으로 이어져 많

소비사회의 광고와 이미지

과거 산업사회에서 소비자는 제품이 갖는 본질적 가치에 주목했다. 음료는 갈증을 해소하는 기능을 가지고, 집은 쉼터이자 가족의 생활공간이라는 사용가치가 있음을 중요하게 여겼다. 그러나 물질적 풍요와 여가의 증대로 인해 현대사회의 소비자는 제품의 사용가치보다 이미지와 체험을 중요하게 여긴다. 제품의 기능과 제품이 갖는 이미지가 일치하지 않음에도 불구하고 소비자는 이미지에 현혹된다. 그 제품을 사용하면 자신이 가진 욕망을 실현하는 듯 착각에 사로잡혀 소비를 하게 된다. 소비자는 이미지의 포로가 되는 상황이다. 따라서 광고 기획자는 소비자의 이런 심리를 활용해 광고를 만들고 있다. 박카스 광고는 피로 회복을 위한 음료라는 종래의 사용가치를 광고 어디에도 내세우지 않는다. 아파트 광고에서도 집이 갖는 고유 기능에 대한 언급은 보이지 않는다. 단지 이 음료를 마시면 당신은 사회가 만들어 놓은 건전한 사고를 가진 청년이 된다느니, 이 아파트에 살면 당신은 마치 무대의 주인공이 된다느니 하는 이미지를 내세울 뿐이다. 결국 현대의 광고는 제품의 사용가치보다 그것을 사용하면서 소비자가 누릴 이미지에 초점을 맞추고 있음을 알 수 있다. 광고가 만들어가는 이미지에 소비자가 끌려가는 양상인 것이다.

출처 : 부산일보, 2008년 1월 22일

은 비용을 수반하게 되며 이는 사회적 낭비로까지 이어질 수 있다.

2) 제품가치에 미치는 영향

광고는 상표에 대한 이미지를 향상시켜 제품가치를 높이는 것이 보통이다. 이미 알려지고 친숙해진 상표는 소비자들에 낯설은 상표보다 높아진 이미지로 인해 선호될 가능성이 높으므로 광고는 제품의 가치를 높이는 효과를 창출한다. 많은 소비자들이 광고된 제품을 더 선호하는 이유는 광고된 제품이 광고되지 않은 제품보다 더 좋다고 믿기 때문이다. 광고를 통해 얻어진 브랜드 이미지나 선호도는 기업에게는 무형의 중요한 자산이다. 광고가 제품의 질에 대해서는 전혀 언급하지 않았다 하더라도 광고를 통해 전달된 긍정적인 이미지는 제품의 질을 암시하고 이에 따라 소비자는 광고된 제품을 좀 더 바람직한 제품으로 인식하게 된다. 그 결과 그 제품에 대한 가치가 부가되는 것이다. 뿐만 아니라 광고는 제품의 새로운 용도에 대해 소비자를 교육시킴으로써 가치를 창조한다.[1]

3) 가격에 미치는 영향

광고가 가격에 미치는 영향에 대해서는 광고가 제품의 가격을 상승시킨다는 견해가 지배적이다. 비싼 광고는 판매가격을 인상시키며, 설령 광고에 의해 규모의 이익이 실현되어 단위당 제조원가가 저하되더라도 광고비의 증가는 생산원가의 절약분보다 크므로 가격이 인상되는 것이다. 결국, 소비자입장에서 광고는 유료정보인 셈이다. 이 같은 측면에서 볼 때 지나친 광고경쟁

우리나라 방송광고비

우리나라의 TV 및 라디오 광고비는 얼마나 될까? KBS가 인터넷 홈페이지(http://www.kbs.co.kr)에 게시한 바에 의하면 평일 8시 30분부터 9시 50분 사이 15초 광고 시 604만 5,000원으로 가장 비싸다. 제일 싼 것은 오전 6시의 광고로, 약 96만 원이다. 주말에는 주말연속극과 밤 9시 대에 621만 원 정도이다. 라디오 광고는 20초 광고 시 오전 9시부터 낮 12시 사이가 가장 비싼데 35만 원정도이며, 자정부터 새벽 2시까지는 8만 4,000원 정도로 가장 싸다. 라디오 광고비는 TV광고의 약 5%에 못미침을 알 수 있다.

출처 : 중앙일보. 1997년 5월 23일

---

1) 광고란 부가가치를 주는 것이 아니라 오히려 소비자로 하여금 가치를 잃게 한다는 주장이 있다. 실질적으로 동일한 제품이나 광고를 통해 쓸모 없는 차이를 지각하여 참된 가치를 가진 제품의 구매를 방해한다는 의견도 있다.

광고비평 : 너희가 스타를 믿느냐?

한 종교의 교주가 있다. 그 종교의 이름은 배용준교. 신체, 행동, 생각, 말 하나 하나가 모두 그의 교리이다. 몸짓 하나 말 한마디에 그의 충성스런 교도들은 매료된다. 배용준교가 최근 쓰고 있는 교리는 '과일나라 코팩'이다. 교주는 '여자는 코가 예뻐야 한대요'라고 말하고 있어 코가 아름다움의 새로운 기준이된다. 코에 자신이 없는 여자는 교주의 교리를 어긴 이단자이다. 교주는 신도들로 하여금 소비라는 이름의 신앙고백을 유도하고 있다. '코팩 해드릴까요?'라고 묻는 교주의 말씀을 어찌 거역할 수 있겠는가? 배용준교의 충실한 신도로 남기 위해서는 과일나라 코팩을 구입함으로써 자신의 믿음을 확신시켜야 한다. 스타로 표현되는 우리 시대의 교주와 그를 우상화하고 열광적인 지지를 보내는 우리 시대의 광신도들 그가 바로 우리, 소비자이다. 스타교주가 권하는 제품에 대한 소비행위로 확인되는 팬 교도들의 맹목적인 신앙고백, 이것이 바로 광고의 노림수이다.

출처 : 엄창호(1997). 월간광고정보 중의 일부분을 저자가 재편집함.

은 제품가격을 상승시키고, 그만큼 소비자에게 전가되므로 결국 광고비용은 소비자가 부담하게 되는 것이다.

4) 경쟁에 미치는 영향

광고비용은 새로운 업자에게는 새로운 시장에 진출하는 데 있어 높은 시장진입장벽이다. 높은 광고비는 경쟁상표의 진출을 억제시키며, 기존 유명상표의 시장점유를 가속화시켜 독점적 경제체제를 형성하는 데 일조한다. 소기업 및 특정 산업에 처음 참여하고자 하는 기업들은 기존 기업의 막대한 광고비에 맞서기 어려운 것이 사실이므로 광고는 경쟁을 제한하는 요인이 되고 있다. 결국, 막대한 자금능력을 가진 대기업들만이 독점적으로 광고를 행할 수가 있으므로 광고는 경쟁체제를 약화시키고 이윤의 독점현상까지 초래하여 궁극적으로 시장기능실패로 이어질 수있다.[2]

5) 소비자수요에 미치는 영향

광고는 기본적으로 판매촉진의 대표적인 수단이다. 광고는 소비자수요를 높이고, 신제품의 시장형성, 제품수명연장 등 대량소비를 촉진시킨다. 광고는 소비자들로 하여금 물질적 욕구의 즉각적인 만족을 추구하도록 조장한다. 즉, 필요하지 않은 제품의 구매를 유도하는 등 광고는 소비자수요를 확대시키고 있음에 틀림없다.

2) 광고가 경쟁체계를 약화시켜 독점을 조장하는 것이 아니라 오히려 경쟁을 가중시킨다는 주장도 있다.

지금까지 살펴 본 바와 같이 광고는 소비자에게 많은 영향을 미칠 뿐만 아니라, 사회·문화 전반에까지 막대한 영향을 미치므로 광고의 기능 및 영향에 대해 보다 신중하게 생각해 보아야 한다. 특히, 소비자들은 매일 매일 쏟아지는 다양한 광고기법과 광고 전략 사이에서 자신도 모르게 불필요한 소비를 하는 경우가 속출하고 있음을 상기하여야 한다. 수많은 광고 속에서 제품의 올바른 평가 및 선택은 소비자의 이익 증진과 합리적이며 바람직한 소비생활을 위해 필수적이다. 광고에 대한 소비자들의 철저한 분석과 정확한 판단을 바탕으로 소비자 지향적이며 정보전달의 기능을 수행하는 방향의 광고문화를 형성하는 데 일조하여야 한다.

3. 광고 전략

소비자는 광고를 제대로 보고 그 의미를 정확하게 읽을 수 있어야 한다. 광고를 올바르게 판단하고 비판적으로 바라볼 수 있는 능력을 배양하여 합리적인 선택과 바람직한 소비생활을 추구하여야 한다. 소비자가 올바르게 광고를 판별하고 비판적으로 수용하는 능력을 키우려면 무엇보다도 전형적인 광고 전략에 대해 살펴볼 필요가 있다. 광고의 주요 목적인 판매촉진을 달성하기 위해 광고는 매우 다양한 전략을 사용한다. 소비자에게 제조자명, 제품명, 브랜드명 등을 부각시키기 위한 광고 전략은 매우 많아 일일이 소개하지 못할 정도이다. 제품은 아예 보이지도 않고 언급하지도 않는 광고, 제품과는 무관한 충격적인 내용을 전달하는 광고, 제품의 역기능을 강조하는 광고, 제품과 무관한 전쟁·자유·평등과 같은 내용을 표현하는 광고, 성적인 내용을 도구로 하는 광고, 금기에 도전하는 광고, 반어법이나 부정적인 이미지를 표현하는 네거티브 광고 등 매우 다양한 전략이 사용되고 있다. 이처럼 다양한 광고 전략을 크게 내용상의 전략과 광고기법상의 전략으로 구분하여 간단하게 살펴보면 다음과 같다.

1) 광고내용상의 광고 전략

광고를 통해 판매촉진을 추구하는 사업자는 다른 제품이나 서비스 및 상표와 경쟁하면서 자사 상표를 판매해야 하므로 보다 효과적인 광고 전략을 수립하고자 하는데, 광고 내용상 크게 두 가지 전략으로 구분할 수 있다. 첫째, 제품의 속성이나 강점을 부각시키는 전략, 둘째, 제품속성에 대해 전혀 언급하지 않거나 검사 불가능한 구성 요소에 대해 강조하는 전략이 그것이다.

(1) 제품의 속성을 강조하는 전략

일반적으로 소비자가 특정 제품이나 서비스로부터 기대하는 특성은 비슷하다. 어떤 제품이 가져야 하는 주요 특성을 가지고 있을 때 소비자들은 그 제품을 구매하게 된다. 이 같은 상황을 고려하여 어떤 제품이나 서비스가 소비자가 높게 평가하는 어떤 특성을 갖고 있다면 그 판매자는 자신의 제품특성에 대해 강조하는 광고를 하고 또 그 특성의 중요성을 강조하는 광고 전략을 사용하게 된다.

예를 들면, 복사기를 판매하는 판매자 X가 기술개발로 선명도와 내구성이 우수한 복사기를 개발했을 때, 소비자가 일반적으로 복사기의 선명도, 내구성 등과 같은 속성에 높은 가치를 부여하므로 자사 복사기가 다른 상표의 복사기보다 훨씬 더 선명하게 복사되며 내구성이 더 강하다고 광고하는 경우가 이에 해당한다. 이 같은 광고 전략은 품질경쟁을 가속화시키고 소비자에게 품질정보를 제공하므로 광고의 정보전달기능이 효과적으로 기능할 수 있다.

한편, 자사제품을 광고함에 있어 소비자들이 중요하다고 생각하는 특성에 대해서는 말하지 않고, 그 대신 판매자의 제품이 갖는 다른 강점에 대해 광고하면서 이 강점을 매우 중요한 특성으로 강조하기도 한다. 예를 들면, 에어컨 제조회사가 제품의 주기능인 냉방력, 소음, 내구성이 아닌 자사 에어컨의 특정 특성인 살균력을 강조하고 또한 살균력이 에어컨 구매 시 고려해야 할 매우 중요한 특성이라고 설득할 수 있다. "이제 에어컨은 살균력입니다"라고 광고하는 경우가 실제 사례에 해당한다. 또 다른 예로서, 미국산 화장품 크리니크의 립스틱 광고는 '묻어나지 않는 기능성 화장품으로서의 립스틱'을 광고하고 있다. 이 광고 역시 립스틱의 품질, 색깔 등 기본적 속성보다는 커피잔이나 컵 등에 묻어나지 않는다고 강조하면서 립스틱의 부수적 속성을 강조하는 전략을 사용하고 있다. 그러나 이 같은 전략은 대부분의 소비자가 바람직하다고 생각해 온 특성에 대해 전혀 언급하지 않고 제품의 주요 기능이 아닌 기능을 강조하는 광고 전략으로서 소비자들의 판단을 흐리게 하고, 합리적 선택을 방해할 우려가 있다.

(2) 제품속성과 무관한 내용 강조 전략

많은 광고에서 제품과 무관한 광고를 하거나, 품질가격 등 정보제공이 아닌 이미지 촉진을 추구하는 광고, 검사 불가능한 제품의 성분을 강조하는 전략을 사용한다. 광고의 주요 목적인 판매증가의 목적을 달성할 수 있다면 광고가 정보제공의 역할이 아니더라도 상관없다는 식의 광고 전략이다. 예를 들면, 이동통신회사들은 온통 광고경쟁으로 휩싸이고 있다. 과거의 광고이긴 하나 '때와 장소를 가리지 않습니다', '거짓말도 보여요', '아유 쎄라', '원샷 018', '사랑의 019' 등 그야말로 광고전쟁이 계속되고 있다 해도 과언이 아니다. 이동통신 회사들이 자신들이 제공하는 서비스의 가격, 품질(예 : 난청 해결), A/S 등의 경쟁은 관심 없이 오직 광고경쟁만 가속화

그림 8-1 이동통신의 광고 경쟁

되고 있어 사실상 소비자에게 그 어떤 정보를 제공하지 못하고 있다.

요즈음 많은 광고가 이같이 제품과 무관한 광고 전략을 사용하고 판매촉진만을 추구하고 있어 소비자에게 정보제공의 기능을 상실하고 있다. 제품속성과 무관한 광고 전략을 보다 구체적으로 살펴보면 다음과 같다.

① 제품속성과 무관한 검사 불가능한 특성 강조

일반적으로 소비자가 직접 검사할 수도 없고 잘 알지도 못하는 전문 성분용어를 강조하는 경우가 많다. 예를 들면, 화장품 광고에서 '니포좀' 성분의 함유를 강조하는데, 이 니포좀 성분이 피부의 탄력과 윤기를 되돌려 준다는 식으로 광고하는 것이 대표적인 경우이다. 어떤 경우에는 제품이 공장에서 만들어지는 과정을 보여주면서 소비자로 하여금 제품을 보다 사실적으로 느끼도록 하여 제품의 신뢰성을 높이고 구매를 유도하고자 하기도 한다.

흔히 볼 수 있는 또 다른 유사한 광고 전략은 제품광고 시 그 제품에 관련된 전문가 또는 저명인사를 출현시키거나 그 견해를 도용함으로써 광고에 대한 소비자의 주의력을 상승시키고 신뢰도를 높여 구매를 유도하는 것이다.

② 회사 이미지 강조 전략

판매자는 만약 소비자가 특정 회사에 대해 좋은 인상을 가지고 있다면, 그 회사제품의 특성에 대해 아는 바가 전혀 없더라도 좋게 평가할 것이라는 기대를 가지고 회사 이미지 촉진 광고 전략을 사용한다. 이 전략은 주로 동일제품을 생산하는 여러 상표 간에 가격과 품질 면에서 거의 차이가 없을 경우 많이 사용된다.

대표적인 예로 석유회사를 들 수 있는데, 석유의 경우 수입회사가 다를 뿐이지 석유의 품질과 가격이 엇비슷하기 때문에 내세울 만한 특성이 없으므로 회사이미지 촉진을 통해 석유판매량 증가를 추구하게 된다. '유공에 오면 좋은 일이 생깁니다' 하는 광고, 'LG 사랑해요', '고객이 OK할 때까지 OK! SK!' 등이 이에 해당한다고 하겠다. 이 같은 광고는 품질 및 가격, 기타 거래 조건에 대한 정보제공 없이 이미지만을 부각시키므로 소비자에게 정보를 제공하는 기능은 전혀 없다고 하겠다.

기업이미지 광고 사례

고객은 참 눈이 높으세요.
고객은 쉽게 만족하는 법이 없이
늘 더 좋은 것, 더 새로운 것을 찾으시니까요.
그러니 어찌 최선을 다하지 않을 수 있겠습니까?
SK는 당신이 됐다 하실 때까지, 노력하겠습니다.
고객이 OK할 때까지
OK! SK!

출처 : 1998년 TV 및 신문광고에서

그림 8-2 기업이미지 광고 실례 : 삼성(주)

③ 오락적 요소 강조 전략

오락적인 요소만을 강조하는 광고 전략으로 최근 많은 광고에서 사용하는 전략이다. 제품의 품질이나 가격 또는 특성에 대해서는 일체의 언급을 하지 않고 폭소, 충격, 놀람 등 오락적 요소를 통해 제품이나 제조자를 기억하도록 하는 전략이다.

많은 오락적 광고가 가지는 공통점은 제품의 품질이나 가격 등 중요한 제품정보 제공은 하지 않고 제품명, 제품회사 등만을 기억시킨다는 것이다. 현재 소비자에게 주어지는 많은 광고가 오락적 요소를 강조하고 있어 문제가 되고 있다. 이 같은 오락적인 광고는 소비자에게 정보제공의 기능을 하지 못하며, 단지 설득적 기능만을 수행한다는 점에서 문제의 심각성이 있다.

2) 광고기법상의 광고 전략

(1) 반복 전략

가장 많이 사용하는 광고기법으로 반복을 통해 광고제품에 대한 소비자들의 기억을 높이려는 전략이다. 단순히 계속적으로 같은 광고 내용을 반복하기도 하며, 내용을 조금씩 바꾸어 연속적인 시리즈 광고 전략을 통해 소비자들을 공략하고 있다. 맥주광고, 이동통신광고, 국제전화광고 등은 반복적인 시리즈 광고 전략을 많이 사용하고 있다.

(2) 감성적 호소 전략

소비자들의 감성에 호소하여 그들의 구매욕구를 자극하는 전략이다. 예를 들면, 국제전화광고의 경우 '멀리 있는 딸에 대한 그리움'이란 표현을 통해 국제전화를 하고 싶은 욕구를 갖도록 하는데, 전화회사의 광고문안에 많이 사용하는 전략이다. 1997년 TV 보일러광고에서의 '여보, 아버님댁에 보일러 놔 드려야겠어요' 라는 표현은 부모에 대한 효성심을 자극하여 보일러 제품구매를 유도하였다.

(3) 모방 전략

소비자의 모방심리를 자극하는 전략으로 유명인사나 연예인들을 동원하여 그들의 소비를 모방하도록 하는 전략이다. 소비자들은 유명인이 사용하는 제품을 사용함으로써 유명인과 같은 위치에 있는 듯한 느낌 또는 동질감 등을 갖도록 자극하는 전략이다. 예를 들어, 날씬한 여성 탤런트를 통해 다이어트 및 헬스클럽 서비스 광고를 하는 것은 흔한 광고 전략이다.

선정적인 광고 사례 : 휴대용 피부관리기 '뷰리'

휴대용 피부관리기 뷰리(beauly)를 판매하는 '바이오닉스 코리아' 회사에서는 두 개의 광고를 출판물에 게재하였다. 첫 번째 광고의 제목은 '소박데기'로서 남편의 발에 차여 소박 맞는 부인의 모습을 그림으로 보여주면서 다음과 같이 광고하고 있다.

'니 얼굴 손좀 써야겠다', '못생긴건 참아도 피부 나쁜건 못참는다', '여러 조명발, 화장발로 감춰왔는데 신혼여행 샤워가 끝난 후 그이의 표정은… 흑흑. 더러운 피부는 용서할 수 없대요'

두 번째 광고의 제목은 '또 출장이야?'로서 여관으로 향하는 남편의 모습을 그림으로 보여주면서 광고 문안은 다음과 같다.

'얼굴에 신경좀 써야겠다', '사흘이 멀다하고 야근이다 출장이다 집을 비우는 그이. 사실을 알고 보니… 흑흑. 지저분한 내 피부 때문에 이런 일까지 당하다니…'

그림 8-3 휴대용 피부관리기 광고

(4) 유머 전략

코미디보다도 더 우스운 광고를 함으로써 소비자들의 기억에 오래 남도록 하는 전략이다. OB라거의 '랄랄라' 광고 시리즈, 002국제전화 광고는 대표적인 유머 전략 광고로서 많은 소비자들에게 우스운 광고로 오랫동안 기억되고 있다.

(5) 선정적 광고 전략

광고에서 가장 많이 사용하는 전략 중의 하나로 성적 표현이나 성을 주제로 하는 광고 전략이다. 제품의 품질을 소개하기 보다는 섹스어필 등에 초점을 두는 것으로 사랑, 이성 그리고 성은 광고의 대표적인 주제로서 사용되어 왔다. 광고 문구안에 성적인 표현을 도용하는 광고사례가 많아지고 있다. 자동차오일 광고의 '강한 걸로 넣어 주세요' 등의 카피, 치약광고 시 '하얀 치아를 가져야만 상대방과 입맞춤하기 좋다'는 식의 광고가 이에 해당한다. 여성을 성적 대상물로

그림 8-4 데이콤의 선정적 광고

그림 8-5 리바이스의 선정적 광고

그림 8-6 잠뱅이의 광고

이용하는 비윤리적인 이 같은 광고는 여성의 기본
적 권리에 대한 침해로서 여성단체 등 사회적으로
비난의 대상이 되고 있다. 그럼에도 불구하고 제품
과 무관한 내용의 이 같은 광고는 광고효과가 높다
는 이유에서 계속적으로 사용되고 있어 광고에 대
한 새로운 자각과 윤리적 책임, 소비자들의 비판적
의식이 더욱 요구된다.

그림 8-7 안티구니아의 충격적 광고

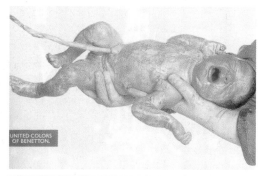

그림 8-8 충격적인 베네통 광고 시리즈

(6) 충격 전략

소비자들에게 충격을 주거나 놀래키는 전략을 통해 소비자들의 기억이나 구매욕구를 자극하는 전략이다. 충격적인 전략을 가장 많이 활용하는 광고는 이탈리아 의류업체인 베네통광고 시리즈이다. 이탈리아의 유명의류 브랜드인 베네통은 1984년부터 충격적인 광고를 계속해 온 바 찬반양론을 불러 일으켜 왔다. 죽어가는 에이즈환자, 보스니아 내전 전사자의 군복, 수녀와 사제복을 입은 남녀의 키스 등 인종, 성, 범죄, 전쟁 등 금기에 도전해 세계의 관심과 이목을 집중시켜 온 것은 어제 오늘의 일이 아니다.

최근에는 죄수들의 얼굴사진 위에 적힌 '사형선고'란 문구의 광고는 지금까지의 베네통 광고보다 더욱 강렬한 인상을 주고 있다. "나는 사회적 이슈를 제기하기 위해 옷을 이용한다."는 베네통 그룹의 사진작가 올리비에로 토스카니의 주장이다. 초점 잃은 사형수들의 눈동자를 통해 사형제도를 반대한다는 메시지를 담고 있는 이 광고는 역시 많은 소비자들의 관심을 불러일으키고 있다.

한편, 우리나라에서는 '안티구니아'라는 미국 국적의 다국적 기업은 1995년 의류제품을 시판하면서, 매우 충격적인 광고를 제공한 바 있다. 벌거벗은 백인 남자, 흑인 여자, 동양인 아이의 뒷모습을 보여주는 사진은 사회적 물의를 일으킨 바 있다. 당시 이 사진이 사회적으로 물의를

| 표 8-1 | 다양한 광고 기법들

광고 기법	광고 내용 사례
1. 광고 속 광고 (PPL : Product Placement)	광고 소품으로 특정 제품을 사용하여 특정 제품을 광고함
2. 이벤트성 광고	이벤트 행사 또는 특별기획행사를 통한 광고 (예 : 이동통신 017의 '사연 이어 주기', 즉 사람을 찾아 주는 광고)
3. 세태풍자 및 자아비판 광고	세태풍자, 회초리 등의 자아 반성광고
4. 멀티스펏 광고	여러 개의 광고를 동시에 방영하는 것
5. 시리즈 광고	주기적으로 광고를 만들어 인지도 유지
6. 리메이크 광고	과거 히트광고를 다시 내보내 히트상품임을 과시
7. 모델파괴 광고	여성제품에 남성모델을 내보내는 등 모델 설정을 파괴적으로 하는 것
8. 거꾸로 광고	모델, 그림, 글씨 등을 거꾸로 놓아 주의를 끄는 것
9. 효도 광고	부모님에 대한 효도심을 자극하는 것
10. 스캔들 광고	타제품의 흠집을 내는 등 광고로 인한 사회적 논란 및 스캔들을 일으켜 주위를 집중시키려는 것

소비자 수첩 8-9

종교에 버금가는 '절대적 믿음'을 갖게 된 브랜드

구글, 나이키, 코카콜라, 애플, 스타벅스, UPS, 에비앙, IBM…. 이런 브랜드의 특징은 절대적인 추종자들을 고객으로 갖고 있다는 점이다. 사람들은 어떤 과정을 거쳐 '절대적 믿음'을 갖게 될까?

　　다국적 광고대행사 TBWA, 오길비 등에서 임원으로 일했던 《열광의 코드 7》의 저자인 Patrick Hanlon은 종교에서 그 요인을 찾아냈다. 종교의 일곱 가지 특성을 갖추는 브랜드는 수억 달러 광고비나 마케팅 비용 없이도 '광신도'와도 같은 맹목적 소비자를 확보할 수 있다는 것이다. 패트릭 한런이 분류한 일곱 가지의 특성이란 창조신화와 신념, 아이콘, 의식, 이교도, 신성한 말 그리고 리더다.
　　대표적인 예로서 스타벅스는 '열광의 코드'를 대부분 갖춘 브랜드다. 한 젊은이가 시애틀에 커피숍을 내고 소설 '모비딕'에 나오는 일등 항해사의 이름을 따서 상호를 지었다는 스토리가 있고, 초록색 인어 로고가 그려진 하얀 컵은 눈에 띄는 아이콘이 됐으며, 도시인들은 스타벅스 커피로 하루를 시작하는 의식을 치른다. 또한 스타벅스에서 주문을 하려면 컵의 크기를 가리키는 '벤티(venti)'와 '그란데(grande)'라는 용어부터 알아야 한다. 이런 용어가 고객들에게 어떤 종교적 신비감을 준다는 말이다.

출처 : 동아일보, 2008년 3월 15일

빚자, 이 광고에 대한 소비자들의 의견, 소비자들의 태도에 대한 의견을 현상공모하는 등 광고 효과를 높이고자 하는 전략을 구사한 바 있다. 또 다른 예로, 잠뱅이 광고에서는 매우 부정적인 이미지를 강조하는 '네거티브 광고'를 연속적으로 시리즈 형태의 광고를 함으로써 소비자들에게 충격을 주고 있다. 흔히 알려진 기본적인 다양한 광고기법들을 정리·요약하여 제시하면 〈표 8-1〉과 같다.

　　지금까지 위에서 살펴 본 전략 이외에도 너무나 다양하고 기발한 전략을 사용한 광고는 소비자들을 유혹하고 있다. 제품에 대한 소비자의 기억과 이미지를 높이기 위해 새롭고, 기발하며, 현혹적인 광고 전략을 끊임없이 개발하는 등 제조업자 또는 광고업계의 노력은 계속될 것이다. 이 같은 상황에서 소비자들은 광고에 대한 올바른 판단을 하기 어렵고 자신도 모르는 사이 광고로 인해 비합리적인 소비선택을 하기도 한다. 따라서 광고에 대한 소비자들의 올바른 이해, 판

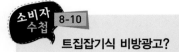

트집잡기식 비방광고?

'누비라로 힘차게 왕복할 것인가? 아, 반대로 힘없이 왕복할 것인가?'
'앞에서 보면 실망, 뒤어서 보면 절망, 옆에서 보면 소망'
'소나 타는 차', '누비라는 누빈 차'
'왜 그런 소주를 마셨는지 모르겠다. 말로만 부드럽다는 그저 그런소주로 고생 많으셨죠?'

경쟁사의 제품명에 공격은 오랫동안 계속되어 왔다. 특히, 자동차업계와 소주업계에서 이 같은 비방광고전은 계속되어 왔다. 그러나, 비교광고를 하려면 소비자들의 제품선택에 도움이 되는 객관적인 데이터를 비교·제시하여야 한다. 그저, 단순히 이름만을 가지고 서로 공방을 펼치는 것이 소비자들에게 어떤 도움이 될지 생각해 보아야 할 것이다.

단력, 비판 등이 절실히 요구되는 시점이다.

4. 비교광고

비교광고란 동일한 제품이나 서비스의 범위에 속하는 두 가지 이상의 브랜드를 비교하는 광고 또는 비교 브랜드들의 한 가지 이상의 특정 속성을 비교하는 광고를 의미한다. 비교광고가 성립되기 위해서는 경쟁관계에 있는 브랜드 또는 기업이 명시적으로 거론 또는 식별되어야 하는 최소한의 요건이 필요하다. 정확한 사실에 근거하고 공정한 테스트 결과에 근거하는 비교광고는 소비자에게 정확한 정보를 제공하고 합리적 선택을 도와준다는 측면에서, 그리고 기업 간의 선의의 경쟁을 촉진시킨다는 측면에서 긍정적인 효과를 창출한다.

그러나 비교광고를 통해 경쟁업자의 브랜드나 이름이 알려지는 경우 그들로부터 반발을 초래할 가능성이 높으며, 폭로성 광고의 과열경쟁을 불러 일으킬 가능성, 부당한 비교광고로 인해 처벌이나 제재를 받을 가능성, 소비자들로부터 광고 자체의 경계심이나 불신감을 받을 우려 등의 여러 가지 이유로 비교광고는 기피되어 왔다. 비교광고를 제시하는 경우 고의적이든 아니든 간에 경쟁사업자를 비방하거나 소비자에게 오도적인 정보를 제공할 가능성이 존재하므로, 광고 시 매우 세심한 주의가 요구되어 광고주들은 비교광고를 꺼려해 왔다. 뿐만 아니라 비교광고에 대한 부정적 시각과 우리나라의 강한 행정적 규제로 인해 비교광고가 많이 실행되어 오지 못했다.

우리나라의 경우 비교광고 자체를 금지하는 것은 아니지만 비교내용에 대해 엄격한 심사를 하고 있으며, 객관적인 입증자료제시를 요구하고 있어 비교광고가 활발하게 진행되어 오지 않았다. 그러나 최근 정부는 비교광고에 대한 규제를 완화하여 비교광고의 소비자정보제공 기능을 유도하는 정부정책을 발표한 바 있어 비교광고는 본격적으로 확산될 것으로 보인다. 컴퓨터, 맥주 및 음료수, 우유, 자동차 분야에서 인쇄매체를 통한 비교광고가 늘고 있다. 경쟁이 더욱 치열해지고 기존의 산업에 진출하기가 쉽지 않은 산업분야에서 비교광고는 점차 증가할 것으로 보인다.

1) 비교광고의 효과

비교광고의 효과는 긍정적인 측면과 부정적인 측면을 동시에 가지고 있다. 비교광고는 우선 크게 두 가지 긍정적 효과를 제공한다.

첫째, 비교광고는 상품이나 서비스에 대한 가치 있고 의미있는 소비자정보를 제공하는 중요한 기능을 수행한다. 여러 비교제품들의 차이점을 구체적으로 제시해 줌으로써 합리적인 소비선택을 도와주는 긍정적인 기능을 수행할 수 있다. 또한, 소비선택의 중요한 판단기준(criteria)을 제공함으써 소비자의사결정에 도움이 된다(두성규, 1999). 결론적으로, 비교광고는 일반적인 단순광고보다 소비자정보제공의 기능을 더욱 효과적으로 수행할 수 있다는 장점이 있다.

둘째, 제품이나 서비스에 대한 비교광고는 경쟁사업자들의 경쟁을 촉진시키는 긍정적인 효과를 창출할 수 있다. 특히, 시장에 새로이 진입하고자 하는 기업의 경우, 기존제품과의 비교를 통해 기존제품의 독점적인 지위를 약화시키고 새로운 경쟁을 유발시킬 수 있다. 사업자 간의 이 같은 공정한 경쟁질서는 궁극적으로 소비자이익과 소비자복지를 증진시키게 되므로 바람직하다고 하겠다.

한편, 비교광고의 부정적인 측면은 크게 세 가지로 구분하여 살펴 볼 수 있다.

첫째, 모순된 정보나 잘못된 정보를 소비자에게 제공할 수 있다는 점이다. 대표성이 없는 신뢰할 만한 테스트기관으로부터의 상품비교테스트결과를 소비자에게 제공하거나 중요하지 않은 제품의 특성을 광고에 주장함으써 소비자를 오도할 수 있다.

둘째, 비방목적의 비교광고는 기업신용을 해칠 수 있으며, 기업 내에서 그리고 산업 내에서 알력을 조장할 수 있을 뿐만 아니라 광고 자체의 신용을 저해시킬 수 있다.

셋째, 광고비용의 증가는 사회적 비용손실로 이어질 수 있다. 비교광고는 추가적인 조사 및 심사를 요구하며, 비교광고로 인해 발생하는 각종 소송비용을 무시할 수 없다. 또한, 경쟁사업자의 비교광고에 대한 반박을 목적으로 하는 또 다른 비교광고는 광고량을 증대시켜 사회·경제적 측면에서 비효율적이다.

앞에서 살펴 본 바와 같이 비교광고는 긍정적인 면과 부정적인 면이 공존하므로 광고주, 광고대행사, 소비자, 정부가 비교광고의 부정적인 측면을 최소화하고 긍정적인 효과를 활성화시키기 위한 방안에 대해 심각하게 생각해 보아야 한다. 특히, 일반적인 광고규제와는 달리 비교광고의 경우 기업의 자율적 규제가 중요하다.

2) 바람직한 비교광고의 요건

그동안 정부는 비교광고를 엄격히 제한하여 왔으나, 앞으로는 기업 간의 경쟁촉진과 제품비교 정보를 통한 소비자이익증대를 위해 비교광고규제를 최소화하고 기업의 자율적 규제를 유도하는 정책으로 전환하고 있다. 소비자에게 정확한 정보를 제공하고 사업자 간의 공정한 경쟁질서를 확립하기 위해서는 비교광고의 객관성, 공정성, 비난이나 비방금지 등의 원칙이 지켜져야 한다. 바람직한 비교광고가 되기 위한 기본적인 요건에 대해 살펴보자.

첫째, 바람직한 비교광고가 되기 위해서는 비교광고에서 제품이나 서비스 비교 대상인 경쟁사업자를 명시하여야 한다. 비교광고에서 경쟁사업자가 누구인지에 대한 식별이 가능하여야 실제로 소비자가 특정 제품이나 서비스를 비교할 수 있으며 그 결과 합리적인 선택 그리고 구매의 사결정을 하는 데 정보로서 활용할 수 있다. 또한, 기업 간의 경쟁을 촉진시켜 가격하락 및 품질개선을 추구하기 위해서는 비교대상인 경쟁업자의 명시가 필수적 요건이다.

둘째, 비교광고에서 비교 내용은 사소한 것이 아닌 제품에 관한 본질적인 정보의 비교이어야 한다. 중요하지 않은 제품의 속성을 비교한다면 비교광고의 긍정적 기능이 달성되지 못하므로, 정보전달의 긍정적 기능이 활성화되기 위해서는 제품의 가격, 품질과 관련한 본질적이고 중요한 속성이 비교되어야 한다.

셋째, 비교광고상의 주장이나 광고내용은 과학적이고 전문적인 절차에 의한 실증적 자료에 근거하여야 한다. 즉, 비교광고의 내용은 신뢰할 수 있는 정부기관이나 독립적인 기관에서 제시하는 제품비교테스트 등의 실험결과 및 자료에 기초할 때, 그 광고내용이나 주장을 뒷받침하는 입증자료의 정당성을 기대할 수 있다.

3) 각국의 비교광고제도

비교광고에 대한 여러 선진국의 입장이나 상황에 대해 살펴보고 우리나라의 비교광고 법제에 대해 살펴보자. 먼저, 미국에서 비교광고의 중요성이 인정되고 활성화되기 시작한 것은 1970년대 이후의 일이다. 미국 연방거래위원회(FTC : Federal Trade Commission)는 1971년 소비자들에게 유익한 정보제공과 제품가격인하 및 품질개선을 위해 그동안 방송에서의 비교광고금지를 중지하도록 하였다. 또한, 1979년 FTC는 '비교광고에 관한 FTC의 정책성명'에서 비교광고에 대한 입장을 명확히 하였다. 비교광고에 대한 FTC의 입장은 두 가지로서 첫째, 경쟁자의 명칭을 거론하거나 경쟁자를 언급하는 비교광고를 권장한다. 둘째, 자율규제조직은 진실한 비교광고의 사용을 제약해서는 안 된다는 것이다.[3] 이 같은 입장발표가 있은 후 미국에서는 다른 어떤 나라보다도 비교광고에 대해 긍정적인 입장을 취하고 있다. 미국의 FTC는 비고광고에 대한 특정 규칙이나 가이드라인을 정하지 않고 비교광고의 규제를 자율단체에 위임하고 있다.

FTC의 비교광고에 대한 입장은 비교광고가 활성화되지 않은 다른 세계 국가에 많은 영향을 미쳤다. 다른 세계 국가들은 비교광고와 관련한 정부정책 수립 시 미국 FTC의 입장을 연구하고 있으며, 비교광고와 관련한 정부규제 시 그리고 비교광고로 인한 분쟁 및 소송발생시 미국 FTC의 기본적 원칙을 응용하고 있다.

일본의 경우도 비교광고에 대해 엄격하게 규제하던 입장이었는데, 1986년 일본 공정취인위원회에서 '비교광고에 관한 경품표시법상의 견해' 라는 발표를 통해 비교광고에 대한 전향적인 자세를 취함으로써 비교광고에 대한 관심을 높이게 되었다.

우리나라의 경우 그동안 비교광고에 대한 사회적 관심이 거의 없었다. 현재, 통일적이고 직접적인 비교광고에 관한 법은 없지만 단행 법들 속에서 비교광고에 관한 내용을 포함하고 있다. 대표적으로 '불공정거래행위의 유형 및 기준' 에 객관적으로 인정된 근거없이 자신의 유리한 부분만을 강조하는 부당한 비교표시·광고는 불공정거래행위로서 규제대상으로 명시되어 있다.

그러나, 최근 정부는 비교광고의 긍정적 기능인 소비자정보제공의 기능을 활성화하기 위하여 비교광고 규제를 완화하고 실증적 자료에 근거한 비교광고를 권장하는 형태로 입장전환하고 있다. 뿐만 아니라, 기업 간의 경쟁이 치열해지고 있으며, 시장진입을 위한 새로운 기업의 적극적인 비교광고 선호경향 등의 환경속에서 비교광고는 보다 확대될 전망이다.

5. 부당광고

1) 부당광고란?

부당광고는 정보를 제공받을 소비자권리를 침해하고 소비자들의 합리적인 선택을 방해하거나 방해할 가능성이 있는 광고를 의미한다. 이러한 부당광고는 통상 허위, 기만, 과장광고 등의 유형으로 나타난다.

---

3) 미국에서 비교광고에 대한 자율규제조직은 미국 광고대행사 협회(AAAA), 전미방송업자협회(NAB), 각 방송매체(NBC, ABC, CBS), 미국신문발행인협회(ANPA), 전국광고심사기구(NARB) 등이 있다.

소비자
수첩 8-11

허위광고로 인한 소비자피해 사례

상가분양에 관한 허위광고로 인해 소비자피해 사건이 빈번하게 발생하고 있다. 1992년 말 조선일보 및 부동산 관련 신문광고에는 삼호건설이 분양하고 벽산건설이 공사를 맡아 완공된 수원 장안동 소재 '벽산그랜드코아' 분양광고가 있었다. 이 광고에는 벽산그랜드코아 바로 앞에 1,000여 세대의 아파트가 들어서고 부근에 민자역사가 들어설 예정이라고 되어 있었다. 이 광고를 본 소비자 24명은 이 상가를 분양받았으나, 광고내용과는 달리 아파트 분양계획이 전혀 없고, 민자역사계획도 유보상태임을 알게 되었다. 결국, 인적이 뜸한 곳에 상가만이 우뚝 서게 되어 이들은 법정소송을 제기하였으나 패소하였다.

그 후 이들은 2심 소송을 제기하면서 소비자단체인 '시민의 모임'에 이 같은 사실을 알리기에 이르렀다. 이들은 이 단체의 도움을 받아 부당한 광고에 대한 심의를 공정거래위원회에 요청하였다. 공정거래위원회의 심의결과 광고내용은 확정사실이 아닌 예정사항이라고 하였으므로 허위광고는 아니나 공정거래법에 위반한 사실은 인정된다면서 삼호건설 측에 부당광고가 있었음을 인정하는 사과광고를 게재토록 하였다. 결국, 삼호건설은 이 같은 사실이 재판에 계류중인 피해자들에게 고소를 취하하는 조건으로 보상에 합의하도록 제의하였다. 결국, 합의금을 받는 선에서 이 사건은 해결되었다.

출처 : 소비자. 1997년 4월호. p. 43-45.

2) 부당광고의 유형

(1) 허위광고

허위광고란 구매결정에 영향을 줄 수 있는 거짓 내용을 포함하고 있는 광고를 말한다. 허위광고는 다양한 제품과 서비스에서 나타나고 있는데, 주로 건강보조식품, 다이어트식품, 식음료, 취업보장, 수험생 및 자격증 교재 등에 많이 나타나는 경향이 있다. 설탕이 들어간 무설탕 음료, 인삼성분이 검출되지 않은 '인삼 계란' 등은 빈번하게 나타나는 허위광고 사례라고 할 수 있다. 세진컴퓨터랜드는 컴퓨터 구입자(1996년 5월~1997년 3월 구입자)에 대해 평생 동안 무상으로 A/S를 제공하겠다고 광고한 뒤 1997년 4월 이후 AS출장비 5,000원과 서비스 기술료를 받자 공정거래위원회로부터 부당광고로 판정받았다.

한편, 취업보장 등 수험생 등을 현혹하는 허위광고가 끊이지 않고 있다. 존재하지도 않는 시험이나 자격증을 미끼로 수험교재나 강의수강을 유도하는 광고가 많아 공정거래위원회로부터 많은 학원과 단체에서 시정명령을 받기도 하였다. 공정거래위원회에 따르면 수험교재 판매업체인 국가고시중앙회는 법원이 속기사를 채용하지 않고 있는데도 1997년 이후 법원이 컴퓨터 속기사를 대거 모집하고 있다고 광고하면서 관련 수험교재를 판매해 왔으며, 물류관리사가 의무고용대상에서 제외되어 있음에도 전국적으로 3만 7,000여 명의 인력이 부족한 상태라고 광고하여 자격증만 획득하면 취업이 보장되는 것처럼 수험생들을 기만해 왔다고 밝혔다(한국일보,

1998년 5월 28일).

허위광고는 은행서비스에도 많이 이용되어 왔다. 금융상품을 판매하면서 수익률을 허위로 광고하고, 실적배당률을 확정금리인 것처럼 광고하여 소비자를 현혹한 은행들이 공정거래위원회로부터 허위광고에 대해 무더기로 제재조치를 받기도 하였다(한국일보, 1996년 9월 14일).

한편, IMF 사태 이후 값싼 콘도미니엄 분양과 관련하여 소비자피해가 속출한 바 있다. 일부 휴양콘도미니엄 사업자들이 단지 일정기간 이용권을 주는 회원을 모집하면서 'OO콘도 분양', '정식 콘도회원 모집' 등의 문구를 사용하여 소비자를 오인시켰고, 스키장이 없으면서도 사진을 합성해 콘도가 스키장을 보유하고 있는 것처럼 광고하는 등 과장·부당광고로 시정명령을 받은 바 있다.

(2) 과장광고

과장광고는 부분적으로는 사실이라고 하더라도 전체적으로 사실을 과장한 광고이다. 과장광고는 허위광고의 한 유형으로 분류하기도 하지만, 허위광고는 과장광고보다 소비자를 오도하려는 광고주의 의도가 더욱 분명한 경우이다. 허위사실은 아닐지라도 소비자들을 오도시킬 소지가 있는 경우 과장광고라고 볼 수 있다.

과장광고는 주로 인증, 수상, 특허광고에 많이 존재한다. 자사제품의 우수성을 알리기 위해 수상, 인증 사실을 과장광고하여 알리는 경우가 빈번하다. 예를 들면, 미국 FDA에 승인을 받았다든가[4], 제품인증을 받았다든가, 수상을 받은 사실이 있다거나, 단순하게 특허 받은 사실을 품질을 인증받은 것처럼 과대광고하거나, 비공식적 기관으로부터 히트상품에 선정된 것을 객관적으로 품질을 공인받은 양 과대광고하는 경우이다. 웅진코웨이 정수기회사, 한국 도자기회사 등은 FDA인증을 받았다고 과장광고를 낸 바 있다. 한편, 유공은 한국가스안전공사에서 실시한 가스안전 촉진대회에서 받은 대통령 표창을 '가스 안전 대상 수상'으로, 한양유통은 환경관리청에서 환경보호기여 유공자에게 주는 표창을 받은 것을 '자원재활용 부문 최우수상'을 받은 것으로 광고해 소비자를 현혹시켰다. 스트레스, 과로, 성인병, 수험생 등에게 효과가 있다는 '황토방 매트', 레티놀 없는 '레티놀 화장품' 등도 과장광고라고 할 수 있다. 최근 1998년 일부 화장품회사에서는 레티놀성분이 전혀 포함되지 않았거나, 표시보다 적은 양이 함유되었음에도 피부주름 생성을 막아 주는 성분이 있다며 과장광고하여 시정을 받은 바 있으며, 수맥파/전자파 자동차단, 항균작용, 고혈압, 성인병 등에 효과가 좋다고 광고한 황토방매트업체들의 과장광고가

---

4) 미국 FDA(식품·의약품국)는 식품 및 의약품 등의 제품을 직접 승인하거나 공인하는 기관이 아니고 소비자의 안전을 위한 예방적 차원으로 안정성, 유효성을 평가하거나 규격기준을 제정하는 기관이다.

소비자 수첩 8-12

허위과장광고의 실례 : 유산소운동 기구

여성들 사이에 관심을 끌고 있는 체중조절제품들, 특히 유산소운동기구에 대한 과대광고가 문제시되고 있다. 많은 여성들은 편안하게 다이어트를 할 수 있다고 하여 유산소운동기구를 선택한다고 한다. 그러나, 체중감량효과, 체지방감소 등의 효과가 광고와 같이 나타나는 것은 아니다. 1998년 6~7개월간 일간지에 개재된 유산소운동기구들을 가격, 체중감량효과, 이동거리 폭(운동폭) 등을 점검한 결과 광고의 주장과는 달리 실제 효과나 효능은 극히 적은 것으로 나타났다.

'스커트가 헐렁하게 되어 깜짝 놀랐어요'라는 큼직한 광고제목 아래 '국내 최초 한국체육대학 1차, 2차 임상연구결과 체중감량 및 건강증진 효과가 또 다시 입증...'이라는 문구의 모 업체 광고는 신빙성이 없는 것으로 나타났다. 소비자보호원에 제출한 한국체대의 자료에 따르면 12주간 운동 후 피험자들의 평균체중이 운동 전보다 약 1.68kg이 감소되었지만 유의한 차이는 없는 것으로 나타났다고 한다.

이처럼 효능이나 효과이외에도 가격도 크게 할인되는 것으로 표시해 소비자들을 교묘하게 속이고 있다고 한다. 또한, 운동거리 폭이 실제 광고와는 달리 그리 넓지 않은 것으로 조사되고 있어 과대광고로 인한 소비자불만 및 피해가 우려된다.

출처 : 소비자시대, 1998년도 10월호, p. 11~13.

시정요청을 받은 바 있다. 또한, 대체로 '적중률 99%', '백 년 동안 변치 않는 사진', '완전 매진', '세계 제일의', '국내 유일의', '완전 제거', '취업완전보장' 등의 표현, 의학적 효능을 내세우는 표현, 객관적인 근거없는 표현, 자연, 순수, 천연 등 애매모호한 표현 등은 과장광고일 가능성이 높다. 그러나, 실제 광고에서는 어떤 객관적인 제품의 품질이나 성능에 대한 주장보다는 유해하지 않은 과장(exaggeration)을 사용하여 그 진실의 여부를 실증하지 못하도록 하는 광고가 많아 더욱 문제시 되고 있다. 과장광고가 허위사실은 아니지만 소비자들을 오도시킬 소지가 충분하므로 허위광고와 함께 규제대상이 되고 있다.

(3) 오도광고

오도광고는 소비자를 해로운 방향으로 오도할 가능성이 있는 그릇된 설명, 누락 혹은 악습광고를 말한다. 어떤 광고물이 두 가지 의미로 해석될 수 있고 그 중 하나가 기만적이라면 이는 오도광고인 것이다. 공정거래위원회는 1999년 두산(주)의 '미소주' 광고가 쌀을 주원료로 만든 것 같은 오해를 불러 일으켰으므로 부당광고로 판정한 바 있다. 한편, 신문의 전면광고를 통해 광고를 한 후 마치 신문기사의 일부인 것처럼 재광고하는 것은 오도광고라고 할 수 있다. 영어교재나 학원에 대한 신문광고에서 영어의 중요성에 대해 신문기사처럼 게재한 후 영어학원이나 각종 안내책자에 마치 신문에 실린 기사인 것처럼 광고한다면 소비자들은 이 광고를 신문기사로 오인할 우려가 크다고 하겠다.

(4) 비방광고

비방광고는 객관적으로 인정된 근거 없이 경쟁업자에게 불리한 사실을 광고하여 자사의 제품을 광고하는 경우이다. 일단 소비자의 주의를 끌고 보자는 생각에서 다른 제품을 비판하는 광고를 게재하는 것이 보통이다. 객관적인 증거가 있는 경우 타사제품과의 비교광고는 허용되고 있으나, 증거나 사실이 아닌 내용으로 타사제품을 비방하는 것은 비방광고이다.

3) 부당광고의 판별기준

많은 광고에서 일정부분 사실보다 부풀린 상태로 제품을 광고하게 되는데 허위광고는 사실과 내용을 다르게 표현하므로 어느 정도 부당광고로서 판별이 용이하나, 기만 또는 오도광고의 경우 과장과 기만이 어느 정도인지에 따라 부당성의 여부를 판정해야 하므로 논란이 많은 사항이다.

어떠한 광고가 부당광고에 해당하는가? 실제로 어떤 광고가 부당광고인지 아닌지의 여부를 판단하기란 그리 쉽지 않다. 부당광고가 소비자의 선택권 침해를 야기시키는 광고라는 정의에 입각한다면, 과연 어느 정도가 소비자의 선택권을 침해한 것인가를 판정해야 하는 문제에 부딪치게 된다. 설령, 광고의 전체 내용이 가짜가 아니거나 허위광고가 아니라 해도 바람직하지 못한 광고가 소비자에게 미치는 부정적인 영향은 매우 크므로 부당광고 여부 판정은 그리 쉬운 일이 아니다.

예를 들어, 어느 피자체인점의 광고에서 '우리 피자는 만 원도 안 되거든요' 라는 문안이 있었

8-13

업체 간의 비방광고 사례

- **미스터피자** : 미스터피자사는 자사의 피자를 만드는 방법이 석쇠에 피자를 올려 굽기 때문에 담백한 반면, 기존의 타사 업체는 팬에 기름을 바르고 팬 자체를 오븐에 익혀냄으로써 느끼한 기름 피자라고 광고하였다.

  "이제껏 후라이팬에 익혀 기름이 뚝뚝 떨어지는 피자를 제 맛이라고 드셨습니까? 그렇다면 피자헛 먹었습니다."라는 광고를 내자 피자헛 측은 자사의 제품을 비방하고 있다며 법원에 비방광고 금지가 처분신청을 냄으로써 이 광고는 중단되었다.

- **파스퇴르우유** : 파스퇴르우유는 저온살균하므로 생우유와 마찬가지로 많은 영양소가 존재하지만 고온 살균처리를 하는 타사의 우유는 영양소가 파괴된다고 주장하였다. 가열 시 "생우유와 파스퇴르 우유는 사람이 소화하기 쉬운 유청단백질이 있어 하얗게 되었고 일반우유는 맹물과 같이 되었다."라고 광고한 바 있다.

  실제 성분분석결과 파스퇴르우유와 타사제품간에 칼슘, 단백질, 유지방 등 주요 영양소의 함유량이 유사하였음에도 불구하고 타사제품에 중대한 결함이 있는 것처럼 근거 없이 비방하였다.

  출처 : 국민일보, 1996년 10월 12일

다고 하자. 실제로 그 가게에서 제공하는 피자 중 9,900원하는 것이 있으나, 광고에서처럼 큰 피자가 아니며, 손님이 많은 지역의 피자가게(체인)에서는 그 가격의 피자를 판매하지 않기도 하다. 광고 문안은 거짓이 아니나, 가장 작은 피자 값이 1만 원에서 100원밖에 싸지도 않으며, 실제로 그곳에서 한 끼의 식사를 한다면 음료수 등 그 이상의 지출이 필요하므로 현실적으로 소비자는 그 광고로부터 우롱당하는 느낌을 피할 수 없다.

부당광고인지 아닌지의 판단은 광고의 영향이 광고를 수용하는 소비자의 태도에 따라 서로 다르기 때문에 쉬운 일이 아니며 또한 일률적으로 정할 수 없다. 그러므로 광고의 어떠한 요소가 소비자의 합리적 선택을 방해하는 것인지를 분석하여 이를 기준으로 부당광고 여부를 판단하여야 할 것이다.

미국의 연방거래위원회(FTC)에서는 부당광고의 판단기준은 광고주의 고의성여부를 불문하고 광고의 주장내용을 중심으로 광고가 기만 또는 부당광고 유형 중 어디에 속하는 가를 먼저 판단한 후 광고를 접하는 소비자의 지적 수준, 기만의 개연성 정도, 소비자에게 실질적 피해를 입혔는지의 여부 등을 참작하여 최종적인 판정을 내리고 있다.[5] 부당광고의 판정기준은 부당광고의 개념 및 이의 판단기준을 토대로 유형화할 수 있다. 부당광고의 판정기준에 대한 우리나라의 경우를 구체적으로 살펴보자.

(1) 광고의 전체적 인상

부당광고의 개념 자체가 소비자들의 합리적 선택을 방해하거나 방해할 가능성이 있는 광고를 의미하므로 광고의 전체적 인상이 소비자의 합리적 선택을 방해하는지의 여부가 부당광고의 판정기준이 된다. 소비자는 보통 광고를 접할 때 광고에서 표현하는 각 용어를 주의 깊게 생각하지 않고, 광고물의 전체적인 인상에 의해 광고물을 이해하는 경향이 있다. 즉, 소비자는 광고에서 실제로 표현되어지는 의미와 광고에서 암시되어 있다고 생각할 수 있는 총체화된 전체적 인상에 의하여 광고물을 이해한다. 따라서 광고의 전체적 인상은 부당광고인지의 여부를 판단하는 기준이 되고 있다.

예를 들면, 부분적으로는 진실이라 하더라도 광고 전체의 인상이나 이미지가 소비자를 오도하는 광고, 소비자의 시각적 왜곡현상을 이용하여 광고물을 확대·축소함으로써 소비자를 오도하는 광고, 한 가지 또는 한정된 우월성을 바탕으로 마치 전체가 우월한 것처럼 하는 광고, 직접

---

5) 여기서, 소비자의 지적 수준에 대한 판별기준은 1937년 이후 '어리석은 자도 혜매지 않을 정도' 또는 '최저의 지성을 갖춘 소비자' 이었다. 그러나, 1983년 FTC의 정책성명발표후 '일정한 상황에서 합리적으로 행동하는 소비자'로 판단기준을 변경하였는데 합리적 소비자의 기준은 상당수의 소비자들의 인식방향을 중심으로 하고 있다. 한편, 광고가 어린이, 노인, 질환자 같은 특별한 소비자계층을 대상으로 하는 경우 대상별 특성을 고려하는 지적 수준을 기준으로 하고 있다.

적인 관련이 없는 자료나 통계 혹은 인증을 인용하는 행위, 공공기관이 아니면서 마치 공공기관인 것처럼 광고하는 행위 등은 소비자의 합리적 선택을 방해할 가능성이 많은 광고로서 부당광고에 해당된다.

실제 사례로서 1990년 ○○전자의 모니터 광고에서 '모니터 생산 및 수출 1,000만 대 달성으로 세계 최고수준의 품질을 인정받은 ○○전자 모니터'라고 광고한 바 있다. 그러나, 단지 수출 1위라는 이유로 최고의 품질이라고 표현한 것은 부당광고에 해당한다. 또한, ○○자동차의 경우 '○○○○준중형시장에 선풍'이라는 제목하에 중형자동차의 판매대수도 포함시켜서 광고함으로써 소비자를 오인시켰기 때문에 공정거래위원회로부터 시정조치를 받은 바 있다.

(2) 광고문언해석의 다의성 여부

소비자들이 광고문구를 어떻게 이해하느냐에 따라 구매활동에 지대한 영향이 미치므로, 광고문구해석의 다의성으로 인해 소비자의 합리적 선택이 방해된 경우 부당광고로 판정한다. 광고문구가 여러 가지 의미로 해석되어질 수 있는 용어, 애매모호한 용어나 표현, 실제 사용자가 아닌 저명인사나 해당분야 전문가의 보증을 받고 있다거나 받은 것처럼 광고 또는 암시하는 경우 부당광고에 해당한다. 예를 들면, 우유제품 광고 시 '無均質우유'를 '無菌質우유'로 오인시키는 경우, 사이다 광고 시 '泉淵사이다'를 '天然사이다'로 오인시키는 경우에는 소비자의 합리적 선택을 방해할 수 있으므로 부당광고로 볼 수 있다.

(3) 광고내용의 진실성 여부

광고가 상품에 대한 정보를 사실 그대로 전달할 때 소비자는 합리적 선택을 할 수 있다. 따라서 광고내용이 사실과 위배되는지의 여부를 판단하는 것은 부당광고 여부를 판단하는 매우 중요한 기준이다. 여기서 진실성 또는 사실성의 범위는 광고내용 전체뿐만 아니라 부분적 내용도 포함하며, 광고내용이 객관적으로 증명되지 않은 내용을 담고 있는 광고도 진실성에 위배된다.

객관적으로 인정받지 않은 내용을 표현하는 경우, 마치 공공기관으로 부터 인정 또는 보증 받은 것으로 표현하는 행위, 제품의 특성상 객관적으로 증명이 될 수 없는 배타적인 용어인 '완전한', '최상의', '최초의' 등의 표현, 실질적인 비교 없이 또는 실증되지 않은 수치나 사실을 인용하여 타사제품보다 우월하다고 암시하는 광고는 부당광고이다.

(4) 주요 정보 누락 여부

상품구매 시 꼭 알아야 하는 매우 중요한 내용이나 거래조건이 광고내용에 포함되지 않아 소비자의 합리적 선택을 방해하거나 그럴 우려가 있는 광고도 부당광고에 해당한다. 제품기능상 꼭 필요한 정보를 의도적으로 누락한 광고, 비교기준가격 제시도 없이 할인한다고 광고하는 행위 등이 이에 해당한다.[6]

이 같은 맥락에서 공정거래위원회는 소비자가 반드시 알아야 할 사항에 대해 표시하고 광고하는 것을 의무화하고, 이를 알리지 않을 경우 정보공개를 명할 수 있는 '표시 · 광고 공정화에 관한 법률'을 제정하였다. 상품의 안전성에 관한 사항, 상품의 품질 효능 성능 등에 관한 사항, 상품의 가격이나 보증 등 중요한 거래조건에 관한 사항이 누락되는 경우 부당광고로 판정된다. 예를 들면, 중고 및 재생품 불표시, 투자의 위험성 불표시, 건강 및 안전에 관한 위험성 불표시, 외국산 또는 국내산 표기의 불표시, 제품의 특성이나 속성의 불표시 등이 주요 정보 누락에 해당한다.

그동안 통신판매, 수험교재, 은행거래, 백화점 임대, 콘도미니엄 회원권, 회원제체육시설과 관련한 광고에서 주요 내용이 누락된 경우가 빈번하였다. 한편, 중요한 내용이나 조건 등을 소비자가 이해하지 못하는 난해한 기호나 외국문자, 전문용어를 사용하는 광고행위, 원래의 주장과 모순되는 제한이나 주장 등도 부당광고로 간주한다.

예를 들면, 대머리치료제 광고 시 실제 효과는 질병으로 인한 대머리만 치유되고 유전적인 대머리는 치유되지 않는데도 불구하고 후자의 내용을 구체적으로 명시하지 않은 경우, 상가 분양에서 객관적인 기준이나 근거 없이 다른 상가 분양가의 50%면 분양받을 수 있다고 광고하는 경우 부당광고에 해당한다고 하겠다.

중요 사실 누락광고에 대한 실제규제 사례로서 1998년 9월 맥도날드에서는 불고기 버거에 관한 광고를 한 바 있으나 이 광고는 공정거래위원회로부터 부당광고판정을 받았다. 맥도날드는 돼지고기를 주재료로 불고기 버거를 만들었으나 이 사실을 소비자에게 알리지 않아 소비자로 하여금 마치 소고기로 만든 제품인 것처럼 오인하게 할 우려가 크므로 공정거래위원회는 광고 중지명령과 함께 과징금을 부과하였다.

지금까지 살펴 본 기준 이외에도 기타 소비자의 합리적 선택을 방해하거나 할 우려가 있는 광고행위도 부당광고로 규제대상이 된다. 예를 들면, 광고되어진 것보다 소비자에게 경제적 부담을 안겨주는 결과를 야기시키는 미끼광고, 광고내용에 난해한 전문용어나 과학용어를 사용하여 소비자를 오도하는 광고, 특별한 광고 수용자들의 속성을 해칠 우려가 있는 광고 등은 부당광고로써 규제대상이 된다.

---

6) 정부에서는 소비자피해가 많은 부동산중개업, 학원, 증권투자, 학습교재, 할인카드 등 10개 업종에 대해 소비자피해와 관련한 피해보상기준 등 중요한 정보를 출판물 등 인쇄매체 및 TV 등에 광고할 때 반드시 공개하도록 하였다(중앙일보, 2000년 3월 29일).

| 표 8-2 | 품목별 광고규제기준

품 목	시행규칙	금 지 사 항		
화장품	약사법	• 사용전후 비교, 결과의 표시 암시 • 현상품 사은품 경품 제공 • 사용자의 감사장, 체험담 이용, 주문쇄도 등의 표현 • 의학적, 약학적 치료효과가 있는 것처럼 광고(근거문헌 인용 예외)		
식 품	식품위생법	• 질병치료에 효능 있다는 내용/의약품으로 혼동 우려가 있는 표시, 광고 • 사용자의 감사장, 체험기 이용, 주문쇄도, 단체추천 등의 표현		
건강 보조식품	식품위생법	유 용 성	• 신체조직기능의 일반적 증진 표현 가능, 다만 특정질병의 예방과 치료에 관한 직접 표현 불가(예 : 건강유지, 건강증진, 체질개선, 식이요법, 영양보급 등은 표현가능하나 당뇨병, 변비 등의 예방과 치료라는 표현은 불가) • 식품영양적으로 공인된 사실의 표현(예 : 임신수유기 영양보급, 병후 회복 시 영양보급, 노약자 영양보급 등은 가능) • 제품에 함유된 영양성분의 식품영양학적 기능, 작용에 대한 표현	
		용 도	• 제품 제조목적이나 주요 용도에 따라 표현(유아식, 환자식은 가능) • 특정 질병을 지칭하지 아니하는 단순한 권장내용의 표현 (예 : 발육기, 성장기, 임신수유기, 갱년기, 노화기에 좋다 등 가능)	
학원 광고	학원설립운영법	• 학습자 모집에 과대/허위광고 한 경우(등록말소, 허가취소, 휴원 등) • 근거 없이 취업을 약속하거나 과정이수 후 급여를 과장하는 표현 • 근거 없이 성적이 오른다거나 학습효과가 높아진다는 과장 표현		
금융 상품	금융상품표시, 광고공정거래지침	• 이자율(세전·후), 수익률의 변동가능성, 대출조건 등		
구인 광고	직업안정법	• 구인을 가장한 물품판매, 수강생 모집, 직업소개, 부업알선, 자금모집 • 허위구인을 목적으로 구인자의 신원 미표시 • 제시한 근로조건 등이 차이 • 중요내용이 사실과 차이		

6. 광고규제

광고규제란 사회적 공익성을 보장하고 공정거래 질서를 지킬 목적으로 허위광고, 과대광고, 오도 및 비방광고 등 불공정거래의 수단이 되는 광고를 통제하는 행위이다. 소비자를 둘러싸고 있는 수많은 광고는 대부분 소비자에게 정보전달적 측면보다는 소비자의 욕구를 자극시키는 설득적 역할에 편중되어 있어 소비자의 합리적 선택을 방해하고, 소비자피해를 야기시킬 뿐만 아니라 잘못된 소비나 사용을 유도한다. 소비자 또는 대중에 미치는 광고의 영향력이 더욱 확대되고 있는 현실에서 건전하고 합리적인 소비생활을 위협하는 부당광고는 규제하여야 한다. 또한, 광고의 독과점화, 경쟁기업 간의 불공정한 광고 등은 시장의 경제질서를 손상시키고 국가경제적으로도 자원의 효율적 배분을 저해시키는 등 여러 가지 문제를 초래한다. 그러므로 광고가 경제

8-14

은행상품광고도 조심!

은행의 생명은 공신력이다. 그러나 이러한 은행에서도 새로운 금융상품을 선보일 때 우선 손님을 끌고 보자는 생각에서 이자에 대한 과장광고와 중요한 정보를 누락시키거나 애매한 표현을 쓰는 오도광고를 하고 있다.

흔히 쓰는 과장된 표현을 보면, 상대적으로 이자율이 낮은 자유예금에 '입출금이 자유롭고 높은 이자를 보장'한다거나, '저희 은행에 오시면 최상의 서비스, 최고의 수익률 보장'이라고 설명한다. 이자가 6개월 또는 1년 단위로 복리 계산되는 것을 '복리식'이라고만 표시하여, 월복리로 오해할 소지가 있다. 제시한 이자율이 세금 내기 전인지 세금 낼 때인지에 대한 설명도 없다. 실적배당 신탁상품을 '약정이자'라는 표현을 써서 확정금리인 것처럼 인식시킨다. '만기축하금 제공' 경품 성격으로 별도의 돈을 주는 것처럼 쓰는 표현도 있다.

대출에 있어서도 '보너스 금리 1~1.5% 지급'으로 표기하여 대출 후에도 계속 이자를 주는 것처럼 표현하고 있다. '손쉽게 편리한 자동대출―개인우대 최고 2,000만 원까지 최고 5,000만 원까지 신용대출, 특정 용도에 따른 대출서비스'라는 표현으로 세 가지 대출을 다 받을 수 있는 것처럼 표현하고 있고, 또한 '자동대출'이라는 표현을 사용하여 고객을 더 현혹시키고 있다.

공정거래위원회에서 이 표현에 대해 제동을 걸어 내년부터 과장되거나 애매한 표현을 쓰지 말고 고객에게 제대로 알리도록 하였다.

출처 : 벼룩시장 452호 월요판, 1998년 12월 2일

사회에 미치는 부정적 영향을 최소화 혹은 제거하여 광고 본래의 기능을 다할 수 있도록 규제하여야 한다.

광고를 규제하는 첫째 목적은 소비자보호이다. 부당광고로 인하여 합리적 소비선택이 방해받게 될 뿐만 아니라 부당광고로 발생할 수 있는 소비자의 신체, 재산 등의 피해를 예방하기 위하여 광고규제는 필수적이다. 광고규제의 또 다른 목적은 기업 간의 공정한 거래를 확립하기 위함이다. 광고가 상품을 팔기 위한 마케팅 전략의 수단으로 사용되기 때문에 부당광고는 기업 간의 공정한 거래에 부정적인 영향을 미치는 것이므로 이를 규제하여야 한다.

1) 광고규제의 유형

광고규제의 주체는 소비자, 광고인 또는 기업, 정부이다. 광고규제는 규제의 주체에 따라 광고인들 스스로가 행하는 자율규제, 광고제공자가 아닌 타인에 의한 타율규제로서 법에 의한 정부의 규제 그리고 소비자에 의한 소비자규제로 나눌 수 있으며, 이 세 가지는 상호보완적인 관계에 있다(팽원숙, 1988).

(1) 자율규제

자율규제는 광고윤리에 입각하여 광고인 스스로에 의한 내적 규제를 의미한다. 자율규제는 주위 경제환경에 적응하고 생존하기 위하여 기업 또는 광고공급자 스스로가 통제를 하는 것이다. 광고주, 광고주 집단, 광고업자, 광고매체에 의한 자율 광고규제는 스스로가 정한 일정한 규정과 틀을 통해 타율적 지배로부터 스스로 보호하려는 행동이다. 자율규제는 행정부 또는 시장의 힘에 의해서가 아니라 기업자체에 의한 기업행위와 영업활동에 대한 통제를 가리키는 것으로 기업 스스로가 완전히 책임지는 규제형태를 말한다. 소비자대표 또는 정부관리들과 같은 외부세력을 제외시키고 기업의 관행에 대한 규정을 채택하여 동료기업들에 의해 스스로 통제를 행사하는 것이다. 자율규제의 제재력은 법적 구속력을 갖는 것이 아니라 잘못을 범한 광고주들에 의해 자유롭게 수용 또는 거부된다는 점에서 대단히 자발적인 통제방식이라고 하겠다.

자율규제의 사례로서 한국제약협회는 '세계 최초' 등의 표현이 남발되어 소비자들의 오해를 불러일으킬 소지가 있다고 판단하여 협회하의 의약품광고 자율심의위원회의 심의결정결과 이같은 표현은 제한적으로 사용하기로 하였다. 효능을 확실히 바꿔 놓을 정도의 신물질 개발이 아닌 단순한 제형 변경 수준에서 세계 최초의 개발이라는 식의 표현을 쓰지 않도록 결의하였고 이같은 결의를 어길 경우 광고집행금지 등의 제재를 받도록 한 바 있다(중앙일보, 1996년 5월 5일).

자율규제는 업계가 자신의 문제점과 개선점을 누구보다도 잘 알고 있기 때문에 정부의 법적 규제보다 능률적일 뿐만 아니라 처리의 신특성과 비용의 경제성을 기할 수 있다. 또한, 정부규제가 시기에 맞지 않는 법규를 지속할 염려가 있음에 반해, 자율규제는 시대적 변화에 신속히

8-15

아파트과장광고 소비자피해배상 판결

건설업체가 분양공고나 광고내용과 달리 아파트를 건설해 분양했다면 입주소비자들에게 손해배상을 해야 한다는 판결이 잇따르고 있다. 서울고법에서는 아파트의 동위치를 광고와 달리 시공한 S건설업체와 입주자인 원고 24명에게 각각 700만 원~900만 원을 지급하도록 하는 판결을 내렸다. S업체는 1992년 40평형 가구의 동위치가 단지 가장자리에 있어 전망이 좋고 교통이 편리하다는 내용의 안내책자를 내고 분양을 하였다. 그러나, 실제로 그 아파트동은 단지 중앙에 위치하였으므로 입주자들은 1996년에 소송을 제기했었다. 재판부는 판결문에서 분양공고는 문서계약은 아니나 입주자들이 이를 믿고 분양을 신청하므로 약정의 효력을 지니는 바, 당초 조건대로 아파트를 공급하지 않은 피고측에 배상책임이 있다고 밝혔다.

이처럼 아파트 분양과 관련하여 청약 당시의 광고와는 달리, 실제 대지면적이 적은 경우, 보너스나 덤으로 주기로 한 사양품목이 빠진 경우, 별도의 운동시설 등이 당초 광고와 다른 경우 등 과대광고로 인한 소비자피해 발생 시 집단소송을 제기하여 손해배상을 청구하는 사례가 늘고 있다.

출처 : 동아일보, 1998년 9월 21일

| 표 8-3 | 광고에 대한 자율규제강령 예시

자율규제	내 용
광고 윤리강령	• 광고표현은 진실하여야 하며, 허위/과대 표현으로 소비자를 현혹시키지 않도록 한다. • 광고내용은 타를 중상하거나 비방해서는 안 되며, 또한 모방이나 표절이어서는 안 된다.
신문광고 윤리강령	• 신문광고는 그 내용이 진실한 것이어야 하며 과대한 표현으로 대중을 현혹시켜서는 안 된다.
신문광고 윤리강령 실천요강	• 광고주의 각종 주소 및 책임소재가 불명확한 것 • 광고임이 명확하지 않고 기사와 혼돈되기 쉬운 편집체제 및 표현 사실은 광고이면서도 이것은 광고가 아니라는 식의 표현 • 대중의 상품에 대한 지식의 부족이나 어떠한 허점을 악 이용한 표현 등은 게재를 보류 또는 금지한다.
방송광고물 심의규정	• 사실을 과장하여 시 청취자에게 과대 평가하게 하는 표현 • 약품광고에서, 전치된다, 안전하다, 부작용이 없다, 무해하다 또는 이와 유사한 표현 • 경품 또는 증정품 내용의 과대한 표현 • 교육시설 또는 교육사업의 광고에서 진학취업에 관하여 과대 평가하게 할 우려가 있는 표현 등은 다루지 아니한다

대처할 수 있다. 법적 규제 등 타율규제는 설득, 중재, 협상보다는 강제력, 고소, 처벌을 강조함으로써 오히려 마찰을 일으키는 반면, 자율규제는 기업과 소비자 또는 기업 간의 마찰을 줄이는 장점이 있다.

그러나, 자율규제는 일반적으로 모두가 따라야 할 도덕적 기준에 주로 의존하기 때문에 강제성을 띠지 않거나 모호성을 갖기가 쉬우며 엄격한 처벌이 배제되기 때문에 자율규제는 효과적으로 수행되기 어렵다. 또한 정부가 자율규제내용을 위법으로 규정하거나 그 기능을 간섭할 때는 자율규제의 자발적인 특성이 사라진다.

(2) 정부의 법적 규제 : 타율규제

정부에 의한 법적 규제는 대표적인 타율규제 방법이다. 모든 광고행위는 공공이익 우선원칙 아래 여러 형태의 정부 또는 법적 통제를 받게 된다. 정부의 법적 규제가 필요한 이유는 무엇보다도 기업활동이 자율규제와 기업내의 사내 규정만으로는 신뢰받을 수 없다는 데 있다. 또한, 대부분의 소비자들과 경쟁업자들이 부도덕한 기업행위에 대처할 수 있는 적절한 수단이나 의지를 갖고 있지 못하기 때문에 정부의 규제가 필요하다.

타율규제는 소비자보호의 관점에서 법이 갖는 강제력으로 부당광고의 폐해를 제거하는 데 목적을 두고 있다. 우리나라의 '표시·광고에 관한 공정거래 지침'에 따르면 사실과 다르게 광고되는 것, 소비자를 오인시킬 우려가 있는 부정확한 표시 및 광고, 객관적으로 인정받은 근거가 없는 것을 광고하는 것 등은 규제대상이 된다.

(3) 소비자에 의한 규제

소비자에 의한 규제는 소비자주의가 대두하게 되면서 소비자 및 소비자단체의 힘으로 광고주나 매체, 광고대행사 등 광고 관련자들을 자극하여 광고기준을 높이거나 자율규제를 강화하도록 유도하는 것을 의미한다. 소비자에 의한 광고규제는 소비자 및 소비자단체가 주체가 된 소비자 보호운동에 의한 통제라고 하겠다.

소비자단체에서는 인쇄출판물 광고심의에 대해 광고주나 광고제작자에게서 참고자료를 요청할 수 있는 권한이 있다. 또한, 광고심의 후 부적절한 광고는 업자에게 수정 요청할 수 있다. 우리나라는 소비자단체협의회 등과 같은 민간소비자단체에서 광고규제를 하고 있다. 매달 대중월간지 약 20여 종을 관련자가 검토한 후 관련 법률에 의거, 문제시되는 광고를 공정거래위원회에 회부하여 심의 후 부당광고로 판단되면 광고주에게 협조요청을 하게 된다.[7] 약 한 달의 기간이 지난 후에도 일정한 조치가 취해지지 않을 경우 관련 기관에 위반사실을 통보하거나 행정조치를 건의하는 식으로 이루어진다. 소비자단체가 광고규제를 시도한 최근 실례는 소비자연맹의 '황토방 허위광고' 시정이다. 그러나 현재 소비자자단체협의회에서 하는 광고규제는 광고를 사후에 심의한 후 수정해 달라는 협조를 요청하는 정도이고, 법적인 구속력이 없기 때문에 광고주 측에서 받아들이지 않을 경우 대응수단을 확보하는 것이 시급한 문제이다.

또한, 각 소비자운동단체마다 산하에 소비자단체협의회의 기구와 비슷한 역할을 하는 광고감시기구를 운영하고 있는데, 이 역시 소비자단체협의회와 마찬가지로 집행능력이 없다. 또한 한국소비자원에서도 자체적으로 광고심의기구를 운영하고 있다. 그러나 이들 개별 기구들은 서로 연계 없이 중복되게 광고를 검토하고 있는 문제점이 있다. 따라서 인력이 부족한 공정거래위원회와 소비자단체들의 광고규제활동을 조화시킬 필요성이 있다.

2) 우리나라의 광고규제

(1) 광고규제 현황

우리나라의 광고규제는 1958년 한국일보사가 '광고윤리요강'과 '광고게재기준'을 통해 광고윤리기준을 자율적으로 소개한 것이 시초이다. 1970년대에 들어서면서 허위과대광고, 광고표현의 불건전성, 방송광고의 윤리성 등이 문제가 되면서 자율규제의 움직임이 본격화되었다. 그런데, 1976년부터 방송윤리위원회가 방송광고를 사전심의하게 됨에 따라 자율규제보다는 타율규

---

7) 공정거래위원회의 규제는 주로 광고에서의 기만행위인 허위사실에 초점을 맞추고 있는 반면, 소비자보호단체협의회에서는 광고가 소비자에게 미치는 영향에 초점을 맞추고 있다. 두 기관 모두 인쇄광고를 규제대상으로 하지만 소비자단체협의회에서는 잡지광고를, 공정거래위원회에서는 신문광고를 중점적으로 심의하고 있다.

소비자수첩 8-16

광고중단운동 네티즌 시민법정 개최… 배심원 판결 엇갈려

2008년 촛불집회 당시 네티즌들의 특정 신문사 광고 중단운동과 관련해 2008년 11월 5일 개최된 시민법정에서 일반 시민들로 구성된 배심원단 판결이 엇갈려 눈길을 끌었다. 시민배심원 열한 명은 이 날 오후, 종로구 서울 YMCA 2층 강당에서 '광고 중단운동 불법적인 업무방해인가, 정당한 소비자 운동인가'라는 주제로 열린 제3회 시민법정에서 피고인 네 명에 대해 각기 다른 평결을 내렸다.

시민배심원들은 '조중동 폐간 국민캠페인 카페' 개설자인 나개설씨와 이 카페 운영자 이운영 씨에게는 각각 유죄 일곱 명, 무죄 네 명으로 평결했다. 또한 이 카페에 가입해 광고 중단운동을 벌인 노예약 씨에게는 세 명이 유죄, 여덟 명이 무죄라고 손을 들어줬으며, 광고 중단운동 사실을 알고 광고주 기업 홈페이지 마비 프로그램을 가동한 안섭어 씨에게는 유죄 여섯 명, 무죄 다섯 명 판결을 내렸다.

검찰 측은 "피고인들은 촛불집회와 관련해 일부 신문사가 정부 입장만 옹호하는데 불만을 품고 신문사를 폐간시키려는 취지에서 집단적으로 선동한 것"이라며 "유죄가 선고돼야 한다"고 주장했다. 반면에 변호인 측은 "검찰 측이 폐간이라는 단어 폭력성을 문제 삼고 있지만 폐간이라는 말은 상징적 비유로 받아들여야 한다"고 호소했다.

출처 : 뉴시스, 2008년 11월 5일

제의 성격을 띠게 되었다.

1980년 '언론기본법'이 제정되었고, 같은 해 12월 '독점규제 및 공정거래에 관한 법률(이하 공정거래법)'이 제정되면서 정부차원의 광고규제가 시작되었다. '공정거래법'에서 부당한 광고 및 표시행위는 불공정거래행위 유형의 하나로 명시되어 규제대상이 되고 있는데, 재정경제부 산하 공정거래위원회에서 주관하고 있다. 이 법에서는 부당한 광고 및 표시는 기업 간의 자유롭고 공정한 경쟁을 저해하는 행위이므로 규제되어야 하며, 소비자보호를 위해서 부당한 광고는 규제되어야 한다는 입장을 취하고 있다.

1987년 언론기본법이 폐지되고 '정기간행물 등록에 관한 법률'과 '방송법'이 제정되었는데, 특히 '방송법'은 광고규제와 관련한 직접적인 관련을 가지고 있다. 현재, 방송광고물 심의는 1980년 12월 31일 '한국방송공사법'이 제정됨에 따라 방송광고공사내에 설치된 방송광고심의위원회가 심의하여 규제를 실시하고 있다.

한편, 1999년 정부는 부당한 표시광고를 효과적으로 규제하기 위하여 '표시 · 광고의 공정화에 관한 법률'을 제정하였는데 이 법안에는 중요 정보공개, 임시중지명령 등에 관한 내용이 포함되어 있으며 이 법률에 근거하여 광고실증제를 도입하고 있다.

우리나라의 광고자율규제 현황을 살펴보면, 1991년 설립된 한국광고자율심의기구(KARB : Korea Advertising Review Board)는 광고상담실을 통해 인쇄매체에 의한 허위, 과장, 과대, 불공정광고에 대해 소비자, 광고주, 소비자단체, 광고제작사들로부터 불만사항을 접수하여 처리하고 있다. 기업의 광고자율규제는 1984년 설립된 기업소비자전문가협회(OCAP : Organization of Consumer Affairs Professional in Business)를 중심으로 이루어지고 있다. 그러나 현재 우리나라의 부당광고에 대한 사업자들의 자율규제는 매우 미약한 상태이며 광고심의 전담기구가 존재하는 것이 아니라 일부 업종에 한해 자율규제기구가 존재하고 있다. 광고에 대한 자율규제는 각 매체협회, 광고관계협회에서 윤리강령이나 실천요강 등을 갖추고 있으나, 명목상의 형식만 갖춘 것에 불과하며 실제적인 광고규제는 거의 못하고 있는 실정이다(강창경 외, 1998).

소비자단체의 광고규제는 주로 소비자단체협의회내에 1989년 발족된 인쇄광고물 광고심의 위원회를 중심으로 이루어지고 있으며, 최근 서울 YMCA 시청자운동본부에서 광고모니터감시단을 발족하여 광고규제를 하고 있다. 한편, 정부출연기관인 한국소비자원에서는 1988년 허위 과장광고 감시위원회를 구성하여 인쇄매체에 대해 광고심의를 하고 있다.

(2) 광고규제 관련 법

타율규제 방법으로서, 광고만을 전문적으로 규제하는 단일 법률은 없으며 관련 부처에서 각 개별법에 따라 광고를 규제하고 있다(안광호, 1994). 우리나라 광고규제 관련 법규 및 심의기관에 대해서는 〈표 8-4〉에 자세하게 제시하였다.

광고규제 관련 법규는 크게 두 가지로 나눌 수 있는데 첫째는 모든 사업자·물품 및 서비스에 공통적으로 적용되는 일반 법규에 의한 광고규제로 '소비자기본법', '독점규제법', '부정경쟁방지법', '방송법' 등을 들 수 있으며, 다른 하나는 특정사업자·물품 및 서비스에만 적용되는 개별 법규에 의한 광고규제로 '식품위생법'과 '약사법'이 있다.

정부의 광고 규제기관으로 공정거래위원회가 사후심의기구로 존재하고 있으며, 이외에도 보건사회부 등 여러 관련 부처에 의해 관장되고 있다.[8] 1990년 개정된 '공정거래법(제5장, 15조)'에 의해 상품 또는 서비스에 대해 허위 또는 과장된 표시 및 광고행위를 불공정거래행위로 규정하고 이를 금지하고 있다.[9] 사업자 간의 문제광고는 '공정거래법'에 의해 규제되며, 특정 소비자의 피해구조는 개별사례 중심으로 처리되고 있다.

이와 같이 공정거래위원회에서는 부당표시와 허위과장광고 및 기만광고행위를 발견하여 정정시키고 있으나 여러 측면에서 광고규제를 효과적으로 하지 못하고 있다는 지적이 높다. 무엇보다도 광고규제의 초점을 불공정한 경쟁행위에 두고 있으며 소비자보호의 측면은 부수적으로

---

8) 미국의 경우 연방거래위원회(FTC : Federal Trade Commission)가 허위광고를 포함한 광고의 불공정거래행위를 금지하고 있으며, 광고실증제가 적극적으로 활용되고 있다.
9) 그러나 현재 의류, 화장품, 의료품, 식료품, 가구, 가전제품 등 현재 11개 업종만 이같은 불공정거래행위가 해당하도록 만들어져 시행되고 있다.

| 표 8-4 | 우리나라 광고규제 관련 법규 및 심의기관

관련법	목적	광고규제유형	광고규제기준	규제심의 위원회	규제성격(매체)
소비자 보호법	소비자권익보호	• 부당광고 • 소비자위해광고			사후심의 (모든 매체)
공정거래법	사업자의 공정하고 자유로운 경쟁 촉진	• 허위 · 과장광고 • 기만적인 광고 • 부당한 비교광고 • 비방광고	16개 분야 규제 기준, 6가지 개별 기준	공정거래위원회	사후심의 (모든 매체)
방송법	방송의 자유와 공적 기능 보장		일반기준 분야별, 품목별 기준	방송위원회 (있음)	사전심의 (방송매체)
종합유선 방송법	국민문화의 향상과 공공복리	• 허위 · 오도 · 기만 • 어린이광고 • 입증의무 등	30개 분야별 규제기준	종합유선방송 위원회(있음)	사전심의 (유선방송매체)
식품 위생법	국민보건증진 식품위해 및 영양의 질적 향상	• 과대광고 • 의약품과 혼돈할 우려 가 있는 광고	12가지 규제기준	보건복지부(없음)	사후심의 (모든 매체)
약사법	국민보건 향상기여	• 허위 · 과대광고 • 기사광고 • 효능성능 암시 • 낙태암시 • 승인전 의약품광고	8가지 규제기준	보건복지가족부 (없음)	사후심의 (모든 매체)의 약품 사전심의
정보통신 사업법	정보사회의 윤리규 범의 역기능에 대한 대책 마련	• 공중도덕윤리 • 위화감 조성 • 사생활 보호		정보통신 위원회	사전심의 (음성정보 · 비 음성 정보)

다루고 있다(김광수, 1994). 둘째, 식품과 의약품의 부당표시 및 허위과장광고 건수는 공정경쟁규약이 실시되기 전과 실시 후를 비교해 볼 때 오히려 증가하고 있어 공정경쟁규약이 효율적으로 실시되고 있다고 보기 어렵다. 셋째, 공정거래위원회의 규제수단도 단순히 경고나 시정권고, 시정명령 등 행정조치로서 소극적인 제제조치를 취하고 있어 광고와 관련한 규제가 잘 되고 있지 않다는 지적이 높다.

한편, '소비자기본법(제2장 9조)'에서도 광고규제 관련 규정을 두고 있다. '공정거래법'에서 광고규제가 사업자들의 공정거래 확립을 목적으로 사용되고 있으나, '소비자보호법'에서는 광고로 인한 소비자피해를 예방하기 위해 광고규제를 하고 있다. '소비자보호법'에서는 아래의 두 가지와 관련한 광고의 경우 규제하고 있다.

■ 식품, 기호품, 의약품 등의 잘못된 소비 또는 과다한 소비가 위해를 끼칠 우려가 있는 경우
■ 공산품 또는 서비스의 잘못된 사용이 소비자에게 생명, 신체, 재산상의 피해를 끼칠 우려가

있는 경우

광고의 효과가 가장 강력한 방송광고의 경우 1987년 제정된 '방송법'을 근거로 방송위원회의 기능과 위상이 강화되면서 본격적인 정부에 의한 사전광고규제가 실시되고 있다.[10]

(3) 광고규제의 문제점 및 해결방안

지금까지 우리나라의 광고규제 현황에 대해 살펴보았는데 여러 가지 문제점이 지적되고 있다. 광고규제와 관련한 문제점과 이를 해결하기 위한 방안을 구체적으로 살펴보자.

첫째, 정부의 광고규제가 실질적으로 잘되고 있지 않아 각종 부당광고로 인한 소비자피해가 끊이지 않고 있다. 광고규제의 주요 주체인 정부가 계속적으로 광고규제를 시도하고 있으나 인원부족, 시간부족, 사후규제의 비효율성 등 많은 문제점을 안고 있다. 광고가 소비자 및 국민에게 미치는 영향력이 막대함을 충분히 인정하여 사회적 안녕과 공공복지향상 추구를 위해 광고규제를 강화하여야 한다. 진실되고 올바른 광고문화를 형성하기 위해 정부가 앞장서야 할 때이다.

둘째, 광고규제를 보다 철저하게 하기 위해서는 법적 근거를 보완하여야 한다. '소비자기본법'과 '공정거래법'에서 광고규제에 대해 명시하고 있으나 광고 관련 상담, 광고분쟁조정 및 사정 조항, 부당성 여부 판단 및 규제방법 등에 관한 구체적인 명시가 필요하므로 광고규제를 위한 법적 보완 또는 개정이 필요하다.

이 같은 상황에서 최근 정부는 광고규제를 보다 효과적으로 수행하기 위하여 '표시·광고의 공정화에 관한 법률'을 제정하여 광고실증제 도입을 검토하고 있다. 광고실증제(advertising substantiation)란 광고주가 광고 전에 광고내용의 진실성을 입증하는 자료를 제출하도록 하는 제도이다. 앞으로 이 법률에 광고실증제 이외에 광고 시에 중요정보를 반드시 밝히도록 하는 '의무적 표시 및 광고'도 포함될 것으로 보이는데 적극적인 검토가 필요하다.[11]

셋째, 광고규제 관련 제도 및 관련 기구의 통합이 시급하다. 광고규제기관은 크게 공정거래위원회와 한국소비자원이라고 할 수 있다. 공정거래위원회에서는 주로 사업자 간의 불공정한행위를 방지하기 위하여 사업자 간의 문제광고에 대한 규제 업무를, 한국소비자원에서는 소비자피해 및 분쟁 해결을 목적으로 개별 사례 중심의 광고규제 및 광고로 인한 소비자피해구제업무를 담당하여 왔다. 그러나, 장기적 차원에서 그리고 광고규제 업무를 효과적으로 수행하기 위해서

---

10) 광고규제는 '방송법'에 근거한 방송광고심의위원회를 중심으로 방송위원회의 기본 규칙에 의해 실시되고 있다. 방송광고의 사전심의를 반대하는 입장은 방송법 제17조의 사전심의 조항이 언론, 출판, 집회의 자유가 명시된 헌법에 위헌한다는 주장을 펼치고 있다. 또한, 사전심의는 기업의 비밀을 누설시킬 우려가 있으며, 마케팅 전략에 차질을 빚을 수 있고, 과잉규제는 기업의 광고제작 비용을 증가시키고 있다고 주장하고 있다. 한편, 광고기준의 모호성, 심의의 일관성 부족, 입증의무의 문제, 심의위원회의 전문성 결여, 심의 비공개 등의 문제점을 지적하고 있다.

11) 예를 들면, 이 법이 제정되면 체인점 모집광고, 투신사의 예금유치 광고시 예상수익률 등을 밝혀야 한다.

는 이 두 기관을 통합하여 합목적화할 필요가 있다. 한국소비자원이 설립되어 각종 소비자 관련 업무를 담당하여 왔으므로 허위 · 과장광고 등 부당광고를 규제하는 운영총괄기구로 상정해 볼 필요가 있다. 만약, 이 두 기관의 통합이 불가능하다면 최소한 한국소비자원과 공정거래위원회, 그리고 각 행정부처에 산재해 있는 소비자기구들간의 세밀한 협력관계가 필요하다.

넷째, 광고와 관련한 적극적인 소비자교육이 필요하다. 부당광고로 인한 소비자피해를 예방 또는 방지하기 위해서는 무엇보다도 소비자의 허위 · 과장광고에 대한 인지가 있어야 하며, 자 발적이고 적극적인 감시가 필수적이다. 따라서 소비자들의 광고내용에 대한 비판의식과 고발정 신, 그리고 부당광고 여부의 판별을 도와줄 수 있는 소비자교육 프로그램의 개발이 시급하다.

결론적으로, 광고의 기능과 막대한 영향력을 감안할 때 부당광고를 규제하고 바람직한 광고 풍토를 조성하여 광고의 긍정적 기능을 확대하기 위한 소비자, 기업, 광고제작업자 그리고 정부 의 유기적인 노력이 필요하다고 하겠다.

3) 외국의 광고규제

(1) 미국의 광고규제

미국에서 현대적 의미의 광고규제는 1914년 광고규제를 위한 최초의 연방거래위원회법(FTC : Federal Trade Commission Act)이 완성되면서부터이다. 이 법에서 허위광고는 불공정거래로 인정하고 있는데, 이 법의 기본적 취지는 기업간의 공정거래에 있다. 1938년에는 '휠러−리법 (Wheeler Lea Act)를 제정하여 소비자에게 피해를 줄 수 있는 불공정 또는 기만행위를 허위 · 기 만적인 광고로 명문화함으로써 경쟁업자뿐만 아니라 소비자를 보호하기 위한 기만적 광고를 규 제할 수 있는 근거를 마련하였다. 그 이후 여러 법들이 통과되면서 연방거래위원회의 광고규제 활동영역이 확대되었는데, 광고규제기준은 불공정성과 기만광고, 표현의 진실성, 불공정광고행 위 등이다.[12]

한편, 미국에서 광고의 자율규제는 1971년 미국광고대행사협회, 전미 광고연맹, 전국 광고주 협회, 경영개선협의회 등의 협력체인 전국광고심의위원회(NARC : National Advertising Review Council)에 의해 주도적으로 이루어지고 있다. 이 기구에서는 미국 기업광고강령을 기준으로 허위광고에 대한 자율적 규제를 통해 정확하고 진실된 광고를 행하는 것을 목적으로 하고 있다. 특히, 이 협의체 산하 경영개선협의회(NARB : National Advertising Review Board)는 광고주 대

---

12) 이 외에도 미국의 타율규제기관은 식품의약품청(FDA : Food and Drug Administration), FCC(Federal Communication Commission), USPS(U.S.Postal Service), BATF(Bureau of Alcohol, Tabacco, and Firearms) 등이 있는데, 주류광고의 경우 사전심의 를 받게 되어 있다.

표, 광고대행사 대표, 사회단체 대표 등으로 구성된 미국 광고업계 최고의 자율심의기관이라고 할 수 있다. 이외에도 많은 기관에서 광고 자율규제를 하고 있는데 방송광고의 경우 자율규제 성격이 강해 우리나라와 비교되고 있다.

(2) 일본의 광고규제

일본에서 최초의 광고규제법은 1934년 제정된 '부정경쟁방지법'으로 소비자보호측면보다는 기업의 부당경쟁 규제에 초점을 두었다. 그러다 1962년 제정된 부당 '경품류 및 부당 표시방지법'과 1968년 '소비자보호 기본법'이 제정되면서 소비자보호를 목적으로 광고규제가 적극적으로 이루어지기 시작하였다. 특히, '경품류 및 부당 표시방지법'은 효과적인 광고규제를 위해 공정거래위원회에 부당행위규제를 위한 행정처분명령을 할 수 있게 하고 있다. 일본에서 광고규제는 공정거래위원회, 그리고 제품 및 서비스에 따라 각 해당관청에서 담당하고 있다. 예를 들면, 의약품과 관련한 광고 및 표시의 경우 후생성이, 옥외 광고 및 주택, 부동산 광고는 건설성이 담당하고 있다.

일본의 광고규제 중 특이한 것은 '공정경쟁규약'이다. 이 규약은 '경품류 및 부당 표시방지법'에 의해 실시되고 있는 것으로 사업자나 사업자단체가 광고에 관한 자율적 규약을 정하면 이를 법으로 인정하는 제도이다. 그러나 이는 일부 업자의 이익편중이라는 지적을 받고 있다.

일본의 자율적 광고규제기관은 1974년 설립된 일본광고심사기구(JARO : Japan Advertising Review Organization)이다. 이 기구는 광고연맹, 광고주, 매체사의 연합조직으로 광고·표시에 관한 문의접수처리, 광고·표시의 기준작성, 다른 광고자율규제기구와의 제휴 및 협력, 소비자단체 및 관련 관청과의 협조 등의 업무를 담당하고 있다.

방송광고는 1970년 이후 TV, 라디오방송 기준을 하나로 통합한 일본 민간방송연맹방송기준을 중심으로 광고의 질적 규제뿐만 아니라 양적 규제도 하고 있다. 이외에도 언론매체사에 의한 자율적인 규제활동, 일본 소비자연합회와 일본소비자협회 등 소비자단체의 광고규제활동, 일본 정부출연기관인 국민생활센터의 규제 등이 이루어지고 있다.

7. 광고실증제

광고실증제란 광고에서 주장한 내용의 진실성을 관찰, 실험 등에 근거한 합리적이고 객관적인 자료를 통하여 증명하는 것을 의미한다. 광고에서 주장한 내용을 입증하는 주체는 광고주가 될 수도 있으며, 광고규제기관이 될 수도 있다. 그러나 보통 광고내용의 사실 여부에 대한 입증책임은 비용, 시간, 전문성 등을 고려할 때 광고주가 지는 것이 보통이다. 미국의 경우 1970년대 초 소비자단체에 의해 광고실증제가 제안된 이후 적극적으로 활용되기에 이르렀으며, 다른 많은 세계 국가에서도 시행되고 있다. 우리나라에서도 방송광고의 경우 광고 개시 이전에 광고내용에 대한 증거제출을 요구하는 광고실증제를 도입하고 있다.

1) 광고실증제의 기능

광고실증제는 광고규제의 기본적 목적인 소비자보호 및 기업 간의 경쟁촉진을 보다 효과적으로 달성하기 위한 기능을 수행한다. 구체적으로, 기업 또는 광고주체자가 광고내용을 증명할 수 있는 자료를 의무적으로 제출토록 함으로써 광고심의를 신속하게 수행하게 하는 기능이 있다. 광고실증제의 활용으로 광고규제의 신속성확보가 가능하므로 부당광고로부터 소비자피해를 사전에 예방할 수 있으며 동시에 기업과 소비자 간의 정보 불균형상태를 효율적으로 개선할 수 있다. 뿐만 아니라, 광고실증제의 활용은 기업 간의 공정한 경쟁을 촉진시킬 수 있으며 허위·과장광고, 오도광고, 비방광고 등 부당광고규제의 효율성을 제고시킬 수 있다. 결론적으로, 광고실증제는 광고심의의 신속성 확보를 통해 광고규제의 기본적 목표를 효과적으로 수행하게 하는 중요한 기능을 하게 된다.

2) 실증시기에 따른 광고실증제

광고심의가 광고개시 이전에 이루어지는가 아니면 광고개시 이후에 이루어지는 가에 따라 광고실증제의 성격을 구분할 수 있다. 광고가 개시되기 전에 광고실증제에 기초한 광고심의가 이루어지는 경우 광고주가 실증자료를 제출하지 않으면 광고가 시작되지 않기 때문에 광고실증제의 기능이 강하게 적용된다. 반면, 광고가 개시된 이후에 광고실증제가 적용된다면 광고 이후 제출된 광고실증자료는 그 광고의 부당성 여부를 판단하는 데 사용된다. 만약, 이때 제출된 광고자료가 광고내용을 실증하지 못할 경우 이미 소비자에게 전달된 광고는 미실증광고이다. 미실증광고는 미국에서는 그 자체가 불공정한 관행으로서 직접적인 규제대상이 되나, 우리나라의 경우는 미실증광고가 부당광고인 경우에만 규제대상이 되고 있다.

3) 우리나라의 광고실증제

우리나라에서는 1999년 '표시·광고의 공정화에 관한 법률(이하 표시·광고법)'을 제정하여 부당한 표시광고행위를 금지하고 중요 정보 공개제도, 광고실증제, 임시중지 명령제도 등을 도입하고 있다. 이 법에서는 부당광고 판단의 기초 자료인 광고내용의 진위여부에 대한 입증책임을 사업자에게 지우는 광고실증제를 도입하고 있어 광고심의의 신속성 제고, 부당한 광고로 인한 소비자피해예방에 큰 역할을 할 것으로 기대된다.

표시·광고법에 의하면 사업자의 입증책임범위는 사실과 관련한 사항이며, 의견이나 관념의 제시에 지나지 않는 설득적 광고는 규제의 대상이 되지 않는다. 그러나 의견을 사실의 형식으로 제시하는 경우는 규제의 대상이 된다.

또한 공정거래위원회는 부당광고의 우려가 있는 경우 당해 사업자에게 관련 자료를 요청할 수 있도록 규정하고 있다. 공정거래위원회가 모든 광고에 대해 사업자 등에게 자료제출을 요청할 수 있는 것은 아니다. 한편, 이 법에 따르면, 부당한 광고만을 규제할 뿐이지 미실증광고 자체를 규제대상으로 삼고 있지 않다. 다시 말해, 사업자가 제출한 실증자료는 허위광고 등 부당광고규제와 관련한 기초자료로써 활용된다. 그러나 미국의 경우 미실증광고 자체가 불공정거래행위로서 규제대상이 되므로 실질적으로 대부분의 기업이 광고를 하기 전에 추후 법적 제재를 받지 않기 위해서 광고내용에 대한 근거를 준비하게 되고 강력한 사전실증제적 성격을 띠고 있다. 그러나 우리나라의 경우 공정거래위원회가 사업자 등에게 실증자료를 요청한 때부터 법적 효력이 적용되는 점에서 미국의 것과는 차이가 있다. 다만, 우리나라에서도 방송광고의 경우, 방송심의위원회가 특정광고 주장에 대해 실증자료를 광고주에게 요청할 때 이를 제출하지 않으면 광고가 송출되지 않으므로 사전실증제적 성격이 강하다고 하겠다.

한편, '표시·광고법'에 의하면, 공정거래위원회는 부당광고의 우려가 있는 광고에 대해서만 실증자료의 제출을 요청할 수 있다. 공정거래위원회의 실증자료 요청을 받은 사업자는 30일 이내에 실증자료를 제출하여야 하는데, 정당한 사유가 있는 경우 제출기간 연장신청을 할 수 있다. 공정거래위원회는 공정거래질서 유지를 위해, 소비자들이 제품 및 서비스에 대해 잘못 아는

과장광고 첫 임시중지령

허위과장광고에 대해 광고임시중지명령이 최초로 발동되었다. 공정거래위원회에서는 누에동충하초의 효능을 대대적으로 광고해 온 대한잠업개발공사에 대해 광고를 일시중단할 것을 명령했다. 잠업개발공사는 실험용 쥐를 대상으로 한 실험결과를 근거로 동충하초가 사람 몸에 항암효과, 간보호항피로 면역력증가, 항스트레스효과, 항노쇠효과 등이 있다고 표현·광고하였다.

이에 대해 공정거래위원회에서는 쥐를 대상으로 한 실험을 근거로 수명연장효과가 20%라고 표현한 것은 소비자를 오인하게 하는 것이므로 임시중지명령을 내렸다. 이 임시중지명령은 1999년 7월 '표시·광고의 공정화에 관한 법률'이 제정되면서 처음 도입된 제도이다.

출처 : 동아일보, 1999년 8월

것을 방지하기 위해 필요한 경우에 한하여 사업자들이 제출한 실증자료를 공개·열람할 수 있도록 하고 있다.

4) 미국의 광고실증제

미국은 일찍부터 광고실증제를 도입하여 광고규제를 효과적으로 하고 있다. 미국의 광고실증제는 외국의 광고정책에도 많은 영향을 미쳤으므로 구체적으로 살펴 볼 필요가 있다.

미국의 광고실증제는 1970년대 초 Ralph Nader와 소비자단체에 의해 제안되었는데, 1971년 FTC는 상품의 안전성, 성능, 효율성, 품질 또는 가격비교의 광고의 경우 광고주는 반드시 이를 실증하는 자료에 근거하여야 하며, 이 자료를 대중에게 공개하도록 하는 광고실증제를 제도화하였다. 광고실증제를 도입하기 이전 미국에서는 허위광고, 기만광고만 규제하였으나 광고실증제가 도입되면서 미실증광고도 규제대상이 되었다. 다시 말해, 결과적으로 광고내용이 진실하다 하더라도 광고주가 광고에 앞서서 실증하지 않은 광고, 허위라고 입증하기 어렵지만 진실한지의 여부가 의심스러운 광고는 미실증광고로서 1971년 이후 새로이 규제대상에 포함되었다. 미실증광고가 규제대상으로 포함된 것은 미실증광고를 불공정한 관행으로 간주하였기 때문이다. 결국, 미국의 광고실증제는 크게 두 가지 기능을 하고 있는데 하나는 미실증광고를 규제하는 기능, 다른 하나는 광고주가 제출한 것 중 소비자의 판단에 도움이 되는 경우 제출된 실증자료를 소비자에게 제공하는 기능이다.

실증대상 범위는 주로 제품의 안전성, 성능, 효과, 가격 및 품질비교 등 구매시 가장 중요한 내용을 포함하고 있는데 크게 건강이나 안전과 관련한 내용, 소비자들의 구매행위를 혼란스럽게 하는 내용이 주류를 이룬다. 보통 FTC는 광고모니터링, 소비자, 경쟁사업자 등으로부터 불만을 접수하여 'FTC법' 위반 가능성이 있는 광고에 대해 실증자료를 요청한다. 이에 광고주가 실증자료를 제출하면 FTC는 이를 검토하고 심판개시결정 및 최종결정서를 송달하며, 광고주는 부당광고에 대한 시인이나 합의과정을 거치게 된다. 미실증광고에 대한 FTC규제는 광고규제를 하지 않고 시장경제에 의해 해결하는 방법과 처벌을 놓고 실익을 비교하여 처벌이 소비자나 경쟁사에 별 도움이 되지 않는 경우 관대하게 처리하고, 그 위반내용이 경쟁질서나 소비자보호 측면에 중요하다고 판단되는 경우 대단히 강력한 조치를 취하고 있다. 보통, 처벌은 광고중지 및 금지, 적극적 공개(제품의 위험 등에 관한), 실증되지 않은 광고를 믿고 제품을 구매한 소비자들에게 상품대금을 반환해 줄 것을 명령하는 반환, 광고주장이 잘못되었다는 문안을 포함하는 정정광고 등이다.

미국에서의 광고실증제는 이처럼 FTC의 주관하에 운영되는 타율규제와 여러 단체나 기업이 자율적으로 광고실증제를 운영하는 자율규제로 구분할 수 있다. 미국 경영개선협의회(BBB : Better Business Bureau)는 자율적으로 광고규제활동을 펼치고 있는데 판결내용을 강제적으로 강요하지는 못하나 그 내용을 간행물 등을 통해 공표함으로써 광고업계에 지대한 영향력을 행사하고 있다. 이 협회에서는 광고를 자체적으로 모니터링한 후 문제가 있는 광고를 조사·평가·분석하여 시정하도록 하기도 하며, 소비자로부터 불만을 접수하여 해결하기도 한다. 이 협회산하 기구인 전국광고국(NAD : National Advertising Division)에서 1971년 이후 광고와 관련한 불만을 처리한 약 2,500여 건 중 약 42%는 광고내용이 실증된 것이었으나, 나머지 56%는 실증되지 않았거나 허위인 것으로 밝혀져 이를 수정 또는 중지한 바 있다.

BASICS OF CONSUMEROLOGY

9

소비자와 시장

1. 시장의 이해 | 2. 시장구조 | 3. 시장실패와 정부규제

CHAPTER 9

소비자와 시장

1. 시장의 이해

시장은 우리에게 움직이는 삶을 보여주는 장소로서 우울할 때, 답답할 때 찾는 장소이기도 하다. 또한 시장은 소비자에게는 제품 및 서비스를 구입함으로써 소비생활을 영위하게 하는 장소이며 동시에 생산자에게는 제품을 판매하는 장이 되고 있다. 결국, 시장은 판매와 소비의 주요 기능을 수행한다. 시장에서 소비자들은 자신의 욕구를 가장 최대한으로 충족시킬 수 있는 제품 및 서비스 구입을 추구하며, 판매자들은 나름대로 최대한의 이익을 위해 판매활동을 벌이게 된다. 이 같은 판매자와 소비자의 상충적인 욕구를 효과적으로 충족시키기 위해 시장에서는 적정한 가격이 형성되어 판매와 소비, 즉 자원을 배분하는 기능이 달성된다. 그러나 시장의 주요 기능이 활성화되지 못할 경우 소비자이익, 소비자주권 실현의 장애가 된다. 독과점적 시장구조, 복잡하고 다양한 유형의 불공정거래행위, 담합 등 경쟁을 제한하는 행위 등은 궁극적으로 소비자에게 부정적 영향을 미치게 된다.

1) 시장의 개념

시장이란 제품 및 서비스를 판매 또는 구입하는 장소로서 상품 또는 서비스의 가격이 자유로이 결정된다. 자본주의 경제체제는 시장경제를 바탕으로 유지되는 체제로서 생산, 판매, 소비 등 사회적 자원의 배분이 기본적으로 시장의 힘에 의해서 이루어지는 체제를 말한다. 이때, 생산자 및 소비자들 간의 많은 거래는 가격기구하에 자유로운 경쟁이 존재한다. 흔히 시장이라 하면 동대문시장이나 백화점 등 제품이 거래되는 장소를 쉽게 떠올릴 수 있다. 시장은 이 같은 전통적인 형태의 눈에 보이는 것뿐만 아니라 노동자들의 인력시장, 외환시장, 인터넷상의 쇼핑몰 등 직접 눈에 보이지는 않는다 하더라도 판매 및 구매가 이루어지면 모두 시장이라 할 수 있다. 시장에서 생산자, 판매자, 소비자들은 서로의 이익을 위해 노력하게 되는데 이 과정에서 끊임 없는 경쟁을 반복하게 된다. 가격시스템하에 시장기능이 활성화되면 장기적으로는 새로운 질서(적정 가격, 양질의 제품)와 조화(적정한 수요와 공급)를 가져와 모든 거래 당사자에게 이익을 가져다 주게 된다.

2) 시장의 역할

시장은 적정가격에서 수요와 공급량이 결정되며 경쟁이 존재하는 장소이다. 시장에서 자연스럽게 형성되는 가격은, 세 가지 기본적인 경제문제, 즉 무엇을, 어떻게, 누구를 위하여 생산할 것인가 등의 가장 기본적인 의사결정을 하는 데 중요한 역할을 한다. 시장의 역할을 살펴보면 다음과 같다(강이주 외, 1999).

(1) 자원배분의 역할

시장에서는 자원배분의 기능이 달성된다. 시장은 생산자 또는 판매자로부터 소비자로 제품과 서비스가 이동되는 장소이다. 이 같은 자원의 이동 또는 배분은 일정한 가격과 경쟁 속에서 이루어진다.

가격의 높고 낮음은 소비자가 상품을 얼마나 원하고 있는지, 또는 생산자가 상품을 생산하는 데 얼마나 많은 비용이 드는지에 관한 정보를 제공해 주는 역할을 한다. 한편, 가격에 의해 많은 영향을 받는 소비자의 선호는 무엇을 얼마나 어떻게 생산할 것인지를 결정하는 주요 기준이 되며, 한 사회의 물적 그리고 인적 자원의 배분을 결정하게 된다.

(2) 경제발전 유도

다수의 생산자와 소비자가 존재하는 시장에서 경쟁은 필수적이다. 이 같은 경쟁은 생산자에게는 소비자의 기호에 부응하는 양질의 제품을 더 싼 값에 공급하여야 함을 의미한다. 결국, 생산자들은 최소의 비용으로 최대의 이익을 거두기 위하여 품질개발, 신제품개발 등의 노력을 기울임으로써 경제발전의 원동력이 된다.

(3) 소득분배의 역할

시장에서 거래되는 상품의 가격도 간접적인 방법으로 소득분배에 영향을 미친다. 예를 들면, 저소득층이 주로 사용하는 생활필수품의 가격이 오르게 되면 고소득층보다 저소득층의 실질소득이 더욱 감소하는 효과를 가져온다. 또한 인플레에 의한 전반적인 물가 상승이나 모든 제품의 가격에 부과되는 간접세 상승 역시 저소득계층의 실질소득이 상대적으로 더 감소하는 효과를 주면서 간접적으로 소득분배에 영향을 미친다.

(4) 사회적 복지 증진

경쟁의 시장원리 속에서는 살아남기 위한 또는 더 많은 이익을 얻기 위한 동기유발이 일어난다. 수요가 급증하면 더 많이 생산할 동기가 유발되며, 이로 인한 경쟁은 궁극적으로 사회적 효율성을 증대시키고 나아가 국민복지증진의 기초가 된다. 시장은 경쟁적 구조하에서의 가격기구에 의해 운영되어 경제주체들의 복지를 향상시킨다.

2. 시장구조

이 세상에 존재하는 모든 시장은 제각기 다른 구조와 특징을 가지고 있다. 보통, 시장의 성격을 규명하기 위하여 경쟁상태에 따라 시장의 구조를 구분하는데, 크게 완전경쟁시장·독점시장·과점시장·독점적 경쟁시장으로 분류할 수 있다. 시장구조를 결정하는 요인들에 따라 시장구조를 구분하고 또한 시장구조의 특성에 대해 살펴보자.

1) 시장구조결정요인에 따른 시장구조

(1) 공급자 및 수요자의 수

공급자 및 수요자의 수는 시장구조를 결정하는 기본적인 요인이다. 보통, 수요자의 수보다는 판매자의 수에 의해서 시장구조를 구분하는 것이 일반적이다. 어떤 제품을 생산하여 판매하는 공급자 수가 많고 또 그것을 사고자 하는 수요자, 즉 소비자 수가 많을 때 그 시장구조는 완전경쟁시장이라고 할 수 있다. 이 같은 구조 속에서는 경쟁적으로 제품이 생산되고 판매되기 때문에, 공급자나 수요자가 마음대로 시장에서 가격을 정할 수 없고 수요와 공급의 원칙에 의하여 자연스럽게 결정된다. 완전경쟁시장에서는 개별 수요자와 공급자는 시장 지배력을 전혀 행사할 수 없다. 그러나 공급자의 수 또는 수요자의 수가 적을 경우에는 시장은 비경쟁적구조를 형성하게 되며 공급자 또는 수요자가 가격결정에 우위의 역할을 하게 된다. 독점시장에는 보통 하나의 공급자가 존재하며 수요자는 많은 경우를 의미한다. 반면, 과점시장은 소수, 즉 몇 개의 공급자가 상품 또는 서비스를 공급한다는 점에서 완전경쟁시장과 독점시장의 중간에 위치한다고 할 수 있다. 수요자가 단 하나인 수요독점시장도 존재할 수 있다. 예를 들면, 군수제품 수요자는 정부 하나라고 할 수 있다. 한편, IMF사태 이후 계속되는 불황 속에서 팔려는 사람, 즉 공급자는 많고 사려는 수요자는 적은 경우 예외적으로 수요자에 의해서 가격이 결정되는 경우도 속출하고 있다.

(2) 상품의 동질성 여부

시장에서 거래되는 상품이 질적인 면에서 같은 제품인가의 여부이다. 예를 들면, 달걀, 시금치 등은 어느 정도 동질성이 높은 제품이라고 할 수 있다. 제품이 동질적인 것인 경우 생산자들은 자신의 제품을 특별히 광고할 필요가 없으며 수요자들도 제품에 대한 정보를 구태여 탐색하지 않아도 된다. 그러므로 이 경우에는 제품의 공급자와 수요자 간에 시장 지배력 행사가 나타나지 않는다. 그러나 동질성이 적은 제품을 생산하여 각자 소비자들의 기호에 호소하기 위한 차별화 전략과 광고 등의 영향으로 소비자에 대한 독점력을 가지는 시장(과점, 독과점 경쟁시장)이 출현하기도 한다.[1]

(3) 시장진입·탈퇴 장벽의 여부

어떤 시장에 새로운 기업의 진입과 탈퇴가 자유로운가, 아닌가 하는 정도는 시장구조를 결정하는 또 다른 요인이다. 한 기업이 어떤 새로운 산업에 진입하고자 할 때 진입 비용과 위험부담이 너무 크거나 특허권이 필요하다든가 하면 진입장벽이 높아서 진입이 어렵게 된다. 그 결과 그 산업에 참여하는 기업의 수가 한정되게 되므로 독점적 구조를 띨 가능성이 높다. 완전경쟁시장에서는 시장진입 및 탈퇴가 자유롭고 그 장벽이 높지 않아 다수의 공급자가 참여하여 자유로운 경쟁이 존재하게 된다.

(4) 정보소유 여부

수요자와 공급자가 시장조건에 관하여 어느 정도의 정보를 가지고 있는가에 따라 시장구조를 구분할 수 있다. 또한, 이 같은 정보의 비용이 어느 정도인가도 중요하다. 시장조건에 관한 제반 정보를 누군가 독점적으로 소유하는 독점적 구조하에서는 정보의 비대칭성에 의해 불공정경쟁이 유발되고 시장지배력이 나타나게 된다. 그러나 완전경쟁 시장구조 속에서는 완전정보가 제공되고 또한 이 정보를 얻는 데 커다란 비용이 들지 않는 특성이 있다.

---

[1] 달걀, 시금치, 쌀 등은 비교적 동질성이 높은 제품이나 요즘은 차별화 마케팅을 통해 이질성을 강조하는 경향이 있다. 예를 들면, 달걀의 경우 특정 성분을 강화한 특수 달걀을 개발하여 차별화 하고자 한다. DHA란, 알짜오메가란, 온천 DHA란, 인삼란, 알로에란 등 다양한 제품을 개발하여 이질성을 높이려는 경향이 있다.

| 표 9-1 | 시장구조에 따른 특성

시장구조 기 준	완전경쟁(perfect competition)	독점적 경쟁	과점(oligopoly)	독점(monopoly)
정 의	소수사업자의 시장점유율이 높지 않음	다수기업, 단 유사상품공급	세 개 사업자의 시장점유율이 75% 이상	한 개 사업자의 시장점유율이 50% 이상
공급자수	다 수	다 수	소 수	하 나
수요자수	다 수	다 수	다 수	다 수
경쟁제품 성질	동질적	어느 정도 이질적	동질적	이질적(대체재부재)

2) 시장구조별 특성

시장구조는 경쟁의 정도에 따라 완전경쟁, 독점적 경쟁시장, 과점, 독점시장으로 구분할 수 있다. 이 같은 시장형태의 특성에 대해 구체적으로 살펴 보면 다음과 같다.

(1) 완전경쟁시장

완전경쟁(perfect competition)시장구조를 형성하기 위해서는 많은 수의 공급자와 수요자가 있어 자유로운 경쟁이 존재하여야 한다. 또한, 이 시장에서 거래되는 상품은 동질적이어야 하며, 이 시장으로의 진입과 탈퇴가 자유로워야 한다. 또한 경제주체자인 소비자, 공급자가 완전한 정보를 가지고 있어야 한다. 공급자와 구매자가 다수 존재하므로 충분한 경쟁 속에서 가격은 시장의 균형에 의하여 형성된다. 한편, 거래되는 상품이 동질적 특성을 가져야 하는데 이는 기술적 특성뿐 아니라 판매 및 판매 후 서비스와 관련된 조건도 같다는 것을 의미한다. 시장진입과 탈퇴의 용이성이란, 이윤의 기회를 발견한 기업은 언제라도 마음대로 이 산업에 참여할 수 있으며 반대로 그 산업에서 손해를 보고 있는 기업은 언제라도 쉽게 철수할 수 있어야 함을 의미한다.

결국, 위의 조건을 모두 갖춘 완전경쟁시장이란 실제로 존재하지 않는다고 볼 수 있다. 최근 투명성 증진에 힘입어 금융시장, 주식시장의 경우 완전시장에 근접하는 양상이 나타나고 있으나 이 시장에서 조차도 정보의 비대칭성과 같은 문제가 있어 대다수의 시장에서 완전경쟁시장의 존재는 불가능하다. 그러나 최근 인터넷의 발전으로 거래비용 절감, 가용정보 확대, 구매자 및 공급자수 증대 등으로 시장에서의 경쟁 및 효율성이 높아지고 있다. 아무튼 완전경쟁 시장구조에 관심을 가지는 이유는 무엇인가? 그것은, 이 시장이 하나의 이상적인 구조로서 기준이 될 수 있기 때문에, 현실적으로 존재하는 시장을 평가하고 그 구조적 문제점을 시정하는 데 하나의 지침이 될 수 있기 때문이다.

(2) 독점적 경쟁시장

독점적 경쟁시장은 다수의 공급자들이 제품의 생산에 참여하고 있으며 시장에의 진입과 탈퇴가 자유롭다는 점에서 완전경쟁시장과 다를 바 없다. 그러나 시장에 관한 정보가 불완전하고 제품이 서로 동질적이 아니라는 점에서 차이가 있다. 독점적 경쟁시장의 가장 큰 특징은 제품의 이질성이라 할 수 있으며 이는 기업들의 상품 차별화(product differentiation)정책을 통해 다양하게 나타난다.

상품차별화의 실례는 거의 모든 상품에서 무수히 찾을 수 있다. 치약만 보더라도 향을 달리한 치약, 유아용 치약, 충치를 없애 주는 치약 등 치아를 닦는다는 본질적인 기능 이외에 다른 기능을 첨가함으로써 제품을 차별화하는 마케팅 전략을 사용하고 있다. 최근, 동질성이 높다고 인식되어 온 달걀제품에도 제품차별화 전략이 활용되고 있다. 인삼란, 건강란, 알부민란 등 다양한 성분이 추가 또는 배제된 달걀이 시판되어 차별화를 꾀하고 있다. 이와 같이 제품의 재료를 달리함으로써 차별화를 시도할 수 있고 그 외에도 디자인의 차이, 기계 등의 구조적인 차이, 각종 보증이나 환불 보증제공의 차이, 서비스의 차이 등의 방법으로 상품 차별화정책을 사용하고 있다. 이들 제품들은 상호 밀접한 대체재들임에도 불구하고 표면적인 차이를 부각시켜 어느 정도 차별적인 시장을 형성하게 된다. 현실적으로 우리나라 대부분의 시장은 과점 또는 독점적 경쟁시장의 형태를 취한다. 특히, 상표 부착을 통해서 특정 제품을 판매하기 때문에 상표의 고유성으로 인하여 독점시장이 형성된다. 그러므로 소비자들은 구매의 효율성을 높이기 위하여 상품에 대한 정확한 정보가 필요하다.

(3) 과점시장

과점(oligopoly)시장이란 소수의 공급자에 의하여 제품이 공급되고 있는 시장을 말한다. 한 시장에서 소수의 기업들이 얼마나 큰 비중을 차지하고 있느냐에 따라 과점의 정도가 달라진다. 과점시장은 독점시장보다는 덜하지만 상당한 정도의 진입장벽이 존재하고 있다. 또한, 상품의 차별화(product differentiation)가 어느 정도 존재하며 몇 개 안 되는 소수의 기업들이 치열하게 경쟁하고 있는 시장이므로, 각 기업들은 자신의 상품이 다른 회사의 제품과 구별된다는 것을 보여주기 위하여 광고 등을 통하여 엄청난 노력을 기울인다. 과점시장 내의 기업들은 서로 상호의존성이 높다. 소수의 기업이 존재하는 과점시장에서는 한 기업이 취한 행동이 다른 경쟁기업에게 많은 영향을 미치므로 어느 한 기업의 행동에 매우 민감한 반응을 보인다. 따라서 이 같은 시장 구조속에서는 기업들의 담합이나 불공정거래행위가 일어나기 쉽다. 과점이 발생하는 원인에는 여러 가지가 있다.

첫째, 과점은 규모의 경제(economy of scale) 때문에 생기는 경우가 많다. 전체 시장수요를 감안할 때 다수의 기업이 참여하기에는 적은 규모인 경우 몇 개의 기업만이 참여하는 과점적 구조를 형성하여 규모의 이익을 창출한다. 둘째, 각종 시장진입장벽 때문에 신규기업의 진출이 막혀 있을 때에도 과점이 발생할 수 있다. 셋째, 기업들이 경쟁의 압력을 줄이기 위해 합법적 혹은 비합법적인 방법을 동원하여 경쟁기업을 몰아낸 결과로서 과점이 발생하기도 한다.

(4) 독점시장

독점시장(monopoly)은 시장에서 공급자가 하나인 경우로서 같은 상품을 생산하는 경쟁자가 없거나 직접적인 대체재를 생산하는 공급자가 없는 경우이다. 한 가지 종류의 재화에 대한 공급자가 하나밖에 없는 경우 공급독점이라 하고 이 공급자를 독점기업이라고 한다. 독점은 완전경쟁과 반대되는 시장구조로서 시장에서 경쟁이 완전히 배제되어 있는 경우로 상품의 성질이 매우 이질적이어서 대체재가 존재하지 않는다. 그 결과, 독점기업이 가격설정자가 된다. 독점기업은 상품의 생산량을 조절함으로써 가격결정에 영향력을 행사한다. 한편, 이 같은 구조 속에서는 새로운 경쟁기업이 출현하기가 어려운 경향이 있으며, 소비자가 지닌 정보는 불완전하다.

우리나라의 대표적인 독점적 시장구조를 갖는 산업은 담배, 홍삼 등이라고 할 수 있다. 또한 수도, 전기, 철도 등과 같이 막대한 자본이 들면서도 자본회수율이 느려 민간이 선뜻 나서지 않는 국민복지에 관련된 분야의 생산도 독점의 형태를 띄고 있으나 이 경우는 정부의 독점적 생산과 가격책정을 통해 민간의 복지가 증진된다고 할 수 있다.[2]

3) 시장구조와 소비자주권

경제생활 또는 소비생활의 궁극적인 목적은 만족감 및 행복의 추구에 있다. 이 같은 만족감이나 행복감이 최대로 달성되기 위해서는 규모 있는 소비 또는 효율적인 소비가 이루어져야 한다. 이 같은 효율적인 소비는 소비자에게 선택의 폭이 가장 넓을 때, 즉 시장이 경쟁적일 때 가능하다. 경쟁적인 제품이 많을수록 품질은 좋아지고 값도 저렴해지므로 소비자만족이 최고가 된다.

소비자만족은 또한 소비자주권이 실현될 때 최대로 충족될 수 있다. 소비자에 의해, 소비자가 원하는 물건이 만들어질 때 소비자주권이 실현되는 것으로 보는데, 소비자주권이 실현되기 위해서는 시장은 경쟁적이어야 한다. 법률이나 정부의 규제, 소비자들의 소비자운동보다 자유로운 시장경쟁체제하에서 시장기구가 효과적으로 기능할 때 소비자주권이 보다 효과적으로 실현되므로 경쟁적 시장구조는 소비자에게 가장 중요한 사항이다.

---

2) 수요자가 하나뿐인 독점시장은 군수품시장이라고 할 수 있다. 군수품을 생산하는 하청업자는 여럿이지만 수요자는 국방부라는 정부기관 하나뿐이다.

마이크로 소프트사(MS)의 분할과 소비자주권

미국은 이상한 나라이다. 적어도 2000년 봄에 전개된 마이크로소프트(MS)사건을 보는 우리나라 소비자들의 눈에는 그렇다. 1980년대 말 2류 국가로 추락해 가던 미국을 구원한 일등공신 MS사가 정부로부터 칭찬을 받기는커녕 MS사에 독점혐의가 있다며 'MS' 분할 판정을 내렸다. 주식시장의 호황으로 경제의 활기를 유지하는 미국의 입장에서 나스닥 시장의 13%(시가총액기준)를 차지하는 MS주가 폭락, 나스닥 주가 폭락, 경기불안으로 이어질 수 있음에도 왜 미국정부는 MS사를 문제 삼는 것일까? 그것은 바로 소비자의 권리 때문이다. MS사는 컴퓨터 운영체제(OS)시장에서 독점상의 지위를 이용해 웹브라우저 등 각종 소프트웨어를 강매했고, 인터넷 검색 소프트웨어를 윈도우 프로그램에 무료로 끼워 파는 등 '반 경쟁적 방법'으로 윈도우 프로그램의 독점적 지위를 유지하며 잠재적 경쟁자의 등장을 방해 해 왔기에 궁극적으로 경쟁이 제한되었고, 소비자들이 상품을 비싸게 살 수 밖에 없는 상황이 되었기 때문이다. 미국 공정거래위원회는 기업에게 최대한의 자유를 보장하지만 소비자이익이 침해되는 순간 소비자를 대신하여 칼을 빼든다.

이번 판결은 19세기 말 록펠러 재벌의 스탠더드오일로 거슬러 올라간다. 이 회사는 철도회사와 결합하여 석유수송망을 장악, 석유시장의 90%를 점유하였다. 이때, 미국은 '셔먼 반 독점법'을 제정하여 스탠더드오일을 30개사로 분할했다.

MS사 뿐만 아니라 미국 정부는 어떤 기업이든 독점이나 담합 등 부당한 방법을 이용해 경쟁을 회피하여 소비자에게 비싼 가격을 물리는 경우 기업을 분할해 경쟁을 촉진시키는 정책을 펼쳐왔다. 기업들이 자유경쟁시장 속에서 치열한 경쟁을 할 때만 값싸고 질이 좋은 제품이나 서비스를 소비자들이 제공받을 수 있기 때문에 경쟁촉진, 자유경쟁에 가장 높은 가치를 부여해 왔다. 이 같은 이유에서 미국 연방공정거래위원회와 법무부 반독점국에서는 기업끼리 서로 짜고 가격을 올리거나 독점 또는 과점적 위치를 이용하여 부당경쟁을 하는 행위를 감시해 왔다.

출처 : 동아일보, 2000년 1월 10일; 2000년 4월 5일

우리 기업의 독과점적 구조와 담합 그리고 소비자주권

최근 미국은 마이크로 소프트사를 독과점법 위반으로 회사분할 판정을 내린 바 있다. 그러나 우리나라의 경우 담합행위가 불법행위라는 인식을 하지 못하는 사업자들이 많으며, 담합행위가 적발되면 '운이 없었다'고 생각하고 벌금만 내면 되는 것으로 인식하고 있는 현실이다. 공개적 입찰에서의 담합, 각종 거래에서의 불공정거래 행위 등이 소비자를 우롱하는 '악질적'인 범죄라는 인식이 아직도 정부, 기업인, 그리고 소비자들 사이에 희박한 것이 심각한 문제이다.

경쟁이 없는 산업이 어떤 문제가 일어나는 지는 우리의 금융업과 유통업을 보면 알 수 있다. 내수시장에만 의존하는 금융업은 관치금융 속에서 사실상 수십 년간 담합에 가까운 영업을 해 왔다. 그 결과 국내 은행에 대한 신인도는 거의 최하이다. 유통업체들도 아직도 경쟁보다는 소비자를 현혹하는 각종 행사나 경품 또는 광고에만 경쟁을 벌일 뿐 진정한 의미의 가격파괴 또는 제품경쟁은 일어나지 않고 있다.

아직도 생산자의 힘이 소비자를 압도하는 우리의 현 상황이 소비자가 주인인 경제시스템으로 변화하지 않는 한 기업과 국가의 경쟁력은 뒤떨어질 수 밖에 없다.

| 표 9-2 | 시장구조와 소비자주권

기 준 시장구조	완전경쟁 (perfect competition)	과점(oligopoly)	독점(monopoly)
소비자정보제공	완전정보 제공	불완전정보 제공	불완전정보 제공
소비자주권실현	실현됨	실현되지 않음	실현되지 않음

　시장경제체제하에서 공정하고 자유로운 경쟁은 필수적인 사항이다. 공정하고 자유로운 경쟁이 유지되어야 시장경제의 정상적인 기능이 수행되어 균형 있는 국민경제발전과 동시에 소비자권익이 달성된다. 특히, 경제적 의미의 주권이라고 할 수 있는 소비자주권(consumer sovereignty)이 달성되기 위해서 경쟁은 반드시 필요하다.

　시장구조는 경쟁의 정도에 따라 완전경쟁, 독과점, 독점으로 구분할 수 있다. 시장구조의 특성에 대해서는 〈표 9-2〉에 자세하게 제시하였는데 시장경제가 제 기능을 수행하기 위해서는 개방된 시장에서 제한 없이 자유롭게 경쟁할 수 있어야 한다. 즉, 경쟁의 3대 원칙이라 할 수 있는 공개, 자유, 공정경쟁이 이루어져야 한다. 그러나 독과점적 구조에서는 이 같은 조건이 충족되지 않으므로 시장경제가 정상적인 기능을 수행하지 못하며 동시에 소비자주권이 실현되지 않는다. 실질적인 경쟁이 없는 구조에서는 시장지배력을 갖춘 소수 기업이 가격, 품질, 각종 시장행동에서 주도권을 갖게 되어 경쟁을 회피하게 된다. 결국, 독과점적 구조에서 주도 기업이 가격지배력을 통해 가격차별, 거래거절, 경쟁업자의 시장진입 억제 등 다양한 형태의 불공정거래행위를 용이하게 할 수 있게 되며, 공급자들 간의 담합이 용이하게 일어날 수 있다. 결론적으로, 독과점적 시장구조에서는 다양한 형태의 경쟁제한행위가 쉽게 일어난다고 하겠다. 경쟁은 소비자주권실현 및 공정한 경쟁의 필수조건인데 완전경쟁이 현실적으로 불가능하다면 어느 정도의 실질적 경쟁, 즉 유효경쟁이 존재하여야 한다.[3]

3. 시장실패와 정부규제

현실적으로 시장에서는 경쟁이 제한되는 경우가 더 많다. 경제가 고도로 발전하면서 규모의 경제를 실현하기 위하여 기업은 점차 대형화되어 가고 있으며 경쟁에서 유리한 위치를 차지하기 위해 다른 기업을 합병하는 등의 과정을 거쳐 독점 또는 독과점적 시장구조를 형성하고 있다. 경

---

3) 유효경쟁의 개념은 통태적 개념이며 또한 경쟁의 과정을 의미하는 개념이므로 학자들도 명확한 규정은 하지 못하고 있으나, 어느 정도의 경쟁이 존재하는 상태로 보는 것이 지배적인 견해이다(서정희, 1993).

쟁이 제한되면 시장경제의 기능이 제대로 유지되지 못하므로 정부는 시장경제의 활성화를 위하여 경쟁제한 행위를 규제하는, 즉 경쟁정책을 펼치게 된다. 독과점적 구조에서는 상품이나 서비스의 공급가격이 시장메카니즘인 수요와 공급 원칙에 따른 가격 형성이 아닌 공급자 주도로 형성되며 이로 인해 소비자이익에 부정적인 영향을 미치게 된다. 다시 말해, 사회 전체의 인적 자원과 물적 자원을 효율적으로 배분하지 못하게 되는데 이를 시장실패(market failure)라고 한다.

시장실패는 소비자에게 부정적인 영향을 미치게 됨은 물론이고 공정하고 창의적인 기업활동을 제한한다. 이 같은 이유로 정부는 독과점, 기업결합, 공동행위 등과 같은 경쟁제한행위를 규제하지 않을 수 없는 것이다.

시장실패가 나타날 때 이를 시정하기 위하여 정부의 개입이 불가피하므로 정부는 기업의 행동에 일정한 제약을 가하게 되는데 이 같은 개입은 소득 재분배, 소비자보호, 환경보호, 공정거래질서 유지 등이 그 목적이다. 특히, 기업들의 담합, 불공정거래행위 등으로 인한 경쟁제한행위는 시장의 실패를 초래하여 소비자이익을 감소시키며, 소비자주권 실현에 방해요인이 된다.

자유로운 경쟁을 제한하는 경쟁제한적 행위는 시장경제의 실패를 초래하므로 소비자주권실현의 필수적 조건인 경쟁을 제한하는 행위들에 대해 구체적으로 살펴 볼 필요가 있다. 먼저 독과점규제에 대해 살펴 본 후, 독과점규제법을 중심으로 경쟁을 제한하는 대표적 형태인 독과점, 시장지배적 지위남용행위, 기업결합, 공동행위, 불공정거래행위에 대해 구체적으로 살펴보고자 한다.

1) 독과점규제

(1) 독과점규제의 배경

우리나라는 1960년대부터 경제개발 5개년 계획을 수립하여 자본과 기술 그리고 여러 자원이 부족한 상태에서 수출 중심의 고도성장을 실현하고자 소수의 능력있는 기업을 여러 측면(예 : 자본, 기술, 행정적 측면)에서 집중적으로 지원하여 왔다. 그 결과 우리나라의 시장구조는 중공업부분은 물론 경공업부문까지 대부분의 산업에서 독과점적 구조를 형성하여 왔다. 이 같은 독점적 구조는 재벌의 형성으로 더욱 그 폐해가 커지기 시작하였다.

1970년대에 접어들면서부터는 재벌 중심의 독과점적 시장구조로 인한 폐해가 심각해지면서 사회문제로 대두되었다. 이 같은 상황에서 1980년에는 '독점규제 및 공정거래에 관한 법률' 이 제정되기에 이르렀다. 특히, 독과점적 구조를 촉발하는 경제력 집중을 방지하여 공정하고 자유로운 경쟁을 촉진하는 정책을 펼쳐왔다.

독과점적 구조하에서 시장지배적 사업자의 남용행위는 실질적인 경쟁을 제한하게 되므로 그 폐해가 사업자 그리고 소비자에게까지 심각한 것이 보통이다. 따라서 시장지배적 지위를 갖는 사업자가 자신의 지위를 남용하는 행위를 하는 경우, '공정거래법'을 통해 효과적으로 규제하기 위하여 해마다 일정 요건을 갖춘 시장지배적 사업자를 지정하여 고시하고 있다. 모든 사업자의 행위를 감찰·규제하기는 현실적으로 불가능하므로, 지위남용행위로 인하여 발생하는 경쟁제한효과가 클 것이 우려되는 일정 규모 이상의 사업자만을 대상으로 지위남용행위를 감시·규제하고 있다.[4]

시장지배적 사업자 선정기준은 동종 또는 유사한 상품공급에 있어서 한 사업자의 시장점유율이 50% 이상인 경우, 셋 이하 사업자의 시장점유율이 75% 이상인 경우로서 최근 1년간 국내 총 공급액이 500억 원 이상인 사업자를 규제대상으로 선정하고 있다. 한편, 시장지배적 사업자가 그 지위를 남용하고 있는지의 여부를 가리기 위하여 '공정거래법'에서는 다섯 가지의 기준을 제시하고 있는데 다음과 같다.

- 상품의 가격을 부당하게 결정유지 또는 변경하는 행위
- 상품의 판매 또는 용역의 제공을 부당하게 조절하는 행위
- 다른 사업자의 사업활동을 부당하게 방해하는 행위
- 새로운 경쟁사업자의 참가를 부당하게 방해하는 행위
- 경쟁을 실질적으로 제한하거나 소비자이익을 현저히 저해할 우려가 있는 행위

이와 같은 기준에 의해 시장지배적 사업자의 남용행위가 있는 경우 '공정거래법'에 근거하여 행위중지, 법위반 사실의 공표, 기타 시정을 위한 조치 등을 명할 수 있다.

(2) '독과점법'의 제정

1960년대 이후 정부주도의 경제성장 정책결과 우리나라의 모든 산업분야에서 독과점적 시장구조를 형성하게 되었다. 독과점적 시장구조하에서 독점기업은 자사의 시장경제적 지위 남용, 각종 경쟁제한행위 등을 일삼기 시작하면서 독과점 폐해가 속출하기 시작하였다. 이에 정부는 1980년 '독점규제 및 공정거래에 관한 법률'을 제정·공포하였고, 1981년에는 그 시행령을 제정하여 4월부터 시행하게 되었다. 그 후 정부는 1986년, 1989년, 1990년, 1992년, 1994년, 1996년에 걸쳐 이 법을 개정하여 독과점규제를 강화하였다.

'독점규제법'은 독과점의 폐해를 방지하고 자유로운 경쟁과 공정거래를 촉진하여 궁극적으

---

[4] 최근 지정된 시장지배적 사업자의 수를 살펴보면, 1991년 320개 사업자, 1993년 335개, 1995년 316개 사업자이다. 그러나 앞으로는 이 같은 사업자의 지정을 하지 않을 전망이다.

로는 자유시장경제체제를 구축하고자 하는 법이다. 우리나라의 경우 독점 그 자체는 문제 삼지 않고 독점적 지위를 남용하는 행위를 금하는 남용방지주의를 채택하고 있다.

① '독점규제법'의 목적

'독점규제법'은 시장에 있어서 공정한 경쟁을 유지하는 것을 목적으로 하고 있다.[5] '독점규제법'에서는 '사업자의 시장지배적 지위의 남용과 과도한 경제력의 집중을 방지하고, 부당한 공동행위 및 불공정거래행위를 규제하여 공정하고 자유로운 경쟁을 촉진함으로써 창의적인 기업활동을 조장하고 소비자를 보호함과 아울러 국민경제의 균형있는 발전을 도모함을 목적으로 한다'고 규정하고 있다. '독점규제법' 제정의 목적을 구체적으로 구분하여 설명하면 다음과 같다.

- 창의적인 기업활동보장 : 사업자의 시장지배적 지위의 남용방지, 과도한 경제력의 집중방지, 부당한 공동행위의 규제, 불공정거래행위의 규제
- 국민경제의 균형있는 발전 추구
- 공정하고 자유로운 경쟁 촉진
- 소비자보호

② '독점규제법'의 내용

'독점규제법'의 내용은 크게 '시장구조의 개선'과 '거래행태의 확립'으로 나눌 수 있다. 시장구조개선이란 독과점 형성을 방지함으로써 시장경쟁을 확보하여 경제의 효율성을 높이는 것을 의미한다. 시장구조개선을 위한 '독점규제법'의 주요 내용은 시장지배적 사업자의 그 지위의 남용을 금지하여 독과점적 시장행동을 규제하고, 새로운 독과점의 형성을 방지하기 위해 경쟁제한적인 기업결합을 억제하며, 개별시장에서의 독과점력 형성 여부와 관계없이 대규모 집단에 의해 경제력이 집중되는 것을 억제하는 것이다.

거래행태의 개선이란 개별기업 또는 사업자단체의 경쟁제한적인 거래행태 및 관행을 시정하여 건전한 거래질서를 정착시키고자 하는 것이며, 그 내용은 다음의 두 가지이다. 첫째, 기업이 담합하여 독점력을 행사하는 것을 방지하기 위해 부당한 공동행위를 제한하고, 사업자단체의 경쟁제한행위를 제한한다. 둘째, 개별거래단계에서 발생할 수 있는 불공정거래행위를 금지하여 거래질서를 확립한다.

이상의 내용 중에서 소비자보호와 보다 밀접한 관계가 있는 부문은 거래행태의 개선 부문인데 이 중에서도 사업자의 불공정거래행위에 관한 내용이 많다. '독점규제법'을 전담하여 시행

---

5) '독점규제법'에 따르면, 독점적 기업 또는 시장지배적 사업자는 동종 또는 유사한 상품이나 용역의 공급에 있어서 1사업자의 시장점유율이 100분의 50 이상인 경우와 3 이하의 사업자의 시장점유율의 합계가 100분의 75 이상인 경우로서, 최근 1년간 국내 총 공급액이 1,000억 이상인 시장에서 당해 상품 또는 용역을 공급하는 사업자로 정하고 있다.

하고 있는 공정거래위원회는 불공정거래행위의 유형과 기준을 지정하여 고시하고 있는데 이는 거래거절, 차별적 취급, 경쟁사업자배제, 부당한 고객유인, 거래강제, 거래상 지위의 남용, 구속조건부거래, 사업활동방해, 부당한 표시 · 광고, 부당한 자금 · 자산 · 인력의 지원 등이다.

(3) 독점규제 원칙

'독점규제법'에 따르면, 독점규제는 폐해규제원칙, 행정규제원칙, 직권규제원칙을 적용하고 있다. 다시 말해, 우리나라 '독점규제법'은 독점이나 과점은 원칙적으로 허용하면서 그 폐해, 즉 시장지배적 지위남용만 금지하는 폐해주의를 취하고 있다. 예를 들면, 기업결합 및 공동행위의 경우 그것으로 인하여 실질적인 경쟁을 제한하는 경우에만 규제하고 있다. 한편, 사법적 절차에 의해 경쟁제한행위를 규제하는 것이 아니고 행정규제원칙에 따라 행정기관인 공정거래위원회의 행정처분을 통해 규제하고 있다. 또한, 직권규제원칙에 따라 공정거래위원회가 직권으로 공정거래법 위반사실 여부를 조사할 수 있으며 일반 국민은 공정거래위원회에 '공정거래법' 위반사실을 신고할 수 있다. 다시 말해, '공정거래법' 위반에 대한 처벌은 공정거래위원회의 고발이 있어야 하며 이 법위반으로 인한 피해자의 손해배상청구권은 공정거래위원회의 시정조치가 확정된 후에 사법적으로 주장할 수 있다.

2) 기업결합으로 인한 경쟁제한 규제

기업결합이란 기업 간에 결부를 통해 여러 기업의 활동을 단일한 관리체제에 통합시키는 것을 의미한다. 기업 간의 결합은 인적, 조직적, 그리고 물적 결합을 포함하며 개별 기업의 독립성을 소멸시키는 형태를 말한다. 기업결합은 다양한 방법으로 진행되는데 여러 기준에 따라 분류할 수 있다. 가장 대표적인 분류방법은 결합이 시장에 미치는 효과를 기준으로 수평결합, 수직결합, 혼합결합으로 분류한다.

- 수평결합 : 동종 또는 인접제품시장 내에서 발생하는 기업결합으로 경쟁제한 효과가 커서 독점화의 수단이 된다.
- 수직결합 : 동종제품시장이 아닌 다른 제품시장의 기업과 결합하는 것으로 보통 주력 생산제품의 수요 및 공급과 연관이 있는 기업과 결합하는 경향이 있다. 지배적인 기업이 수직적 결합을 통해 피결합된 시장에서 경쟁제한행위를 용이하게 할 수 있다.
- 혼합결합 : 수평결합과 수직결합이 혼재된 결합의 형태이다.

기업결합이 모두 경쟁을 제한하는 행위는 아니므로 경쟁을 실질적으로 제한하는 결합의 경우에만 규제대상이 된다. 기업결합이 이루어진 경우 규제대상이 되는가는 기업결합으로 인해 유효경쟁을 기대하기 곤란한지의 여부로 판단하는데, 보통 사업자의 수와 규모의 차이, 독립성의 정도, 시장진입의 제한 등을 기준으로 판단한다. 또한, 기술개발이나 원가절감을 위한 노력, 생산비와 가격의 상관관계, 조업도, 이윤율, 판매비의 지출 등도 규제 여부의 기준이 된다. 그러나 경쟁제한적인 결합의 경우라 해도 공정거래위원회가 산업합리화 또는 국제경쟁력 강화를 위해 필요하다고 인정하는 경우에는 예외적으로 허용하고 있다.

기업결합으로 인해 실질적인 경쟁이 제한된다면 기업은 품질개선이나 원가절감의 노력을 하지 않게 되어 궁극적으로는 소비자주권 실현 및 소비자권익에 부정적인 영향을 미치게 된다. 따라서 기업결합은 기업만의 문제가 아니고 소비자에게도 간접적으로 그리고 직접적으로 영향을 미칠 수 있음을 간과하여서는 안 된다.

3) 공동행위로 인한 경쟁제한행위 규제

공동행위란 카르텔(cartel)이라 불리는 것으로 생산자 또는 유통업자들 사이에서 이루어지는 다양한 형태의 담합이나 협정을 의미한다. 즉, 사업자가 계약, 협약, 결의 등의 방법으로 다른 사업자와 공동으로 상품이나 서비스의 가격, 거래량, 거래조건, 거래지역 등을 제한 또는 담합하는 행위를 말한다. 공동행위는 명시적인 협정서나 교섭 없이 암묵적으로 이루어지는 것이 보통이어서 이를 발견하기가 어려운 실정이다.

공동행위가 거래분야에서 실질적으로 경쟁을 제한하는 경우 부당한 공동행위에 해당되며 이 같은 행위는 규제대상이 된다. 다만, 산업합리화, 연구·기술개발, 불황극복, 산업구조의 조정, 중소기업의 경쟁력 향상 등의 이유로 공정거래위원회의 인가를 받은 경우는 예외로 인정하고 있다.

공동행위는 일반적으로 상당한 시장점유율을 차지하고 있는 사업자들간에 가격, 거래조건, 판매량 등 소비자이익과 직결되는 경쟁을 피하기 위한 공동행위를 하는 것이 보통이다. 따라서 독과점적 시장구조하에서 공동행위는 기업결합 또는 다른 형태의 경쟁제한행위보다 경쟁제한의 폐해가 심각하다고 하겠다.

공동행위의 형태는 매우 다양하다. 공정거래법에서 제시하고 있는 공동행위의 대표적인 형태는 여덟 가지로서 아래와 같다(한국공정경쟁협회, 1996).

- **가격협정** : 가장 전형적인 형태의 공동행위로서 가격협정으로 인한 이익이 크기 때문에 공동행위가 쉽게 일어난다. 경쟁제한효과가 크므로 엄격히 규제하는 것이 세계적인 추세이다.
- **거래조건협정** : 다양한 형태의 거래와 관련한 조건을 공동으로 취하는 것으로 경쟁제한의 효

과는 큰 경우도 있고 그렇지 않은 경우도 있다.

- **공급제한협정** : 공급수량을 사업자들 간에 공동으로 협정하는 것으로 당사자 간의 이해관계가 충돌하기 쉬워 협정자체가 쉽게 성립되지는 않는 편이다.

- **시장분할협정** : 가격협정의 보조수단으로 사용되는 경우가 많은데 가격수준을 직접 결정하는 것은 아니므로 경쟁제한효과는 약하다. 그러나 협정 위반 시 제재를 수반하는 경우 경쟁제한효과가 약하다 해도 공정하고 자유로운 경쟁을 제약하므로 부당한 공동행위로서 규제대상이 된다.

- **설비제한협정** : 생산량이나 판매량을 직접 제한하는 것은 아니므로 경쟁제한 효과는 크지 않다.

- **상품의 종류 및 규격제한협정** : 새로운 상품이나 다른 규격의 상품이 시장에 공급되는 것을 제한하거나 표준화된 상품에 대해 거래를 제한하는 경우로서 부당한 공동행위로 규제된다. 다만, 제품의 표준화가 가격유지의 수단으로 악용되지 않고 경쟁의 합리화에 기여하는 경우 규제대상이 되지 않는다.

- **회사의 설립** : 상호 경쟁관계에 있는 다수의 사업자들이 상품이나 서비스를 공동으로 판매하기 위하여 또는 공동으로 원자재를 구입하기 위하여 공동으로 회사를 설립하는 경우 부당한 공동행위에 해당된다.

- **다른 사업자의 사업활동 제한** : 이미 시장점유율이 높은 사업자들이 공동으로 다른 사업자의 시장진입을 방해하거나 특정 사업자의 사업활동을 방해 또는 제한하는 경우 부당한 공동행위에 해당된다.

지금까지 다양한 형태의 담합행위에 대해 살펴보았는데, 어떤 형태의 담합행위든 담합행위로 인해 경쟁이 제한된다면 소비자주권 실현의 방해가 되며 가격, 제품의 질, 서비스 등 여러 측면에서 소비자에게 부정적인 영향을 미치게 된다.

4) 불공정거래 행위로 인한 경쟁제한행위 규제

불공정 행위란 공정한 경쟁을 저해할 우려가 있는 행위이다. 한편, 소비자이익을 침해할 우려가 있는 행위도 불공정거래 행위로 보아 규제대상이 된다. 공정거래위원회에서는 현행 '공정거래법'에 근거하여 불공정거래 행위에 대해 과징금 부과와 불공정거래 행위중지 등 시정명령을 내릴 수 있는 권한을 가지고 있다.[6] 우리나라 공정거래법은 불공정거래 행위에 해당되는 행위의 유형을 고시하고 있으며, 불공정거래 행위에 있어 일반 모든 사업분야에 적용되는 일반 불공정거래 행위와 특수한 사업분야에만 적용되는 특수 불공정거래 행위로 나누어 고시하고 있다.

(1) 일반 불공정거래 행위

사업자 간의 불공정거래는 다양한 형태로 나타나고 있다. 불공정거래 행위의 대표적 유형 몇 가지에 대해 간단하게 살펴보면 다음과 같다.

① 거래거절

시장지배적 지위를 가진 사업자가 자신의 지위를 남용하여 정당한 이유없이 경쟁관계에 있는 다른 사업자와 거래하지 못하도록 하는 행위이다. 거래 거절의 실제 사례를 살펴보자. 1989년까지 국내 유일의 국제선 취항 항공사였던 대한항공은 국내선 및 국제선 항공판매업무를 하던 대구지역 여덟 개 여행사가 아시아나 항공과 복수 대리점계약을 맺자 양자택일을 종용한 바 있다. 그 결과 당시 국내선 및 국제선에서 절대적 위치에 있는 대한항공에 의존할 수밖에 없는 일부 대리점(세 개 여행사)이 아시아나 항공에 대리점계약해약을 요청한 바 있다. 이에 공정거래위원회에서는 1990년 이 같은 행위를 10일 이내에 시정하도록 명령하였으며, 대구의 모든 대리점에게 공정거래위원회로부터 이 같은 시정조치를 받았음을 통지(통지내용은 공정거래위원회와 사전협의)하도록 하였다('공정거래법' 심결 해설 및 평석, 1996).

② 차별거래

사업자가 정당한 이유 없이 가격, 거래조건, 지역에 따라 차별적으로 거래하는 행위이다. 차별거

소비자수첩 9-3

신생아에게 우리 회사 분유만 먹여라!

분유 회사들이 산부인과 병원에 자기 회사 분유를 독점 공급하려고 병원과 거래를 해 온 사실이 적발되었다. 한 번 길들여진 입맛은 쉽게 바꾸기 어렵다는 분유 소비의 특수성을 노린 것으로, 분유 회사들이 산부인과 병원에 자기 회사 분유를 독점 공급하는 대가로 낮은 금리에 돈을 빌려주고 있었다. 서울 목동의 한 산부인과 병원에서는 2003년부터 신생아들에게 남양 분유만 먹이는 대가로 남양유업에게 7억 원을 빌렸다. 당시 시중금리 절반에도 못 미치는 3%의 금리로 말이다.

남양유업과 매일유업은 사건이 적발된 2007년까지 9년 동안 전국 143개 산부인과 병원에 616억 원을 빌려 주고, 그 대가로 23억 원 어치의 분유를 독점 공급했다. 분유 제조사들은 병원들이 약속을 어기고 만약 다른 회사 제품을 사용할 경우에는 그동안 받지 않았던 시중 금리와의 차액에 대해서도 추가 계산해 위약금을 배상토록 했다. 그러나 이렇게 분유회사가 산부인과에 지원한 돈은 분유 값에 포함되어 고스란히 소비자의 부담으로 돌아오는 셈이다. 이에 공정거래위원회는 두 회사에 시정명령과 함께 과징금 2억 2,000만 원을 부과했다.

출처 : SBS 사건파일, 2007년 4월 18일

---

6) 최근, 불공정거래 행위로 인해 소비자가 피해를 입은 경우 불공정거래 행위 중지명령 요청 및 손해배상청구소송을 낼 수 있는 사적소송제도의 도입을 검토하고 있다. 따라서 일반 소비자들도 기업들간의 불공정거래 행위로 피해를 입은 경우 법적 소송을 통해 피해구제를 받을 수 있을 것으로 보인다(조선일보, 2000년, 4월 24일).

래의 실제 사례를 살펴보면, 두산음료(주)는 자사와 단독으로 거래하는 편의점(AM/PM, Family Mart)과는 일정량 이상 판매 시 판매가격을 할인해 주는 물량별 거래가격체계를 약정하였으나, 자사의 경쟁사와 복수거래하는 편의점에는 보다 높은 가격으로 공급한 바 있다. 이같이 거래지역 또는 거래 상대방에 따라 부당하게 유리 또는 불리하게 거래하는 차별거래는 불공정거래 행위에 해당하므로 1993년 공정거래위원회로부터 시정명령을 받았다. 또한, 이 같은 시정명령을 한 개의 중앙일간지에 게재하도록 하는 조치를 받았다('공정거래법' 심결 해설 및 평석, 1996).

③ 지역 및 고객 제한

제조업자와 판매업자의 계약이나 약관에 의해 지역이나 고객을 한정하여 거래하는 행위이다. 주로 대리점과 제조업자 간에 많이 발생하는 형태로서 시장지배적 지위를 가진 제조자가 대리점과 계약할 때 대리점에게 불리한 형태의 거래계약을 하는 경우가 보통이다. 실제로 종합문구류를 제조하는 '모닝글로리'는 전국의 34개 대리점과 계약을 체결하였는데 계약내용에서 대리점의 판매지역을 일정지역으로 제한하여 지정된 판매지역을 제외하고는 대리점이 상품을 판매할 수 없으며, 상품의 가격 또한 대리점이 변경하지 못하도록 하고 있었다. 이에 공정거래위원회는 1994년 이 같은 지역 및 고객제한의 조항을 삭제토록 하였으며 시정명령을 받은 사실을 서면으로 대리점에게 통보하도록 한 바 있다(공정거래법 심결 해설 및 평석, 1996). 한편, 대한항공은 2000년 신용카드사들에게 경쟁사인 아시아나항공과 제휴하지 못하도록 하여 공정거래위원회로부터 시정조치와 2억 5,000만 원의 과징금을 부과받은 바 있다. 대한항공은 신용카드실적에 따라 보너스 항공권을 주는 마일리지제도를 운영하면서 카드사들이 아시아나항공과 제휴하지 못하도록 압력을 넣어 경쟁제한 효과를 유발시킨 이유로 공정거래위원회로부터 시정조치를 받은 바 있다.

④ 거래강제

시장지배적 지위를 남용하여 강제적 거래조건을 요구하는 행위이다. 보통 전품목강제, 묶어 팔기, 끼워 팔기, 사원판매 등이 대표적인 거래강제행위에 해당한다. 끼워진 상품이나 서비스의 가격이나 우수성 때문이 아닌 시장지배적인 지위를 가진 사업자에 의해 강제로 제품이나 서비스를 구입하는 경우 거래강제로서 불공정거래 행위에 해당한다. 끼워 팔기의 대표적인 유형은 예식장에서 예식장을 임대해 주면서 자기 예식장의 결혼의상, 앨범사진, 신부화장 등 부대용품을 강제로 이용토록 하는 행위이다. 한편, 자사 직원 또는 계열사 직원들에게 자사의 자동차를 강제로 판매하게 하는 행위가 빈번하였다. 일부 회사의 주차장에서는 자사 또는 계열사 자동차가 아닌 자동차를 가지고 오는 경우 주차하지 못하도록 하는 횡포를 부리기도 하였다.

⑤ 우월적 지위 남용 행위

사업자가 시장지배적 지위를 가지고 있는 경우 이를 남용하여 각종 부당한 거래 또는 불공정거래 행위를 하는 것으로 보통 구입강제, 이익제공강요, 판매목표강제, 경영간섭의 형태를 띤다. 프랜차이즈 사업자들이 가맹점에 대해 브랜드가 인쇄된 냅킨 등을 본사로부터 구매하도록 강제하고 인테리어 공사업체를 지정하는 행위를 하여 공정거래위원회로부터 불공정거래 행위로 간주되어 시정명령을 받은 바 있다.

⑥ 부당한 표시 및 광고 행위

공정거래법에서는 부당한 표시 및 광고행위 또한 불공정거래 행위의 한 유형으로 규정하고 있다. 공정거래법에 의하면 '허위 또는 소비자를 기만하거나 오인시킬 우려가 있는 표시광고행위'를 부당광고로 규정하고 있는데, 이 같은 부당광고의 규제는 소비자를 보호하기 위해서도 필요하나, 자유롭고 공정한 경쟁이라는 공익을 보호하기 위해서 필요하다. 따라서 부당한 광고행위는 사업자 간의 공정하고 자유로운 경영활동을 방해하므로 규제대상으로 하고 있다. 품질표시, 가격표시 등 각종 표시와 관련한 부당광고, 소비자를 오인시킬 수 있는 광고 등은 공정거래위원회로부터 규제를 받게 된다. 위에서 설명한 공정거래법에서 제시하고 있는 일반불공정거래 유형과 기준을 정리하면 〈표 9-3〉과 같다.

　지금까지 사업자 간의 다양한 형태의 불공정거래 행위에 대해 살펴보았는데, 불공정거래 행위는 사업자 간의 공정한 거래질서 확립에 장애요인이 됨은 물론이고 궁극적으로는 시장기구가 제대로 운영되지 않아 소비자에게 간접적으로 그리고 때로는 직접적으로 부정적인 영향을 미치

| 표 9-3 | 일반불공정거래 유형

일반불공정거래 유형	실제 형태(불공정거래 기준)
1. 거래거절	공동의 거래거절, 기타 거래거절
2. 차별적 취급	가격차별, 거래조건차별, 계열사를 위한 차별, 집단적 차별취급
3. 경쟁사업자의 배제	계속거래상의 부당염매, 장기거래상의 부당염매, 부당고가매입
4. 부당한 고객 유인	부당이익에 대한 고객유인, 위계에 의한 고객유인, 기타 부당한 고객유인
5. 거래강제	끼워팔기, 사원판매, 기타 거래강제
6. 우월적 지위남용	구입강제, 이익제공강요, 판매목표강제, 불이익제공, 경영간섭 등
7. 구속조건부 거래	배타조건부거래, 거래지역 및 상대방제한
8. 사업활동 방해	기술의 부당이용, 인력의 부당유인 및 채용, 거래처 이전 방해, 기타 사업활동 방해
9. 부당한 표시·광고	허위·과장 표시광고, 기만적 표시·광고, 부당한 비교 표시·광고, 비방 표시·광고

출처 : 한국공정경쟁협회(1996). 공정거래법 : 심결 해설 및 평가.

배보다 배꼽이 더 큰 잡지들의 경품경쟁

독자들을 유인하기 위한 여성잡지들의 경품경쟁은 이제 어제 오늘의 일이 아니다. 공정거래위원회의 계속적인 시정요구에도 불구하고 향수, 립스틱 등 현물부록을 제공하는 사례가 빈번하였다. 예를 들면, 3,000원에 판매하는 잡지에 1만 원(소비자가격)이 넘는 화장품을 제공하고 있어 많은 소비자들이 서점에서 잡지이름을 찾는 것이 아니라 '립스틱 달라', '향수 주세요' 하는 어처구니 없는 주문이 발생하고 있다. 특히, 이 같은 잡지를 사는 독자층 대부분이 아직은 화장을 할 나이가 아닌 중고생들이라니 이는 또 어떻게 된 일인가?

잡지는 그 잡지에 실은 기사의 질을 통해 성패가 결정되어야 한다. 그러나 기사의 경쟁력보다는 어떤 제품을 현물부록으로 독자들을 유인할 것인가가 최대의 고민사가 되고 있다. 이처럼 현물부록 비용이 높은 상황에서 잡지사의 경영은 오직 광고수입에 의존할 수밖에 없는 상황으로 치닫게 된다. 광고는 가장 잘 팔리는 잡지사로 몰리고, 잡지사는 값비싼 현물을 제공해서라도 무조건 많이 팔아야 하며 이 같은 악순환이 계속되어 유통질서가 파괴되고 지식산업이 잠식되는 결과를 초래하게 된다. 경품을 제공할 수 있는 재력을 갖추거나, 이를 값싸게 공급(경품저촉범위를 교묘히 피하기 위해 저가의 별도상품 제작)할 수 있는 방계회사를 갖고 있는 잡지사만이 성공할 수 있다면 이는 기업 간의 불공정거래 행위를 조장하는 결과를 초래할 것이며, 다른 한편으로는 독서시장의 건전한 소비문화 조성 차원에서도 없어져야 할 병폐라 하겠다. 부록이나 현물이 아니라 좋은 내용의 잡지를 선택할 줄 아는 소비자들의 자세가 필요하다.

고 있음을 알려 준다.

(2) 특수 불공정거래 행위

일반불공정거래 행위와는 별도로 특수한 사업분야 또는 특수한 행위에만 적용하는 특수 불공정거래 행위는 크게 다섯 가지의 유형으로 다음과 같다.

- 경품류에 관한 불공정거래 행위
- 할인특별판매행위에 대한 불공정거래 행위
- 백화점에 관한 특수 불공정거래 행위
- 공공건설공사에 있어서의 저가 입찰에 관한 특수 불공정거래 행위
- 학습교재 등의 판매에 있어서의 특수 불공정거래 행위

위의 특수 불공정거래 행위 대상 중 소비자와 가장 밀접한 경품과 백화점의 불공정거래 행위에 대해 보다 구체적으로 살펴보자.

① 경 품

경품제공은 판매촉진을 위한 사업자의 수단 중 대표적인 것이다. 경품의 종류는 다음과 같이 구별할 수 있다.

클릭 한 번으로 1억 원? 휴대폰가입으로 BMW스포츠카?

4P, 즉 제품(product), 가격(price), 유통(place), 촉진(promotion)은 마케팅의 기본이다. 특히, 경품행사는 대표적인 촉진활동의 하나이다. 기업경쟁이 심화되면서 신문, 방송, 인터넷 등에서는 연일 경품광고 일색이다. 그러나 당첨될 확률은 10만 분의 1 또는 100만 분의 일이라고 한다. 이에 비해 파급효과는 대단하다. 아파트를 제공했던 백화점 경품행사는 경쟁업체 대비매출 20% 신장효과를 창출하였으며, 현금을 내건 인터넷 업체는 50만명의 회원을 추가로 모집할 수 있었다. 이 같은 상황이다보니 기업들은 비싼 물건을 경품으로 내 걸게 되고 톡톡튀는 아이디어를 동원하는 것은 매출신장과 광고효과 때문이다. 전국적으로 경품행사규모가 연간 100~150억에 이를 것이라는 추정이 나오고 있다.

특히, 인터넷 업체 간의 경쟁이 치열해지면서 회원 수 증가를 통한 광고유치를 목적으로 경품행사를 진행하는 사이트가 급증하고 있다. 최근에는 복권사이트나 도박 사이트까지 경품을 내세우며 회원가입을 부추기고 있으며, 아예 경품행사를 한 눈에 볼 수 있는 야후코리아 경품(greegift.yahoo.co.kr) 서비스도 등장했다. 그러나 경품에 참가하기 위해서는 경품사이트에 회원이 되어야 하는데 주민등록번호 및 개인정보까지 요구하는 경우도 있어, 매출증대를 위한 들러리를 서는 일반 소비자들의 경우 개인정보만을 제공하고 있는 것은 아닌지 생각해 보아야 한다.

그러나 경품은 중장기적으로는 제품판매가로 전이되고 결국 소비자에게 부정적인 영향을 미친다. 경품을 타려고 필요하지도 않은 상품을 사는 소비자들, 경품을 받기 위해 개인정보를 제공하는 네티즌들, 경품행사에 참여하기 위해 유료인 700 음성서비스(30초당 요금부과방식으로 필요 없이 배경음악이 길거나, 정답이 뻔한 문제에 안내내용이 너무 느려 요금만 높아져 소비자불만이 높음)를 사용하는 소비자들은 경품의 허상에 대해 심각하게 생각해 보아야 한다.

■ 소비자경품 : 구매자에게만 경품 제공
■ 소비자현상경품 : 구매 소비자를 대상으로 추첨
■ 공개현상경품 : 구매와 관계없이 당첨대상자가 됨

경품제공이 지나치면 소비자에게도 부정적 영향을 미치게 되는데 이는 지나친 경품제공이 가격, 품질 등의 경쟁을 제한하는 경우가 많기 때문이다. 실제로, 1998년 서울의 롯데백화점, 신세계백화점 등 유명백화점에서 아파트를 경품으로 내놓아 많은 소비자들이 몰려 대 혼잡을 빚은 바 있다. 그 후 경품 경쟁이 과열되면서 재래시장인 남대문시장 의류상가에서도 경승용차를 경품으로 내놓은 바 있다(경향신문, 1998년 10월 17일). 사업자들은 판매증진을 위하여 소비자들을 현혹하고 유인할 수 있는 경품을 제공함으로써 충동구매 및 과잉지출을 유도하고 있는 것이다. 뿐만 아니라, 과도한 경품경쟁은 업자들간의 불공정거래행위를 유발시킬 수 있다. 예를 들면, 백화점의 과도한 경품경쟁이 납품업체나 입점업체에 불공정행위를 할 가능성이 있다.

② 백화점의 불공정거래 행위
백화점의 경우 소비자가 직접 접하는 유통기관으로서 백화점의 불공정거래행위는 별도의 규정

백화점 사은품의 실제

1999년 1월 서울과 수도권의 백화점들은 바겐세일을 시작하면서 구매 액수에 따라 사은품을 준다고 광고하였으나 실제 사은품을 받을 수 있는 상품은 전체 상품의 30% 정도에 불과해 과장광고가 아닌가의 비난이 높다. 예를 들면, 롯데백화점은 세일기간동안 100만 원 이상의 제품을 구입하면 10만 원권 상품권, 황토 온돌매트 중 하나를 선택할 수 있다고 광고하고 있다. 그러나 광고를 자세히 살펴보면, 일부품목은 사은품증정대상에서 제외된다고 아주 작은 글씨로 구석에 적혀 있어 대부분의 소비자가 미처 보지못하고 있다. 조사결과, 사은품증정 대상제품은 백화점 전체 판매제품의 30% 정도 뿐이었음이 밝혀졌다. 한편, 입점업체들의 경우 사은품비용이 매출의 5%나 되므로 부담이 되지만 백화점측의 요청을 거절할 수 없어 마지못해 참여했다고 한다.

출처 : 조선일보, 1999년 1월 13일

으로 규제하고 있다. 백화점의 불공정거래 행위에 대한 규제는 할인판매와 관련한 내용이 많다. 예를 들면, 할인율을 과대하게 표시하기 위하여 할인판매직전에 가격을 인상하는 경우, 이미 가격이 인하된 제품의 할인율을 표시하는 경우, 인하 이전 가격을 기점으로 표시하는 경우 모두 규제대상이 된다. 뿐만 아니라 상당한 양의 재고가 없어 일부 품목만을 할인하여 판매하면서 대부분의 제품이 높은 할인가격으로 판매되는 것처럼 하는 행위, 조악상품이지만 정상상품을 할인하여 판매하는 것처럼 하는 행위, 할인기간종료 후에도 계속 할인 관련 광고물을 제거하지 않는 행위 등은 모두 규제대상이 된다.

한편, 백화점과 거래업자들간의 불공정거래 행위도 규제대상이다. 이 같은 불공정거래 행위

9-7

백화점 불공정거래 행위의 대표적 사례

백화점들은 백화점에 납품 또는 입점하고자 하는 업자들이 많아 영업상의 주도권을 이용하여 불공정거래 행위를 하여 왔다. 규제대상이 되고 있는 백화점의 불공정거래 행위를 구체적으로 살펴보면 다음과 같다.

- 도깨비 매상 : 매출액이 적다고 트집을 잡아 매출액을 실제보다 부풀려 수수료수입을 올리는 행위
- 상품권 강매 : 명절과 연말에 거래선에게 상품권 대량구입을 강요 행위
- 특판부서의 강매 : 특판부서가 거래선에게 상품을 강제판매하는 행위
- 광고 및 사은품 비용 부담요구 : 거래선들에게 광고비, 팸플릿, 사은품 비용을 부담하라고 요구하는 행위
- 경쟁백화점에 납품 또는 입점방해 : 인근의 경쟁점포에 납품 또는 매장을 개설하지 못하게 하는 행위
- 수수료 부당 인상 : 과도하게 수수료를 올려 폭리를 취하는 행위
- 판촉사원 파견 강요 : 인건비를 줄이기 위해 거래선에게 판촉사원파견 강요 행위
- 물품대금지급 지연 또는 감액 : 물품대금지급을 지연하여 매출대금의 이자를 챙기거나 실적이 적다며 물품대금의 일부를 깎는 행위

출처 : 김기옥 외(1998). 소비자와 시장. p. 77.

의 주요 행위는 백화점이 입점 또는 납품업자들에게 취하는 불공정 행위로서 수수료를 부당하게 징수하는 행위, 물품대금을 지연하여 이자를 챙기는 행위, 판촉사원을 강요하거나 상품권 및 각종 상품을 강제로 구입케 하는 행위 등이다.

지금까지 살펴 본 일반 불공정거래 행위 및 특수 불공정거래 행위에 해당하는 불공정거래 행위가 있을 경우 공정거래위원회에서는 당해 사업자에게 불공정거래 행위의 중지, 계약조항의 삭제, 정정광고, 법위반 사실의 공표 등 기타 시정을 위한 조치를 명할 수 있다.

BASICS OF CONSUMEROLOGY

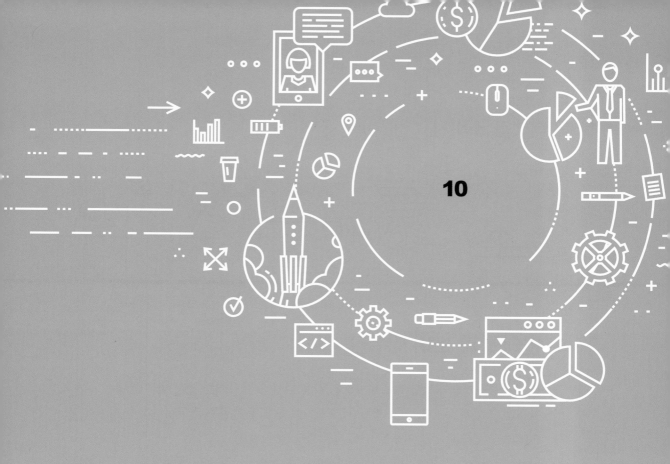

인터넷과 소비자

1. 인터넷과 소비자주권 | 2. 인터넷과 소비자 이슈 | 3. 인터넷과 소비자문제 | 4. 인터넷상의 소비자운동

CHAPTER 10
인터넷과 소비자

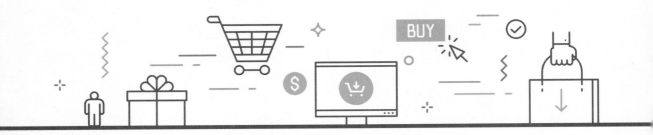

1. 인터넷과 소비자주권

급속한 정보통신기술의 발달로 소비자들은 각종 다양한 서비스를 가정 및 직장에서 쉽게 선택·활용할 수 있게 되었다. 이제 소비자들은 쇼핑, 영화, 은행업무, 공공서비스 등 다양한 양방향 서비스를 간편하고 쉽게 이용할 수 있게 되었다. 주문형 비디오나 케이블 TV를 이용한 홈쇼핑, 인터넷을 사용한 전자상거래 등은 소비자이익 및 소비자주권 실현에 긍정적 역할을 하고 있다. 인터넷이 어떻게 소비자주권에 긍정적 영향을 미치는지에 대해 살펴보면 다음과 같다.

1) 소비자 지향적 거래

인터넷을 통해 소비자는 사업자와 양방향 의사전달을 할 수 있어 원하는 상품과 서비스를 쉽고 편리하게 구매할 수 있다. 네트워크를 통한 거래방식은 사업자가 제공하는 제품을 소비자가 선택하는 기존의 일방적 거래에서 탈피하여 소비자의 취향 및 선호를 충분히 반영하는 소비자 지향적 거래를 할 수 있다는 점에서 소비자주권 실현이 가능하다. 과거 공급자가 제품을 제시하는 형태에서 소비자가 필요한 제품이나 서비스를 요구할 수 있는 형태로 거래가 전환되고 있다는 점에서 소비자주권 실현에 긍정적 역할을 수행한다고 하겠다. 예를 들면, 소비자들은 인터넷상의 쇼핑몰에서 소비자의 체형에 잘 맞는 사이즈, 색상, 디자인 등을 반영하는 맞춤제품을 기존의 점포거래에서의 기성복 값보다 싸게 그리고 간편하게 구매할 수 있다. 맞춤 Y셔츠, 맞춤 청바지, 맞춤 CD 등을 인터넷 쇼핑몰에서 싸고 간편하게 구매할 수 있게 된 것이다. 소비자가 원하는 제품, 소비자를 위한 제품, 소비자만족을 최대화할 수 있는 제품 및 서비스 구매가 가능하게 되어 소비자 지향적 구조가 정착되고 있으며 소비자주권이 실현되고 있다.

소비자 수첩 10-1

인터넷 전자상거래에서의 맞춤형 제품 구매

원하는 곡을 선택해 나만의 CD를 만드는 맞춤 CD문화가 확산되고 있다. 인터넷 쇼핑점인 디엠존(www. dm-zone.com) 사이트에서는 자신이 원하는 곡을 1분 동안 들은 후 구입을 원할 경우 마우스로 곡을 선택하고, 필요한 경우 사연이나 메시지까지 삽입할 수 있다. 품절·절찬되어 일반 소매점에서 구입하지 못하는 옛 성인가요는 물론 미발표된 최근 성인가요도 제작이 가능하다고 한다. 이처럼 소비자가 원하는 곡을 10여 개 골라 CD를 제작해 주는 맞춤 CD는 소비자선호 및 취향을 충분히 반영하는 것으로 소비자주권 실현의 첫 걸음이라고 하겠다.

뿐만 아니라, 리바이스 코리아(www.levi.co.kr) 사이트에서는 자신의 허리 사이즈, 배 나온 정도, 힙 크기, 허벅지 둘레, 다리 길이 등 소비자 체형에 적합한 청바지를 제공하고 있다. 체형 이외에도 자신의 스타일, 즉 터프형·스마트형·힙합형·섹시형 중에서 적합한 것을 고를 수 있다. 이 같은 과정을 거쳐 소비자가 최종적으로 청바지를 고르면 인공(가상) 코디네이터가 추천한 가장 적합한 스타일의 바지가 모델에게 입혀져 360도 회전하면서 보여 준다. 줌(zoom) 기능을 통해 청바지의 색상을 구매 전에 더욱 선명하게 볼 수도 있다.

2) 가격 및 품질경쟁

케이블 TV를 통한 홈쇼핑, 인터넷상의 전자상거래 등의 확대는 잠재적 구매자 및 공급자 수를 증대시키고 각종 정보 확대, 거래비용절감의 효과를 창출하여 완전경쟁시장에 근접할 수 있게 한다. 인터넷에서는 상품 및 서비스에 관한 정보의 유통비용, 거래주문 접수 및 처리비용이 획기적으로 감소된다. 뿐만 아니라, 인터넷 사업자는 토지나 건물 등을 구입·임대할 필요가 없으며 상점인테리어, 디스플레이 등을 할 필요 없이 인터넷 서버에 가입하여, 홈페이지 구축에 필요한 비교적 적은 비용으로 영업을 시작할 수 있다. 게다가, 유통 및 거래단계의 축소는 상품가격을 낮추는 긍정적인 효과를 창출한다. 소비자들은 도매상과 소매상을 거치지 않고 인터넷 및 케이블 TV 등을 통해 직접 구매하므로 기존의 유통방식을 통한 구매의 경우보다 저렴한 가격으로 제품을 구입할 수 있다. 이 같은 사업비용의 감소는 시장진입을 용이하게 하므로 인터넷상에서 사업자들의 경쟁을 촉진시킨다. 전통적 시장구조와는 달리 인터넷상에서의 시장구조는 보다 경쟁적 구조로 정착될 수 있으므로 소비자는 질 좋은 상품과 서비스를 값싸게 구입할 수 있다. 이 같은 경쟁구조 속에서 소비자이익 증진 및 소비자주권이 보다 용이하게 된다.

3) 가격결정

인터넷상의 전자상거래에서는 소비자가 제품 값을 결정할 수도 있어 가격결정 측면에서 소비자지향적 구조가 정착될 수 있다. 지금까지 가격은 대부분 사업자에 의해 주도되어 왔으나 인터넷상의 다양한 판매방법에 의해 그 동안의 일방적 가격결정방법에 변화가 오고 있다.

인터넷상에서 소비자가 사고 싶은 물건의 가격을 제시하면 공급업체가 그 가격에 맞춰 판매하는 역경매방식 서비스를 제공하는 쇼핑몰이 나타나고 있다. 이 같은 쇼핑몰의 등장은 가격결정권이 제조업체에서 유통업체로 넘어 온 데 이어 소비자에게까지 옮겨가는 데 긍정적 역할을 하고 있고 있다. 예를 들면, 인터넷상에 소비자가 자동차 구입을 위한 지불가능가격을 제시하면 업체들이 견적을 보내도록 하고 있다. 제품을 팔기 위해 제조업체들이 경쟁적으로 낮은 가격을 제시한다고 하여 역경매라고도 불리는 이 서비스는 자동차회사의 대리점과 계약을 맺고 자동차 분야에 대한 가격결정권을 소비자에게 주고 있다. 이처럼 인터넷상의 다양한 판매방법 및 서비스는 가격결정권에 있어서 소비자주권시대를 열게 하고 있다.

한편, 특정 상품을 구매하려는 소비자들을 한데 모은 후 소비자들의 집단 구매력을 근거로 제조업체와 가격인하 협상을 벌이는 독특한 인터넷 쇼핑 서비스를 제공하는 사이트가 늘고 있어 가격결정에 있어서 소비자가 주도권을 갖기 시작하고 있다. 이처럼, 인터넷상의 다양한 가격결정방식은 소비자 지향적 구조의 정착, 소비자주권 실현 등의 차원에서 매우 강력한 수단이 되고 있다.

4) 소비자선택

홈쇼핑 및 인터넷상의 전자상거래는 24시간 중 소비자가 편리한 시간에 거래를 할 수 있다. 소비자는 지구촌 구석구석의 사업자가 제공하는 제품이나 서비스를 편리한 시간 및 장소에서 제공받을 수 있다. 전 세계 기업이 제공하는 다양한 제품과 서비스 중 자신의 선호나 취향에 맞는 것을 선택할 수 있어 소비자선택의 권리가 보다 잘 실현된다. 결론적으로, 기존의 전통적 거래와 달리 시간, 공간, 에너지 측면에서 소비자들에게 간편하고 효율적인 거래방법을 제공하고 있어 소비자이익 및 소비자주권 실현에 긍정적 역할을 수행한다.

5) 소비자정보

인터넷의 발달은 신속하고, 정확하며, 충분한 소비자정보 교환을 가능케 한다. 기존의 시장환경에서 존재하는 소비자정보는 신속성·정확성·충분성 등의 측면에서 대부분 불완전하므로 효율적 소비선택에 장애가 되고 있다. 그러나 정보의 시대에서 소비자는 실제 시장에서 보다 훨씬 더 많은 정보를 쉽게 얻을 수 있으며, 각종 정보를 비교·검토할 수 있다. 특히, 인터넷은 소비자가 원하는 소비자정보만을 선택, 검색하는 것을 가능하게 하므로 적은 시간과 노력으로 소비자정보탐색을 효과적으로 수행할 수 있게 한다. 인터넷의 발달은 소비자에게 정보획득 및 사용에 있어 혁신적인 변화로서 합리적 선택을 용이하게 하며 나아가 소비자주권실현을 가속화시킨다. 인터넷은 소비자정보의 생산, 유통, 소비 측면에서 소비자 지향적 구조를 정착시키고 있다.

지금까지 인터넷의 발달로 인해 소비자주권이 어떻게 실현될 수 있는 지에 대해 살펴보았다. 지금까지 논의된 소비자주권실현은 소비자들이 능동적인 소비자로서의 역할을 수행하여야 함을 전제로 하고 있다. 소비자는 자신이 필요로 하는 정보와 서비스의 내용, 전달 시간, 대상 등에 대한 적극적인 역할을 행사하여야 한다. 소비자는 정보사회에 적극적으로 참여하고 주체적인 역할과 기능을 수행하여야만 정보화시대의 주인이 될 수 있고, 정보화의 혜택을 누릴 수 있다.

2. 인터넷과 소비자 이슈

1) 인터넷상의 소비자정보

지금까지 소비자정보의 생산, 제공, 전달 등이 기업가 또는 생산자에 의해 일방적으로 주도되어 왔으나 급속한 정보화의 발달로 인해 소비자정보의 흐름은 생산자와 소비자 간의 양방향 구조로 전환하게 되었다. 소비자는 자신의 소비경험 및 의견을 직접 인터넷상에 제공할 수 있으며 동시에 타소비자들과 정보를 교류할 수 있게 되었다. 따라서 소비자는 정보의 생산 및 활용에 있어서 점차 주체적 역할을 할 수 있게 되었다고 할 수 있다. 뿐만 아니라, 소비자들은 소비생활에 있어서 가장 중요한 정보인 품질, 가격, 안전성, A/S, 환불 및 교환조건 등 다양한 정보를 인터넷을 통해 쉽게 얻을 수 있게 되었다. 최근 가격과 상품에 대한 정보를 제공하는 사이트가 늘고 있어 소비자들에게 중요한 정보탐색처가 되고 있다. 일반 점포거래에서 구입할 수 있는 제품들에 대한 소비자정보를 제공하는 사이트가 늘고 있을 뿐만 아니라 2,000여 개가 넘는 인터넷 쇼핑몰 사이트들에 대한 정보를 제공해 주는 사이트도 늘고 있다. 특히, 가격비교 정보를 제공하는 사이트들은 소비자들의 구매결정에 중요한 역할을 하고 있다. 결론적으로, 인터넷의 발달은 소비자정보 획득 및 활용에 있어 혁신적인 변화를 주도하고 있다고 하겠다. 인터넷상에서 소비자가 정보를 생산하고 유통시키며 동시에 소비자정보를 획득하게 되는데, 인터넷상의 주요 소비자정보 유형은 다음의 형태를 통해 수집하고 활용하며 타인 소비자들에게 정보를 제공하고 있다.

(1) 인터넷상의 구전정보

인터넷상의 구전정보는 인터넷을 통해 소비자 간에 발생하는 제품정보나 사용경험, 추천 등의 정보를 의미한다. 인터넷 구전정보란 메일이나 하이퍼텍스트를 매개로 하여 소비자들이 특정 제품이나 서비스에 대해 소비자 간의 직, 간접 경험을 통해 얻어진 긍정적 혹은 부정적 정보를 의미한다.

　기존의 구전정보는 대면상황에서 이루어지는 반면, 인터넷 구전정보는 주로 인터넷 게시판을 매개로 이루어진다. 인터넷에서 이용 가능한 구전정보의 양은 기존의 전통적인 구전에서보다 엄청나게 많고 동시에 여러 개의 다양한 정보원으로부터 정보들을 쉽게 획득할 수 있다. 또한, 인터넷 구전정보는 오프라인 구전정보에 비해 전달 범위와 속도가 훨씬 빠르다. 오프라인 구전이 몇몇 사람에게 자신의 경험이나 지식을 이야기하는 방식이라면 인터넷 구전정보는 정보전달자가 인터넷상에 정보를 올리고 불특정 다수의 소비자들이 이를 활용한다.

(2) 이용후기 정보

인터넷상에서 제공되는 소비자들의 이용후기는 소비자의사결정에서 매우 중요한 정보로서 자리매김하고 있다. 그러기에 많은 기업들은 제품 이용후기 등 호의적인 제품평이 실리도록 노력하고 있다. 예전의 이용후기는 글로써 표현하는 것이 대부분이었다. 그러나 최근 소비자들은 여기에서 탈피하여, 상품을 직접 착용하거나 체험한 모습을 촬영한 사진 및 동영상을 이용후기로 올리고 있다.

　인터넷 구매이용자의 45%는 제품구매 결정 시 타인의 이용후기에 영향을 받는다고 한다(K모바일, 2009). 이재웅, 전우영(2008)은 연구조사 참여자들에게 동일한 제품에 대한 객관적인 정보가 담긴 인터넷 쇼핑 웹페이지를 보여주고 난 후 부정적 내용과 긍정적 내용의 이용후기를 제공한 결과 이용후기의 내용이 부정적이었던 경우보다 긍정적이었던 경우 제품에 대한 관심이 더 높은 것으로 나타났다. 소비자들은 제품에 대한 지식이 많았던 경우보다 제품에 대한 지식이 적었던 경우, 타인의 이용후기에 의해 제품에 대한 관심이 더욱 증폭되었다는 연구결과(김병준, 전우영, 2007)가 있다. 이 같은 연구결과를 통해 소비자는 기업이 일방적으로 제공하는 정보보다 같은 소비자 입장에서 제공하는 정보를 더욱 신뢰한다는 것을 알 수 있다. 결론적으로 기업이 직접 제품이나 서비스의 장점을 홍보하는 것에 비해 사용자가 직접 올려놓은 제품후기가 훨씬 더 강력한 홍보효과를 가져온다고 하겠다(한경비즈니스, 2005년 12월 11일).

(3) 가격비교 사이트 정보

현대 소비자들은 제품이나 서비스를 구매할 때 디자인, 성능 등 다양한 특성들을 검토하지만, 여전히 가격은 구매결정에 가장 민감하게 작용하는 요소 중 하나이다. 과거의 소비자들은 가격이 저렴하면서 품질이 좋은 상품을 구매하기 위해 많은 상점들을 찾아다녀야 했다. 그러나 인터넷과 전자상거래의 발전, 특히 가격비교 사이트의 출현으로 소비자들의 가격비교는 매우 쉽게 이루어지게 되었다. 하지만 가격비교 사이트가 많이 생겨나면서 사이트의 신뢰성 및 정확성에 있어서 사이트마다 차이가 크기 때문에 소비자들은 구매정보로서 이용하기 위한 가격비교 사이트를 신중하게 선택하여야 한다. 전상일(2009)은 가격비교 사이트의 질을 결정하는 요인은 정보 다양성, 정보 정확성, 이용 편의성, 인지 신뢰성, 시스템 전문성이라고 하였다.

(4) 블로그상의 정보

블로그(weblog)란 단어는 1997년 John Barger에 의해 처음 사용되었으며, 그는 블로그를 '네티즌들이 자신의 관심에 있는 모든 타 웹페이지를 기록하는 웹페이지'로 정의하였다(Helen, Wagner, 2006). 블로거(blogger)들은 자신이 선택한 새로운 기사를 정확한 설명, 의견과 함께 웹페이지에 올리는데 블로그는 자주 업데이트되는 웹사이트이며, 게시물들이 시간의 순서대로 정렬되어 새로운 정보들이 항상 맨 위에 올라온다(Blood, 2003). 이러한 최신성과 파급력 때문에, 기업에서도 블로그의 잠재적 가치를 인식하게 되었다. 기업이 직접 운영하는 블로그를 브랜드 블로그(brand blog)라 하며 브랜드 블로그는 고객과의 쌍방향 커뮤니케이션을 위해 활용된

소비자 수첩 10-2

'인터넷 천재, 네티켓 바보' 초등 저학년부터 바로 잡는다

정부가 초등학교 도덕(바른생활) 교과서에서 인터넷 관련 교육내용을 크게 늘리기로 한 것은 현재 초등학생들이 저학년 때부터 인터넷을 익숙하게 사용하지만 인터넷 공간에서의 윤리, 질서의식, 준법정신 등을 가르치는 교육이 턱없이 부족하다는 문제의식에 따른 것이다.

4학년용 개정 교과서에 들어갈 새로운 단원인 '인터넷 예절'에는 인터넷 활용상의 문제와 인터넷의 막대한 영향력을 학생들이 바르게 인식할 수 있도록 하는 내용이 포함된다.

이를 통해 학생들이 인터넷에서 도덕적 문제가 발생하는 이유를 스스로 생각하고 자신의 예절에 대해 되돌아보도록 한다는 계획이다. 5학년 교과서 속 '게임 중독의 예방' 단원은 학생들에게 인터넷 게임 중독의 위험성을 정확하게 알리고 인터넷 게임을 바르게 이용하는 태도를 가르쳐야 한다는 목표로 구성된다.

지금까지는 인터넷 윤리 교육이 초등학교 저학년 교과과정에 제대로 반영되지 않아 문제라는 지적이 제기돼 왔다. 하지만 5학년 도덕 교과서에도 단 한 페이지의 '인터넷과 다른 사람들의 권익'과 6학년 도덕 교과서와 생활의 길잡이의 두 페이지에 걸친 '크래킹(악의적인 해킹)의 피해', '통신예절 등 네티켓'이 전부이다. 이마저도 '준법정신', '타인에 대한 배려' 등을 가르치는 단원에 일부 포함된 것일 뿐, 단원 전체를 인터넷 교육에 할애한 사례는 전혀 없었다.

유균상 한국교육개발원 연구위원은 "중요도나 추세에 비추어 봤을 때 온라인 윤리교육을 양적으로 확대해야 할 때"라며 "이제는 저학년 단계에서부터 아이들 수준에 맞게 윤리적 측면을 다뤄야 한다는 공감대가 교과서 집필자들 사이에 형성됐다."고 말했다.

출처 : 동아일보, 2008년 8월 17일

다는 점에서 개인 블로그와 차이가 있다(김윤식, 정규엽, 2008).

(5) 미니홈피

미니홈피는 개인이 인터넷상의 공간에 직접 사진을 올리고 글을 쓰는 등 주어진 홈페이지를 직접 꾸미고 관리하는 것을 말한다. 미니홈피의 대표적인 사이트는 '싸이월드'로서 개인이 자신의 홈피를 관리하는 것뿐만 아니라 '1촌 맺기'라는 방법을 통하여 회원들 사이의 교류를 활성화하고 있다. 싸이월드 회원 수가 급증하면서 기업들은 미니홈피 사용자들 사이의 커뮤니케이션에 대해 관심을 갖기 시작하였다. 기업들은 구전 커뮤니케이션을 마케팅에 접목시켜 활용하기 시작하였고, 그 결과 싸이월드는 2003년부터 '브랜드 미니홈피'라는 서비스를 개설하게 되었다.

기업의 미니홈피 활용 마케팅의 사례로, 2005년 아시아나항공은 미니홈피를 통하여 여행, 항공권 등에 관한 정보를 제공하고, 다양한 이벤트를 펼쳤으며, 2005년 삼성에버랜드가 개설한 미니홈피가 개설 3일 만에 방문자 수가 6만 명을 넘어서기도 했다. 이 외에도 TTL, 도브초콜릿, 리바이스, 피자헛, 청하, 스타우트 등이 미니홈피를 통해 많은 효과를 보았다(매일경제, 2005년 5월 18일). 그러나 미니홈피상의 부정적 문제점을 개선하기 위해 SK커뮤니케이션즈는 댓글 완전 실명제를 도입함으로써 악플을 줄일 수 있다는 결론을 내리고, 미니홈피 서비스인 싸이월드를 완전 실명제로 운영해 효과를 보았다(조선일보, 2009년 2월 26일).

(6) 댓 글

댓글은 인터넷 공간에서 다수의 사용자들이 각종 정보를 주고받는 인터넷 게시판이 활성화되면서 나타난 행동유형으로 하나의 정보가 되고 있다. 소비자들은 인터넷 뉴스, 쇼핑몰, 블로그, 기업 홈페이지, 개인 미니홈피, 그리고 인터넷 커뮤니티 등의 웹사이트에 방문하여 전자게시판, Q&A, 소모임, 그리고 자료실 등에 소비생활과 관련한 자신의 경험, 의견 등을 간략하게 올리거나 타인이 올린 글을 읽게 된다. 댓글은 정보 제공, 여론 형성, 친목 도모 등의 효과를 발생시키면서 그 역할이 더욱 중요하게 되었다.

소비자들은 구매 후 인터넷에 댓글, 상품평 등을 작성하고 제품설명뿐만 아니라 타인이 올린 이용후기를 보고 댓글을 쓰기도 한다. 레스토랑의 홈페이지의 경우, 소비자들은 이용 후기에 서술된 경험이 무척 개인적이고 독특한 경우, 서비스나 메뉴, 맛이 아주 상세히 평가되어 있는 경우 댓글을 더 많이 작성한다고 한다(김희은, 2007). 소비자들은 자신이 구매한 제품이나 서비스뿐만 아니라, 다른 소비자가 겪은 문제 등에도 공감하여 댓글을 통해 집단적인 불만을 표출하기도 한다.

또한 최근 댓글을 통한 각종 유해물 유포의 폐해도 발생하고 있다. 인터넷 사이트의 댓글이 제품이나 서비스의 마케팅과 기업의 PR 활동에 미치는 영향력이 증가함에 따라 댓글을 기업의 광고, 마케팅활동 등 비즈니스 도구로 활용하는 업체마저 등장하고 있다. 이 같은 상황에서 같은 소비자의 입장에서 올린 댓글이라는 측면에서 댓글의 내용을 신뢰하고 활용하기도 하나, 일부 소비자들은 소비자 위장 댓글이 활개를 치고 있어 댓글도 더 이상 믿을 수 있는 정보가 아님을 인지하게 되었다. 이 같은 악성 댓글의 문제를 해결하기 위해 인터넷 포털 '네이트' 는 국내 포털 중 최초로 뉴스 댓글에 완전 실명제를 도입하여 효과를 보고 있으며, 기존의 많은 포털사이트들도 처음 댓글을 올릴 때에만 본인 여부를 확인하고 이후에는 아이디만 표시하는 '제한적 본인확인제' 를 실시하고 있다.

(7) 기업 웹사이트상의 정보

기업 웹사이트는 인터넷정보의 한 유형으로 소비자들에게 각종 소비자정보를 제공하고 있다. 뿐만 아니라 기업의 웹사이트는 광고, 홍보, 다이렉트 마케팅의 경계를 넘나드는 통합적 커뮤니케이션도구로서 기업, 제품, 서비스에 대한 정보탐색 비용의 절감, 상호작용적 커뮤니케이션을 통한 소비자와의 교감형성, 다양한 마케팅커뮤니케이션 도구의 통합적 활용, 일대일 또는 마케

인터넷 댓글을 분석하라… 위기탈출 길이 보인다

인터넷 공간에 넘쳐나는 댓글. 이를 '버즈(buzz)' 라고도 한다. 버즈는 '벌이 귓가에서 윙윙거리는 소리' 혹은 '소문' 이란 뜻을 가진 단어. 기업은 버즈를 단순히 네티즌들의 수다로 받아들이지 않는다. 기업 경영에 매우 중요한 정보가 담겨 있을 수도 있기 때문이다. 그래서 인터넷 댓글에 담긴 소비자들의 의견을 전문적으로 수집하는 온라인 구전(word of mouth)조사 업체들이 늘어나고 있다. 온라인 구전조사는 기업뿐 아니라 정치 영역에서도 유용하다. 한국의 이번 17대 대통령 선거과정에서도 온라인 구전조사 분석이 도입됐다. 모(某) 후보 진영은 선거 기간 중 인터넷상의 여론 움직임을 분석한 보고서를 정기적으로 보고 받은 것으로 알려져 있다.

그러나 온라인 구전조사에는 몇 가지 한계가 있다. 무엇보다도 소비자가 인구·계층을 구분하여 글을 올리지 않으므로 인구지리학적으로 네티즌 분류하기가 어렵다. 또한, 동영상 콘텐츠의 경우 수집하고 분석하는 작업이 까다롭다. 그 외에도 연구원이나 소비자의 주관적 판단으로 오차가 발생할 가능성이 다른 조사보다 높은 편이다. 글을 올린 네티즌 역시 소문을 확인하지도 않고 성급히 글을 올리거나, 그릇된 판단을 하는 경우가 있다. 그럼에도 불구하고 온라인 댓글은 네티즌들의 자발적인 참여에서 나오는 것이어서 무시할 수 없는 새로운 조사영역임에 틀림없다.

그러나 한국의 온라인 구전조사시장은 인터넷 강국의 명성에 비한다면 초라한 편이다. "국내 댓글 문화가 워낙 '공격적' 이어서 온라인 구전조사 결과를 토대로 최고 경영자들을 설득하기가 만만치 않다." 는 것이 업계의 설명이다.

출처 : 조선일보, 2008년 3월 08일

팅의 구현 등에 기여하고 있다. 구혜경, 이기춘(2004)은 총 55개의 기업 웹사이트를 대상으로 하여 해당 사이트에서 제공하는 정보내용을 분석한 결과, 기업에서 제공하는 정보내용은 상품정보, 학습정보, 법률/규정정보, 기업정보, 웹진과 사보, 오락정보 등 열 개 영역으로 구분되었고, 특히 분석한 기업들은 상품정보와 학습정보의 제공을 특히 강조하고 있었다.

2) 인터넷과 유통

인터넷을 통한 직접 판매는 유통구조의 단순화를 유도하고 있다. 생산자 → 도매업자 → 소매업자 → 소비자의 전통적 유통경로가 깨지고 있다. 다시 말해, 인터넷의 발달은 대폭적인 유통구조 변화를 요구하고 있다. 이 같은 상황에서, 직접 판매로 인한 이익침해를 우려한 기존 소매 및 유통업체들의 반발이 계속되고 있다. 기존의 소매 및 유통업체들이 인터넷상에서 직접 판매되는 특정 제조업체들의 제품을 아예 취급하지 않는 등 유통경로분쟁이 가속화되고 있어 전자상거래 활성화 및 유통구조 축소의 장애물이 되고 있다.[1] 이 같은 유통분쟁을 방지하기 위하여 인터넷 사업자들은 여러 가지 다양한 방안을 개발하여 사용하고 있다. 예를 들면, 인터넷상에서 자사 대리점의 소매가격 이하로 판매하지 않는 방법, 소비자가 주거하는 지역 근처의 대리점이나 소매점을 찾을 수 있도록 정보제공을 하는 방법, 일부 제품만 인터넷에서 판매하는 방법, 인터넷 판매만을 위한 새로운 제품을 개발하는 방법 등이 활용되고 있다.

그러나 PC 산업과 같이 업계의 전반적인 추세가 웹을 통한 직접 판매 방식으로 가는 추세여서 소매 및 유통업자들의 입지가 줄어들 것으로 보인다. 결국, 인터넷의 계속적인 확대 발전 속에서 전자상거래와 전통적인 상점과의 제휴는 불가피하다고 하겠다. 모 인터넷 사이트는 소비자가 우편번호를 입력하면 소비자 거주지 주변의 판매점 현황 정보를 제공하고 있어 인터넷-오프라인 통합의 모범적 사례가 되고 있다고 한다. 인터넷상의 직접 판매, 즉 전자상거래가 계속적으로 확대 발전하고 있는 현 시점에서 보다 효율적이고 단순한 유통구조 개선은 피할 수 없는 상황이라고 하겠다.

3) 인터넷광고

인터넷 사용이 광범위하게 확대되면서 인터넷은 점차 상업광고가 범람하는 선전의 장으로 바뀌고 있다. 기업들은 방문객 확보를 위해 인터넷에 엄청난 돈을 쏟아 붓고 있다. 인터넷에서 이루어

---

1) 그러나 전자상거래의 발달이 제조업체들에게 유리하게 작용한다고 주장하는 견해도 있다. 인터넷거래의 등장은 실제 상점들의 몰락을 부추기는 것이 아니라 오히려 저렴한 비용으로 시장을 넓힐 기회를 제공할 수 있다는 시각이 그것이다.

지는 광고 역시 하나의 정보로서 역할을 수행하기도 하는데 인터넷광고의 유형은 다음과 같다.

첫째, 이메일 발송을 통한 광고로서 가장 고전적인 광고 유형이다. 그러나 이메일 광고는 많은 네티즌들의 비난의 대상이 되고 있다. 둘째, 배너광고로서 주로 웹사이트의 꼭대기나 아래쪽에 광고를 싣는 것으로 가장 일반적인 인터넷광고 유형이다. 최근, 새로운 사이트를 찾기 위해 이동하는 순간 전면광고가 나왔다가 사이트가 찾아지면 광고가 조그만 배너 속으로 사라지는 '막간광고' 등 다양한 배너광고기법이 개발되고 있다. 셋째, 광고를 접하는 소비자들에게 무료 인터넷 접속 서비스나 무료 PC제공 등을 통해 방문객이나 가입자 확보를 늘리고 있다. 이외에도 동영상 광고, 게임 광고 등 인터넷 광고업체들은 광고 효과를 높이기 위한 전략을 계속적으로 개발하고 있다.

인터넷 사업자에게 있어서 광고수입은 인터넷사업의 성패가 걸린 문제이다 보니 많은 업자들이 가입자나 방문객 수를 늘리기 위해 안간힘을 쓰고 있다. 한 업체는 이메일에 배너광고를 실어 동료나 친구들 등 주변 사람들과 주고 받으면 이메일 건수당 현금을 제공하기도 하였다. 이외에도 무료 사은품 제공, 복권 형식의 경품 제공, 각종 무료 서비스 등을 제공하는 것은 이미 일반화된 전략이다. 그러나 이 같은 다양한 유형의 인터넷 광고는 홈페이지를 여는 속도를 지연시켜 소비자비용을 증가시키고, 사이트의 공간을 차지하는 등 부정적 효과에 대한 비판이 끊이지 않고 있다. 일반 광고와 마찬가지로, 인터넷 광고가 소비자에게 미치는 다양한 영향에 대해 심각하게 재평가해 보아야 한다. 인터넷상의 허위·과장광고를 어떻게 규제할 것인지, 인터넷 광고 관련 정부정책 및 법 규제 등에 대한 조사·연구가 시급하다.

10-4

인터넷 사이트와 광고

'선영아 사랑해'라는 광고 세간을 떠들썩하게 한 사건이 있었다. 2000년 봄 버스, 동네 아파트 담 등 구석구석에 난데없는 현수막이 걸렸다. '선영아 사랑해'라는 광고를 한 주체는 '마이클럽 닷 컴(www.miclub.com)'이라는 인터넷 사업체였다. 이 사이트는 패션, 뷰티, 섹스, 로맨스, 재테크, 부동산 등의 코너를 운영하는 여성 전용 사이트이다.

일본에서는 여성 전용 인터넷 사이트가 우후죽순처럼 생겨나고 있다고 하는데 이 사이트업자는 소비의 주체인 여성을 타깃으로 삼고, 화장품이나 액세서리 업체를 광고주로 영입하는 전략을 사용하였다.

점차 인터넷은 새로운 광고의 장으로 인식되고 있다. 하지만 정보통신의 발달이 자칫 광고의 팽창만을 가속화시키고 있는 것은 아닌지 생각해 보아야 할 때이다.

4) 인터넷과 기업 마케팅

인터넷에서의 정보공유가 활발해지면서 타인의 글을 참고하여 물건을 구매한 소비자들은 이에 그치지 않고 그 제품에 대한 느낌을 다시 인터넷상의 게시판에 올린다. 이 같은 상황에서 기업들은 인터넷상에서 자사제품에 대한 소비자들의 반응을 살펴보고 이를 다음 제품의 서비스개발이나 마케팅에 적극 반영하고 있다. 그 후 소비자들은 사업자들이 자신들의 기호를 반영하여 출시한 제품과 서비스를 구매하게 되면서 피드백이 일어나고 있다.

인터넷상에서의 소비자활동이 활발해지면서 이것이 제품이나 서비스의 마케팅과 기업의 PR활동에 미치는 영향력이 증가하게 되었고 그 결과 이를 비즈니스 도구로 활용하는 업체가 등장하고 있다. 예를 들면, 제품 구매 시 댓글에 의존하는 소비자들이 늘어남에 따라 기업에서도 생산, 판매활동에 이러한 추세를 반영하지 않을 수 없게 되었다. 기업의 마케팅이나 광고, 홍보분야에서는 댓글과 연관하여 인터넷 입소문과 블로그, 카페를 이용한 마케팅, 홍보활동에 대한 관심이 증가하였으며, 관련 영역의 연구도 꾸준히 늘어나고 있다(이재신, 성민정, 2007).

최근 모 식품회사의 블로그(blog.pulmuone.com)는 식품업계 최초로 방문자 수 50만 명을 돌파하였는데, 이러한 성공비결은 고객들과의 열린 소통에 무게를 둔 '열린 댓글' 정책에서 출발하였다. 대부분의 기업 블로그들이 '댓글 승인제'를 따르고 있는 상황에서 이 회사에서는 열린 댓글 정책을 추진하여 고객들과의 쌍방향 커뮤니케이션을 이루기 위해 노력하였다(이투데이, 2009년 8월 18일). 모 전자회사에서는 국내 30대 기업 블로그 중 최초로 댓글을 허용한 후 블로그 마케팅이 진일보하고 있다. 이 회사는 네이버에 오픈캐스트를 개설하고 최근에는 블로거들에게 신제품에 채워질 콘텐츠를 선택하도록 하였다. 이 회사의 기업 블로그인 '더 블로그'는 열다섯 개의 모닝콜 사운드를 네티즌들에게 공개하고 이와 관련된 의견 및 아이디어를 댓글로 받고 있다(헤럴드경제, 2009년 8월 6일).

모 텔레콤회사의 경우 댓글에 민감한 소비자들의 심리를 이용하여 이를 통신서비스에 적용하였다. 이 회사는 네이버 카페/블로그에 고객 자신이 올린 글에 새로운 댓글이 올라오면 문자메시지로 알려주고 휴대폰에서 내용을 바로 확인할 수 있는 '네이버 알리미' 서비스를 시작하였다. 또한 '네이버 알리미'는 고객이 문자를 확인한 후, 한 번의 연결 버튼으로 모바일 카페나 블로그에 접속해 댓글 내용을 확인하고 답글도 올릴 수 있도록 하는 기능도 지니고 있다(소비자가 만드는 신문, 2009년 11월 11일).

3. 인터넷과 소비자문제

급속한 정보화 추세는 소비자이익 및 소비자주권 실현에 긍정적인 역할을 수행하고 있음에 틀림없다. 그러나 인터넷을 포함한 정보통신 기술의 발달은 새로운 소비자문제를 야기하고 있다. 정보화시대에서 새로이 발생하고 있는 소비자문제를 살펴보면 다음과 같다.

1) 비용의 문제

소비자가 기존의 라디오나 TV와 같은 매체를 사용할 때 직접 지불해야 하는 비용은 거의 없었다. 그러나 뉴미디어시대 또는 정보화시대에서 이 같은 편익을 사용하기 위해 소비자들은 비용을 직접 지불하여야 하는 소비자문제가 발생한다. TV, 라디오 등은 정부나 광고주로부터 출자된 자본으로 운영되거나 사회 간접자본으로 이루어졌다. 그러나 정보화시대에서 네트워크를 구축하기 위해서는 소비자가 고가의 장비를 갖추고 사용료를 지불하는 등 이에 대한 비용을 지불하여야 한다. 예를 들면, 초고속 인터넷망을 사용하기 위해 소비자들은 고가의 컴퓨터 장비를 구입하여야 하며, 서비스 사용에 대한 상당한 비용을 지불하여야 한다. 따라서 경제적으로 궁핍한 저소득층, 대도시가 아닌 벽지에 있는 소비자들은 이 같은 정보 네트워크에 접근하기 어려운 문제가 야기된다. 그러므로 네트워크 사용을 위한 여러 비용 및 규격 등이 소비자 입장에서 마련되어야 하며 이를 제도화하는 과정에서 소비자들의 의견이 전달되어야 한다.

2) 정보의 격차문제

정보화가 급속하게 진전되고 있음에도 이 같은 문명의 이기를 활용하지 못하는 소외계층은 정보로부터 소외됨으로서 정보의 격차는 더욱 확대된다. 무엇보다도 경제적 소외계층은 정보화시대에 참여하기 위한 기본적 네트워크 설치 및 구축에 드는 비용 때문에 정보로부터 소외당하게 되며, 경제적 문제가 없는 소비자들 중에도 중장년소비자나 노인소비자, 벽지 거주 소비자, 컴퓨터 및 정보화교육을 받지 못한 소비자들은 정보의 사각지대에 위치하게 된다. 이 같은, 정보의 격차문제는 빈부의 격차 못지않게 심각한 사회문제로 등장하고 있다.

3) 불법 및 사기 거래

전자상거래는 소비생활에 여러 편익을 제공하면서도 개인 정보유출, 사기 및 기만적 불법거래 등의 문제를 유발하고 있다. 실제로 전자상거래에서 위장, 사기, 기만 등 불법거래에 의한 소비

소비자 수첩 10-5

인터넷 저작권 분쟁

미국 지방법원이 2000년 7월 말 PC끼리 음악파일(MP3)을 주고 받는 사이트인 '냅스터(www.napster.com)'가 음악 저작권을 침해했다며 폐쇄결정을 내리자 그 여파가 국내에도 일파만파로 번지고 있다. 한국 음악저작권협회가 한국판 냅스터인 '소리바다(www.soribada.com)'를 상대로 법적 대응을 준비하는 등 인터넷 저작권 분쟁이 급증할 것으로 보인다.

이와 관련 IT(정보통신기술)업계는 최근 국내에서 새로운 분야로 각광받는 P2P(Peer to Peer)가 싹도 틔우기 전에 크게 위축되지 않을까 우려의 목소리도 높다.

P2P는 인터넷으로 다른 사용자의 컴퓨터에 접속 '친구처럼' 각종 정보나 파일을 공유할 수 있게 해주는 시스템이다. P2P의 대표적인 업체가 '소리바다'로서 개인 PC에 있는 MP3파일을 자유롭게 검색 내려 받을 수 있는 서비스를 제공하고 있다. 최근 영산정보통신도 '씨프랜드(www.seefriend.co.kr)를 통해 사용자의 PC를 검색해 MP3 파일은 물론 동영상, 문서까지 주고받는 서비스를 시작한 바 있다. 그러나 저작권 관련 단체들은 P2P 서비스업체들을 대상으로 각종 소송을 준비하고 있어 인터넷 저작권분쟁은 당분간 잇따를 것으로 보인다.

출처 : 중앙일보, 2000년 8월 7일

자피해가 급속도로 증가하고 있다. 서로 상대방을 잘 알지 못한 상태에서 단지 네트워크를 통해 광고, 주문, 운송, 대금결재 등의 거래가 이루어지고 있어 사기성 거래 또는 불법행위가 끊이지 않고 있다.

또한, 매체의 특성상 개인정보에 대한 통제가 어려워 기업, 사기단들에 의해 개인정보가 누출되고 있으며 이로 인한 피해가 속출하고 있다. 인터넷 도둑(해커)들에 의해 거래정보나 신용카드번호 예금구좌번호 등과 같은 지불정보가 악용되거나 도용될 가능성이 항상 내재되어 있다. 이 같은 상황에서 인터넷상의 전자상거래를 활성화시키기 위해 세계 각국은 전자상거래의 문제점을 해결할 수 있는 법·제도적 조치를 마련하고 있다.

4) 기업의 교묘한 인터넷 마케팅 피해

인터넷상의 소비자활동이 급속히 증가하고 있고 이 같은 활동들이 소비자들의 의사결정 및 구매활동에 막대한 영향을 미치면서 기업들이 행하는 인터넷상의 마케팅활동이 점차 교묘하고 복잡하게 전개되고 있어 이로 인한 소비자불만이나 피해도 늘어나고 있다. 예를 들면, 인터넷 마케팅 관련 전문업체들은 경쟁제품이나 회사를 비방하는 악성 댓글 영업을 벌이고 있으며, 제조업체들이 직접 댓글을 달기 위해 전문적인 인력을 고용하고 있다(오마이뉴스, 2006년 11월 26일). 기업 홈페이지나 쇼핑몰의 댓글은 허위, 과장광고 내용으로서 상업적으로 물들어 있다. 일부 쇼핑몰들은 고객들이 올린 댓글 중 호의적인 것들만을 게시하고, 직접 아르바이트를 고용해 댓글을 올리도록 하고 있다. 이른바 '댓글알바'라 불리는 이들은 소비자인 것처럼 위장하고 거짓 후기를 남겨 고객의 판단을 흐리게 하고 있다(소비자가만드는신문, 2009년 10월 22일). 기업 홈페이지의 경우도 예외는 아니다. 기업이 악용하는 '댓글 마케팅'은 자사 제품의 과도한 홍보에 그치지 않고 경쟁 제품의 단점을 허위로 비난하는 데까지 이르고 있어 소비자뿐만 아니라 기업까지 피해를 입는 경우가 적지 않다(스포츠서울, 2009년 5월 22일).

최근 분유업체가 생산한 초유분유에서 균이 검출됐다고 밝혀진 내용을 담은 기사에 경쟁업체 직원들이 악성 댓글을 단 사건이 있었다. 지난 7월 A유업이 생산한 초유분유에서 사카자키 균이 검출된 사실이 밝혀졌는데, 이후 육아전문 사이트 등에는 "A유업 분유 못 먹이겠다. 결국 선택은 B사"라는 등 해당 업체를 비방하는 댓글이 올라왔다. A유업은 수상한 아이디를 찾아 고소했는데, 수사결과 이들은 모두 경쟁사인 B유업 지점 직원과 판매 대리점 업주인 것으로 드러났다(서울신문, 2009년 10월 9일).

4. 인터넷상의 소비자운동

인터넷의 발달로 전자상거래가 확장되면서 인터넷을 활동영역으로 하는 소비자운동이 새로운 형태의 소비자운동으로 자리 잡고 있다. 인터넷 뉴스, 쇼핑몰, 블로그, 기업 홈페이지, 개인 미니홈피, 그리고 인터넷 커뮤니티 등을 활용하여 소비자들이 전자게시판, Q & A, 소모임, 그리고 자료실 등에 자신의 의견, 제품정보나 사용경험, 추천 등의 정보교환활동, 소비자들의 결성을 통한 소비자 목소리 내기 등 다양한 형태의 소비자운동이 활성화될 것으로 보인다.

소비자피해구제상담의 경우에도 전화상담이나 방문상담에 의존하던 기존의 소비자운동과 달리 인터넷상의 소비자상담은 소비자운동의 지형 자체를 흔들고 있는 상황이다. 몇해 전 이동전화업체에서 일제히 요금을 인하한 바 있는데 이는 인터넷을 활용한 소비자운동의 결실이라고 하겠다. 이동전화사용자 모임인 S전자의 이동전화 단말기의 문제점을 지적하고 나서게 되었고, YMCA가 성능 검사를 벌이던 중 이동전화요금 인하운동에 의기투합하게 된 것이다. 두 단체는 이동전화요금 인하 서명운동을 벌여 인터넷상에서의 소비자운동의 중요성을 확인시켜 주었다. 정보화 속에서 소비자운동은 내용과 형식 그리고 시장의 성격에 따라 많은 변화를 보일 것으로 기대되며 정보화를 통해 그 효과를 높일 수 있을 것으로 보인다.

1) 인터넷 소비자운동의 특징

그 동안 소비자는 경제단위에서 가장 중심적인 주체임에도 불구하고 불특정 다수인 점으로 인해 기업이나 생산자에 비해 정보, 인적 자원, 조직력, 정보 측면에서 수동적이며 불리한 입장에 처해 왔다. 그러나 최근 인터넷 등 정보산업의 발달 속에서 소비자들은 불리함을 개선하기가 쉬워지고 있다. 인터넷이 소비자에게 미치는 긍정적 영향은 크게 세 가지로 구분할 수 있다.

첫째, 인터넷은 기업이 독점해 온 각종 소비자정보를 쉽게 다수의 소비자에게 전달하는 강력한 기능을 수행하고 있다. 다시 말해, 인터넷은 생산자와 소비자 간의 정보 불균형의 문제를 해소해 주는 역할을 한다.

둘째, 인터넷은 다수 소비자들의 조직력을 갖추게 하는 데 중요한 역할을 한다. 인터넷은 소비자들의 결집의 장으로서 소비자운동을 보다 활발하고 효과적으로 수행하도록 도와준다. 예를 들면, 2002년 7월부터 시행할 예정인 제조물책임법을 통한 소비자피해구제, 아직 도입되지는 않았으나 소액다수의 피해보상을 용이하게 할 수 있는 집단소송 등은 인터넷을 통해 보다 효과적으로 활용될 수 있다.

셋째, 기업의 횡포나 각종 불공정거래행위들을 막는 데 인터넷은 더욱 효과적인 수단이 될 것으로 보인다. 인터넷 소비자운동은 흩어져 있는 소비자들의 기업횡포로 인한 피해를 조직적으로 구제할 수 있게 한다. 또한, 기업들의 불공정거래행태에 대한 감시 및 고발이 용이하여 소비자권리 및 주권실현의 효과적인 수단이 되고 있다. 인터넷상에서 이루어지는 소비자운동은 여러 측면에서 그 효과가 높다고 할 수 있다. 인터넷상의 인터넷 소비자운동의 특징을 구체적으로 살펴보면 다음과 같다.

- 소비자들 간의 정보교환 용이
- 소비자들의 조직력 강화
- 소비자들의 다양한 의견 수렴
- 소비자피해구제의 용이(간편함, 신속함)
- 소비자주권 실현(소비자 지향적 구조 정착)
- 소비자와 사업자간의 의사소통 용이
- 소비자 구매패턴, 소비자선호, 소비자만족 등에 대한 정보수집 용이

2) 인터넷 소비자운동의 유형

인터넷 공간에서 소비자불만 및 피해접수, 소비자피해구제, 소비자정보 제공, 소비자교육 등 다

양한 형태의 인터넷 소비자운동이 전개되고 있다. 인터넷상의 소비자운동은 정보화시대에 소비자이익 및 소비자주권 실현을 위한 새로운 형태의 소비자운동으로 그 효과 면에서 매우 강력한 수단으로 부각되고 있다. 정보탐색에서 인터넷이 차지하는 비중이 크게 증가함에 따라, 인터넷을 이용한 정보탐색의 대상이 되는 사이트의 종류가 계속 늘어나고 있다. 고객들은 인터넷 쇼핑몰에서 구매한 상품에 대해서 좋은 경험이나 실망한 경험을 하게 되면 이용후기를 제한된 공간에 올리는 것으로 머물지 않고, 자신의 블로그나 커뮤니티는 물론 휴대폰 문자 메시지를 이용해 여러 경로에 전파하는 일에 적극적으로 나서고 있다(심완섭, 2007). 소비자가 인터넷상으로 제품과 서비스에 대한 구전활동을 하는 방법은 이용후기, 사진, 동영상을 올리는 것 등 다양하다. 다시 말해, 인터넷상의 소비자운동은 다양한 형태로 전개되고 있는데 그 유형별로 살펴보면 다음과 같다.

소비자수첩 10-6

인터넷 소비자상담 실례 1

● **소비자상담의뢰 내용 : 의류심의에 대하여**

저는 얼마 전 백화점에서 옷을 샀습니다. 그런데 이틀 후 옷감(보푸라기)에 문제가 있는 것 같아 백화점에 교환 또는 환불을 요청한 바 있습니다. 얼마 후 백화점에서는 _____에 심의를 요청한 결과 소비자과실로 판정이 났다(귀 단체의 심사 의견서 복사본을 줌)고 하면서 교환 또는 환불이 되지 않는다고 하였습니다. 저는 이러한 심의가 제대로 이루어졌는지가 궁금합니다. 또한, 귀 단체에서는 이같은 의류를 어떻게 심의하는 지 알고 싶습니다.

● **소비자상담처리 내용 : 의류심의방법에 대하여**

저희 _____에서는 매주 수요일 세탁 전문가로 구성된 의류심의 위원회의 심의를 하고 있습니다. 본 단체에서는 소비자들이 의뢰하는 의류 그리고 판매처나 제조처에서 소비자들의 동의하에 대신 의뢰해도 심의를 해 주고 있습니다.

의류 테스트는 기계 테스트와 전문가의 검사 두 가지 방법이 있습니다. 본 단체에서는 기계적인 테스트는 하지 않습니다. 리트머스 시험지를 이용한 산알카리 검출, 솔벤트나 세제를 이용한 염색테스트, UV 램프를 이용한 세제검출, 유용성 오점제거제를 통한 역오염 여부 확인 정도만 합니다. 다시 말해, 세탁경력이 20년 이상된 세탁 전문가들이 오랜 경험에 의한 관능검사와 의견에 의해 심의합니다. 기계적인 테스트와 전문가의 경력에 의한 관능검사 중 어떤 것이 더 정확하다고 할 수는 없습니다. 간혹 기계적 실험에는 아무 이상이 없다고 나왔으나 솔벤트나 세제로 염색테스트를 하면 염료가 빠지는 경우도 있으니까요. 결국, 두 가지 방법이 적절히 보완되어야 할 것 같습니다.

귀 소비자의 경우 옷감의 보푸라기가 문제라면 기계 테스트로서 제조처에 마찰 강도를 테스트한 시험성적서를 요청하세요. 그리고 재심을 받기 원하면 매주 수요일 서울 YMCA 지하 3층에 옷과 심의의견서를 가져오시면 됩니다. 심의의 정확성을 높이기 위해 재심은 다른 심의의원들이 하게 됩니다.

참조 : 한 소비자의 실제 상담 사례(2000년 5월 2일)를 참조하였음.

(1) 기존 오프라인 기관의 인터넷 소비자상담

그 동안 소비자상담은 민간소비자단체, 한국소비자보호원 등에 의해 전화, 방문, 서신을 통해 이루어져 왔다. 그러나 최근 인터넷의 발달로 인터넷 소비자상담, 인터넷상의 소비자상담이 중요한 상담방법으로 자리 잡고 있다.

정부 및 소비자단체 등 여러 기관에서 인터넷 소비자상담을 수행하고 있다. 한국소비자원의 경우 급증하는 인터넷 소비자상담에 적극 대처하고자 상담전용 사이트를 운영하고 있으며 정부 관련 기관, 소비자단체들도 인터넷 상담을 적극 추진하고 있다. 시민의 모임, 소시모(시민의 모임 성남지부), YMCA 시민중계실 등이 대표적인 인터넷상담 가능 소비자단체이다. 특히, YMCA의 경우 용인, 광주, 시흥, 안동 등 지방 지부들의 인터넷상담이 활발하게 이루어지고 있다.

인터넷상의 소비자상담은 여러 측면에서 장점이 많다.

첫째, 인터넷 소비자상담은 편리하고 효율적인 상담 수단이다. 시간과 공간을 초월한 상담이 가능하여 소비자는 물론 상담 주체 기관 입장에서도 매우 편리한 방법이다.

둘째, 소비자상담방법에 있어서 인터넷상담은 효율적 상담이다. 글을 통해 상담을 하므로 소비자 스스로가 상담요청 내용을 정리하기가 용이하며, 상담 주체자는 소비자의 설명이 부족한 경우 다시 질문할 수 있어 사건의 핵심을 파악하기 용이하다.

셋째, 익명이 보장된다. 소비자 한 개인이 거대한 기업을 대상으로 직접적인 항의를 하기 어려운 경우 인터넷상에서 익명으로 자신의 경험 및 불만을 공개할 수 있어 이용 소비자가 급증하고 있다.

넷째, 소비자상담 사례 및 관련 정보를 축적하기가 수월하다. 기존의 전화 또는 방문상담보다 인터넷상의 상담을 통해 상담상황 파악, 상담 관련 자료 구축 등을 효과적으로 할 수 있다. 상담 관련 자료구축은 소비자상담 발전의 기초자료로 활용할 수 있다.

그러나 효과적인 인터넷 상의 상담을 위해서는 개선할 것이 많은데 간단하게 살펴보면 다음과 같다.

첫째, 인터넷상의 편리성 및 효율성 등으로 상담 수요자는 급증하고 있으나 상담을 해줄 수 있는 기관 및 인력이 부족하다. 불만을 느낀 많은 소비자들의 상담요청이 쇄도하고 있으나 신속하게 상담해 줄 기관 및 인력이 부족하여 상담이 이루어지는 빈도가 낮고 답변까지 기다리는 시간이 길다. 이 같은 문제를 개선하기 위해서는 인터넷상의 소비자단체 및 상담기관이 전문적 분야에 맞추어 특화된 상담을 하여야 한다. 분업과 전문화를 통해 인적 자원의 문제를 완화하여야 한다. 또한, 소비자상담기관 간의 유기적 협조가 필요하다. 단순히 홈페이지의 연결이나 통계자료협조 수준을 넘어서서 소비자상담의 실질적인 통합관리가 필요하다. 상담창구를 더 다원화하여 소비자의 접근성은 높이되 일단 접수된 상담은 통합관리를 하여 중복질문, 중복답변 등의 비효율을 제거하고 상담 답변내용의 내실을 기해야 한다.

둘째, 상담원의 자질과 능력을 갖춘 전문 상담인력이 부족하다. 상담내용을 명확히 파악할 수 있고, 상담을 위해 필요한 전문적 지식 및 자질을 갖춘 전문상담사가 절대 부족한 상황이다. 앞으로, 전문상담사가 1회적 상담이 아닌 책임 있고 지속적인 상담을 제공할 수 있어야 한다.

셋째, 구매 전 상담이 활성화되지 못하고 있다. 대부분의 상담이 구매 후 피해구제에 초점을 두고 있는데, 구매 전 소비자상담이 활성화되어 구매 후의 피해를 예방하는 것이 중요하다. 많은 소비자들이 구매 전 상담이 존재하는 지에 대해 잘 모르고 있으며, 어디서 어떻게 상담하여야 하는 지에 대한 정보가 부족한 상황이다. 따라서 구매 전 다양한 상담을 보다 활성화시켜 소비자문제 및 피해를 사전에 예방하도록 하는 상담이 확대되어야 한다.

(2) 인터넷 사업자의 소비자상담

기업들도 정보화 추세 속에서 자사의 홈페이지나 인터넷 상점을 통해 소비자상담을 적극 실시하고 있다. 기업들은 자사의 이미지 쇄신, 기업홍보, 판매전략, 고객정보 수집 차원에서 인터넷 소비자상담을 확대하고 있다. 대부분의 기업이 자사의 홈페이지를 열어 소비자정보제공 및 소비자상담을 하고 있다.

(3) 소비경험정보 교환활동

그 동안 소비자정보는 주로 사업자에 의해 생산·제공되어 왔으나 인터넷의 발달로 소비자들도 소비자정보 생산에 참여하게 되었다. 소비자들은 인터넷에 소비자 자신의 경험담이나 각종 다양한 정보를 인터넷상에 제공할 수 있게 되면서 정보교류가 활발하게 되고 소비자들의 폭넓은 의견이 다양하게 수렴되게 되었다. 최근 많은 소비자들이 기업의 홈페이지나 관련 사이트에 제품이나 서비스를 구입·사용한 자신의 경험, 불만, 의견 등의 글, 동영상 등을 올리고 있다. 그 결과 인터넷상에서의 소비자들 간의 정보교환은 성황을 이루기 시작하였다. 과거에는 구전활동의 형태로 소비자들 간에 정보가 생산·이동되었으나 최근 인터넷을 통해 보다 신속하고 효과적인 정보 생산 및 교환 그리고 이동이 가능하게 되었다. 소비자들이 정보를 서로 주고받는 개념을 도입한 인터넷상의 사이트들이 증가하면서 소비자경험 및 체험정보 교환, 소비자가 평가하는 제품품질비교 정보제공, 소비자가 추천하는 우수업체나 서비스 사업자 코너 등이 운영되고 있다.

한편, 일부 사이트에서는 객관적인 정보 수집 및 기업체의 홍보성 정보제공을 차단하기 위하여 회원가입이나 신분확인 절차를 거치는 경우도 있다. 또한, 소비자피해 사례나 불만사항을 게재할 경우 객관적인 평가를 하기 위해 일부 사이트에서는 소비자 개인의 취향이나 체질이 원인

인터넷 소비자상담 실례 2

• 소비자상담의뢰 내용 : 학원수강에 대하여

저는 종로에서 은행 일을 보고 나오다가 유학상담을 하는 사람을 만나 영어 관련 상담을 받게 되었습니다. 2시간 넘게 설득을 받아 1년간 영어 학원 수강증을 끊게 되었습니다. 수강증은 국민카드로 12개월 할부로 결제하였고 강의는 2개월 뒤에 시작하도록 하였습니다. 그러나 집에 와서 생각해 보니, 상담원이 학습동기를 부추기며 설득하여 공부를 하려는 마음으로 충동적으로 수강신청을 한 것 같아 취소하고자 합니다. 어떻게 하면 되겠습니까?

• 소비자상담처리 내용 : 철회방법에 대하여

저는 소비자단체인 __ 상담실장 __입니다. 주말 내내 밀린 상담을 처리하느라 답장이 늦어 죄송합니다. 우선 이 글을 확인하는 대로 학원측에 내용증명을 보내십시오. 전화로 아무리 해약의사를 밝혀도 소용이 없으므로, 언제 카드로 학원 수강을 하기로 결제하였는지에 대해 날짜, 본인 이름, 연락처 등을 기재하고 해약의사를 밝히는 내용을 적어 보내십시오(A4 용지에 작성하되 일정 양식은 없음). 내용증명을 발송한 후에 학원에 전화하여 해약의사 및 내용증명을 보냈음을 밝히세요. 그리고 해약 절차를 밟으시면 됩니다. 소비자님의 경우 아직 강의가 시작된 것이 아니니까 해약이 가능합니다. 조치를 취하시고 어려움이 있으면 다시 이 곳 상담실이나 전화 __ 로 연락 주십시오.

인지의 여부에 대한 평가를 하도록 하는 사이트도 등장하고 있다.

지금까지 살펴 본 바와 같이 인터넷상의 많은 사이트에서 소비자들이 적극적으로 정보교환을 할 수 있는데, 이 같은 사이트들은 의견을 올리는 소비자, 제품이나 서비스의 질을 평가한 소비자들에게 여러 가지 혜택(예 : 의견당 1,000원 적립)을 제공하여 공급자의 일방적인 정보전달에서 탈피하여 소비자들 간의 정보교환을 촉진시키고 있다. 인터넷상의 이 같은 활동은 제품의 품질 및 서비스 질 향상에 긍정적 영향을 미치고 있으며 소비자주권 실현, 소비자 지향적 구조 정착에 효과적인 수단이 되고 있다.

(4) 안티 사이트에서의 소비자운동

제품이나 서비스에 불만을 느낀 소비자 또는 피해를 입은 소비자들이 이에 대한 불만 및 피해상황을 다른 소비자들에게 알리는 안티(anti) 사이트에서의 활동이 새로운 인터넷 소비자운동의 한 유형으로 발전하고 있다. 인터넷상에서 제품의 질이나 기능, 가격, A/S 등에 대한 불만을 게시하는 안티 사이트들이 계속적으로 확대되고 있어 제품의 질 및 서비스 개선에 긍정적인 역할을 수행하고 있다.

협박당하는 기업들

모 증권사는 최근 회사 홈페이지와 증권 사이트가 갑자기 30분가량 멈춰서는 아연실색할 일을 겪었다. 대량 데이터 일시전송으로 시스템이 마비되는 '분산서비스거부(DDos)' 공격을 당했다는 사실을 알게 된 것은 "2억 원을 보내면 공격을 중단하겠다."는 해커의 전화를 받고 나서였다.

한 여행사는 미국산 쇠고기 수입반대 촛불시위가 한창이던 지난 달 여성고객 두 명으로부터 여행상품 10건, 모두 1억 3,800만 원어치를 예약 받았다. 하지만 이 고객들은 어찌된 영문인지 출발 직전 한꺼번에 예약을 취소해 버렸다. 그들은 특정 신문광고 중단운동을 하던 포털사이트 카페 정회원이었다.

식품에서 벌레가 나왔다고 또는 특정 신문에 광고했다고 회사 서버를 공격하겠다는 등 기업을 협박하는 일이 끊이지 않고 있다. 해당 업체가 보안책 강화를 약속하고 정부도 개인정보보호 관련법률 적용대상을 확대키로 했지만, 이미 기업을 사냥하기 쉬운 '먹이'로 보는 '한탕주의' 의식이 곳곳에 잠재해 있다는 것이 전문가들의 견해이다. 전문가들은 이를 차단하기 위해서 기업 협박을 시장경제에 대한 정면도전으로 규정, 위반할 경우 엄정한 법 집행이 필요하다고 입을 모은다.

출처 : 파이낸셜뉴스, 2008년 9월 12일

(5) 인터넷 소비자활동

기존의 소비자단체가 아닌 인터넷상의 새로운 사이트가 발족되어 소비자운동을 펼치고 있다. 소비자단체의 주요 업무인 소비자불만 및 피해상담, 소비자피해구제를 해주는 소비자 사이트가 설립되고 있다.

지금까지 다양한 유형의 인터넷 소비자운동에 대해 살펴보았는데, 인터넷상의 소비자불만 및 피해 사례 게재, 각종 다양한 소비자정보제공, 자신의 경험담 게재, 제품의 문제점 및 서비스개선 촉구 등은 21세기의 새로운 소비자운동 형태로서 소비자 지향적 경영을 유도하는 새로운 소비자운동으로 자리 잡아 가고 있다. 뿐만 아니라, 인터넷상의 소비자운동은 생산자와 소비자가 서로 정보를 주고받으며, 소비자들의 구매패턴·선호도·의식성향·상품인지도 등과 같은 정보를 얻을 수 있어 긍정적으로 평가할 수 있다. 소비자가 창출하는 소비자시대를 추구하고, 소비자가 상품을 바꾸고 상품의 질을 개선하도록 요구하는 인터넷상의 소비자운동은 더욱 확대되고 활성화될 것으로 보인다.

3) 인터넷 소비자운동의 과제

인터넷상의 소비자운동은 이제 시작 단계로서 해결해야 할 많은 과제를 안고 있다. 인터넷상의 소비자운동의 발전을 위해 개선되어야 할 것에 대해 몇 가지 살펴보면 다음과 같다.

첫째, 인터넷 소비자운동을 펼치는 기관이 아직 양적으로 부족하다. 예를 들면, 소비자상담의 경우 수요자는 급격히 늘고 있으나 상담을 해 줄 수 있는 상담기관이 매우 부족한 실정이다. 실제로, 상담을 의뢰한 후 상담결과를 받는 데 많은 시간이 걸리고 있으며 접수 확인이 되지 않고 있다는 지적이 많다.

둘째, 소비자운동기관의 전문성 확보가 매우 시급하다. 전문적 지식과 자질을 갖춘 소비자 관련 사이트들이 충분하지 못하다. 예를 들면, 소비자상담의 경우 자주 등장하는 상담내용 및 피해 사례에 대한 자료구축이 이루어져야 하며 이를 쉽게 검색할 수 있는 자료 구축이 시급하다. 상담자료 구축은 반복되는 유사한 상담 및 피해고발에 대한 답변을 계속적으로 해야 하는 수고와 비용을 감소시킬 수 있어 효율적인 소비자상담을 추구하는 데 필수적이다.

셋째, 소비자상담기관 간의 네트워크를 통해 상담업무를 분류·분담할 필요가 있다. 상담기관 상호간에 네트워크를 구축하여 특정 분야에 대한 업무를 분담함으로서 전문성을 확보하고 업무처리에 소요되는 비용을 절감할 수 있는 방안을 모색하여야 한다.

넷째, 인터넷상의 소비자운동은 기존 소비자단체들의 소비자운동과 통합적 연대가 필요하다. 인터넷상에서 새로이 발족한 기관들은 정보화에는 앞서가고 있으나 기존의 소비자단체들이 갖고 있는 오랫 동안의 경험이나 노하우를 갖고 있지 못하다. 따라서 인터넷상의 다양한 소비자운동과 기존의 소비자운동은 상호 유기적 협조를 하여야 하며 연대적 활동이 필요하다.

끝으로, 인터넷상의 다양한 소비자활동에 대한 적극적인 홍보가 필요하다. 예를 들면, 아직도 많은 소비자들이 불만이나 소비자피해를 입은 경우 어떻게 인터넷상에서 상담 및 피해구제를 받을 수 있는지에 대해 잘 모르고 있다. 따라서 인터넷상에서 어떤 형태의 소비자보호활동이 이루어지고 있는지, 정보화시대에 어떻게 소비자들이 적극적으로 참여할 수 있는지 등에 대한 충분한 홍보가 필요하다. 또한, 정보화시대에 소비자들이 능동적이고 주체적인 소비자역할 및 기능 등을 수행하기 위한 소비자교육이 제공되어야 한다.

11

전자상거래와
소비자

1. 전자상거래의 현황과 특성 │ 2. 전자상거래 시 소비자문제 │ 3. 전자상거래와 소비자보호 │ 4. 국제전자상거래

CHAPTER 11

전자상거래와 소비자

1. 전자상거래의 현황과 특성

1) 전자상거래의 개념

전자상거래(electronic comerce)는 기업과 정부 간, 기업과 기업 간 그리고 기업과 소비자 간, 소비자와 소비자 간에 통신 네트워크를 통해 이루어지는 포괄적인 상거래를 말한다.[1] 상거래활동은 돈의 흐름이 수반되는 일상적인 상거래뿐만 아니라 고객을 향한 마케팅활동, 광고, 조달, 서비스 등을 포함하는 넓은 의미의 모든 활동을 포함한다.

2) 전자상거래가 등장하게 된 배경

컴퓨터 네트워크를 활용한 상거래활동의 전자화는 과거에도 다양한 형태로 추진되어 온 것이 사실이다. 예를 들면 PC통신을 이용한 온라인 쇼핑, 무인 자동현금지급기, EDI 등이 그 예이다. 그러나 이들은 일대일로 접속된 전용선 혹은 공중망을 통해서 문자로 된 정보의 통신만 가능하다는 제약이 있었다. 그런데 최근 개방형 네트워크인 인터넷의 확산, 멀티미디어와 통신기술의 발전으로 전자상거래는 각광받는 유통방법으로 등장하게 되었다. 인터넷은 세계 160여 개국에서 해가 다르게 급속도로 확산되고 있다. 정보기술의 발전에 따라 음성, 화상 등의 멀티미디어 정보를 쌍방향으로 통신할 수 있게 됨으로써 컴퓨터 네트워크에서 일반 소비자를 대상으로 한 상거래활동이 보다 활발하게 되었다.

---

[1] 기업과 기업 간(B to B)의 거래는 국내 법인회원 간의 거래, 해외 무역거래, 대리점과의 거래 등을 포함하며 기업과 소비자 간(B to C)의 거래는 기업에 제공하는 상품과 서비스를 소비자가 구매하는 것을, 소비자와 소비자 간(C to C)의 거래는 개인 간의 경매, 벼룩시장, 개인 간의 모든 판매활동을 포함한다.

3) 인터넷 전자상거래의 특징

인터넷을 통한 전자상거래가 새로운 소비생활로 또는 거래방법으로 부각되면서 전자상거래는 기업이나 소비자에게 적지 않은 영향을 미치고 있다. 전자상거래는 기존의 전통적 상거래방식과는 여러 가지 차이가 있다. 전자상거래의 특징을 〈표 11-1〉에 정리하여 제시한 바 이를 구체적으로 살펴보자.

첫째, 인터넷 전자상거래는 도매상과 소매상을 거치지 않고 인터넷을 통해 직접 소비자에게 전달되기 때문에 유통채널이 단순하다. 기업과 소비자가 직접 쌍방향적 의사소통을 통해 거래가 성립되므로 중간 유통과정이 대폭 생략되는 특징을 갖는다. 복잡한 유통과정의 축소는 소비자에게 더 저렴한 가격으로 제품을 구입할 수 있게 하는 장점을 가진다.

둘째, 시간과 공간의 제약 없이 전 지구촌을 대상으로 하루 24시간 상거래를 할 수 있다는 점에서 한정된 지역의 상권에서 제한된 영업시간에 상거래하는 전통적인 상거래와 구분된다.

셋째, 인터넷을 통한 전자상거래는 판매방법 및 마케팅 전략에 있어서 기존의 상거래와 구별된다. 전자상거래는 네트워크상에서 다양한 소비자정보를 제공하는 방법을 사용하고 고객정보도 온라인에서 수시로 수집된다. 인터넷 상거래에서의 마케팅활동은 고객과의 쌍방향 통신을 통한 상호적 마케팅활동이라는 점에서 구별된다. 그 결과 인터넷 상거래에서는 고객의 불만에 즉시 대응할 수 있을 뿐만 아니라 고객의 욕구를 신속하게 파악할 수 있다.

넷째, 전통적인 상거래에서는 토지나 건물 등의 구입이나 임대에서부터 상점인테리어, 디스플레이 등 판매활동을 시작하는 데 거액의 자금이 필요한 반면, 인터넷 상거래는 인터넷 서버에 가입, 홈페이지 구축에 필요한 비교적 적은 비용으로 영업을 시작할 수 있다. 사업비용의 감소는 제품가격을 낮추는 데 긍정적인 영향을 미쳐 소비자들은 양질의 제품을 보다 저렴하게 구입

| 표 11-1 | 전자상거래의 특징

구 분	전자상거래	전통적인 상거래 방식
유통개념	기업 ↔ 소비자	기업 → 도매상 → 소매상 → 소비자
거래대상지역	전 세계(global marketing)	일부지역(closed clubs)
거래 시간	24시간	제약된 영업 시간
고객수요 파악	온라인으로 수시획득 재입력 필요 없는 disital data	영업사원이 획득 정보 재입력 필요
마케팅활동	쌍방향통신을 통한 일대일(interactive marketing)	구매자의 의사에 상관없는 일방적인 마케팅
고객 대응	요구(needs) 및 필요(wants)를 신속히 포착, 즉시 대응	요구(needs) 및 필요(wants) 포착이 어렵고 대응 지연
판매거점	사이버 공간	판매공간 필요

할 수 있다.

4) 전자상거래의 장·단점

전자상거래는 소비생활에 여러 편익을 가져다 주면서도 정보유출 사기 및 기만적 불법거래 등의 문제점도 갖고 있다. 현대의 첨단 정보통신기술을 기반으로 하는 전자상거래가 우리 생활에 가져 올 긍정적 그리고 부정적 변화는 매우 클 것으로 예측된다. 여기서는 전자상거래가 소비자의 소비생활에 미치는 장·단점에 대해 살펴보자.

(1) 전자상거래의 장점

① 강력하고 효율적인 구매수단 제공

소비자는 인터넷을 이용해서 지구촌 구석구석의 모든 사업자에 대한, 그리고 자신이 관심을 갖는 상품에 관한 최신정보를 안방에서 하루 24시간 중 편리한 시간에 신속하게 찾아 볼 수 있다. 또한 인터넷은 소비자가 원하는 소비자정보만을 선택, 검색하는 것을 가능하게 하므로 적은 시간과 노력으로도 효과적인 구매활동, 나아가 소비생활을 할 수 있다.

소비자수첩 11-1

인터넷 창고세일업(www.half.com 사이트)

아이디어만 좋으면 얼마든지 시장을 개척하고 고객을 끌어들일 수 있는 인터넷은 예비창업자들에게 새롭고 무한한 기회를 제공하고 있다. 인터넷에서 쓸만한 물건을 헐값에 판매하는 창고세일을 할 수 있게 해주면 어떨까? 이 같은 생각 하나로 돈방석에 올라 앉은 사람이 있다. 미국 펜실베니아주 출신의 신세대 인터넷 사업가 Joshua Coplman(28세)이 바로 그 사람이다. 1999년 7월 인터넷에 모든 물건을 50% 이하에 판매한다는 인터넷 창고세일업체인 '해프 닷 컴(www.half.com)'을 개설하여 급성장을 거듭한 끝에 370만 개의 상품을 취급하는 쇼핑몰의 주인이 되었다. 이 해프닷컴은 판매자와 구매자가 모두 개인으로 전형적인 P2P(Person to Person) 모델이다. 이 사이트에서는 무조건 정가의 50% 이하 가격으로 제품을 살 수 있다.

이 사이트에 참여하는 방법은 간단하다. 이 회사홈페이지에 들어가 팔고자 하는 물건의 가격을 정해서 등록하면 된다. 새것은 50%, 우수한 것은 40%, 양호한 것은 35%를 받도록 가이드하고 있다. 구매자는 사고 싶은 것을 선택하여 구매하면 되는데 원하는 상품이 없는 경우 원하는 것에 대해 등록해 두면 추후 원하는 제품판매가 등록되면 공급자를 이메일로 연결해 준다. 구매결정이 이루어지면 구매자는 해프닷컴에 상품가격을 지불하고 입금이 되면 판매자에게 물건을 인도하며 판매수수료 5%를 제외한 나머지 금액을 판매자에게 보낸다. 경매와 달리 흥정을 할 필요 없고 시간을 허비하지 않아도 되므로 인기가 높다고 한다.

출처 : 경향신문, 2000년 5월 31일

② 소비자선택의 권리실현

종래의 상거래에서 소비자는 상품이나 서비스를 구매할 때 시장에 전시된 것 중 하나를 선택하므로 선택의 범위가 한정되는 것이 보통이다. 그러나, 인터넷 상거래에서는 소비자가 보다 다양한 업체의 다양한 제품 중에서 자신이 원하는 것을 고를 수 있을 뿐만 아니라 인터넷상의 판매자들은 개별 소비자의 취향과 기호에 적합한 새로운 상품을 만들어 공급하기도 하므로 소비자의 선호 및 취향이 보다 잘 충족될 수 있다. 전 세계 구석에서 제공되는 다양한 경쟁적 제품 중 자신의 선호나 취향에 맞는 것을 선택할 수 있으므로 소비자선택의 권리가 보다 잘 실현될 수 있다.

③ 경쟁촉진으로 소비자이익 증대

가상공간(cyber space)에서는 상품 및 서비스에 관한 정보의 유통비용과 거래주문의 접수 및 처리비용이 획기적으로 감소되고 이에 따라 소규모 사업자도 시장진입이 용이하므로 공급자 간의 경쟁이 촉진된다. 소비자는 이 같은 경쟁적 구조속에서 질 좋은 상품과 서비스를 값싸게 구입할 수 있으므로 소비자이익이 증대된다. 뿐만 아니라, 전자상거래는 유통비용과 물류비용이 적어 그 효과가 가격인하로 이어지게 되므로 소비자에게 긍정적인 영향을 미친다.[2]

(2) 전자상거래의 단점

전자상거래는 많은 단점 또는 위험을 내포하고 있다.

첫째, 위장·사기·기만 등 불법거래에 의한 소비자피해가 발생할 가능성이 크다. 예컨대, 전자상거래에서는 서로 상대방을 잘 알지 못한 상태에서 단지 네트워크를 통해 광고, 주문, 운송, 대금결재 등의 거래가 이루어지므로 사업자들의 사기성 거래 또는 불법행위가 발생할 수 있다.

둘째, 매체의 특성상 개인정보에 대한 통제가 어렵다. 기업, 사기단들에 의해 개인정보가 누출될 우려가 있으며 이로 인한 피해가 속출할 수 있다. 사이버 도둑(해커)들에 의해 거래정보나 신용카드번호, 예금구좌번호 등과 같은 지불정보가 악용되거나 도용될 가능성이 항상 내재되어 있다. 전자문서는 종이문서와는 달리 타인이 다른 사람의 명의를 도용하여 전자문서를 작성한 후 발송하거나 다른 사람이 만들어 놓은 전자문서에 침입하여 내용을 수정·변경해 놓을 경우 그 위조, 변조의 여부를 식별하는 것이 사실상 불가능하므로 많은 피해가 속출할 수 있다. 종이문서상의 서명에 갈음하는 전자서명제도가 확립되지 않아 이로 인한 소비자피해가 끊이지 않고 있다.

셋째, 전자상거래가 일반화되면 수입규제정책 등 경제에 대한 국가의 개입이 어려워지게 되

---

2) 그러나, 최근 예상과는 달리 우리나라 전자상거래에서 거래되는 제품의 가격이 결코 싸지 않다는 뉴스(조선일보, 1997년 5월 17일)는 우리나라 전자상거래 활성화의 걸림돌이 되고 있다.

고 편법적인 외화유출 등이 우려된다. 따라서, 전자상거래가 하나의 상거래형태로 자리를 잡고 활성화되기 위해서는 전자상거래의 문제점을 해결할 수 있는 법·제도적 조치가 시급하다.

2. 전자상거래 시 소비자문제

1) 전자상거래의 각종 소비자문제

전자상거래의 단점에서 간략하게 논의한 바와 같이, 전자상거래는 보이지 않는 상대방과 광고, 주문, 운송, 대금결제 등 상거래 전 과정을 컴퓨터 네트워크만을 통해 처리하다 보니 전통적인 거래에서 발생하는 소비자문제와는 다른 특수한 문제들이 제기된다. 전통적인 거래와는 달리 전자상거래 시 발생하는 각종 소비자문제들에 대해 살펴보자.

(1) 전자상거래상의 사기 및 기만 등 불법거래

전자상거래에 있어서 가장 우려되는 문제로서 사기 또는 불법거래를 들 수 있다. 전통적 상거래와는 달리 전자상거래에서는 서로 상대방의 얼굴을 모르는 상태에서 거래를 하는 비대면거래이다 보니 서로의 정체(identity)를 확인하는 것이 중요한 문제가 된다. 이같이 비대면거래에만 의

소비자수첩 11-2

인터넷 쇼핑몰 정보공개 외면

인터넷 전자상거래가 확산되면서 무수히 많은 쇼핑몰이 등장하고 있으나 기본적인 정보도 제공하지 않는 쇼핑몰이 많아 문제가 되고 있다. 공정거래위원회가 전자거래 소비자보호지침에서 의무사항으로 규정한 사업자 자신에 관한 정보(제5조)를 올바르게 제공하지 않는 쇼핑몰이 많아 문제가 되고 있다. 주소, 대표 전화번호, 고객센터 전화번호, 회사정보 등 기본적인 정보조차 제공하지 않아 반품 및 사용방법 문의에 있어서 소비자불편이 가중되고 있다. 정부가 주관하는 쇼핑몰조차 이 같은 정보를 제공하고 있지 않아 개선되어야 한다는 목소리가 높다.

서울 YMCA가 2000년 봄에 조사한 바에 따르면, 개인정보 보호규정 등에 대해 아무 것도 제시하지 않은 쇼핑몰 사이트가 약 37%에 이르고, 개인정보 수집과 관련한 여섯 가지 규정 중 일부만을 고지한 사이트도 63%에 달하고 있다고 한다. 회원탈퇴에 대한 방법이나 절차를 전혀 알리지 않은 업체가 47%, 탈퇴할 수 있다고만 알린 업체가 32%로 나타났다. 설사 회원탈퇴가 된다 해도 개인정보를 회사 측에서 어떻게 처리하는 지 알 수 없으므로 개인정보유출문제는 심각하다고 하겠다.

이처럼 사업자 자신의 정보는 알리지 않으면서 소비자들에게는 필요 이상의 정보를 요구하고 있다. 거래와 무관한 이메일 주소, 성별, 직업, 이동전화, 결혼 여부, 심지어는 주민등록번호까지 요구하는 등 개인정보유출이 우려 된다.

출처 : 동아일보, 2000년 4월 12일

존하여 익명에 의해 거래하다보니 전통적인 대면거래에 비해 사기, 기만, 각종 불법거래가 성행될 가능성이 높다. 특히, 국경 없는 가상공간에서 이루어지는 국제전자상거래의 경우 이 같은 사기·기만 행위가 기승을 부리기 쉽다. 인터넷상에서는 개인용 컴퓨터와 모뎀, 그리고 소액의 사용료만 지불하면 가상점포를 쉽게 차리고 영업할 수가 있어 사기·기만적인 거래행위를 하는 데 따르는 비용이 상대적으로 적게 들고, 범법자의 추적이 어려워 사기 및 불법행위가 사라지지 않고 있다. 인터넷망을 통한 사기·기만행위는 전자상거래 시 발생하는 주요 소비자문제로서 그 피해가 큰 경향이 있고, 사후 피해구제가 곤란하며, 다수의 피해자를 발생시킨다는 점에서 문제의 심각성이 있다.

(2) 개인정보 누출의 문제

전자상거래에서는 서로의 신분이나 정체를 확인하는 것이 중요한데, 소비자입장에서는 정체를 확인하는 과정에서 드러난 개인적 정보나 프라이버시를 어떻게 보호받을 수 있는가가 중요한 문제로 떠오르게 된다. 인터넷상에서 네트워크를 오가는 데이터는 항시 타인에게 노출되기 쉬운 취약점을 가지고 있어, 사이버상의 상거래과정에서 소비자의 개인정보가 누출되거나 악용됨으로써 소비자피해가 발생할 수 있다. 전자상거래가 인터넷을 통하여 원격판매에 의존하다 보니 그 과정에서 개인의 인적사항이나 신용카드정보가 교신되는 것이 보통인데 그 과정에서 정보가 누출, 악용되기도 한다. 소비자 개인정보의 누출, 정보악용으로 인한 소비자문제 이외에도 넷트워크상에서 판매자들은 직·간접적으로 마케팅활동을 하게 되는데, 이 같은 판매자 측의 다양한 마케팅활동으로 부터 어떻게 소비자를 보호할 수 있는가 하는 문제도 무시할 수 없는 소

소비자수첩 11-3

어린이를 대상으로 하는 정보수집의 규제

미국에서는 2000년 4월부터 부모의 동의 없이 13세 미만의 어린이로부터 개인정보를 수집하는 상용 웹 사이트를 법적으로 규제한다. 미국회에서 통과된 어린이 온라인 프라이버시 보호법 및 관련 규정은 판단능력이 미숙한 어린이를 통해 부당하게 어린이 자신과 부모의 개인정보가 유출되는 것을 방지함을 취지로 하고 있다. 무료게임, 대화방, 기타 오락적 이벤트 참여를 미끼로 어린이 자신 및 부모의 개인정보가 누출되어 마케팅업계 등에게 제공되는 것을 방지하겠다는 것이다.

FTC(Federal Trade Commission)에 따르면, 어린이를 대상으로 정보를 얻어내는 경우 사전에 부모로부터 허락을 받아야 하며, 수집된 정보가 어떻게 사용되는가, 제3자와 공유되는가 등을 명확하게 사이트에 명시하여야 한다.

그러나, 부모의 동의를 받는 방법에 있어서는 여전히 논란이 되고 있다. 우편으로 받는 방법, 펙스 접수, 전자서명 등의 방법 등이 거론되고 있는데, 업체가 선호하는 이메일을 통해 동의서를 접수할 경우 반드시 전화 등을 통한 추가적 확인 과정을 거치도록 하고 있다.

비자문제이다.

(3) 소비자불만 및 피해구제의 어려움

전자상거래 시 제품을 보지 못하고 인터넷상에서 선택·주문하다 보니 배달을 받은 후에 소비자가 만족하지 못하는 경우가 발생할 수 있다. 보통, 배송 및 청약철회문제, 거래계약상의 문제, 불만처리 및 배상의 문제 등의 소비자문제나 피해가 발생하게 된다. 특히, 전자상거래의 경우 일반 전통적인 거래보다 구매취소 및 철회가 어려워 소비자불만을 가중시키고 있다. 또한, 소비자의 구매 및 취소 전달이 시스템문제, 오작동으로 일정시기까지 전달되지 못하는 등의 소비자문제가 발생할 수 있다.

이처럼 전자상거래에서 각종 소비자문제 및 소비자피해가 속출하고 있음에도 이를 구제하기 위한 법적·제도적 기반의 취약성은 소비자불만을 더욱 가중시키는 요인이 되고 있다. 전통적인 상거래에서 상거래관계를 규율하는 법과 관행은 문서의 형태를 갖춘 계약서를 전제로 하고 있다. 그러나 전자상거래에서의 계약서는 전자식으로 디지털화된 형식을 갖고 있어 기존의 계약서, 약관 등과 관련한 법규들이 적합하지 않다. 거래당사자 간의 분쟁이 발생할 경우 기존 법령의 테두리 안에서는 해결되지 못하는 경우가 많다.

결국, 종래에 보지 못했던 새로운 형태의 소비자문제, 즉 인터넷상의 사기·기만적 거래행위, 소비자 개인정보의 누출, 인터넷상의 상거래상 발생하는 각종 소비자문제 등을 해결하고 소비자를 보호하기 위한 법적·제도적 정립이 되어 있지 못한 점은 전자상거래의 심각한 문제로 떠

소비자 수첩 11-4

(주)하나로텔레콤 고객정보무단유출사건 관련 손해배상 청구소송 1차 소송인단 소장 접수

(사)녹색소비자연대전국협의회(상임대표 이덕승)는 2008년 4월 23일부터 6월 말까지 하나로텔레콤 초고속인터넷서비스 고객정보 무단유출사건과 관련해 소비자시민모임(회장 김재옥), 한국 YMCA 전국연맹(사무총장 이학영)과 공동으로 모집한 소송인단 중 1차 소송인단 9,763명의 손해배상 청구소송 소장을 어제(7월 30일) 서울중앙지방법원에 접수하였다.

손해배상 청구소송(본회 소비자권익변호사단 김보라미 변호사, 법무법인 문형)은 하나로텔레콤과 하나로텔레콤의 전 대표이사였던 박병무, 그리고 대한민국(법률상 대표자 법무부장관 김경한) 3자를 대상으로 피해고객 1인당 100만 원의 손해배상을 청구하는 것이다. 곧이어 접수하게 될 2차 소송인단 약 500여 명을 포함하면 전체 소송인단의 규모는 약 1만 200여 명이 될 것으로 추산된다.

하나로텔레콤은 고객정보를 본인 동의 없이 전국의 텔레마케팅 모집업체에게 제공함으로써 정보통신망법이 정한 의무를 위반하여 하나로텔레콤 초고속인터넷 서비스 고객들의 헌법상 인정된 개인정보관리통제권을 침해하였다. 또한 이러한 불법행위는 전 대표이사 박병무의 지시와 대한민국의 묵인 하에 이루어진 것이기 때문에 이번 손해배상 소송에서는 이 둘을 피고에 포함시켰다.

출처: 연합뉴스, 2008년 7월 31일

오르고 있다.

2) 우리나라 전자상거래의 문제점

우리나라에서 전자상거래가 활성화되기에는 아직 많은 걸림돌이 있다. 그 장애요인은 개인의 인식부족에서부터 제도적 미비 등에 이르기까지 다양하다. 전자상거래가 활성화되지 않는 이유를 살펴보면 다음과 같다.

- 별로 싸지 않다 : 재고관리나 내부조달체계가 비효율적이고 택배과정도 낙후돼 가격을 낮추지 못하고 있다.
- 주부를 잡지 못한다 : 대부분의 주부가 인터넷 접속환경에 익숙치 못하고 일반 가정의 인터넷 전용선 보급률이 낮은데다가 PC요금도 만만치 않아 주부들의 전자상거래를 접할 수 있는 접근도가 낮다.
- 재고관리가 잘 안 된다 : 재고파악 → 결재 → 제품배달이 신속하여야 하나, 국내업자들이 세무당국, 경쟁업체 등에 비밀을 유지하고자 '표준제품코드' 사용을 억제함으로써 유통정보 공유가 되지 않고 있어 재고관리가 잘 되지 않는다.
- 세금이 너무 많다 : 온라인정보 서비스업, 켄텐츠 제공사업, 데이터베이스 사업이 서비스사업으로 분류돼 소득세율이 약 39~44%에 이르는 등 세금이 높다. 또한, 전자상거래 관련 세제상의 혜택이 필요하다.
- 카드수수료가 너무 비싸다 : 전자상거래의 주요 결제수단인 신용카드 수수료가 3.5~4%에 이르고 있으며, 결제대행 서비스의 경우 1.5%가 추가되고 있어 실질적으로 매출액의 5%가 결제비용으로 나가고 있으므로 인터넷 쇼핑몰의 가격파괴를 어렵게 하는 요인이 되고 있다.

소비자수첩 11-5

신용카드 수수료 분쟁

미국의 신용카드 평균 수수료율은 우리의 약 절반수준인 1.9%, 영국은 1.6%, 프랑스 0.81%, 호주는 2.3%로 알려져 있다. 이 같은 상황에서 1999년 하반기에 신용카드 수수료를 둘러싸고 백화점업계와 BC카드사 간의 분쟁이 일어났다. 서울 YMCA와 백화점업계는 신용카드 수수료가 너무 높으므로 2%로 낮춰 줄 것을 요구하면서 롯데 등 일부 백화점에서 소비자들의 BC카드를 받지 않자 BC카드사를 자회사로 갖고 있는 은행들은 백화점업계의 지로대금 수납대행을 거부하는 것으로 맞서면서 갈등이 증폭된 바 있다. 그 후 BC카드사는 3%인 카드 수수료를 백화점 매출규모에 따라 2.3~2.7%로 차등 적용하는 것으로 일단락되었다.

3) 전자상거래로 인한 소비자피해 유형

전자상거래에서의 소비자피해 유형은 다양하게 나타난다. 김기옥(1999)은 인터넷상에서 발생가능한 소비자문제를 소비자의사결정과정에 따라 구분하여 제시하였는데 〈표 11-2〉과 같다.

실제 그 동안 전자상거래로 인해 발생한 피해 사례를 중심으로 그 유형을 구분하여 살펴보면, 크게 사기 또는 기만적 거래행위로부터의 피해, 개인정보유출로 인한 피해, 허위과장광고 등 불공정거래행위로 부터의 피해 등이다.

사기 또는 기만의 거래행위로부터의 피해는 전자상거래 시 발생하는 대표적인 소비자피해 유형이다. 사이버 공간상에 물건대금을 입금시키면 물건을 보내주겠다고 광고한 뒤 입금된 돈만 챙기고 물건은 보내 주지 않는 사기행위, 고장났거나 중고품을 보내 주는 행위 등이 대표적인 유형이라고 하겠다. 이 같은 사기 및 기만을 행하는 자들은 다른 사람의 ID를 도용하거나, 여러 사람이 함께 쓰는 공동 ID 사용, 쇼핑몰 사이트의 개설 및 폐쇄의 용이성을 이용하여 이 같은 범죄행위를 하고 있음에도 쉽게 잡히지 않고 있다. 이외에도 전자상거래에서 자행되는 불법·사기 행위는 다양하게 나타나고 있는데 실제 사례를 보면 다음과 같다.

- **주소도용** : 인터넷 주소를 교묘히 도용해서 타사업자처럼 행세하는 주소 도용행위(spoofing). 예를 들면, 일본 소니사의 인터넷 주소는 www.sony.com인데 이와 비슷한 www.sonycorp.com을 이용해 소니사인 것처럼 행세한 사기 행위이다.
- **피라미드식 판매** : 인터넷에서 회원을 모집·관리하는 피라미드판매 행위(예 : 불법으로 입회비를 챙기는 행위).
- **엉터리 판매** : 돈을 미리 받고 약속한 제품이나 서비스제공 의무를 이행하지 않는 엉터리판매, 대금착복후 사이트폐쇄가 대표적 유형
- **투자 및 증권 사기** : 풍문을 퍼뜨려서 주식 증권의 가격을 터무니 없이 올리거나 각종 투자계

| 표 11-2 | 소비자 의사결정과정에 따른 소비자피해 유형

구매 전 단계	구매 1단계 (교섭과 계약)	구매 2단계 (지불과 배달)	구매 3단계 (변경과 취소)	구매 후 단계
• 프라이버시 침해 • 사기·기만 광고 • 원치 않는 광고의 전자우편 발송 (spamming)	• 거래당사자 확인한계 • 거래의사표시착오 • 전자서명 변조 • 인터넷 주소악용 등 사기행위(spoofing) • 불리한 약관	• 전자지불체계의 불안정성 • 신용정보의 변조 • 배송 관련 문제	• 주문변경,취소곤란 • 거래 관련 주체간 책임 분담 불명확(사업자, 네트워크 서비스제공업자, 지불 및 결제시스템 운영사업자, 소비자)	• 주문상품과 배달 상품 간의 불일치 • 반품 및 환불 곤란 • 세금문제(소득세, 부가가치세)

출처 : 김기옥(1999). 전자상거래와 소비자문제. 한국소비자학회 발표.

획을 발표한 후 소비자들에게 팔아 넘기고 잠적하는 투자 및 증권사기 행위

- 인터넷 서비스 관련 사기 : 웹사이트를 디자인해 준다고 해놓고 돈만 받고 사라지는 사기 행위
- 복권가격 폭리 : 인터넷에 복권판매 사이트를 개설하여 회원을 모집한 뒤 미국 및 캐나다 등지에서 사들인 복권을 실제 가격보다 6~8배 비싸게 판매하는 행위

정보유출로 인한 소비자피해는 또 다른 대표적인 전자상거래피해 유형이다. 보통, 신용카드 번호 누출로 인한 소비자피해가 가장 많은데, 전문 해커가 전자상거래의 취약한 보안시스템을 이용하여 카드번호와 비밀번호를 빼내 구매에 사용하거나 이 같은 정보를 타인에게 판매하는 사례가 발생하고 있다.

한편, 허위과장광고를 통해 불법거래행위를 일삼거나 불공정거래행위를 함으로써 소비자가 입는 피해도 급증하고 있다. 소액을 송금한 소비자들을 대상으로 추첨을 통해 상금을 주겠다는 광고를 인터넷에 게재하고 송금된 돈만 챙긴 후 도주하는 행위, 재택근무자를 채용한다거나 프랜차이즈점을 모집한다는 등의 허위광고를 하고 돈만 챙기는 행위, 무료로 정보를 제공해 준다고 광고한 후 정보제공처를 의도적으로 멀리 연결시켜 전화요금을 챙기는 행위, 원치 않는 광고 내용을 전자우편으로 보내 피해자들의 전자사서함 유지비용을 증가시키는 행위(spamming) 등 허위과장광고를 통한 사기 및 기만행위나 불공정거래행위가 증가하고 있다.

지금까지 살펴본 바와 같이 인터넷을 통한 전자상거래로 인한 소비자피해 유형이 다양화되고 있으며 그 피해가 늘고 있다. 따라서, 이 같은 피해를 예방하고 근절하기 위한 대책 마련이 시급하다. 전자상거래를 활성화하고 소비자피해를 예방·근절하기 위한 방안은 다음과 같다.

첫째, 소비자모니터제도를 도입하여 부당거래 사업자에 대한 사전감시 및 사후추적체계를 마련하여야 한다. 전자상거래를 위한 쇼핑몰 개설과 폐쇄의 용이함으로 인해 사기 및 기만 행위가 끊이지 않고 있으므로 이 같은 행위로부터 피해를 입은 소비자들의 고발을 접수하여 관리하는 등 상시 모니터링체계를 구축하여 운영하여야 한다.

둘째, 사업자들 스스로의 자율규제를 장려한다. 전자상거래가 활성화되기 위해서는 소비자들의 신뢰가 있어야 하므로 업계의 자율규제가 필수적이다. 따라서, 정부에서도 자율규제를 장려하고 전자상거래 소비자보호지침 등 전자상거래와 관련한 공정한 거래행위의 가이드라인을 제시하는 등의 노력을 기울여야 한다.

셋째, 전자상거래와 관련한 소비자교육을 적극적으로 실시하여 소비자피해를 사전에 예방한다. 일반 소비자들을 대상으로 하는 전자상거래 활용능력, 이용 시 주의사항, 피해발생 시 해결방법 등 소비자교육을 실시하여야 함은 물론이고 사업자들을 대상으로 전자상거래와 관련한 교육, 훈련, 기술지도, 정보제공, 소비자보호지침 등 다양한 형태의 소비자교육이 필요하다. 결국,

소비자와 사업자를 대상으로 하는 소비자교육이 상호보완적이고 유기적으로 이루어져야 한다. 이미, 정부에서는 '전자상거래지원센터'를 지정하여 이 같은 교육을 실시하고 있는데 보다 효과적인 운영과 성과가 요구된다.

넷째, 전자상거래 시 발생하는 소비자피해를 구제하기 위한 법적 규제장치 및 소비자보호법을 마련하여야 한다. 인터넷 모범쇼핑몰 인증마크를 부여하는 제도가 사용되고 있다.[3]

4) 청소년 및 무능력 소비자의 전자상거래

전자상거래의 주요 이용고객 중 하나는 청소년이다. 이때, 청소년들의 전자상거래는 계약효력의 문제가 이슈가 된다. 우리나라 민법은 미성년자가 부모 등 법정대리인의 동의 없이 단독으로 법률 행위를 한 경우에는 미성년자 자신 또는 법정대리인이 이를 취소할 수 있는 것으로 하고 있어(제5조, 제140조) 청소년의 전자상거래상의 계약은 무효라고 볼 수 있다. 그러나, 주민등록번호에 의해서 일률적으로 미성년자의 거래를 제한하는 것은 미성년자의 이익을 위해서 바람직스럽지 않고, 또한 전자상거래의 발전에도 장애가 된다. 뿐만 아니라, 미성년자와의 모든 전자상거래에 있어서 부모의 동의를 요구하는 것 또한 전자상거래의 발전을 위해 바람직스럽지 못하다. 따라서, 일정금액 이하의 거래에 대하여는 부모의 동의를 면제하는 예외규정 등 이와 관련한 새로운 규정의 도입이 필요하다. 한편, 어떤 방법에 의해서 부모의 동의를 구하느냐가 또 다른 이슈이다. 단지 부모의 동의가 있었는지 여부를 묻는 질문에 미성년자가 "예", "아니오"를 답하게 하는 것으로 부모의 동의를 얻은 것으로 간주하는 것도 바람직하지 못하다. 따라서 부모의 동의 여부를 묻는 방법에 대한 제도적·기술적 방법이 모색되어야 할 것이다.

한편, 미성년자와 달리 한정치산자, 금치산자와 같은 정신능력이 박약한 자의 전자상거래도 중요한 이슈가 되고 있다. 전자상거래는 그 편의성·비대면성·비현금성 등으로 인해 한정치산자 등 무능력자의 전자상거래는 급증하고 있다. 전자상거래 시 신분등록만으로는 무능력자인지 여부를 확인하기 어렵고, 법정대리인의 동의 없이 또는 순간적으로 정신능력을 회복해서 전자상거래를 한 경우 그 계약효력의 여부가 이슈가 된다. 실제로 한정치산자 또는 정신적 무능력자가 정상인과 다름없이, 오히려 그보다 더 잘 컴퓨터 등을 조작하는 경우도 있어 이에 대한 적절한 제도적 장치가 필요하다.

---

3) 서울시가 운영하는 소비자종합정보망에서는 문제가 있는 쇼핑몰을 공개하고 소비자단체(소비자연맹)와 공동으로 소비자주의 및 홍보에 나서고 있다.

3. 전자상거래와 소비자보호

1) 전자상거래 시 소비자 주의사항

전자상거래는 소비생활의 이기로 급격히 다가서고 있다. 전자상거래를 효율적으로 활용하기 위한 소비자들의 주의사항을 살펴보아야 한다. 특히, 소비자들이 전자상거래 시 피해를 입지 않기 위해서는 가능한 지명도가 높고 전문 인증기관에서 인증을 획득한 사이트를 이용하고, 정보를 제공한다는 이유로 필요 이상의 개인정보를 요구할 때는 일단 의심해야 하며, 사업자의 주소 및 전화번호를 사전에 확인하는 세심한 주의를 기울이는 것이 필요하다. 전자상거래 시 소비자가 주의해야 할 사항을 구체적으로 제시하면 다음과 같다.

- 사전에 충분한 상품정보를 확보하라.
- 상점이 믿을 만한 곳인가를 살펴라. 사업자가 자신의 신원을 명확히 밝히고 있는지를 확인하여야 한다. 전자상점의 전자우편 주소는 물론 실제 사무실의 주소와 전화·팩스번호 등을 직접 확인하라.
- 제품정보, 거래조건, 반품이나 하자보상 여부 등 이용약관의 내용을 충분히 읽고 확인한다.
- 무엇을 주문했고, 주문이 접수됐는지를 확인하라. 가급적 주문내역을 확인해 주는 절차를 갖춘 업체와 거래하라.
- 대금지급 관련 보안시스템, 개인정보 보호대책을 갖춘 업체와 거래하며 개인 정보 유출에 주의한다.
- 가급적 선불하지 말며 신용카드를 이용할 경우에도 물품 인도 후 대금이 결제되는 에스크로 계좌를 활용하라.
- 무료 서비스, 지나치게 저렴한 가격, 과다경품 제공에 현혹되지 말고 성급한 구매는 자제한다.
- 개인 간의 거래에서는 더욱 조심한다. 개인 간의 거래는 자기책임원칙이므로 더욱 요주의 해야 한다. 상점 운영자의 휴대폰 번호 정도는 반드시 알아 둔다.
- 소비자피해를 입었거나 분쟁발생 시 반드시 공공기관과 상담한다.

이처럼, 전자상거래의 장점을 잘 살리면서 이로 인한 피해나 문제점을 줄이기 위해 소비자들은 전자상거래를 효율적으로 활용하여야 한다. 인터넷 쇼핑몰들의 가격을 충분히 비교하고(가격비교 사이트 활용), 운송비(대체로 대기업, 백화점의 경우 서울 및 수도권은 무료배달원칙, 지방은 배달료를 받음)에 대해 살펴보아야 하며, 배달기간을 확인하고, 특수한 인터넷 쇼핑몰을 잘 활용하는 등 전략적인 소비생활이 필요하다. 최근 사이버몰들의 제품가격을 비교해 주고, 사이버몰들의 경쟁력을 보안성, 배송료, 부팅시간 등의 측면에서 비교평가해 주는 사이트들이 등장하고 있으므로 이 같은 정보제공을 활용할 필요가 있다. 또한, 인터넷상의 사기 및 기만적 행위들이 성행하고 있어 이로 인한 피해를 예방하고자 정부기관에서는 모범적인 인터넷쇼핑몰들에게는 인증을 부여하고 있으므로 이를 참조하는 것이 바람직하다.

2) 전자상거래 피해에 따른 소비자보호 방안

(1) 사기 및 기만 행위로부터의 보호

전자상거래에서 대표적인 사기 행위는 본인을 가장한 타인에 의한 거래행위, 정당한 권한이 없는 자가 임의로 전자문서상의 내용을 수정·변경하는 경우이다. 예를 들면, 타인 명의로 본인을 등록한 경우, 남의 패스워드를 부정사용한 경우, 타인의 지불수단(신용카드 등)을 부정사용한 경우, 타인의 전자주소에 들어가 임의로 문서를 손괴시킨 경우 등 위조 또는 변조의 문제이다.

전자문서는 종이문서와 달리 일단 위조 또는 변조가 이루어지면 그 식별이 매우 어렵다. 따라서, 위조 및 변조를 사전에 차단할 수 있는 보안기능의 기술적 개발이 시급하며 이를 보충할 수 있는 전자서명제도가 시급하다. 결국, 전자상거래라고 하는 특수 상황에서 발생할 수 있는 여러 문제점들을 충분히 파악하고 이를 해결할 수 있는 정보통신기술 분야의 개발과 협력이 필수적이라고 하겠다.

인터넷상의 사기 또는 기만행위는 국제전자상거래 시 그 문제가 더욱 심각하다. 따라서, 사기를 예방할 수 있도록 당사자의 실존과 신뢰를 확인할 수 있는 국제적인 제도가 마련되어야 한다. 또한 판매자가 실존하는 합법적인 회사이며, 사기적으로 운영되고 있지 않다는 것을 보증해 줄 수 있는 본인 인증제도와 판매자의 신뢰성을 평가해 줄 수 있는 국제적인 신용평가제도가 도입되어야 한다. 뿐만 아니라, 사기로 인한 거래를 사후에 취소시켜 소비자를 보호하는 것보다는 사전에 착오가 발생하지 않도록 소비자 주의사항 등에 관한 소비자교육 및 정확한 정보가 제공되어야 한다.

한편, 해커 등에 의한 위조 또는 소비자의 부주의로 변조된 경우, 그 책임을 누구에게 지우는가 하는 것도 중요한 이슈이다. 변조 및 위조로 인한 책임을 전적으로 소비자에게 부담지우는 것은 전자상거래발전에 도움이 되지 않을 뿐만 아니라 소비자보호를 위해서도 바람직스럽지 못하다. 따라서, 사업자가 소비자의 고의 또는 중대한 과실을 입증하지 못하는 한 전자상거래에 있어서 위조·변조의 위험은 원칙적으로 사업자부담으로 하여야 한다. 또한, 소비자에게 과실이 있는 경우에도 소비자가 적절한 기간 내에 자신의 서명이나 비밀번호 또는 패스워드가 유출된 사실을 신고하면 책임을 감면해 주는 제도가 도입되어야 하겠다. 한편, 위조 또는 변조 등을 인한 피해를 구제하기 위해서는 책임보험제도의 도입이 전제되어야 하겠다.

(2) 소비자 개인정보 누출위험으로부터의 보호

전자상거래에 있어서 사업자, 몰(mall) 관리자, 인증기관, 신용평가기관 등은 소비자의 개인정보에 쉽게 접근할 수 있고 정보의 습득이나 수집도 용이하다. 특히, 전자상거래는 그 기술적 특성으로 인해 소비자가 자신의 이름이나 우편주소를 밝히지 않고, 단지 사업자들이 개설해 놓은 웹사이트들을 탐색하는 것만으로도 소비자가 현재 어떤 컴퓨터에서 접속하고 있는지를 확인할 수 있을 만큼 소비자에 관한 정보수집이 쉽다. 따라서 사업자는 그 같은 소비자의 탐색경력을 축적, 분석하면 특정 소비자의 기호나 관심을 파악할 수 있으며 이를 토대로 그 소비자가 관심을 가질 만한 제품이나 용역에 관한 선전 광고물을 송신할 수 있다. 이 같은 상황에서 이들 또는 이들과 일정한 관계를 맺고 있는 기업(예컨대 시스템관리나 수리를 하청받은 회사), 그리고 이들 기업에 종사하고 있는 내부 직원들에 의해서 소비자의 개인정보가 악용되거나 뒷거래될 수 있다. 따라서, 개인정보가 소비자의 의사에 반하여 함부로 수집·관리되거나 유통되지 않도록 적절한 조치가 취해져야 한다.

이때, 법에 의해서 보호받아야 할 소비자 개인정보는 상당히 광의의 개념으로써 전통적 기본권의 하나인 프라이버시나 신용정보보다는 그 개념이 훨씬 넓다.[4] 개인정보는 개인의 사생활에 관한 정보나 신용과 관련된 정보만이 아니라 그 밖의 모든 정보, 예컨대 취미·취향·기호·직업·이름·성별·나이·가족관계·각종 거래정보 등이 모두 포함된 것으로 보아야 한다. 소비자개인정보 누출의 위험으로부터 소비자를 보호하기 위한 구체적인 방안은 다음과 같다.[5]

① 개인정보에 대한 소비자의 통제권 보장

사업자, 인터넷 관리자, 인증 및 평가기관 등은 거래에 필요한 직접적인 정보 이외에는 소비자와 관련된 정보를 요구 또는 수집하지 못하도록 해야 한다. 다시 말해, 소비자가 자신의 개인정보와 이메일 주소 등의 사용을 금할 수 있는 통제권을 보장하여야 한다. 만일 본인의 허락이 없이 다른 사람의 개인정보를 사용하는 경우에는 국가가 제재를 가하거나 민사상의 책임을 부과하는 제도적 장치가 필요하다. 2000년 6월부터 '개인정보 침해사건 및 과대표 부과업무 등 처리

---

4) 프라이버시는 비밀스런 사적 정보, 즉 개인을 난처하게 할 소지가 있는 사적 정보를 말한다. 신용정보는 주로 금융거래 등 상거래에 있어서 거래상대방에 대한 식별 신용도 신용거래능력 등의 판단을 위하여 필요로 하는 정보를 말한다.
5) 소비자의 개인정보를 파악하여 마케팅자료로 활용하는 것은 기업측으로서도 유리하고 수요예측이 가능하여 경제에도 긍정적 효과를 거둘 수 있지만, 소비자측에 대하여도 부정적인 것만은 아니라는 견해도 있다. 즉, 소비자는 자신이 필요한 시장정보를 적기에 받아볼 수 있고 별도의 시장조사를 하지 않더라도 신제품 등을 소개받을 수 있는 등 편리한 점도 많다는 지적이 있다. 따라서 사업자에 의한 개인정보 수집행위를 무조건 금지하기보다는 소비자에게 자신의 정보를 관리할 수 있는 권한을 줌으로써 정보가 거래되거나 남용되는 것을 막을 수 있게 하는 것이 필요하다는 견해도 있다.

규정'에 따라 통신관련 업자들이 소비자들의 동의를 얻지 않고 개인정보 수집, 수집한 정보로 사용목적을 달성한 뒤 폐기하지 않고 보유하는 경우 과태료를 물어야 한다. 한편, 개인정보 열람·정정·철회 등의 요구에 응하지 않을 경우, 소비자가 거부의사를 밝혔음에도 영리 목적의 전자우편, 팩스, 전화로 제공 시 과태료가 부과된다. 한편, 표준 개인정보보호 아이콘을 마련하여 소비자가 자신의 개인정보를 제공하기 전에 아이콘을 두드려서 자신이 제공하는 정보가 어떻게 쓰여지는 지를 사전에 파악할 수 있게 하는 미국의 TRUST(http://www.truste.org)의 도입도 검토해 볼만 한다.

② 인터넷상의 개인정보수집의 명료성

관련 정보의 수집이 사업상 또는 업무상 불가피한 경우에도 그 수집의 목적을 소비자에게 명백히 밝히도록 해야 한다. 개인신상정보가 언제, 어떻게 수집되고 있는지를 명시하여 관련되는 모든 사람이 명백하게 알 수 있도록 해야 한다.

③ 개인정보 유출 불가

소비자의 동의 없이 정보를 제3자에게 전달하거나 공개하지 못하도록 해야 한다. 소비자 자신도 모르는 사이에 자신의 정보가 타인에게 공개되어서는 안 된다. 수집된 개인정보가 어떤 목적과 용도로 사용되는지에 대해 당사자들에게 명백히 알려야 하며 그 목적 이외에 사용되는 일이 없어야 한다. 만일 추후에 다른 용도로 사용하고자 하는 경우에는 이를 다시 알려서 소비자의 양해를 얻어야 한다.

국내 최대 인터넷 경매회사인 옥션(주)은 고객의 개인정보가 유출되 피해가 발생할 경우 1인당 최고 100만 원까지 보상해 주는 보험제도를 1999년 9월부터 시작하였다. 이 회사의 자발적인 소비자 개인정보 보호의 노력은 전자상거래활성화의 좋은 본보기가 될 것으로 보인다.

④ 소비자의 개인정보 열람 및 정정권 보장

소비자가 정보내용의 공개, 수정, 삭제 등을 희망하면 사업자는 이에 응하도록 하여야 한다. 누구든지 자신에 대한 개인 정보는 스스로 열람하여 잘못된 부분을 바로 잡을 권리를 보장해야 한다.

⑤ 개인정보관리 시스템 구축

소비자에 관한 개인정보를 관리할 수 있는 내부 시스템을 갖추도록 해야 한다.

(3) 각종 소비자불만 해결 방안

전자상거래 시 소비자가 느끼는 불만의 내용은 매우 다양하다. 한국소비자원에서 1999년 전자상거래 이용소비자 2,535명을 대상으로 온라인을 통해 조사한 바에 따르면 전자상거래 경험소비자의 약 45%가 불만을 느끼고 있는 것으로 나타났고, 15%는 피해를 경험한 것으로 나타났다. 소비자들의 불만은 다양한 것으로 나타났는데, 제품정보 및 표시 불충분에 대한 불만, 배송기간이 긴 것에 대한 불만, 제품검색 및 선택과정이 복잡한 것에 대한 불만 등이 주요 내용으로 파악되었다. 한편, 전자상거래를 통해 제품이나 서비스를 구입한 경험이 있는 소비자 중 피해를 입은 소비자들의 주요 피해 유형은 불량제품의 배달, 반품이나 환불약속 불이행, 대금지급을 했으나 상품배달이 되지 않은 경우 등으로 나타났다.

이처럼, 소비자들은 다양한 불만이나 피해를 입고 있는데, 이 중 제도적으로 또는 법적으로 해결하여야 하는 대표적인 불만이나 피해 유형은 구매취소와 관련한 불만, 오작동 및 시스템문제로 인한 불만, 사이버공간상에서 발생하는 허위·과장광고 등 각종 불공정거래로 인한 불만 등이라고 할 수 있다. 이 같은 소비자불만을 해결하기 위한 방안에 대해 살펴보면 다음과 같다.

① 구매취소 철회 및 변경 허용

전자상거래에서는 실물을 보지 않고 거래가 이루어지기 때문에 자신이 주문한 상품과 실제 배달된 상품 간에 차이가 있을 수 있으며 성능이나 효능, 디자인, 색상 등 모든 면에서 예상했던 것과 많은 차이가 있을 수 있다. 만약 소비자가 배달된 상품에 대해 불만을 느꼈으나 이에 대해 해결이 되지 않는다면 그 상품은 창고 어느 구석에 갇혀 제품으로서의 기능을 하지 못하게 되고 이로 인해 소비자는 전자상거래 구매를 꺼리게 될 것이다. 따라서, 전자상거래에서는 자유로운 반품 및 교환정책이 채택되는 것이 바람직하다. 1997년 2월 17일 채택된 원격지 거래에 관한 EC소비자보호지침은 최소한 7일 이상의 조건 없는 계약철회권(a right of withdrawal)을 주도록 규정하고 있다. 이 경우 사업자는 3일 이내에 소비자로부터 지불받은 금액을 전액 환불해 주어야 한다. 이 같은 정책을 취할 경우, 소비자는 단지 제품이 마음에 들지 않는다는 이유만으로도 반품 또는 교환이 가능하게 된다.

② 오작동, 시스템 에러 또는 소비자 실수로 인한 책임 면제

전자상거래에서는 소비자의 의사와는 달리 오작동, 착오, 잘못된 전송, 시스템 에러, 중복 주문, 그 밖의 실수에 의해 어쩔 수 없이 의사표시를 철회 또는 변경해야 하는 경우가 발생할 수 있다. 예컨대, 소비자가 가격표시 등 숫자를 잘못 읽고 구매의사를 표시하거나 거래 상대방을 오인하는 등의 실수는 흔히 일어날 수 있는 착오이다. 특히, 전자상거래에서는 구매의사표시와 동시에 물품이나 용역이 배달되기 때문에 일단 송신된 의사표시는 사실상 철회 또는 변경하기 어렵다. 따라서, 계약이 성립되기 전 각 주문단계마다 주문이 정확히 행해졌는지의 여부를 확인할 수 있는 확인절차를 의무화하여 애초에 잘못된 주문이 이루어지지 않도록 해야 한다. 뿐만 아니라, 시스템장애에 따른 의사표시에 대한 책임은 관계자 간에 공평하게 분담되어야 한다. 우리나라

의 경우 전자상거래에서의 '소비자보호 등에 관한 법률'에 근거하여 조건 없는 청약철회를 인정하고 있어(7일) 소비자실수의 문제는 어느 정도 해결되고 있다고 하겠다.

③ 불공정거래 행위로 부터의 소비자보호

전자상거래에서는 오직 사업자가 일방적으로 제공한 정보 또는 거래조건방법에 의해서만 거래가 이루어지기 때문에 소비자에게 일방적으로 불리한 거래가 이루어지기 쉽다. 전자상거래상의 불공정거래는 주로 광고, 약관 등을 통해 이루어진다. 따라서, 전자상거래에서 행해지는 광고에 사용되는 언어, 분량, 빈도수, 기간, 유형, 내용 등을 엄격히 제한하여야 한다. 또한, 소비자의 부담으로 돌아갈 수 밖에 없는 통신비 및 시간의 낭비를 절약하기 위하여 사업자에 의해서 일방적으로 제공되고 있는 각종 인터넷정보(광고 등)의 수용을 거절할 수 있는 방법을 반드시 포함시켜야 한다. 인터넷의 전자상거래 관련 광고기준의 제정은 소비자의 생명 및 재산권보호에 중요하므로 시급하다고 하겠다.

④ 분쟁처리 및 피해구제 시스템 완비

소비자가 전자상거래로 인하여 불만을 느꼈거나 피해를 입은 경우 이를 해결하기 위한 온라인 상의 소비자상담 및 피해보상창구가 존재하여야 한다. 전자상거래 쇼핑몰이나 상거래를 위한 홈페이지 구축 시 소비자상담 및 피해보상업무를 위한 전용창구설치를 의무화하는 것도 방안이 될 수 있다.

3) 우리나라의 전자상거래 관련 법

(1) 공정거래위원회 전자상거래 표준약관

공정거래위원회는 인터넷 거래상 소비자피해 수집, 소비자피해 사례, 소비자 주의사항을 공정거래위원회 홈페이지에 홍보하고 있으며, 불법 인터넷사이트 적발 및 경고조치, 전자상거래 표시 · 광고지침 마련, 전자상거래 불공정약관 실태조사 및 관련 법규 제정을 추진해 왔다. 특히, 공정거래위원회에서는 2000년 전자상거래와 관련한 소비자보호지침 및 표준약관을 제정하여 사이버상의 불공정거래를 제재하고 소비자보호를 꾀하며, 궁극적으로 전자상거래를 활성화시키고 있다. 공정거래위원회에서는 많은 전자상거래 사업자들이 고객용 약관을 마련하지 않았거나, 약관이 있더라도 소비자에게 불리한 약관을 제정하고 있어 이로 인한 소비자피해를 막기 위하여 표준약관을 제정하였다. 공정거래위원회의 조사에 따르면, 최근 많은 사업체들이 약관을 제시하지 않고 있으며, 약관이 있는 경우에도 방문판매나 통신판매규정을 그대로 인용하여 인터넷상의 전자상거래와는 직접 관련이 없는 경우가 많고 약관내용도 개인정보 누출 시 해당직원만 책임을 지도록 하고 있어 사업자의 책임을 배제하고 있다. 이 같은 상황에서 공정거래위원회는 전자상거래 표준약관을 규정하였다. 이 규정에 따르면 쇼핑몰 초기화면에 사업자 상호, 영업장 소재지, 대표자 성명, 연락처, 약관 등을 반드시 게시하도록 하고 있다.

한편, 전자상거래 사업자는 이용자가 컴퓨터조작 실수 등으로 바라지 않는 계약을 할 가능성에 대비, 소비자들로 부터 주문을 받은 경우 주문받은 사실을 다시 확인하는 절차를 밟도록 하였으며, 소비자는 3일 이내에 주문변경, 취소를 할 수 있는 규정을 마련하였다. 또한, 일반 통신판매와 마찬가지로 물건을 인도받은 후 7일 이내에 청약을 철회할 수 있으며, 쇼핑몰측이 일방적으로 서비스를 바꾸거나 중단함으로 인해 소비자가 손해를 입을 경우 쇼핑몰측이 손해를 배상하도록 하고 있다. 한편, 허위내용이나 외설적인 메시지, 화면 등을 몰래 공개 또는 게시하지 못하도록 하고 있으며, 소비자가 사이버 몰에 들어가면 회원가입 신청이나 이용 전에 약관을 바로 볼 수 있게 게시하도록 하고 있다.

게다가, 공정거래위원회는 표준약관을 운영하는 사이버 쇼핑몰에는 공정거래위원회의 표준약관 마크 사용을 허용, 소비자들이 쉽게 알아볼 수 있게 하고 있다. 공정거래위원회의 표준약관은 다음의 사항을 명확히 하고 있다. 업체들이 이용자의 개인정보 중 이름과 주소, 전화번호만을 요구할 수 있도록 제한하였고, 회원가입자에게는 추가로 주민등록번호를 요구할 수 있으며 그 이상의 정보는 반드시 사용자의 동의를 얻어야 가능하도록 규정하고 있다. 개인정보를 사용자나 소비자의 동의 없이 제3자에게 제공하거나 분실, 도난, 유출 등의 사고가 일어나면 모든 책임을 업체가 지도록 명시하고 있다. 또한 소비자와 관련한 정보수집의 경우 사용자가 개인정보의 열람, 수정, 삭제를 요구하면 업체는 반드시 이에 따라야 한다.

공정거래위원회는 개인정보 보호의무, 회원 ID 및 비밀번호유출로 인한 손해배상책임 소재, 회원과 사업자의 권리와 책임한도 등을 명확히 하였다. 한편, 반품이나 환불을 상습적으로 악용하는 불량이용자의 요건, 미성년자나 한정치산자 등 행위무능력자에 대한 책임한계 등도 명확히 하였다.

- 개인정보보호의무 등 소비자와 사업자 간의 권리와 책임한도를 명확히 함
- 개인정보 유출 시 피해보상규정을 명문화함
- 배달료 부담 주체를 의무적으로 명시하도록 함
- 상품도착일까지 최소기간을 명기함
- 반품조건 및 환불기간을 명시하도록 함
- 행위무능력자(한정치산자)에 대한 사업자의 책임과 의무를 규정함

이외에도 국내 사업자가 외국의 서버를 활용해 전자상거래를 할 때 국내법을 적용하도록 하고 있으며, 이 사업자는 5년간 전자상거래 내용을 보관하여야 하고, 소비자는 7일 이내에 청약철회권을 발송할 수 있도록 하고 있다.

4) 세계 각국의 전자상거래 관련 소비자피해구제제도

(1) 소비자피해 상담제도

온라인 옴부즈맨(on-line ombudsman)이라고도 불리우는 제도로서 가상공간에서 불만있는 소비자 또는 피해를 입은 소비자와 해당 공급업자나 판매자를 온라인으로 연결시켜 서로 협의 및 조정토록 함으로써 원만한 소비자불만처리를 도모하는 제도이다. 이 같은 소비자와 공급업자 간의 직접적인 협의는 불만해결 및 피해구제에 매우 효과적인 것으로 보고되고 있다. 이 상담제도는 소비자와 사업자 간의 분쟁을 조정하는 기능도 수행하며 분쟁조정에 실패하게 되면 해결 가능한 관계 기관을 소개해 준다.

(2) 가상 상사중재제도

가상 상사중재제도(virtual adjudication)란 '가상 판사제도'라고도 하며 미국상사중재협회가 인증하는 훈련된 상사중재관이 온라인상에서 소비자와 공급업자 쌍방을 중재하여 소비자피해를 구제하는 제도이다.

(3) 사업자의 신원확인 추적장치

전자상거래에서 상품을 구매한 경우는 소비자가 불량품을 반품하고자 하여도 공급업자의 주소를 알 수 없는 경우가 있어 문제가 되고 있다. 따라서, 사업자신원을 확인하기 위한 제도적인 장치가 마련되어야 한다. 이를 위한 제도로서 현재 개발중에 있는 것은 두 가지 제도가 있다.

첫째, 전자서명제도를 통해 전자서명등록인증기관이 사업자의 신원정보를 가지고 있어 공급자의 주소지를 추적하도록 하는 방법이다. 등록인증기관이 피해 소비자에게 도움을 줄 수 있도록 제도적인 장치를 구비하여야 함은 물론이다.

둘째, 전자화폐 지불제도를 통해 은행측이 화폐의 수취인에 관한 기록을 보유하여 사업자를 추적할 수 있게 하는 방법이다.[6] 그러나, 은행측이 이같이 취득한 정보를 공개하는가의 여부는

---

6) 전자화폐제도는 지급인과 수취인의 신분이 노출되지 않는 것이 원칙이나 전자화폐(token)의 중복 사용을 방지하기 위해 은행측이 수취인의 기록을 보유할 수 있다.

향후 해결해야 할 또 다른 과제이다.

(4) 소비자안전을 위한 제조물책임제도

컴퓨터의 활용이 확산되어 감에 따라서 컴퓨터 프로그램상의 착오로 각종 소비자피해를 유발하는 경우가 늘고 있어 이에 대한 제조물책임제도의 도입을 검토할 필요가 있다. 공급업자가 계약조건을 위반하거나, 결함있는 상품을 인도하였을 경우 사업자에게 피해보상의무를 부과하는 것은 물론 소비자가 피해보상을 요청할 수 있는 권리를 주는 제도이다. 정밀의료용 기기를 작동하는 컴퓨터 프로그램상의 잘못으로 환자에게 끼치는 피해, 교통의 통제나 항공관제 등에 사용되는 컴퓨터장치의 프로그램상 결함으로 인한 피해 등은 새로운 형태의 제조물책임제도를 요구하고 있다. 제품의 결함에 대한 제조물책임은 물론, 전통적인 상거래와는 다른 새로운 차원의 제조물책임제도가 필요한 시점이다.

(5) 요금반납제도

공급업자가 계약조건과는 다른 상품과 서비스를 인도하거나 소비자에게 피해를 입힐 경우 신용카드회사가 거래대금을 환불해 주는 요금반납제도(chargeback)가 도입되고 있다. 대금결재과정에서의 안전장치를 확충하는 것이 소비자로서는 안심하고 전자상거래를 이용하는 것을 촉진하는 역할을 할 것이다.

4. 국제전자상거래

전자상거래의 가장 중요한 특성은 가상공간을 통해 지구촌 어느 곳까지 쉽게 연결하여 상거래를 할 수 있다는 것이다. 이 특성은 전자상거래를 더욱 팽창시키는 주요 요인이 되고 있으나, 국제전자상거래는 국내 거래와는 다른 새로운 여러 가지 이슈나 문제들이 존재하고 있다. 구체적으로, 인터넷 도메인 네임과 상표권분쟁 등 전자상거래시 지적 소유권문제, 분쟁이나 소비자피해 발생 시 적용 준거법 및 소비자보호의 문제, 계약법상의 문제, 데이터 메시지의 신뢰성과 안정성 문제, 개인 프라이버시의 보호문제, 전자서명과 인증기관의 법적 문제, 전자결제제도 관련 문제 등 다양하다. 이중 국제전자상거래 시 소비자 입장에서 중요한 사항에 대해 살펴 보면 다음과 같다.

1) 거래제한 품목 또는 수입제한 품목의 구입

세계 각국은 문화적, 사회적, 종교적 차원에서 또는 정치·경제적 차원에서 특정 물품이나 용역의 거래 또는 수입을 금지하거나 제한하고 있다. 예컨대, 폭력 선정적인 영화나 오락물, 북한 김정일을 찬양하는 불온서적, 외국인에 의한 의료 및 법률서비스, 생태계를 파괴시키는 외래동식물, 총기류 등은 우리나라의 실정법상 거래 또는 수입이 원천 금지되거나 일정한 절차와 승인을 거쳐야만 거래 또는 수입이 가능하다. 이 같은 물품이나 용역의 거래는 현행법상 명백히 불법이지만 그 거래가 네트워크를 통해 이루어질 경우 이를 사전에 금지하거나 규제한다는 것은 사실상 어려운 일이다. 왜냐하면 대다수 소비자들은 인터넷상에서 광고되고 있는 물품이나 서비스가 자국법에 의해서 수입 또는 거래가 금지되거나 제한된 품목일지도 모르는 경우가 많고, 외국 기업이 특정 국가에서 수입 또는 거래가 금지되고 있는 물품이나 서비스의 종류임을 알지 못하는 것이 보통이다. 이 같은 상황에서 적법하게 거래가 성립된 것으로 생각하고 소비자가 이미 대금을 지불하였고 사업자도 물품을 인도하였으나 수입통관이 거부되어 소비자가 뜻하지 않은 피해를 입을 우려가 있다.

이같이 국가 간 자국법의 불일치에서 오는 소비자피해를 방지하기 위해서는 인터넷상에서의 거래를 금지 또는 제한해야 할 제품이나 용역에 대한 국제적인 통일원칙이 마련되어야 한다. 수입규제 또는 제한 품목에 대한 조치를 전적으로 국내법에만 맡길 경우, 그 같은 규제나 제한은 경우에 따라 수입규제수단으로 악용될 수도 있고 국가 간 무역분쟁의 소지로 작용할 수도 있다. 따라서, 인터넷상에서 거래를 금지해야 할 제품이나 용역에 대하여는 국내법적 접근보다는 국제법적 접근이 보다 바람직하다.

그러나, 국제적 통일규범의 제정은 현실적으로 그리 쉬운 일이 아니므로 우선 국제적인 통일규범이 마련될 때까지는 각국에서 현재 거래 또는 수입이 규제 제한되고 있는 주요 제품과 용역을 리스트화하여야 한다. 거래 또는 수입이 규제되거나 제한될 가능성이 있는 제품의 경우 구입 전에 반드시 국내법을 확인해 보라는 권고 메시지를 띄우게 하는 방법이 필요하다.

2) 국제전자상거래 시 분쟁처리 및 소비자피해 구제

인터넷에 의한 전자상거래에서 국경은 무의미하며 손쉽게 국제적 거래에 접할 수 있는데, 이로 인해 해외의 다양한 상품을 싼 값에 간편하게 구입할 수 있다. 그러나, 국제전자상거래시 발생하는 소비자문제는 국내거래 시 보다 복잡하며 그 해결과 구제가 쉽지 않다. 국제거래에서 소비자가 피해를 입은 경우, 최종적으로 소비자가 의지할 수 있는 것은 사법적 재판에 의한 해결방법이다.

(1) 소비자피해의 사법적 구제

국제전자상거래에서 거래 당사자 간의 분쟁 또는 소비자문제가 발생하여 법적 해결을 하고자 할 경우 크게 두 가지 문제에 부딪치게 된다. 하나는 어느 나라의 법률을 적용할 것인가, 즉 준거법에 대한 문제이며, 다른 하나는 관할의 문제이다. 이 두 가지 문제를 간단하게 살펴 보면 다음과 같다.

전자상거래에 있어서는 준거법의 선택이 주로 사업자가 약관에 의해서 일방적으로 지정한 국가의 법률이 채택될 가능성이 많다. 따라서, 이 경우 약관의 효력이 문제된다.

독일의 보통거래약관법에서 외국법을 준거법으로 선택한 경우, 그 외국법이 승인할 만한 어떠한 이익도 존재하지 않은 경우에는 그 선택은 무효라고 규정하고 있다. 한편, 1980년 제14차 헤이그 국제사법회의의 소비자매매에 관한 준거법 협약과 유럽공동체(EC)의 계약준거법 협약은 당사자 간 합의에 의한 준거법의 지정을 인정하면서도 어떤 경우에도 소비자가 주문을 했던 당시 거주하고 있던 국가의 강행법에 의해 소비자에게 인정된 보호를 빼앗아서는 안 된다고 규정하고 있다. 이 경우, 미국 통신판매업자가 약관 속에 미국법을 준거법으로 지정했더라도, 소비자의 소재지인 독일의 '방문판매법'이 소비자에게 유리하다면 그 부분에 한해 독일법이 적용된다. 그러나, 우리나라 '소비자기본법'이나 '방문판매 등에 관한 법률' 또는 '약관의 규제에 관한 법률'에는 소비자계약의 준거법에 관한 규정이 없다. 전자상거래가 확대되면 약관의 해석이나 재판에 있어서 준거법의 선택은 불가피한 문제로 대두될 수밖에 없다. 소비자보호를 위해서 준거법에 관한 일반원칙의 설정이 시급하다고 할 수 있다.[7]

한편, 국제전자상거래에서 분쟁발생 시 소비자가 어느 국가의 법원에 소송을 제기해야 하느냐, 다시 말해 어떤 국가의 법원이 당해 사건에 대하여 관할권을 갖느냐 하는 재판관할의 문제가 발생한다. 국제사회에는 아직 국제적인 사적 분쟁 일반에 관한 분쟁해결제도가 마련되어 있지 않다. 결국 특정 국가의 국내 민사재판제도에 의해서 섭외적 사적 분쟁을 해결할 수밖에 없으며, 따라서 국제재판관할문제가 야기된다.

그런데, 전자상거래에 있어서 재판관할에 관하여도 사업자가 약관에 의해서 관할법원을 합의할 가능성이 많다. 따라서 국제전자상거래에 있어서도 당사자간의 협의에 의한 재판관할의 합의는 가능하다고 본다. 그러나, 우리나라 약관심사위원회는 국내거래에서 이용되고 있는 약관에 포함된 관할합의조항에 관한 것이기는 하지만, 전속적 관할합의는 소비자에게 일방적으로

---

7) 한편, 준거법에 관하여 당사자 간에 명시적인 합의가 없는 경우, 거래가 이루어진 장소, 거래에 사용된 언어, 당사자의 거주지 등을 고려해서 준거법에 관하여 묵시적 합의가 있는 것으로 해석하는 경향이 있다. 명시적 또는 묵시적 합의도 인정되지 않는 경우에는 행위지법이 적용된다. 그러나 국제전자상거래에서는 소비자와 사업자가 서로 다른 국가에 거주하고 있기 때문에 어느 곳을 행위지로 보아야 할 것인지가 문제된다. 이때는 의사표시를 통지한 곳, 즉 계약의 경우에는 청약의 통지를 한 곳을 행위지로 보게 된다. 따라서 우리나라 소비자가 미국에 설치된 서버상의 상점에 접속한 경우, 행위지는 한국이 되며 따라서 우리나라의 법이 적용된다.

불리한 조항이므로 무효라고 심결한 바 있다. 따라서 국제전자상거래에 있어서도 관할합의조항이 소비자에게 일방적으로 불리하면 무효로 될 가능성이 크다.[8]

지금까지 국제 전자상거래에서 사법적 해결을 하고자 할 경우 준거법의 문제와 관할의 문제에 대해 살펴보았다. OECD는 '소비자보호정책위원회' 주체로 1998년 9월 파리에서 전자상거래상의 소비자보호 가이드라인을 위한 회의를 개최하였는데 미국은 재판관할 및 준거법의 적용을 당사자 간의 합의에 의하고자 하였고, 프랑스 등 EU 국가들은 당사자 간의 약정이 없는 경우 소비자 거주지국가로 하자고 주장하여 입장 차이를 보이고 있다. 이 같은 상황에서 헤이그 국제사법회의에서는 전자상거래 관련 분쟁의 준거법 및 재판관할권 통일을 위한 방안을 검토 중에 있다.

(2) 소비자피해의 사법 외적 구제

국제거래에서 소비자가 피해를 입은 경우, 소비자가 사법적 재판에 의해 문제를 해결할 수 있으나 앞서 논의한 바와 같이 어느 국가의 법을 적용할 것인가, 관할 문제로서 어느 국가의 법원이 소송을 관할할 것인가와 관련한 문제가 제기된다. 뿐만 아니라, 법적 소송을 통해 피해구제를 받기까지 많은 비용과 시간을 요한다. 따라서, 피해가 소액인 경우 법적 소송을 통해 피해구제를 받는다는 것은 현실적으로 쉽지 않다. 특히, 국제전자상거래의 경우에는 사업자가 해외에 있기 때문에 소송진행이 더욱 어려워진다. 따라서, 소송방법 이외의 피해구제방법이 모색되어야 한다. 결국, 국제전자상거래를 활성화시키기 위해서는 국제적 차원의 소송외적 분쟁해결 또는 소비자피해구제제도가 정착되어야 하는 과제를 안고 있다고 하겠다.

예컨데, 네트워크상에 점포를 설치 운영하는 사업자에 대하여는 의무적으로 온라인 소비자상담 및 피해보상창구를 설치하도록 의무화하여야 하고, 요금반납(chargeback)제도를 전면적으로 도입해야 한다. 또한 소비자피해를 보다 저렴한 비용으로 손쉽게 구제할 수 있는 국제적인 분쟁처리시스템이 도입되어야 한다.

이미 EU와 EFTA 및 일부 동유럽국가에서는 각국의 소비자단체와 행정기관이 상호 연계체계를 구축하여 자국 사업자에 의해서 피해를 입은 외국 소비자의 피해구제를 대행해 주는 시스템을 이미 도입 운영하고 있다. 그러나, 이 같은 노력에도 불구하고 국제전자상거래로 인한 소비자피해구제가 제대로 되고 있지 않으므로 국제전자상거래와 관련한 소비자문제해결에 보다 많은 노력이 요구되는 시점이다.

---

8) 그러나, 만약 당사자 간에 관할합의가 없거나 관할합의가 무효로 된 경우 국내 민사소송법상의 관할규정의 유추와 학설에 의하여 결정할 수밖에 없다. 즉 우리나라에서도 다른 나라에서와 마찬가지로 민사재판권의 범위를 직접 규율하는 성문법이 없기 때문에 국제 재판 관할은 민사소송법의 유추적용과 학설에 의할 수 밖에 없다(이창범, 1997).

3) '전자상거래법'의 국제적 동향

인터넷의 성격상 국경을 넘어 가상 공간에서 일어나는 국제전자상거래에 대한 피해구제제도는 범세계적인 제도를 구축하는 것이 필요하다. 이와 같은 제도를 마련하는 데는 우선 소비자피해를 판정하는 기준의 국제적인 통일이 필요하다. 전자상거래에 있어서 소비자와 공급업자가 지켜야 할 국제적인 규범이 마련되어야 하며, 이와 같은 규범을 어길 경우 어느 나라의 법을 적용할 것인지, 재판 관할을 어느 나라의 사법부로 할 것인지에 대한 국제 간의 합의를 필요로 한다.

전자상거래와 관련하여 미국과 EU는 이미 전자상거래에 관한 상당한 정도의 법적 대응책을 마련하였고 현재도 전자상거래 활성화를 위한 법적·제도적 환경정비에 박차를 가하고 있다. UN에서는 1996년 '전자상거래 모델법'을 제정하였고 전자서명 통일규칙 제정을 추진 중에 있으며, OECD소비자정책위원회도 전자상거래를 방해하는 법적 장애를 제거하기 위한 방안을 모색하는 노력을 계속해 왔다. 1999년 OECD의 소비자정책위원회에서 소비자보호 가이드라인을 채택한 바 있으며 이에 대한 구체적인 세부사항을 정하고자 계속적으로 노력하고 있다. 세계무역기구(WTO)도 전자상거래와 세계무역기구의 역할이라는 연구보고서를 내는 등 전자상거래와 관련한 다각적 노력을 취하고 있다. 여기서는, 전자상거래와 관련한 법적 규정이 발달해 온 국제연합(UN)의 국제거래법위원회의 활동, OECD의 전자상거래 관련 각종 노력, 세계 각국의 법제 동향 등에 대해 간략하게 살펴보자.

(1) 국제연합(UN)

UN은 국제상거래법위원회(UN Commission on International Trade Law)를 통해 전자문서, 전자서명의 법적 효력 등에 관한 국제적 법원칙의 통일을 위하여 관련 모델법 제정작업을 벌여 왔다. 그 결과 1996년 '전자상거래에 관한 모델법(model law on electronic commerce)'을 제정하였고 동법의 내용을 계속 추가, 보완하고 있다. 동법은 비록 모델법에 불과하지만, 거래법 또는 계약법 성격을 갖는 전자상거래에 관한 최초의 국제적 통일규범이라는 데 의의가 있다.

(2) 경제협력개발기구(OECD)

전자상거래에서의 소비자보호문제를 체계적이고 본격적으로 논의하기 시작한 대표적인 기구가 OECD이다. OECD는 정보·컴퓨터·통신정책위원회(ICCP)가 주축이 되어 전자상거래에 관한 일반적인 조사와 연구를 추진하고 있으며, 소비자정책위원회(CCP)는 소비자보호를 중심으로 전자상거래에 관한 조사·연구를 진행 중에 있다. 1998년 3월 소비자정책위원회 주체로 '세계시장으로 가는 길 ; 소비자와 전자상거래'라는 심포지움이 개최되었다. 이 심포지움에서는 전자상거래와 관련하여 접근의 확보와 규제, 인증, 사생활보호, 사기 기만적 거래의 방지, 상품서비스의 정보제공 및 표시, 계약의 성립, 대금지불, 피해자구제, 준거법 등에 대해 논의되었다.

그 후 OECD에서는 1998년 캐나다 오타와에서 OECD 29개 회원국 및 41개국 통상·산업 장관들이 참가한 가운데 전자상거래 각료회의를 개최하여 본격적으로 전자상거래와 관련한 소비자보호문제를 거론하기 시작하였다. 이 회의에서는 전자상거래 업체가 개인정보를 유출할 경우 적극 제재하기로 하였고, 전자상거래로 인한 부가가치세는 소비자가 거주하는 나라에 내기로 결정하였다. 한편, 컴퓨터프로그램, 영상물 등 디지털 상품을 재화가 아닌 서비스로 간주하여 국제간의 거래시 소비자과세원칙을 적용하기로 결정하였으며, 반품과 관련하여서는 제품에 결함이 있는 경우에만 반품을 허용하는 것(미국의 입장)으로 결정되었다. 뿐만 아니라, 1999년 9월 파리에서 열린 제57차 OCED 소비자정책위원회 회의에서 2년간의 작업 끝에 '전자상거래 소비자보호가이드 라인'을 완성하였다. 이 가이드라인은 전자상거래 분야에 대한 소비자보호를 위한 일반적인 원칙들로서 전자상거래에 참여하는 소비자도 일반 거래에서의 소비자와 동등한 수준의 보호를 받을 것, 전자상거래 사업자의 신원 및 상품·거래정보를 사전에 충분히 제공받을 것, 소비자가 신속하게 피해구제를 받을 수 있도록 필요한 절차를 마련할 것 등이 주요 내용이다. 이 가이드라인이 이사회 권고로 채택됨으로써 회원국들은 이행을 위한 필요조치를 취하고 이행상황을 보고하게 되었다.

(3) 세계 각국의 법제 동향

전자상거래가 가장 발달한 미국은 전자상거래와 관련한 법적·제도적 장치 마련을 계속하여 왔다. 1978년 소비자 및 금융기관의 권리의무를 상세히 규정한 전자자금이체법을 제정하였으며, 이외에도 개인정보 및 프라이버시를 보호하기 위한 전자통신 '프라이버시보호법', '공정신용보고법', '금융프라이버시 보호법', '전자소비자보호법' 등을 제정하여 왔다. 또한 1996년 디지털 서명 가이드라인을 발표하여 각주 및 독일의 '디지털서명법' 제정에 영향을 미쳤다. 한편, 통일상법전의 규정을 개정하는 등 전자상거래활성화 및 소비자보호를 위한 각종 제도정비에 박차를 가하고 있다.

유럽공동체(EU)도 전자상거래 관련 법적 정비를 서두르고 있는데 1997년 4월 유럽전자상거래 전략을 채택하였으며, 같은 해 '세계정보네트워크'에 대한 회의를 개최하여 유럽공동체는 인터넷으로 전송되는 제품에 대해 무관세원칙을 세웠다. 또한, '전자서명을 위한 공동기반에 관한 지침'을 작성하는 등 공동의 입장을 수립하기 위한 작업을 진행하고 있다.

일본도 최근 들어 전자상거래에 관한 대책 마련에 부심하고 있다. 그러나 '계약법' 또는 '거래법'의 관점에 입각한 포괄적인 입법은 아직 없는 상태이다.

지금까지 세계 각국의 전자상거래 관련 법제도에 대해 간단하게 살펴보았는데 미국, 영국, 프랑스, 캐나다, 뉴질랜드 등 전자상거래가 상당한 수준에 이른 국가에서도 아직은 모델 약관만 나와 있는 정도이다. 이들 모델 약관은 비록 법적 강제력은 없지만, 전자상거래에 관한 일반원칙이 아직 정립되지 못한 현실에서 거래안전 및 소비자보호를 위해 중요한 의미를 가진다.

BASICS OF CONSUMEROLOGY

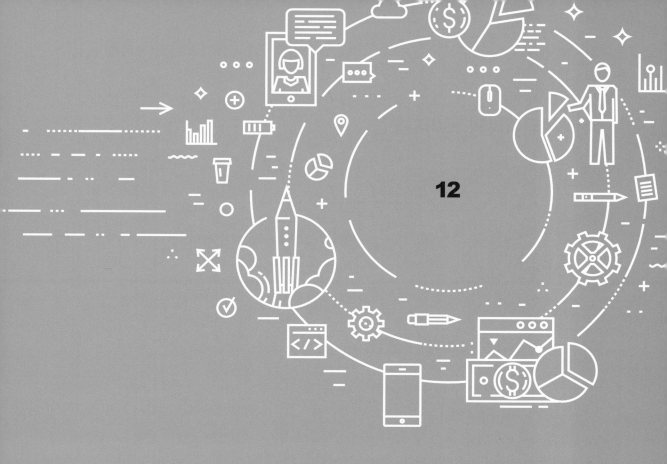

우리나라의
소비자운동

1. 시대별 소비자운동의 전개 | 2. 소비자단체의 주요 활동 | 3. 소비자운동의 문제점 및 해결방안

CHAPTER 12

우리나라의 소비자운동

1. 시대별 소비자운동의 전개

21세기는 NGO(Non-Government Organization)의 시대라고 한다. 비정부, 비영리, 민간단체를 일컫는 NGO는 소비자, 사회, 환경, 인권, 여성, 노동, 교육, 통일 등 여러 분야에서 그 활약이 더욱 확대되고 있다. 특히, 소비자단체들의 활약이 최근 신문, 방송 등에서 연일 보도되는 등 그 활동이 점차 활발해지고 있다.

우리나라에서 소비자운동은 1960년대부터 시작되었다. 초기 소비자운동은 여성단체를 중심으로 여성운동의 일환으로 시작되었으나, 소비자문제 및 소비자피해가 급증하면서 1970년대 중반 이후 소비자문제만을 전담하는 소비자단체가 발족되기에 이르렀다. 소비자단체의 활발한 소비자운동은 정부의 소비자정책과 소비자보호 관련 법 제정에 많은 영향을 미쳤다.

그 동안 계속적인 소비자운동과 정부의 소비자정책으로 소비자의 권리는 분명해졌고, 소비자들을 위한 법적보호 장치가 상당한 체제를 잡은바 있다. 그럼에도 불구하고 개방화로 인한 위해 수입제품의 증가, 전자상거래로 인한 새로운 소비자문제 및 피해발생 등으로 소비자의 기본적 권리가 아직도 위협받고 있다. 게다가, 기업들의 마케팅 전략은 날이 갈수록 복잡·교묘해져 가고 있어 소비자들은 합리적 선택을 하기 어려운 실정이다. 이 같은 상황 속에서 소비가 미덕임을 전제로 소비자 권익신장을 목표로 전진해 온 소비자운동은 새로운 소비자운동 이념과 목표를 정립하여야하는 전환점에 와 있다. 환경을 악화시키지 않으면서 현세대뿐만 아니라 미래 세대의 욕구를 충족시켜 주는 지속가능한 소비, 환경적으로 건전한 소비를 강조하는 소비자운동이 전개되고 있다.

1) 1960년대의 소비자운동

1960년대부터 여성단체들은 여성운동의 일부 활동으로 소비자보호활동을 전개하기 시작하였다. 1967년 한국부인회는 소비자불만의 창구를 개설하여 소비자문제를 다루기 시작하였고, 소비자정보지인 〈소비자보호〉를 발간하면서 소비자정보지로서의 역할을 담당하기 시작하였다. 1968년 서울 YWCA에서는 사회문제부 내에 소비자보호위원회를 구성하여 소비자운동을 펼치기 시작하였다. 한편, 1969년 미국 Johnson 대통령 재임 시 대통령 특별보좌관이었던 Ester Peterson 여사를 초청하여 소비자보호에 관한 강연을 실시한 바 있다. 그리고 같은 해 국제소비자기구(IOCU, 현 CI)의 창설자이며, 미국 소비자연맹의 회장이었던 Colston Warne 박사의 한국 방문으로 소비자라는 개념조차 생소하던 이 시기에 소비자라는 개념이 싹트기 시작하였고 소비자운동의 필요성이 제기되었다. 당시 우리 사회는 절대빈곤과 경제성장의 기본적 문제에 당면하였기에 정부의 소비자정책은 거의 없었으며 소비자문제 및 소비자의식이 조금씩 싹트기 시작하는 정도였다.

2) 1970년대의 소비자운동

1970년대 초반에는 많은 여성단체들, 예를 들면 주부클럽연합회(1972), 주부교실중앙회(1972), 여성단체연합회(1973)가 창설되어 소비자보호활동이 보다 활발하게 전개되기 시작했다. 그러던 중 1976년 조직적이고 협조적인 소비자운동을 전개하기 위한 소비자보호단체협의회가 결성되었다.[1] 한편, 1978년에는 한국소비자연맹이 창설되어 소비자문제를 전문적으로 다루는 소비자단체로서의 역할을 수행하기 시작하였다. 당시 많은 소비자피해사건이 발생하여 사회적 문제로 대두되기 시작하였다. 1970년 비소가 든 소다를 먹고 연쇄참사를 당한 소다사건, 1971년에는 공업용 석회를 사용한 횟가루 두부사건, 1975년 콜라병 폭발사건, 1977년 경상사료사건, 1978년에는 번데기 식중독사건 등으로 37명의 환자가 발생하고 수명이 사망하였다. 1979년에는 수입 고춧가루에서 타르색소가 검출되어 폐기시키는 등 많은 소비자피해사건이 발생하였다. 이같이 소비자문제 및 피해가 급증하면서 소비자단체들은 소비자운동을 적극적으로 전개하기 시작하였다. 이 시기의 주요 활동은 소비자의식을 고취시키기 위한 불량상품전시회 또는 우수공산품전시회, 실량 검사, 소비자교육실시, 외국의 소비자단체나 소비자운동가와의 교류 등이

---

1) 초기에는 여성단체 중심으로 결성되었으나 1979년 소비자연맹이, 1985년 시민의모임이 이 협의회에 가입하였으며 1997년 여덟 개 단체가 가입하여 유기적이고 연대적 활동을 하였다. 일부 단체는 가입 후에 다시 탈퇴하는 등의 변화가 있었다. 2000년 현재 이 협의회에 가입한 열 개 단체는 대한 YWCA연합회, 한국소비생활연구원, 한국소비자교육원, 한국소비자연맹, 한국여성단체협의회, 한국 YMCA전국연맹, 전국주부교실중앙회, 소비자문제를 연구하는 시민의 모임, 대한주부클럽연합회이다.

었다. 소비자권리 및 권익에 대한 인식이 부족한 상태에서 소비자단체들의 소비자운동은 소비자보호에 대한 사회적 인식과 관심을 높이기 시작하였다.

3) 1980년대의 소비자운동

1980년대는 정부의 적극적인 소비자행정과 민간소비자운동이 활발하게 전개된 시기이므로 우리나라 소비자운동의 성숙기라 할 수 있다. 1980년대 소비자단체의 적극적인 소비자운동은 정부의 소비자보호정책을 촉진시켰다. 그 결과, 1980년대는 우리나라의 소비자정책이 매우 활발하게 전개되는 시기를 맞게 되었다. 소비자단체들의 계속적인 촉구에 힘입어 1980년 소비자보호를 일차적 목적으로 하는 최초의 단독법인 소비자보호법이 제정되었고, 1982년 소비자보호법 시행령이 제정되었다. 그 후, 1986년 '소비자보호법'을 개정하여 한국소비자보호원을 개원시킴으로써 정부의 소비자보호정책이 활발하게 전개되는 발판이 되었다.

1980년대에는 과거 여성단체 중심의 소비자운동에서 탈피하여 소비자문제만을 집중적으로 담당하는 소비자단체들의 활동이 점차 활기를 띠기 시작하였다. 구체적으로 살펴보면, 1981년 소비자보호단체협의회에서는 12월 3일을 '소비자의 날'로 정하여 매 해마다 소비생활과 관련한 다양한 주제로 세미나를 개최하는 등 조사 및 연구에 활발한 활동을 펼치기 시작하였다.[2] 한편, 1983년에 창설된 소비자문제를 연구하는 시민의 모임(이하 시민의 모임)에서는 소비자법률 상담실을 개설하여 법률상담을 시작하였다. 특히, 시민의 모임에서는 1984년 모유건강 국제세미나를 개최하였고, 1985년에는 모유권장과 영유아식품 제조·판매에 관한 법률안을 작성하여 1986년에 국회를 통과시켰다. 또한, 1984년 국제소비자기구(IOCU : 현 CI)에 정회원으로 가입하였고, 국제소비자경찰(consumer interpol)에 가입하는 등 활발한 국제적 활동을 시작하였다. 이 이외에도 시민의 모임은 1988년 백화점 사기바겐세일에 대한 형사·민사소송에서 승소(1992년 승소판결)함으로서 법적 소송을 통한 소비자피해구제의 성과를 올렸다.

한편, 소비자보호단체협의회는 1982년 광주에서 불량상품전시회를 개최한 후 1984년까지 지방의 여러 도시에서 순회적으로 이 행사를 개최하였다. 그러나 소비자보호단체협의회는 소비자 고발 및 상담을 직접 받지 않고 소속 소비자단체에서 맡도록 하고 있다. 소비자보호단체협의회는 소비자단체를 대표하여 많은 소비자법안 제정을 요청하기도 하였다. 예를 들면, 1986년 품목별 소비자피해보상규정안에 대한 개정안 제출, '소비자보호법'의 개정 요구, 1987년 약관에 대한 실태조사 및 개선책에 대해 의견서 제출, 1989년 '식품위생법시행령' 개정안에 대한 의견서

---

2) 소비자보호단체협의회는 2001년 소비자단체협의회로 명칭 변경함.

제출 등이 그것으로 소비자보호 입법 제정 및 개정촉구에 노력을 기울였다.

소비자운동이 주로 소비자단체들을 중심으로 이루어져 왔는데, 1984년 기업소비자전문가협회(OCAP : Organization of Consumer Affairs Professionals in business)가 발족되어 기업들도 소비자보호활동에 참여할 수 있음을 보여 주게 되었다. 이 협회는 기업들의 소비자 관련 부서, 즉 소비자상담실, 고객상담실 등이 중심이 된 기업의 자율적인 소비자활동기관으로서 경제기획원에 사단법인으로 등록하였다. 기업 내 소비자문제 전문가 양성, 기업의 소비자지향적 체제를 구축, 동업종 또는 타업종 간의 소비자문제에 대한 상호간 정보 교류, 소비자문제에 대한 각종 제도나 시책, 외국의 선진사례들에 대한 연구ㆍ조사 등의 목적을 가지고 설립되었다. 이 협회에서는 각종 세미나, 연수, 강연 및 사례발표를 통해 소비자(단체), 행정, 기업 상호간의 이해를 증진시켜 사회경제발전과 국민경제생활 향상을 꾀하고 있다. 한편, 이 협회는 연 1회 세계 각국의 CAP간 정보교환, 시설견학 등 국제교류사업을 펼치고 있다. 특히, 미국의 SOCAP(Society of Consumer Affairs Professionals) 그리고 일본의 ACAP(The Association of Consumer Affairs Professionals)과 많은 교류를 하고 있다. 홍보 및 출판사업으로는 〈기업소비자정보지〉가 대표적이다. 뿐만 아니라, 소비자문제 사례집, 소비자 관련 자료집, 해외 유수자료의 번역 및 출판 등의 활동을 수행하고 있다.

4) 1990년대 이후의 소비자운동

1960년대 이후 계속적인 소비자운동을 펼친 결과 소비자권익에 대한 사회적 인식이 높아졌고, 소비자보호 관련 제도 및 법적 조치가 강화되었으며, 기업들도 소비자지향적 경영의 중요성을 인식하게 되었다. 그럼에도 불구하고 각종 소비자문제 및 소비자피해는 계속적으로 발생하였다. 1992년 변압기 폭발사건, 1994년 녹즙기 손가락절단사건과 뇌염백신사건, 1995년 고름우유 사건, 1996년 우유 및 분유의 발암물질검출사건, 중국음식점의 비위생적 문제, 화학간장에서의 유해물질 검출사건 등 끊임없는 소비자피해가 속출하였다. 그런데, 1990년대 이후 종전과는 달리 새로운 소비자문제가 등장하기 시작하였다. 시장개방으로 수입제품이 증가하면서 이로 인한 소비자안전문제가 계속적으로 제기되었는데, 예를 들면, 1997년 미국 수입산 쇠고기에서의 O157병원균 검출, 수입 아이스크림에서의 유해물질 검출, 1999년 벨기에 산 돼지고기의 다이옥신 파동 문제, 유전자조작 콩문제 등이 대표적인 사건이었다. 또한, 전자상거래가 급속히 확대되면서 인터넷상의 각종 사기거래 및 불법거래로 부터의 소비자피해, 소비자 개인정보 누출 등 새로운 소비자문제가 제기되기 시작하였다. 이 같이 각종 소비자문제가 빈번하게 발생하자 1991년 합성세제 덜 쓰기 운동 및 분유광고금지대회, 1993년 미국산 수입 밀(발암농약검출) 사용저지 캠페인, 1994년 에너지절약 캠페인 등이 확산되기 시작하였으며, 유전자조작제품 여부 표시 의무화, 전자상거래 관련 소비자보호지침 및 표준약관 등이 마련되었다.

1990년대 접어들면서 소비자단체들의 국제적 활동은 더욱 활발해지기 시작하였다. 시민의 모임은 1994년 14차 국제소비자기구 총회에서 이사단체로 선출되었으며, 이 총회에서 송보경 회장이 여덟 명의 자문위원 중 한 사람으로 위촉되기도 하였다. 1995년에는 시민의 모임이 UN 50주년 기념 공동체형성화합 공로상을 수상하였다. 1996년 소비자보호단체협의회는 EU공동포럼을 개최하여 한국과 EU의 소비자정책, 수질오염문제, 그리고 EU와의 협력방안을 논의하였다. 한편, 한국부인회 초청으로 1996년 11월 미국의 유명한 소비자운동가인 Ralph Nader가 한국을 방문하여 '21세기의 소비자주의와 소비자운동'에 관한 주제로 강연을 하였다. 이 강연에서 그는 제조물책임법 제정과 리콜제도의 조속한 확립 그리고 소비자의 공적 시민으로서의 의무를 강조하였다.

'소비자입법'에 대한 소비자단체들의 활동은 계속적으로 전개되었다. 소비자보호단체협의회에서는 1994년 '소비자보호법' 개정, 1996년 리콜제도와 '제조물책임법' 제정 촉구, 1997년 '소비자협동조합법' 제정을 적극적으로 요구하였다. 그 결과 리콜제도는 1990년대 후반 적극적으로 도입하게 되었으며, 1998년 '소비자협동조합법'이 제정되었고, IMF 사태 및 기업들의 저항으로 계속 연기되었던 '제조물책임법'이 1999년 12월 국회를 통과하게 되었다.

한편 경쟁의 가속화, 시장개방, 수입제품 급증의 상황에서 많은 기업들은 소비자지향적 경영의 중요성을 인식하게 되었다. 기업들은 소비자만족추구, 소비자이익보호, 소비자피해구제 등 적극적인 소비자지향적 경영을 펼치기 시작하였다.

농민들의 소비자피해 구제

농민들이 제품을 구입, 사용하다 피해를 입은 경우 피해보상방법이나 절차가 복잡하고 이에 대한 안내를 받을 수 있는 방법이 묘연한 경우가 많다. 이에 따라 1996년 12월 농협과 한국소비자보호원이 협약을 맺어 농민들의 피해를 보다 쉽게 구제 받을 수 있도록 하고 있다. 전국 읍면까지 구축된 농협계통사무소에 농민들이 불이익과 피해를 접수하면 소비자보호원이 이를 토대로 피해구제 사업에 나서는 것이다.

예를 들면, 트랙터가 잦은 고장이 나는 경우, 시설하우스를 하는 농민의 비닐하우스에 화재가 발생하였는데 온풍기가 화재 원인인 경우, 씨앗이 전혀 발아하지 않는 경우, 농민이 유아 조기교육교재를 구입한 경우 등 농민들이 겪는 불만 및 피해를 쉽게 구제하기 위한 조치로 마련한 것이었다.

그러나 아직도 우리나라 소비자단체들의 활동은 주로 서울 및 대도시만을 중심으로 펼쳐지고 있어 소외된 계층이나 농민들에게는 무용지물인 셈이다. 앞으로 우리나라 소비자단체들의 소비자운동의 방향이 어떻게 전환되어야 하는 지를 알려 주는 의미있는 사건의 하나라고 하겠다.

출처: 농민신문, 1997년 1월 24일

1994년 민간 대기업으로서는 최초로 회장 직속 독립 소비자부서로서 삼성소비자문화원이 설립되었다. 이 부서에서는 소비자제안제도를 적극적으로 도입하여 소비자들의 의견을 기업경영에 반영하고, 소비자불만을 적극적으로 해결하며, 고객만족도조사·소비자만족경영을 추구하기 위한 각종 연구수행 등의 목적으로 설립되었다. 대부분의 기업에서 소비자 관련 부서가 다른 부서에 비해 낮은 지위로 배치되고, 비독립적이며, 적은 수의 인력과 잦은 인사이동 등으로 인해 적극적인 활동을 하기가 어려웠음에 비해 삼성소비자문화원은 회장 직속으로 배치되어 독립적 활동을 펼치도록 한 점에서 매우 고무적인 일이었다. 그러나 IMF사태 부서가 축소되었다.

2. 소비자단체의 주요 활동

우리나라에서 소비자권익 추구 및 소비자보호활동을 펼치는 소비자단체는 10여 개가 넘는다. 이 중 대부분은 소비자보호단체협의회 소속하에 공동적인 활동을 펼치고 있다. 소비자단체들의 주요 활동을 살펴보는 것은 소비자운동을 이해하는 데 필수적이므로 소비자단체들의 활동을 간략하게 살펴보자.

1) 소비자단체협의회

소비자보호단체협의회는 소비자권익과 소비자보호활동을 조직적이고 자주적으로 수행하고자 1976년 여러 소비자단체들이 결합한 협의체이다. 1978년 사단법인으로 경제기획원에 등록한 이 협의체는 1982년 국제소비자기구의 통신회원으로 활동하고 있으며 최근 소비자단체협의회로 명칭을 바꾸었으며 약 10여 개의 단체(본 각주 1)로 조직되어 있는데 〈표 12-3〉에 제시한 바와 같이 주요 활동은 소비자교육, 상품검사 및 실량 검사, 소비자의식조사 및 소비생활환경실태조사, 출판물 발간 및 홍보활동, 국제협력, 캠페인, 광고심의, 정책연구 및 제안활동 등이다. 이 협의회에서는 소비자상담 및 피해구제를 직접하지 않고 있으나 〈월간소비자〉를 출판하여 각종 소비자정보를 제공하며 여러 소비자단체들의 활동을 소개하고 있다. 운영기구는 출판부, 기획연구부, 정보관리부, 회계부, 상품검사실로 구성되어 있다. 이 협의회의 최근 주요 활동은 지속가능한 용품 쓰기 운동, 음식문화개선운동, 방송수용자운동, 각종 부담금 감시운동, 물가감시운동 등이다.

| 표 12-1 | 연도별 소비자단체협의회의 주요 활동

연 도	소비자보호단체협의회활동 주요 내용
1976	소비자보호단체협의회 창립총회 : 규약제정
1978	소비자보호단체협의회 사단법인 설립인가(경제기획원 등록)
1979	소비자고발센터 '소비자다이얼' 개설, 물가안정을 위한 긴급 소비자대회 개최
1981	고발센터 폐쇄(개별회원단체로 업무이관), 12월 3일을 소비자의 날로 제정
1982	국제소비자기구 통신회원으로 가입, 광주 불량상품전시회 개최
1983	상품검사실 개설 : 식품검사, 대전, 부산, 대구, 마산에서 불량상품전시회 개최
1984	춘천, 전주, 제주에서 불량상품전시회 개최
1985	회원단체가 지방지부를 설치 : 고발업무 시작(인천, 수원, 청주, 포항)
1986	품목별 소비자피해보상규정 개정안 의견 제출, 소비자보호법개정 간담회
1987	금융, 신용카드, 보험, 화물운송, 여행, 방문판매약관 실태 조사 및 개선책 제출
1988	〈월간소비자〉 100호 기념 전국소비자의식조사
1989	약사법개정안 반대, 식품위생법시행령 개정안 의견, 백화점사기세일 규탄 및 감시기구 창설
1990	건전소비생활운동에 대한 미국 상무성의 망발에 대한 소비자단체 반박성명 발표
1991	소비자생활지침 제정, 영남일대 수질오염 성명서 발표, 합성세제 덜 쓰기 운동, 초등교육교재 〈올바른 소비자가 되겠어요〉 발행
1992	미국 수입개방에 대한 소비자단체 견해 및 수입개방 반대 건의문 발표, 소비자보호법 개정안에 대한 토론회 및 개정안 반대의견 전달
1993	허위과장광고로부터의 소비자보호, 식품유통기한 개선방안, 보험서비스제도 촉구, 보험가입자 불편해소 촉구, 한의학발전 및 국민건강증진 등에 대한 간담회 개최
1994	'소비자보호법' 개정안 입법 청원
1995	바른소비자문화형성 녹색카드 제작/보급, 지속가능 소비 소비자전국결의대회 및 포럼
1996	소비자피해보상규정개정안과 소비자보호법시행령 검토, 소비자보호조례에 관한 연구 모임, 리콜제도와 제조물책임법 검토, OECD 가입과 관련한 설명회 개최, 제조물책임법 공청회 개최, EU공동포럼 개최 : 한국과 EU의 소비자정책, 수질오염문제, EU와 협력방안 제시
1997	EU공동포럼 개최 : 한국과 EU의 소비자정책, 수질오염문제, EU와 협력방안 제시
1998	다단계판매 암웨이제품 대책토론회,범시민단체 다단계 시민대책위원회 구성 외채상환 금모으기 범국민운동 본부 결성 및 사무국 역할 수행(104개 시민사회단체 등)
1999	소비자단체 물가감시단 발대식(서울, 195명)
2000	주한 EU상의 '98 무역 이슈' 한국소비자단체폄하내용 항의요청 서한발송, 벨리에산 돼지고기 반송 시위, 에너지 절약 캠페인 및 실천소비자대회개최
2001	방문판매법개정 공청회, 수입식품안전성대책 토론회, 소비자보호단체협의회 명칭 한국소비자단체협의회로 변경, 승용차 10부제 캠페인, 판매가격표시제감시단 발대식/홍보
2002	GMO간담회개최, 전국물가대책위원회 워크샵, 제조물책임법시행 지원상황 및 대책점검회의, 소비자상담 프로그램(CSW) 교육실시, 소비자운동방향, 지방소비자행정, 지역소비자단체의 역할정립 정책토의, 월드컵 외국인 소비자보호센터 개소

(계속)

연 도	소비자보호단체협의회활동 주요 내용
2003	자율분쟁조정위원회 발족, 시중유통브랜드 쌀 평가사업 실시
2004	전국실무자교육 : 상담 및 피해구제 전문가 과정, 쌀평가사업 종합평가회/소비자실천결의
2005	서울시 버스모니터 워크숍, 물가대책위원회 소비자대표 워크숍 개최, 물가대책위원 역량강화 워크숍 실시
2006	'소비자기본법 개정과 소비자운동의 방향' 개최, 자율분쟁조정위원회 사업보고회 개최
2007	2007년 전국물가감시원 워크숍, 소비자포럼/사업연구회 개최, 쌀평가사업 종합평가회 개최
2008	소비자단체 실무자 소비자상담정보 프로그램(CSW5)교육, 식품안전확보방안포럼개최, 원산지표시제정착 소비자 선포식 및 가두캠페인, 식품위해감소방안 마련 토론회
2009	유전자재조합식품 강사교육, 경제위기극복 전국소비자대회, 원가분석물가안정간담회

2) 한국소비자연맹

한국소비자연맹은 1970년 미국 소비자연맹의 회장이었던 Colston Warn 박사의 방한을 계기로 창설된 우리나라 최초의 소비자전문단체이다. 초대회장으로 서강대 상경대 학장인 김병국 박사가, 정광모(현재 회장) 한국일보 논설위원이 부회장으로 활동을 시작하였다. 한국소비자연맹은 1970년 국제소비자기구(CI)에 통신회원으로 가입하였다가 1982년부터 정회원으로 활동하고 있다. 서울에 본부(서울 지부도 있음)를 두고 부산, 대구, 춘천, 인천, 목포, 의정부에 지부를 두고 있다. 주요 활동은 소비자고발상담 및 처리, 소비자교육, 상품테스트 및 소비자정보제공, 시장조사 및 소비자의식조사, 환경운동, 에너지절약운동, 인쇄매체 및 TV 광고 모니터링, 소비자토론회 주최, 출판활동 등이다.

한국소비자연맹에서는 오랜 기간 동안 세탁물 관련 분쟁해결을 주도해 와 이 분야에 있어서 전문적 경험을 가지고 있으며, 소비자대학을 열어 주 1회 소비자교육을 실시하고 있다(2000년 3월 672회 실시). 또한, 지방을 순회하며 소비자전시회를 개최하고 있다.

한편, 한국소비자연맹은 시민단체로서는 유일하게 실험실을 운영하여 위해상품 등 다양한 상품의 품질검사 등을 실시하고 있다. 1998년 한국소비자연맹은 황토침대 및 매트 등 천연황토를 주요 재료로 만든 제품들에 대한 전자파차단 여부에 대한 실험을 실시하였다. 제조업체들이 황토를 재료로 만든 제품이 전자파 및 수맥파를 자동차단하여 스트레스, 과로, 성인병에 효과가 있으며 뛰어난 항균작용과 냄새제거 등으로 신생아, 수험생, 환자, 노인 등에 좋다고 광고해 온 바 사실 여부를 확인하기 위해 이 업체들의 제품을 대상으로 전자파 실험·조사를 실시하였다. 조사결과 조사대상 아홉 개 회사제품 중 한 회사 제품만을 제외하고 나머지 제품 모두가 전자파를 차단하지 못하는 것으로 나타났다. 이 같은 한국소비자연맹의 실험·조사로 인해 제조업체들은 허위과장광고를 시정하였고 기술적 제휴 및 품질 개선 노력을 취하는 계기가 되었다.

| 표 12-2 | 한국소비자연맹활동 연혁

연 도	한국소비자연맹활동 내용
1970	초대회장 김병국 서강대 상경대학장 취임, 부회장 정광모
1978	2대 회장 정광모 한국일보 논설위원 취임, 경제기획원에 사회단체 등록
1979	소비자보호단체협의회 회원단체가입, 소비자대학 개설
1980	국제소비자기구 '법과 소비자' 세미나 참가
1981	음식점 불고기 1인분 200g 기준 제정
1982	민간소비자단체 최초로 실험실 개설, 〈소비자문제 신문스크랩집〉 발간(전 20권), 일본소비자단체 간이테스트 실험시설 연수
1983	춘천지부 개설, 기업의 소비자창구 실태조사, 어린이 및 장애인대상 이동고발 실시, 의류세탁물 심의위원회 구성
1984	국내 최초 민간금연운동개시, 소년조선일보 공동 어린이지상고발센터운영, 방문판매 약관제정을 위한 조사 실시, 춘천에서 소비자전시회 개최
1985	인천지부개설, 양담배 수입금지요청 서한 미국 대통령에 전달, 법률자문위원회 구성, 기업의 소비자피해보상기구 실태조사, 인천에서 소비자전시회 개최
1986	이태원상가 외국인고발센터개설, 양담배수입판매금지 캠페인, 소비자보호법개정 공청회, 닐 오펜 美방문판매협회 회장 연맹방문, 수원, 춘천에서 소비자전시회 수행
1987	방콕세계방문판매협회 6차대회 참석, 자동차 관련 자문위원회 구성, 〈대구소비자고발사례집〉 발간
1988	한국금연운동협의회 창설, 목포지부 개설, 백화점 소비자상담실 실태조사
1989	아시아·태평양 지역 금연운동협의회 구성, 〈AIDS란 무엇인가〉, 〈조사식품〉 등 발간, '의료분쟁 이렇게 처리하자' 토론회 개최, 세계금연포스터 전시회, 원주 소비자전시회 개최
1990	부산지부 개설, 고학하는 어린이교실 개설, 서울시 수질개선을 위한 세미나 개최, 니시다시 일본 소니 A/S사장 SONY TV 화재사건 협의차 연맹 방문
1991	제1회 TV드라마 흡연탤런트 선정(이덕화), 의정부지부 개설, APACT 서울총회 개최, 직장인 대상 환경강좌 실시, 담배광고금지법 제정 건의, TV선거 보도방송 모니터링 실시
1992	제2회 TV드라마에 나타난 흡연탤런트 선정(정한용), 제1회 행동하는 소비자 시상, 일본 원자력폐기물처리장 연수, 의정부 목포 소비자전시회
1993	서울/수도권 산성비 측정, 담배자판기규제 조례제정 캠페인, 제2회 행동하는소비자시상
1994	방문판매 조심 포스터 제작 후 전국 대학 및 지하철역에 배포, 소비자대학 500회째 개설
1995	소비자고발센터를 소비자정보센터로 확대 운영
1996	'원하지않는신문 신고센터' 개설, 장애인이동상담 서비스, 상가분양허위광고피해구제 지원
1997	국회의원 흡연 실태조사, 북경 제10회 세계금연대회 참가
1998	외채상환 금모으기 범국민운동주도, 행정자치부 공무원 친절도모니터링실시, 황토매트 전자파 테스트, 전기매트 제조협의회 구성 및 규격기준 제정 건의
1999	소외계층을 위한 이동상담 서비스 35회 실시, 신용카드·영수증 생활화 캠페인
2000	인터넷쇼핑몰 개인정보 관련 약관, 소분포장 실태, 담배자판기 설치구역 준비및 실태조사, '유전자재조합식품 표시기준' 소비자토론회, '방문판매 이대로 좋은가', 4자합의토론회 개최

(계속)

연 도	한국소비자연맹활동 내용
2001	홈쇼핑채널 이용자 소비실태조사, 유전자재조합식품 표시실태조사, 〈유전자재조합 식품의 정체〉 책자 발간, 신용불량거래자 양산 소비자토론회, 전자상거래 소비자보호 토론회 개최
2002	제조물책임법시행과 소비자, 산후조리원과 소비자보호, 월드컵 관광객 외국인상담센터운영, HACCP 인지도 실태조사, 주택가격에 대한 토론회 개최
2003	에너지절약의식, 전자상거래 미성년자보호방안/거래절차토론회, 금연토론회, 소비자 중심 의료문화정착 의료소비자교육자료집 발간, 의료소비자교육 실시, 소외계층이동 정보센터 및 가스안전시설 무료점검 실시
2004	사교육비, 단위가격, 병원처방전, 약국복약지도, 휴대폰사용 등 실태조사, 서울시전자상거래센터 위탁운영, 우리쌀이 맛있다 어린이소비자교육 실시, 국민연금 소비자교육강사 연수
2005	사기사이트 발생 정보, 이메일 서비스 실시, 서울시전자상거래센터 모니터교육 실시
2006	음주경고표시강화 토론회,탈북청소년 소비자교육 실시, 대학생 음주문화 개선을 위한 캠페인
2007	대학생신용 소비자교육/캠페인 실시, 쇠고기 이력추적시스템 홍보구축을 위한 간담회 개최
2008	휴양지 숙박요금 적정 요금 받기 캠페인, HACCP 바로알기 현장 연수, 전자상거래 감시 모니터단구성 및 교육 실시
2009	도축장 HACCP 운용수준 평가위원회 개최, 식품접객영업자 위생위식고취 토론회, 온라인쇼핑몰 감시단 발대식 및 모니터교육, 황토원료품질평가 최종 간담회

　　한국소비자연맹의 또 다른 주요 활동 중의 하나는 금연활동이다. 민간단체로는 처음으로 금연운동을 실시하여 1986년 한국금연운동협의회 발족의 계기가 되었으며, 그 이후 담뱃갑의 흡연 경고문 강화, '담배광고금지법', '국민건강증진법', '흡연관련법' 제정 등의 활동을 벌여 왔다. 최근, 국회의원 흡연실태조사, TV 드라마에 나타난 흡연 탤런트 선정, 청소년 금연교육 등의 활동을 펼치고 있다.

3) 소비자문제를 연구하는 시민의 모임

1983년 창설된 소비자문제를 연구하는 시민의 모임(약칭 시민의 모임)은 소비자문제만을 중점적으로 다루는 소비자전문단체로서 매우 활발한 활동을 펼쳐 왔다. 시민의 모임은 자발적, 비영리적, 비정치적인 전문소비자단체로서 국제적 활동을 매우 적극적으로 펼치고 있다. 국제소비자기구에 정회원 그리고 이사단체로서 활동하고 있으며, 소비자국제경찰에도 가입하였고, 국제적 회의를 자주 개최하는 등 국제적 활동에 적극적으로 참여하고 있다. 성남·원주·안산·서울·태백·대전에 지부를 두고 있으며, 주요 활동은 소비자고발상담, 조사연구, 소비자교육, 홍보 및 출판, 소비자정책제안, 국제적 연계활동 등이다. 시민의 모임은 최근 지속 가능한 에너지와 소비패턴을 장려하기 위한 환경소비자운동을 활발하게 전개하고 있다. 소비자정보지로서는 격월간으로 발행되는 〈시민의 모임〉이 있다.

시민의 모임의 주요 활동은 〈표 12-3〉에 제시하였다. 최근의 활동을 간단하게 살펴보면, 1983년 모유권장운동을 전개하여 남양유업, 매일유업, 파스퇴르 분유 등 국내 세 개 회사로부터 '분유광고 금지 및 제품포장 표시변경에 관한 합의'를 이루어 내었고, '식품위생법'을 개정하여 분유광고 금지를 법제화하는 데 많은 기여를 하였다. 그 결과 모유수유를 저해하는 과대선전 분유광고가 중지되었다.

1985년에는 인간 존엄성의 보장, 평등한 의료를 받을 권리, 최선의 의료를 받을 권리, 알 권리와 자기 결정권 등 환자의 권리 11개를 선언하였다. 이 선언으로 의료문제가 처음으로 사회문제화 되었으며, 환자로서 소비자를 보호하고 의사와 병원의 입장을 고려하는 계기가 되었다. 한편, 같은 해 위해 농약 사용실태를 조사하여 선진국에서 엄격히 규제 또는 금지된 농약이 국내에서 무제한으로 사용되고 있는 것을 발견하였다. 이 조사발표결과 농림수산부는 총 18개 농약 성분을 금지하고 42개 성분을 규제 조치하였으며, 후일(1988년) 쌀, 보리 등 28개 농산물에 대한 농약 잔류량 허용기준을 고시하는 결과를 얻게 되었다.

1986년에는 위해 약품(UN 통합자료 근거)의 국내판매실태를 조사한 결과 세계 각국에서 생명을 위협하는 위험약품으로 지정되었음에도 한국에서 판매되고 있는 약품을 발견하였다. 이 조사결과로 인해 보건사회부는 13개 약품의 유통을 금지시켰고, 21개 제품을 엄격히 제한하는 성과를 거두었다. 한편, 소비자모임이 입안·제출한 약관규제법이 1986년 12월 국회를 통과함에 따라 소비자단체 및 시민단체에서 마련한 법률안이 최초로 입법화되는 성과를 얻었다.

1989년에는 변칙사기세일을 실시한 10개 백화점을 대상으로 민·형사 소송을 제기함으로서 소비자운동 사상 최초의 소비자피해구제를 위한 사법적 투쟁사건이 되었다. 1988년 12월 롯데쇼핑 등 10개 백화점은 구입원가에 일정마진을 붙여 사실상 가격인하 없이 판매하면서 허위로 할인률을 높게 책정 광고한 후 할인판매를 하는 것처럼 사기변칙세일을 시행하였다. 이에 소비자모임에서는 백화점들을 사기죄로 형사고발하고, 동시에 백화점 사기세일 피해소비자들(신고소비자 720명 중 영수증을 제출한 최종 52명)의 손해배상청구소송을 제기하였다. 시민의 모임과 여덟 명의 무료 변호인단의 노력으로 총 4년 5개월의 법정 소송결과 백화점의 사기죄가 인정되었고, 소비자들에게 총 417만 원(소비자 개인당 1만 원에서 10만 원)을 보상하라는 판결이 남으로써 시민의 모임의 승소로 종결되었다. 이 사건은 소비자들의 권익보호를 위한 집단소송제도가 마련되지 못한 상황에서 현행 민사소송제도를 통해 피해구제를 받은 상징적 사건이 되었다.

1989년 시민의 모임은 수입상품 안전성 확보 촉구, 1991년 팔당호 골재채취 백지화 운동과 화학 조미료 안 먹기 운동을 펼쳤다. 또한, 1995년부터 '에너지 효율등급 표시' 사업을 확대시키는 캠페인을 전개하였으며, 1997년 환경 친화적 상품 선택을 위한 정보제공 등 환경소비자운동에 적극적으로 참여하였다.

| 표 12-3 | 소비자문제를 연구하는 시민의 모임활동 연혁

연 도	소비자문제를 연구하는 시민의 모임활동 내용
1983	소비자문제를 연구하는 시민의 모임 발족, 제1회 소비자문제세미나 개최, 국제소비자기구(CI)회원 가입, 법률상담위원 및 상담실 개설, 모유권장캠페인, 모유권장 국제세미나 개최
1984	국제소비자감시망(consumer interpol) 가입, 모유건강 국제세미나 개최, 위해농약 국내생산실태조사 및 합성세제사용실태조사, 소비자의식조사
1985	소비자보호단체협의회 가입, UN통합자료에 나타난 위해약품 국내 실태조사, 환자의 권리 선언, 김재옥사무총장 국제유아식품행동망 극동아시아 지역대표로 선출, 모유권장과 영유아식품 제조·판매에 관한 법률안 작성, 약관법 제정위원회 조직
1986	'약관규제법' 초안 작성 후 정기국회통과·제정, 화학조미료 안 먹기 운동, 분유 등 영유아식품 제조판매 법률(안) 확정, 위해약품국내 판매 조사
1987	제12차 국제소비자기구총회에서 이사단체로 선출, 수입식품 문제점 조사,
1988	모유대체식품판매 국제규약 위반 여부조사, 성남지부 개설, 국제기구 공동 농약판매실태조사 실시, 방사능낙진오염 수입식품원료 사용금지 촉구
1989	백화점 사기바겐세일 형사·민사고발 및 피해구제 변호인단 발족, 수입상품 안전성확보촉구, 자몽, 오렌지, 바나나 등의 농약 잔류량 검사, 농촌소비자보호위원회 발족, 어린이 영양제에 사카린 사용 금지 요청
1990	인공성장호르몬제 안전성조사, 팔당호 골재채취공사 현장조사·대책 개최, 원주지부개설, 송보경이사 국제건강행동망 아시아지역 대표로 선출,
1991	뉴스레터 〈시민의 모임〉 창간, 분유광고 금지합의식 및 대중광고 중단 법제화, 제13차 국제소비자기구 집행이사단체로 선출, 원주지부 환경분과위원회 발족, 감기약 등 의약품에서 메탄올 검출, 팔당호 골재채취백지화 운동
1992	여성과 농약 워크숍을 국제소비자기구와 공동개최, 백화점사기세일 승소판결, 어린이 장난감 상담위원회 발족 및 상담전화 개설, 일산(경기도)지부 개설
1993	소비자환경의식조사, 발암농약검출 미국산 수입밀 사용저지 캠페인, 환경보전형 농업과 소비행태 전환을 위한 연대기구 발족,
1994	지속가능 소비·생산 위원회 발족, 에너지절약 학산 캠페인, 납중독 방지조사, 제14차 국제소비자기구에서 이사단체로 선출 및 환경자문위원으로 위촉
1995	식품정책개혁추진시민연대 발족, UN CSD참석, UN소비자보호지침개정안 통과, 세계화와 지방화와 소비자캠페인, '제조물책임법'과 소비자와 기업 워크숍 개최, UN50주년 기념 공동체형성화합 공로상수상, 식품·문화·교역과 환경 국제대회 개최
1996	KBS라디오 '이러지 좀 맙시다' 방송 시작, '에너지효율상품생산' 합의식, 채소류 질산염 테스트 현장검사 실시, 불법표시(유통기간) 해태제과 나비스코 회사제품(과자) 불매운동 전개
1997	과소비추방 캠페인, 지속가능 에너지효율상품 소비생산 확대 캠페인, 태백지부 개설, 축산물 등급표시, 원산지 표시실태 전국조사 실시, 집단 급식소 음식물쓰레기 줄이기 세미나 개최
1998	지방소비자운동 활성화 모니터교육 및 워크숍, 환경호르몬대책토론회, 직거래 및 소매유통 활성화 방안 공청회, 지속가능 건전소비생활실천확산 대회, 주택할부금융사 상대 부당이득금 반환 청구소송 제기, 원주지부개설, 올해 에너지대상 및 에너지위너상 시상, '경제위기와 소비자의 역할' 국제세미나, 국제소비자기구(CI) 집행이사회 서울 개최
1999	주택할부금융사 상대 부당이득금반환청구소송 승소, 대전지부 개소식, UN ESCAP과 공동 아시아·태평양 지역 NGO포럼 개최, 유전자조작 성장호르몬사용 등록허가 검토 작업 반대 성명서, 벨기에산 돼지고기 다이옥신 소비자안전 확보 촉구성명서 발표, 소각로의 다이옥신 배출문제 제기, 홈쇼핑업체의 유리보석 리콜 및 레티놀 화장품 리콜 촉구

(계속)

연 도	소비자문제를 연구하는 시민의 모임활동 내용
2000	유전자조작식품 대책세미나, 시판중콩 종자에서의 GMO유무에 대한 실험, 전자상거래 부당 광고/치아발육기 환경호르몬검출 간담회, 삼성 상용차 대책 마련 위한 간담회 개최
2001	학교급식 우리농산물 건전소비확대방안 토론회, 에너지효율화/지속가능소비 전략 아시아지역 포럼 개최, WTO와 여성농민 PCB심포지움 국제회의참석, 국제소비자기구(CI), UNESCO, WHO, CUTS 등과 세미나,워크숍, 지속가능에너지사용 관련 동북아시아 포럼, WTO협상과 소비자 영향 연구, 북경소비자협의회 부비서장 및 10인 소비자 활동가 방문
2002	환경월드컵을 위한 모니터링 및 캠페인, WTO와 여성 농민 그리고 소비자 간담회 개최
2003	TV홈쇼핑으로 인한 소비자 문제 대책 세미나
2004	유통양곡표시제도 전문가 간담회, TV홈쇼핑에서의 광고실증도입 방안을 위한 세미나
2005	김재옥회장 소비자정책위원회(COPOLCO) 의장으로 선출됨
2006	지속가능한 소비와 경제 경제교실 개최, 영유아보호 국제규약지키기 캠페인
2007	김재옥 회장, ISO 소비자정책위 의장 연임, 모유수유 WHO 국제규약교육/전략회의, 생후 첫 1시간내에 모유 수유하기 캠페인, 어린이 먹을거리 안전 홍보 및 교육
2008	GMO 옥수수 수입결정 철회 켐페인, 물가안정화 전문가간담회, 걷기 대회 개최, 유전자조작식품/광우병예방대책 마련 간담회, 지속가능 소비생산연구원 발족 행사
2009	'걷자, 끄자, 심자, Stop 유사석유' 대국민홍보 걷기대회, 도축장 HACCP 운용수준 평가개최, 석유시장감시단 발표회, 그린조명결의대회 개최, 모유수유지원 100만 서명 운동 전개

한편, 1995년에는 수입 과자류의 유통기한을 6개월씩 연장 판매해 온 해태상사 제품에 대한 불매운동을 펼쳤다. 문제의 과자들은 리트크래커, 칩스아호이 등 미국 나비스코(Nabisco)사의 일곱 개 제품으로 제품에 표기된 유통기한 날짜보다 6개월 연장하여 표시(번역하여 흰색 스티커 표시)한 것으로 판명되자 해태상사는 공개적으로 사과문의 광고를 다섯 개 일간지에 게재하였으며, 문제의 과자를 수거하였다. 이 사건으로 수입제품의 유통기한에 대한 철저한 감시가 필요함을 널리 인식하게 되었다.

1998년 시민의 모임은 국제소비자기구에서 활동하는 세계 각국 소비자지도자들을 대상으로 하는 세미나(연례모임)를 서울에서 개최하였다. 또한, 같은 해 유전자조작 제품에 대한 토론회, 유전자조작 콩과 담배 수입반대운동 등의 캠페인을 벌렸다. 한편, 내분비계 장애물질(환경호르몬)의 인체 유해성에 대한 토론회를 개최하였고, 플라스틱 젖병의 환경호르몬 검출시험 등 꾸준한 테스트와 조사활동, 포스터를 통한 정보제공, 캠페인 등을 펼쳤다. 한편, 같은 해 IMF 경제위기 이후 주택할부금융사의 부당한 금리인상으로 피해를 본 1,000여 명의 피해소비자들을 상담한 후 70여 명을 대표로 구성하여 20개 할부금융회사에 부당이득금 반환청구 소송을 제기하여 1998년과 1999년에 걸쳐 30여 명의 소비자가 1차 원고승소, 8명은 2차 항소심에서 승소함으로써 부당이득을 돌려 받는 성과를 올렸다(2000년 현재 15명).

1999년에는 홈쇼핑업체가 인조유리 제품을 합성보석으로 속여 판매한 사건이 발각되었다. 소비자모임이 당시 39쇼핑이 케이블 TV '특선 쥬얼리' 시간에 소개·판매해 온 합성 에머럴드 제품과 합성 사파이어 제품을 조사한 결과 판매제품 중 일부가 인조유리인 것으로 판명돼, 39쇼핑은 사과문을 발표하고 리콜을 실시하였다. 이 사건으로 홈쇼핑이 붐을 이루기 시작하면서 허위 과대광고, 부당가격 등 소비자문제가 잠재되고 있던 이 분야에 대한 계속적인 모니터링 및 조사가 필요함을 인식하게 되었다. 한편, 시판 중인 레티놀 화장품 12개 중 75%가 가짜 또는 부실 레티놀인 것으로 드러나는 사건이 발생하였다. 피부노화를 지연시킨다는 효능을 내세운 레티놀 화장품에서 레티놀 성분이 아예 검출되지 않거나 표시량보다 적은 양이 함유된 것으로 나타남으로써 시민의 모임에서는 제품회수 및 환불조치를 요구하였다. 한편, 같은 해(1999년) UN ESCAP와 공동으로 아시아·태평양지역 NGO 포럼을 개최하기도 하였다.

4) 한국소비생활연구원

1995년 창설된 한국소비생활연구원은 소비자단체의 전문성 강화 및 자립능력 배양, 소비자의식 고취를 위한 소비자교육 등에 초점을 둔 전문연구기관으로 설립되었다. 한국소비생활연구원은 환경보전 실천운동의 일환으로 자원절약, 재활용의 생활화, 생활환경교육, 환경상품 및 재생상품의 소비활동 등의 활동을 펼치고 있으며 소비행태 연구 및 조사도 병행하고 있다. 소비자정보지로는 녹색소비자를 발간하고 있다. 교육연수부, 녹색생활부, 조사연구부, 소비자정보부, 대외협력부, 홍보·출판부를 두고 전문연구교육기관으로서 소비자의식계발 및 교육, 소비자보호제도의 발전, 녹색소비자시대의 정착, 소비생활 모니터관리 강화 등의 기능을 달성하고자 하는 데 주력하고 있다.

5) 녹색소비자연대

녹색소비자연대는 1996년에 설립된 소비자단체이나, 기존 소비자단체와 차별되는 운동이념과 역동적인 활동으로 그 영향력이 커지고 있다. 녹색소비자연대는 대중교통이용 캠페인, 쓰레기 절반으로 줄이기, 녹색 에너지 상점 만들기, 녹색 아파트 만들기 등 환경소비자운동 또는 녹색소비자운동을 주요 사업으로 하고 있으며 지속 가능한 소비를 위한 절제된 소비, 환경을 염두에 둔 소비자운동에 초점을 두고 있다. 갈수록 심화되고 있는 지구환경위기를 극복하기 위해 환경생활양식, 환경 친화적 기업경영, 환경 친화적 소비생활을 강조하고 있다. 상품을 구매할 경우 가격, 품질뿐만 아니라 환경에 해가 적은 제품을 개발하는 회사의 제품을 구매하자는 녹색소비,

| 표 12-4 | 한국소비생활연구원의 활동 연혁

연 도	한국소비생활연구원활동 내용
1994	(사)한국소비생활연구원 개원1995녹색환경코너 운영 및 환경상품전시회, '폐기물 재활용 어디까지 왔나' 심포지엄 개최, '정수기의 현주소' 심포지엄 개최
1996	'가스안전, 무엇이 문제인가' 심포지엄 개최, '음식쓰레기 어디로 갈 것인가' 심포지엄 개최, '건전한 소비문화 정착을 위한 대책 방향' 심포지엄 개최
1997	'X-세대, 소비만 알고 저축 모른다' 심포지엄 개최, '쓰레기종량제의 현실과 문제점' 심포지엄 개최, '녹색환경을 위한 장바구니 들고 다니기 운동
1998	먹는 물,방사능 물질에 관한 대토론회, IMF극복생활수기 수상식
1999	재정경제부에 사단법인으로 등록, 음식물쓰레기줄이기와 결식아동돕기 푸드 쿠폰운동
2000	합리적 가정경제정착화 절약실천릴레이교육, 가스안전ㆍ사고수기공모,절약실천릴레이운동
2001	노인소비자보호방안/실버산업육성에 관한 대토론회, 한강수계상수원 수질보전 수질감시활동
2002	환경호르몬모니터링, 모유 중 다이옥신농도조사, 가스안전수기공모 시상식, 물가안정토론회, 한강상수원수질환경감시지킴이교육, 사금융피해신고센터 설치, 소비자정보지원센터설립, 금융피해예방 소비자교육, 경차보급활성화, 에너지절약 심포지엄
2003	세계 물의 해 '소비자가 원하는 먹는 물', 정수기관리제도대토론회, 기업소비자 교육 실시
2004	고령여성소비자 피해예방교육/효과적 노년설계, 수돗물바로알기교육, 안전한먹거리 소비자인지도조사, 노인소비자자산관리교육, 중학교 방문 에너지절약캠페인, 노인상담가 양성교육
2005	소비자신용/금융교육, 국제교류협력 프로그램 개발, 도.농교류–안전한 먹을거리, 축산물/축산가공품 안전성확보방안 토론회, 범국민 에너지절약 시민교육
2006	알칼리이온수기 관리방안 정책토론회, 안전축산물전시회
2007	상조서비스에 관한 법률 제정 토론회, 음식문화개선 시민창안 공모전
2008	안전축산물 소비자한마당, 어린이식생활안전관리특별법 토론회, 수입와인 유통가격 토론회
2009	식약청 역할토론회, 흑염소 고기 소비 촉진교육/시식회, 브레인 쉐어링 서포터즈단' 발대식

녹색구매운동을 펼치고 있다. 이외에도 신용카드 활성화운동, 공정거래 및 소비자피해구제, 소비자안전감시단 운영, 녹색소비자대학과 정보자료실 운영 등 활발한 활동을 펼치고 있다.

6) 한국부인회

1963년 창립된 한국부인회는 1965년 국내 최초로 소비자고발센터인 불만의 창구를 개설하여 소비자보호운동을 전개하였고, 1967년 최초로 소비자정보지인 소비자보호를 발간하였다. 주요 활동은 여성발전 및 여성권익보호활동, 소비자보호활동, 그리고 환경보호활동이라고 할 수 있다. 2000년 1월부터 한국여성신문(주간)을 발간하고 있는데 소비생활정보 및 소비자문제 등의 내용을 많이 싣고 있다. 한국부인회는 전국적인 조직망을 갖추고 있으며, 오랜 기간 동안 소비

| 표 12-5 | 녹색소비자 연대의 활동 연혁

연 도	녹색소비자연대활동 내용
1996	녹색소비자연대 창립대회, 그린슈퍼마켓행동망 결성
1997	재경부 소비자단체 등록, 제1회 녹색소비자의 밤 개최
1998	녹색아파트만들기운동 전개
1999	신용경제만들기 운동, 청소년 녹색소비운동 전개
2000	비영리민간단체 등록, 녹색구매 네트워크사무국운영, 부당신용카드 추심행위 시정 캠페인
2001	지속가능에너지 포럼, 녹색소비자행동 21 평가위원회 발족, 녹색나눔 발대식
2002	재정경제부 비영리사단법인설립 허가, 폐휴대전화/폐가전제품 줄이기 안전폐기운동 전개, 녹색시민권리센터 온라인상담실 개설
2003	공익성 기부금대상단체지정, 소비자생활안전감시단 발대, 공주녹소연, 제주녹소연 창립, 사람과 환경을 살리는 먹거리 이야기 '밥, 이제는 가려서 먹자!' 강좌실시
2004	제1회 녹색소비자연대 전국대회 개최, 다섯 개 녹색소비자연대 인준, 학교급식법 개정과 학교급식조례제정 운동, 건전가계 재정관리를 위한 소비자신용교육 개최
2005	소비자권익변호사단 발족, 서비스특허, 신재생에너지 소비자운동, 우수재래시장선정 및 원산지표시제정착 자발적 협약식 개최,녹색시민권리센터 소비자권익변호사단 출범
2006	두 개녹색소비자연대 인준, 대전녹색소비자연대 창립, 축산물안전 소비자운동, 청소년 전기에너지교육을 위한 교사 워크숍, '에너지의 미래, 청소년들이 결정한다!' 개최, DRM 관련 불공정행위에 대한 토론회 개최, 생태여가지도자, 어린이 환경생태교실 개최
2007	전기에너지 교육계획안 및 교육사례 공모전,청소년 전기에너지교육을 위한 교사연수 진행
2008	녹색캠퍼스 대학생 CO_2 저감 아이디어 발표회, 서울시 탄산음료없는 환경만들기 캠페인, 폐형광등 수은제로화 캠페인, 정보통신서비스 소비자분쟁해결 전문가회의
2009	여성네트워크 : 환경과 경제 살리는 DIY클럽 구성, 친환경농산물 직거래장터 개최, 안전한 식품, 건강한 밥상 캠페인, 안전 시영아파트 전기에너지 10% 줄이기 운동' 기획간담회 개최

자보호활동 및 여러 활동을 펼쳐 왔다는 점에서 여성단체이기는 하나 소비자보호활동도 적극적으로 펼치고 있다. 1997년 현재 약 120만 명의 회원이 활동하고 있으며, 소비자상담실, 가정법률상담실, 소비자보호분과위원회, 환경보전사업분과위원회로 구성되어 있다.

지금까지 살펴 본 소비자단체 이외에도 소비자운동을 펼치는 단체는 매우 많다. 예를 들면, YWCA, YMCA, 서울기독교 청년회 시민중계실, 대한여자기독교 청년회연합회, 대한주부클럽연합회, 전국 주부교실중앙회, 한국소비자교육원, 법률소비자연맹 등이 있다.

소비자
수첩 12-2

녹색소비자운동이란?

녹색소비자운동은 지구환경 위기를 극복하기 위해 소비자들이 환경 친화적 소비생활 및 생활양식을 확립해 가도록 하는 운동이다. 오늘날의 환경 파괴적인 사회경제체제로부터 환경 친화적이고 지속 가능한 사회경제체제로의 전환을 도모하는 운동이다. 구체적인 활동에 대해 살펴보면 다음과 같다.

- **녹색제품 구매운동** : 상품을 구매할 경우 가격, 품질뿐만 아니라 환경에 해가 적은 제품을 개발하는 회사의 제품을 구매하는 운동
- **녹색기업운동** : 환경 친화적 기업경영을 유도하는 운동
- **녹색가게 운영운동** : 환경 친화적 상품을 전시 · 판매하는 상점을 만들고 활용하는 운동
- **녹색도시 만들기 운동** : 자원의 최적 활용과 폐기물의 최소화, 낭비적 소비행태를 근절시키는 도시 만들기 운동
- **녹색학교운동** : 교육현장에서 환경보전 행동을 교육시키고자 하는 운동
- **녹색여가활동** : 환경과 조화를 이루는 여가활동
- **녹색에너지운동** : 에너지 절약활동
- **녹색재활용운동** : 쓰레기 발생 자체를 억제하고 재사용 및 재활용을 추구하는 운동

3. 소비자운동의 문제점 및 해결방안

지금까지 시기별로 전개된 우리나라 소비자운동과 소비자단체들의 현황 및 주요 활동에 대해서 살펴보았다. 이제까지 펼쳐진 우리나라 소비자운동의 주요 한계점과 해결방안을 제시하면 다음과 같다.

1) 소비자시민운동으로의 확대

1960년대 이후 초기 소비자운동은 여성권익보호활동의 일환으로 여성단체들의 주도에 의해 진행되어 왔다. 그 후 소비자연맹, 시민의모임 등 소비자문제만을 전문적으로 다루는 소비자단체들의 활동으로 소비자운동은 전문성을 갖게 되었다. 최근 녹색연대 등의 적극적인 활동은 소비자시민운동으로 확대될 수 있음을 보여주고 있으나, 아직도 남성소비자들의 참여가 저조하여 소비자시민운동으로 보다 활성화되지 못하고 있다. 소비자운동은 단순히 소비자보호 및 소비자권리실현이 최종 목적이 아니고 보다 나은 삶과 함께 공유하는 삶을 누리기 위한 범사회적 운동이므로 조직력, 전문성, 재정확보 등을 통해 시민운동으로서 그리고 사회운동으로서 발전 · 확대되어야 한다.

소비자
수첩 12-3

문화소비자운동

문화를 상품화하고 대중화하면서 더 이상 고급문화나 저급문화의 구별이 의미 없게 되었고, 상업성이 우리 사회에서 문화적 가치의 유일한 척도가 되어 가고 있다. 성을 상업화하는 대중문화들이 무비판적으로 청소년의 규범이 되어 가고 있고 이 같은 대중문화의 소비계층이 주로 청소년이어서 문제의 심각성이 크다고 하겠다.

육체적 건강을 위해 섭취하는 식품에 유해한 성분이 있으면 이를 규제하는 것처럼 정신적 건강을 위해 섭취하는 문화상품의 성분에 정신적 가치관을 왜곡하고 오염시키는 내용들을 규제함이 당연시되는 사회적 풍토가 필요하다. 다국적 기업이 확대되면서 외래문화가 급속도로 유입되고 있다. 서비스 개방으로 인해 다른 나라의 문화나 생활양식이 침투되어 우리 고유의 문화나 생활양식이 외면되고 있다. 많은 아동소비자들이 피자나 햄버거를 선호하면서 우리 고유의 음식문화가 사라져 가고 있다. 청소년이 소비하는 문화상품들이 잘 팔리도록 온갖 비윤리적인 가치관들을 담아 판매하는 것에 대해 다시 한 번 생각해 보아야 한다.

문화상품에 대한 윤리적 평가를 통해 문화의 규범성을 회복시키려는 노력이 문화소비자운동이다. 다시 말해, 문화소비자운동은 소비자들을 교육하여 문화의 파수꾼이 되도록 함으로써 올바른 우리 문화를 만들 수 있는 토양을 만드는 것이다.

2) 소비자운동의 방향 재정립

그 동안 소비자운동의 기본적 방향이나 명확한 가치관, 이념 등이 체계적으로 정립되지 않아 전문적이고 조직적인 활동을 펼치지 못하여 왔다. 우리나라 뿐만 아니라 세계의 소비자운동은 시장경제의 세계화추세, 자유무역체제, 지구환경의 보존 등과 같은 운동지표를 가지고 일대 전환점을 맞고 있다. 소비자운동의 방향은 소비가 미덕이라는 가치관, 소비자이익만의 추구, 고발위주의 소비자운동 등에서 탈피하여 체계적이고 과학적인 소비대안을 제시하는 방향으로 전환되고 있다. 소비자책임 강조 및 지속 가능한 소비, 자원의 효율적 사용, 폐기물의 감소, 건전하고 적절한 수준의 소비생활을 강조하여 물질주의적 가치관 그리고 탈소비사회적 방향으로 소비자운동 방향을 재정립하여야 한다. 소비자권리확보 차원을 넘어서서 새로운 소비자운동의 목표를 설정하여 방향전환을 시도하여야 할 시점이다.

3) 소비자정보제공형 소비자운동

소비자운동은 소비자 각자가 책임을 지고 소비행위를 폭넓게 선택할 수 있으며 합리성과 과학성에 바탕을 둔 소비행위를 할 수 있는 제반 여건을 강구하는 활동이다. 지금까지 소비자단체 중심의 소비자운동은 계몽주의적 운동, 국산품애용운동, 단순한 절약운동 등에만 초점을 두어 왔다. 그러나 이 같은 형태의 소비자운동은 소비자들에게 더 이상 설득력을 잃고 있다. 소비자운동은 정보수집의 전산화, 정보의 체계적 분석, 효과적인 소비자정보전달을 통해 책임 있고 합리적인 소비생활을 할 수 있도록 지원하여야 한다. 예를 들면, 수입제품의 경우 현지가격, 마진율, 세금, 가격구조 등에 대한 정보제공을 통해 어떻게 수입제품의 가격이 결정되는지, 수입제품의 품질평가정보 제공, A/S 및 교환·환불정책 등에 대한 정보를 제공하는 것이 무조건적인 외제품 배격운동보다 설득력이 있다.

급격한 정보통신기술의 발달 속에서 전자상거래의 보편화, 전자화폐의 등장, 세계경제의 지구촌화가 가속화되고 있는 시점에서 소비자단체 및 소비자운동가들은 각종 소비자정보를 체계적이고 과학적으로 생산하여 효과적으로 소비자들에게 전달할 수 있어야 한다. 앞으로의 소비자운동은 종합적인 정보통신망을 구축하여 제품과 서비스의 특성, 거래조건, 가격 및 품질 등에 대한 객관적이고 충분한 정보를 제공하는 데 중점을 두어야 한다.

4) 소비자교육의 활성화

소비자운동은 소비자문제를 정확히 인식하고 합리적인 선택을 할 수 있도록 소비자교육을 활성화시키는 방향으로 이루어져야 한다. 소비자들의 의식고취, 소비선택의 중요성 인식, 건전한 소비생활, 생산적 소비추구 등을 위한 다양한 형태의 소비자교육이 절실하다. 소비자단체 및 관련기관들이 소비자교육을 수행함에 있어 교육대상, 계층에 따라 적절한 교육을 추진하되 특히 실제생활에 필요한 실용성 있는 교육프로그램을 개발하는 것이 중요하다.

5) 소비자단체의 재정비

소비자운동을 주로 펼치는 소비자단체들은 여러 측면에서 재정비를 하여야 한다.

첫째, 전문성을 가져야 한다. 대부분의 소비자단체들은 아직도 소비자고발접수 및 상담, 소비자피해구제, 소비자교육활동 등 주요 활동이 동일하여 활동내용상 차별화를 이루지 못하고 있다. 인력과 경제적 재원이 부족한 상황에서 각 단체들이 전문화 또는 분업화하여 효율적 운영을 하여야 함에도 각 소비자단체들간의 업무가 전문화되지 못하고 분업화되지 못한 것은 심각한 문제이다. 소비자단체들의 분업화 및 전문화가 시급하다.

둘째, 소비자운동 전문 지도자가 부족하다. 소비자운동이 보다 적극적이고 효과적으로 수행되기 위해서는 전문 지도자가 필요하며, 이들을 양성할 수 있는 체제가 정비되어야 한다. 세계 소비자운동에 기여한 국제소비자기구 초대 회장이었던 Colston Warne 교수, 미국의 Ralph Nader, 말레시아의 Anwar Fazal 등과 같은 소비자운동 지도자가 양성되어야 한다.

셋째, 소비자단체들은 재정적으로 매우 취약하여 활발한 운동을 전개하지 못하고 있는 실정이다. 소비자단체들의 주요 재정적 수입은 소수 회원으로부터의 수입과 정부보조금에 주로 의존하고 있어 재정적 문제는 매우 심각하다고 하겠다.

미국의 소비자연맹에서 발행하는 〈소비자 리포트〉는 1년에 약 470만 부가 판매되어 상업잡지가 경쟁하는 미국에서도 잘 팔리는 10대 잡지 중 하나일 정도이다. 그렇다 보니 잡지수입만으로도 소비자연맹이 충분히 운영되고 있다. 뿐만 아니라, 영국의 경우 소비자단체가 270여 개나되고 소비자협회(CA)의 소속직원만 400여 명이며 이 단체에서 발행하는 〈Which?〉 잡지의 구독자가 50만 명이 넘는다고 한다. 그러므로 이 잡지는 기업광고를 절대 사절하고 있으며 잡지판매 수입으로도 단체운영이 충분하다. 그러다 보니, 소비자단체의 영향력이 막대하여 기업이나 영국 정부도 소비자단체의 활동에 지대한 관심을 가지고 있다. 이처럼, 미국이나 일본 등 다른 나라의 소비자단체들은 출판물의 판매, 다수의 회원으로부터의 수입 등 경제적 자립을 위해 매우 노력하고 있는 점을 볼 때, 우리나라 소비자단체의 재정적 문제를 해결하고자 하는 자구노력이 시급함을 알 수 있다.

끝으로, 지역 중심의 소비자운동이 필요하다. 우리나라 소비자운동은 대부분 서울을 중심으로 이루어져 왔다. 최근 들어, 소비자단체들이 지방에 지부를 두기 시작하였으며, 지방자치제를 활용하려는 움직임이 보이고 있으나 여전히 중앙집중적 형태에서 벗어나지 못하고 있다. 일본의 경우 소비자고발 및 소비자문제 접수는 주로 지방에 설치된 기관(예 : 국민생활센터 지부)에서 접수하며, 이 같은 소비자정보는 곧바로 중앙기관에 연락되는 등 중앙과 지방의 유기적 소비자행정을 펼치고 있어 귀감이 되고 있다. 따라서 소비자단체 및 한국소비자보호원은 지역 중심의 소비자운동을 활성화하는 방안을 모색하여 보다 범국민적 소비자운동을 전개하여야 한다.

BASICS OF CONSUMEROLOGY

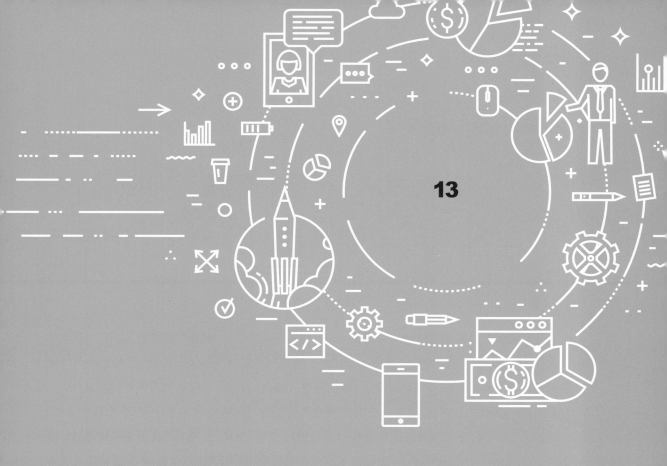

외국의
소비자운동

1. 미국의 소비자운동 │ 2. 영국의 소비자운동 │ 3. 일본의 소비자운동 │ 4. 소비자 관련 국제기구의 활동

CHAPTER 13
외국의 소비자운동

자유무역으로 인해 시장개방이 확대되고 있으며 교통·통신의 발달에 힘입어 소비의 지구촌화는 더욱 가속화되고 있다. 이 같은 상황에서 소비자운동은 더 이상 한 국가만의 문제가 아니며 세계의 공통의 문제로 부각되고 있다. 예를 들면, 1999년 가을에 발생한 벨기에산 돼지고기로부터의 다이옥신 검출사건, 유전자조작 콩 제품으로 인한 소비자안전 위협, 광우병 소로 인한 소비자안전문제 등은 소비자문제가 특정 한 국가만의 것이 아니므로 세계적인 차원에서 해결방안이 모색되어야 함을 보여 주고 있다. 소비자주권 실현을 위한 소비자운동은 세계 공통의 과제로서 국제적 연대가 필요하다.

소비자운동은 미국에서 가장 활발하게 전개되어 왔으며 미국의 소비자운동은 우리나라는 물론 세계 많은 나라에 막대한 영향을 미쳤다. 한편, 영국도 일찍부터 소비자운동을 펼쳐 유럽 각국에 많은 영향을 미치고 있다. 미국의 소비자운동은 각종 소비자정보제공 형태로 전개되어 왔고, 영국에서는 1800년대 말기부터 노동조합 내 협동조합 형태로 시작되어 지금은 정보제공형 운동이 도입되었다. 본 장에서는 미국, 영국, 일본의 소비자운동의 전개과정에 대해 살펴본 후 국제적 소비자운동에 대해 살펴보고자 한다.

1. 미국의 소비자운동

미국에서 소비자운동은 일찍부터 그리고 매우 활발하게 전개되어 왔다. 그 결과 미국은 소비자주권 및 소비자권익이 가장 잘 실현되고 있는 나라가 되었다. 미국의 소비자운동은 저서 출간을 통한 소비자의식 고취, 소비자정보지를 통한 소비자정보제공 형태의 소비자운동, 소비자단체들의 독립적이며 적극적인 활동, 각종 소비자법제도의 확립을 통한 소비자안전 및 소비자권익실현 등의 특징을 띠고 있다.

미국의 소비자운동은 1900년대 초부터 적극적으로 펼쳐지기 시작하였다. 1960년대에 절정기를 맞았으며 Ralph Nader, Easter Peterson 등 많은 소비자 지도자들의 활동이 두드러졌다. 1970년대에는 소비자보호를 위한 각종 법·제도가 완비되었다. 그러나 1980년대 경기침체로 소비자정책 및 소비자운동이 다소 주춤하였다.

1) 1930년대까지의 소비자운동

성공적인 산업화로 미국은 대량생산과 대량유통 그리고 대량소비의 경제사회로 전환되면서 각종 소비자문제가 발생하기 시작하였다. 예를 들면, 경쟁 없는 독점화 문제, 제품의 질과 안전성 문제 등이 그것이었다. 이 같은 소비자문제를 해결하기 위하여 1848년 수입약품에 관한 법안(import drug act)이 통과되었고, 1862년에는 농무성(Dept. of Agriculture)에서 식품, 화학비료, 농산물 등의 성분 및 품질을 조사하기 시작하였다.

1906년에는 사회적으로 대단한 관심을 불러일으키는 사건이 발생하였는데 그것은 Upton Sinclair가 저술한 소설 《정글(원저 : The Jungle)》이 베스트셀러가 되면서 소비자의식을 높이는 계기가 되었다. 이 소설은 시카고 도살장의 비위생적인 작업환경과 노동자들의 고통을 저술하

소비자수첩 13-1

FDA가 있어 미국 소비자들은 안전하다

최근 미국 식품의약품안전국(FDA) 소속 중국인 상 박사는 150년의 FDA사에서 가장 비극적 인물로 기록되고 있다. 1993년 당시 특허기간이 끝난 약물의 복제를 삼류 제약회사에 허가해 주었는데 당시 45달러짜리 스웨터를 한 개 받은 것이 화근이 돼 FDA로부터 해고당했다.

FDA로부터 승인 받는 순간 최소 수억 달러가 보장되므로 FDA직원들은 많은 기업들의 로비 대상이 되고 있다. 권위의 상징으로 인식되는 FDA는 직원들에게 엄격한 윤리를 요구한다. 선물은 20달러, 식사는 끼니당 10달러라는 내부 규정이 있으며, 세미나 등에 초청 받아도 비용일체는 FDA가 담당한다. 왜냐하면 그들이 담당하는 업무가 시민건강과 보건 심지어 생명과 직결되므로 연구진들의 윤리가 엄격히 요구되고 있다.

Edward More Kennedy 상원의원은 "미국 소비자들은 식품, 의약품, 화장품에 신경 쓰지 않는다. 그것은 FDA가 있기 때문이다." 라고 기고한 바 있다.

미국 FDA는 9,000명의 직원으로 미국 내 157개 시에서 활동하고 있는데 300여 명의 화학자, 900명의 세균학자를 포함한 2,100명의 과학자들이 제품을 분석하고 있다. FDA가 보유한 가장 무서운 힘은 리콜제도와 '시민 옴부즈맨'이 보내는 하루 평균 500통의 우편물이다. 결국, FDA의 권위는 FDA 스스로의 노력과 불량식품으로부터 소비자안전을 추구하는 일반 소비자들의 지지로 인해 강력하게 유지되고 있다고 하겠다.

출처 : 조선일보, 1999년 10월 13일

고 있는데, 이 소설이 사회에 알려지면서 비위생적인 육가공제품의 생산 및 판매, 소비자안전 및 위생문제, 노동자문제 등이 사회적으로 큰 이슈가 되었다. 그 결과 같은 해(Roosevelt 대통령 재임)에 '육류검사법(meat inspection legislation)'이 제정되었고, '식품의약품법(FDA : Pure Food and Drug Act)'이 통과되어 소비자안전을 확보하는 중요한 법적 근거가 되었다.

한편, 가전제품, 식품, 공산품 등이 대량공급되면서 사업자들은 치열한 광고를 제공하였고 경쟁적 판매를 시작하면서 소비자들은 선택의 어려움에 부딪치게 되었다. 이 같은 상황에서 1927년 Stuart Chase와 Frederick Schlink가 저술한 《당신이 소유한 화폐의 가치(your money's worth)》라는 저서가 베스트셀러가 되면서 제품가격의 적합성, 광고와 가격 등 소비자정보제공의 중요성이 인식되었다. 이 같은 분위기에 힘입어 1929년 Schlink가 소비자연구소(consumers' research, inc)를 창설하여 품질비교조사를 실시하였고, 그 결과를 소비자들에게 알림으로써 미국의 소비자운동을 정보제공형으로 정착시키는 데 기여하였다.

1936년에는 민간소비자단체인 미국소비자연맹(consumer union)이 창설되어 〈소비자 리포

미국 소비자연맹의 맹활약

뉴욕시에서 차로 약 40분 가량 떨어진 영커스 시에 자리잡은 소비자연맹은 미국 최대의 소비자단체로서 소비자 관련 활동 부서와 〈소비자 리포트〉를 제작하는 부서로 양분되어 있다. 이 단체는 정부로부터의 일체 보조금이나 기업의 기부금을 받지 않고 독립적인 활동을 하고 있는데, 이는 공정하고 신뢰성 있는 소비자정보를 제공하는 〈소비자 리포트〉의 판매 수입(연간 470여만 부 판매)으로 가능하다.

소비자연맹은 자동차성능 검사를 할 수 있는 트랙, 각종 테스트 장비, 50여 개의 실험실을 갖추고 전문성을 갖춘 연구인력 및 검사의 철저함 등을 통해 객관적인 제품비교정보를 제공하고 있다. 일체의 광고를 싣지 않으며 기업이나 정부로부터 독립적이어서 신뢰성 있는 정보를 제공한다. 제품에 대한 가격은 물론, 특징, 단점 등에 대해 자세하게 묘사하며 해당분야 내의 순위까지 공개한다. 평가문구도 매우 직설적이고 가혹하며 애매한 표현을 피하고 있어 소비자들에게 인기가 높다. 〈소비자 리포트〉는 수많은 상업 잡지가 경쟁하는 미국에서 잘 팔리는 10대 잡지 중 하나로 꼽힐 정도이다. 집, 중고차, 금융상품, 여행 등 가격이 비싸거나 소비선택에 신중성이 요구되는 제품에 대해서는 관련 정보를 별도로 제작하여 펴내고 있는데 이 같은 잡지 역시 수십만 부가 팔리고 있다. 1936년 이 잡지가 창설된 이래 기업으로부터 아홉 번의 소송이 제기되었으나 모두 〈소비자 리포트〉 측이 승소하였다.

이처럼 이 잡지에 대한 소비자들의 신뢰가 높다보니 이 잡지의 제품비교평가는 미국에 제품을 수출하는 각국의 기업들 및 미국 기업들에게 막대한 영향을 미친다. 1960년대 초 소비자연맹이 일본 수출용 트럭인 '스즈키 사무라이'의 안전성에 대한 문제를 제기하자 판매량이 60%로 떨어진 바 있으며, 이름 없는 의류업체의 옷이 품질이 좋다고 게재되자 판매량이 50% 늘기도 하였다.

소비자연맹 이외에도 미국에서 전국적인 조직체를 결성한 소비자단체는 약 260여 개에 이르고 있으며, 이들의 연합체인 미국소비자단체연합(CFA)은 매년 독과점 사례를 조사하고 있다. 2000년 봄 MS사가 법정에서 반독점법에 걸려 패소하게 된 것도 바로 이 CFA의 활약에 의한 것이다.

출처 : 동아일보, 2000년 1월 18일

트)라는 소비자정보지를 발간하기 시작하였다. 그 후 소비자연맹은 독립적이고 적극적인 활동을 통해 미국의 대표적인 소비자단체로 자리매김하게 되었다. 한편, 1938년 식·의약품 및 화장품법(FDCA : Food, Drug & Cosmetic Act)이 제정되었는데 이는 1906년 제정한 FDA가 법적 효과가 약화되면서 보다 강력한 법적 규제가 필요하게 되자 화장품에 관한 내용을 추가하여 제정한 것이었다.

2) 1960~1970년대의 소비자운동

미국에서 1960년대는 대량생산의 가속화, 신기술제품의 보급 등의 물질적 풍요가 이루어지면서 소비자권리와 이익에 대한 소비자의식과 사회적 관심이 매우 높은 시기이다. 이 같은 사회적 분위기에 힘입어 1960년대의 소비자운동은 그 절정기를 맞는다. 당시 소비자운동은 여러 저자들의 저서[1] 통해 소비자의 식고취, 소비자권익 및 주권실현에 대한 사회적 공감대 형성을 이루기 시작하였다.

Kennedy 대통령이 1962년 3월 의회에 제출한 〈소비자보호지침서〉에 소비자의 4대 권리를 주창하였는데, 이는 미국뿐만 아니라 세계 여러 나라에 많은 영향을 미쳤으며 지금까지도 상징적인 메시지로 전달되고 있는데 이 네 가지는 다음과 같다.

- 안전할 권리(the rights to safety)
- 알 권리(the rights to be informed)
- 선택할 권리(the rights to choose)
- 의사가 반영되어야 할 권리(the rights to be heard)

그 후 Johnson 대통령에 이르러 소비자청(Consumer Affairs Office)이 설립되었고[2] 현재 소비자보호를 위한 미국 정부기관으로 적극적인 활동을 펼치고 있다.

한편, 1966년 미국의 소비자운동이 절정에 달하는 사건이 발생하였다. '소비자대통령'이라고 불리는 Ralph Nader의 출현이 그것이다. 그는 《어떤 속력에도 안전치 못하다(Unsafe at Any Speed)》라는 제목의 저서를 발표하였는데 이 저서에서 GM(General Motors)자동차 회사가 생산한 콜베어(Chevrolet Colvair)라는 스포츠 자동차의 결함을 주장하였다. 당시 GM(General

---

1) 광고가 소비자에게 미치는 부정적 영향에 대해 저술된 《숨겨진 설득자(The Hidden Persuaders, 저자: Vance Packard)》, 1958년 미국 사회의 불균형적 상황에 초점을 둔 《풍요로운 사회(The Affluent Society, 저자 : John Kenneth Galbraith)》, 1962년 살충제남용으로 인한 문제점에 대해 서술한 《침묵의 봄(Silent Spring, 저자 : Rachel Carson)》, 저소득층 소비자들의 문제에 대해 《가난할수록 더 지출한다(The Poor Pay More, 저자: David Caplovitz)》 등의 저서가 출간되었다.
2) 소비자청의 책임자로서 소비자 관련 전문가가 맡았는데, 1964년 Johnson 대통령이 소비자문제에 관한 대통령 특별보좌관으로 Esther Peterson을 임명하였고 1967년에는 Betty Funess가 새로 임명되었으며, Virginia Knauer는 Nixon과 Ford 대통령의 보좌관으로 활동하기도 하였다.

Motors)자동차 회사가 생산한 콜베어(chevrolet colvair)가 인기를 끌며 생산·판매되고 있었는데, Nader는 이 자동차의 뒷바퀴가 회전 시 미끄러워져 충돌의 원인이 되고 있음에도 불구하고 자동차 제조회사가 외형과 디자인을 지나치게 중시하여 안전성을 무시하고 제작하고 있다고 주장하였다. 고속도로에서 교통사고의 원인이 자동차결함 때문이라고 주장하는 Nader의 저서는 곧 베스트셀러가 되었으며, 그 결과 GM사의 완전패배로 이 자동차의 생산을 중단하게 되었다. 그 후 네이더는 자동차 안전문제연구소를 창설하였으며 20~30대의 젊은 자원자들이 최소의 보수 또는 무보수로 Nader 중심의 소비자운동을 펼치기 시작하여 'Nader 특공대'라는 별칭을 얻기도 하였다. Nader의 맹활약은 많은 소비자들에게 환영을 받았는데, 1972년 갤럽(gallup)조사 결과 Nader는 미국 전역에서 일곱 번째로 존경받는 인물로 선정되었고, 1974년 갤럽조사에서는 많은 응답자들이 Nader가 1976년 대통령선거에 출마할 것을 희망하고 있는 것으로 나타난 것을 볼 때 이 당시 Nader의 활약과 인기가 소비자들에게 대단했음을 단적으로 알 수 있다.

Nader의 저서가 자동차안전에 대한 사회적 인식을 높여 자동차안전과 관련한 많은 법들이 제정되는 결실을 맺게 되었다. 1966년 '자동차안전법(national traffic and motor vehicle safety act)'이 제정되었고 국가고속도로안전국이 설립되었다. 이 외에도 자동차 안전문제연구소의 활약으로 자동차 내 어린이용 좌석설치, 에어 백 설치 장려, 타이어 안전기준의 보안 등 자동차안전과 관련한 많은 규제와 법안이 제정되었으며 〈표 13-1〉에 제시한 바와 같이 1960년대 이후 자동차 이외에 여러 분야의 소비자보호 관련 법들이 제정되었다.

1960년대 Nader의 활약은 매우 성공적으로 확산되어 1960년대에서 1970년대는 소비자운동 및 소비자행정의 성숙기 또는 절정기였다. Nader를 비롯한 소비자운동가들의 활약은 미국의 소비자운동을 시민운동 그리고 사회운동으로 확대시키는 큰 공헌을 하였고, 정부의 소비자정책을 활발하게 촉진시켰다.

한편, 1964년 Johnson 대통령은 '소비자이익에 관한 대통령위원회'를 설치하여 소비자보호 특별교서를 발표하였고, 1971년 Nixson 대통령은 매수인의 권리장전(buyer's bill of rights)을 선언하였다. 또한, 소비자문제사무국(Office of Consumer Affairs), 소비자문제 국가사업자문회(national business council for consumer affairs), 국립소비자재판연구소(national institute of consumer justice), 제품정보조정센터(product information co-ordinating center) 등이 설치되어 소비자보호시책이 강화되었다. 1975년 Ford 대통령은 소비자의 4대 권리에 소비자교육을 받을 권리를 추가하였다.

1980년대 이후 대부분의 주에서 소비자청(consumer affairs office)이 설치되어 소비자불만을 해결하고 불공정거래에 관한 법률을 집행하는 기관이 되었다. 소비자청이 소비자피해 접수를 받으면 조정에 의해 분쟁해결을 시도하고, 실패하는 경우 행정기관 또는 소비자가 사법적 피해 보상조치를 취하도록 하고 있다.

| 표 13-1 | 미국 연방 소비자 관련 법

법 안	연 도	목 적
식품 · 의약품법 (pure food and drug act)	1906	각 주(state) 간의 통상에서 판매되는 식품과 의약품의 저품질과 잘못된 표시(misbranding) 금지
식품 · 의약품 및 화장품법 (food, drug, and cosmetic act)	1938	공공의 건강을 위태롭게하는 식품, 약품, 화장품, 또는 치료 장치에 대한 저품질과 판매 금지 ; FDA(식 · 의약품관리국)는 식품에 대한 최소의 표준과 지침을 정했다.
울 제품 표시법 (wool products labelling act)	1940	모든 유형의 제조된 울제품에서 표시하지 않은 대용품과 혼합으로부터 생산자, 제조업자, 도매상, 소비자 보호
모피 제품 표시법 (fur products labelling act)	1951	모피 또는 모피 제품의 잘못된 표시, 허위광고, 거짓된 송장으로부터 소비자와 다른 사람들을 보호
화염성 옷감법 (flammable fabrics act)	1953	위험한 화염성 의류와 직물의 각 주(state) 간 수송 금지
자동차 정보 발표법(automobile infor-mation disclosure act)	1958	자동차제조업자에게 모든 새로운 승객 운송수단에 있어 제안된 소매 가격을 명시할 것을 요구
직물 섬유 제품 확인법(textile fiber pr-oducts identification act)	1958	직물 섬유 제품에 있어 섬유 함유량의 잘못된 표시와 허위광고로부터 생산자와 소비자를 보호
담배 표시법(cigarette labeling act)	1965	담배 제조업자에게 담배가 건강을 해친다는 것을 표시하도록 요구
공정 포장 및 표시법 (fair packaging and labeling act)	1966	불공정 또는 기만적 포장이나 어떤 소비자 상품의 불법적 표시를 공표
아동 보호법(child protection act)	1966	잠재적으로 유해한 장난감 판매 배제 ; FDA(식 · 의약품관리국)는 시장에서 위험한 제품을 제거하도록 했다.
대여 사실법(truth-in-lending act)	1968	소비자가 그들의 신용 구매에 관해 보다 잘 알도록 소비자 신용 계약과 신용 광고에서 모든 금융 요금의 완전한 폭로 요구
아동 보호 및 장난감 안전법 (child protection & toy safety act)	1969	열(thermal), 전기 또는 기계적 위험을 가진 장난감과 다른 상품들로부터 아동을 보호
공정 신용 보고법 (fair credit reporting act)	1970	소비자 신용 보고는 정확한, 적절한, 최근의 정보만을 포함하고 특정 관계자가 적절한 이유에 의해 요구하지 않는 한 기밀이 됨을 보장
소비자 제품 안전법(consumer pro-duct safety act)	1972	소비자제품에서 발생하는 상해의 부당한 위험으로부터 소비자를 보호하기 위한 독립적 기관(agency)을 구성하여(소비자제품안전위원회) 안전기준을 만드는 권한 부여
보증 개선법(magnuson-moss war-ranty- improvement act)	1975	소비자제품 보증 표기에 대한 최소 발표 기준의 제공 ; 보증 표기에 대한 최소 내용 표준 규정 ; FTC(연방통상위원회)가 불공정 또는 기만적(deceptive) 행위에 관한 해석 규칙과 정책 규정

3) 1980년대 이후의 소비자운동

1980년대에 접어들면서 미국은 경기침체(recession)로 인해 소비자정책이 다소 주춤하게 되었다. Reagan 정부는 재정적자, 인플레이션, 실업 등 경기침체로 소비자보호와 관련한 예산을 30% 정도 삭감하였고, 기업과 대결 정책을 펼치지 않는 인사들을 소비자관련행정부서로 배치하는 정책을 펼쳐 소비자정책이 주춤하게 되었다.

그러나 일부 학자들은 이 시기를 소비자운동의 퇴조기라기보다 소비자운동을 재정립하는 시기라고 주장하고 있다. 1980년대는 그 동안의 성과를 중심으로 새로운 지도자의 필요, 재정적 문제 해결, 다른 사회운동과의 협력 등이 새로운 과제로 떠올라 이를 위한 노력의 시기라고 설명하고 있다.

1982년 Reagan 대통령은 소비자의 임무와 역할에 대한 인식제고를 위해 소비자주간을 선포하고 매년 4월 마지막 주에 소비자 관련 행사를 실시하는 등의 소비자정책을 실시하기도 하였다. 한편, 1994년 Clinton 대통령이 소비자권리에 서비스를 제공받을 권리를 추가하였다.

현재 미국의 소비자정책은 주 정부, 연방정부 및 기타 공공단체에 의한 소비자정책으로 유형화할 수 있다. 연방정부에 의한 소비자보호는 정부기관에 따라 그 내용을 달리한다. 상무부, 농무부, 보건부, 교육부, 후생부, 연방무역위원회 등은 그 산하기관을 통하여 연방 차원에서 다양한 소비자정책을 수행하고 있다. 주로 각종 소비자정보제공, 제품 시험·검사, 각종 기술적 지원 등의 업무를 수행하고 있다. 중앙 정부의 소비자정책은 백악관 내 설치한 백악관 소비자문제협의회(the white house consumer affairs council), 대통령 소비자자문위원회, 소비자문제실(consumer council)을 중심으로 실현되고 있으며 소비자보호국을 두고 있다.

한편, 미국 주 정부는 국민의 건강, 안전, 권익의 보호를 위한 조례를 두고 개별 주의 상황에

소비자수첩 13-3

미국의 'Give Five' 운동

미국에서는 'Give Five' 운동이 펼쳐지고 있다. 미국 시민단체에서는 1986년부터 2년마다 미국인들이 얼마나 기부 및 자원봉사를 하는 지에 대해 조사활동을 펼치고 있다고 한다. 미국의 시민단체들은 재벌이나 재산가들의 생전 기부 또는 유산, 재단을 통한 재정후원을 통해 경제적으로 매우 활동하기가 수월하다고 한다.

우리나라는 수입의 1% 나누기 운동을 이제 겨우 시작하고 있으나, 미국인들은 한 사람이 1주일에 5시간 이상 자원봉사를 하고, 수입의 5% 이상을 기부하자는 운동을 벌리고 있다. 우리의 재력가들이 자손들에게 상속하는 데 치중하는 반면, 미국인들은 재단을 만들거나 사회단체에 기부하는 문화가 확산돼 있음에 주목할 필요가 있다.

| 표 13-2 | 외국 소비자 관련 기관의 인터넷 웹사이트

단체 및 관련 기관	인터넷 웹사이트 주소
국제소비자기구(CI)	www.ftc.gov
OECD소비자정책위원회	www.consumersinternational.org
미국소비자정보센터	www.oecd.org/dsti/sti/it/consumer/index.htm
미국 FDA	www.pueblo.gsa.gov
미국 FTC	vm.cfsan.fda.gov/~urd/press.html
미국 소비자제품안전위원회	www.cpsc.gov
영국소비자협회(CA)	www.which.net
영국 공정거래청(OFT)	www.oft.gov.uk
영국 통산부(DTI)	www.dti.gov.uk
프랑스 전국소비자연합(ORGECO)	perso.wanadoo.fr/orgeco
프랑스 국립 소비자보호원(INC)	www.conso.net
오스트리아 소비자협회	www.konsument.at
일본 국민생활센터	www.kokusen.go.jp
일본 경제기획청	www.epa.go.jp

적합한 행정체계를 통해 소비자행정을 펼치고 있다. 캘리포니아주의 경우 소비자행정업무를 전담하는 기구로서 1970년 설립된 소비자보호청(dept. of consumer affairs)을 중심으로 소비자보호규제 업무를 관장하고 있다. 구체적으로, 소비자 서비스부(consumer services division)를 중심으로 소비자정보제공을 하고 있다. 교육부(education division)에서는 소비자, 각종 면허사업자, 사업자, 정부기관 공무원들을 대상으로 하는 소비자문제, 소비자권리, 소비자피해구제 절차 등에 대한 교육을 실시하고 있다. 한편, 소비자피해는 소비자정보분석부(consumer information and analysis division)에 설치된 소비자정보센터(consumer information center)를 통해 구제 받게 된다(한달 평균 9,000건). 사업자와 소비자 간의 분쟁이 해결되지 않는 경우 소비자보호청에서 양 당사자가 수락할 수 있는 조정안을 제시하여 합의를 유도한다. 이 이외에도 소비자보호청에는 조사부, 연구ㆍ시험 서비스부, 면허부 등을 두고 소비자정책을 펼치고 있다.

2. 영국의 소비자운동

영국의 소비자운동은 미국의 정보제공형과는 다른 협동조합형의 형태로 시작되었다. 1800년대 말 저임금과 공황으로 인한 고용불안 속에서 노동자들은 생계를 꾸리기가 어려웠다. 이 같은 상황에서 노동조합운동의 일환으로 1880년대부터 협동조합 형태의 운동이 태동하였다. 1844년 영국의 로치델에서 노동자들은 로치델 공정개척자조합을 설립하였다. 이 조합은 산업혁명 이후

노동자들이 저질 또는 조악품에 대항하기 위하여 설립된 조직으로 협동조합형 소비자운동의 시초이다.

영국의 소비자운동은 EU(유럽연합)가 결정하는 각종 소비자보호 기준, 지침, 규정에 많은 영향을 미치고 있다. 영국의 소비자정책 및 소비자운동의 영향력은 영국은 물론 유럽 각국에 걸쳐 매우 크므로 여기서는 영국의 소비자운동과 소비자정책을 구분하여 살펴보고자 한다.

1) 소비자단체의 소비자운동

영국에서 현대적 의미의 소비자운동은 1950년대가 지나면서 시작되었다. 1957년 민간소비자단체인 소비자협회(CA : Consumer Association)가 창설되면서 적극적인 소비자운동이 전개되기

영국 소비자협회의 맹활약

1999년 하반기 영국 런던에서 열린 자동차 전시회장에 세계적으로 유명한 39개 회사 자동차 70여 종이 휘황찬란한 조명 속에 모터쇼를 열고 있었다. 그런데 전시회장의 중앙벽면에 "영국은 자동차를 바가지 씌워 팔고 있다(the great british car rip-off)"라고 쓰인 대형 현수막이 걸려 있었다. 현수막 아래엔 '영국에선 차를 사지 말자'는 선전코너까지 설치돼 있었다. 어떻게 이런 일이 가능했을까? 이 현수막과 코너는 영국에서 가장 큰 소비자단체인 소비자협회(CA : Consumers Association)가 설치한 것이다.

그 동안 소비자협회는 영국에서의 자동차 값이 서유럽 및 외국보다 터무니없이 비싼 데 대해 여러 차례 항의했지만 자동차회사나 판매자들이 별 반응을 보이지 않자 이번에 실력행사에 나선 것이다. 영국에서 팔리는 자동차는 영국 산이건 외국산이건 서유럽 외국에 비해 15~60% 가량 비싸다고 한다. 영국에서 자동차가 비싼 데 대해 판매업자들은 환율이나 세금, 물류비용 등의 문제를 내세웠다. 그러나 유럽연합(EU)의 거대한 단일시장으로 확대된 이상 이들의 주장은 명분을 잃었다는 판단하에 소비자단체가 '불매운동'을 벌이게 된 것이다. 이에 소비자들의 호응도 대단하여 관련 법률을 개정해 더 이상 '바가지 씌우기'를 못하도록 하자는 취지로 '국회의원에게 보내는 편지' 코너에 서명하려는 소비자들의 발길이 하루 종일 줄을 이었다. 소비자단체와 소비자가 함께 행동에 나선만큼 서유럽과 비슷한 가격으로 자동차 값을 내리지 않을 수 없을 것이라는 것이 일반적인 견해이다.

영국 소비자협회가 최근 제기하고 있는 문제는 자동차가격 인하운동 외에도 정보공개법 제정, 전기가스료 인하 등 여러 가지이다. 또한, 소비자협회는 1998년 유전자조작식품(GM Foods)의 안전성에 집중적으로 문제를 제기해 식품사들이 유전자 조작식품에 모두 'GM Foods'라는 표시를 의무적으로 부착해야 하는 성과를 올렸다. 현재 유명 유통업체 테스코(TESCO) 등 대부분의 유통점이 이를 팔지 않기로 해 유전자 조작식품은 매장에서 아예 찾아보기 힘든 실정이다.

이처럼 소비자를 위해 일하는 단체가 영국에서 소비자협회만은 아니다. 영국의 시민단체 가운데 소비자 관련 단체만 해도 270여 개에 이른다. CA의 경우 소속 직원만 400여 명으로 웬만한 기업규모와 맞먹는다고 한다. 이 같은 사정이다 보니 영국 정부나 기업들도 소비자단체의 목소리에 귀 기울이지 않을 수 없다고 한다. 소비자단체의 목소리는 곧바로 판매에 영향을 미치는 데다 정부 역시 유권자에게 막대한 영향력을 지닌 소비자단체를 의식하지 않을 수 없기 때문이다.

출처: 동아일보, 2000년 2월 28일

시작하였다. 소비자협회는 재정적으로 독립된 민간단체로서, 미국의 〈소비자 리포트〉를 모델로 한 〈which?〉라는 소비자정보지를 발행하기 시작하면서 영국의 소비자운동을 정보제공형의 운동으로 전환시켰다. 소비자협회는 상품비교정보 이외에 보다 다양한 소비자욕구를 충족시키기 위하여 은행, 저축, 병원, 재무관리, 전화서비스 등 다양한 분야의 정보와 상담을 제공하였으며, 1962년부터는 자동차 품질비교정보를 제공하기 시작하였다. 소비자협회의 적극적인 활동은 영국 소비자들의 호응을 얻어 1970년대 접어들면서 회원 수가 500만에 이르기도 하였다.

최근 소비자협회는 환경문제, 건강, 고용, 작업환경 등을 포함하는 인간환경적 측면과 에너지, 천연자원, 오존파괴, 공기 및 토양오염, 수질문제 및 물의 공급 등과 같은 자연적 환경에 대한 정보제공을 수행하고 있다. 소비자협회는 영국 소비자들이 접할 수 있는 거의 모든 상품에 대해 비교정보를 제공하고 있는데, 서점판매는 하지 않고 연간 구독 우편판매방식 만을 취하고 있음에도 매달 50여만 명의 소비자가 이 잡지를 구독(연간 구독료 약 12만 원)하고 있다. 소비자협회에서 발간하는 다른 자매지 구독자까지 합하면 구독자는 총 매달 약 100만 명에 달한다고 한다.

한편, 1957년에 영국에서는 또 하나의 민간단체가 발족되었는데 그것은 소비자자문위원회(consumer advisory council)이다. 이 단체는 객관적인 상품비교결과에 대한 정보를 〈쇼퍼 가이드(shopper's guide)〉에 실었고, 회원수가 한때 5만 명에 이르기도 하였으나 1963년 폐간하게 되었다. 폐간 이유는 소비자협회가 출판한 〈which?〉에 비해 객관적 정보제공이 늦고, 융통성 없는 운영의 문제, 객관적 비교정보로서의 가치가 낮은 점, 회원 가입자 수의 감소, 정보제공에 적극적인 노력을 취하지 않은 점 등이었다.

소비자협회 및 소비자자문위원회 이외에도 영국에선 1970년대부터 많은 소비자단체들이 창립되었는데 그 중 대표적인 것은 전국소비자심의회, 지역소비자그룹, 전국연방소비자그룹, 소비자문제연구소 등이다. 이 단체들에 대해 간단하게 살펴보면 다음과 같다.

(1) 전국소비자심의회

1971년에 창립된 전국소비자심의회(national consumer protection council)는 주말 라디오 고정 코너 및 신문 고정칼럼에서 소비자들의 개인적 문제를 상담해 주기 시작하면서 알려진 단체였다. 현재, 영국 25개 지역에서 계속 활동하고 있을 뿐만 아니라 정부 및 기타 공공기관에 대해 소비자의 권익을 대변하는 활동을 펼치고 있다.

(2) 지역소비자 그룹

소비자협회의 지원에 의해 1961년에 발족되었는데 주요 목적은 지역 중심의 소비자운동을 전개하기 위한 것이었다. 지역소비자 그룹(local consumer groups) 들은 크게 세 가지 목적으로 설립되었다. 구체적으로, 각 지역 소비자문제에 관심을 갖고 이를 해결하고자, 지역 내에서 제공되는 제품과 서비스의 질을 개선하고 유지하고자, 지역 내 소비자정보를 수집하고자 설립되었다. 1980년대 초에는 약 60개의 지역 소비자그룹이 활동하였으며, 각 그룹마다 총 회원 수는 약 1만 명 정도였다. 대부분 지역 소비자그룹들은 각종 소비자정보, 소비생활과 관련한 권유 또는 충고, 그리고 상품 및 각종 조사결과를 알리는 소비자잡지를 발간하고 있다. 재정적 수입은 주로 회원의 회비, 출판물로 인한 소득, 각종 보조금에 의존하였으나 재정적 독립을 하지 못하고 있다.

(3) 전국연방소비자 그룹

1963년 소비자협회의 재정적 지원에 힘입어 지역소비자 그룹들과 협조체제를 유지하기 위하여 전국연방소비자 그룹(national federation of consumer groups)이 설립되었다. 이 단체는 지역 중심의 소비자그룹들을 중앙에서 지원하고, 지역그룹들의 관점과 관심을 전체적 시각으로 대표하고자 설립되었다. 이 단체에서는 Flash라는 소비자정보지를 출간하였는데 이 정보지는 공정거래청이 상품비교조사를 수행하도록 촉진시키기도 하였다. 그러나 얼마 후 소비자협회로부터의 재정적 지원이 감소하고, 또한 출판물 〈플레시〉의 판매부진과 각종 보조금의 감소 등으로 재정적 문제가 심각해져 감에 따라 20년에 걸친 활동이 점차 부진하게 되었다. 계속적인 재정적 어려움으로 1976년부터 잉글랜드와 스코트랜드 남동부의 그룹들은 지역적 제한 없이 회원을 모집하는 노력을 취하였다. 자체적 출판물 제작, 지역과 중앙 정부와의 자문적 역할, 재정적 독립 노력에도 불구하고 재정적 문제로 인하여 많은 소속 단체들이 활동을 중단하게 되었다.

(4) 소비자문제연구소

소비자문제연구소(research institute for consumer affairs)는 1963년 소비자협회의 재정적 보조를 기초로 〈Which?〉가 다루는 영역과는 다른 정부, 전문적 분야, 그리고 상업적 서비스 분야와 관련한 연구·조사를 수행하고자 설립되었다. 재정적 원천은 출판물, 각종 지원금이나 보조금, 연구수탁으로 인한 수입, 그리고 소비자협회로부터의 차입 등이었다. 이 연구소의 연구결과는 매월 요약판으로 그리고 1년 중 6회의 팸플릿으로 출판되었다. 그러나 적은 구독자 수, 출판물로 인한 엄청난 재정적 손실 등으로 1965년 활동을 중단하고 말았다. 그 후 1966년부터는 소비자협회의 연구프로젝트를 수행하였고, 주 정부의 독점, 장애자를 위한 장비 등 보다 전문적인 분야의 조사를 수행하였으며, 간헐적으로 연구지원금을 수탁하여 연구를 수행하였다[예 : 빈민아동구제공단(Child Poverty Action Group)].

2) 소비자보호정책

현대적 의미의 영국의 소비자보호정책은 1959년 통상장관에 의한 소비자보호위원회(통칭 Molony 위원회)의 활동으로부터 시작되었다. 소비자보호를 위한 정부활동은 1973년 공정거래법에 의해 설립된 공정거래청(office of fair trading), 1974년 통상·산업성(dept. of trade and industry)을 중심으로 전개되었다. 통상·산업성은 소비자신용 및 각종 거래 관련 소비자분야를, 그리고 농업성에서는 식품의 표시 및 식품과 관련한 소비자보호를 주로 담당하고 있다.

1987년 영국 정부는 '소비자보호법'을 제정하였고, 이 법 1장에는 제조물책임 규정을 두고 있다. 영국의 '제조물책임법'은 1988년 시행되었는데 기본적으로 EU지침을 따르고 있다. 1988년에는 오도광고, 1987년에는 방문판매, 1992년에는 단체여행과 관련한 세부규정을 마련하여 법적으로 명문화하였다.

영국의 소비자보호정책은 다른 여러 유럽국가들과 마찬가지로 EU의 경제통합에 대응하는 '소비자보호와 관련한 EU지침'을 중심으로 전개되어 왔다. 소비자보호와 관련한 주요 EU활동은 1957년 로마조약을 시초로 1975년 소비자보호와 정보정책을 위한 예비 프로그램, 1981년 각료이사회의 지침, 1986년 소비자보호정책의 새로운 추진 등을 통해 전개되어 왔다. 최근의 EU지침은 제조물책임에 관한 지침, 오도광고지침, 소비자신용지침, 방문판매지침, 음식물표시 및 광고에 관한 지침, 장난감안전지침, 위험물질에 관한 지침 등 소비생활과 관련한 여러 분야에 걸친 협정이다. 최근 영국의 소비자보호정책은 주로 EU 회원국간의 협약 또는 지침을 시행하는 방향으로 전개되고 있다.

정부 차원의 소비자기관은 소비자를 보호하고 소비자의 목소리를 반영하기 위한 활동으로 구체적으로 살펴보면 다음과 같다.

(1) 소비자심의회

1963년에 조직된 소비자심의회(CC : Consumer Council)는 소비자문제에 대한 정부 최초의 자문조직으로서 Molony의 자문(Molony의 소비자보호 위원회의 보고)에 의해 설립되었다. 이 기관은 주로 세 가지 기능을 수행하였는데, 그 기능은 소비자 관련 법적 조치의 제안을 공공정책에 반영하는 것, 제조자나 기업이 제공하는 제품이나 서비스 질의 기준을 설득하는 일반적인 소비자문제 해결, 소비자교육과 정보제공 등이다.

그러나 소비자심의회의 활동은 1970년에 퇴색되기 시작하였다. 활동이 미약해진 이유는 다른 민간소비자단체들에 비해 정부조직으로서 활동이 점차 처지게 된 점, 소비자심의회에서 발간하는 〈포커스〉라는 소비자정보지 조차 다양한 소비자욕구를 충족시키지 못한 점, 재정적 지원이 충분치 못하였기에 적절하고 충분한 역할을 하지 못한 점 때문이었다.

(2) 전국소비자심의회

1975년 노동국에서 설립한 전국소비자심의회(NCC : National Consumer Council)는 정부 및 여타 공공기관에 대해 소비자이익과 권익을 대변하는 대표적인 정부 소비자기관으로 설립되었다. 전국소비자심의회는 1963년에 조직된 소비자심의회의 활동이 1970년대 퇴색되면서 새로이 조직된 정부의 소비자보호조직이다. 전국 소비자심의회에서는 재정적 독립이 되지 않는 전국 규모의 소비자단체들을 지원하였다. 또한, 불리한 조건의 소비자를 보호하고 소비자들의 목소리를 반영하기 위한 전국적인 활동을 지원하였다. 전국소비자심의회는 유럽 내 국제소비자조직의 주요 활동인 유럽공동소비자지침을 마련하는 데 공헌하였다.

(3) 공정거래청

1973년 영국 정부는 소비자심의회를 폐쇄시키고 공정거래청(OFT : Office of Fair Trading)을 새로이 발족시켜 경쟁정책 추진, 반경쟁적 거래조사, 시장남용 감시, 소비자교육, 제품의 질과 서비스 기준 향상 등을 추진하였다.[3] 공정거래청은 산업과 소비자 간의 균형, 동적이며 계속적인 시장변화 등을 추구하기 시작하였다. 공정거래청은 1973년 경쟁, 소비자문제, 소비자신용 등에 관한 '공정거래법(fair trading act)'을 제정하였다. 이 법을 계기로 공정거래청의 활동은 무역과 산업국(dept. of trade and industry)으로 이전되었다. 1974년에는 '소비자신용법(consumer credit act)'이 개정되었다.

공정거래청은 크게 네 가지의 기능을 수행하였는데 소비자교육과 소비자정보제공, 소비자의 경제적 이익에 악영향을 미치는 불공정한 무역보호에 대한 반대제안서 작성, 소비자의 권익을 증진시키고 안전을 기하기 위한 '소송실무법(practice code)' 촉진, 소비자권익에 상반되는 활동을 하는 무역업자나 기업에 대한 규제 등이다.

(4) 소비자자문센터

소비자자문센터(CACs : Consumer Advice Centers)는 소비자보호협회(consumer association)에서 발행하는 정보지인 〈Which?〉의 문제점을 보완하고자 일대일 면담을 통한 상담이나 충고, 사전구매정보, 사후 불평행동 등에 대한 분야를 담당하였다. 각 지방이나 여러 지역에 분산된 이 센타는 1977년에는 120개가 될 정도로 많은 지부를 두고 구매 전 합리적 선택을 도와주는 업

---

3) 공정거래청을 감독하는 영국 정부 부처는 통산부(dept. of trade and industry)로서 소비자보호 총괄 부처이다.

무에 많은 역할을 담당하였다. 또한, 구매 후 불평에 대한 타협 또는 지방 법정에서의 피해구제에 대한 지원 등을 담당하였다. 1년 불평처리건수는 평균 8,000건에 달하고 있으며, 피해구제 액수는 약 2만 파운드나 될 정도로 많은 양의 소비자불만이나 피해를 상담을 통해 해결하고 있다. 또한, 1972년 '지역정부법(local government act)'에 근거하여 소비자정보센터 조직들에게 재정적 지원을 하고 있다.

(5) 거래기준청

거래기준청(TSD : Trading Standards Department)은 1974년 창설되어 중량과 측정으로부터 소

프랑스의 소비자안전 확보

식품안전에 관한 한 유럽은 미국보다 더 까다롭다. 그러나 프랑스에서도 소비자안전사고는 발생한다. 1998년 리스테리아균에 오염된 치즈 때문에 소비자 한 명이 사망하는 사건이 있었으며, 1999년에는 다이옥신파동을 치렀다. 그러나 우리나라와는 달리 이 같은 파동은 곧 진정되었다. 이처럼 곧바로 진정되는 이유는 파동이 발생한지 불과 며칠만에 정부는 다이옥신에 오염됐다고 의심되는 닭고기 달걀 등 모든 식품에 대한 유해물질오염 검사 결과를 낱낱이 공개했기 때문이다. 우리의 경우 벨기에로부터 수입된 지 얼마 안 되는 돼지고기가 어떻게 유통됐는지조차 모르는데, 프랑스에서는 그 많은 품목에 대해 어떻게 이런 일이 가능했을까. 바로 프랑스의 독특한 '트라시빌리테' 시스템 때문이다. '트라시빌리테'는 직역하면 '흔적 남기기'다. 모든 식품의 생산과 유통단계를 기록에 남겨 바코드에 담는 것이다.

예를 들어, 한 소비자가 슈퍼마켓에서 구입한 버터에 문제를 제기할 경우 버터 포장지에 표시된 바코드를 보면 버터를 슈퍼마켓에 공급한 유통업자, 생산공장이 어디인지 단번에 알 수 있다. 심지어, 이 버터가 언제 어느 농장에서 집유한 우유로 만들어졌는지, 해당 젖소의 건강상태, 이 젖소가 어떤 사료를 먹었고, 어떤 병에 걸렸으며, 항생제는 몇 번이나 접종했는지까지 알 수 있다. 이처럼 식품의 모든 생산 유통단계가 투명하게 공개되기 때문에 소비자는 안심하고 식품을 구입할 수 있고 생산자는 사고가 나더라도 문제의 원인을 금방 추적할 수 있어 프랑스에서 식품 판매가 전국적으로 중단되는 일은 일어나지 않고 있다.

프랑스의 경우 식품안전을 책임지는 기관은 경제재정산업부 공정거래소비부정방지국(DGCCRF), 농수산부 식품국(DGAL), 보건부 사회보건행정국(DASS) 등 세 개나 된다. 불량식품이 한 번만 적발되면 그 기업은 망하기 때문에 기업들도 이제 소비자만족과 기업이익을 같은 개념으로 여기는 풍토이다. 프랑스에서 식품안전사고로 적발된 업주에게는 최고 2년의 징역과 25만 프랑(약 5,000만 원)의 벌금이 부과된다. 프랑스에서도 식품안전문제에 대한 통합기구의 필요성이 제기되어 작년 식품위생안전청(AFSSA)이 발족했다. 이는 각 부처로 분산돼 있던 식품안전 연구부서를 통합한 것으로 식품안전에 대한 과학적 소견의 제출을 목적으로 한다. 수년 전 광우병 파동을 겪은 영국이 작년 유럽에 쇠고기 수출을 재개하려 했을 때 프랑스가 "영국산 쇠고기의 광우병 감염 우려가 불식되지 않았다."는 AFSSA의 의견을 바탕으로 이를 거부한 바 있다.

프랑스에서 소비자단체는 19개로써 전국 소비자연합, 소비자연맹 등이 있으며, 우리나라의 한국소비자보호원과 유사한 정부 산하 소비자보호종합 시책기관으로서 국립 소비자보호원이 있다.

출처 : 동아일보, 2000년 1월 24일

비자보호 등 고전적인 소비자보호활동을 펼쳐왔으며, 소비자상담과 소비자교육을 강조하였다. 이 기관의 주요 업무는 품질의 양과 질 확보, 안전추구, 적정가격확보, 소비자교육 및 사업자들의 교육 등이다. 거래기준청의 활동은 '소비자신용' 법 제정, '미터법'의 변화, '인플레 억제법'의 제정, EU의 '평균계량법' 제정에의 기여 등이다.

3. 일본의 소비자운동

일본의 소비자운동은 영국의 로치델 소비생활협동조합이 소개되면서 소비조합 또는 구매조합 형태의 소비자운동으로 시작되었다. 조합 중심의 소비자운동은 회원을 중심으로 저렴한 가격으로 일용품을 현지나 도매상에서 구입하여 조합원들의 생활안정을 꾀하고 이익을 추구하는 형태였다. 그러나 세계대전이 발발함으로써 이 같은 활동이 거의 중지되었고, 점차 정보제공형의 소비자운동이 가세하게 되면서 현재 일본은 생활협동조합형 그리고 정보제공형의 소비자운동이 병행되고 있다. 일본의 소비자운동은 초기에는 민간 중심의 운동이 활발하게 전개되었으나, 점차 일본정부의 소비자행정이 보다 활발하게 전개되어 민간소비자운동을 압도하는 분위기로 전환되는 양상을 보이고 있다.

1) 시대별 소비자운동 전개

일본 소비자단체들의 현황과 주요 활동을 〈표 13-3〉에 정리·요약하였는데, 일본의 소비자운동을 시기별로 구체적으로 살펴보면 다음과 같다.

현대적 의미의 일본의 소비자운동은 2차 세계대전 이후부터 전개되었다. 전쟁으로 파괴된 이후 먹을 것이 없어 쌀이나 식량을 확보키 위한 모임에서부터 출발하였다. 전쟁 직후 오사카의 '관서주부연합회'가 발족되어 조악한 상품을 수집하고 이 제품들에 대한 가두 시위 및 불매운동을 펼치기도 하였다.

그 후 일본경제는 1년에 10% 이상의 성장률을 갖는 등 계속적인 성장으로 풍요로운 사회를 맞게 되었다. 그러나 대량생산, 대량소비구조 속에서 소비자는 생산자에 비해 상품지식, 가격결정, 상품선택 등의 측면에서 불리하였을 뿐만 아니라 소비자문제가 끊이지 않았다. 이 같은 상황은 소비자운동이 적극적으로 전개되는 계기가 되었다. 당시의 대표적인 소비자사건은 1955년 모리나가 비소우유사건,[4] 1960년 통조림고기사건, 1964년 살로마이드 사건, 1966년 이따이

---

4) 이 사건은 다음 해인 1956년 전국소비자단체 연락회가 결성되는 도화선이 되었다.

| 표 13-3 | 일본 소비자단체의 현황과 주요 활동

소비자단체	발족연도	주요 활동	단체현황(1988년)	발간지	기타 활동
주부연합회	1948	소비자권리보장운동 소비자교육, 상품테스트 생활실태조사 물가조사, 고충처리	456단체 (본부 203개, 지방 253개)	주부연소식 (월간)	IOCU 통신회원 가입 부인단체의 협의체
일본소비자 협회	1961	소비자교육사업 (소비생활컨설턴트강좌 소비자리더양성강좌, 강습회, 상품연구회)		월간 소비자 품질구매사전 컨슈머 · 북	IOCU가입 아시아지역이사회로 활동
소비과학 연합회	1964	규격의 제정 불합리한 과제의 개선 유통합리화에 관한 운동 소비자행정추진 도모	35개 단체	소비의 길잡이	
전국소비자 단체연락회	1957	법률시행감시 소비자단체연락 가격인상반대운동 공해기업에 책임추궁	간사 20개 단체 지방 15개	소비자단체속보 소비자운동자료	전국적 대회 개최
일본소비자 연맹	1969	소비자안전반대기업고발 조사와 연구활동 중점		소비자리포트 (월간)	남성 중심의 단체 대중동원은 않음
일본생활 협동조합 연합회	1948	생활을 지키는 운동 자체생산 · 기획활동	약 2,000개 조합 (직장, 지역, 대학생협)	생협운동(월간) 생협운영 소비자운동자료 발행	매출규모가 높음 소비자호응도 높음
전국지역 부인단체 연락협의회	1952	전국부인회연락조직 지역특색적 소비자운동 물가대책, 청소년대책	47개 단체		100엔 값싼 화장품 판매로 주목받았음
신생활운동 협회	1964	생활학교운동 조사활동,연구회개최 제조 · 유통업자와 대화 소비자상담	약 2,000여 개 생활학교		신생활통신 신생활특신 신생활시리즈 벽신문

출처 : 허경옥(1998). 대한가정학회지, 36(3), p. 186.

이따이병 발생 등이었다.

특히, 통조림사건은 새로운 법을 제정하는 계기가 되었다. 1960년 가을, 동경에서 한 주부가 고기깡통 속의 파리 한 마리를 발견하여 보건소에 문제를 제기하였는데 보건소 검사결과 통조림 속의 고기가 소고기가 아니고 고래고기였다는 것이 밝혀지게 되었다. 따라서, 20여 개 대기업 통조림회사 제품을 수거하여 검사한 결과 이중 18개 업체가 고래나 말고기를 사용한 것이 밝혀져 사회적 물의를 빚는 사건으로 확대되었다. 결국, 소비자들은 "표시를 정확히 하라", "내용과 표시가 일치해야 한다"는 내용의 운동을 벌이게 되어 1962년 '부당표시 방지법'이 제정되었다.

1961년에는 일본소비자협회가 설립되어 소비자계몽사업과 상품테스트활동을 추진하기 시작하였고 〈월간소비자〉를 발행하여 소비자정보제공에 주력하였다. 또한, 소비생활 컨설턴트를 양성하기 위한 강좌와 소비자교육활동을 활발하게 전개하여 생산자에 비해 소비자의 불리한 조건을 개선하고 소비자보호운동을 펼쳤다.

한편, 1964년에는 통산성에 소비자경제과가 설치되었고, 1965년에는 경제기획처에 국민생활국이 설치되어 국민생활심의회를 발족하여 소비자문제를 담당함으로써 일본정부의 소비자정책이 활발하게 전개되기 시작하였다. 그 결과 1968년 '소비자보호기본법'이 제정되었으며 정부기관인 국민생활센터가 발족되면서 정부의 소비자정책이 보다 적극적으로 수행되기 시작하였다.

소비자문제가 계속적으로 발생하여 사회적 문제로 대두되면서 1970년대에 이르러 많은 소비자단체들이 발족되었고 적극적인 활동을 펼치게 되었다. 1975년 경제기획청의 조사에 의하면 1975년 소비자단체 수는 생활협동조합 1,247곳과 생활학교 1,887곳을 합하면 무려 2,373개 단체가 결성되어 있음을 알 수 있다. 이들 단체에 가입한 회원의 수도 총 2,000만 명에 달하였다.

한편, 종래 주부 중심의 운동에서 남성소비자도 소비자운동에 참여하면서 일본의 소비자운동은 고발형 형태로 보다 적극적으로 전개되었다. 소비자권리 실현, 소비자피해구제에 대한 법적 수단의 적극적 활용, 그리고 불매운동 등 보다 강력하고 강화된 소비자운동을 펼쳤다.

최근 일본 소비자운동의 관심 대상은 일상적인 생활문제를 포함하여 보다 포괄적인 대상으로 확대되는 양상을 띠게 되었다. 물가문제, 식생활문제, 자원과 폐품 문제, 환경문제, 마케팅으로부터의 소비자피해 등 다양한 분야에 걸쳐 소비자운동이 전개되는 특색을 보였다. 예를 들면, 1970년대 초부터 미국의 마케팅방법인 마루치상법이 도입·만연되면서 소비자피해가 급속하게 증가하는 현상이 발생하게 되었다.[5]

그 후 1973년 중동전쟁으로 석유파동이 일어나면서 일본의 소비자운동은 등유가 부당인상분에 대한 반환청구운동, 인상전 요금으로 전기요금내기 운동, 석유업자에 대한 손해배상청구소송, 전기요금인상 반대운동 등으로 전개되었다. 이와 같은 전기요금인상 반대운동은 원자력발전의 반대운동으로 확대되었고 '부지불 운동'으로 확산되어 갔다.[6] 한편, 은행이 인플레조장에 많은 영향을 미쳐 왔으며 때로는 기업의 매점매석행위조장에 막대한 영향력을 미쳐 온 것에 대한 비판운동으로 '1엔 예금운동', '1,000엔 미만의 보통예금에도 이자를 가산케 하는 운동' 등 경제적 측면에까지 소비자운동이 펼쳐지게 되었다.

---

5) 마루치의 용어는 멀티-레벨 마케팅(multi-level marketing)에서 multi의 일본식 발음으로 판매원을 조직화하여 시장을 개발하는 다단계판매를 의미한다.
6) 부지불운동이란 이해할 수 없는 것에는 돈을 내지 않는다는 논리에서 시작된 것으로 원자력발전소 건설을 위해 소비자의 돈이 쓰여지는 것에 대한 반대운동으로 전개되었다. 소비자들은 조작된 에너지위기를 구실로 위험한 원자력발전을 추진하려 한다고 주장하였다.

1980년대 이후부터 일본의 소비자운동은 문화, 관광, 레저, 여가 등 서비스와 관련한 소비자 문제에 대해 보다 적극적인 활동을 펼쳤다. 뿐만 아니라, 공해문제, 일조권문제, 주거문제, 환경 문제 등 소비자운동은 삶의 질과 관련한 다양한 분야로 확대되었다. 한편, 마루치상법(피라미드 판매방법) 등 판매방법에 대한 불만이 점차 높아지면서 1976년 '방문판매법(1988년 개정)', 1984년 '할부판매법'이 개정되는 등 고도의 마케팅 전략 또는 다양하고 교묘한 판매 전략으로 인한 소비자피해방지 노력이 계속되었다.

한편, 농약사용 및 수입제품으로부터의 소비자안전이 위협 당하기 시작하면서 수입제품과 관련한 소비자운동이 활발하게 전개되었다. 1989년 수입 오렌지 및 포도에 사용한 농약문제가 발생한 후 1990년에는 미국산 레몬에서 농약이 검출되는 사건이 발생하자 1991년 35가지 농약에 대한 농산물에의 잔류기준을 설정하였다. 뿐만 아니라, 식품첨가물에 대한 규제운동이 1983년부터 본격적으로 전개되었고, 1992년 식품첨가물이나 농약의 안전기준을 국제적 기준으로 통일하자는 운동이 전개되었다.

또 다른 일본의 소비자운동의 특징은 1990년대 이후 생활협동조합의 활동이 활발하게 진행되었다는 것이다.[7] 생활협동조합은 농약오염 우려가 높은 식품(예 : 두부, 콩나물 등)을 직접 생산하여 회원들에게 보급하되, 점포판매와 무점포판매 그리고 주문방식을 통해 유통단계를 줄여 저가격으로 판매하는 등의 활동을 계속하여 왔다. 농약의 기준사용량에 대한 제시, 식품첨가물에 대한 엄격한 기준, 환경친화적 제품개발, 재생용품생산 등의 활동은 회원들 그리고 소비자들의 호응도가 매우 높다.

1990년대부터는 '제조물책임법' 등의 '소비자보호법' 제정이 계속되었다. 많은 민간 소비자

"이 제품 사지 말라" 일본이 술렁

일본에서는 최근 《사서는 안 된다》라는 책이 불티나게 팔리고 있다. 이 책은 유명 기업 상품들의 실명을 거명하며 인체와 환경에 왜 유해한지를 조목조목 따진 일종의 소비자들을 위한 상품안내서이다. 예를 들면, 아사히 맥주의 캔, 닛신(日青)식품의 컵 라면 용기에선 환경호르몬이 검출되고, 야마사키 제빵의 크림빵은 인공첨가물 덩어리며, 가오(花王)의 샴푸는 합성세제를 넣었다는 것이다.

일본 내 유명기업은 물론 P&G, 맥도널드, 코가콜라 등 다국적 기업들의 제품들에 대한 문제점도 공개적으로 폭로, 도마 위에 올려 놓고 있다. 이 책은 잡지 〈주간 금요일〉에 이미 연재됐던 내용을 별책부록으로 엮은 것으로 1999년 10월 말 195만 부나 판매, 베스트 셀러 대열에 올랐다.

출처 : 시민의 모임, 제 52호, 11~12호, p. 13.

---

7) 일본생활협동조합은 1997년 현재 출자금이 3,200엔(2조 800억 원) 정도에 이르며 연간 매출액이 2조가 넘고 있고 취급상품 수도 9,000가지나 된다고 하니 그 활동의 정도를 짐작할 수 있다(녹색소비자, 1997).

단체들이 경제기획처·통산성에 '제조물책임법'의 제정을 촉구하였다. 마쓰시다 전기회사 제품인 텔레비전 발화사건을 계기로 '제조물책임법'이 1994년 제정되고 1995년 시행되어 소비자 피해구제 및 소비자보호에 관한 행정적·법적 규제가 철저하게 제정되었다.[8] 오랜 기간 동안 미루어졌던 제조물책임법이 제정됨으로써 소비자보호를 위한 제도적 장치가 많이 보완되었다.

2) 일본 소비자운동의 특징

일본 소비자운동의 특징을 몇 가지로 요약하면 다음과 같다.

첫째, 전국의 300여 개의 소규모 소비자단체들이 지역 중심으로 소비자운동을 전개하고 있다. 조직이 거대하면 관리하는 데 힘이 많이 들고 실제적인 현장활동을 할 수 없다는 취지하에 생활 속의 소비자문제를 끌어내고 지역 중심의 소비자운동을 전개하고 있는 것이 특색이다. 이 같은 지역 중심의 활동은 정부 소비자기관도 예외는 아니었다. 1968년 국민생활심의회 내의 소비자보호부회에서 지방소비자생활센터를 설치한 이래 지방에 320개의 지방소비생활센터가 설치되어 있을 정도로 지방자치적 활동이 활발하다.

둘째, 민간 소비자단체 및 행정기관, 그리고 지방소비자 관련 기구 등의 활동은 철저하게 전산화, 온라인망을 통해 체계적으로 이루어지고 있다. 전산망 '파이오넷' 등을 통해 소비자피해 구제 및 소비자상담, 그리고 소비자안전과 관련한 정보수집 및 정보제공 등 대부분의 활동이 전산시스템에 의해 처리되고 있어 매우 효과적이다.

셋째, 일본의 민간소비자단체들은 재정적 자립을 통해 독립적 활동을 펼치고 있다. 예를 들면, 일본 소비자연맹은 〈소비자 리포트〉를 한 달에 세 번 발행하여 이 출판물의 판매를 통한 자금과 회비를 운영자금으로 활용하고 있다.

4. 소비자 관련 국제기구의 활동

국제화, 지구촌화, 그리고 시장개방이 가속화되면서 소비자문제는 더 이상 한 국가만의 문제가 아니고 세계 전체의 문제로 등장하였다. 이 같은 상황에서 여러 국가들의 소비자단체 또는 소비자운동가들이 서로 정보와 자원을 공유하고 협조하며 국제적으로 연대하게 되었다. 국제적 소

---

8) 1994년 3월 오사까지법에서는 텔레비전 발화사고에 제조물책임을 인정하고 마쓰시다 전기에 440만 엔을 납부하라는 명령을 내림으로써 제조물책임법이 제정되는 도화선이 되었다.
9) CI(Consumer International)는 1995년 개정된 명칭으로 그 이전에는 IOCU(International Organization of Consumer Union)로 사용되었다.

비자운동을 펼치는 대표적인 국제기구는 국제소비자기구(CI : Consumer International),[9] 세계경제협력기구(OECD). 유럽소비자동맹(BEUU : Bureau of European Consumers Unions), 국제표준화기구(ISO : International Organization of Standardization) 등이 있다. OECD의 소비자 관련 활동에 대해서는 앞서 5장에서 다룬 바 있으므로 여기서는 국제소비자운동을 펼치는 대표적인 기구인 국제소비자기구와 국제표준화기구의 활동에 대해 살펴보자.

1) 국제소비자기구

(1) 국제소비자기구의 창립 및 조직

국제소비자기구는 1960년 네덜란드 헤이그에서 미국, 오스트레일리아, 벨기에, 네덜란드 등 5개국이 창립하였다. 창설 이후 매우 활발한 활동을 펼쳐, 현재 약 120여 개국의 217개의 소비자

국제소비자기구활동의 어려움

1999년 11월 세계무역기구(WTO) 각료회의 개막식이 열릴 예정이던 미국 시애틀의 파라마운 극장 주변에는 아침부터 세계 각국에서 모여 든 5만여 명의 시위대에 의해 점령당했다. 이들 시위대는 세계 80여 개국에서 몰려 든 소비자, 농업, 환경, 인권 등 각분야의 시민단체 회원들로서 폭 넓은 무역자유화를 통한 21세기 교역질서를 만들자는 세계무역기구의 뉴그라운드 협상 자체를 무산시켰다. NGO들은 WTO의 일방적인 협상 진행, 진정한 토론이나 협상이 없는 협상, 회의진행의 투명성 문제(그린 룸회의에는 회원국 중 선택된 몇 개국 대표만이 초대된 비밀협상이었음) 등의 문제를 제기하는 반대시위를 전개하였던 것이다. 결국, WTO 각료회의는 폐막되고 말았다.

NGO, 즉 비정부 시민단체들 및 국제소비자기구의 활약이 더욱 활발해 지고 있으나 국제소비자기구도 나름대로 활약상의 어려움을 안고 있다. 세계 각국 소비자들의 관심과 수준이 서로 달라 활동이 하나로 모아지지 않는 것이 가장 큰 문제이다.

1999년 11월 영국에서 열린 총회에서 선진국과 개도국 소비자단체들은 향후 역점 사업의 방향을 놓고 의견합의를 도출하지 못했다. 영국 측 대표는 전자상거래가 소비자들의 가장 큰 관심사라며 관련 정책 입안을 제의하였으나, 인도 대표는 '우리는 직접 보고 만지고 흥정한 뒤 제품을 산다' 며 전자상거래의 중요성을 깎아 내렸고, 짐바브웨 대표는 '우리는 컴퓨터 있는 마을이 거의 없다' 며 의제 자체를 일축했다.

2000년 11월 남아공화국에는 열리는 CI 총회에서 이 같은 갈등은 더욱 심화될 것으로 보인다. 그 동안 재정의 80%를 부담해 온 선진국들의 목소리에 눌려 온 개도국들의 반발이 만만치 않을 것으로 보인다. 또한, 각국의 소비자운동 수준도 국제적 연대를 어렵게 하고 있다. 1950년대 중반부터 시작된 유럽의 소비자운동은 이미 기업, 정부에 엄청난 영향력을 행사하고 있으나 1970년대 시작된 한국, 아시아 국가들은 아직 역부족 상태이며, 1990년대에 겨우 싹튼 아프리카 소비자운동은 조직을 유지하기도 어려운 실정이다. 국제소비자기구는 이 같은 각국의 소비자운동수준 및 관심의 차이 그리고 갈등을 조화롭게 해결하여 연대적 공감대를 도출하여야 하는 어려운 과제를 안고 있다.

출처 : 동아일보, 2000년 3월 14일

단체가 참여하고 있을 만큼 규모 면에서 그리고 활동 면에서 거듭 발전하여 국제적 소비자운동을 주도하는 대표적인 기구로 성장하게 되었다. 사령부는 네덜란드 헤이그에 있으며 다섯 개의 지부를 두고 있다.

1985년에는 UN에서 국제소비자기구를 국제기구로서 인정하였고, 1995년부터 과거 영문 명칭이었던 IOCU를 CI(Consumers International)로 변경하였다. 국제소비자기구의 재정적 자원은 회원단체의 회비, 출판물의 판매기금, 비정치적 기관 등으로부터의 기부금과 보조금을 받아 운영하고 있다. 국제소비자기구는 그 동안 제품의 표준, 환경, 건강, 사회정책 등에 대한 소비자권리를 옹호하기 위해 노력하여 왔다. 최근에는 전자상거래 등 새로운 경제현상과 세계무역기구(WTO) 등 국제기구의 의사결정과정에서 소비자권리가 침해당하지 않도록 노력하고 있다. 소비자운동이 세계적 운동으로 확대된 이유는 개별국가가 소비자에게 미치는 영향력보다 국제기구의 결정이 각국의 소비자에게 미치는 영향력이 더 커지고 있기 때문이다. 또한, 통신수단의 발달은 국제적 차원의 활동을 용이하게 하고 있다.

국제소비자기구에서는 비정치성, 독립성, 비영리성을 띠는 회원단체는 정회원(associate member)자격을, 그렇지 못한 경우에는 지원회원(supporting member) 또는 통신회원(corres-ponding member) 자격을 주고 있다. 우리나라의 경우 소비자문제를 연구하는 시민의 모임과 한국소비자연맹이 정회원으로 가입하고 있으며, 소비자보호단체협의회는 통신회원으로 가입하고 있다. 정회원으로 가입된 단체는 소비자보호를 위하여 독립적으로 운영되어야 하며, 소비자이익에 영향을 미칠 수 있는 보조금이나 장려금은 받지 않아야 한다.

(2) 국제소비자기구의 주요 활동

국제소비자기구는 세계적인 비정부 기관으로서 세계 각국의 소비자운동을 국제적인 수준으로 끌어올리는 것이 기본 목표이다. 국제소비자기구의 주요 활동을 크게 네 가지로 나눈다면 가입 회원단체의 각종 지원, 소비자단체 및 기구결성 촉진, 소비자권익 옹호, 다른 국제기구의 지원 등이다. 구체적으로, 국제소비자기구는 회원단체들에게 제품·서비스 조사 및 결과에 대한 각종 정보제공, 기술적 지원 등의 활동을 한다. 또한, 연구보고서, 뉴스레터 등 각종 소비자정보 및 아이디어를 상호 교환하는 매개체로서의 활동을 주도한다. 게다가, 소비자단체 및 소비자보호 관련 기구가 약화될 경우 이를 지원하고, 소비자단체가 존재하지 않는 국가의 경우 소비자보호단체 설립 및 기구 설치를 촉진시킨다. 결론적으로, 국제소비자기구는 개도국이나 후발 신흥공업국가들의 소비자권익을 위해 힘쓰고 있으며, 소비자문제와 관련한 각종 다른 국제연합이나 기구들을 지원하고 연대활동을 펼치고 있다.

국제소비자기구가 다른 국제기구의 활동을 지원한, 예를 들면, 세계 소비자들의 약품사용의

소비자 수첩 13-8

제3세계 소비자운동가 : Anwar Fazal

랄프 네이더(Ralph Nader)가 미국의 소비자운동가라면 Anwar Fazal은 세계운동, 특히 제3세계의 소비자운동을 주도하는 소비자운동가이다. 그는 1941년 태생의 인도계 말레이시아인으로서 경제학을 전공한 정열적인 사회운동가 겸 소비자운동가이다. 말레이시아 페낭에서 청년들과 함께 경제연구회를 조직하여 소비자문제에 관심을 갖기 시작하다가 1974년 페낭 소비자협회를 조직하고 본격적으로 소비자운동가로서 활동하기 시작하였다.

Anwar Fazal은 1974년 싱가폴에서 열린 국제소비자기구 세미나에 참석하여 국제소비자기구의 아시아태평양지역사무소 소장으로 선출되었다. 1978년에는 런던총회에서 국제소비자기구의 제 4대 회장으로 선출되었으며, 1980년 헤이그 총회에서 다시 회장으로 선출되어 6년이나 회장으로서 맹활약을 펼쳐왔다.

Anwar Fazal의 주요 활동 중 모유권장운동은 대표적인 활동으로 국제유아식품행동기구(IBFAN)를 통해 '모유대체식품판매 국제규약'을 1981년 세계보건기구(WHO)에 통과시키는 성과를 올렸다. 또한, 선진국 또는 다국적기업에 의한 제3세계의 소비자피해를 막으려는 소비자단체의 연합적인 노력을 계속하여 왔다. 그 외에도 그가 재임 당시 국제소비자 감시기구(consumer interpol), 합리적 약품사용 행동기구(ARDA), 화학조미료는 이제 그만(no MSG please network)등의 활동을 펼쳐왔다.

현재 제3세계 소비자운동의 성지처럼 알려진 페낭에서 소장으로 활동하고 있는데 제3세계 소비자들의 입장을 설득력 있게 대변하고 있다. 네덜란드 헤이그의 본부 직원보다 페낭의 직원이 훨씬 많은 것만 보아도 Anwar Fazal의 정열을 잘 알 수 있다. 페낭의 사무소는 마당을 가진 목조건물 2층집으로 이곳에서 제3세계 소비자문제를 다루고 있다고 하니 그의 철저한 실천력과 투철함을 알 수 있다.

출처 : 김기옥 외(1998). 소비자와 시장. 학지사. p. 413.

안전, 위험의약품판매금지, 적절한 정도의 의약품사용 등에 관한 역할을 담당하는 국제기구인 국제건강기구(HAI : Health Action International)의 공동설립자(1980년)로서의 역할을 수행하였다. 또한, 위험한 제품(예 : 결함 있는 의류기구, 오염된 식품이나 살충제)의 국제적 유통이나 판매 등을 금지하기 위하여 설립된 소비자국제경찰(consumer interpol)의 활동(1981년 창설)에 전폭적 지원을 하고 있다.

국제소비자기구가 그 동안 적극적인 활동을 펼친 결과, UN에서도 소비자보호활동에 많은 관심을 갖기 시작하였는데, 대표적인 예로 1985년 '소비자보호에 관한 UN지침(UN Guidelines)'이 처음 통과되었다. 이 지침은 소비자안전, 제품기준, 교육 및 소비자정보의 내용을 담고 있으며, '다국적 기업의 행동지침규약'에 소비자보호조항을 포함하고 있다. 한편, 국제소비자기구는 1995년 UN의 지속가능발전 위원회에 소비자보호 가이드라인의 개정을 요청한 바 있으며, 1997년 세계소비자권리의 날(3월 15일)에 '소비자와 환경'이라는 주제로 환경소비자운동의 중요성과 '지속 가능한 소비'의 중요성을 주장하였다.[10]

---

10) '지속 가능한 소비'란 현 세대뿐만 아니라 미래세대의 욕구를 충족시켜 주되 환경을 악화시키지 않고 인간의 기본적 욕구를 충족시키자는 의미이다.

지금까지 국제소비자기구의 활동에 대해 살펴보았는데, 최근 소비자운동의 방향이 변화하고 있다. 과거엔 각국의 수준에 맞는 소비자정책을 개발하고 개별 국가의 소비자단체들에게 여러 측면에서 조언하는 수준이었으나 이제는 전 지구적 차원에서 소비자권익 향상에 주력하고 있다. 제품의 품질과 안전 그리고 가격에 중점을 둔 지금까지의 소비자운동에서 자원의 효율적 사용, 환경파괴방지 등에 보다 비중을 두는 방향으로 전환하고 있다.

2) ISO의 소비자 관련 활동 : 국제소비자정책위원회

ISO에서 소비자 관련 활동을 적극적으로 펼치는 국제소비자정책위원회 및 각종 국제표준 업무에 대해 이해하기 위해 먼저 표준화에 대해 논의한 후 ISO에 대해 살펴보고, 국제표준화기구 내의 국제소비자정책위원회의 활동에 대해서 살펴보자.

(1) 표준화란?

표준화란 국가 간 공동이익을 추구하기 위해 국제적으로 합의를 통해 범세계적으로 사용되는 표준(ISO, IEC,[11] ITU)으로 국경을 초월하여 세계시장에 통용되는 경영규범을 의미한다. WTO 출범으로 세계시장이 단일화되면서 국제표준화 활동은 활발하게 진행되고 있다. WTO/TBT 협정에 따르면 회원국은 규격(강제, 임시)제정 시 국제표준인 ISO/IEC 규격과 일치시킬 것을 권고하고 있다. 세계시장에서 전체 교역량의 80%가 표준의 영향을 받고 있고(1999년 OECD 보고서), 표준화의 적용범위가 제품 위주에서 시스템, 물류, 금융, 환경, 노동, 소비자 등 산업전 분야로 확대되고 있다. 또한 그 동안 표준이 2차 산업 중심에서 3차 산업인 서비스 분야로까지 확산되고 있어 표준이 시장장악을 위한 수단으로 대두되고 있는 실정이다. 특히, 첨단산업분야에서는 표준이 기술경쟁력을 결정하게 되고 기술혁신에도 불구하고 국제표준을 선점하지 못하는 경우 시장지배력을 확보하지 못하고 사장되는 실정이다.

(2) ISO(국제표준화기구)

ISO는 1947년 설립된 비정부 간 기구로서 스위스 제네바에 본부를 두고 있으며 2007년 말 당시 1만 7,041개의 표준화된 규격을 가지고 있다. 설립목적은 상품 및 서비스의 국제 간 교류를 원활하게 하기 위하여 지식, 과학, 기술 및 경제활동의 협력적 발전을 위해 표준 및 관련 활동의 세

---

11) 국제전기기술위원회(IEC : International Electrotechnical Commission)는 1906년 설립된 비정부간 기구로서 전기전자분야에서 국제적으로 통용되는 표준 및 적합성 평가 기준을 확립하는 기구이다. 2008년 69개국이 가입하고 있으며, 한국은 기술표준원이 정회원으로 활동하고 있다.

계적인 조화추구, 국제규격 제정 및 보급, 세계적 사용 홍보, 표준화 전반에 대한 국제 및 지역기구와의 협력이다.

ISO는 정회원(member body)[12] 과 통신회원(correspondent member)을 두고 있는데, 2008년 현재 105개국이 정회원이며, 42개국이 통신회원이다. 한국의 경우 기술표준원(KATS)이 정회원으로 활동하고 있다. ISO는 연 1회 개최하는 ISO 최고의결기구로 총회(general assembly)를 두고 있고, 실질적인 운영을 책임지는 기구로서는 이사회(council)를 두고 있으며, 자문기관으로서 모든 회원국에게 개방되는 정책개발위원회(적합성평가위원회 : CASCO, 개발도상국위원회 : DEVCO, 소비자정책위원회 : COPOLCO)를 두고 있다.

국제규격을 제정하는 실질적인 업무는 TC(기술위원회 : technical committee)에 의해 수행되는데 기술관리부가 승인한 작업범위 내에서 작업계획을 세우고 작업을 수행하여 국제규격을 작성한다. 한편, 기술관리부 추천을 조건으로 모체 TC에 의해 SC(분과위원회 : sub-committee), WG(작업반 : working group)을 운영하게 된다.

ISO 소비자정책위원회(COPOLCO)의 적극적인 활동으로 최근 소비자 분야 표준활동은 다음과 같다.

■ 제품리콜표준화 회의 : PC[13] 240(product recall) − 1차 회의는 2009년 말레이시아 쿠알라룸프르에서 5월 4일과 5일에 열림[14]

■ 제품안전표준화 회의 : PC 243(product safety) − 1차 회의는 2009년 캐나다 토론토에서 10월 29일, 30일 열림

■ 중고제품표준화 회의 : PC 245(Cross-border trade of second-hand goods) − 1차 회의는 중국 베이징에서 2009년 9월 8일과 9일에 열림

소비자학 분야가 표준에 주목해야 하는 이유는 표준화가 소비자권리 실현의 수단이므로 중요하고, 표준은 과학·기술·경험의 통합적 결과에 기초하여 지역사회공동체를 위한 작업이며, 표준화는 소비자가 활용하는 것이므로 중요하다. 특히, 글로벌 표준에 소비자가 참여하는 표준개발이 중요하며(예 : 요금청구제도, 제품리콜, 개인정보보호, 어린이 안전, 제품이나 식품안전 등), 표준화 작업의 최종 목표는 소비자의 질적인 삶에 있기 때문에 소비자학의 영역이며 동시에 소비자학의 연구분야이다.

---

12) 정회원은 기술위원회(TC) 또는 분과위원회(SC)에 회원으로 가입할 수 있는데, 이때 P(Participating) 멤버, O(Obserber) 멤버 지위 중 하나를 선택할 수 있으며 ISO 표준 제정 투표 권한을 가진다.
13) PC는 Project Committee의 의미로 COPOLCO에서 제안된 표준화 활동을 위한 위원회이다.
14) PC 240의 국제의장은 성신여대 생활문화소비자학과 허경옥 교수가 맡고 있다.

(3) ISO 소비자정책위원회

ISO 소비자정책위원회(COPOLCO committee on consumer policy)는 1978년 ISO 직속 소비자
정책위원회로 출범하여 2008년 현재 정회원 61개국, 준회원국 43개국으로 총 104개국이 회원국
이다. 국제소비자표준정책개발 및 ISO/IEC에 소비자정책을 권고하고 기업의 사회적 책임(SR :
Social Responsibility), 리콜표준화 개발 및 제품안전가이드 제정을 추진한다. 매년 총회 및 표준
정책개발 워크숍을 개최하고 제품안전 등 여덟 개 작업반 및 의장자문단을 운영하며, 한국은
2002년부터 정회원으로 활동하여 2005년부터 의장국으로서의 역할을 수행하였다. 특히, 표준
업무에 대한 소비자정책위원회에 대해 구체적으로 살펴보면, 표준화로부터 소비자가 이익을 얻
을 수 있도록 노력하고 있는데 국가 및 국제표준화에 소비자참여를 증진시키는 방안을 연구하
고 있다.[15] 다시 말해, ISO의 현재 또는 향후 표준화 및 적합성 평가 등에서 소비자입장에서 ISO
이사회에 자문을 하고 있으며 신규정책이나 기존정책 개정 시 소비자의 의견, 시장에서 소비자
의 수요가 반영되도록 ISO 이사회에 자문하는 역할을 수행하고 있다. 이외에도 ISO 정관에 따
라 기술적 업무에 관한 전반적인 책임을 지는 기술관리부(TMB : Technical Management
Board), 표준화된 전문기술 업무 기획 · 조정하는 중앙사무국(CS : Central Secritariat) 등을 두고
있다.

---

15) 우리나라의 경우 소비자시민모임이 COPOLCO을 출범하였다.

14

소비자정책

1. 소비자정책의 기초 | 2. 소비자정책의 전개 | 3. 소비자행정체계
4. 소비자정책의 문제점 및 해결방안 | 5. 외국의 소비자정책

CHAPTER 14

소비자정책

1. 소비자정책의 기초

1) 소비자정책의 정의 및 목표

소비자정책이란 소비자문제를 해결하기 위해 정부가 관련 법과 제도를 정비하고 이를 기초로 각종 규제를 강구하는 일련의 과정이다. 다시 말해, 소비자문제를 해결하기 위한 정부의 공식화된 행동지침이라고 할 수 있다. 소비자이익이 공공이익의 일부이므로 소비자정책은 공공정책의 일부이고 개별정책의 하나라고 할 수 있다.

소비자정책은 사업자 간의 공정한 경쟁을 촉진시키며 소비자의 합리적 소비행동을 유도하는 기본적인 목표를 가지고 있다. 정부는 소비자주권확보 및 소비자의 합리적 선택을 지원하여 궁극적으로는 국민생활의 질적 향상을 추구하게 된다. 이 같은 소비자정책의 목표를 수행하기 위하여 정부는 소비자정책을 통해 경쟁적 시장구조를 지원하고, 소비자정보를 제공하여 소비자가 자유롭고 합리적으로 선택할 수 있는 기반을 조성한다.

2) 소비자정책의 실현방법

소비자정책의 목표를 달성하기 위한 방법은 크게 두 가지로서 사업자에 대한 규제행정과 소비자에 대한 지원행정이 그것이다.

(1) 사업자 규제 행정

사업자에 대한 규제 행정은 소비자보호를 위한 법제도를 정비하고 소비자안전시책을 강화하며

소비자
수첩 14-1

기억도 없는 만화책 연체료가 230만 원?… '묻지 마' 채권추심 사례 빈번하게 발생

씨씨렌드, 영화나라 등 폐업한 도서·비디오 대여점에 가입했던 회원들을 상대로 수년 전 대여기록을 넘겨 받아, 근거가 불분명한 도서·비디오 연체료를 터무니없이 청구하는 소위 '묻지 마' 채권추심 사례가 빈번하게 발생하는 일이 벌어졌다.

의복, 침구, 장구 기타 동산의 사용료의 채권에 대해서는 1년간 권리행사를 하지 않은 경우 소멸시효가 완성하며(민법 제164조 2호), 책이나 비디오 대여료의 경우 이 기준에 해당된다. 피해사례의 경우, 대부분 이미 채권소멸시효가 지난 상태에서 수십만원에서 수백만 원에 이르는 부당한 연체료를 청구했으며, 도서 및 비디오를 이미 반납했거나 연체사실이 불분명한 소비자들에게도 역시 연체료를 납부하라는 독촉장을 보낸 것으로 알려졌다.

주로 경험과 법률 지식이 부족한 청년층 소비자들을 대상으로 수년 전 비디오 대여 및 반납 연체료를 강요하는 것은 적절히 대응하지 못하는 소비자의 상황을 악용하는 것이다. 이에 서울 YMCA 시민중계실은 부당한 채권추심업무에 대한 피해사례들이 많이 접수되고 있고 그 피해가 더 확산될 가능성이 있다고 판단하여 '소비자경보'를 발령하였다.

출처 : 세계일보, 2009년 9월 3일

공정한 거래질서 확립을 추구하는 것이다. 우리나라의 경우 '방문판매법', '할부거래법', '약관규제법' 등 소비자보호 관련 법들을 제정하여 이 법령들에 기초하여 소비자보호를 추구하고 동시에 사업자들의 부당한 활동을 규제하고 있다. 이 외에도 소비자보호를 위한 개별 법들에 근거하여 각 부처들의 규제행정을 통해 소비자정책을 펼치게 된다.

구체적으로, 소비자안전 시책을 수행하는 과정에서 사업자를 규제하게 되는데, 위해방지 제도로서 제품의 안전규격에 의거 안전기준 제시, 위해정보수집, 불량·위해 제품의 규제, 리콜제도를 통한 사업자 규제 등의 규제행정을 펼치게 된다. 한편, 공정한 거래질서를 확립하기 위하여 불공정거래 행위 규제, 계량 및 규격의 적정화, 표시 및 광고의 적정화, 거래의 적정화 등의 기준을 제정하고 이를 위반한 사업자의 경우 규제조치를 취하여 소비자보호를 추구하게 된다.

(2) 소비자지원 행정

소비자를 지원하기 위한 정부의 지원정책은 소비자교육, 소비자정보제공, 제품비교검사 실시 지원, 소비자상담 및 피해구제 등의 형태를 통해 실현된다. 최근 들어, 규제행정보다 소비자지원정책이 소비자정책의 주요 수단이 되어야 한다는 목소리가 높아지고 있다. 소비자지원 정책의 장기적 효과를 감안할 때, 과거의 사업자 규제 중심의 소비자정책에서 정부의 소비자에 대한 지원정책으로 전환되어야 한다.

2. 소비자정책의 전개

1960년대 성장 위주의 경제정책이 계속적으로 시행되면서 점차 독과점적 시장구조가 고착되었고, 경제력의 집중이라는 구조적 모순 속에서 개별 소비자는 기업에 비해 열세의 위치에 처하게 되었다. 대량생산, 대량소비, 대량유통의 경제구조 속에서 소비자문제 및 소비자피해는 급증하게 되었고, 소비생활 자체가 커다란 위협을 느끼게 되는 상황에까지 이르게 되었다. 소비자문제 및 소비자피해가 많은 소비자들에게 보편적이고 광범위하게 발생하게 되면서 더 이상 개인의 문제가 아닌 사회적 문제로 확산되었다. 이 같은 상황에서 자유롭고 안전한 소비생활 보장, 바람직한 사회분위기 조성 등을 추구하기 위해 정부는 소비자문제에 개입하고 그와 관련한 소비자정책을 수행하기에 이르렀다. 소비자정책은 소비자문제 파악, 소비자피해 예방, 소비자피해 구제 등을 통해 소비자복지증진 나아가서는 삶의 질을 높이고자하는 기본적 목표를 두고 있다.

산업화와 경제고도화에 따른 여러 가지 폐해로부터 소비자의 생활안정과 복지를 추구하는 소비자정책은 국가의 주요 정책 가운데 하나로 자리잡고 있다. 우리나라의 경우 1970년대 중반부터 소비자정책이 시행되어, 1980년대에 기본적인 행정체계정비 및 법제도 정비를 이루었고, 1990년대와 2000년대 걸쳐 소비자정책은 괄목할 만한 성과를 얻었다. 정부는 그 동안 적극적인 소비자정책을 추진하여 어느 정도 법제나 행정체계는 갖추었다고 할 수 있다.

그런데, 소비자는 변하고 있고 또한 소비자를 둘러싸고 있는 소비환경은 과거와 달리 빠르게 변모하고 있다. 소비자들의 의식과 기대수준이 높아져 보다 나은 제품이나 질적인 서비스를 구매하고자 하는 소비자욕구가 증대되고 있어 이들의 욕구를 충족시켜 줄 수 있는 새로운 소비자정책이 구현되어야 하는 상황이 되었다. 또한, 다국적 기업의 팽창, 국제무역장벽의 철폐로 개방화의 가속화, 국제 간의 무역환경의 변화, 전자상거래 출현으로 인한 소비의 지구촌화 등 소비자를 둘러싸고 있는 소비환경은 계속적으로 변화하고 있다. 시시각각 변화하는 국제소비환경을 충분히 반영하는 새로운 소비자정책이 요구되는 시점이다. 우리나라에서 전개된 소비자보호 정책을 시기별로 구분하여 살펴보면 다음과 같다.

1) 1960년대 소비자정책

경제적 빈곤의 시대였던 1960년대에는 국가경쟁력강화가 경제정책의 최우선 과제였다. 1962년에 이르러 제1차 경제개발 5개년 계획이 시행되었다. 계획적이고 종합적인 경제개발시책이 본격적으로 추진되면서 경제성장을 위한 기반을 갖추어 나아가기 시작하였다. 수출 위주의 경제성장정책 속에서 소비자권익, 소비자주권, 소비자복지라는 용어조차 생소하였으며 소비자정책은 정부의 관심사가 되지 못하였다.

정부 중심의 수출지향적 경제정책을 수행하는 과정에서 정부의 강력한 재정적·금융적·행정적 지원을 받은 일부 기업이 독과점기업으로 급성장하였고 그 결과 대기업의 독과점으로 인한 폐해가 나타나기 시작하였다. 이 같은 상황에서 1960년대 말부터 기업의 독과점을 규제하려는 움직임이 시작되었을 뿐 소비자보호를 위한 직접적인 정책은 펼쳐지지 못하였다.

이 당시, 간접적으로 그리고 직접적으로 소비생활과 밀접한 관계를 가진 법률로서 1961년 제정된 '부당경쟁방지법', 1961년의 '계량법', '공업표준화법', '상품권법', '증권거래법', '보험업법', '식품위생법', '자동차운수사업법', '1963년의 약사법' 등이 입법되었다.

한편, 1968년 국정감사 시 신진자동차 공업주식회사의 폭리문제가 제기되었다. 이를 계기로 정부는 동년 11월 25일 차관회의에 소비자보호를 위한 최초의 규범이고 소비자정책의 시초라고 할 수 있는 소비자보호요강안을 상정하였다. 이로써 소비자보호입법정책의 기본방향이 정해지고 소비자권익확보를 목표로 한 법령정비가 촉진되기도 하였다.

2) 1970년대 소비자정책

1970년대 접어들면서 소비자운동을 주도하여 온 여성단체들이 소비자보호를 뒷받침할 종합적이고 체계적인 본래적 의미의 '소비자보호법'의 필요성을 거론하기 시작하였다. 사회 각계에서 소비자보호라는 통일적 관점에서 소비자정책을 효율적으로 추진하고, 소비자의 기본권익을 확보하며, 기업과 소비자 사이의 거래의 불평등을 해소하고, 소비자가 입은 피해를 신속하고 적절하게 구제할 수 있는 제도를 마련하여야 한다는 목소리가 높았다. 또한, 소비자단체의 적극적인 활동 전개를 보장하고 소비자를 보호하는 '소비자보호법'을 제정하여야 한다는 주장이 높아지면서 소비자정책이 추진되는 계기가 되었다. 이 같은 정부는 소비자문제의 중요성을 인식하여 경제기획원에서 소비자보호기본법안을 입안하기에 이르렀고, 소비자단체 및 정부의 소비자보호법안을 기초로 실질적인 입법단계를 밟기 시작하였다.

한편, 1970년대에 접어들면서 제1차 석유파동의 영향으로 물가가 크게 불안하게 되자 물가안정을 위한 입법대책이 필요하게 되었고 그 결과 1975년 '물가안정 및 공정거래에 관한 법률'을 제정하였다. 이 법에 따르면 정부가 국민생활과 국민경제의 안정을 위하여 필요하다고 인정할 때에는 긴요한 물품의 가격 및 부동산 등의 임대료 또는 용역의 대가의 최고가격을 지정할 수 있고 이 지정은 고시하도록 하였다. 당시 가격규제에서 시작한 소비자정책은 아직도 가격규제가 곧 소비자정책이라고 생각하는 실마리를 제공하였다고 볼 수 있다.

그 후, 불공정거래행위를 금지하는 지정제도를 도입하였다. 소비자단체 및 각계의 계속적인 노력에 힘입어 1979년 '독점규제 및 공정거래에 관한 법률'이 제정되었다. 사업자의 시장지배력 지위의 남용과 과도한 경제력의 집중을 방지하고 부당한 공동행위와 불공정거래행위를 규제하여 공정하고 자유로운 경쟁을 유지함을 목적으로 제정되었다.

한편, 소비자정책의 획기적인 일로써 1979년 12월 국회의 정기총회에 '소비자보호법'이 상정됨으로써 최초의 소비자보호를 직접적인 목적으로 하는 개별법인 '소비자보호법'이 제정되었다[1]. '소비자보호법'에 따르면, '소비자보호법'의 기본 목적은 소비자의 기본 권리보호와 소비생활의 향상에 두고 있다고 밝히고 있다. 또한, 이 법에서는 국가, 지방자치단체, 사업자의 의무를 정하고 동시에 소비자의 역할을 명시하여 소비자문제 해결을 위한 경제주체들의 기능 및 역할을 규정하고 있다. 구체적으로, 국가가 시행하여야 할 소비자정책으로 계량 및 규격의 적정화, 소비자의견 반영, 소비자의 조직활동 지원, 소비자피해 구제, 소비자안전 등으로 규정하고 있다. '소비자보호법'은 제정된 지 1년 8개월이 지난 1982년 9월에 소비자보호법 시행령이 제정되면서 비로소 시행되었다.

3) 1980년대 소비자정책

경제규모가 확대되고 경제구조가 복잡해지면서 인플레심리 만연, 시장기능의 왜곡, 독과점의 심화 등의 문제가 발생하기 시작하였다. 이 같은 상황에서, 소비자피해의 급증은 시장기능의 회복과 자유롭고 공정한 경쟁을 유지하기 위한 경제정책이 전개되는 데 기반이 되었다. 1979년 제정, 1980년 공포된 '독점규제법'은 실질적으로 그 효과가 미흡하여, 1987년 개정함으로써 과도한 경제력 집중 방지, 대규모 기업집단에 속하는 회사의 상호출자 금지, 출자 총액의 제한과 같은 제도를 새로 도입하고 부당한 공동행위를 원칙적으로 금지하였다.

한편, 1980년 공포되고 1982년 실질적으로 시행되기 시작한 '소비자보호법'은 소비자보호를 위한 실질적인 기능을 발휘하기에 미흡한 점이 적지 않았다.[2] 증대되는 소비자욕구에 보다 능동적으로 대처하고 소비자보호사업의 체계적이고 효율적인 추진을 위하여 '소비자보호법'의 미비점을 보완할 필요성이 대두되었다. 이에 따라 1986년 '소비자보호법'이 개정되었으며, 1987년 4월 1일자로 시행령이 효력을 갖게 되었다. 개정된 '소비자보호법'에는 소비자권리에 대한 내용이 새로이 명시되었으며, 한국소비자보호원을 개원하는 내용이 추가되었다. 그 결과

---

1) '소비자보호법'은 2007년에 소비자기본법으로 명칭 변경하였다. 본 책에서는 2007년 이전의 내용에는 '소비자보호법'으로 그 이후의 내용에는 '소비자기본법'으로 용어를 사용하고자 한다(한국소비자보호원도 한국소비자원으로 명칭변경).
2) '소비자보호법'의 제정을 추진해 온 담당자들이 소비자문제에 대한 정확한 인식 없이, '소비자보호법'이 소비자에게 미칠 영향에 대한 배려보다는 오히려 이 법률의 제정이 가지는 정치적인 의미를 배려하여 '소비자보호법'을 제정한다는 그 자체에만 열중하였다. 소비자보호를 위한 법의 실질적 내용이 어떠한 것이어야 하는가에 대한 소홀함이 내재되어 있었다.

1980년대 후반 우리나라의 소비자정책은 개정된 '소비자보호법'에 근거하여 설립된 한국소비자보호원에 의해 주도되었다. 한국소비자보호원은 소비자시책의 효율적 추진을 위하여 1987년 7월에 설립한 특수공익법인으로서 소비자불만 및 피해의 처리, 소비자정책의 연구 등을 그 업무로 하고 있다.

한편, 1986년 '약관규제법'이 새로이 제정되어 소비자보호를 위해 불공정한 내용의 약관을 규제할 수 있게 되었다. '약관규제법'은 약관에 의한 거래에 일반적으로 적용되는 일반원칙과 약관조항의 무효 여부 판단기준을 규정한 실체법적 규정 및 법에 위반되는 약관의 규제절차에 관한 규정으로 구성되어 있다. 한편, 1987년에 도·소매업진흥법의 제정, 부당경쟁방지법 개정, 식품위생법 등의 개정으로 소비자보호가 강화되었다.

4) 1990년대 소비자정책

그 동안 추진되어 오던 소비자정책은 1988년 백화점 사기세일사건을 계기로 소비자의 선택권 확보 중심으로 변화하였다.[3] 백화점의 할인특매상품 부당표시 및 허위과장광고 행위는 소비자 및 소비자단체의 강한 반발을 야기시켰고, 이로 인해 소비자보호를 강화하는 방향으로 1990년 '독점규제법'이 개정되었다.

한편, 1991년에 개정된 '도·소매업진흥법'에서는 방문판매를 통해 상품을 구입한 소비자가 계약서를 교부 받은 날로부터, 계약서를 교부 받지 아니한 때에는 구매자가 방문판매상품을 직접 인도 받은 날로부터 7일 이내에 서면을 통해 당해 계약에 관한 청약을 철회할 수 있는 청약철회권(cooling-off)을 인정하여 소비자정책은 새로운 방향으로 전환되었다. 또한, 1991년 12월 '방문판매법'과 '할부거래법'이 제정되어 할부계약, 방문판매, 통신판매 및 다단계판매에 관한 거래를 공정하게 함으로써 소비자이익을 보호하고 건전한 거래질서를 확립할 수 있게 되었다. 그 후, 1992년 '약관규제법'을 개정하면서 표준약관제도를 도입하여 공정한 거래질서확립을 도모하였다.

1990년대는 민간소비자단체의 적극적인 소비자운동과 한국소비자보호원의 효과적인 활동으로 정부의 소비자정책이 활발하게 전개되면서 소비자환경은 크게 개선되고 소비자권익도 과거에 비해 향상되었다고 할 수 있다.

---

3) 백화점사기세일 소송은 1988년 12월 공정거래위원회가 변칙세일 등 불공정거래행위가 적발된 롯데쇼핑 등 열 개 백화점 사업자에게 이를 시정하고 신문에 사과문을 싣도록 명령하면서 시작되었다. 당시 백화점에서는 구입원가에 일정마진을 더해 사실상 가격 인하 없이 판매하면서 허위로 할인율을 높게 책정, 광고한 후 할인판매를 하는 것처럼 판매하였다. 이 같은 백화점의 불공정거래행위에 대해 소비자문제를 연구하는 시민의 모임에서 백화점을 사기죄로 고발하고 또한 손해배상청구소송(소비자 52명의 소비자구입가격과 위자료의 합 417만 원 배상)을 제기하여 승소하였다.

그러나 선진국의 소비자보호제도와 비교해 볼 때 아직도 여러 부문에서 미흡한 점이 많아 변화하는 국제정세 및 소비환경에 대응하는 소비자정책을 펼쳐야 하는 과제를 안고 있었다. 특히, 지방화·개방화 등 1990년대의 새로운 여건변화에 신축적으로 대응할 수 있도록 실효성 있는 소비자정책의 수립과 운용이 필요했다. 이에 따라, 정부는 그 동안 다소 소홀하게 다루어졌던 소비자보호 부문을 독립된 경제사회발전 5개년 계획의 부분계획으로 포함하였다.[4] 이같이, 소비자정책을 별도의 국가정책사업으로 분리한 것은 우리나라 소비자정책사의 큰 사건이라고 하겠다. 이로써 정부정책에서 소비자권익향상을 위한 독자적인 시책, 법제, 행정의 영역을 확보할 수 있게 되었다.

1980년대까지의 소비자정책이 가격 규제, 진입 규제, 사업활동 규제 등 경제적 규제의 성격을 띠고 있었다면, 1990년대부터는 가격뿐만 아니라 소비자안전, 품질, 소비자정보제공 등에 초점을 두는 소비자정책을 실현하기 시작하였다. 소비자정책의 통합적이고 효율적인 추진을 위해 〈표 14−1〉에 제시한 바와 같이, 1994년 재정경제부 국민생활국에 소비자정책과를 신설하였다. 소비자정책과는 각 부처에서 상정된 소비자정책들을 조정·중재하는 역할을 담당하였으며, 소비자단체의 등록업무, 한국소비자보호원 관장업무 등을 담당하였다. 또한, 소비자안전이 중요한 이슈로 제기되면서 정부는 위해상품 규제의 중요성을 인식하여, 1996년 미국의 FDA와 유사한 기능을 담당하는 식품의약품안전본부를 신설하였다. 또한, 공정거래위원회 내에 소비자보호국을 신설하였는데, 이것은 시장거래에 있어서 불공정거래 등 기업들의 부당행위가 경쟁침해 뿐만 아니라 소비자에게 미치는 부정적 영향을 규제하는 기구로서 자리 잡게 되었다. 게다가, 서울 시청에도 소비자보호과가 신설되는 등 지방자치제 중심의 소비자정책이 도입되었다.

5) 2000년대 소비자정책

2000년대에 들어서면서 소비자정책은 매우 활성화되었고 상당한 성과를 이루어냈다고 평가할 수 있다. 소비자정책의 발전 현황을 몇 가지로 정리·요약하면 다음과 같다.

첫째, 전자상거래가 활성화되면서 전자상거래에서의 소비자보호를 위한 여러 법률들이 많이 제정·개정되면서 전자상거래 관련 소비자권익이 향상되었다. 예를 들면, '전자거래기본법', '전자서명법', '전자상거래 등에서의 소비자보호에 관한 법률' 등이 그것이다. '전자거래기본법'은 전자문서로 이루어지는 거래의 법적 효력을 명확히 함으로써 거래의 안전성·신뢰성 및

---

4) 정부는 1993년 소비자보호부문 신경제 5개년 계획을 수립하였다. 주요 정책추진계획은 소비자교육의 강화, 소비자정보제공기능의 강화, 상품의 품질·안전·기준강화, 소비자보호행정의 강화 등이었다. 12월 3일을 '소비자의 날'로 지정하였으며, 기업의 소비자보호에 대한 인식제고 차원에서 소비자보호 우수사업자 및 종업원에 대한 정부차원의 표창 등을 시행하기도 하였다.

공정성을 확보하고, 건전한 거래질서를 확립함은 물론, 전자거래를 촉진하고자 1999년 2월 제정, 2001년 12월 개정, 2002년 7월부터 시행되었다. '전자거래기본법'은 급속하게 변화하는 전자상거래를 효율적으로 규율하고, 국제적인 전자상거래법제와 조화를 도모하며, 전자상거래 정책수립을 위해 필요한 다수의 조항을 두었다. 한편, 전자상거래 등에서의 '소비자보호에 관한 법률'이 2002년 3월 공포되고, 7월부터 시행되었다. 이 법에서는 전자상거래 및 통신판매 등에 의한 재화 또는 용역의 공정한 거래에 관한 사항을 규정함으로써 소비자의 권익을 보호하고, 시장의 신뢰도 제고를 통하여 국민경제의 건전한 발전에 기여하고자 하였다. 특히, 전자상거래에서 조건 없는 청약철회(7일 이내)를 인정하였다. 또한 통신판매에서의 소비자보호에 관하여 이법과 다른 법률의 규정이 경합하는 경우에는 이 법을 우선 적용하되 다른 법률을 적용하는 것이 소비자에게 유리한 경우에는 그 법을 적용하도록 하고 있다.

둘째, 2000년대 말 소비자정책에 있어서 가장 큰 변화는 오랜 기간 재정경제부에서 소비자정책업무를 수행해 오던 것을 1980년 제정한 '소비자보호법'을 2007년 3월 '소비자기본법'으로 전면 개정하여, 공정거래위원회가 소비자정책의 대부분을 담당하게 되었다는 것이다. 또한, 재정경제부 산하에서 활동해 온 한국소비자보호원도 한국소비자원으로 명칭을 개편했으며, 주무부처도 공정거래위원회로 이관됐다. 게다가 소비자정책의 기본 방향을 소비자보호에서 소비자주권실현으로 전환시켜 이를 '소비자기본법'에 명시하기에 이르렀다. 이외에도 '소비자기본법'에서는 소비자단체가 소비자의 생명·신체·재산 등 소비자의 권익을 침해하는 사업자의 위법 행위에 대하여 법원에 금지·중지를 청구하는 소비자단체소송을 도입하고(2008년 1월 시행), 소제기의 당사자요건, 소송허가신청 및 확정판결의 효력 등 소비자단체소송의 요건 및 절차에 관한 사항을 규정하였으며 일괄적 집단분쟁조정제도를 도입하는 등 소비자피해구제제도를 강화하였다. 2009년 말에는 여러 소비자단체 및 지방자치단체에서 소비자피해구제상담을 받는 것을 공정거래위원회 관할 단일 상담전화망을 구축하는 등 소비자피해구제의 효율성을 추구하고자 하였다.

셋째, 1999년에 제정된 '제조물책임법'이 2002년 7월부터 시행되어 제조물책임의 중요성과 소비자안전이 법적으로 확보되는 계기를 맞았다. 이 법률에서는 결함 제조물에 의하여 사고가 발생한 경우, 피해자가 제조업자의 고의 또는 과실을 입증하여야 손해배상을 받을 수 있었던 종전의 제도를 변경하였다. 제조업자의 고의 또는 과실은 입증할 필요가 없고, 제조물의 결함만 입증하면 손해배상을 받을 수 있도록 하여 피해자의 권리구제를 쉽게 하고 있다. 이 법률의 시행으로 수입품에 의한 국내 피해자의 구제를 가능하게 하고, 제조업자에 대하여는 제품의 안전성 제고를 위한 노력을 유도하는 효과도 기대하고 있다.

넷째, 지식경제부 관할 기술표준원에서는 제품으로부터 소비자안전을 확보하기 위한 다양한 안전정책을 적극적으로 펼치면서 소비자안전정책이 적극적으로 수행되기 시작하였다. 기술표준원은 '전기용품 및 생활용품안전관리법'에 의하여 공산품 또는 전기제품의 사용으로 인한 생명, 신체상의 위해, 재산상의 손해 등으로부터의 소비자안전을 확보하기 위한 업무를 담당하고 있다. 구체적으로, 공산품을 안전관리 대상으로 하는 안전인증, 자율안전 확인, 안전표시 등의 안전인증제도를 통해 제품의 안전관리업무를 수행하고 있다. 안전인증제도는 주로 공장심사제도를 활용하고 있으며 인증획득 후 제품안전에 대한 사후 관리제도로 신속조치제도, 제품안전 자율이행협약제도, 시판품조사, 모니터링제도 등을 운영하고 있다. 이때 문제가 있는 제품을 발견하는 경우 판매중지, 개선·수거·파기 권고를 하고 있다.

다섯째, 지방소비자정책의 수립 및 운영에서 어느 정도 발전되었다고 할 수 있다. 현재, 15개 시도 지방소비생활센터가 운영되고 있는데(경기도청의 경우 2개로 분리, 총 16개 지방소비생활센터 운영), 소비자업무의 양과 질에서 과거에 비해서는 상당한 성과를 내고 있다고 할 수 있다.

| 표 14-1 | 국가별 소비자행정체계 비교

국가/기준		한국	일본	미국
행정조직체계의 특성		• 산업별 조직 • 공급자 지향	• 산업별 조직 • 공급자 지향	• 기능별 조직 • 소비자 지향
소비자정책 총괄 부서		• 공정위 소비자정책국, 소비자정책과	• 경제기획원 국민생활국 • 소비자 제1과, 제2과	
자문 기구		• 소비자정책심의 위원회	• 소비자보호회의 • 국민생활심의	• 소비자문제담당 대통령 특별보좌관(소비자문제실을 관장)
조정 기구		없음	• 소비자행정담당부서장 협의회	• 백악관 소비자문제협의회
부처별 소비자행정 전담기관		없음	• 통상산업성 : 소비자경제과 • 농림수산성 : 소비자경제과(규제·지원)	• 상무부 : 소비자문제실(OCA) • 소비자협의실 • 농무부 : 식품소비자차관보(지원) • 소비자자문실 • 판매사차관보(규제)
중앙 규제행정		• 안전 : 기술표준원, 유관부처 • 거래 : 공정위, 유관부처	유관부처별	• 안전 : 식의약품국(FDA) • 소비자제품안전위원회(CPSC) • 거래 : 연방거래위원회(FCT) • 표시·광고 : FTC(식품표시는 FDA가 관장)
지방 행정	총괄	지역경제과, 소비생활센터	소비자생활과	• 예 : 캘리포니아 소비자문제국 규제행정과 지원행정 동시에
	규제	유관부서	• 유관부서 • 소비자행정청내 연락회의	
	지원	없음	소비자생활센터	소비자정보과(약 40명의 상담원 상주)

출처 : 이기춘 외(1997). 소비자학연구, 8(2), p. 107.

특히, 최근 지방소비생활센터의 소비자업무에 대한 평가가 해마다 정기적으로 수행되는 등 소비자정책의 이행이 보다 향상될 것으로 기대된다. 다만, 일본의 경우 중앙정부가 지방소비자정책을 적극 지원하고 있으며, 지방에 약 530여 개의 지방소비생활센터를 운영하고 있고, 최근 '소비자청'을 신설한 것에 비해, 우리나라의 소비자정책은 중앙정부 중심의 정책(공정거래위원회 1개 국, 6개 과), 16개 시도의 지방소비생활센터 운영으로 이루어지고 있어 앞으로도 개선의 여지가 많다고고 하겠다. 특히, 지방소비자정책 추진체계를 정비하여 그 기능을 활성화하고 개별적인 소비자보호조례 등을 제정하여 지역실정에 적합한 시책개발을 추진하여야 한다. 지방자치단체의 소비자보호 전담 행정조직을 확충하고 그 지방의 특별한 소비환경을 고려하여 현지 실정에 맞는 소비자정책을 시도하여야 한다. 다시 말해, 소비자정책을 수행할 독립기관을 설치하고, 전문 인력을 충원하여 실질적인 업무가 수행되어야 한다. 잦은 인사이동으로 비전문가가 업무수행을 하지 않도록 할 필요가 있다. 현재, 소비생활센터가 지방자치단체의 조직상 1개 과(경제정책과) 밑에 팀으로 조직되어 있어 사실상 말단 기관으로 배치되어 있다. 따라서 향후 소비자센터를 별도 과로 독립하고, 팀원을 확대하는 등의 조치가 필요하다. 궁극적으로는 광역도의 경우 최소한 기초지방자치단체에서 소비생활센터를 개소하여 소비자업무를 수행할 수 있어야 한다. 특히, 서울시의 경우 인구 및 서울 소비자가 기업과 국가에 미치는 영향력을 고려할 때, 서울시에 한 개의 소비자업무 부서를 배치하는 것은 상당히 심각하다고 하겠다. 서울시의 경우 각 구청과 주민자치센터에 소비자업무를 관장하는 독립 부서를 배치하는 것이 바람직하다.

3. 소비자행정체계

1) 중앙 소비자행정체계 및 운영

우리나라 소비자행정은 과거 오랜 기간 동안 재경제부와 공정거래위원회 그리고 업무의 특성상 행정부처에서 개별적으로 소관업무를 수행하는 다중적 구조를 가지고 있다. 그러나 1980년 제정한 '소비자보호법'을 2007년 3월 '소비자기본법'으로 전면 개정하여, 재정경제부에서 담당하던 소비자업무를 경쟁정책을 담당해온 공정거래위원회가 소비자정책까지 맡게 되어 소비자정책을 한 기관에서 추진할 수 있는 제도적 토대가 구축되었다. 또한, 재정경제부 산하에서 활동해 온 한국소비자보호원도 한국소비자원으로 명칭을 개편했으며, 주무부처도 공정거래위원회로 이관됐다. '소비자기본법'의 경우 소비자가 시장경제의 주체로 인식하여 보호 수준에 머물렀던 소비자정책이 소비자주권실현을 돕는 방향으로 전환하는 계기가 되었다.

소비자주권 실현을 위해 공정위는 첫째, 기업을 대상으로 하는 경쟁정책과 소비자를 대상으로 하는 소비자정책, 즉 소비자가 합리적 선택을 할 수 있도록 도움을 주는 정책으로 정보제공, 교육, 소비자문제 예방 및 피해구제 등 소비자복지증진에 가치를 두고 모든 소비자정책을 시행하고 있다. 공정거래위원회에서는 경쟁정책과 연계된 소비자정책을 적극 추진하고자 노력하고 있다. 구체적으로 공정거래위원회 소비자정책과에서 종합적인 소비자시책을 수립한 후 소비자정책심의기관인 '소비자정책심의위원회'의 심의를 거쳐 최종적으로 확정하고 있다. 공정위 소관법률은 '독점규제 및 공정거래에 관한 법률', '가맹사업거래의 공정화에 관한 법률', '하도급거래 공정화에 관한 법률', '약관의 규제에 관한 법률', '표시·광고의 공정화에 관한 법률', '방문판매 등에 관한 법률', '전자상거래 등에서의 소비자보호에 관한 법률', '할부거래에 관한 법률', '소비자기본법', '소비자생활협동조합법', '제조물책임법', '카르텔일괄정리법' 등 12개로 구성되어 있다.

공정거래위원회의 소비자정책 주요 업무는 〈표 14-2〉에 제시한 바와 같이 소비자보호종합시책 수립, 소비자정책심의위원회 운영, 소비자 관련 법률의 운영, 소비자피해보상기준의 제정과 고시, 소비자불만처리 및 피해보상, 한국소비자보호원 및 소비자단체 지원 및 육성 등이다.

한편, 개별 관련 행정부서에서는 다양하고 광범위한 소비자행정업무를 소관하고 있다. 예를 들면, 소비자보호를 위한 각종 제도 및 시책 수립, 위해방지, 제품 및 서비스의 기준 설정 및 고시, 제품시험 및 검사, 표시 및 광고 기준 제정, 소비자정보제공, 소비자피해구제, 지방자치단체에 구체적 업무지침시달 등 그 역할이 개별 소관 부서의 특성에 따라 다양하다.

한편, 소비자정책심의위원회는 소비자정책의 최고 의결기관으로서 공정거래위원회 장관을 위원장으로 하는 비상설의결기구이다.[5] 이 위원회 내에는 소비자정책의 실무적 검토 및 조정을 위한 실무위원회와 전문성이 요구되는 사안에 대한 연구·검토를 위한 전문위원회를 별도로 두고 있다.

또한, 소비자안전이 중요한 이슈로 제기되면서 1996년 식품의약품안전본부가 신설되었는데 이 본부는 그 이후 차관급의 독립 외청인 식품의약품청(FDA)으로 전환되었다. 이 식품의약품청은 미국의 FDA와 유사한 기능, 즉 식품, 의약품, 화장품, 의료기기의 안전을 관리하는 부서로서의 기능을 수행하고 있다. 그러나 1999년 식품의약품청의 비아그라 시판허가로 사회적 비난을 받은 바 있으며, 환경호르몬 다이옥신 파동, 영국의 광우병 소동 등 소비자안전과 관련한 중요한 사건들이 일어났을 때마다 그 무능함이 지적되었다. 이는 설립 초기 복지부 산하기관에서 독립

---

5) 위원장 1인을 포함하여 20인 이내의 당연직 위원과 위촉위원으로 구성되어 있는데, 당연직 위원장은 11여 개 정도의 각 부처 장관(한국소비자보호원 원장 포함)이며, 임기 3년의 위촉위원은 경제계 대표, 소비자대표, 소비자전문가 대표로 구성되어 있다.

| 표 14-2 | 소비자 관련 부서의 업무내용

행정부처	업무 내용
공정거래위원회	• 소비자정책의 총괄 및 각 부서 시책의 종합적 조정 • 소비자보호법, 약관 규제에 관한 법률 운용 • 표시 · 광고의 적정화를 위하여 표시 · 광고 규제기준 제정 • 공정거래에 관한 교육 · 홍보 • 소비자정책심의위원회 운영 • 한국소비자원 및 민간 소비자단체 지원 · 육성 • 금융, 보험, 증권업 관련 소비자불만처리 및 소비자보호시책 수립 · 시행
행정안전부	지방자치단체의 소비자보호시책 총괄
지식경제부(기술표준원)	공산품, 전기용품 관련 소비자안전처리 및 안전관리시책 수립 · 시행
농림수산식품부	농약, 축산물 관련 소비자안전과불만처리 및 소비자보호시책 수립 · 시행
보건복지가족부(식약청)	식 · 의약품 관련 소비자불만처리 및 소비자보호시책 수립 · 시행
국토해양부	건설 및 운수업 관련 소비자불만처리 및 소비자보호시책 수립 · 시행

외청으로 졸속 독립 · 분리되기까지 행정적으로 체계가 완비되지 못한 점, 초대청장 및 고위간부의 수뢰혐의사건에 휘말린 점, 조직 내 내분(연구인력 270여 명 중 40%가 박사, 60%가 석사)이 잦은 점 등으로 인해 대외 이미지추락 등 본질적인 업무수행을 하지 못한 데에서 기인한다.

2) 지방소비자행정체계 및 운영

소비자법에서는 소비자보호를 위한 지방자치단체의 의무를 규정하고 있다. 이 법에 따르면 지방자치단체는 기본적으로 소비자보호를 추구하기 위한 조례를 제정하고, 필요한 행정조직을 정비, 시책수립 및 소비자조직활동을 지원하고 육성할 책임이 있다. 그러나 현재 우리나라 지방자치단체의 소비자정책은 거의 실현되지 않고 있는 실정이다.

지방소비자행정은 재정경제부와 행정자치부의 지휘 · 감독하에 소비자보호과, 물가지도계, 공정거래계, 소비자보호계 등의 명칭하에 소비자행정 업무를 수행하고 있다. 광역시 · 도 · 시 · 군 등 지방자치단체의 소비자업무는 행정자치부의 지역경제국에서 총괄하고 있다.

지방자치단체에서 의무적으로 조례를 제정하여야 하는데 대부분의 지방자치단체에서 '소비자보호법'을 조례의 내용으로 반복하고 있다. 대전광역시가 최초로 1996년 '소비자보호조례'를 제정하였으나 대부분의 지방자치단체에서 내무부가 통보한 '소비자보호조례표준안'을 그대로 수용하고 있으며, 아예 조례조차 없는 지방자치단체도 있다.

과거 지방소비자행정조직은 주로 물가지도계라는 부서에서 물가관리업무 및 소비자업무를 수행해 왔으나, 최근 많은 시나 도에서 소비생활센터를 설치하여 소비자업무를 수행하고 있다. 그러나, 아직도 일부 시·도에서 한 명의 직원이 이를 담당하거나 아예 실제적으로 업무를 수행하고 있지 않는 경우가 있다. 소비자보호시책도 관례적으로 답습하고 있는 정도이며, 소비자상담실은 전문상담원을 확보하지 못하고 있고, 단지 민간소비자단체에게 보조금을 지원하는 정도에서 소비자행정업무를 수행하고 있는 경우도 있다.

한편, 지방자치단체에도 소비자정책심의기관으로서 지방소비자정책심의위원회를 설치하고 있으나 유명무실한 형식적인 기관이 되고 있다. 소비자지원행정으로 소비자정보제공, 소비자교육, 소비자피해구제, 소비자단체 및 조직의 지원 및 육성 등의 업무를 수행하여야 하나, 거의 대부분 지방자치단체에서 이 같은 활동을 펼치지 못하고 있다. 인력부족, 예산부족으로 대부분의 지방자치단체에서 소비자교육 프로그램 개발, 소비자정보제공 등의 업무를 시행하지 못하고 있다.

'소비자기본법'에 따라 시·도지사는 소비자불만 및 피해구제를 위한 전담기구를 설치하여야 한다. 과거 각 시도에서는 소비자고발센터를 행정기관에 설치하고 있으나, 명패만 있을 뿐 전문상담원도 배치되어 있지 않아 피해구제업무를 거의 수행하고 있지 않다. 그러나 최근 들어 소비자상담실을 별도로 설치하여 피해구제업무를 시작한 지방자치단체가 늘고 있고, 각종 소비자정보제공 및 소비자피해구제 업무를 수행하고 있다.

4. 소비자정책의 문제점 및 해결방안

1) 소비자정책의 문제점

정부는 소비자정책을 실현하기 위한 법제도를 정비하였고 과거에 비해 적극적인 소비자정책을 펼쳐왔다. 다만 몇 가지 개선해야 할 과제를 안고 있으며 이에 대해 구체적으로 살펴보면 다음과 같다.

(1) 소비자정책 방향의 재정립 및 조직체계의 문제

소비자정책의 기본 목표는 소비자정보제공을 통한 합리적 소비선택 유도, 자유로운 경쟁적 시장구조 속에서 소비자지위 확보, 시장실패에 대한 적극적인 개입을 통한 소비자복지 증진 등이라고 할 수 있다. 그러나 그 동안 정부의 소비자정책은 주로 표시 및 광고 규제, 분쟁조정 및 피해구제 등 지엽적인 문제해결에 초점을 두고 근본적인 시장실패의 문제를 해결하지 못하여 왔다. 물가관리나 물가규제가 소비자정책의 주요 내용으로 생각하여 물가단속에 치중하여 왔으나 과연 물가치중이 소비자권익향상과 소비자복지증진을 추구하기 위한 기본적인 정책인가에 대해 다시 한 번 생각해 보아야 한다. 다시 말해, 소비자정책의 방향을 재정립하고 소비자정책 내용에 대한 종합적인 검토가 요구된다. 그 동안 정부의 주요 활동인 사업자규제보다는 소비자지원행정에 보다 초점을 두는 방향으로 전환되어야 한다.

(2) 소비자정책 시행 관련 기구의 통합 및 효율성 문제

소비자정책을 실현할 수 있는 관련 기구의 통합이 소비자기본법의 개정으로 공정거래위원회로 통합되면서 소비자정책의 효율성을 기대하게 되었다. 그러나, 기업규제 및 경쟁업무에 치중해온 공정거래위원회가 소비자지원중심의 소비자정책을 수행하기에는 많은 관심과 노력이 요구되는 시점이다. 공정거래위원회의 6개국 중 1개국이 소비자정책국이며 공정거래위원회 전체인원 약 400명 중 50여 명 만이 소비업무에 할당되고 있어 인력부족 및 전문가부족으로 소비자안전확보, 표시 및 광고규제 등의 행정업무가 효율적으로 집행되는 데 제한점이 될 수 있다. 또한, 소비자정책심의기관인 소비자정책심의위원회의 실효성 있는 운영이 필요하다. 일반적인 소비자정책업무는 공정거래위원회에 통합되었으나 여전히 공산품, 식품, 서비스분야 등 제품과 서비스에

| 표 14-3 | 우리나라 식품별 소관 정부 부처

식품종류	소관부처	관련 법
축산물, 가공식품, 밀가루	농림수산식품부	축산물가공처리법, 양곡관리법
먹는 물	환경부	먹는 물 관리법
주 류	국세청	주세법
선상 수산제조품	국토해양부	수산업법
소금(가공식품 제외)	산림자원부	염관리법
기타 식품	식품의약품안전청	식품위생법

| 표 14-4 | 외국의 식품별 소관 부처

나라 \ 대상품	축산물	수산식품	먹는 샘물	주 류	기타 식품
미 국	식품안전검사청	FDA	FDA	국세청	FDA
일 본	후생성	후생성	후생성	국세청	후생성
영 국	–	식품	규격청	–	–
호 주	–	호주	뉴질랜드	식품청	–

따라 소비자업무나 식품안전을 관할하는 정부 기관이 서로 달라서 소비자정책업무가 어떻게 효율적으로 수행될 지가 문제이다. 예를 들면, 만두에 대한 식품안전의 경우 만두속 원료인 돼지고기는 농림부, 만두피는 식약청 소관이다. 또한 아이스크림은 농림수산부에서, 아이스캔디는 식품의약품안전청에서 맡고 있다. 이 외에도 〈표 14-3〉에 제시한 바와 같이 먹는 샘물은 환경부, 주류는 국세청, 밀가루는 농림수산부, 천일염은 지식경제부 소속이어서 식품안전과 관련한 소비자정책이 얼마나 일관적이면서도 효과적으로 수행될 수 있을지 의문이 제기된다.

(3) 소비자법제의 일관성 및 통일성 부족

소비자보호를 직접적인 목적으로 하는 법률은 '소비자보호법', '독점규제 및 공정거래에 관한 법', '방문판매 등에 관한 법률', '약관규제에 관한 법률' 등이다. 이 외에도 간접적으로 소비자보호를 기하는 개별 관련 법들이 다수 존재하고 있는데, 존재하는 많은 기존 관련 법들 간에는 서로 중복규제, 규제기준의 일관성 결여 등의 문제가 존재한다.

예를 들면, 표시와 관련한 규제는 '표시·광고 규제에 관한 법률', '공정거래법', '소비자기본법', 그리고 그 외의 거래유형이나 품목에 따른 개별 법들에 의거하여 규제되고 있는데 중복규제가 되고 있는 문제점이 있다. 기만광고와 표시는 불공정거래 조항에 따라 공정거래위원회에서 규제하고 있으나, 시장경쟁을 저해하는 불공정거래행위로서 규제되고 있다. 공산품의 부당표시의 경우 품질표시는 국립기술품질원에서, 가격표시는 지식경제부에서, 식품은 보건복지부에서, 의약품은 식약청에서 규제하고 있어 중복, 혼선의 문제가 있으며 통일된 규제가 되지 못하고 있다. 따라서, 소비자 관련 법제를 정비하고 통일성 있는 제도를 마련하여 보다 효과적인 소비자정책실현의 기반을 조성하여야 한다.

(4) 지방소비자정책의 미비

지방소비자행정은 과거 주로 지역경제과내에서 물가지도계를 통해 수행되었다. 최근에는 시도에서 소비생활센터를 신설하여 소비자행정을 다루고 있으나 아직도 물가관리 업무나 위생검사 등을 기본 업무로 하고 있다. '소비자기본법'에 따르면, 지방자치단체장은 소비자업무처리규정(예 : 조례)을 제정하고, 운영하게 되어 있으며, 소비자피해구제를 위한 부서나 기관을 설치·운영하도록 하고 있다. 그러나 지방자치단체에서 운영하고 있는 소비생활센터 및 소비행정 관련 기관은 명칭만 있을 뿐 유명무실한 경우가 대부분이다. 사무실이나 전담직원도 없는 경우가 많다. 지방소비자정책의 수립이나 시행을 심의하는 '지방소비자정책심의위원회'도 명목적인 존재일 뿐 활성화되지 않고 있다. 따라서, 그 동안의 중앙집권적 소비자행정에서 탈피하여 지역실정에 맞는 지방소비자정책이 실현되어야겠다.

2) 소비자정책의 발전 방안

소득수준이 높아지면서 품질, 안전, 건강 등에 대한 소비자들의 기대 및 소비자의식 또한 높아져 감에도 불구하고 우리의 소비자정책은 이를 충족시키지 못하고 있다. 독과점적 시장구조, 정보의 불완전성, 조직, 정보 등 열세의 위치에 있는 소비자의 지위 등으로 발생하는 시장기구의 실패를 조정하고 소비자를 보호하기 위해 소비자정책은 필수적이다. 1980년대 이후 우리의 소비자정책이 과거에 비해 적극적으로 펼쳐져 왔으나 아직도 개선해야 할 과제들이 산적해 있다. 소비자후생 증진, 소비생활의 질적 향상 등 소비자정책을 활성화하기 위한 방안에 대해 살펴보면 다음과 같다.

(1) 소비자정책의 방향전환

지금까지 우리나라 소비자정책은 주로 위해방지, 계량 및 규격의 적정화, 표시 및 광고의 적정화, 거래의 적정화 등 기준의 제정이나 위반사항에 대한 규제정책으로 수행되어져 왔다. 그러나 상품과 시장정보의 효율적 생산 및 전달, 제품안전 확보, 기만정보의 방지, 소비자피해구제의 원활화 등이 소비자정책의 과제로 남아있다. 따라서 소비자안전확보, 소비자교육, 소비자정보제공, 제품비교검사실시 지원, 소비자상담 및 피해구제 등 정책내용의 전환이 요구되고 있다. 특히, 소비자안전확보를 위한 소비자안전대책의 적극적 추진이 필요하다. 구체적으로, 위해정보시스템 운영을 활성화하며, 소비자안전 취약품목에 대한 관리를 강화하여야 한다.[6]

궁극적으로 소비자권익 시장 및 소비자복지 증진을 추구하기 위해서는 소비자정보제공, 소비자교육 강화, 실질적인 소비자피해구제 등 소비자 지원행정을 추진하여야 한다. 제품시험 및 검사활동을 확대하여 소비자선택 시 중요한 기준이 되는 비교테스트 정보를 제공하고, 정보공개명령제도를 도입하여 소비자들에게 중요한 정보를 사업자가 의무적으로 공개할 수 있도록 하여야 한다. 기만적인 표시나 광고는 철저히 규제하고, 정보수집의 체계화 및 정보분석의 전산화를 통해 소비자정보를 보다 효율적으로 그리고 신속하게 소비자에게 전달할 수 있는 시스템을 구축하여야 한다.

(2) 소비자행정기구의 정비

소비자행정업무를 담당하는 공정거래위원회 소비자정책과를 확대시키고 소비자정책심의기관

---

6) 소방서, 병원, 보건소 등의 137개 기관으로 조직된 위해정보 보고기관의 보고업무를 활성화시키고 한국소비자원의 소비자안전관리 업무를 강화하며 국내외 위해정보 수집기관 간의 정보교류를 활성화한다. 식품의약품안전청, 국립기술품질원, 소비자보호원간의 정보교류뿐만 아니라 미국의 FDA, CPSC, 일본의 JCIC 등 선진국 소비자안전 담당기관과의 정보교류 채널을 상설화한다.

인 소비자정책심의위원회의 기능을 강화하고 운영상 내실화하여야 한다. 소비자업무기관에 예산지원 및 전문인력배치를 통해 효과적인 소비자정책을 펼칠 수 있는 기반을 조성하여야 한다. 또한, 일관성 있는 정책을 수행하기 위하여 각 부처의 소비자 관련 행정기관과의 긴밀한 유대관계 및 조정을 수행할 수 있는 대표자 모임이나 심의위원회 등을 효과적으로 운영하여야 한다.[7]

(3) 소비자법제의 정비

기존의 생산자 중심의 소비자 관련 법제를 소비자 중심의 법제로 정비하여야 한다. 소비자보호 및 권익추구를 위해 존재하는 많은 개별 법들을 조속히 정비하여 일관성 있고 통일성 있는 소비자정책을 수행할 수 있도록 하여야 한다. 소비자 입장에서 소비자 관련 법 및 기타 법들을 재정비하여 관련 기관들의 역할분담 및 전문화, 행정업무 추진체계와 절차 등을 갖춰 소비자정책의 기본 목표를 효과적으로 달성하도록 한다.

(4) 지방소비자정책의 활성화

지방소비자정책을 활성화시키기 위한 여러 노력이 선행되어야 한다. 일본의 경우 중앙정부는 지방소비자정책을 적극 지원하고 있으나[8] 이에 비해, 우리나라의 소비자정책은 중앙정부 중심의 정책이 전개되고 있다. 따라서, 지방소비자행정 추진체계를 정비하여 그 기능을 활성화하고 개별적인 소비자보호조례 등을 제정하여 지역실정에 적합한 시책개발을 추진하여야 한다. 지방자치단체의 소비자업무 전담 행정조직을 확충하고 그 지방의 특별한 소비환경을 고려하여 현지실정에 맞는 소비자정책을 시도하여야 한다. 다시 말해, 소비자행정을 수행할 독립기관을 설치하고, 전문인력을 충원하여 실질적인 업무가 수행되어야 한다. 잦은 인사이동으로 비전문가가 업무수행을 하지 않도록 할 필요가 있다.

(5) 국제정세에 대응하는 소비자정책의 전개

그 동안 우리 정부는 중소기업자를 보호하기 위하여 시장개방을 미뤄왔다. 그러나 1995년 WTO 회원국이 되었으며, 1996년에는 OECD 회원국이 되면서 시장개방은 불가피하게 되었다. 이 같은 상황에서 국제화·개방화에 대응하는 적절한 소비자정책이 수립되지 않았으며, 앞으로

---

7) 일본의 경우 소비자전담부서와 유관부서가 함께 참여하는 소비자행정청내연락회의라는 제도가 있으며, 미국의 경우에도 관계자회의인 소비자협의회(consumer council)가 있고, 각 부처의 대표가 모이는 백악관소비자문제협의회(the whit house consumer affairs council)가 있다.
8) 일본의 경우 중앙에는 '국민생활센터', 지방에는 '소비생활센터'가 설치되어 운영되고 있는데, 소비자보호조례에 의해 설립된 소비생활센터(1992년 146개 센터)에서는 소비자불만처리, 소비자정보제공, 소비자교육, 상품테스트 등의 업무를 관장하고, 행정권한에 관한 업무는 소비자업무 전담과인 소비생활과에서 담당하고 있다. 일본의 적극적인 소비자정책은 우리에게 시사하는 바가 크다고 하겠다.

도 계속적인 변화가 필요하다. 예를 들면, 전자상거래 확산에 대응한 소비자보호기반의 법적·제도적 기반의 정비, 수입제품으로 인한 소비자안전 문제, 유전자조작 식품 등에 대한 대책 등이 시급한 문제라고 하겠다.

수입개방에 대응할 수 있는 소비자정책, 변화하는 국제정세에 적절한 소비자정책이 그 어느 때보다도 절실하다고 하겠다. 무엇보다도 자유무역 및 변화하는 국제환경 속에서 발생할 수 있는 잠재적인 소비자문제는 무엇인지 파악하여야 하며, 그 문제들에 대처할 수 있는 정책수립이 필요하다. 선진국이나 OECD 국가들은 이 같은 문제에 어떻게 대처하고 있는지를 살펴 볼 필요가 있으며 이를 토대로 우리 실정에 맞는 소비자정책을 계획하고 실행하여야 한다.

구체적으로, 우리의 소비자 관련 법에 의하여 수입제품이 어떤 규제를 받고 있는지, 그 법적인 장치가 허술함이 없는지 면밀히 검토하여야 한다. 우리 상품이 외국의 소비자 관련 법들에 의하여 어떤 규제를 받고 있는지를 제대로 파악하여 한다. 외국의 소비자보호제도에 대한 충분한 연구를 통해 외국의 소비자보호제도에 의하여 우리 기업들의 활동이 지장을 받아서는 안되며, 또한 우리나라 소비자들이 외국의 불량·조악한 상품이나 기만거래행위로부터 피해를 입어서도 안 된다. 소비자정책의 국제화·세계화를 통해 궁극적인 소비자복지증진을 꾀하여야 겠다.

5. 외국의 소비자정책

산업화가 일찍이 이루어진 미국이나 유럽공동체 등은 일찍부터 소비자보호를 위한 법제나 행정의 기반을 갖추고 소비자시책을 수립하여 자국의 소비자들을 보호하고 삶의 질을 높이는 정책을 펼쳐왔다. 선진국의 소비자정책은 세계 많은 나라 및 우리나라에도 많은 영향을 미쳐 왔다. 소비자문제 및 소비자정책은 더 이상 한 나라만의 문제가 아니며 지구촌화 시대가 급속히 진전되면서 세계 국가 모두의 공통 현안이 되어가고 있다. 특히, 미국과 일본의 소비자정책은 우리나라에 많은 영향을 미치고 있으므로 미국과 일본의 소비자정책을 살펴보자.

1) 미 국

현대적 의미의 소비자정책은 미국에서 가장 먼저 시작되었고 또 동시에 매우 활발하게 전개되어 다른 많은 나라에 막대한 영향을 미쳐 왔다. 미국의 소비자정책은 Kennedy 대통령이 1962년 의회 제공한 특별교서에서 소비자의 4대 권리를 선언하면서부터 활발하게 전개되었다. 이를 전환점으로 미국의 소비자보호는 국가정책의 중요한 과제가 되었다.

한편, 1964년 Johnson 대통령의 소비자보호 특별교서[9]와 1971년 Nixson대통령의 '매수인의 권리장전(buyer's bill of rights)'이 발표되었다. 또한, 소비자문제사무국(office of consumer affairs), 소비자문제 국가사업자문회(national business council for consumer affairs), 국립소비자재판연구소(national institute of consumer justice), 제품정보조정센터(product information co-ordinating center) 등이 설치되어 소비자보호시책이 강화되었다. 1975년 Ford 대통령은 소비자는 소비자교육을 받을 권리가 있다고 주장하였다. 1982년 Reagan 대통령은 소비자의 임무와 역할에 대한 인식제고를 위해 소비자주간을 선포하고 매년 4월 마지막 주에 소비자 관련 행사를 실시하는 등 소비자문제는 미국 정부의 중요 정책사항으로 간주되었다. 한편, 1994년에는 Clinton 대통령이 소비자권리에 서비스를 제공받을 권리를 추가하였다. 미국에서의 소비자보호는 소비자교육에서 출발하였고 점차 소비자단체가 설립되면서 소비자정보제공형 소비자정책이 적극적으로 전개되었다.

미국에서의 소비자정책은 주 정부, 연방정부 및 기타 공공단체에 의한 소비자정책으로 유형화할 수 있다. 연방정부에 의한 소비자보호는 정부기관에 따라 그 내용을 달리한다. 상무부, 농무부, 보건부, 교육부, 후생부 및 연방무역위원회 등은 그 산하기관을 통하여 연방차원에서 다양한 소비자정책을 취하고 있다. 주로 각종 소비자정보제공, 제품 시험·검사지원, 각종 기술적 지원 등의 업무를 수행하고 있다. 한편, 소비자보호와 관련된 기타 기관으로는 대통령소비자자문위원회와 소비자보호국이 있다. 연방 차원의 소비자행정은 백악관 내 설치한 백악관소비자문제협의회(the whit house consumer affairs council)를 중심으로 각 관계자들의 모임인 소비자문제실(consumer council) 대표자들에 의해 실현되고 있다.

한편, 미국 주 정부는 각기 독특한 행정체계를 가지고 소비자행정업무를 수행하고 있다. 대부분의 주 정부는 국민의 건강, 안전, 권익의 보호를 위한 조례를 두고 있다. 미국 주정부들의 소비자정책에 대해 일일이 다 살펴 볼 수는 없으므로 대표적으로 캘리포니아주의 경우를 살펴보자.

캘리포니아주에서는 소비자행정업무를 전담하는 기구로서 1970년 설립된 '소비자보호청(dept. of consumer affairs)'을 두고 소비자정책을 실현하고 있다. 소비자보호청에서는 소비자보호규제업무를 관장하는 각종 위원회를 감독하고, 소비자정보제공, 소비자교육, 소비자피해구제 등 지원행정업무를 수행하고 있다. 소비자정보제공은 소비자 서비스부(consumer services division)에서 주로 담당하고 있는데 다양한 매체를 통해 소비자정보를 제공한다.[10] 교육부

---

9) 1964년 Johnson 행정부는 "소비자이익에 관한 대통령위원회"를 설치하였음. 소비자협의회가 있고, 각 부처의 대표가 모이는 백악관 소비자문제협의회(the whit house consumer affairs council)가 있다.
10) 캘리포니아주에서 1994~1995년에 '올바른 자동차수리절차', '서비스 계약 시 주의사항', 가구의 인화성과 안전기준' 등 다양한 분야에 대한 정보지를 제작·배포하였다.

(education division)에서는 소비자, 각종 면허사업자, 사업자, 정부기관 공무원들을 대상으로 소비자문제, 소비자권리, 소비자피해구제 절차 등에 대한 교육을 실시하고 있다. 소비자피해는 소비자정보분석부(consumer information and analysis division)에 설치된 소비자정보센터 (consumer information center)에 전화상담을 통해 구제 받게 된다.[11] 전화상담을 통해 사업자와 소비자 간의 분쟁이 해결되지 않는 경우 소비자보호청에서 양 당사자가 수락할 수 있는 조정안을 제시하여 합의를 유도한다. 이 이외에도 소비자보호청에는 조사부, 연구·시험서비스부, 면허부 등을 두고 소비자정책을 펼치고 있다.

한편, 미국의 소비자정책은 주로 소비자보호를 위한 각종 법제도의 정비를 통해 실현되고 있다. 안전, 거래 등 소비자보호 기능별로 종합적인 소비자보호를 위한 법률을 제정하여 운용하고 있다. 소비제품에 대한 소비자안전 확보를 위한 1972년 제정된 '소비자제품안전법', 식품·의약품·화장품으로부터의 소비자안전을 확보하기 위해 1936년 제정된 '식·의약품·화장품법', 거래 관련 사기, 허위·과장광고나 부당광고로부터의 소비자보호를 추구하기 위한 '연방거래위원회법' 등이 대표적인 소비자보호 관련 법이다. 이 같은 법률에 근거하여 소비자안전확보를 추구하기 위한 식품의약품국(FDA), 부당한 위해제품으로부터 소비자보호, 소비자제품안전 기준 제정, 제품안전과 관련한 소비자정보제공 등 소비자안전확보를 추구하기 위한 소비자제품안전위원회(CPSC : Consumer Production Safety Committee),[12] 연방거래위원회(FTC) 등이 각기 독립적으로 해당 법률에 근거하여 강력한 소비자정책을 시행하는 주체가 되고 있다. 미국의 주요 소비자보호법에 대해서는 〈표 14-5〉에 정리한 바와 같이 다양한데, 주로 1970년대에 이르러 제정·완비되었다. 미국의 주요 법안들은 세계 각국의 소비자보호를 위한 입법에도 상당한 영향을 미쳤다.

최근에는 각 정부기관들이 정보통신, 컴퓨터 등, 즉 CPSC, FTC 등 많은 연방정부기관들이 인터넷, 이메일, 팩스, 수신자부담전화 등을 통해 소비자정보제공 확산에 주력하고 있다. 특히, 기업의 자율적 소비자보호활동이 활성화되어 있어 세계 각국에 귀감이 되고 있다.

미국의 소비자정책의 특징은 규제철폐정책(deregulation), 철저한 소비자배상, 광고의 촉진 및 규제, 그리고 소비자정보제공 중심의 소비자정책이라고 할 수 있다. 이 특징들에 대해 구체적으로 살펴보자.

첫째, 미국의 경우 다른 여러 나라에 비해 정부의 관여나 규제(regulation)를 최소화하고 가급적이면 많은 자율성을 허용하여 최소비용 및 최대효과의 원리를 추구하기 위한 정책을 펼쳐왔다. 1970년대 접어들면서 교통, 통신, 농업, 에너지, 재정적 서비스 등과 같은 기간산업뿐만 아니

---

12) 소비자제품안전위원회는 5인의 위원으로 구성되며, 임기는 7년으로 3인 이상이 동일한 정당에 소속되지 않아야 한다.

라 많은 산업분야에 대한 정부규제가 거의 철폐되었다. 미국 정부는 철저한 시장원리의 원칙을 고수하고 정부의 간섭이나 규제를 줄이면서 소비자이익을 추구하는 형태의 정책을 펼쳐왔다.

| 표 14-5 | 미국의 주요 연방 소비자 관련 법

법 안	연 도	제정 목적
식품의약법 (pure food and drug act)1	1906	각 주(state) 간의 통상에서 판매되는 식품과 의약품의 저품질과 잘못된 표시(misbranding) 금지
식품의약품 및 화장품 법 (food, drug, and cosmetic act)	1938	공공의 건강을 위태롭게하는 식품, 약품, 화장품, 또는 치료 장치에 대한 저품질과 판매 금지 ; FDA(식·의약품관리국)는 식품에 대한 최소의 표준과 지침을 정함
울제품표시법 (wool products labelling act)	1940	모든 유형의 제조된 울제품에서 표시하지 않은 대용품(undisclosed substitute)과 혼합으로부터 생산자, 제조업자, 도매상, 소비자를 보호
모피제품표시법 (fur products labelling act)	1951	모피 또는 모피 제품의 잘못된 표시, 허위 광고, 거짓된 송장으로부터 소비자와 다른 사람들을 보호
화염성옷감법 (flammable fabrics act)	1953	위험한 화염성 의류와 직물의 각 주(state) 간 수송 금지
자동차정보제공법(automobile Information disclosure act)	1958	자동차 제조업자에게 모든 새로운 승객 운송수단(passenger vehicle)에 있어 제안된 소매 가격을 명시할 것을 요구
직물섬유제품표시법(textile fiber products Identification act)	1958	직물 섬유 제품에 있어 섬유 함유량의 잘못된 표시와 허위 광고로부터 생산자와 소비자를 보호
담배표시법 (cigarette labeling act)	1965	담배 제조업자에게 담배가 건강을 해친다는 것을 표시하도록 요구
공정포장 및 표시법(fair packaging and labeling act)	1966	불공정 또는 기만적 포장이나 어떤 소비자 상품의 불법적 표시를 공표
아동보호법(child protection act)	1966	잠재적으로 유해한 장난감 판매 배제 ; FDA(식·의약품관리국)는 시장에서 위험한 제품을 제거하도록 함
대여법(truth-in-lending act)	1968	소비자가 그들의 신용 구매에 관해 보다 잘 알도록 소비자 신용 계약과 신용 광고에서 모든 금융 요금의 완전한 폭로 요구
아동보호 및 장난감안전법(child protection and toy safety act)	1969	열(thermal), 전기, 또는 기계적 위험을 가진 장난감과 다른 상품들로부터 아동을 보호
공정신용보고법 (fair credit reporting act)	1970	소비자 신용 보고는 정확한, 적절한, 최근의 정보만을 포함하고 특정 관계자가 적절한 이유에 의해 요구하지 않는 한 기밀이 됨을 보장
소비자제품안전법 (consumer product safety act)	1972	소비자 제품에서 발생하는 상해의 부당한 위험으로부터 소비자를 보호하기 위한 독립적 기관(agency)을 구성 ; 기관(agency : 소비자제품안전위원회)은 안전 기준을 만드는 권한을 가짐
보증 개선법(magnuson-moss warranty improvement act)	1975	소비자 제품 보증 표기에 대한 최소 발표 기준의 제공 ; 보증 표기에 대한 최소 내용 표준 규정 ; FTC(연방통상위원회)가 불공정 또는 기만적(deceptive) 행위에 관한 해석 규칙과 정책 규정

출처 : Engel, J. E., Blackwell, R. D., & Miniard, P. W.(1994). Consumer Behavior. p. 936.

둘째, 미국은 제품 및 서비스로 인한 소비자피해배상이 가장 잘 되어 있는 나라라고 할 수 있다. 리콜제도의 적극적 실시, 철회권(cooling-off)제도, '레몬법(lemon laws)',[13] '엄격한 제조물책임법(liability)', 그리고 '집단소송법(class action)'은 미국의 소비자보상 및 배상이 철저하게 시행되고 있음을 보여 주는 단적인 예라고 할 수 있다. '제조물책임법'은 1963년부터 판례에 따라 각 주별로 법안화 한 것으로 세계 여러 나라 중 가장 광범위하고 강력하게 시행하고 있다. 한편, 소액피해자, 다수의 피해자들을 보호하기 위한 이 제도의 활용은 소비자문제 및 피해구제를 위한 집단소송(class action suits)제도를 통해 미국은 소비자피해보상을 위해 적극적인 조치를 취하고 있음을 알 수 있다.

셋째, 미국 소비자정책의 또 다른 특성으로, 소비자이익을 추구하기 위한 광고촉진정책을 펼치고 있다. 1972년 이후 연방거래위원회에서는 비교광고 및 전문가 광고출연 등을 허용하는 광고촉진정책을 펼치고 있는데 이는 광고의 소비자정보제공 기능, 가격경쟁유도 등의 취지에서 이루어지고 있다. 그런데 미국정부는 이처럼 광고의 자유화를 촉진하면서도 동시에 사기광고 및 잘못된 정보를 제공하는 광고의 경우 엄격히 규제하고 있다. 규제방법은 주로 광고실증제를 통한 광고의 실체성 입증(advertising substantiation rules), 정보공개의 의무(mandatory disclosure), 광고내용의 정확성에 대한 기준제시(corrective advertising), 서로 상충되거나 상반되는 광고(counter advertising) 규제 등의 방법을 통해 규제하고 있다.

끝으로, 미국 정부의 소비자정책은 소비자의 합리적 소비생활을 유도하기 위한 정보제공에 보다 역점을 두고 있다. 농림부에서는 농산물, 축산물의 안정성과 위생을 감독하고 이에 대한 정보를 매스미디어 등을 통해 정보를 제공하며, 보건·교육·복지부에서는 소비자교육프로그램을 개발하고, 식의약품위원회(food and drug administration)에서는 식품, 의약품, 화장품의 안전성과 라벨표시를 관리하며, FDA소비자(FDA consumer)라는 잡지(연회비 $15)에 정보를 제공하고 있다. 우체국과 정보통신부는 우편판매의 사기 및 정보통신 소비자문제를, 공정거래위원회에서는 공정거래와 관련한 문제를, 재무부는 금융기관과 주류산업의 각종 소비자정보를 제공하고 있다. 정부 출판소에서 나온 출판물은 거의 대부분 무료로 소비자에게 제공되고 있다.

2) 일 본

현대적 의미의 일본의 소비자행정은 1960년대 중반 이후 전개되기 시작하여 1965년 경제기획

---

13) '레몬법(lemon laws)'은 1980년 코네티컷(Connecticut)주에서 처음 제정한 법안으로서 새자동차를 구입하였으나 심각한 결함으로 인하여 수리가 불가능하거나 30일 이내에 수리가 불가능한 경우 환불해주도록 하는 법안이다. 이 법안은 확대되어 중고차 구입의 경우에도 보증(warranty)규정 하에 수리가 불가능하거나 심각한 결함의 경우 이 법안을 적용할 수 있도록 하게 되었다.

청에 국민생활국, 소비자과를 설치하면서 소비자정책은 적극적으로 펼쳐지기 시작하였다. 1968년에는 '소비자보호기본법'을 제정하였고, 소비자전문행정기관인 국민생활센터를 중심으로 소비자문제를 국민생활전반에 걸친 사안으로 간주하고 삶의 질 향상을 위한 적극적인 소비자정책을 실현해 왔다. 이 같은 일본의 소비자행정은 우리나라 1980년의 '소비자기본법' 제정과 1987년의 한국소비자보호원 설립의 모델이 되었다. 한편, 적극적인 일본의 지방중심적 소비자정책은 우리에게 시사하는 바가 크다. 일본의 경우 1969년 자동차형식지정규칙에 의해 최초로 리콜제도를 도입하게 되었고, 1973년 '소비생활용제품안전법', '가정용품규제에 관한 법률' 제정, 1995년 '제조물책임법'의 시행 등 소비자안전을 추구하는 정책을 시행하고 있다. 일본 소비자행정의 기본 목표는 기업과 소비자 간의 격차를 좁히는 것이었다. 다시 말해, 소비자는 기술, 자본, 정보 면에서 기업보다 불리한 입장에 처해 있으므로 이 같은 격차를 정부가 좁히고 보완하기 위한 노력을 취하기 시작하였다. 일본의 소비자정책 현황을 중앙 소비자행정체계와 지방 소비자행정체계로 구분하여 그 활동을 중심으로 살펴보자.

(1) 중앙 소비자행정체계 및 운영

일본은 1965년 경제기획처에 국민생활국을 설치하면서 중앙 소비자행정체계를 갖추기 시작하였다. 한편, 소비자행정을 전담하는 독립부서로서 1968년 국민생활센터를 설치하면서 일본의 중앙 소비자행정은 국민생활센터를 중심으로 적극적으로 전개되기 시작하였다. 일본 소비자정책의 심의기관으로는 국민생활심의회를 발족하여 적극적으로 활용하고 있다. 한편, 일본은 '소비자행정청 내 연락회의'라는 것을 결성하여 소비자행정을 총괄하는 전담부서와 유관부서가 소비자정책을 실현함에 있어 서로 유기적으로 조정·협력하고 있다. 우리나라 소비자보호원의 모델이 되기도 한 국민생활센터를 중심으로 전개되는 일본의 소비자행정의 주요 업무를 살펴보면 다음과 같다.

① 소비자정보 제공

국민생활센터는 소비자에게 상품테스트 등을 통해 객관적인 정보 또는 생활정보를 제공하는데 역점을 두고 있다. 〈소비자의 눈〉, 〈국민생활〉 등의 소비자정보지를 출판하여 정보제공에 중점을 두고 있다. 각종 위해정보를 수집하기 위하여 병원과 전국의 20개 소비생활센터를 통해 들어오는 위해정보를 체계적으로 수집하고 있다. 소비자상담, 소비자교육, 시험검사 등의 업무수행은 우리의 한국소비자보호원의 활동과 큰 차이가 없으나, 일찍부터 소비자정보 제공을 원활히 하기 위하여 전산온라인망 구축을 효과적으로 하고 있어 정보전산화의 좋은 본보기가 되고 있다. 컴퓨터 네트워크인 '파이오넷' 등을 이용하여 지방의 소비생활센터와 신속하게 소비자정보를 주고 받고 있으며 필요한 정보를 다른 지역의 소비생활센터에 다시 보내고 또한 출판물을 통해 소비자에게 알림으로써 소비자정보제공을 매우 효율적으로 하고 있다.

② 국민생활 전반의 복지활동의 중심기구로서의 역할

점차 정부의 소비자활동은 제한적 의미의 소비자권익을 추구하는 활동에서 그치지 않고 국민생활전반의 복지활동을 또 하나의 목적으로 하고 있어 소비자보호차원 이상의 역할을 담당하고 있다. 즉, 국민의 삶의 질 향상을 위한 행정 및 운동의 시범이 되고 있다고 하겠다. 예를 들면, 자원 및 에너지문제, 소비자피해의 구제제도, 소비자신용 및 서비스 분야, 판매 전략과 소비자문제 등의 소비자문제가 제기되면서 이에 대한 소비자행정이 펼쳐지고 있다.

③ 부적정한 거래의 시책 강구

일본 소비자행정의 기본적 입장이 자본, 조직력, 정보 등의 측면에서 기업보다 불리한 입장의 소비자들을 보호하여 기업과 소비자 간의 격차를 줄이기 위한 것이었다. 따라서, 규모가 크고 힘 있는 기업의 활동을 제지할 수 있는 독점규제법, 식품위생법, 할부판매법 등을 제정하여 기업에 제제를 가하기 시작하였다.

④ 전문상담원 육성

소비자정책을 보다 효과적으로 수행하기 위한 소비자전문가를 양성하기 위하여 상담원협회를 두고 이곳에서 전문상담원을 육성하고 있으며, 이곳에서 육성된 전문상담원을 기업이나 필요한 곳에 파견하고 있다. 소비자상담의 전문인력 확보와 활용은 소비자정책의 성패를 결정하므로 중요한 사항이라고 할 수 있다.[14]

| 표 14-6 | 우리나라와 일본의 소비자행정체계 비교

구 분 나 라	소비자정책 총괄기구	소비자행정 독립 기관	소비자정책 심의기구	지방소비자정책 총괄부서	지방 소비자 지원 업무	지방소비자정책 심의 기구	기 타
일 본	경제기획청 내 국민생활국	국민생활 센터	국민생활 심의회의	소비자행정 전담부서로서 소비자생활과	소비생활 센터	소비생활 심의회	소비자 행정청 내 연락회의
한 국	공정거래위원회 소비자정책과	소비자원	소비자정책 위원회	소비자보호과 물가지도계 소비자보호계		지방소비자 정책위원회	

14) 우리나라의 경우 소비자전문가가 육성되지 않고 있는 문제점이 있다. 다만, 최근 한국소비자학회에서 1996년부터 일정한 교과목을 이수하고 실습을 겸한 대학생들에게 소비자상담사자격증을 발급하여 전문인력을 양성해 오고 있다.

(2) 지방소비자행정체계 및 운영

일본 소비자행정의 주요 특징 중의 하나는 지방자치단체 중심의 적극적인 소비자정책 실현이다. 중앙행정기구와 지방자치단체는 소비자행정업무를 효율적으로 분담하고 유기적으로 협력하고 있는 것이 큰 특징이다. 지방자치단체와의 소비자정책업무 분담체계와 소비자정보의 상호교환 등 유기적 연대는 일본 소비자행정의 효과적인 수행을 잘 보여준다.

소비자행정은 도·시·군 같은 지방 및 관련 기관에서 제각기 소비자 불만처리 업무를 맡고 있어 중앙집중적 행정이 아닌 지방자치적 행정을 통해 지역실정에 맞는 소비자행정을 시행하고 있다. 지방에는 320개의 소비자센터가 있어 자기가 살고 있는 지역에서 쉽게 소비자불만을 처리할 수 있다.

한편, 지방에서 발생된 소비자문제 또는 고발된 접수는 매일 중앙의 국민생활센터의 컴퓨터로 보내짐으로써 국민생활센터에서는 제공된 정보를 종합적으로 수집할 수 있고 이를 분석한 중요한 정보를 다시 각 센터에 수시로 보내는 적극적인 소비자정보 제공업무를 수행하고 있다. 다시 말해, 지방기관과 중앙과의 유기적 협조를 통해 소비자위해정보 및 각종 소비자불만 그리고 소비자고발 등 지방소비자정책이 잘 실현되고 있다.

일본의 지방소비자행정 조직체계는 중앙의 행정직체계와 유사하다. 기본적으로 '소비자행정전담과(대개 소비생활과로 통칭됨)'에서 지방 소비자행정을 종합·추진하고 있는데, 주로 지역의 소비자정책 총괄 조정, 소비자보호조례의 제정·운영, 소비자단체의 지원 및 육성, 소비자정보제공 및 교육 등의 업무를 수행한다. 소비자행정전담과는 1961년 동경도에 '소비경제과'를 설치한 것이 그 효시로서 1993년 현재 47개 도도부현 및 12개 정령지정도시(시 차원에서는 674개)에 모두 설치되어 있다.

사업자 규제업무는 '소비자행정유관부서'에서 소비자보호를 위한 후생성, 농림수산성, 통상산업성 등과 같은 중앙행정기관의 규제업무를 위임받아 집행하는 역할을 수행한다. 이때, 원활한 업무협조와 조정의 필요성에 의해 소비생활과와 유관부서가 참여하는 '소비자행정청 내 연락회의'라는 제도를 운영하고 있다.

소비자에 대한 지원서비스는 '소비생활센터(1995년 현재 322개)'에서 주로 담당하고 있다. 1965년 고베의 소비생활센터가 그 효시인데 소비자불만처리, 소비자정보제공, 소비자교육, 상품테스트 등의 업무를 수행하며, 지방자치단체의 소비자보호조례에 의해 설립된 행정기관으로서 공공도서관과 같은 공공시설의 기능을 하고 있다.

한편, 지방소비자정책의 자문기구로서 '소비생활심의회'가 있어 지방자치단체의 소비자행정에 관한 정책이나 중요사항에 대해 조사·심의하고 자문하는 역할을 수행한다.

15

소비자안전과
안전관리법제도

1. 안전의 기초 │ 2. 제품안전 정부정책 수단 │ 3. 제품안전정책 및 안전관리제도
4. 제품안전사후관리제도 │ 5. 제품안전 관련 법제도 │ 6. 외국의 제품안전 관련 법제도

CHAPTER 15
소비자안전과 안전관리법제도[1]

1. 안전의 기초

1) 안전의 개념

일반적으로 제품이 '안전하다'라는 것은 제품을 사용할 때 소비자 혹은 그 주변 사람이 신체적인 피해 또는 재산상의 손실을 입지 않는 상태를 의미한다. 즉, 제품으로부터의 위해(harm, hazard)나 위험(risk)을 입지 않는 상태를 해당 제품의 안전성으로 정의할 수 있다. 다시 말해, 소비자가 제품이나 서비스를 구매·사용·처분하는 과정에서 생명, 신체, 재산상의 위험, 상해가 존재하지 않는 상태를 의미한다. 여기서 위해는 제품 사용시 손해를 끼치거나 끼칠 가능성이 있는 것이며, 위험은 제품의 위해에 의해 피해를 입는 것 또는 위해에 의해 피해를 입을 확률(즉, 위해확률)로 보기도 한다.

예를 들면, 비가 올 때 도로를 주행하는 상황에서 미끄러지는 '위해' 상황은 초보운전자나 능숙한 운전자에게나 마찬가지다. 그러나 양자의 미끄러질 확률은 다르므로 위해에 의해 피해를 입을 확률인 '위험'은 운전자에 따라 다르다. 마찬가지로 어떤 제품의 경우 완전 제로(zero) 위해 제품이 존재하지 않을 수 있다. 이것이 사실이라면 소비자안전이란 소비자의 생명, 신체, 재산에 영향 미치는 위해요인을 제거·최소화하려는 여러 활동을 말한다(한국소비자원, 2002). 즉, 어느 정도의 위해존재를 피할 수 없다면 위험, 다시 말해, 피해를 입을 가능성을 줄이는 것이 목표가 될 수 있다. 이때 위험은 제품생산의 기술수준, 또는 소비자의 올바른 소비나 사용에 따라 달라질 수 있다.

---

1) 본 15장의 내용은 기술표준원(2009)의 대학강좌용 제품안전개론개발(허경옥 저)의 내용을 정리요약한 후 일부 내용은 추가한 것임

제품의 안전성을 나타내는 위험의 정도는 위해의 크기와 위해확률에 따라 달라진다. 즉, 제품 고유의 위해 그 자체를 없애거나 줄임에 따라 위해확률을 줄일 수 있고, 그 결과로서 제품의 안정성을 향상시킬 수 있다. 결국 제품의 안전성은 제품에 내재된 위해나 위해확률뿐 아니라 제품의 소비자 및 사용 환경에 따라 달라진다고 볼 수 있다. 위험감축 그 자체가 목표인 경우 내재된 위해를 줄이고자 함이며, 소비자 대상 안전교육, 홍보 등은 잠재적 위해상황을 줄이고자 하는 노력이다.

2) 안전 관련 주요 이슈

(1) 안전인증대상 범위의 유동성
언론이나 일반 소비자는 모든 제품에 대하여 막연하게 완전한 안전을 요구하지만 인간이 사용하는 어떠한 제품도 완벽하게 안전한 제품은 없다고 볼 수 있다. 설사 어떤 제품을 현대의 과학적 지식에 근거하여 완벽하게 안전한 것으로 판단하였다고 하여도, 후일 새로운 과학적 지식에 의해 안전하지 않은 제품으로 평가될 수 있다.

(2) 제품의 잠재적 위험
과거 과학수준으로 안전한 것으로 인정된 제품이 새로운 과학적 지식에 의하여 인체나 환경에 안전하지 않은 공산품으로 판정이 될 경우 현재의 과학적 지식에 근거하여 신체적·환경적 위해성을 방지하는 데에 최선을 다하였다면 그로 인하여 발생할 수 있는 불가피한 피해는 소비자가 그 제품을 사용하는 대가로 감수하여야 한다.

(3) 안전기준의 변화와 기술수준의 선진화
제품의 안전인증기준은 변화하는 인간의 인식수준을 고려하여야 하고, 이에 따라 발전된 산업기술이 존재한다면 특별한 정당화 사유가 없는 한 안전인증기준의 설정에 반영되어야 한다. 선진국의 안전인증기준 강화에 의하여 후발산업국가에서 생산된 제품 수입을 간접적 방법으로 제한하는 것이 현실이다. 이 같은 상황에서 우리나라의 '전기용품 및 생활용품안전관리법'에 근거하여 안전인증 대상제품선정과 안전인증기준을 설정하는 데 있어 국내 사업자의 기술수준을 고려하여야 하고, 국내 시장상황을 동시에 고려하여 안전인증기준을 확정하여야 한다.

(4) 안전기준강화 속도
국가는 제품 생산자가 지속적인 기술개발을 하도록 동기부여하기 위해서라도 제품 안전인증기

소비자 수첩 15-1

담뱃불소송 법정 설전… 경기도지사 "화재안전담배 만들어라", KT&G "소비자부주의 탓"

"화재의 주 원인은 담뱃불이다. KT&G는 화재안전담배를 만들 의무가 있다."(김문수 경기도지사)
"담뱃불 화재는 소비자의 부주의 때문에 일어난다."(KT&G)

경기도가 KT&G를 상대로 제기한 '담배 화재로 인한 경기도 재정손해 배상청구 소송'의 첫 변론이 2010년 1월 15일 수원지법 민사합의 6부 심리로 열렸다. 특히 이날 변론에는 김문수 지사가 이례적으로 원고 대표로 출석했다. 김 지사는 KT&G를 상대로 화재안전담배를 제조하지 않은 책임과 그로 인해 발생한 소방재정 피해 등을 진술했다. 그는 "경기도의 연간 화재 발생(1만여 건) 중 12~13%가 담뱃불이 원인"이라며 "이 때문에 해마다 4,000억 원의 예산을 지출하고 있다."고 말했다. 이어 "담배 화재는 KT&G의 양심과 의지만 있어도 막을 수 있는 인재인 만큼 그 책임을 져야 한다."고 주장했다. 김 지사는 "KT&G는 2004년부터 미국에는 화재 위험을 현저하게 낮춘 화재안전담배를 수출했으면서 국내에는 화재 위험성이 높은 일반 담배만을 유통시켰다."고 덧붙였다.

KT&G 측은 이에 대해 "경기도가 주장하는 '저발화성(화재안전)' 담배 제조기술은 미국재료시험협회가 제정한 연소성 측정 테스트를 통과할 수 있는 담배의 제조기술에 불과할 뿐"이라면서 "이 기술을 채택하더라도 담뱃불 화재의 위험을 줄일 수 있다고 보기 어렵다."고 변론했다. 또 KT&G 측은 "담뱃불에 의한 화재는 (기본적으로) 소비자의 부주의로 발생한 만큼 제조회사에는 책임이 없다"고 말했다.

경기도는 지난해 1월13일 "담배 제조사가 화재안전담배를 만들지 않아, 담뱃불 화재로 막대한 재정손실을 입었다."며 KT&G를 상대로 모두 796억 원의 손해배상 청구 소송을 제기했다. 이와 관련, 서울시 관계자는 "아직 서울시 입장은 정하지 않았지만 (경기도의) 이번 담뱃불 소송이 다른 지자체에도 영향을 미칠 수 있다."고 밝혔다. 경기도가 만약 이번 소송에서 이기면 다른 지자체들도 유사소송을 벌일 수 있음을 예고하는 대목이다.

출처 : 경향신문, 2009년 1월 15일

준을 강화할 필요가 있다. 다만, 어느 정도의 속도로 안전인증기준을 강화할 것인가 하는 것은 결정해야 하는 또 다른 중요한 사항이다. 제품 안전인증기준을 급속하게 강화하여 국내 기술수준으로는 도저히 해결할 수 없을 정도로 안전인증기준을 강화하면 국내의 제품시장은 선진 외국의 제품으로 점령될 것이다. 그렇다고 안전인증기준의 강화 속도를 지나치게 늦추게 되면 후발 산업국가가 생산한 제품의 가격경쟁력에 의하여 국내 제품시장이 점령당하게 될 것이다.

2. 제품안전 정부정책 수단

소비제품의 안전성을 확보하기 위한 여러 정책 수단을 살펴보면, 첫째, 사고예방 및 재발방지를 위한 정부의 직접적인 안전규제정책, 둘째, 안전사고가 발생한 경우 그 피해에 대한 사후피해구제, 셋째, 정부의 간접적 안전규제정책으로서 위해(危害)·위험정보의 공개정책, 넷째, 소비자에 대한 안전교육이나 홍보 등 소비자지원정책이 있다.

1) 제품안전을 위한 행정규제

안전사고의 사전예방을 위한 제품안전규제는 안전기준에 의한 안전제품생산 및 관리를 꾀한다. 안전기준을 통한 정부규제는 제품의 기술적 복잡성으로 소비자들이 제품안전에 대한 사전인지가 어려우며 피해발생 시 신체·생명·재산에 피해가 우려되는 제품에 대해 정부가 개별 제품별로 안전기준을 정하여 이에 적합한 제품만을 생산·유통하도록 하는 것이다. '식품위생법', '약사법', '전기용품 및 생활용품안전관리법' 등과 같은 법률을 통하여 정부가 일정한 기준을 제정하고, 허가·승인·검사 등을 통하여 법령으로 정해진 각종 기준을 생산자가 준수토록 하는 것이다.

소비자안전을 도모하기 위한 사전적 안전기준을 통한 규제의 절차를 구체적으로 살펴보면, 첫째, 소비자안전을 위해 각종 위해 방지기준을 제정하고 정기적인 시험, 검사, 조사를 통해 준수 여부를 확인한다. 둘째, 시험검사결과 소비자의 생명, 신체, 재산상의 위해를 끼칠 우려가 있는 물품 등의 경우에는 사업자에게 수거, 파기 등을 명령한다. 셋째, 소비자 위해 정보의 수집과 분석업무를 지속적으로 추진한다. 넷째, 사업자에게 자기가 공급한 물품 등의 결함정보를 알게 된 때 국가에 보고토록 하는 정보고지의무를 부여한다. 다섯째, 소비자 위해 발생에 대해 능동적이고 신속하게 대처하기 위해 사업자에게 위해물품의 자진수거 또는 자율적 리콜 등의 의무를 부여한다.

한편, 공산품의 경우 안전기준과 관련한 규제는 다음과 같은 방법을 사용하고 있다. 첫째, 안전인증제도로서 전기용품 및 생활용품안전관리법에 의해 안전성이 중요시되는 공산품에 대하여 최저안전기준을 설정해 놓고 제품 출고 전에 검사하는 제도이다. 둘째, 자율안전제도로서 안전검사 대상 공산품으로 인한 위험을 예방하기 위하여 공산품의 안전을 사업자 스스로 인증을 받도록 하는 제도를 말한다. 셋째, 형식승인제도로서 자동차·소방용기구 등은 '자동차관리법'·'소방법', 전기용품 등은 '전기용품 및 생활용품안전관리법'에 따라 형식승인을 받도록 하고 승인을 받은 제품만 판매할 수 있도록 규제하는 제도이다. 넷째, 품질표시제도로서 소비자가 품질을 식별하기 곤란한 제품에 대하여 제품의 성분, 규격, 용도 등 품질에 관한 사항과 사용상 주의사항을 제품별 표시기준에 따라 제조자(수입업자)가 표시하도록 하는 제도이다. 다섯째, 품질인증제도로서 안전검사대상 공산품에 부여하는 'KPS' 마크와 전기용품에 부여되는 'K' 마크 등 각종 마크제도의 운용이다. 이 외에도 정부에서는 다양한 방법으로 안전을 확보하기 위한 제도나 프로그램을 운영하는 데 정리·요약하면 다음과 같다.

- 허가제도 : 물품을 만들 기업에 대한 허가(예 : 약품 제조)
- 리콜제도 : 하자제품의 책임 수리 교환(예 : 자동차 리콜)
- 사전검사제도 : 공장출하 전 성능을 확인하는 제도(예 : 전구수명 검사)
- 사후검사제도 : 유통 의약품 수거 검사(예 : 소화제 성분 검사)
- 생산자 추적(이력) 시스템 : 소비자가 식품 내력을 알 수 있는 시스템(예 : 쇠고기 가공·생산 수단 및 유통단계를 알 수 있음, 제품은 인터넷 쇼핑물의 배송추적)

2) 안전사고 예방 및 피해구제제도

제품의 안전성 결함으로 인해 발생한 소비자피해에 대한 예방적 그리고 사후적 구제수단으로써 리콜제도 및 제조물책임제도가 있다. 이 제도는 해당 피해에 대한 금전적 보상이 일차적 목적이지만 궁극적으로는 생산자가 소비자피해보상에 드는 추가적 비용을 제품 안전성 향상에 투자하도록 하는 규제 수단이다. 이때, 소비제품으로 인한 피해가 발생하기 전 예방을 위한 규제를 사전적 규제라고 하고 피해발생 후 법원의 규제를 사후적 규제로 구분할 수 있다. 사전적 규제의 대표적 수단은 리콜제도이며, 사후규제의 대표적인 것은 제조물책임제도, 집단소송제도 등이 있다.

3) 위해 및 안전정보공개 정책

소비자에 대한 제품안전 또는 위해 관련 정보를 공개하도록 하는 것이 정부의 안전규제 정책의 또 다른 정책수단이다. 정부는 기업에게 제품의 품질, 제품의 안전 또는 위해 상태, 리콜 정보 등을 의무적으로 또는 자율적으로 공개하도록 유도한다. 제품품질 또는 안전에 대한 정보공개의 구체적인 수단으로는 위해 정보보고제도, 표시규제 또는 표시정보공개, 위해 제품의 리콜정보공개 등이 있다.

(1) 위해 정보보고제도

소비자가 물품이나 서비스를 사용하거나 이용하는 과정에서 인체에 상해를 입거나 사망한 사례 등을 수집하여 그 원인을 분석하고 사고의 재발방지 대책을 강구하기 위한 일련의 과정을 소비자위해 정보보고제도라고 한다. 위해 정보보고제도는 '소비자기본법' 및 동법 시행령 그 근거를 두고 있는 의무사항으로 정부는 소비자기본법에 의해 병원·소방서 등 전국의 57개 위해 정보보고기관을 지정하여 한국소비자원에 위해 정보를 수집·분석토록 하고 있다.

(2) 표시정보 공개

표시정보의 의무화, 즉 표시규제는 제품의 안전성 확보를 위한 보편적인 정책수단 중의 하나로써 생산자에게 제품의 안전성에 대한 정보를 해당제품에 의무적으로 표시하도록 하고 있다. 즉, 제품의 제조일자, 사용방법 및 주의사항 등 품질에 관한 정보를 제품에 표시하도록 의무화시킴으로써 소비자의 사고위험을 줄이고 안전을 꾀할 수 있다.

(3) 리콜정보 공개

위해의 가능성이 있는 제품을 해당제품 생산자가 자발적으로 리콜을 실시하거나 정부가 강제적으로 리콜을 명령하게 되는데, 리콜과 관련한 이 같은 내용을 정부가 직접 공개하거나 기업 또는 생산자가 공개토록 하는 것도 정부의 안전규제 수단이다. 미국, 프랑스 등 선진국의 경우 소비제품의 안전성을 확보하기 위한 수단으로 리콜제도를 활성화하고 있는데 리콜제도의 성공적 운영은 리콜 관련 정보 공개의 효율적 이행에 달려있다.

4) 소비자지원 정책 : 제품안전교육 및 홍보

제품의 안전성을 확보하기 위한 정부의 다양한 정책수단이 효과적으로 실행되지 못할 수 있다.

| 표 15-1 | 제품안전그림표지 국가표준(KS)

분류번호	안전 정보	안전표지	적용 제품
001	입에 넣지 마시오		완구, 크레용, 크레파스, 유아용 교구, 그림물감, 외상 치료용 연고, 연필 등
002	보호자와 함께 사용하시오		보행기, 유모차, 쇼핑카트, 유아용 의자, 기능성 완구, 물놀이 기구, 라텍스 풍선 등
003	위에 올라가지 마시오		유아용 의자, 유모차, 보행기, 이층 침대, 책상, 쇼핑카트, 어린이용 자동차 등
004	얼굴과 머리를 향해 쏘지 마시오		발사체 완구, 비비탄 총 등

참조 : 기술표준원 제정, 2005년 12월 20일

또 다른 측면에서의 정부의 규제 수단들은 비효율적인 측면을 내포하고 있다. 제품위험의 본질이 거래당사자 간의 비대칭적 정보 및 소비자행동에 기인하고 있기 때문에 보다 근본적인 소비자안전확보 수단은 소비자에 대한 적절한 위험정보 제공과 소비자의 안전의식 고취를 위한 교육 및 홍보라고 할 수 있다. 즉, 제품의 위험특성에 대한 정확한 정보를 교육을 통해 소비자에게 제공하고 민간단체, 언론매체를 통하여 적극적으로 홍보하는 것이 중요하다.

3. 소비자안전의식과 안전추구행동

소비자들이 위험에 노출되고 소비자안전이 확보되지 못하는 이유는 다음과 같다. 첫째, 소비자들은 점점 더 복잡해져 가는 제품들의 사용에 따른 위험을 인지하지 못하고 있다. 둘째, 위험을 알고 있는 경우에도 소비자가 이에 대처할 능력이 없는 경우가 많다. 셋째, 소비자들은 정확한 제품안전정보를 얻고자 하는 의지가 약하거나 잘못된 광고 등으로 인해 제품의 안전성을 잘못 인지하는 경우가 많다. 이를 통해 소비자안전을 확보하는 데 있어 기업이나 정부의 노력 이외에 소비자의 안전의식 및 안전추구행동의 중요성을 알 수 있다.

1) 소비자의 안전정보인지 부족 원인

소비자가 위험정보를 정확히 인지하지 못하는 원인에 대해서는 다음과 같이 정리해 볼 수 있다.

첫째, 소비자가 소비제품의 위험을 충분히 파악하는 데 비용이 수반되기 때문에 위험정보를 정확히 인지하지 않는 경향이 있다. 생산기술의 발달로 더욱 다양하고 정교한 제품이 시장에 공급되는 반면, 이들 제품에 대한 소비자의 지식이 따르지 못하는데 이는 시간, 에너지, 노력 등의 정보탐색 비용의 수반 때문이다. 소비자는 구매하고자 하는 제품의 다양한 위험 관련 정보 수집, 다른 제품과의 안전성 비교, 생산과정에서의 주의 및 안전확보 실태 등을 파악하기 위해 정보탐색비용을 지출해야만 한다. 소비자는 정보탐색 비용이 그로 인한 이익보다 크다고 판단되는 경우 위험정보를 수집하지 않을 것이다.

둘째, 소비자가 위해 및 위험에 관한 정보를 획득한 경우라도 자신의 정보분석능력 부족, 비합리적 성향 때문에 안전정보를 잘못 이해 할 수 있다. 그 결과 소비자는 제품의 위험가능성을 과소평가하거나 과대평가하게 된다.

셋째, 탄산음료의 병이 폭발하는 경우처럼 제품의 사고발생 빈도가 매우 낮은 경우 안전정보를 탐색하지 않을 가능성이 크다. 또한 구매경험으로 얻은 제품의 위험정보가 정확하지 않을 수 있다. 한편, 피해의 크기가 매우 큰 경우 소비자의 개인적 경험에 의해 위험정보를 얻기는 어렵다.

넷째, 반복해서 사용하지 않는 제품의 경우, 즉 자주 구매하지 않는 제품의 경우 구입 전 제품의 위험 특성을 자주 구매하는 제품에 비해 잘못 판단할 수 있다.

2) 기업의 안전정보제공 부족 원인

위험정보의 공급측면, 즉 기업이 안전정보를 충분히 제공하지 않는 이유, 다시 말해 소비자의 안전정보 접근을 제약하는 요인이 있다.

첫째, 위험정보는 그 자체의 경제적 특성으로 인해 시장에 과소 공급될 수 있다. 즉, 정보의 공급자인 생산자는 자신이 제공하는 정보를 소비자들이 어떻게 이용할지 정확하게 알 수 없기 때문에 자신에게 불리한 정보를 가급적 적게 제공하려 하는 성향이 있다.

둘째, 시장구조가 위험정보의 공급량에 영향을 미칠 수 있다. 즉, 시장이 경쟁적인가 아닌가에 따라서 제품의 안전에 관한 정보의 제공 유인이 달라질 수 있다. 우리나라와 같은 독과점 시장구조에서는 제품안전 정보를 경쟁적으로 제공하지 않을 가능성이 높다.

셋째, 제품의 특성에 따라 정보의 공급정도가 달라진다. 예를 들어 의약품, 건강식품 등과 같은 신용상품(credence goods)의 경우는 그 제품의 안전에 관한 정확한 정보공개가 되지 않을 가능성이 높고 정보의 정확성에 대한 판단도 쉽지 않을 것이다.

3) 소비자 안전체감지수

소비자 안전체감지수란 소비생활에서 사용되는 각종 물품, 용역 및 소비부문별로 소비자의 안전체감수준을 파악하기 위해 이들에 대한 위해불안감, 중요도 인식, 실제 위해경험 및 정도 등을 조사하여 지수화한 것이다. 다시 말해, 소비자 안전체감지수는 소비자 부문에 대한 국민의 안전체감도가 어느 정도 수준인지를 진단하기 위한 지표(100점 만점)이다. 한국소비자원에서는 소비자 안전체감지수를 산정한 바 있는데 소비자들이 느끼는 안전체감도와 위해 정도, 안전사고 발생건수 등을 종합하여 만들었으며 식품, 의약품, 가스, 가전, 시설물, 스포츠레저, 기타 생활용품 등의 주요 품목별로 측정하고 있다. 유해 경험 및 정도는 소비자안전센터(한국소비자원)의 위해정보통계(실제 위해사례) 등을 기초로 측정하고 있다.

한국소비자원(2006)의 조사결과에 따르면, 7대 부문의 종합적 소비자 위해체감지수는 51.82로 최고의 위해체감을 100으로 두었을 때 소비자들이 평균적으로 51.82만큼 체감하고 있음을 의미한다. 식품부문의 소비자 위해체감지수는 53.14가 산출되었다. 이는 소비자의 최고 위해불

소비자 수첩 15-2

공산품 안전관리제도 정리 · 요약

• 사전안전관리제도(소비제품 안전인증제도)
  안전인증, 자율안전인증, 품질표시, 어린이보호포장 등
• 사후안전관리제도
  모니터링, 시판품검사, 신속조치, 제품안전자율이행협약, 위해정보보고제도, 리콜제도, 제조물책임제도 등

안감 수치를 100점으로 두었을 때 식품부문에 대한 소비자위해 불안감이 53.14임을 의미한다. 소비자들은 수입축산물의 안전성에 대해 낙제점을 준 반면 유제품(74점)은 가장 높은 신뢰를 하고 있는 것으로 나타났다. 소비자들은 '수입농축산물 국내산으로 속여팔기', '광우병 및 조류독감' 등을 식품안전의 최대 위협요인으로 지목했다.

4. 제품안전정책 및 안전관리제도

1) 기술표준원의 제품안전업무 현황

기술표준원은 '전기용품 및 생활용품안전관리법'에 의하여 공산품 또는 전기제품의 사용으로 인한 생명, 신체상의 위해, 재산상의 손해 등으로부터의 소비자안전을 확보하기 위한 업무를 담당하고 있다.

기술표준원에서는 공산품을 안전관리대상으로 안전인증, 자율안전확인, 안전표시 등 안전인증제도를 통해 제품의 안전관리업무를 수행하고 있다. 안전인증제도는 주로 공장심사제도를 활용하고 있으며 인증획득 후 제품안전에 대한 사후관리제도로 신속조치제도, 제품안전자율이행

KTL SD10031-4015

안전인증기관명   안전인증번호

그림 15-1 전기용품안전인증 마크

소비자 수첩 15-3

상품시험검사의 유형

현재 실시되고 있는 상품시험검사의 종류는 크게 세 가지 유형으로 분류할 수 있다.
- 감시테스트로서 판매되고 있는 상품의 법정 안전기준이나 표시 기준 및 규격 등에의 합치 여부를 확인 대조하기 위해 행정감독관청이 실시하는 시험검사
- 감별테스트로써 국·공립검사기관 및 소비자단체가 문제가 된 상품의 고발내용의 타당성을 판정하기 위해 실시하는 시험검사
- 상품비교테스트로써 국·공립 검사기관 및 소비자단체가 판매되고 있는 많은 상품 중 동일 종류, 동일 품종의 상품을 선정하여 그 성능, 안전성, 사용상 편리성 등 상품별로 품질의 우열을 종합적으로 비교하는 시험검사

협약제도, 시판품조사, 모니터링제도 등을 운영하고 있다. 문제가 있는 제품을 발견하는 경우 판매중지, 개선·수거·파기 권고를 하고 있다.

(1) 공산품 안전인증제도

위해우려가 큰 공산품(특히, 어린이용제품)은 제품검사뿐만 아니라 공장심사를 받도록 하여 지속적으로 안전한 제품을 생산·유통하도록 하고 있다. 안전인증대상 공산품은 소비자의 생명·신체상의 위해, 재산상의 손해 또는 자연환경 훼손의 우려가 있는 지정된 공산품이다.

한편, 전기용품의 안전인증제도는 '전기용품 및 생활용품안전관리법'에 의거하여 운영하고 있다. 전기용품을 제조하거나 외국에서 제조하여 한국으로 수출하고자 하는 자가 안정기관으로부터 제품의 출고 전(국내제조), 통관 전(수입제품)에 안정인증대상 전기용품의 경우 모델별로 안정인증을 받도록 하고 있다.

(2) 공산품 자율안전확인제도

자율안전확인제도는 공급자적합성선언(SDoC : Self Declaration of Conformity)이라고도 부르는데 공인시험기관에서 해당 제품이 안전기준에 적합한지를 사업자 스스로가 확인 받은 후 시험성적서를 첨부하여 신고하고, 제조(수입)하도록 하는 제도이다. 자율안전확인제도는 정부가 안전확인대상 제품을 지정하고, 제품별 안전기준과 실험인증방법을 규정하며, 제조자/판매자 준수여부 확인방법과 위반 시 벌칙조항을 규정하게 된다. 사업자는 정부가 정한 안전기준 등에 부합하도록 하되 제3자 시험기관에서 시험검사를 실시한 후 인증서, 경고표시 등을 부착하여 판매하게 된다.

그림 15-2 어린이보호포장 대상품목

(3) 공산품안전품질표시제도

안전품질표시제도는 주의·경고 및 품질표시가 필요한 공산품에 안전품질표시를 하도록 의무화하는 제도이다. 소비자가 취급·사용·운반 등을 하는 과정에서 사고가 발생하거나 위해를 입을 가능성이 있는 공산품과 소비자가 성분·성능·규격 등을 식별하기 곤란한 14개 공산품이 안전품질표시 의무대상이다.

(4) 어린이보호포장제도

어린이보호포장대상공산품은 성인이 개봉하기에는 어려움이 없지만, 만 5세 미만의 어린이가 일정 시간 내에 내용물을 꺼낼 수 없게 설계 고안된 포장(용기를 포함한다)을 사용해야 하는 공산품(7개 품목)이다. 만 5세 미만의 어린이가 일정 시간 내에 내용품을 꺼내기 어렵게 설계·고안된 포장·용기를 의미한다. 어린이보호포장 신고를 하지 않고 어린이보호포장마크를 표시한 자에 대하여 3년 이하의 징역 또는 3,000만 원 이하의 벌금이 부과되며, 어린이보호포장을 사용하지 않거나 신고를 하지 않았을 경우 판매중지 개선·수거 또는 파기조치 된다.

2) 한국소비자원의 소비자안전업무 현황

한국소비자원에는 '소비자기본법'에 따라 소비자안전센터가 별도의 법정기구로 설치되어 있어 소비자안전업무를 수행하고 있다. 소비자안전센터는 위해정보팀, 생활안전팀, 식의약안전팀으로 구성되어 있는데 소비자안전과 관련된 교육 및 홍보, 위해물품 등에 대한 시정 건의, 소비자안전에 관한 국제 협력, 소비자안전에 관한 업무 등을 수행하고 있다. 또한, 위해정보의 수집 및 처리, 소비자안전을 확보하기 위한 조사 및 연구, 수집된 위해정보의 분석 결과에 따라 위해방지 및 사고예방을 위한 소비자안전경보의 발령, 물품 등의 안전성에 관한 사실의 공표, 위해물품 등을 제공하는 사업자에 대한 시정권고 국가 또는 지방자치단체에의 시정조치·제도 개선

건의 등 소비자안전확보를 위한 업무담당 등이다. 소비자안전과 관련한 주요 업무를 구체적으로 살펴보면 다음과 같다.

(1) 소비자안전경보 발령

안전센터에서는 '소비자기본법'에 의거하여 수집된 위해정보의 분석결과를 토대로 위해방지 및 사고예방을 위한 소비자안전경보 발령, 물품 등의 안전성에 관한 사실 공표, 위해물품 등을 제공하는 사업자에 대한 시정권고, 국가 또는 지방자치단체에의 시정조치 및 제도개선 건의 등 소비자안전확보를 위한 업무를 담당하고 있다.

(2) 결함정보보고의무제도

사업자가 제조·수입하거나 유통하는 제품의 제조·설계 또는 표시 등의 결함으로 인해 소비자의 생명·신체 및 재산상의 안전에 위해를 끼치거나 끼칠 우려가 있음을 알게 된 경우, 사업자로 하여금 5일 이내에 정부(시·도지사)에 보고하도록 의무화한 제도이다. 이 제도는 사업자의 자발적 리콜을 유도하는 제도이다.

(3) 안전정보시스템(CISS시스템)

한국소비자원의 안전센터에서는 소비자안전확보를 위한 정보수집 및 제공, 정보분석 및 활용 등의 업무를 수행하고 있다. 안전센터의 정보는 크게 아홉 가지 품목별 정보, 리콜정보, 국내/해외안전정보, 국내/해외 안전법령 및 규정 정보를 의미한다. 안전 관련 정보는 법적인 사고보고 신고 제도를 활용한 소비자위해감시시스템(CISS : Consumer Injury Surveillance System)을 운영하고 있으며, 임의적 위해정보제도로서는 소비자들을 대상으로 소비자신고시스템을 운영하고 있다. 소비자위해감시시스템(CISS)은 1996년 4월 '소비자보호법'의 개정에 따라 행정기관, 소비자단체, 병원, 학교 등을 위해정보보고기관으로 지정(국공립병원 65개, 소방서 18개, 총 83개 의무보고)하였다. 위해물품 및 시설물로 인해 다친 소비자의 정보를 병원 혹은 소방서로부터 수집하고 있다. 안전센터에서는 위해정보보고기관과 피해구제사례 및 해외정보 등을 통해 위해정보를 수집하여 사실 확인, 시험검사 등 과학적인 조사·분석을 실시한 후 중앙행정기관의 장에게 업무상 취득한 위해정보를 보고한다.

위해정보평가 업무의 효율적인 추진을 위해 한국소비자원 내에 '위해정보평가위원회'를 두고 그 심의결과에 따라 소비자에게 사고예방 홍보를 하고 제도개선, 품질개선 등을 정부에 건의하거나 사업자에게 권고하고 있다. 안전센터에서 안전정보를 수집하는 방법에 대해 구체적으로 살펴보면 다음과 같다.

① 소비자 대상

한국소비자원 자체의 정보수집 방법으로서 소비자들을 대상으로 안전관련 정보를 수집하고 있는데, 구체적으로 소비자불만상담 및 피해구제 사례, 핫라인(080-900-3500), 안전넷(CSN : Consumer Safety Network), 어린이넷 등의 방법을 활용하고 있다. 소비자안전넷은 위해정보를 인터넷을 통해 제공할 수 있도록 한국소비자원 인터넷 홈페이지에 위해정보신고란 설치, 운영, 일종의 소비자안전사고신고 제도이다. 상품 및 서비스 이용과정에서 다치거나 사망한 사고 사례를 신고하도록 하고 있다. 소비자신고에 의한 안전사고정보를 활용하여 해당제품 시설물의 결함 수정 및 품질개선 등의 사업자 시정, 리콜건의 및 권고, 관계 기관 통보, 법 규정 정비 및 정책건의를 하고 있다. 어린이 안전넷은 어린이들이 안전한 환경 속에서 건강하고 행복하게 자랄 수 있도록 도움을 주기 위해 만든 인터넷상의 어린이안전종합정보망이다. 국무조정실이 후원 한국소비자원이 운영하고 있다. 정보수집방법은 어린이사고신고, 유형별사고정보, 장소별사고정보, 연간 안전달력 등을 통한 온라인 신고접수 및 전화상담, 모바일 신고 등을 통해 사례를 수집하고 있다. 또한 공지사항, 어린이안전정보, 어린이안전달력, 어린이안전법규, 자료실, 어린이 안전용품전시회 등을 통한 홍보 활동을 펼치고 있다. 어린이 안전교육은 교통안전, 가정안전, 학교안전, 놀이안전, 공공시설안전, 식품안전, 화재안전, 선생님, 부모님, 미디어교육자료 등을 제공하고 있다.

소비자수첩 15-4

중국산 완구, 기준치 280배 환경호르몬

시중에서 판매되고 있는 어린이 장난감 10개 중 1개꼴로 중금속과 환경호르몬이 검출돼 부적합 판정을 받은 것으로 나타났다. 국회 보건복지가족위원회 소속 한나라당 임두성 의원은 지식경제부 기술표준원이 올들어 지난 8월까지 국내 유통 장난감 100개를 수거해 검사한 결과 13%인 13개 제품에서 중금속 및 환경호르몬이 발견돼 부적합 판정을 받았다고 2일 밝혔다. 모 국회의원이 입수한 자료에 따르면 부적합 판정을 받은 13개 제품 가운데 중국산 장난감이 가장 많은 6개였고, 국내산은 4개였다. 나머지 3개는 베트남산인 것으로 조사됐다. 중국산 주문자상표부착생산방식(OEM)으로 수입된 K사의 제품은 환경호르몬인 '디에틸헥실프탈레이트'(DEHP)가 기준치(0.1%)보다 280배 많은 28.0% 검출됐다. 또 밀수품으로 추정되는 한 무허가 나무퍼즐 제품은 납성분이 기준치(90ppm)의 9배를 넘는 811ppm이나 검출됐다. 이 제품에서는 크롬도 허용치인 60ppm보다 많은 72ppm이 나온 것으로 밝혀졌다. S사의 실로폰 제품은 납 성분이 263ppm 검출됐고, 국내 D사의 벽걸이 농구대는 DEHP가 29.7% 검출돼 부적합 판정을 받았다. 모 국회의원은 "주무 부서인 지식경제부 기술표준원은 단속과 수거검사 권한만 있을 뿐 처벌 권한이 없다."면서 "업체들이 회수 명령을 제대로 이행할 수 있도록 대책을 마련해야 할 것"이라고 강조했다.

출처 : 서울신문, 2008년 10월 3일

② 해외기관 및 기타 각종 국내·외 언론매체

국내·외 기관 및 언론 등을 통해 안전정보를 수집하고 있다.

③ 상담정보

한국소비자원 및 소비자단체 등에 접수된 소비자상담 사례를 통해 안전·위해정보를 수집하고 있다. 한국소비자원에서 처리하고 있는 상품이나 서비스의 상담 및 피해구제를 통해 한국소비자원 스스로가 상담정보를 자체적으로 수집하고 있다.

한편, 위해 정보의 분석 및 평가방법에 대해 살펴보면, 먼저 사실확인을 위해 수집된 위해정보에서 위해 경위, 피해자 및 해당사업자의 의견, 관련 규칙 및 법규내용 등 위해정보의 평가에 필요한 사항을 조사하고 있다. 안전센터에는 '위해정보평가실무위원회'의 1차 평가(1차 사실확인 된 정보는 위해 정보평가 실무위원회에서 당해 정보에 대한 처리방안 심의)를 통해 다시 2차 평가(1차평가가 완료된 위해 정보는 실태조사 및 시험검사 등의 심층조사를 통해 '위해 정보평가위원회'에 상정되며 위원회는 위해정보에 대한 위해성 평가 및 조치방안에 대하여 의결)를 하게 된다. 이렇게 수집된 위해정보가 어떻게 활용되는지를 살펴보자. 한국소비자원은 위해정보평가위원회 심의결과에 따라 위해정보를 소비자 홍보 및 계도, 대정부건의, 사업자 시정촉구 등의 조치를 취하는 데 활용한다. 수정된 정보는 통계적으로 분석하여 활용되며, 구체적인 사례는 사고를 미연에 방지하기 위해 필요한 경우 소비자정보로 제공한다.

3) 제품안전업무 수행 기타 기관

제품안전업무를 담당하는 대표적인 민간기관은 한국전기용품안전협회이다. 1991년 법인설립 허가(공업진흥청)를 받은 이 기관은 공정한 경쟁질서의 형성과 기술정보의 원활한 소통으로 전기제품 제조 및 유통의 건전한 육성과 회원 상호간의 친목 및 전기용품의 품질향상을 도모하여 산업발전 및 국민생활에 기여함을 목적으로 설립되었다.

주요 사업은 불법 전기제품 단속(불법제품단속반 운영 및 단속, 행정조치 의뢰)이다. 이 외에도 KS 사후관리, 즉 KS표시 인증제품의 품질향상과 신뢰성 확보를 위한 인증업체에 대한 사후관리 강화로 소비자보호 및 KS인증제품에 신뢰성 유지를 꾀하고 있다. 또한, PL상담센터를 운영하여 전기제품의 사고로 인한 피해상담, 알선, 피해보상, 분쟁조정 등의 업무를 수행하므로 소비자와 생산자 간의 원활한 문제해결, '제조물책임법' 실시(2002년 7월)와 관련하여 법적 쟁송에 따른 양 당사자 간의 관계 악화를 조기해결(합의 또는 화해)하여 쟁송 당사자의 분쟁기간 단축 및 소송비용 절감, 쟁송의 장기화로 인해 실추된 생산자 이미지 조기 수습 등의 업무를 수

15-5

휴대전화 추정 사망사고 원인 논란

28일 충북 청원군의 한 공사현장에서 휴대전화 배터리 폭발로 추정되는 사망 사고가 발생한 것이 알려지면서 사고 원인을 둘러싼 논란이 확산되고 있다. 경찰의 정확한 수사결과가 나와야 정확한 사고원인을 알 수 있지만, 해당 제품의 제조업체에서는 휴대전화 배터리가 폭발할 수 없다며 다른 이유에 무게를 두고 있다. 만일 휴대전화 배터리 폭발이 사망의 직접적인 원인으로 최종 확인될 경우 국내에서는 처음 발생한 휴대전화 관련 사망사고이자 세계적으로도 지난 6월 중국에 이어 두 번째로 기록된다.

사망자의 시신을 검시한 충북대병원의 김훈 교수도 "환자의 왼쪽 가슴에 화상 비슷한 상처가 있었고 갈비뼈와 척추가 골절돼 폐출혈 증상도 발견됐다."며 "시신의 상태와 발견 당시 정황 등을 종합해 볼 때 폭발 압력으로 폐와 심장이 손상돼 숨진 것으로 추정 된다."고 말했다.

이번 사고의 경우 사망자가 굴착기 기사로 작업 도중 고열이나 외부의 충격이 가해질 수 있는 조건이다. 휴대전화 배터리 제조에 사용되는 리튬은 특성상 일반 환경에 노출돼 열을 받거나 충격을 주면 발화, 폭발하는 성질을 지니고 있다. 하지만 이 같은 추정에 대해 해당 제조업체는 "문제의 휴대전화 배터리는 폭발할 수 없다."고 말해 다른 원인일 가능성을 내세웠다.

이 제조업체에 따르면 문제의 배터리는 리튬 폴리머로 만든 것으로 자체적으로 전기가 통하지 못하도록 전기차단 회로가 장착돼 있어 어지간한 충격이나 고열 등 외부의 영향이 아니면 폭발하지 않는 다는 것이다.

이처럼 잦은 휴대전화 배터리 사고로 인해 세계 과학계에서는 폭발위험이 없는 나노배터리를 개발하는 등 안전한 배터리 개발 경쟁이 벌어지고 있다.

출처 : 연합뉴스, 2007년 11월 28일

행하고 있다. 이 외에도 교육·출판 센터, 분야별 전기제품 협의회 운영, 해외 전기제품 안전인증 지원 사업, 산업피해조사 사업, 전기용품 제조업의 발전을 위한 시책의 수립 및 건의, 전기제품에 대한 유통 지원 사업, 전기제품 제조에 관한 자료 및 통계조사, 기타 회원사의 이익증진을 위한 공동사업, 우수 전기제품의 홍보를 위한 전시사업 등을 수행하고 있다.

한편, 한국표준협회에서도 제품안전관리 업무를 수행하는데 KS 마크 인증업무를 수행하고 있다. 구체적으로 주요업무는 신규 KS제품인증(공장심사, 제품심사), 이미 인증을 받은 업체에 대한 사후관리(정기심사 등), KS인증제품에 대한 이의 신청 접수 처리, KS인증업체의 변동내역 신고 접수 처리, KS인증업체의 각종보고 접수 처리 등이다.

한편, 안전인증기관으로는 산업기술시험원, 한국전기전자시험연구원, 한국전자파연구원 등이 있다. 이들 기관은 인증업무를 수행하는데 전자파 환경인증(EMC), 전기용품안전인증(EK) 등이 그것이다. 안전인증대상 전기용품은 전선 및 전원코드, 전기기기용 스위치, 교류용 전기기기 또는 전원용 캐패시터, 전기설비용 부속품 및 연결부품, 전기용품보호용 부품, 전연변압기, 전기 기기류, 전동공구, 오디오, 비디오, 응용기기, 정보 사무기기, 조명기기 등이다.

5. 제품안전사후관리제도

기술표준원의 대표적인 사후안전관리제도는 신속조치제도, 제품안전자율이행협약제도, 시판품조사, 제품안전모니터링, 리콜제도 등이다.

1) 신속조치제도

신속조치제도란 안전인증, 자율안전확인, 안전/품질표시 대상품목 이외의 공산품에서 새로운 위해 제품이 발견되면 소비자피해확산을 신속히 방지하기 위해 안전성조사 후 판매중지 및 언론 등에 공표할 수 있도록 한 제도이다. 신상품 중 안전, 위해의 우려가 큰 공산품 등에 대해서 안전성 조사결과 위해성이 입증되거나, 어린이용제품 등에 대한 판매중지 또는 리콜을 권고하고, 그 사실을 공표할 수 있도록 하고 있다.

2) 제품안전자율이행협약제도

제품안전자율이행협약제도(VAS : Voluntary Arrangement on Safety)란 2006년 7월부터 시행된 것으로 먼저 사업자들끼리 '자율안전관리 가이드라인 준수' 를 선언하고 제품안전자율이행을 협약하는 제도이다. 이 제도는 사전예방적인 공산품 안전관리체계 정착 및 불법 · 불량 제품의 자율적인 유통방지를 통한 소비자의 위해감소가 목적인 제도이다. 소비자, 기업 모두가 참여하는 사전 예시적 자율안전관리 시스템은 우선, 정부에서는 중점 안전관리 대상품목과 안전기준을 사전에 제시하고, 기업은 안전기준에 적합한 제품을 시장에 공급하기로 '제품안전 자율이행 협약' 을 체 결해 스티커 마크를 부여받는다. 민간단체로 구성된 제품안전지킴이단이 기업의 이행여부를 모니터링하고 그 경과를 업체에 권고 또는 정부의 안전관리 정책에 반영, 조치를 요청하는 시스템이다.

3) 시판품조사

시판품조사는 대표적인 제품안전사후관리제도로서 기술표준원에서 시행하고 있다. 현행 시판품조사제도의 문제점은 표시사항 불합격제품에 대한 행정조치가 미흡한 점이다. 특히, 어린이 보호포장 제품의 유사품 판매유통방지 대책이 미흡하여 앞으로 철저한 사후관리가 필요하다. 안전검사합격증 반납 제품의 수거, 파기 시 향후 유통금지를 위한 단속강화가 필요하며 소비자 스스로의 모니터링 및 관심이 필요하다. 안전검사마크에 대한 소비자 관심 및 지식, 구매 시 소비자의 안전인증마크 확인 등에 대한 소비자교육이 필요하며, 제조자, 수입자, 판매자 대상 시판품검사 관련홍보 및 교육이 필요하다.

4) 제품안전 모니터링

기술표준원에서는 대학생, 소비자단체 등을 활용하여 시장 감시역할을 수행하도록 하고 있는데, 제품의 사후안전관리 차원에서 모니터링제도를 적극 활용하고 있다. 제품모니터링단의 역할은 다음과 같다.

- 안전지킴이 위촉 및 교육, 운영 및 관리
- 모니터링 활동 현황 관리 및 결과 분석·평가
- 모니터링 경과 업체 자율시정조치 요구 및 시정결과 확인
- 기술표준원 및 지방자치단체 행정조치 요구 및 시정결과 확인
- 소비자, 유통관계자, 제조관계자 홍보 및 교육, 모니터링결과 정책반영(안전기준 개발, 관련법규 제·개정 등)
- 이해관계자 협력체계 구성
- 모니터링 품목 선정 및 모니터링 기준 개발

5) 리콜제도

리콜제도는 정부 여러 기관에서 담당하고 있는데 소비품목별로 리콜을 담당하는 근거 법률 및 주관 부처가 달라 비효율적이며 리콜제도 운영의 표준화 측면에서 개선이 요구되는 분야이다. 기술표준원은 〈표 15-1〉에 제시한 바와 같이 관할 두 개 법에서 제시된 부분만을 다루며 해당 리콜명령 등 실질적으로 지자체가 주요 리콜업무를 수행하고 있다. 기술표준원은 판매중지, 개선, 수거, 파기권고 등의 권한을 가지고 있고, 실질적 수행업무는 지방자치단체에서 가지고 있는 이원적 제도로 운영되고 있어 제품리콜이 효과적으로 수행되지 않고 있다. 미국의 경우 CPSC(소비자제품안전위원회)가 리콜을 총괄적으로 운영하고 있어 그 성과가 매우 가시적인 점을 벤치마킹할 필요가 있다.

6) 소비자안전 관련 기타업무 현황

제품안전업무를 담당하는 대표적인 민간기관은 한국전기용품안전협회이다. 1991년 법인설립

| 표 15-2 | 품목별 리콜 관련 주요 사항

품목	근거 법률	주관부처	리콜 요건
모든 물품	소비자기본법	중앙행정기관 시도지사	소비자의 생명·신체 및 재산상의 안전에 현저한 위해를 끼치거나 끼칠 우려가 있는 경우
자동차	자동차관리법	국토해양부	안전기준에 부적합하거나 안전운행에 지장을 주는 결함이 다수의 자동차에 발생하거나 발생할 우려가 있는 경우
자동차	대기환경보전법	환경부	배출가스 관련부품에 대한 결함확인검사결과 제작차 배출허용기준을 위반하였을 경우
식품	식품위생법	식약청 시도지사 시장군수구청장	식품위생상 위해가 발생하였거나 발생할 우려가 있다고 인정되는 때
의약품	약사법	식약청 시도지사 시장군수구청장	관련 법령 위반하여 안전성·유효성 문제가 있는 경우
축산물	축산물가공 처리법	농림수산식품부 시도지사	공중위생상 위해발생하였거나 발생 우려가 있는 축산물
공산품	전기용품 및 생활용품안전관리법	지식경제부 시도지사	안전검사 기준에 부적합하거나 안전검사표시 등이 없는 안전검사 대상 공산품
공산품	전기용품 및 생활용품안전관리법	지식경제부 시도지사	안전인증대상 전기용품이 기술기준에 부적합하거나 안전인증 승인표시 규정을 위반한 경우로 개선·파기·수거명령만으로는 위해방지가 어려운 경우

허가(공업진흥청)를 받은 이 기관은 공정한 경쟁질서의 형성과 기술정보의 원활한 소통으로 전기제품 제조 및 유통의 건전한 육성과 회원 상호간의 친목 및 전기용품의 품질향상을 도모하여 산업발전 및 국민생활에 기여함을 목적으로 설립되었다.

주요 사업은 불법 전기제품 단속(불법제품단속반 운영 및 단속, 행정조치 의뢰)이다. 이 외에도 KS 사후관리, 즉 KS표시 인증제품의 품질 향상과 신뢰성 확보를 위한 인증업체에 대한 사후관리 강화로 소비자보호 및 KS인증제품에 신뢰성 유지를 꾀하고 있다. 또한, PL상담센터를 운영하여 전기제품의 사고로 인한 피해상담, 알선, 피해보상, 분쟁조정 등의 업무를 수행하므로 소비자와 생산자 간의 원활한 문제 해결, 제조물책임법 실시(2002년7월1일)와 관련하여 법적 쟁송에 따른 양 당사자 간의 관계 악화를 조기해결(합의 또는 화해)−쟁송 당사자의 분쟁기간 단축 및 소송비용 절감, 쟁송의 장기화로 인해 실추된 생산자 이미지 조기 수습 등의 업무를 수행하고 있다.

한편, 한국표준협회에서도 제품안전관리 업무를 수행하는 데 KS 마크 인증업무를 수행하고 있다. 구체적으로 주요 업무는 신규 KS제품인증(공장심사, 제품심사), 이미 인증을 받은 업체에 대한 사후관리(정기심사 등), KS인증제품에 대한 이의 신청 접수 처리, KS인증업체의 변동내역 신고 접수 처리, KS인증업체의 각종보고 접수 처리 등이다.

한편, 안전인증기관으로는 산업기술시험원, 한국전기전자시험연구원, 한국전자파연구원 등이 있다. 이들 기관은 인증업무를 수행하는데 전자파 환경인증(EMC), 전기용품안전인증(EK) 등이 그것이다. 안전인증대상 전기용품은 전선 및 전원코드, 전기기기용 스위치, 교류용 전기기기 또는 전원용 캐패시터, 전기설비용 부속품 및 연결부품, 전기용품보호용 부품, 전연변압기, 전기기기류, 전동공구, 오디오, 비디오, 응용기기, 정보 사무기기, 조명기기 등이다.

6. 제품안전 관련 법제도

1) 우리나라의 제품안전 관련 법

한국의 경우 '소비자보호법'이 1980년에 공포되어 소비자안전에 대한 개념이 처음 제기되었다. 제품안전과 관련한 법규로는 '전기용품 및 생활용품안전관리법'이 대표적이다. 이 외에도 개별제품에 따라 '건축법', '식품위생법', '도로운송차량법', '약사법', '고압가스안전관리법', '도시가스사업법' 등이 안전과 관련한 법이다.

(1) 제품안전 관련 법령체계

한국의 제품안전에 관한 법체계는 일반법과 개별법으로 구분할 수 있다. 일반법은 모든 제품에 대해서 포괄적으로 적용되는 법률을 의미하는데, 소비자안전 또는 제품안전에 관한 조항을 포함하고 있는 법률은 '소비자기본법', '산업표준화법', '표시·광고의 공정화에 관한 법률', '제조물책임법' 등이다. 개별법은 각각의 품목에 대해서만 적용되는 법률을 의미한다. 예를 들면, '전기용품 및 생활용품안전관리법'[2], '고압가스안전관리법', '수상레저안전법', '승강기제조 및 관리에 관한 법률', '시설물의 안전관리에 관한 특별법', '식품위생법', '어린이놀이시설 안전관리법', '자동차관리법' 등이다.

일반법과 개별법의 관계에 있어서 각 제품의 제품안전에 관한 사항은 개별법의 규정의 적용을 받는다. 그러나 개별법이 존재하지 않거나 개별법이 존재하더라도 관련 규정이 미비한 경우에는 일반법을 적용할 수 있다(예 : 자동차의 안전에 관한 사항은 자동차관리법의 적용을 받고, 승강기의 안전에 관한 사항은 '승강기제조 및 관리에 관한 법률'을 우선적으로 적용). 모든 제품마다 개별법을 설치하는 데에는 한계가 있기 때문에 개별법이 존재하지 않는 제품에 대해서

---

[2] '품질경영 및 공산품안전관리법'과 '전기용품안전관리법'은 '전기용품 및 생활용품안전관리법'으로 2016년 1차 개정, 2017년 2차 개정, 2018년 1월부터 시행되었음.

는 일반법을 적용할 수 있다. 개별법에 제품안전에 관한 사항이 충분히 규정되어 있지 않을 경우에도 '소비자기본법'의 안전 관련 규정을 적용할 수 있다. 그러나 '소비자기본법'은 소비자주권 확보를 목표로 하는 일반법으로 제품안전 또는 소비자안전에 대한 일반법이 아니다. 이 같은 이유에서 개별법에서 적용할 수 없는 여러 소비제품의 안전을 확보하기 위한 제품안전에 관한 일반법(가칭 제품안전법) 제정이 필요하다는 의견이 제기되어 왔다.

(2) 우리나라의 제품안전 관련 법 전반

① '소비자기본법'

소비자안전 관련 일반법으로는 '소비자기본법'이 존재한다. 소비자기본법에서는 소비자의 안전할 권리 선언, 국가의 위해방지기준제정의무, 위해광고기준제정의무, 위해정보보고기관의 지정 및 운영, 사업자의 위해방지기준 준수 및 위해광고기준 준수의무, 결함정보의 보고의무, 사업자의 리콜 관련 의무 및 시정조치 등에 대해 정해 두고 있다. 그러나 '소비자기본법'은 소비자안전정책에 대한 세부적이고 체계적인 법적 규정이라고 보기는 어렵다.

② 품목별 제품안전 관련 법

품목별 제품안전 관련 법의 경우 〈표 15-3〉에 정리·요약한 바와 같이 공산품의 안전을 주로 다루는 '제품안전기본법', '전기용품 및 생활용품안전관리법'이 가장 대표적이다. '전기용품 및 생활용품안전관리법'의 경우 안전인증제도에 대해 자세하게 규정하고 있는데 안전검사, 안전검사기준, 안전검사의표시, 개선·파기·수거명령, 공산품안전관리위원회 등에 대해 규정하고 있다.

　이 외에도 '식품위생법', '제조물책임법', '자동차관리법', '약사법', '대기환보전법', '축산물가공처리법', '유해화학물질관리법', '승강기제조 및 관리에관한법률', '시설물안전관리에관한 특별법' 등이 개별법으로 해당 분야의 안전업무를 다루고 있다. 서비스 분야의 경우 별도의 서비스 안전 규정(예 : '시설물의 안전관리에 관한 특별법', '철도안전법', '항공안전 및 보안에 관한 법률', '수상레져안전법', '해상교통안전법', '생명윤리 및 안전에 관한 법률', '공중위생관리법', '공연법', '체육시설의 설치·이용에 관한 법률', '철도사업법', '약사법', '학원의설립·운영 및 과외교습에 관한 법률' 등)을 두고 있다.

2) 미국의 리콜제도

미국은 품목별 리콜 관련 법률에 근거하여 해당기관에서 리콜명령 및 국민에 대한 결함사실 공표

| 표 15-3 | 소비자안전 관련 법 비교

	소비자기본법	제품안전기본법	전기용품 및 생활용품안전관리법 (어린이제품안전특별법)	식품위생법
안전정책	• 소비자의 능력향상 • 기본/시행계획수립 • 소비자정책위원회설치 • 소비자단체업무 • 취약계층보호 • 소비자안전센터설립	• 제품안전정책 총괄 • 제품안전에 관한 국가정책방향의 설정 • 총괄적 신제품의 안전확보 • 제품안전확보 수단의 입법 효율성 증대	• 전기용품/생활용품/어린이제품 안전 종합시책 • 제품안전관리에 관한 종합계획 및 시행계획	• 식품영양표시 및 교육홍보 • 위생교육 • 교육
안전기준	• 위해의 방지 • 계량 및 규격의 적정화 • 표시의 기준 • 광고의 기준 • 소비자 분쟁의 해결	• 안전성 조사 • 제품수거 등의 권고 • 제품 수거 등의 명령 • 권고 등의 해체 신청 • 사업자의 제품 수거 등의 의무 • 내부자 신고 등	• 안전인증 등 　− 안전인증, 자율안전인증, 공급자적합성, 안전기준준수 등 • 안전인증의 표시 등	• 기준과 규격 • 표시기준 • 식품영양표시 및 교육홍보 • 식육의 원산지 등 표시
감시법규	• 위해의 방지 • 소비자단체의 업무 등 • 소비자원의 업무 • 결함정보의 보고의무 • 소비자안전센터설치 • 검사와 자료제출 등 • 자료 및 정보제공요청	• 예비 안전기준 운영 • 비밀유지의 의무 • 권한의 위임·위탁 벌칙 적용	• 안전확인대상공산품 신고 • 어린이보호포장대상 공산품 신고 • 안전성 조사 • 공산품위해사고보고 및 검사 등	• 위해평가 • 유전자재조합식품안전성 평가 • 출입, 검사, 수거 등 • 자가품질검사의 의무 • 품질관리 및 보고 • 식중독에 관한 조사보고
사후시정정책	• 시정요청 등 • 물품 등의 자진수거 • 수거, 파기 등의 권고 • 수거, 파기 등의 명령 • 위해정보수집 및 처리 • 위법사실의 통보 등 • 시정조치 등 • 시정조치의 요청 등	• 제품안전관리 종합계획 수립 • 제품 안전성 확보 수단 • 제품안전관리 기반조성	• 판매/사용 등의 금지 • 안전인증 등의 취소 • 판매/사용 등의 금지 • 안전품질표시 대상 제품의 안전품질표시 등 • 어린이보호포장표시 등 • 안전성 조사결과에 따른 조치 등 • 개선, 수거, 파기명령 등	• 품목의 제조정지 등 • 폐쇄조치, 허가·면허취소 • 위반사실, 위해식품 공표 • 위해식품 회수·판매금지 • 병육 등 판매금지 • 기준, 규격 고시되지 않은 화학적 합성품 등 판매금지 • 유독기구 등 판매/사용금지 • 특정식품 등 판매금지 • 시정명령·폐기처분 등 • 시설의 개수명령 등
피해구제	• 소비자 분쟁의 해결 • 소비자단체의 업무 등 • 자율적 분쟁조정 • 소비자원의 업무 • 피해구제의 신청 • 합의권고·분쟁조정 • 단체소송 등의 대상 등	• 리콜(유무상 수리/교환/환불 등)	• 리콜(유무상 수리/교환/환불 등)	

명령이 가능하나, 대부분의 사업자가 이미지 실추를 우려해 자발적으로 리콜을 시행하고 있으며, 정부에서도 리콜을 권고하는 방식을 적극 활용하여 사업자의 자발적 리콜을 활성화하고 있다.

소비제품의 리콜은 '소비자제품안전법' 및 동법 시행령 형태인 16CFR(CPSA : Consumer Product Safety Act)에 근거하여 소비자제품안전위원회(CPSC)에서 관장하고 있으며, 사업자는 리콜을 시행함에 있어 소비자제품안전위원회에 시정조치계획서를 제출하고 진행경과 및 완료 결과를 보고한다. 자동차의 경우 자동차 및 관련장비, 어린이안전시트, 타이어 등의 리콜은 49USC(United States Code Title 49 : Transportation)와 하위 시행령 형태인 49CFR(Code of

---

미국리콜 사례 : 납 성분이 초과 검출된 중국산 신발 사 례

Nordstrom Recalls Girls Shoes Due to Violation of Lead Paint Standard

- **제품명** : Nordstrom Girls
- **제품 수** : 약 3만 1,000개
- **수입원** : Nordstrom, of Seattle, Wash
- **위해요소** : 여섯 가지 종류의 신발에 기준치 이상의 납 성분이 포함되어 있었다.
- **사고/상해** : 보고되지 않음
- **특징** : 신발의 외형이나 재질, 색상, 출시 사이즈 등 상품의 사진이 없어도 이해가 가도록 설명해 두었다.
- **독점판매원** : Nordstrom stores nationwide에서 2006년 9월부터 2009년 2월까지 35~45달러의 가격으로 판매됨
- **제조원** : 중국
- **구제방법** : 즉시 리콜 조치된 제품을 어린아이에게서 멀리하고 가까운 Nordstrom store에서 환불 혹은 교환

CLARICE FAB
EVA FAB
FERN FAB
LILLY FAB
RITA FAB
VIVI FAB

리콜된 중국산 신발

실제 리콜이 된 어린이 후드 카디건 사진

후드 카디건 모자부분에 달린 줄로 인해 안전사고를 당한 어린아이의 실제 사례 이다. 그림으로 자세한 설명을 덧붙이고, 대처법도 함께 제공한다.

안전사고 경고 그림

출처 : CPSC 홈페이지(2009년 3월)에 올라와 있는 리콜제품 정보

Federal Regulations Title49 : Tranportation)에 근거하여 운수부(department of tranportation)산하의 구립고속도로교통안전청(NHTSA : National Highway Traffic Administration)에서 관장하고 있다. 식품의 경우 자발적 리콜을 위한 가이드라인의 성격인 21CFR에 근거하고 있으며, 식품, 의약품은 식품, 의약품청에서 육류, 가금류는 농무부에서 각각 관장하고 있다.

7. 외국의 제품안전관리 법제도

1) 미국 CPSC의 제품안전관리

미국 소비자제품안전위원회(CPSC : Consumer Product Safety Commission)는 소비제품 분야를 총괄하여 소비자안전업무를 총괄적으로 관리하고 있다. CPSC는 소비제품과 관련한 위해 및 사망의 위험으로부터 소비자를 보호하기 위해 소비자안전법(CPSA : Consumer Product Safety Act)에 의거 1973년에 설립된 독립적 규제기관이다. CPSC는 연방 차원에서 자동차, 의약품 등을 제외한 장난감, 가구, 의류 등 가정, 학교, 레크리에이션에서 사용하는 모든 소비자제품의 안전을 관리·감독하고 있다. 즉, CPSC는 소비제품의 안전과 관련한 정책을 총괄·조정 권한을 지닌 연방독립행정기관이다. '소비자제품안전법'에서는 CPSC의 설립 목적으로 제품의 위해로부터 소비자보호라는 가장 중요한 목적 이외에도 소비제품의 상대적 안전성 평가에 관한 소비자 지원, 소비제품안전기준 설정, 주 정부 및 지방정부 간 안전 관련 규제 상충성 조정, 제품 관련 상해 및 사망의 원인 및 예방에 관한 연구·조사 강화 등을 부여하고 있다.

한편, CPSC는 '소비제품안전법(CPSA)'의 규정 집행(예 : 조사, 리콜, 벌칙)의 업무를 수행하며, CPSC가 관장하는 주요 법률은 CPSA 이외에 다음과 같다.

- **가연성직물제품법**(flammable fabrics act) : 섬유제품류의 가연성
- **독성방지포장법**(poison prevention packaging act) : 의약품 포함 어린이보호포장
- **냉장고안전법**(refrigerator safety act) : 냉장고 내 유아유기사고 예방
- **연방위험물질법**(federal hazardous substances act)

소비자수첩 15-6

CPSC의 주요 업무 정리·요약

- 제품 안전정책 수립
- 안전기준 개발 및 모니터링
- 위해정보 수집 및 분석업무
- 수집·분석된 위해정보의 기업 제공을 통한 기술개발 지원
- 소비자에 대한 위해정보 제공 및 교육
- 수입제품에 대한 시중 유통 전 현장 조사
- 리콜 실시 및 자발적 리콜 활성화를 위한 기업지원
- 제품 시험 등을 통한 시장감시

소비자
수첩 15-7

미국 민간 주도의 품질인증제도 : UL 인증

- 미국은 민간주도에 의한 품질인증제도는 UL(Underwriters Laboratories Inc.)인증이 있으며, 자율규제가 원칙이나 일부 주정부에서는 필수사항으로 요구함
- UL은 100여 년의 역사를 지닌 미국 최초의 제품 안전 시험 및 인증기관
- 플로리다 등 다섯 개 주 및 일부 도시에서 UL증명을 의무화
- UL인증이 없는 제품은 미국 내에서 소비자들이 구매를 회피하고 있으며, 미국 내 대부분의 회사들이 수입·판매하지 않는 경향이 있기 때문에 UL 미인증제품은 사실상 미국 내 판매 불가능
- UL은 비영리법인 자격으로 전기·전자제품에 대한 임의규격 제정 및 인증, 시험·검사업무 수행
- 완제품에 대해서는 UL검사원이 연간 4회 공장을 방문해 사후관리 실시
- UL마크는 사실상 전기·전자제품을 보장하는 것으로서 미국에서 유통되는 전기용품의 대부분이 UL인증 제품임
- UL마크는 순순한 임의인증제도 임에도 불구하고 국제적으로 널리 인증받고 있으며 표준규격으로 채택되고 있다.

UL마크

■ 화재안전담배법(fire safe cigarette act)

한편, CPSC에서는 위해정보신고제도를 운영하고 있는데 이는 '소비자안전법'에 규정되어 있는데 기업 스스로 공산품이 심각한 위해나 죽음을 초래할 수 있다고 판단될 때, CPSC 즉각적으로 보고하도록 하고 있다.

CPSC의 대표적 정보시스템인 NEISS(전산위해감시 시스템)에 대해 보다 구체적으로 살펴보자. 1973년 CPSC 설립과 동시에 NEISS(National Electronic Injury Surveillance System)를 운용하고 있는데, 매년 30~40만 건의 정보를 수집하고 있다. NEISS의 자료는 미국의 5,300개 이상의 종합병원 중에서 100개의 병원을 표본추출하여 응급실에서 정보를 수집하고 있다. CPSC가 특정 공산품과 관련한 부상의 사례를 추정하는데 유용하며 특정 제품의 안전성에 대한 검토의 필요성을 제기하고 있다. 약 100개 병원으로부터 안전사고 등 관련 환자 현황 온라인 보고, 보고내용의 정확도를 위한 전화 및 현장방문조사, 전국 병원에서 수집된 데이터 표본통계처리 동향특정, 사망 관련 데이터(사망진단서 : 주정부로부터 제품관련 사망확인서 구매, 프로젝트 참가 의사검사관으로부터 데이터 접수, 언론 수집한 정보수집과 소비자, 변호사 의사 등으로부터 사망/상해사고 접수) 등 정보를 수집하고 있다. CPSC에서는 NEISS 데이터를 수집한 후 통계처리, 미국 전역의 소비제품에 기인한 사고건수와 상해의 정도 추정, 소비자문제의 범위와 중대성 산출, 상세조사가 필요한 케이스 도출, 새로운 제도에 의한 사고 건수와 사고발생 패턴에 대한 영향 감시 등으로 활용한다. 또한 이 같은 데이터는 위해 유형 분류, 위험감축, 위해요소 제거를 위한 조치 규

명, 위해공산품 식별, 안전기준의 효과성 평가 등에 적극 활용한다.

2) 일본의 제품안전관리제도

(1) 일본의 제품안전 관련 법

일본은 제품안전을 관리하기 위해 제품안전 관련법을 제정하고 있는데 일본의 공산품안전 관련 법률에는 기기 관련 설비를 대상으로 한 '노동안전위생법', '고압가스단속법', '소방법'이 있고, 가정용품을 대상으로 하는 법규로서는 '전기용품단속법', '유해물질을 함유하는 가정용품의 규제에 관한 법률', '가스사업법', '가정용품품질표시법', '소비생활용제품안전법' 등이 있다. '가스사업법'에서는 도시가스용 기구 중 가스 순간열탕기, 가스 스토브 부착 욕조, 가스버너 등의 제품에 대해서는 PSG마크 부착이 의무화 되어 있다. 자율확인 의무가 있는 가스용품과 제3자 기관의 검사가 의무화된 특정가스용품이 있다. '전기용품안전법'에 따르면 일반 가정, 상점, 사무용 전기제품은 국가기술기준에 적합하다는 취지의 PSE마크와 사업자명, 정격전압, 정격소비전력 등을 표시하지 않고는 판매할 수 없다. 이를 어긴 상품에 대해서는 국가는 제조사업자 등에게 회수조치를 명한다. 규제대상품목은 338개 품목의 전기용품이 자율확인이 의무화되어 있고, 제3자 기관의 검사가 의무화된 특정전기용품 112개 품목(고무색녹전선, 직류전원장치 등)이다.

일본의 가장 대표적인 제품안전 관련 법은 소비생활용제품안전법이다. 개별법의 규제를 받고 있지 않은 제품에 대해서는 '소비생활용제품안전법'에 의해 포괄적으로 규제하고 있다. '소비생활용제품안전법'의 대상은 주로 일반 소비자의 사용을 목적으로 하는 제품에 한정되며, 주 용도가 업무용인 제품이나 산업기계 등에 대해서는 적용되지 않고 있다. '소비생활용제품안전법'은 소비생활용품의 결함에 의한 사고를 미연에 방지하고, 안전한 소비생활을 확보하기 위하여 '국가에 의한 위험한 제품의 규제'와 '제품의 안전성 확보 향상에 관한 민간의 자주적인 활동의 추진' 등을 위한 체제가 규정되어 있다. 규정 내용을 구체적으로 살펴보면 '통상산업성관계의 기준·인증제도 등의 정리 및 합리화에 관한법률'에 의해 제품안전 관련 네 가지 법('전기용품안전법'·'소비생활용제품안전법'·'가스사업법'·'액화석유가스의 보안의 확보 및 거래의 적정화에 관한 법률')에서 공통적으로 PS마크를 사용하도록 하고 있다. 특정 제품의 검정 등의 업무, 소비생활용 제품에 대한 안전성 확보 업무, 소비생활용제품에 있어서 생긴 손해보상의 원활한 실시를 위해 제품안전협회의 설치를 규정하고 있다. '소비생활용제품안전법'에 대해 보다 구체적으로 살펴보자.

(2) 일본의 제품안전 관련 기관

① 제품평가기술기반기구(NITE)

NITE(National Institute of Technology and Evaluation)는 1928년 수출견직물검사소로 출발하여 2001년 타 검사소와 통합한 후 현행 독립행정법인으로 발족하였고 독립행정법인통치법 및 독립행정법인 제품평가기술기반기구법을 설립근거로 하고 있다. 설립목적은 경제·사회 발전 및 삶의 질 향상을 위한 기술기반 정비이다. NITE는 소비자제품안전, 화학물질관리 및 적합성 평가, 바이오기술개발 등의 업무를 수행하는 독립행정법인으로서 일본 경제산업성의 관련 분야에서 싱크탱크(think tank) 역할을 수행한다.

② 제품안전협회

제품안전협회의 설립목적은 소비생활용제품에 의한 일반 소비자의 생명 또는 신체에 대한 위해 발생방지를 기하기 위하여 특정제품의 검정 등의 사무 그 외에 소비생활용제품의 안전성의 확보에 관한 업무를 행하고 동시에 소비생활용제품에 있어서 생긴 손해보상을 원활히 실시하기 위한 업무를 행하기 위함이다. 제품안전협회는 법인으로 하고 하나의 협회만 설립하도록 하고 있다. 주요 업무내용은 소비제품 안전(위해정보수집, 전달, 시험평가 등), 화학물질관리(위해화학물질 정보수집 및 전달, 시험평가 등), 바이오 기술(바이오기술개발, 안전기준개발 등), 적합성 평가(적합성 평가기준개발, 적합성 평가 업무 등) 등이다.

(3) 일본의 위해정보 시스템

실생활정보온라인망 시스템(PIO-NET : Practical Living Information Online Network System)을 가동하여 위해정보를 수집하고 있다. 일본에서는 상품 관련 소비자위해에 관한 정보 수집방법을 크게 이원화하여 사고보고신고제도와 위해통보제도를 시행하고 있다.

① 사고보고신고제도

2006년 '소비생활용제품안전법'의 개정을 통해 사고보고신고제도가 도입되었다. 06년 온풍기 및 가스열탕기에 의한 일산화탄소 중독사건, 가정용 파지기에 의한 어린이 손가락 절단 사건 등 제품안전사고의 다발이 직접적인 법개정의 원인이다. 사고보고신고제도는 특정 상품류에 대하여 위해 또는 위해에 관련된 정보를 법령의 규정에 의하여 당해관청 또는 사업자로 하여금 신고하도록 하는 제도로, 수집된 정보는 일반에 공표된다.

② 위해정보통보제도

위해정보통보제도는 법령에 의한 신고제도와는 달리 별도로 행정기관이 각각의 소관 상품에 관

**소비자
수첩** 15-8

각국의 소비자 기관 및 소비자단체

• 호주의 소비자단체 'Choice'

호주의 소비자 단체인 'Choice'는 정부 기관이 아닌 소비자들이 만든 단체이다. 이익창출을 목적으로 하지 않으며, 정부예산이 아닌 기부금으로 운영이 된다. (http://www.kokusen.go.jp)

• 일본의 일본 국민생활센터(정부기관)

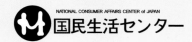

• 뉴질랜드 Consumer affairs New Zealand

뉴질랜드의 Consumer affairs New zealand는 뉴질랜드의 소비자 관련 정부 기관으로 소비자에게 여러 가지의 정보를 제공해 준다. 그 중에서도 Product safety 카테고리를 이용하면 각종 제품 관련 정보를 얻을 수 있다. 소비자를 위한 정보만 제공되는 것이 아니라 사업자나 무역업자, 도매, 소매업자를 위한 정보도 마련되어 있다. (http://www.consumeraffairs.govt.nz/)

한 위해정보를 임의로 수집하는 제도이다. 위해정보 시스템(국민생활센터)은 1970년 이후 전국의 소비생활센터에 접수된 소비자상담 가운데 상품·서비스와 관련된 인신사고를 '위해', 인신사고 발생 우려가 있는 사고를 '위험'으로 구분해 수집, 1978년부터는 협력병원(2004년 20개 병원)을 통해서도 위해정보 수집한다. 수집된 정보는 국민생활센터에서 분석·평가한 후 동종사고의 예방을 위해 사고원인과 주의사항 등을 정리하여 〈생활의 위험〉과 월간지 〈국민생활〉 등에 게재하고, 전국 소비생활센터와 보도기관을 통해 일반 소비자들의 주의를 환기시키고 있다.

3) 유럽의 소비자안전관리제도

(1) 유럽의 소비자안전관리 관련 기관

유럽위원회의 소비자업무 부분 소비자정책위원회가 대표적이다. 유럽위원회 보건 및 소비자보호총국(EC Health & Consumer Protection) 산하에 food and feed safety, consumer affair (소비자업무부서), public heath의 세 부분으로 나누어 운영한다. 주요 업무는 EU공동체 차원의 공공보건과 공산품 위생물 검역에 관한 모니터와 그에 따른 입법제안, 소비자보호 및 공공보건을 위한 입법 제안, 시장투명성강화, 소비자제도와 정보제공, 소비자단체와 산업계와의 대화채널 등이다.

(2) 유럽의 위해정보수집제도

유럽의 소비자용제품의 사용에 기인하는 위험에 대한 위해정보수집제도는 유럽공동체에서 광범위하게 운영되는 '유럽 가정·레저 사고조사시스템(EHLASS)'과 '신속한 교환정보시스템(RAPEX)' 등이 있다.

① 대표적 위해정보 시스템

유럽의 대표적 위해정보시스템으로는 유럽 가정레거사고감시 시스템(EHLASS : European Home & Leisure Accident Surveillance System), 유럽연합 공공보건정보망(EUPHIN : European Union Public Health Information Network), RAPEX(Rapid Exchange of Information), 가정 내 사고감시 시스템(HASS : Home Accident Surveillance System), 레저사고 감시 시스템(LASS : Leisure Accident Surveillance System) 등이 있다.

② 신속정보교환 시스템(RAPEX)

RAPEX(Rapid Alert System for Non-food Consumer Product)는 유럽연합을 포함한 30개국(EU 27개국과 아이슬란드, 리히텐슈타인, 노르웨이)에서 유통되는 위해제품정보에 대한 신속경보 시스템이다.

RAPEX는 EU의 일반제품에 대한 지침(GPSD : Gerneral Product Safety Directive)에 RAPEX 의 기본적 내용이 규정되어 있고, EC에서 각 회원국의 토론과 협의를 거쳐서 RAPEX Guideline 을 제정한다. RAPEX는 의약품, 식품을 제외한 어린이 장난감, 자동차, 전기용품, 화장품, 옷 등을 주요 대상으로 한다. RAPEX 통계에 따르면 위해정보 공표가 지속적으로 증가하여 2004년

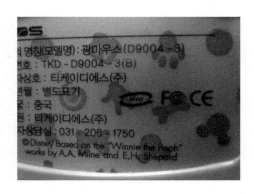

그림 15-6 유럽 CE 마크 부착 제품

| 표 15-4 | 주요 국가의 제품안전관리 법제도

구 분		한 국	미 국	EU 연합	일 본	중 국
관련 법령		• 제품안전기본법 • 전기용품및생활용품안전관리법 • 어린이제품안전특별법 • 소비자기본법 • 산업표준화법(국가표준)	• 소비자제품안전법 • 연방유해물질법 • 독성방지포장법 • 가연성섬유법	일반제품안전지침	소비생활용제품안전법	중국강제인증
대상품목	강제	• 안전 인증 대상 제품 (KC) • 안전확인 인증 대상 제품(KC) • 공급자적합성 인증 대상 품목(KC) • 안전준수 대상 제품	대상품목명시곤란(제품 또는 함유된 재료 규제)	CE마크 : 21개 품목군	PSC마크 : 등산용 로프 등 6개 품목	CCC마크 : 135개 품목
	임의	• KS 마크(국가표준)	UL마크 : 안전 관련 물품	–	• SG마크 : 아용 제품 등 • ST마크 : 완구	–
적합성 평가		출고(통관)전 안전검사	자기적합성선언	자기적합성선언 또는 안전인증	안전검사 또는 안전인증	–
사후관리		정기검사(시판품조사, 제품사고조사 등)	시판품 조사 또는 현장검사	시판품조사 또는 정기검사	정기검사	현장검사
리콜 요건		안전기준 위반여부 및 중대한 제품위험이 있는 경우	안전기준 위반여부 및 중대한 제품위험이 있는 경우	위험한 제품	안전기준 부적합 특정제품 또는 가정용품	–

67건이던 (위해발생 알림) Article 12 notification이 1,355건으로 4년 만에 약 20배 증가했고, 2007년 공표된 위해제품은 장난감 417건(31%), 자동차 197건(15%), 전기용품 156건(12%), 조명기구 84건(6%) 등으로 나타났다. 또한 통보건수 중 중국산이 689건으로 전체의 52%를 차지했다.

(3) 유럽의 제품안전인증제도

유럽연합(EU)에서는 1980년대 말부터 EU차원에서 제품의 안전성을 확보하고, 회원국 안전규칙의 균일화를 도모하는 입법을 개시하였으며, 1993년부터 소비자의 안전·위생·건강·환경과 관련하여 유럽연합이 정한 기본적 조건을 준수하는 제품에 통일된 CE 마크 부착하는 것이 의무화되었다. 다시 말해, CE 표시(유럽공동체마크)제도란 EU가 역내 시장통합을 추진하는 과정에서 각 회원국의 독자적인 표준규격 제도로 말미암아 역내 시장에서의 자유로운 상품 이동이 저해되는 문제점을 해결하고자 각국의 다양한 규격을 EU 차원으로 조화시키고, 이렇게 만들어진 EU 공동규격에 상품이 적합하다는 것을 인정하는 표식으로서의 CE마크를 상품이나 포장에 부착토록 의무화한 제도이다.

4) 소비자안전 관련 국제기구

(1) 소비자안전 관련 국제기구 현황

① ICPSC(국제소비자제품안전회의)

ICPSC(International Consumer Product Safety Caucus)는 2005년 결성되었는데 회원국으로는 한국(기술표준원), 미국(CPSC), 일본(NITE), 중국(AQSIQ), 호주(ACCC) 등 10개국과 2개의 유럽연합이 멤버로 매년 ICPHSO 회의와 연계하여 회의를 개최한다. 각국의 제품안전 동향 및 리콜정보 교환을 통한 효율적 시장감시 및 정책개발을 목적으로 하고, OECD 소비자정책위원회, ICPHSO, EMARS를 비롯한 ICPSC활동을 지원할 수 있는 다양한 협력관계 구축을 계획하고 있다. 결론적으로 각국의 정보교환, 뉴스레터 발간, 교육, 표준개발활동 등을 수행한다.

② ICPHSO(국제소비자제품보건안전기구)

ICPHSO(International Consumer Product Health & Safety Organization)는 1993년 결성되었다. 제품안전 관련 정부 기관, 소비자단체, 인증기관, 변호사, 회계사 컨설팅 등 민간 전문가가 참여하는 회의로 최근 2009년 2월 미국 플로리다주 오란도(orlando)회의에서 17개국 430여 명이 참석하였다. 각국의 제품안전관리제도 및 정책을 소개하고 정보교류 및 제품안전 국제기준을 조화시킨다.

2006년 베네스다(미국 도시 이름) 선언에서는 제품안전 관련 각국 정부 관계자를 포함한 이해관계자들이 모여 국제적으로 조화되는 안전규정 마련을 위해 노력하였다.

③ ISO-COPOLCO(ISO 소비자정책위원회)

ISO 소비자정책위원회(COPOLCO Committee on Consumer Policy)는 1978년 ISO 직속 소비자정책위원회로 출범하여 정회원 61개국, 준회원 43개국으로 총 104개국이 회원국이다. 국제소비자표준정책개발 및 ISO/IEC에 소비자정책을 권고하고 기업의 사회적 책임(SR : Social Responsibility), 리콜표준화 개발 및 제품안전가이드 제정을 추진한다.

매년 총회 및 표준정책개발 워크숍을 개최하고 제품안전 등 8개 작업반 및 의장자문단을 운영하며, 한국은 2002년부터 정회원으로 활동하여 2005년부터 의장국으로서의 역할을 수행하였다.

④ 유럽 제품안전포럼(PROSAFE)

유럽 차원의 제품안전 포럼으로 EMARS 프로젝트, 제품안전정보교류 및 시장감시 등을 위한 업무를 수행한다.

최근 PROSAFE(Product Safety Enforcement Forum of Europe, 유럽 제품안전집행기구 포럼)는 유럽의 제품안전 포럼으로 RAPEX의 성공적인 구축과 EMARS(Enhancing Market Surveillance through Best Practice : 우수관행을 통한 시장감시 증진 프로젝트) 프로그램을 통해 제품의 적극적인 사후관리를 실시하고 있으며 유럽의 제품안전 시장감시 기관들 간의 긴밀한 협력을 목표로 하고 있다.

BASICS OF CONSUMEROLOGY

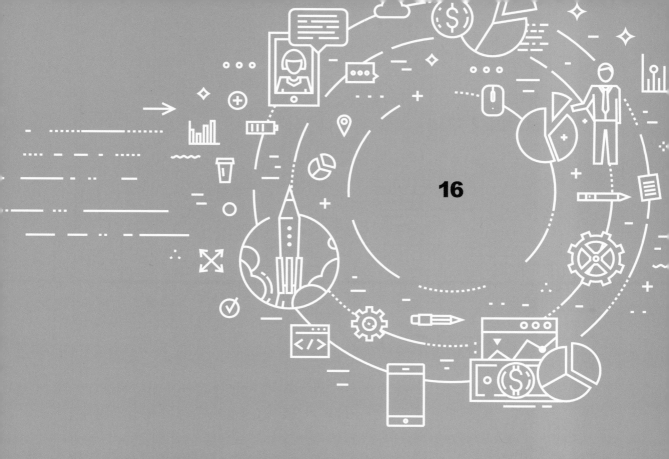

16

소비자피해 구제

1. 소비자피해 유형의 기초 │ 2. 소비자피해의 특징 │ 3. 소비자피해 구제방법
4. 소비자피해보상 │ 5. 다른 나라의 소비자피해 구제제도

CHAPTER 16

소비자피해 구제

1. 소비자피해 유형의 기초

현대 자본주의 사회에 있어서 소비자는 다수이나 조직화되어 있지 않아 개별적으로는 사업자나 공급자에 비해 무력한 거래주체이다. 기업은 자신들의 경제적 지위를 이용해 소비자피해를 유

악덕상술로부터의 소비자피해

기업 및 판매업자들의 경쟁이 치열해지면서 각종 악덕상술이 성행하게 되자 이로 인한 소비자피해가 급증하고 있다. 특히, 대학신입생들의 경우 봉고차안에서의 설문조사를 빙자한 영문잡지구독, 서적구독 및 각종 계약 등이 빈번하게 발생하고 있어 주의가 요구된다. "나 학교선배인데…", "방송국에서 설문조사 나왔습니다", "국가 OO연구기관으로 자료가 필요한데…", "동아리 가입에 필요한 교재인데…", "안내책자를 보낼테니 주소를…", "당첨되었으니…", 등 소비자가 주의하여야 할 판매유형은 다음과 같다.

- **홈파티 상술** : 요리시식회 등을 이유로 장소를 빌려 안면 있는 주부들을 모아 고가의 주방용품, 홈세트, 건강식품 등을 판매하는 방법
- **추첨 상술** : 사람들이 많이 모이는 번화가나 학교 앞, 터미널 등에서 회사 창립 또는 신제품 개발 등을 빙자하여, 추첨된 사람에게 경품을 무료로 증정한다면서 인적 사항을 확인한 후 도서나 테이프 등을 보내 구입 계약을 한 것처럼 판매하는 방법
- **설문조사 상술** : 지하철역이나 터미널 등 번잡한 장소에서 설문조사를 빙자하여 사람을 유인하거나 대학 강의실 또는 가정을 방문하여 설문조사를 하면서 소비자의 관심을 끈 후, 아동도서나 학습교재, 가정용품 등을 판매하는 방법
- **강습회 상술** : 각종 건강, 학술 세미나 또는 강습회를 개최하여 소비자를 모은 다음 적당한 강연이나 시연 또는 특정 주제의 토론회를 개최하면서 건강식품이나 신상품 등을 판매하는 방법
- **추첨 및 당첨 전화** : 추첨 또는 당첨되었다며 주소, 이름 등 인적사항을 알려 달라고 한 후 지로용지가 날라 오는 경우 또는 택배비를 결제하면 각종 제품이나 서비스혜택을 무료로 제공하겠다고 하는 경우

발시키고 있는데 오늘날의 소비자피해는 대량생산, 대량유통, 대량소비의 경제구조에 기인하고 있다.

앞서 살펴 본 바와 같이 각종 제품 및 서비스로 인한 신체나 재산상의 피해는 그 범위나 정도 면에서 날로 심각해지고 있다. 이 같은 상황에서 소비자의 권익보호 및 피해구제를 위한 정부의 소비자정책이 펼쳐지게 되었다. 적정한 소비자피해구제는 기업으로 하여금 품질보증과 안전관리에 관한 인식을 철저히 하도록 하는 효과가 있음은 물론, 궁극적으로는 기업발전과 국민경제의 발전에 기여하므로 필수적이다.

1) 피해내용에 따른 유형

소비자피해는 피해내용에 따라 크게 신체적 피해와 경제적 피해로 구분할 수 있다. 제품이나 서비스의 구입, 사용, 처분과정에서 소비자들은 신체적으로, 심한 경우 생명과 관련한 피해까지도 입을 수 있다. 안전제품 및 안전한 서비스를 통해 소비자안전을 확보하려는 노력은 신체적 피해를 줄이려는 노력이다. 한편, 소비자들은 제품과 서비스로 인한 재산상의 피해, 즉 경제적 피해

소비자 수첩 16-2

악덕상술로부터의 주의 정도 자가진단

1. 복권을 산적이 있다	예 → 2	아니오 → 5
2. 일확천금을 꿈꾸는 타입이다	예 → 4	아니오 → 3
3. 금전감각이 둔하다	예 → 5	아니오 → 6
4. 바보스러울 정도로 정직하다는 말을 듣는다	예 → 7	아니오 → 5
5. 부탁을 받으면 거절하지 못한다	예 → 8	아니오 → 9
6. 돈을 빌리고 빌려주는 데 저항감이 없다	예 → 8	아니오 → 9
7. 세일즈맨을 집에 들어오게 한 적이 있다	예 → 10	아니오 → 8
8. 친해지면 선뜻 명의를 빌려 준다	예 → A	아니오 → 11
9. 내성적인 성격이라고 생각한다	예 → 11	아니오 → 12
10. 주위사람에게 의논하지 않는다	예 → 13	아니오 → 11
11. 집에 있을 때는 키를 잠그지 않는다	예 → 14	아니오 → 12
12. 계약서는 꼼꼼하게 읽는다	예 → 15	아니오 → 14
13. 달콤한 말에 금방 넘어간다	예 → A	아니오 → 14
14. 소비생활 센터를 알고 있다	예 → 15	아니오 → B
15. "쿨링 오프"제도를 알고 있다	예 → C	아니오 → B

- A타입 : 요주의! 악덕업자에게 당신은 절호의 봉. 한 번 걸리면 가진 것을 다 털리게 되니 각오하십시오.
- B타입 : 방심은 최대의 적! 악덕업자는 당신의 헛점을 발견하고 교묘하게 접근해 옵니다.
- C타입 : 우선은 안심! 당신은 꼼꼼한 사람. 주위사람들에게도 환기시켜 줍시다.

를 입을 수 있다.

2) 소비자피해 발생 원인에 따른 유형

소비자피해는 피해가 발생하는 원인 측면에서 내용상 피해와 거래상 피해로 나누어 볼 수 있다. 내용상 피해는 상품이나 용역의 내용상의 하자로 인하여 소비자가 받는 피해를 말하며, 거래상 피해는 사업자와 소비자 사이의 거래나 계약에서 생기는 피해를 말한다. 전자의 경우 소비자의 생명 및 신체의 안전이 침해되거나 다른 재산상 손해를 야기시키는, 이른바 제조물책임의 문제가 생기고, 후자의 경우는 사기세일, 부당한 약관 조항, 허위과장광고, 담합 등 부당한 공동행위(카르텔)에 의한 부당한 가격형성이나 거래거절 등의 문제가 발생한다.

소비자수첩 16-3

미국의 수입제품 검역

최근 우리나라에서 유전자조작 수입식품(GMO), O-157균에 감염된 수입쇠고기, 농약과 중금속투성의 나물 등 수입제품으로 소비자안전이 위협받고 있다. 미국에서는 어떻게 수입농수산물을 검역하고 있을까? 우리나라가 미국에 배를 수출하는 과정에서 생긴 일이다. 미국 농무부에서 직원이 파견되어 토양 및 잔류농약 검사, 일조량 등 모든 항목을 일일이 모니터했다. "자존심이 상해 수출하고 싶은 생각이 사라질 정도"였다고 수출업자는 고백했다. 다인종 국가인 미국의 소비자들은 식품의 원산지를 따지지 않는다. 식품을 선택할 때는 국적이 아니라 맛과 가격이 중요한 기준이다.

이것이 가능한 이유는 미국의 독특한 수입식품 검역 시스템 때문이다. 미국식품의약국(FDA)의 수입식품검역방법은 전체 수입식품 중 2%만 검사한다. 그러나 검역대상의 30~40%는 문제가 있는 식품으로 적발되는 등 비위생적 식품의 대부분은 검역과정에서 걸러진다고 한다. 적은 양을 검사하고도 철저함을 유지할 수 있는 비결은 자동검역장치(OASIS)에 있다. OASIS에는 과거 문제가 있는 식품을 수출한 기업과 국가, 농무부과 FDA조사관이 멕시코 등 미국에 식품을 수출하는 농장이나 식품가공공장에 직접 파견되어 조사한 내용, 식품안전상 그 해에 특히 조심해야 할 농산물 등 전 세계 농수산물 관련 정보가 축적되어 있다. 이 때문에 세관에 식품이 들어 오는 순간 검사해야 할 식품과 그럴 필요가 없는 식품이 자동적으로 구분된다.

예컨대, 맥주의 경우 지난 20여 년간 문제가 없었던 만큼 아예 검사가 없지만 특정국가에서 버섯이 들어 오면 거의 전량을 조사하는 식이다. 그러나 이런 완벽한 시스템에도 불구하고 미국에도 식품 안전사고가 없는 것은 아니다.

1998년에는 O-157에 오염된 쇠고기 때문에 학생들이 집단 식중독에 걸리기도 했다. 이런 문제의 해결을 위해 1999년 '농장에서 식탁까지' 라는 슬로건 아래 대통령 직속기구로 수입식품안전위원회가 설치된 바 있다.

출처 : 동아일보, 2000년 1월 24일

3) 피해자 수 및 피해 정도에 따른 유형

소비자피해는 형태면에서 소액다수피해, 고액다수피해, 소액소수피해, 고액소수피해로 구분할 수 있다. 예를 들면, 소액다수피해는 대량생산품의 부당표시와 결함에 의하여 생기는 피해, 고액다수피해는 불량식품, 의약품 등에 의하여 소비자의 생명이나 신체의 안전이 침해된 경우이다. 그리고 소액소수피해는 세탁물을 세탁소에 맡겼는데 세탁물이 손상된 경우 등이며, 고액소수피해는 의료시술과오로 인한 생명, 신체의 침해 등이라고 하겠다. 소비자피해는 이 중에서 주로 소액다수피해의 특성을 가지고 있다.

4) 새로운 소비자피해 유형

과거에는 발생하지 않았던 새로운 소비자문제 및 피해가 급증하고 있다. 최근 가장 대표적인 유형은 시장개방으로 수입제품으로부터의 소비자피해, 전자상거래의 활성화로 인한 소비자피해이다.

새로운 소비자문제 : 유전자변형 농산물

최근 새롭게 등장한 소비자문제는 유전자변형(GMO : Genetically Modified Organism) 농산물의 안전성문제이다. 한때, '기적의 식품', '제2의 녹색혁명', '인간의 먹는 문제를 해결해 주는 혁명'으로 각광받았던 유전자변형 농산물에 대한 안전성의 문제가 세계의 큰 이슈로 떠올랐다. 유전자변형 생물체는 옥수수, 콩, 면화, 감자, 치커리, 유채, 파파야, 토마토 등의 농산물 이외에 씨앗, 사료, 가공식품, 박테리아 백신 등 미생물을 포함한 의약품까지 다양하게 응용되고 있다. GMO는 병충해에 강하고, 성장이 빠르며, 수확량이 증가하는 등의 이점이 있어 미국을 주축으로 농민들의 환영을 받아왔다. 미국의 경우 총 생산량의 57%, 옥수수 30%가 GMO인 것으로 알려지고 있다.

그러나, 영국 등 유럽에서 GMO에 대한 신중론이 제기되면서 이들 농산물이 인체에 미치는 안전성 여부에 대한 의문이 제기되었다. 영국의 한 실험결과에 따르면 GMO는 쥐의 성장을 억제(GMO로 조작된 감자를 먹은 쥐가 면역성이 약해지고 장기가 손상되었다는 발표)한다는 것이며, GMO식물로 인해 토양환경이 생명력을 잃어간다고 주장해 왔다. 영국의 환경소비단체인 '그린피스'는 GMO제품을 생산하고 있는 옥수수 밭을 습격하여 갈아 엎는 등 극단적인 행동을 보여주기도 하였다. 미국에서도 GMO에 대한 부정적 시각이 싹트기 시작하였는데, 1996년 미국 코넬대학의 유전자변형 옥수수가 유익한 곤충인 왕나비를 죽게 만들었다는 실험결과가 나오기도 하였다

GMO 농산물의 인체 안전성 여부에 대한 논란은 계속되었는데, 2000년 캐나다에서 열린 '생명공학 안정성 의정서 채택을 위한 국제회의'에서 '유해' 쪽으로 결론이 남으로써 관련 국가와 업계에 혁명적인 변화를 예고하고 있다. 의정서에 따르면 GMO 수출국은 이에 대한 표시를 의무화하도록 하고 있으며, 수입국은 제품안전성에 대한 과학적 증거가 미흡한 경우 수입을 규제할 수 있도록 하고 있다.

최근 우리 정부도 유전자변형 농산물에 대해 표기를 의무화하는 것을 기본 방침으로 정하고 있다. 유전자 변형 농산품에 대한 철저한 조사 및 표기, 세계적인 변화에 적절한 대응방안 수립 등이 요구된다.

자유무역체제 및 시장개방의 가속화로 전에는 생각치 못했던 각종 소비자문제들이 발생하고 있다. 이는 시장개방으로 인한 소비자문제로서 수입소비재의 유통마진 과다문제, 수입소비재에 관한 정보의 불완전성 문제, 수입소비재 사용과 관련한 위해 발생문제 등이 새로운 소비자문제로 등장하고 있다. 최근에는 유전자 변형제품에 대한 소비자문제가 심각하게 대두되고 있다.

한편, 전자상거래의 활성화로 인해 전에는 볼 수 없었던 새로운 형태의 소비자피해가 급증하고 있다. 구체적으로 전자상거래상의 사기 및 기만으로 인한 피해, 개인정보 누출로 인한 피해 등은 계속적으로 증가하고 있다. 은행계좌번호를 알려 주고 입금이 되면 제품을 보내주겠다고 광고한 뒤 입금된 돈만 챙기는 경우, 중고품 및 고장난 제품을 보내주고 잠적하는 경우, 소비자의 ID를 도용하는 경우, 소비자의 신용카드정보를 빼내어 엄청난 액수의 구매를 하는 경우, 피라미드판매업자가 이용자를 모집하면 거액을 벌 수 있다고 광고하여 피해를 입히는 경우, 엉터리 광고나 엉터리 사업기회를 제공하는 경우 등 다양한 형태로부터 소비자피해는 급증하고 있다. 이 같은 소비자피해를 구제하기 위하여 각종 소비자 관련 법규의 제정 및 개정, 세계 공통의 전자상거래 관련 법규의 표준화, 기술적 차원에서의 사기 및 불법거래 방지책 모색 등의 노력이 시도되고 있다.

2. 소비자피해의 특징

오늘날 소비자문제는 보편적인 것이 되었고 그 영역도 광범위하게 퍼져나가고 있다. 소비자들의 피해액수도 점차 고액화되고 있으며 피해자는 미성년자, 고령자, 주부 등 사회경험이 적은 경제적 약자가 대부분이다. 예를 들면, 신분을 사칭하고 가정을 방문하여 주부를 협박하거나 강의 · 교육을 빙자하여 교재를 판매하는 등의 악덕상술을 비롯하여 각종의 부당거래로 인한 피해가 두드러지고 있다. 소비자문제의 특징에 대해 보다 구체적으로 살펴보면 다음과 같다.

1) 피해발생의 보편성

대량생산 · 대량판매가 일상화되어 있는 현대 산업사회에서는 생산공정의 분화와 유통과정의 복잡화가 극도로 진행되어 생산과 유통의 각 단계에서 상품의 결함이 발생할 가능성이 존재한다. 더구나 사업자는 다른 사업자와 경쟁하는 과정에서 상품의 안전성보다는 경제적 효율성을 더욱 중시하는 경향이 있기 때문에 소비자문제는 우연히, 그리고 예외적으로 발생하는 것이 아니라 상품의 생산 · 유통 및 소비의 전단계에서 보편적으로 발생하게 된다.

소비자
수첩 16-5

소비자피해구제의 필요성

미국의 매우 유명한 소비자운동가인 Warne(1991)은 자신의 은행서비스사용경험을 소개하면서 소비자피해와 관련한 법적 조치의 필요성을 강력하게 주장하였다. Warne의 체험적 경험을 소개하면 다음과 같다. Warne는 워싱턴의 은행(Riggs National Bank)에서 '은행에 10일간 돈을 예치하면 다음 분기에 높은 이자를 받을 수 있다' 라는 은행광고를 읽고 돈을 예치하였는데 3개월 후 Warne은 광고와는 달리 낮은 이자를 받았음을 발견하였다. 그는 이 같은 사실에 대해 항의하자 은행 측은 은행안내 소책자 뒷면에 작은 글씨의 내용을 제시하였는데, 그 다음 분기 이자결산기간까지 예치한 돈을 인출하지 않을 경우에만 높은 이자를 받을 수 있다고 적혀있었다. 그는 이에 대해 항의하자 은행 측은 Warne가 소비자단체(public citizen)의 대리인으로 일하고 있음을 알고 예외적으로 Warne에게는 높은 이자를 제공하겠다는 협상안을 제시하였다.

이 같은 경험을 한 Warne은 많은 은행들이 교묘한 방법으로 소비자가 오인할 수 있는 정보를 제공하고 있으며 많은 소비자들이 이로 인한 피해를 입고 있다고 주장하였다. 소비자들은 심지어 이 같은 불이익을 인지하지 못하는 경우가 많고 설사 인지한다 해도 어쩔 도리가 없으므로 은행들이 이를 악용하고 있다고 주장하였다. 이 같은 관행은 법적 소송을 취하지 않고는 중지되지 않을 것이므로 다수의 소액피해소비자를 구제하기 위한 집단소송의 중요성을 역설하였다.

이 같은 사례는 우리 주변 도처에서 쉽게 발견할 수 있어 소액다수 피해자들을 구제하기 위한 효과적인 제도나 법적 조치가 필요함을 알 수 있다.

출처 : Harland, D. (1987). Journal of Consumer Policy, 10, 3, p. 245~266.

2) 피해범위의 확대

오늘날에는 상품이나 용역이 대규모로 생산되고 그 유통과정도 복잡하며 대량판매되기 때문에 생산과 유통의 과정에서 피해의 원인이 발생한 경우 그 피해의 범위가 매우 확대된다. 가격면에서도 기업 측이 카르텔 등을 통하여 인위적으로 가격을 인상하는 경우 그 피해는 모든 소비자에게 영향을 미치게 된다. 또한, 소비자가 당하는 피해건수는 매년 증가 추세에 있으며 소비자의 불만내용은 안전, 위생, 품질, 기능, 규격, 계량, 표시, 포장, 판매방법 등 소비자거래의 모든 분야에 걸쳐 있다.

3) 피해원인규명의 곤란

상품이나 용역의 생산과 공급에는 많은 사업자가 관계되어 있기 때문에 피해가 발생한 경우 그것이 과연 어느 단계에서 누구의 책임으로 발생한 것인지를 규명하기 어려운 경우가 많다. 그 결과 피해자는 누구에게 그 책임을 물어야 할지 알 수 없어 그 피해구제도 어렵게 된다.

4) 피해의 심각성

산업화이전에는 상품이 단순하였기 때문에 소비자피해는 상품의 품질불량·수량부족 등 상품의 가격을 한도로 발생하는 경우가 대부분이었다. 그러나, 상품 자체가 복잡하게 되어 있는 오늘날에는 상품의 결함으로 인하여 재산상의 피해뿐만 아니라 생명·신체의 안전에 중대한 위험을 끼치는 경우가 발생하고 있다. 그 전형적인 유형으로 들 수 있는 것이 식품이나 의약품 등으로 인한 생명·신체적 피해이다. 특히, 기술적으로 고도화된 상품의 경우에는 피해의 원인을 규명하는 데 상당한 시간이 소요되기 때문에 결함상품에 대하여 적절한 대책을 강구하지 않고 그대로 방치해 두게 되면 그 결함상품은 대량공급체계를 통하여 소비자 일반에게 널리 확산됨으로써 소비자피해는 더욱 심각한 상태에 이르게 된다.

3. 소비자피해 구제방법

소비자피해를 구제하는 방법을 피해구제 시기, 피해구제 주체, 피해구제과정에 따라 구별하여 살펴보자.

1) 피해 구제 시기

소비자피해구제는 피해가 발생하기 전에 구제하는 사전적 피해 구제방법과 피해발생 후에 구제하는 사후피해구제 방법으로 구분하여 살펴 볼 수 있다.

(1) 사전적·예방적 피해 구제

현대의 소비자피해는 과학기술의 발전에 따라 점차 복잡화·다양화하고 있기 때문에 일단 피해가 발생하게 되면 돌이킬 수 없는 치명적인 피해를 야기하기도 하고, 피해의 원인 규명이 곤란하기 때문에 신속한 구제가 어려운 경우도 많다. 더욱이 그 피해가 재산상의 불이익에 그치는 것이 아니라 생명이나 신체의 안전을 침해하는 경우에는 그 피해를 구제하기가 대단히 어려울 뿐만 아니라 그 실질적인 구제가 불가능한 경우도 있다. 따라서 소비자피해의 근원적인 해결을 위해서는 피해가 발생하기 전에 그 발생 원인을 제거해야 한다.

사전·예방적 피해 구제조치는 주로 행정적 구제에 의존하게 된다. 행정기구의 예방 조치는 민사소송에 의한 구제에 비하여 보다 신속한 해결을 꾀할 수 있으며, 경제적 약자인 소비자가 행정지도 등을 통하여 실질적으로 타당한 구제를 받을 수 있다는 장점이 있다. 결론적으로 사전적 피해예방은 사후적 피해 구제에 비해 그 효과가 탁월하다고 하겠다. 따라서, 사전적 피해 구제책 모색 및 사전적 피해 구제제도의 적극적 운영에 대한 충분한 조사 및 실천이 필요하다.

시장실패로 인한 소비자피해를 사전에 예방하기 위해 정부는 각종 행정규제조치를 사전에 정하고 있다. 무엇보다도 사업자가 준수해야 할 의무, 사업자가 지켜야 할 안전기준, 사업자활동 등에 대한 규정을 두어 각종 위해로부터 소비자안전을 사전에 확보하고자 한다. 구체적으로 '소비자보호법'에 규정된 사업자의 의무 및 물품의 안전기준 설정, 허위과장광고나 각종 불공정거래행위의 규제 등은 소비자피해를 사전에 예방하기 위한 정부의 사전·예방적 피해구제조치의 일환이라고 할 수 있다.

이 외에도 '식품위생법', '약사법', '공업품 품질관리법', '전기용품 및 생활용품안전관리법', '농산물검사법' 등을 통해 다양한 방법으로 소비자피해를 예방하기 위한 조치를 취하고 있다. 예를 들면 품질·성분·효과 및 성능·제조일자 및 유효기간·사용 방법 등을 표시하도록 하여 소비자가 피해를 입지 않도록 사전에 정확한 정보를 제공하고자 하고 있다.

이같이 소비자보호를 위한 각종 행정규제에 사업자가 따르지 않을 때, 정부는 의무위반사업자에 대한 권고, 부과금 내지 과징금, 개선명령, 당해상품의 수거·파기 명령, 판매금지명령, 조업정지명령, 각종 인허가의 취소, 공표 등을 통해 사전에 소비자피해예방을 보다 확실하게 하고 있다. 우리나라에서 1996년 4월 1일에 시행된 리콜과 관련한 법규는 대표적인 사전·예방적 피해 구제제도이다. 그러나, 현행법상 사전피해예방제도는 체계적으로 정비되어 있지 않으며, 또 그 내용도 상당히 미흡한 실정이다.

(2) 사후 피해 구제

소비자피해 구제에 대한 대책 강구는 법적·제도적 장치의 완비로 소비자피해가 발생되지 않도록 예방하는 것이 가장 이상적이나, 현재와 같이 대량생산, 대량유통구조 속에서 소비자피해는 계속되고 있으므로 사후 피해 구제를 하지 않을 수 없다. 아무리 사전·예방적 피해 구제제도를 잘 활용한다해도 결함상품이 발생할 수 있고 사업자의 격렬한 판매경쟁으로 소비자피해는 끊이지 않을 것이므로 사후 소비자피해 구제정책의 중요성을 강조하지 않을 수 없다.

2) 피해 구제 주체

소비자 피해 구제를 수행하는 주체는 소비자단체, 기업, 정부로 구분할 수 있다. 피해 구제 주체별로 소비자피해 구제방법에 대해 살펴보자.

흡연 및 간접흡연으로 인한 소비자피해소송

미국에서 흔하게 제기되어 온 흡연으로 인한 피해소송이 우리나라에서도 제기되고 있다. 폐암환자인 김씨(56세)가 최초로 국가와 담배인삼공사를 상대로 1억 원의 손해배상소송을 제기한 바 있으며, 2000년 5월 15일 간접흡연피해와 관련한 소송이 최초로 제기되었다.

최초의 흡연피해소송은 김씨가 20세인 1963년 부터 하루 30~40개비의 국산담배를 피워왔는데 소송 당시(1999년) 폐암 4기였다. 김씨는 소장에서 담배인삼공사가 니코틴, 타르 등 발암물질을 제거하려는 노력 없이 하자 있는 제품을 생산했으며, 수입격감 등을 우려, 1989년 이전에는 담배의 유해성에 대한 정보를 고의로 은폐했다고 주장하였다. 김씨의 소송은 우리 나라 성인남성의 흡연률이 65%를 넘는 점을 볼 때 그 결과에 따라 엄청난 파급효과를 불러올 것으로 보인다. 이 소송의 성패는 흡연과 폐암의 상관관계, 담배제조와 판매과정에서의 담배인삼공사의 불법행위여부, 제품에의 설명의무시행 여부, 니코틴, 타르 등 발암물질제거 노력의 여부, 함유량에 관한 정보제공 여부에 달려 있다. 물론, 지나친 흡연은 김씨의 책임에 해당하므로 100% 승소는 사실상 불가능하다.

미국의 경우 1983년 폐암으로 사망한 유가족이 처음 소송을 제기한 이래, 담배회사들은 수많은 소송에 시달리고 있다. 대체로 개인이 건 소송에서는 배심원제를 인정하는 1심에서는 개인이 승소하나, 2심에서는 패소하는 경향이 있다. 그러나, 주정부가 제기한 소송이나 단체 및 기관이 제기한 소송에서는 담배회사가 손해배상을 하도록 판결나는 경향이 있다. 주정부가 제기한 소송의 내용은 주정부의 주민들이 담배로 건강을 잃어 주정부의 의료비부담이 증가하였으므로 주정부의 의료비부담을 위한 손해배상요구이다.

한편, 김씨의 흡연피해소송이 진행중인 가운데, 2000년 2월 기관지천식 악화로 인해 급성호흡곤란으로 숨진 모 단위농협 직원 김(여)씨의 유족들이 간접흡연 피해소송을 제기하였다. 유족들은 흡연으로 인해 오염된 객장의 공기와 과로 때문에 천식이 악화된 만큼 업무상재해로 인정해 유족보상금을 지급하라며 근로복지공단을 상대로 서울행정법원에 소송을 제기하였다. 이번 소송으로 인해 간접흡연을 인한 피해인정 범위 등이 쟁점사항이 될 것으로 보인다. 미국의 경우 비행기 승무원들이 필립모리스(담배회사)사를 상대로 간접흡연으로 인한 피해를 보상받기 위해 집단소송을 내 1997년 3억 달러의 배상합의를 이끌어 낸 바 있다.

출처 : 조선일보, 1999년 9월 6일 & 14일/2000년 5월 16일

(1) 소비자단체를 통한 피해 구제

소비자단체란 소비자의 권익을 옹호·증진하기 위하여 소비자가 조직한 단체를 말하는 바, 현재 한국소비자연맹, 소비자문제를 연구하는 시민의 모임, 한국소비생활연구원, 녹색소비자연대 등이 소비자단체로서 활약하고 있다.

소비자단체를 통한 소비자피해의 구제는 소비자들이 스스로의 권익을 보호하기 위하여 자주적으로 결성한 단체로서 소비자상담을 통한 소비자피해 구제, 소비자정보 제공 등 소비자문제 해결에 적극적으로 나선다는 점에서 정부나 기업을 통한 피해 구제와는 다른 특색을 가지고 있다. 소비자단체는 전화, 서신, 또는 방문상담을 통해 소비자불만해소, 소비자피해해결을 시도한다. 소비자단체는 사업자로 하여금 자율적으로 피해 구제를 해 주도록 유도하고 있으며 실제로

이들 소비자보호단체의 영향력이 커지고 있다. 다만, 현행법상 소비자단체는 사업자와 소비자 간의 자율 구제에 실패한 경우 그 분쟁 처리를 한국소비자보호원에 의뢰해야 한다는 점에서 그 한계가 있다. 따라서, 소비자단체의 피해 구제업무의 활성화를 위해 소비자단체가 피해 구제 소송을 제기할 수 있는 이른바 집단소송제도를 도입하는 것이 바람직하다.

또한, 소비자단체의 전문인력 확보, 재정적 지원이 뒷받침되어야 한다.

(2) 기업에 의한 피해 구제

'소비자기본법'에 따르면 기업 또는 사업자는 소비자피해를 구제하여야 할 의무가 있다. 기업이 제공한 제품이나 서비스로 인한 소비자피해 발생 시 기업이 이를 해결하여야 함은 자명한 이치이다. 소비자피해구제는 기업 입장에서 비용이라는 인식으로부터 탈피하여 기업의 경쟁력 강화, 기업 이미지 쇄신 등의 차원에서 보다 적극적으로 기업경영에 반영되어야 한다. 고객만족경영의 가치가 높아지고 있는 최근의 현실에서 소비자피해 구제는 단순히 피해 구제 차원에서 벗어나 점차 '소비자에게 감동을 주는' 차원에서 적극적으로 이루어지고 있으며, A/S 및 다양한 보증 서비스 등이 제공되고 있다.

(3) 정부에 의한 피해 구제

정부에 의한 소비자피해 구제는 크게 정부 행정기관 및 한국소비자원에 의한 피해 구제로 구분할 수 있다. '소비자기본법'에 따르면 국가는 사업자와 소비자 간의 분쟁해결을 위해 소비자분쟁해결기준 품목별로 제정할 수 있다. 또한, 정부의 행정기관 및 한국소비자원에서는 소비자불만 및 소비자피해를 신속하고 공정하게 처리할 의무가 있으며 이를 상담, 타협유도, 시정명령 등의 조치를 강구할 수 있다. 이 같은 법적 근거에 의해 정부 출연기관인 한국소비자원은 소비자분쟁조정위원회를 설치·운영하고 있으며, 각 지방자치단체에서도 소비자불만처리 기구를 운영하고 있다. 정부차원의 소비자피해구제업무는 정부 행정기관보다는 주로 한국소비자원에 의해 수행되고 있으므로[1] 이에 대해 구체적으로 살펴보자.

① 한국소비자원의 업무

한국소비자원은 재정경제부 산하 특수공익법인으로서 소비자의 기본 권익을 보호하고 소비생활의 합리화를 도모하며 나아가 국민경제의 건전한 발전에 기여하고자 설립되었다. 한국소비자원의 주요 업무를 살펴보면 다음과 같다.

---

[1] 한국소비자원은 아직 지방조직을 갖추고 있지 못하다는 약점이 있는 반면, 민간소비자단체와는 달리, 제품에 대한 시험·검사 능력이 우월하다는 장점을 가지고 있다.

- 소비자불만처리 및 피해구제, 상품 및 서비스의 규격, 품질, 안전성 등에 대한 시험검사 및 조사
- 소비자보호와 관련된 각종 제도와 정책에 대한 연구 및 건의
- 소비생활의 합리화를 위한 각종 정보수집 및 제공
- 소비자보호와 관련된 소비자교육 및 홍보
- 소비생활향상을 위한 종합적인 연구 및 조사

② 한국소비자원의 피해 구제 업무

소비자기본법에 따르면 소비자는 소비생활에 영향을 주는 사업자의 사업활동 등에 대하여 의견을 반영할 권리, 물품 및 서비스로 인해 입은 피해를 신속·공정한 절차에 의해 보상을 받을 권리 등을 갖는다. 한편, 소비자는 제품의 사용으로 인한 소비자피해 구제를 한국소비자원에 청구할 수 있다. 사업자, 소비자단체, 국가 또는 지방자치단체도 한국소비자원에 피해구제처리를 의뢰할 수 있다.

한편, 한국소비자원은 소비자의 기본적 권리를 보장하기 위하여, 소비자불만처리 및 피해구제업무를 수행한다. 따라서, 현행법제상 소비자피해구제절차는 직접 법원에 소송을 제기하는 것을 제외하고는 원칙적으로 한국소비자원을 중심으로 진행되도록 되어 있다. 다만, 피해구제를 청구받은 한국소비자원은 피해사건이 너무 복잡하거나, 고도의 법률적 판단이 요구되는 등 한국소비자원에서 처리하는 것이 부적합하다고 판단되는 경우에는 청구인에게 그 사유를 통지하고 그 처리를 중지할 수 있다.

③ 소비자피해 구제 기준

소비자피해 구제는 제품이나 서비스의 사용과정에서 발생한 손해액 보전을 원칙으로 하고 피해자 과실의 유무, 과실의 정도 등을 감안하여 이루어진다. 구체적으로, '소비자보호법'의 규정에 의거하여 품목별 소비분쟁해결기준이나 유사선례 등에 따라 객관적으로 처리한다.[2] 소비자피해 발생원인 및 책임규명은 사실과 사건에 관련된 현물의 확인 또는 과학적 시험검사의 결과 등 객관적인 증거자료에 의하여 처리된다.

④ 소비자피해 구제 절차

한국소비자원에서 소비자피해 구제를 수행하는 절차는 크게 피해 구제 접수, 합의권고, 그리고 조정의 단계를 거치게 된다. 피해 구제 절차에 대해 보다 구체적으로 살펴 보면 〈그림 16-2〉에

---

2) 품목별 소비자분쟁해결기준은 분쟁당사자 간에 보상방법에 대한 별도 의사표시가 없고 피해 소비자가 품목별 기준에 의한 피해보상만을 청구하는 경우에 한하여 피해보상처리의 기준이 된다.

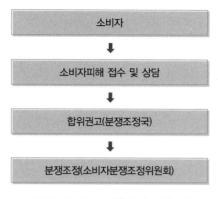

그림 16-2 소비자피해 구제 절차 도식

제시한 바와 같다.

첫째, 소비자상담 단계에서 소비자불만을 접수하여 불만처리, 정보제공, 피해구제접수 등으로 처리한다.

둘째, 피해구제로 접수된 사건에 대해 사건처리 담당직원이 사실확인 등을 통해 양당사자(소비자와 사업자)에게 피해보상에 대한 합의를 권고하여 양당사자가 이를 받아들이면 종결 처리하게 된다.

셋째, 위의 합의권고단계에서 합의가 이루어지지 않는 경우에는 소비자분쟁조정위원회에 조정을 요청하여 피해 구제를 처리한다.

3) 법원에 의한 피해 구제

법원에 의한 소비자피해 구제는 최종적 피해 구제방법이면서 다른 방법에 의한 피해 구제의 기준이 된다. 법원에 의한 소비자피해 구제는 소송제기에 의한 피해 구제로서 우리나라에서 규정하고 있는 '소비자보호법' 및 각종 관련 법규에 근거하여 소비자피해를 구제하고 있다.

현행법상 소비자피해가 발생한 경우 법적으로 피해를 구제받기 위해서는 소비자와 사업자 사이에 계약관계가 있어야 하며, 사업자의 고의 또는 과실이 있어야 한다. 그런데, 계약관계 및 과실의 증명을 소비자가 해야 하므로 소비자가 피해 구제를 받기가 쉽지 않다. 실제로, 소비자피해 발생 시 피해원인 규명 자체가 어려우며, 이를 증명하고자 해도 제품 및 서비스에 관한 정보 차원에서 기업에 비해 소비자가 불리하다. 뿐만 아니라, 일반적으로 소송절차는 복잡하고 까다롭기 때문에 일반적인 소비자는 법률지식의 부족이나 소송비용의 과중한 부담으로 인해 소송제기 자체를 꺼리는 경우가 많다. 일단 소송을 제기하였다고 하더라도 법률지식이나 경제적 능력에 있어서 월등한 우위에 있는 사업자를 상대로 승소하기가 대단히 어려운 것이 현실이다. 특히, 오늘날 소비자피해의 전형적인 형태가 소액다수 피해라는 점을 감안하면 이는 더욱 심각한 문제가 아닐 수 없다. 이처럼 사법적으로 소비자피해를 구제하기 어려우므로 소비자피해소송을 용이하도록 하는 '제조물책임법'이 1999년에 제정되었으며, 2007년에는 '소비자보호법'을 '소비자기본법'으로 명칭개칭하면서 소비자단체소송제도와 소비자피해일괄보상제도를 도입하였다. 그러나 2007년에 도입된 소비자단체소송제도에서 개인의 소비자피해보상의 내용은 담고 있지 않아 소비자피해에 대한 집단소송법 제정의 목소리는 여전히 사라지지 않고 있다.

4) 피해 구제과정

소비자피해구제가 자율적인 상호교섭에 의해 해결되는가 아니면 타율적인 방법에 의해 구제되는가에 따라 구분하여 살펴 볼 수 있다.

소비자피해소송실례 : 백화점 공작물설치하자로 인한 피해소송

1988년 12월 롯데백화점 음식가의 경사면에서 가정주부가 미끄러져 골절상을 입은 피해가 발생하였다. 이 사건은 백화점 공작물설치 및 보호상의 하자로 인하여 원고가 피해를 입었으므로 소비자원의 조정위원회에서 백화점이 손해배상하도록 조정결정하였으나 백화점의 거부로 소송을 제기하게 되었다. 이 사건은 1심에서 원고(가정주부)의 승소판결이 났으며, 2심에서 역시 승소판결(배상금액 약 250만 원)을 받았다. 이 사건은 소송금액이 적은 액수이므로 변호사를 선임하여 사법적 구제신청을 하기는 부적합한 경우이나 법률구조공단[1]의 지원을 통해 승소한 사건이었다.

　　이 사건은 소액피해를 위한 소송으로 법률구조공단의 도움이 있었기에 소송이 가능하였다. 그러나, 많은 소요시간과 노력, 각종 소송비용(재판비용, 감정비용, 변호사비용), 증거수집과 입증의 어려움, 관할[2]의 문제 등으로 이와 유사한 피해라 해서 소송제기가 수월하지 않으며 또한 승소한다는 보장이 없으므로 현실적으로 사법적 절차를 통해 구제받는다는 것이 매우 어려움을 알 수 있다.

주 : 1) **법률구조공단** : 1986년 법률구조법이 제정되고 1987년 설립된 법률구조공단은 경제적으로 어렵거나 법을 몰라 법의 보호를 받지 못하는 사람들에게 법률상담, 변호사에 의한 소송대리 등 각종 지원을 하고 있다. 최근에는 제품과 서비스의 사용으로 인한 피해를 입은 소비자도 구조대상자에 포함하여 지원하고 있으나, 전체 지원사건 중 소비자사건의 비중은 매우 낮고(약 0.9%) 또 해마다 감소하고 있다(최병록, 1993).

　　2) **관할** : 관할이란 재판권을 행사하는 여러 법원사이의 재판권의 분할관계를 정해 놓은 것이다. 소비자와 관련한 사건의 경우 원고가 피고의 주소지로 가서 소를 제기하는 것이 일반적 원칙인데, 보통 기업은 대체로 보통거래약관에 본점의 주소지에서 합의관할한다는 규정을 두고 있어, 원고가 기업의 본점주소에 관할하는 법원에 소송을 제기하여야 하는 문제가 있다.

(1) 자율적 피해 구제

현실적으로 가장 많이 이용되고 있는 피해 구제방법은 소비자와 사업자 사이의 상호교섭에 의하여 자율적으로 구제되는 방법이다. 피해를 입은 소비자가 가장 먼저 자율적 피해구제를 시도하게 되는데, 이 피해 구제는 당사자의 합의에 의하여 이루어지는 것이므로 가장 바람직한 방법이라고 할 수 있다. 그런데 상호교섭에 의한 피해 구제는 피해를 받은 개개의 보상에 그칠 뿐 동일한 피해 구제나 피해확산을 막지 못한다는 단점이 있다. 그러나 소비자피해가 소비자와 사업자간의 분쟁이라는 점에 비추어 볼 때, 자율적 피해 구제가 잘 활용되면 신속하고 용이하게 피해 구제가 되는 장점을 가진다.

(2) 타율적 피해 구제

타인 또는 제3자에 의해 소비자피해를 구제받는 방법으로서 크게 소송외적 피해 구제방법과 소송을 통한 피해 구제방법이 있다. 상호교섭 등 자율적인 피해구제가 이루어지지 않은 경우 타율적 피해 구제방법을 사용하게 된다.

소비자단체 및 한국소비자원의 중재 및 조정은 대표적인 소송외적 타율적 소비자피해 구제방법이다. 소송외적 피해구제는 주로 기업당사자, 행정기관, 소비자단체, 한국소비자원, 정부 관련 기관 등의 조정이나 중재를 통한 구제방법을 의미한다. 가장 대표적인 소송외적 피해 구제는 한국소비자원의 조정위원회에 의해 수행되고 있다. '소비자기본법'은 적절한 소비자피해 구제를 도모하기 위하여 한국소비자원에게 소비자피해 구제를 할 수 있는 권한을 부여하여 합의권고 또는 중재역할을 수행하도록 하고 있다. 한국소비자원의 조정위원회는 피해 구제 요청이 제기되면 30일 이내에 조정을 하여야 하고 조정결과는 재판상의 화해와 같은 효력을 갖는다. 이

소송외적 피해 구제의 실패

한국소비자원의 조사보고에 의하면 1997년 민간단체나 한국소비자원이 피해 구제를 처리하다가 양 당사자가 합의·권고가 결렬되어 한국소비자원의 분쟁조정위원회에 조정요청된 사건은 571건(민간단체 의뢰 130건)이다. 조정요청된 사건 중 조정결정된 사건은 491건, 기타 79건(처리불능, 소송제기로 처리 중지 등)인데, 491건 중 424건이 성립되어 성립률 88.7%를 보이고 있으며, 54건(11.3%)은 당사자 일방 또는 쌍방의 수락 거부로 조정이 성립되지 못하였다.

대체로 한국소비자원 내 조정위원회의 조정결과에 대한 성립률(1991년 63%, 1993년 1974%, 1995년 76%, 96년 83%)은 점차 증가하고 있으나, 조정결과에 대해 기업이나 소비자 중 어느 주체라도 불복한다면 법적 소송을 통해 해결할 수밖에 없다. 그러나 현실적으로 대부분의 소비자가 법적 소송을 기피하고 있는 실정이다. 따라서 조정이 되지 않은 경우 소비자피해 구제를 위한 방안에 대해 생각해 볼 필요가 있다.

때, 조정결과에 대해 당사자 중 어느 일방이 수락하지 않으면, 그 조정은 구속력을 가질 수 없으므로, 결국 법원에 의한 피해 구제방법에 의존하여야 한다. 법원에 의한, 즉 소송을 통한 피해 구제는 명령에 의한 구제방법으로 최종적인 피해 구제 수단이 되고 있다.

4. 소비자피해보상

소비자는 각종 제품이나 서비스를 이용하는 과정에서 제품의 하자, 부당거래, 계약불이행 등으로 신체상의 · 재산상의 피해를 입을 수 있다. 이 같은 피해를 구제하기 위한 방법은 보상이다. 여기서 보상이라 함은 제품의 제조, 운반, 사용과정에서 발생한 소비자피해에 대해 사업자가 소비자에게 행하는 수리, 교환, 환불, 배상, 이행, 계약해제 등을 의미한다.

1) 소비자분쟁해결기준의 의의

소비자가 사업자로부터 적절한 피해보상을 받을 수 있도록 품목별, 피해유형별로 보상기준을 마련해 놓은 것이 소비자분쟁해결기준이다. 소비자피해보상규정은 소비자와 사업자간에 일어날 수 있는 분쟁을 원활하게 해결하기 위한 기준으로 1980년 '소비자보호법'이 제정되면서, '소비자보호법' 제12조에 근거하여 1985년 제정되었다. 그 후 소비자분쟁해결기준은 1989년 1차 개정을 시작으로 거의 매해 계속적인 개정을 거듭해 오다가 2008년 소비자보호법을 소비자기본법으로 개정하면서 소비자피해보상규정의 명칭도 소비자분쟁해결기준으로 변경하였다. 소비자분쟁해결기준은 '대상품목', '품목별보상기준(수리 · 교환 · 환불 및 위약금 산정 기준)', '품질보증 및 부품보유기간(70여 개 품목)', 내용연수표 등으로 구성되어 있다. 내용연수표는 감가상각액 계산시 준용되며, 감가상각은 제품하자로 인한 계약해제 시 환불액을 계산하기 위해 필요하다. 환불액은 다음의 방법으로 산정된다.

$$환불액 = 구입가 - \frac{사용연수}{내용연수} \times 구입가$$

한편, 다른 법령에 근거한 별도의 보상기준이 소비자기본법이나 소비자분쟁해결기준에 의한 보상기준보다 소비자에게 유리한 경우에는 그 다른 법령에 우선하여 적용되도록 함으로써 효과적인 소비자피해구제를 추구하고 있다.

소비자단체, 한국소비자원 등 소비자피해구제업무를 담당하는 기관에서는 이 규정에 근거하여 피해구제 업무를 수행하고 있다. 사업자는 제품을 판매하는 경우 품질보증기간, 부품보유기간, 수리·교환·환불 등의 보상방법, 기타 사항을 제품의 용기에 표시하거나 이 같은 내용을 포함하는 증서(품질보증서)를 교부하여야 한다. 별도의 표시나 품질보증서 교부가 어려운 경우에는 소비자기본법 시행령, 즉 소비자분쟁해결기준에 근거한 피해보상기준에 따라 피해를 보상한다는 내용만을 제품에 표시할 수 있다.

이때 품질보증기간, 부품보유기간, 수리·교환·환불 등의 보상방법, 기타 사항에 대한 표시가 소비자피해보상규정에서 제시한 기간보다 짧거나 미흡한 경우에는 소비자분쟁해결기준을 적용한다. 제품이나 서비스에 대한 보상은 제품의 소재지나 제공지에서 행하는 것을 원칙으로 하나, 휴대가 간편하고 운반이 용이한 제품의 보상은 사업자의 소재지에서도 보상이 가능하다.

2) 소비자피해보상의 일반적 기준

소비자분쟁해결기준은 나름대로 일반적인 기준을 가지고 적용되고 있다. 제품이나 서비스의 종류 및 유형에 따라 다소 차이가 있으나 일반적인 기준은 다음과 같다.

(1) 품질보증기간

사업자가 품질보증서에 품질보증기간을 표시하지 아니 하였거나 해당품목에 대한 품질보증기간이 소비자분쟁해결기준에 없는 경우에는 유사제품의 품질보증기간을 적용하고, 이에도 해당되지 않는 경우 품질보증기간은 1년(식료품의 경우에는 유통기간)으로 한다.

품질보증기간은 소비자가 물품을 구입한 날 또는 서비스를 제공받은 날로부터 계산하게 되나 물품의 계약일과 인도일이 다른 경우에는 물품의 인도일로부터 품질보증기간이 계산된다. 품질보증서에 판매일자가 기재되어 있지 않거나 품질보증서의 미교부, 분실 또는 영수증과 같은 증거자료를 보존하고 있지 않아 정확한 판매일자의 확인이 곤란한 경우는 당해 제품의 제조일(수입품의 경우에는 수입통관일)로부터 6개월이 경과한 날로부터 품질보증기간을 계산하도록 되어 있다. 그러나 제품이나 제품포장용기에 제조일이나 수입통관일이 표시되어 있지 않은 경우에는 소비자가 주장하는 제품구입일로부터 품질보증기간이 계산된다.

(2) 부품보유기간

사업자가 품질보증서에 부품보유기간을 표시하지 않거나 해당품목에 대한 부품보유기간이 소비자분쟁해결기준에 없으면 유사제품의 부품보유기간을 적용한다. 부품보유기간의 계산은 당해 제품의 단종시부터 계산한다.

(3) 수리비의 부담기준

품질보증기간 내에 정상적인 사용상태에서 발생한 제품의 고장을 수리하기 위하여 소요되는 모든 비용(부품대, 원자재비용, 기술료, 출장료 등)은 사업자가 부담(무상수리)하는 것을 원칙으로 한다. 그러나, 소비자의 취급 잘못으로 발생한 고장이나, 제조자 또는 제조자의 지정수리점이 아닌 장소에서 수리함으로써 제품을 변경·손상시킨 경우, 천재지변에 의한 고장의 경우에는 품질보증기간 내라고 하더라도 유상수리를 하도록 하고 있다. 품질보증기간 경과 후에 발생한 고장에 대해서는 순수부품대, 원자재비용 등 소정의 수리비를 소비자가 부담(유상수리)하도록 하고 있다.

(4) 교환기준

제품에 고장이 발생하여 소비자분쟁해결기준에 근거하여 제품을 교환하는 경우 동일제품으로 교환하여야 하며, 동일제품의 생산이 중단되어 동일제품으로의 교환이 불가능한 경우에는 유사제품으로 교환하여야 한다. 이때 유사제품으로의 교환에 대해 소비자가 동의하지 않으면 구입가격 만큼을 환불하도록 되어 있다.

(5) 환불기준

소비자분쟁해결기준에 의하여 환불하는 경우 증서 또는 영수증에 기재된 제품이나 서비스의 가격을 기준으로 환불하며, 반드시 현금으로 반환하도록 되어 있다. 그러나, 구입가격에 다툼이 있는 경우에는 서면증거자료에 기재된 금액과 다른 금액을 주장하는 사람이 이를 입증하여야 하며, 입증이 불가능한 경우에는 당해 지역의 통상거래가격으로 환불하도록 되어 있다.

(6) 환불요건

서비스의 이용계약 이후에 계약해제로 인하여 서비스이용이 불가능한 경우 환불요건이 된다. 소비자가 표시된 가격을 초과한 금액을 지급하고 제품을 구입한 경우 양 당사자가 합의하면 초과된 금액만을 환불할 수 있다.

한편, 소비자가 중고제품을 신제품가격으로 지불하고 구입한 경우, 광고 또는 표시의 내용과 제품이 일치하지 않는 경우, 제품의 사용설명서의 내용이 불충분하거나 누락되어 소비자가 피해를 입은 경우, 사업자가 계약내용을 불이행하여 소비자가 계약해제를 요구하였을 경우에도 환불요건이 된다.

신용카드 관련 피해보상규정

신용카드 사용이 급증하면서 신용카드와 관련한 소비자피해가 늘고 있다. 신용카드 서비스와 관련한 약관을 중심으로 소비자분쟁해결기준 등에 대해 살펴보면 다음과 같다. 신용카드분실시 분실사실을 신고한 경우 신고일로부터 25일(2000년 7월 이전까지는 15일 이전이었음) 이전까지 기간에 카드습득자가 부정사용한 금액에 대해 피해보상이 된다. 그러나, 고의 또는 과실로 신용카드를 분실하였거나 분실사실을 알고도 늦게 신고한 경우에는 부정사용금액의 일부 또는 전부를 분실자가 부담하여야 한다. 예를 들어, 투명한 수영가방에 카드를 넣고 수영장 옷걸이에 걸어 놓아 카드를 분실한 경우와 같이 카드관리 소홀로 인한 소비자피해는 보상받지 못한다. 또한, 신용카드 뒷면에 서명이 되지 않은 경우 피해보상이 되지 않는다.

한편, 소비자가 신용카드로 할부로 10만 원(종전 20만 원) 이상의 제품을 구입한 뒤 취소한 경우 지금은 판매자에게만 할부금 환급청구를 할 수 있으나 2001년부터는 신용카드사에도 직접 환급청구를 할 수 있다(할부가 아닌 일시불은 가맹점만을 상대로 환급청구).

신용카드를 신청하였으나 카드가 오지 않으면 발급 여부를 확인하는 것이 좋다. 우송도중 문제 또는 피해가 발생할 수 있기 때문이다. 카드 비밀번호는 본인만 아는 것이 좋으며, 부부 등 가족에게도 카드를 맡기지 않는 것이 좋다. 매출전표와 영수증은 반드시 보관하고 카드 사용 후 거래금액을 반드시 확인하는 것이 피해를 사전에 예방하는 방법이다.

(7) 할인판매기간에 구입한 제품의 교환 및 환불

할인판매기간에 할인된 가격으로 구입한 제품에 하자가 발생하여 교환하고자 하는 경우 비록 정상판매로 환원되어 가격차이가 발생한다고 하더라도 가격차이와 관계없이 동일제품으로 교환해 주어야 한다. 그러나, 할인판매기간에 할인된 가격으로 구입한 제품의 환불은 구입 당시의 가격을 기준으로 환불하도록 되어 있다.

(8) 사업자의 손해배상책임

사업자가 소비자와 계약한 내용을 이행하지 않았거나 제대로 이행하지 않는 경우, 제품의 사용과정에서 제품의 하자나 결함으로 인하여 소비자가 재산상의 손해나 신체상의 위해(소비자피해)를 입은 경우 사업자가 그 피해에 대하여 손해배상책임을 지도록 하고 있다. 사업자의 귀책사유로 인하여 소비자피해가 발생한 경우 그 피해구제의 처리과정에서 발생하는 운반비용이나 시험검사비용 등 모든 경비는 사업자가 부담하도록 규정되어 있다.

5. 다른 나라의 소비자피해 구제제도

세계 각국은 자국의 실정에 맞는 소비자피해구제제도를 운영하고 있다. 미국의 경우 집단소송제도, 독일의 단체소송제도, 스웨덴의 소비자옴부즈만제도 등은 다른 나라와는 구별되는 독특한 피해구제제도이다. 그러나 대체로 리콜제도, '제조물책임법' 등은 많은 세계 국가들이 공통적으로 운영하고 있는 소비자피해구제제도이다. 다른 나라의 소비자피해구제제도에 대해 구체적으로 살펴보면 다음과 같다.

1) 미 국

민간주도에 의하여 소비자보호운동이 가장 활발하게 전개되고 있는 나라로서 소비자불만해결에 매우 적극적이다. 그러나, 그 방법에 있어서 행정기관(건강교육복지성의 소비자문제국)의 개입에 의한 피해구제보다는 원칙적으로 당사자 간의 합의를 통한 해결책을 우선시하고 있다. 특히, 미국에서 B.B.B.(Better Business Bureau), H.E.I.B.(Home Economist in Business) 등의 활동은 소비자로부터 제기되는 불만을 사업자가 신속 적정하게 처리하려는 자율적인 기업의 대응자세를 보여준다. 또한, 미국에서는 사전예방적 차원에서 리콜제도를 적극적으로 운영하고 있으며, 사후 구제적인 차원에서 엄격하게 제조물책임법리를 적용하고 있다. 게다가 소액다수피해구제제도로 집단소송제도를 채택하고 있어 제품 및 서비스 구입 후 발생하는 소비자피해구제가 가장 잘 되어 있는 나라라고 할 수 있다.

미국은 각종 소비생활용품으로부터 소비자위해를 방지하기 위하여 위해물품에 대한 리콜이나 경고를 가장 활발하게 실시하고 있는 국가로, 제품별 전담기관을 설치하고 있다. 식의약품은 FDA(Food and Drug Administration), 자동차는 NHTSA(National Highway Traffic Safety Administration), 일반 소비생활용품은 CPSC(Consumer Product Safety Committee)가 리콜을 담당하고 있으며, 이런 리콜 담당기관은 핫라인[3]을 설치하여 위해제품에 대한 정보를 수집하고 있다.

'제조물책임법'은 1960년부터 판례에 따라 각 주별로 법안화한 것으로 세계 여러나라 중 가장 광범위하고 강력하게 시행되고 있다. 제조물책임이란 시장에 유통된 상품에 결함이 있으므로 그 상품의 제조자나 판매자가 결함으로 인한 피해배상책임을 지는 것이다.

한편, 사법적인 피해구제방법으로서 집단소송(class action)제도를 운영하고 있다. 집단소송, 집단대표소송, 대표당사자소송 등으로 불리는 '집단소송법'은 집단의 다수구성원 중 1인 혹은

---

3) 미국의 리콜 담당기관은 소비재에 대한 결함정보를 소비자가 직접 제공할 수 있도록 수신자 부담용 전화를 설치하고 있다. 이 전화를 통하여 소비자에게 위해정보를 제공받을 뿐 아니라 소비자가 궁금해하는 제품안전정보를 제공하고 있다.

그 이상이 집단 전체를 대표해서 소송을 제기하는 제도이다. 소비자피해가 개개인에게는 소액이어서 한 개인이 소송을 보상받기에는 너무나 절차가 번거롭고 시간, 비용상의 부담이 크기 때문에 개별적 피해를 집적하여 대표 당사자가 소송을 수행하고 피해구제를 받는다.

2) 독 일

독일의 대표적인 소비자단체로는 소비자센터가 있다. 이 소비자센터는 지방자치단체의 보조금 등에 의해 운영되고 있는데 소비자정보제공, 소비자불만처리 등을 수행하고 있으며 사법적 소비자피해구제방법으로서 단체소송권을 가지고 있다. 소비자피해는 개개인에게는 소액이어서 한 개인이 소송을 보상받기에는 너무나 절차가 번거롭고 시간, 비용상의 부담이 크기 때문에 소비자단체가 소송을 수행하여 피해구제업무를 수행한다. 단체소송이라 함은 단체가 원고가 되어 개개 법률의 보호자적인 공익을 추구하거나 혹은 원고로서 타자의 개개의 청구권을 주장하는 것을 말한다.

한편, 독일에서는 1990년부터 '제조물책임법'을 시행하고 있다. 독일에서의 제조물책임제도는 과실책임주의를 채택하고 있지만 이때 과실의 입증책임을 제조자 측에 전가하여 원고의 부담을 경감시키고 있다. 1960년대 이후 약품 분야에서 제조자의 엄격한 책임을 부과하는 움직임이 고조되었다. 그 결과 1976년에 개정된 '약사법'에 처음으로 약품회사에 무과실책임(위험책임)을 지우는 법률이 제정되었다. 즉, 의약품의 사용에 의해 생명, 신체, 건강이 현저하게 훼손된 경우 제약업자는 일정한도까지 무과실 책임을 지게 되었고, 제약업자는 이를 위해 미리 책임보험계약을 체결하든지 은행의 보증을 얻도록 하였다. 계약책임과 불법행위책임이 경합하는 경우에는 이른바 청구권의 경합이 인정되기 때문에 각각에 기하여 책임을 부과할 수 있는 '제조물책임법'을 운영하고 있다.

3) 일 본

일본의 경우 소비자피해를 보다 효과적으로 해결하기 위해 공적 고충처리위원제도와 같은 공적인 분쟁해결방법과 소비자소송원조제도, 그리고 사업자가 주체적으로 확보하는 피해구제 자금제도가 있다.

공공 고충처리위원회로서 일본의 소비자피해구제위원회는 소비생활센터의 상급기관적 역할을 하며 비중이 큰 소비자분쟁을 행정적으로 해결하는 기구로서 소비자피해구제위원회가 있는데 이는 지방자치단체의 조례에 근거하고 있다. 특히, 동경시 소비생활조례에 의해 설립된 소비자피해 구제위원회는 지부의 소비생활센터에서 해결 곤란한 사건을 2차적으로 처리한다. 고충처리위원회의 결정은 법적 구속력은 없으나, 주선이나 조정을 통해 당사자에게 수락을 권고한다. 이 같은 권고에 응하지 않거나 성의 있는 태도를 보이지 않을 경우 분쟁의 개요와 처리결과를 공표함으로써 피해 구제와 피해예방에 중요한 역할을 수행한다. 일본의 고충처리위원회는 전문적 지식에 기초한 법적 판단으로 소액, 다수의 소비자피해를 신속하게 구제하고 있으며, 사법적 해결과 교량적 역할을 할 수 있는 행정적 구제라는 점에서 그 기능을 수행하고 있다.

한편, 일본의 각 지방공공단체의 소비자보호조례 중에는 지역주민의 소비자소송에 대하여 행정기관이 소비자소송을 원조하는 이른바 소송원조규정을 가진 것이 많다. 예컨대 신호시의 경우 소비자가 사업자를 상대로 소송을 제기하는 것이 곤란하며, 동일한 피해자가 다수 존재하는 경우 소비자가 소송을 제기하는데 지원을 하고 있다. 물론, 신호 시 소비자고충처리위원회의 알선 및 조정 등을 경과한 후 소비자가 소송을 제기하는 경우에 필요한 원조를 하고 있다. 이 같은 소비자소송지원제도는 집단소송과 같은 소송제도가 없는 상태에서 소액다수의 피해를 구제하려고 하는 일본의 독특한 피해구제제도라고 할 수 있다.

일본기업들은 피해구제자금제도를 운영하여 사업자가 심각한 경제적 타격 없이 신속하게 소비자피해보상을 할 수 있도록 하고 있다. 피해구제의 자금확보제도는 보험제도와 기금제도가 있다. 기금제도는 사업자의 출자와 보험료 지급에 의해 운영되는 민간의 피해보험사업으로 적절하고 효과적인 피해구제를 실현시킨다는 점에서 보험제도와 그 의미가 유사하다.

일본에서는 1995년 제조물책임제도를 운영하고 있는데 입법상 무과실책임을 규정하지 않고 있으나, 최근 판례는 일반불법행위에 의한 고도의 주의의무를 제조자에게 과함으로써 사실상 무과실책임에 접근하고 있으며 이에 따라 사업자는 자주적인 구제자금확보를 위해 노력하고 있다. 그러나, 책임소송이 빈번하게 이루어지는 미국과는 달리 사회적으로 소송을 꺼리는 분위기이고 소송체계가 불편하기 때문에, 일반적으로 제조물책임소송이 드물며, 피해액을 초과해 징벌적인 배상책임을 부과하는 엄격한 미국형이 아니라 기업측에 보다 유연한 유럽형에 접근하는 제도를 운영하고 있다.

또한, 사전예방적 구제제도로서 일본에서 리콜제도를 운영하고 있다. 1969년 자동차형식지정규칙에 의해 최초로 도입되었고, 1973년 '소비생활용제품안전법', '가정용품규제에 관한 법률'을 제정하여 소비자안전과 관련한 리콜제도를 시행하고 있으나 활성화되지 못하고 있는 실정이다.

4) 스웨덴

스웨덴은 정부주도형의 소비자보호운동이 모범적으로 발전되고 있는 대표적인 나라로 꼽히고 있다. 스웨덴의 소비자단체는 대부분의 경우 국왕이나 정부에 의하여, 임명된 간부에 의하여 운영되고 있는 공립단체의 성격을 띠고 있다. 두 개의 소비자전담 중앙정책기관으로 '국립소비자고발원'과 '국립소비자정책원'이 있는데 이중 국립소비자고발원이 소비자피해구제를 총괄하고 있다. 국립소비자정책원은 소비자정책을 총괄하고 있는데 소비자옴부즈만의 직무를 겸함으로써 피해구제기능을 수행하고 있고 벌금형과 금지명령까지 발할 수 있는 시장재판소(market court)가 있다.

국립소비자고발원의 피해구제는 분쟁조정제도로서 이는 당사자를 구속하지 않는 당사자 간의 자율적인 제도이다. 그러나, 소액사건심판법에 의하여 법원의 요청이 있을 때는 조정을 수락하지 않는 건과 고발원의 관할권이 아닌 분쟁건에 대하여 의견개진을 함으로써 구속력을 첨가하고 있다. 한편, 소비자옴부즈만과 시장재판소는 개별 소비자에 대한 피해구제라기보다는 소비자 위해 및 피해정보를 수집하여 소비자피해를 사전에 예방하기 위한 행정조치로서 소비자옴부즈만의 일차적 합의권고를 통하여 해결하며, 불복하는 경우에 강제권을 갖기 위해 시장재판소에 금지명령 등을 청원하는 소송을 제기한다.

스웨덴에서 가장 잘 발달된 소비자옴부즈만제도를 살펴보자. 1970년대 스웨덴은 소비자보호에 관한 일련의 법률을 제정하였는데, 마케팅활동법으로 부당광고, 부당판매행위를 규제할 근거를 마련하였다. 1975년 마케팅법(Market Act)에는 위해요인을 내포한 상품의 판매금지조항이 추가되었다. 또한, 마케팅법의 관장을 위하여 소비자옴부즈만이 임명되기에 이르렀으며 이것이 최초의 '소비자옴브즈만'이다. 옴부즈만이란 시민의 권리를 지키기 위한 스칸디나비아에 존재하는 반관, 반민적 기관을 말한다. 옴부즈만은 법령이 행정부에 의해 적정하게 집행되고 있는지를 조사한다. 또한 소비자들로부터 부당한 행정작용에 대한 민원이 제기된 경우 이를 조사하여 관계기관에 시정을 요청한다. 옴부즈만은 우리말로 호민관, 민정관 등의 용어로 표현된다.

당초 옴부즈만제도는 일반 중앙행정분야에서 출발하였으나 그 후 점차 법원, 군사, 지방자치단체에까지 확대 실시되었고 최근에는 인권, 경제, 소비자보호 분야에 급속하게 보급되고 있는 상황이다.

국립소비자정책원의 역할은 크게 부당시장행위규제, 소비자교육, 소비자정보제공으로 나눌 수 있다. 구체적으로, 국립소비자정책원은 부당시장행위를 규제하기 위하여 상품 및 용역, 기업의 마케팅활동, 약관 등에 관한 시험조사의 평가를 하며, 사업자들로 하여금 소비자를 위한 생산활동이 이루어지도록 감독하고, 업계와의 협력하에 기업의 마케팅활동과 상품디자인, 안전성에 관한 지침을 제시하고 있다. 이때, 소비자옴부즈만은 법규위반사업자를 시장재판소에 기소하는 역할을 담당하게 된다. 한편, 시장재판소는 소비자옴부즈만의 기소에 따라서 상기 법률을 위반한 위해상품에 대한 판매중지, 불공정상행위규제, 부당광고의 게재중지, 부당약관의 사용금지, 부당한 신용거래문제에 대한 판결을 내리게 되며 위반시에는 벌금도 부과한다. 소비자옴부즈만제도가 창설된 후 스웨덴은 시장재판소의 설립과 소비자정책원의 업무중복으로 이를 합병함으로써 소비자정책원의 원장이 당연직으로서 소비자옴부즈만을 겸직하게 되었다.

지금까지 다른 나라의 소비자피해구제제도에 대하여 알아보았다. 우리나라 소비자피해구제제도 중 개선할 것을 파악하고 외국의 소비자피해구제제도 중 받아들일 것을 파악하여 우리 실정에 맞게 적절히 운영하는 것이 필요하다. 이제 우리도 소비자피해구제제도 정비 및 활동이 어느 정도 자리를 잡았다고 본다. 그러나 무엇보다 중요한 것은 완벽하고 능률적인 소비자보호제도가 구비되었다 하더라도 소비자, 기업가 및 정부의 의식 변화 없이는 그 효과를 기대하기 어렵다는 것이다. 진정한 소비자피해구제 나아가 소비자를 보호하기 위해서는 소비자, 기업가, 정부의 적극적인 소비자보호 활동에 공동의 노력을 경주하여야 할 것이다.

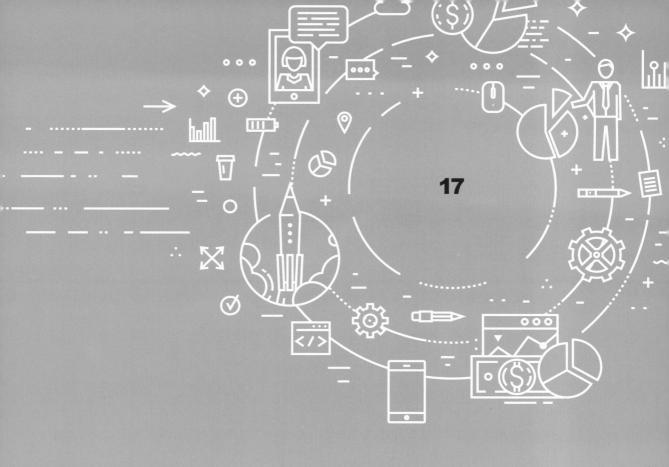

17

소비자 관련
법제도

1. 소비자 관련 법 | 2. 리콜제도 | 3. 소비자피해 구제 관련 법 | 4. '소비자생활협동조합법'
5. 소비자파산제도 | 4. '소비자생활협동조합법' | 6. 금융소비자보호 법제도
7.블랙컨슈머 문제와 감정노동자 보호 관련 법 제도 | 8. 자동차관리법 상의 신차 교환 · 환불제도

CHAPTER 17
소비자 관련 법제도

1. 소비자 관련 법

1) 소비자 관련 법 제정

1980년 최초로 소비자보호를 주요 목적으로 하는 '소비자보호법'이 제정되었다. 그 이후 소비자보호를 위한 법률의 제·개정 등 관련 법 정비가 계속되었고, 소비자보호를 직접적인 목적으로 제정된 법률들이 제정되었는데 〈표 17-1〉에 정리하여 제시한 바, 1986년 '약관의 규제에 관한 법률'(이하 '약관규제법'), 1991년 '할부거래에 관한 법률'(이하, '할부거래법'), 1991년 '방

| 표 17-1 | 소비자 관련 법 제정 및 주요 내용

연 도	소비자 관련 법 제정 및 개정	주요 내용
1980	소비자보호법	소비자보호를 위한 실질적이고 총체적인 법률
1980	독점규제 및 공정거래에 관한 법률	자유로운 경쟁과 공정거래로 시장경쟁체제 구축
1982	소비자보호법 시행령	소비자보호법에서 위임된 사항과 그 시행에 필요한 사항 규정
1986	약관의 규제에 관한 법률	사업자의 우월적 지위를 이용한 불공정한 내용의 약관 방지(공정거래위원회 주관)
1991	할부거래에 관한 법률	할부거래의 공정성 확보
1991	방문판매 등에 관한 법률	방문판매, 통신판매, 다단계판매와 관련한 각종 지침 및 규제
2002	전자상거래에서의 소비자보호에 관한 법률	전자상거래에서의 소비자권리 및 거래지침, 청약철회규정
2008	소비자기본법	소비자보호법을 소비자기본법으로 명칭변경, 소비자정책을 공정거래위원회원회로 업무이관, 한국소비자보호원을 한국소비자원으로 명칭변경 및 감독기관 공정거래위원회로 이관

| 표 17-2 | 간접적인 소비자보호 관련 법의 분류

내 용	해당 관련 법
위해방지	식품위생법, 위생사 등에 관한 법률, 공중위생법, 약사법, 비료관리법, 농약관리법, 농산물조사법, 수산물검사법, 축산물위생처리법, 고압가스안전관리법, 전기공사업법, 전기용품 및 생활용품안전관리법, 품질경영촉진법, 대마관리법, 석유사업법, 도시가스사업법, 에너지이용합리화법, 향정신성의약품관리법
계량규격적정화	계량법, 산업표준화법, 수산물검사법, 농산물조사법, 품질경영촉진법
표시의 적정화	식품위생법, 약사법, 수산물검사법, 농약관리법, 종자관리법, 비료관리법, 전기용품 및 생활용품안전관리법, 부당경쟁방지법, 물가안정에 관한 법률, 상표법
광고	약사법, 독점규제법
거래의 적정화	독점규제법, 부당경쟁방지법, 보험업법, 증권거래법, 이자제한법, 자동차운송사업법, 해운업법, 창고업법, 상품권법, 전기사업법, 물가안정에 관한 법률, 농산물가격유지법, 농수산물유통 및 가격안정에 관한 법률
소비자권리 구제	소액사건심판법, 법률구조법, 은행법, 보험업법, 변호사법

문판매 등에 관한 법률(이하, '방문판매법')' 등이 제정되었다. 한편, 1980년 '독점규제 및 공정거래에 관한 법률' 이 제정되어 소비자보호정책을 적극적으로 추진하게 되었다. 이 외에도 1990년대 이후 리콜제도가 정착되기 시작하였으며, 1999년 12월 '제조물책임법' 이 국회를 통과하여 2002년 7월부터 시행되었다. 1998년 제정된 '소비자생활협동조합법', IMF 이후 사회적 관심을 받아온 소비자파산제도 등 소비자보호를 위한 법제도가 계속적으로 정비되어 왔다. 2002년에는 전자상거래 등에서의 '소비자보호에 관한 법률'을 제정하여 전자상거래 관련 소비자권익 증진, 청약철회인정 등을 포함하고 있다. 2007년에는 '소비자보호법'을 '소비자기본법' 으로 명칭 변경하였다.

한편, 지금까지 살펴본 소비자보호를 위한 직접적인 법은 아니나, 간접적으로 소비자를 보호하는 기능을 하는 법들이 있다. 이 같은 법들을 기능적 '소비자보호법' 이라고도 부르는데, 현재 100여 개에 이른다. 이 법들 중 중요한 것만 법의 내용에 따라 분류하여 제시하면 〈표 17-2〉와 같다.

소비자보호를 일차적 목적으로 제정된 직접적인 법은 '소비자보호법', '약관규제법', '할부거래법', '방문판매법' 이 있다. 이 법들에 대해 구체적으로 살펴보면 다음과 같다.

2) '소비자보호법'

'소비자보호법' 은 1980년 제정되어 1986년 1차 개정, 1995년 2차 개정을 거쳐 오늘에 이르고 있다. '소비자보호법' 은 소비자정책의 기본법이며 소비자행정의 기본 방향을 제시한다. 이 법에서는 정부, 사업자, 소비자의 의무와 역할을 부여한 법으로서 소비생활에 관한 법규의 총체 또는 소비자보호종합법이라고 할 수 있다. '소비자보호법'에서는 소비자의 8대 기본 권리를 규정하고 있으며, 이를 실현시키기 위해 국가 및 지방자치단체, 사업자, 소비자 및 소비자단체의 역할을 규정함으로써 소비생활향상과 합리화를 추구하고 있다. 결국, '소비자보호법'은 소비자의 기본권익보호를 목적으로 제정된 종합적이고 직접적인 소비자법 임을 알 수 있다. '소비자보호법'에 규정된 소비자, 사업자, 국가의 책임과 역할에 대해 간단하게 살펴보면 먼저, 국가 및 지방자치단체는 위해방지, 계량 및 규격의 적정화, 표시의 기준, 거래의 적정화, 소비자교육, 소비자피해의 구제, 시험·검사시설의 설치 등의 시책을 수립하여 실시하도록 하고 있다. 또한 국가는 그 업무를 구체적인 실현방법으로 소비자보호전담기구인 한국소비자보호원을 통해 국가의 소비자보호시책을 적극 수행하도록 하고 있다. 한편, 사업자는 이러한 국가 및 지방자치단체의 시책에 따라 소비자보호에 적극 협력함은 물론 위해방지, 적정표시, 광고기준 준수, 부당행위 금지, 피해보상기구설치 등의 조치를 취하도록 하고 있다. '소비자보호법'에서 소비자의 기본 권익을 규정하고, 소비자보호실현을 위한 구체적인 시책규정을 둔 것은 현대 산업사회에서 개별 소비자가 상품거래에서 사업자에 대하여 대등한 지위를 가질 수 없는 현실을 고려한 것이다. 1970년대 후반에 이르러 독과점 상품의 급증, 경제력 집중문제, 불량상품의 대량유통 및 이로 인한 광범위한 생명과 재산피해, 고도정밀상품의 출현, 새로운 상술의 발달, 상품광고 범람으로 인한 소비자혼란 등으로 소비자는 상품의 선택, 계약, 상품의 사용과 이용에서 자유로울 수 없게 되었다. 이 때문에 소비자의 지위를 회복하고 자유경쟁적 체제를 구축하기 위해서 최초의 소비자 관련 직접법이 제정된 것이다. 그런데 1980년 제정한 '소비자보호법'을 2007년 3월 '소비자기본법'으로 명칭변경하고 상당한 개정이 되었다. 개정된 소비자기본법에서는 그동안 재정경제부에서 담당하던 소비자업무를 경쟁정책을 담당해 온 공정거래위원회가 소비자정책을 맡게 하고, 재정경제부 산하에서 활동해 온 한국소비자보호원을 한국소비자원으로 명칭을 개편했으며, 주무부처도 공정거래위원회로 이관됐다. '소비자기본법'으로 명칭 개칭하고 일부 내용을 개정하면서 보호수준에 머물렀던 소비자정책이 소비자주권 실현을 돕는 방향으로 그리고 소비자를 보호의 주체가 아닌 시장경제의 주체로 인식하는 계기가 되었다.

3) '약관규제법'

(1) 약관이란?

약관이란 그 명칭이나 형태 또는 범위를 불문하고 계약의 일방당사자가 다수의 상대방과 계약을 체결하기 위하여 일정한 형식에 의해 미리 마련한 계약의 내용을 말한다. 오늘의 경제사회에

**소비자
수첩** 17-1

알아두면 좋은 약관조항

약관에 대한 소비자들의 인식은 높지 않다. 사업자의 부당한 약관으로 소비자들이 손해를 보는 경우가 많아 최근 공정거래위원회로부터 불공정약관으로 심결된 바 있는 주요 약관조항을 살펴보면 다음과 같다.

- 공중전화카드의 잔액 환불 : 요금불반환조항 무효(1989년 심결)
- 사용치 않은 놀이시설 및 자유이용권 환불 : 환불불반환조항 무효(1990년 심결)
- 운동경기 관람중 부상 시 치료비 요구가능 : 응급치료만 가능하다는 조항무효(1988년 심결)
- 의료사고발생 시 이의제기 금지무효 : 부당한 조항이므로 무효(1990년 심결)
- 주차장 내 도난사고 시 보상요구 : 차량도난에 대한 면책조항 무효(1990년 심결)
- 주차권분실 시 개장 시부터 요금부과 부당 : 차량입고 시간을 입증할 경우 입증 시간 기준으로 주차료 징수(1993년 심결)
- 체육시설 이용 시 사고 보상요구 가능 : 도난 및 안전사고 시 무책임의 약관조항무효(1991년 심결)

출처 : 소비자시대, 1998년 4월호. p. 41-43.

서 약관이 차지하는 비중은 절대적이다. 약관에 의하지 아니한 거래를 찾는 것이 약관에 의한 거래를 찾는 것보다는 수월할 정도로 우리의 일상에서 쉽게 찾을 수 있다. 예를 들어 은행, 운송, 전기·가스 공급, 전화 이용, 의료서비스, 호텔, 여행, 보험, 식당, 주차장, 예식장 등 많은 서비스가 약관에 근거하여 이루어지고 있다.

(2) 약관의 유형

약관은 작성 시 정부의 개입 정도에 따라 인가약관, 신고약관, 정부기관 작성약관, 일반약관으로 구분할 수 있다.

- 인가약관 : 사업자가 약관을 작성하거나 변경하기 전에 법률에 의해 행정관청의 인가를 받게 되어 있는 약관
- 신고약관 : 사업자가 약관을 일정기간 내에 법률에 의해 위임받은 행정관청에 약관내용을 신고하게 되어 있는 약관
- 정부기관 작성약관 : 사업자가 작성하여 인가나 신고를 하는 것이 아니라 정부기관에서 직접 만들거나 정부기관이 사업자의 지위에서 작성한 약관
- 일반약관 : 약관의 작성이나 변경 시 감독 행정기관의 인가를 받지 않는, 그리고 신고할 필요가 없는 약관

인가약관은 이용규정 또는 영업규칙으로 표현되기도 하는데 보통 운송업, 전기통신사업 등 주로 공공서비스분야와 관련한 약관이 이에 해당한다. 신고약관에는 주로 관광, 여행, 숙박과

관련한 약관이 해당되며, 정부기관 작성약관은 정부기관이 작성한 약관으로 그 사용이 강제되는 약관이다. 중고자동차매매계약서, 새마을금고약관, 신용협동조합약관, 학원업, 보험업, 철도운송업, 체신업 등이 이에 해당한다. 대부분의 약관은 일반약관으로 사업자가 자율적으로 작성한다. 약관의 작성이나 변경 시 감독 행정기관의 인가를 받지 않는 그리고 신고할 필요가 없는 약관으로 대부분의 약관이 이에 해당한다.

(3) 약관의 기능

약관은 대량적 거래에 있어서 계약체결을 합리적으로 그리고 효율적으로 수행할 수 있게 하는 기능을 한다. 대량생산, 대량소비의 구조속에서 어떤 종류의 계약을 체결할 때마다 개별적으로 일일이 계약을 작성한다면 이는 대단히 많은 시간과 노력 등의 비용을 요구하게 될 것이며, 신속한 처리가 불가능하게 된다. 따라서 사업자가 사전에 작성한 약관을 통해 계약체결을 위한 비용이 줄게 되고, 같은 내용의 거래계약을 반복적으로 체결해야 하는 문제가 해결된다.

뿐만 아니라, 약관은 거래와 관련한 원칙 및 세부내용을 상세하게 규정해 놓음으로서 후일 당사자 간의 분쟁을 예방하는 기능을 하게 된다. 특히, 법률관계를 보다 세분화하여 약관을 작성함으로 거래후의 분쟁해결에 기준이 될 수 있다. 이 같은 약관은 국내거래뿐만 아니라 국제거래에서도 필수불가결한 사항이다. 지구촌화가 가속화되는 현 시점에서 국제거래시 약관은 중요한 기능을 담당한다.

(4) 약관규제

약관은 공급자가 그 활동을 합리화하기 위하여 사전에 마련한 것이므로 사업자에게는 유리하지만 소비자에게는 불리하게 규정되는 경우가 많다. 기업의 경제적 우위성 또는 시장지배력을 남용하여 소비자에게 불리한 약관규정을 제시함으로써 기업보호의 무기로 남용하는 경우가 빈번하다. 사업자는 거래전에 거래상의 위험을 예측할 수 있으므로 계약내용 작성 시 사업자의 책임이나 의무사항 등을 삭제하거나 적절히 사업자에게 유리하도록 규정함으로써 거래상의 위험을 소비자에게 전가시킬 가능성이 있다. 보통, 과실로 인한 책임배제, 하자담보 등과 관련한 책임제한, 계약해지 시 소비자에게 과도한 책임을 지우는 조항, 유보조항, 과도한 이자조항 등이 그것이다.

약관의 문제가 소비자에게 미치는 피해는 사업자가 제공하는 제품이나 서비스가 필수품인 경우, 사업자가 그 사업분야에서 독점적인 지위를 확보하고 있는 경우 더욱 심각하다. 한편, 사업자가 작성한 약관은 전문용어의 남용, 전문가들도 이해하기 어려운 애매한 조항 등을 포함하고 있어 일반 소비자가 약관을 제대로 이해하기 어렵기 때문에 약관은 문제가 되고 있다. 게다가,

소비자들은 약관이 있다는 사실조차 모르거나, 설사 알고 있다고 해도 제대로 읽어보지 않는 경우, 너무나 깨알 같은 글씨로 인해 읽을 수 없는 경우, 약관자체를 교부하지 않는 경우 등 약관으로 인한 소비자문제가 빈번하게 발생하고 있다. 이 같은 상황에서 거래 후 소비자분쟁이나 피해 발생 시 약관에 제시된 내용에 대해 알고 있지 못하여 소비자들이 부당한 대우나 불이익을 당하는 경우가 빈번하게 일어난다. 약관으로 인한 소비자문제는 크게 두 가지로 나누어 살펴 볼 수 있다.

- **약관채용의 문제** : 약관 자체에 대한 이해부족과 사업자의 약관제시 회피로 인해 소비자가 약관을 인지하지 못하여 발생하는 문제
- **불공정한 약관조항의 문제** : 약관내용이 불공정하여 소비자피해가 일어나는 경우

약관채용과 관련한 소비자문제는 대체로 소비자들이 사업자들과의 거래 시 사업자가 일방적으로 작성한 약관에 따라야 한다는 사실을 모르는 경우, 약관의 내용을 충분히 이해하지 못한 경우, 약관 변경 시 변경된 사실을 소비자가 모르는 경우 등으로 인한 문제이다. 이 같은 소비자문제는 약관의 명시 및 설명, 공시 및 게시, 서면교부, 약관내용 변경 시 통지 및 동의 등을 의무화함으로써 해결할 수 있다. 또한, 소비자들에게 약관의 중요성에 대한 인식을 높이고, 약관문제에 대한 적절한 해결능력을 갖추도록 하며, 약관에 대한 소비자지식을 갖을 수 있는 소비자교육을 실시해야 한다.

약관과 관련한 또 다른 소비자문제는 불공정한 약관조항으로 인한 소비자피해문제이다. 이와 같은 약관의 불공정성 문제를 해결하기 위해서는 약관내용을 심사함으로써 불공정한 약관조항을 삭제하는 약관규제가 필요하다. 약관의 긍정적 기능을 계속 살리는 반면 약관으로 인한 소비자문제를 제거하기 위하여 약관규제의 필요성이 높아지게 되었다. 그 결과 정부에서는 약관내

신문구독 약관

신문구독과 관련하여 소비자들과 업소간의 분쟁이 종종 발생한다. 이 같은 상황에서 1999년 신문구독 약관이 제정되었는데 이 중 소비자들에게 중요한 약관내용을 살펴보면 다음과 같다.

- **구독계약취소** : 구독승낙의 취소는 신문이 처음 배달된 날로부터 7일 이내에 가능하며 이 기간내 통지가 없으면 구두계약이 확정된 것으로 본다.
- **구독계약기간** : 별도의 약속사항이 없는 한 1년이 원칙이며 그 이후에는 별도의 해약 의사가 없는 경우 계약이 지속되는 것으로 본다.
- **중도해약** : 계약기간 중 중도해약이 불가피한 경우 1년 구독을 전제로 한 무료기간 구독료는 그에 해당하는 만큼의 요금을 납부해야 한다(1개월 이내 해약 시 1개월 구독료).

용을 규제하고 그 폐해를 최소화하고자 약관규제법을 제정하기에 이르렀다.

'약관규제법' 제정의 목적은 사업자가 그 거래상의 지위를 남용하여 불공정한 내용의 약관을 작성 통용하는 것을 방지하고, 불공정한 내용의 약관을 규제하여 건전한 거래질서를 확립함으로써 소비자보호 및 균형 있는 국민생활 향상을 기하는 것이다. 이 같은 취지에서 우리나라에서는 1996년 '약관규제에 관한 법률(이하, 약관규제법)'을 제정하였으며, 1987년 7월 시행령이 제정·공포되면서 시행되었고, 1992년 개정을 거쳐 오늘에 이르고 있다.

(5) 약관규제의 일반적인 원칙

'약관규제법'은 불공정한 약관조항의 무효를 위한 일반 원칙을 규정하고 있다. 이에 대해 자세히 살펴보면 다음과 같다. 우선, 불공정약관조항의 무효를 위한 일반원칙은 신의성실의 원칙이다. 사업자가 소비자의 정당한 이익을 배제하고 자신의 이익만을 추구하는 약관조항은 신의성실의 원칙에 위배되므로 그 약관조항은 불공정한 것으로 무효가 된다. 결국, 신의성실의 원칙은 계약내용의 공정성을 판단하는 으뜸 기준이 된다. 신의성실의 개념은 객관적으로 판단되어야 하는데, 객관적이라고 해서 일반적으로 통용되는 거래관습이 언제나 신의성실의 기준이 되지는 않는다. 약관 규정의 불공정성 여부는 공정거래위원회의 심결을 받아 결정된다. 공정거래위원회에서는 소비자를 보호하기 위해 또는 사업자간의 불공정한 거래를 방지하기 위해 계약 또는 약관으로 인한 분쟁 시 약관조항을 심사하여 부당약관으로 인한 소비자피해 구제 및 불공정거래를 방지하고 있다.

한편, '약관규제법'은 불공정한 것으로 추정되는 조항들을 구체적으로 제시하고 있다. 소비자에게 부당하게 불리한 조항, 고객의 입장에서 예상하기 어려운 조항, 고객이 계약의 거래행태 등 제반사정에 비추어 예상하기 어려운 조항들은 불공정한 조항으로 무효이다. 불공정한 조항으로 무효화되는 유형은 소비자에게 부당한 면책 조항, 손해배상액의 예정 조항, 계약해지 및 해제 조항, 채무이행과 관련한 조항, 고객의 권익보호에 위배되는 조항, 고객의사표시의 형식이나 요건을 부당하게 제한하는 조항, 고객의 대리인에게 책임을 가중시키는 조항, 소제기를 금지하는 조항이다.

(6) 약관규제 절차 및 현황

공정거래위원회는 약관조항이 불공정하다고 판단되면 사업자에게 당해 약관조항의 삭제·수정 등 필요한 시정조치를 명하고, 필요한 경우 같은 업종에 종사하는 다른 사업자에게 같은 내용의 불공정약관 조항을 사용하지 말 것을 권고할 수 있다. 또한, 공정거래위원회는 이 법에 위반된다고 심의의결한 약관조항을 일반에게 공람(보통, 일간지에 광고)하게 할 수 있다. 약관조항의 불공정성 여부를 공정거래위원회에 심사를 요청할 수 있는 청구인은 법률상 이익이 있는 자, 등록된 소비자단체, 한국소비자원, 사업자 단체이다. 따라서 소비자도 약관으로 인한 피해를 입은 경우 또는 불공정한 약관에 대한 이의제기를 하고 싶은 경우 공정거래위원회에 심사청구를 요청하면 된다. 피해내용, 계약서 사본, 사업자 약관이 표준약관과 다른 점 등을 적어 심사청구를 하면 공정거래위원회에서 심사를 하여 부당한 경우 시정조치를 취하게 된다. 그러나, 공정거래위원회가 직접 피해보상을 강제로 요구할 수는 없으므로 시정조치 후에도 사업자가 피해보상을 하지 않는 경우 법원에 민사소송을 제기하여야 한다. 이때, 표준약관은 판결의 기준이 된다.

4) '할부거래법'

할부거래는 다양한 판매방법 중의 하나로 소비자입장에서는 당장 현금없이도 구매할 수 있어 소비욕구 충족에 도움이 되며, 사업자입장에서는 구매력 확충으로 판매촉진의 수단이 된다. 그러나, 할부구매는 소비자에게 충동구매를 자극하여 비합리적 의사결정을 유도할 우려가 있다. 또한, 할부구매시 사업자가 작성해 놓은 할부거래약관에 따라 계약이 체결되므로 소비자는 불리한 거래를 할 수 있다. 이 같은 이유에서 할부거래를 공정하게 소비자를 보호하며 건전한 국민경제 발전을 꾀하고자, 1992년 12월 '할부거래에 관한 법률(이하, 할부거래법)'이 제정되었다. '할부거래법'에 제시된 보다 중요한 내용을 살펴보면 다음과 같다.

(1) 판매자의 고지의무와 할부계약 서면주의

판매자는 할부계약을 체결하기 전에 소비자가 할부계약내용을 이해할 수 있도록 판매제품 또는 서비스의 종류 및 내용, 할부가격, 각 할부금의 금액·지급회수 및 시기, 할부수수료의 실제 연간 요율, 계약금 등을 표시하고 이를 소비자에게 고지하여야 한다. 이때, 할부계약은 상공자원부령이 정하는 바에 따라 일정한 사항을 기재한 서면으로 체결하여야 한다.

(2) 소비자의 청약철회권

'할부거래법'에서는 할부계약 체결 후 소비자는 그 계약을 취소하는 청약철회권(cooling-off)을 갖도록 하고 있다. 소비자는 계약서를 교부 받은 날 또는 계약서를 교부 받지 아니한 경우 제품을 인도받은 날로부터 7일 이내에 할부계약에 관한 청약을 철회할 수 있다[1]. 청약철회는 판매자

---

[1] 공정거래위원회에서는 '할부거래에 관한 법률'을 개정하여 할부대금을 신용카드로 결제한 경우 20만 원이 넘는 경우에만 철회가 가능한데 이를 10만 원으로 완화하고자 노력하고 있으나 관철되지 못하고 있다.

에게 철회의 의사표시를 기재하여 서면의 내용증명으로 발송하여야 그 효력이 있다. 그러나, 소비자의 과실로 제품이 멸실 또는 훼손된 경우에는 철회권을 행사하지 못한다. 계약서의 교부사실 및 그 시기, 목적물의 인도 등의 사유 및 그 시기에 관하여 분쟁이 있는 경우 판매자가 분쟁관련 사항의 입증책임을 지도록 규정하고 있다.

소비자가 철회권을 행사할 경우 구체적인 과정은 다음과 같다. 무엇보다도 소비자는 이미 인도받은 제품이나 제공받은 용역을 반환하여야 하며, 판매자는 이미 지급받은 계약금 및 할부금을 동시에 반환하여야 한다. 이때, 판매자는 이미 제공된 용역과 동일한 용역의 반환이나 그 용역의 대가에 상당하는 금액지급을 청구할 수 없다. 제품이나 서비스 반환에 필요한 비용은 판매자가 부담하며, 판매자는 청약철회를 이유로 소비자에게 위약금 또는 손해배상금을 청구할 수 없다. 만약 소비자가 신용카드로 대금을 지불한 경우 소비자는 7일 이내에 신용카드사에게 철회의사표시가 기재된 서면을 발송하여야 한다. 만약, 소비자가 신용카드사에 철회의 서면을 발송하지 아니한 경우에는 신용카드사의 할부금지급청구에 대항하지 못한다.

청약철회 통지서

판매업체명, 주소, 대표자성명 :

청구인(물품구입자)주소, 성명 :

제품명 :

계약날짜 :

해약사유 :

위와 같은 사유로 계약해제를 통보합니다.

                                        년   월   일

                                통고인   (인)

그림 17-1 청약철회 통지서 서식 실제 예

**소비자
수첩 17-3**

청소년과 핸드폰 계약

청소년이 핸드폰을 사용하기 위하여 이동전화 서비스에 대해 계약을 하였다면 이는 유효한 것인가? 핸드폰 계약과 관련한 소비자피해접수내용은 주로 고등학생 또는 청소년들이 가족의 명의를 빌어 핸드폰을 구입한 후 그 사용대금 또는 과다한 연체요금이 청구되어 부모들을 놀라게 하는 것이다. 이동전화서비스와 관련한 경쟁이 치열해 지면서 판매원의 암묵적 묵인하에 계약이 성립되는 경우가 종종 발생하고 있다.

민법 제5조에 의하면 미성년자(만 20세 이하)가 법률행위를 함에는 원칙적으로 법정 대리인의 동의를 얻어야 하며, 동의를 얻지 못한 경우에는 미성년자 자신 또는 법정 대리인이 이를 취소할 수 있다고 명시되어 있다.

따라서 이 조항에 근거하여 미성년자와의 계약은 무효이다. 사업자들이 계약 당시 본인 여부 및 가입 주체가 미성년자인지를 확인해 보지 않고 체결하는 것은 무효이므로 사업자는 계약을 취소하여야 한다.

(3) 할부계약해제 요건 및 손해배상청구금액

판매자는 소비자가 할부금지급의무를 이행하지 아니한 경우 할부계약을 해제할 수 있다. 판매자가 계약해제를 하기 위해서는 해제 7일 전 소비자에게 계약해제계획을 서면으로 통보해야 한다. 계약이 해제된 경우 양 당사자는 원상회복의 의무를 진다. 판매자가 소비자의 할부금지급의무불이행을 이유로 소비자에게 청구하는 손해배상액은 대통령령이 정한 지연손해금(지연된 할부금×대통령이 정한 비율)을 초과할 수 없다. 한편, 소비자는 기한이 도래하기 전이라도 나머지 할부금을 일시에 갚을 수 있으며, 일시지급액은 나머지 할부금에서 나머지 기간에 대한 할부수수료를 공제한 금액으로 한다.[2]

5) '방문판매법'

상품판매방법이 다양하게 발전되어 왔는데 주로 방문판매, 통신판매, 그리고 다단계판매 등의 형태로 발전되어 왔다. 사업자는 치열한 경쟁 속에서 점포에 앉아서 고객을 기다리기 보다는 고객을 찾아 나서 판매하는 전략을 사용하면서 판매과정에서 비자발적 구입을 강요하게 되고, 그 결과 각종 소비자문제 및 소비자피해를 일으키기도 하였다. 이 같은 다양한 판매방법의 보급으로 종전의 거래에서 볼 수 없었던 소비자피해가 속출하여 이를 해결하고자 제정된 것이 방문판매법이다.

'방문판매 등에 관한 법률(이하 방문판매법)'은 '무점포판매' 또는 '특수 판매방법'을 규제

---

[2] 한편, 소비자가 할부금을 연속하여 2회 이상 지급하지 않은 경우, 그리고 지불하지 않은 금액이 할부가액의 10분의 1을 초과하는 경우, 생업에 충당하기 위하여 외국에 이주하는 경우, 외국 사람과 결혼 및 연고관계로 인하여 이주하는 경우에는 할부금지급에 대한 기한의 이익을 주장하지 못한다.

하여 그로 인한 피해를 줄이고 소비자를 보호하고자 제정된 법률이다. 무점포판매방법의 속성상 상품내용의 진실성, 계약체결과정 및 의무이행시 불공정성 등의 문제가 빈번하게 발생하기 때문이다. 결론적으로, '방문판매법'은 방문판매, 통신판매, 다단계판매에 의한 소비자피해 방지, 공정한 거래유도를 위한 목적으로 제정된 법으로서 1992년 입법되었다. '방문판매법'에서 다루고 있는 방문판매, 통신판매, 다단계판매와 관련한 구체적인 내용을 살펴보면 다음과 같다.

(1) 방문판매

방문판매의 주요 제품은 출판물, 주방기구, 가전제품, 의류, 화장품 등으로 다양한 무점포판매방법 중 가장 일반화된 판매방법이다. 방문판매의 유형은 주로 주거방문판매, 홈파티, 직장방문판매, 노상판매, 주문판매(전화나 우편 등으로 소비자동의를 얻은 후 방문하여 판매)이다. 방문판매방법은 사업자 입장에서는 소비자기호나 불만에 대한 정보를 판매원을 통해 즉각적으로 수집할 수 있고, 점포운영비를 절감할 수 있는 등의 장점을 가지고 있지만, 소비자 입장에서는 지나친 권유나 설득으로 충동구매 및 비합리적 선택, 무점포판매 특성으로 인한 반품 및 교환 등의 처리가 어려운 점, A/S의 문제 등 소비자문제 및 피해가 급증하는 단점이 있다.

할부거래에서와 마찬가지로, 방문판매자와 상품의 구매 또는 용역의 제공에 관한 계약을 체결한 소비자는 이를 취소하고자 하는 경우 계약서를 교부 받은 날부터 14일 이내 또는 계약서를 교부 받지 않은 경우나 계약서 교부 때보다 상품의 인도가 늦게 이루어진 경우 상품을 인도받은 날부터 14일 이내 청약철회가 인정된다.

그러나, 소비자는 소비자과실로 상품이 멸실 또는 훼손된 경우, 소비자의 사용에 의해 가치가

소비자수첩 17-4

판매방법으로 인한 소비자피해

점차 경쟁이 치열해 지면서 판매방법이 점차 다양화, 지능화되고 있는데 이 같은 판매방법으로 인한 피해가 속출하고 있다. 판매수법이 갈수록 교묘해져 법을 통해 예방하고 근절하기가 어렵다. 판매방법으로 인한 피해는 방문판매, 노상판매, 통신판매, 다단계판매의 순으로 큰 것으로 나타나고 있다.

방문판매로 인한 피해자는 주로 정보에 어두운 주부, 노인, 장애자 등에게 많이 나타나며, 피해내용은 충동구매, 청약철회거절, 사업자가 고의나 과실로 계약상의 의무를 이행하지 않는 경우이다. 노상판매의 경우 미성년자, 공단근로자 등에게 많이 나타나는데, 특히 계약서를 교부하지 않아 청약철회가 되지 않는 문제점이 있다. 통신판매의 경우 신용카드를 사용하는 남성소비자가 주로 피해를 입고 있으며, 다단계판매로 인한 피해도 급증하고 있다. 이 외에도 교묘하고 다양한 악덕상술로 인한 피해가 끊이지 않고 있다. 예를 들면, 일종의 흥분상태에서 고액의 물품을 구입토록 하는 최면상술, 의식조사 앙케이트 등을 통한 판매, 캠페인을 통한 판매 등이 계속되고 있다.

출처 : 소비자시대, 1996년 10월호. p. 19-23.

현저히 감소될 우려가 있는 상품의 경우, 청약철회를 할 수 없다.

소비자의 청약철회과정 및 효력은 할부거래시의 청약철회와 같다. 청약철회를 하기 위해 소비자는 서면의 내용증명을 발송하여야 그 효력이 발생한다. 계약서 교부사실 및 그 시기, 상품의 인도사실 및 그 시기 등에 관하여 판매자와 소비자간에 다툼이 있는 경우에는 판매자가 이를 입증하여야 한다. 소비자는 청약을 철회한 경우 이미 인도받은 상품을 반환하여야 하며, 판매자는 이미 지급받은 계약금 및 상품대금을 환불하여야 한다. 소비자가 신용카드로 대금을 지급한 경우 방문판매업자는 즉시 당해 신용카드업자에게 상품대금 또는 용역대가의 청구를 정지 또는 취소할 것을 요청하여야 한다.[3] 상품 반환에 필요한 비용은 방문판매자가 부담하며 방문판매자는 소비자에게 위약금 또는 손해배상을 청구할 수 없다.[4]

(2) 통신판매

통신판매는 광고물, 우편, 전기통신, 신문, 잡지 등의 매체를 사용하여 상품 및 서비스 광고를 한 후 우편, 전기통신, 컴퓨터 등에 의해 소비자청약을 받아 상품 및 서비스를 판매하는 것을 말한다. 예를 들면, 백화점에 전화로 상품을 주문하거나, 신용카드회사의 상품회원권 등의 통신판매, 우체국의 특산물 판매하는 것등이 통신판매에 해당된다고 하겠다.

통신판매는 사업자의 경우 고정적인 영업비용을 줄일 수 있고, 인력관리비용을 줄일 수 있으며, 판매지역을 광역화할 수 있어 각광받는 판매방법이다. 소비자 역시 물품구입 등에 시간과 경비를 절약할 수 있으므로 편리하다. 구매를 위해 상점을 직접 방문할 필요가 없고 전통적인 점포판매보다 값싸게 제품을 구입할 수 있는 이점이 있다. 그러나, 통신판매를 통해 구매를 할 경우 소비자가 직접 물건을 확인할 수 없고 운송과정에서 문제가 발생할 수 있으며 일방적인 상품광고나 판매조건에 현혹될 수 있는 문제점도 있다.

통신판매법에 의하면 통신판매업자는 판매광고시 통신판매업자의 상호, 주소, 전화번호, 상품의 종류 또는 용역의 내용, 상품의 가격 또는 용역의 대가, 상품대금 또는 용역대가의 지급시기 및 방법, 상품의 인도시기 또는 용역의 제공시기 등을 소비자에게 알리거나 광고 등의 형태로 표시하여야 한다. 또한, 통신판매업자가 소비자의 청약에 따라 상품을 인도하거나 서비스를 제공하는 경우 상품인도서 또는 서비스제공서를 함께 송부하여야 한다.

한편, 통신판매업자와 계약을 체결한 소비자는 아래의 사항에 해당하는 경우 철회권을 행사

---

3) 방문판매업자가 신용카드업자로부터 당해 대금을 이미 지급받은 때에는 즉시 이를 신용카드업자에게 반환하여야 한다.
4) 방문판매자가 금지행위 등을 위반한 경우에는 형사처벌을 받게 되고 방문판매자가 신고의무를 위반하는 등의 경우에는 시·도지사가 그 영업의 전부 또는 일부를 정지시킬 수 있다. 또한, 방문판매자가 계약서 보관의무를 이행하지 않는 경우에도 1,000만 원 이하의 과태료의 처분을 받게 된다.

할 수 있다. 상품을 인도 받았거나 용역을 제공받는 날로부터, 14일 이내 통신판매업자의 주소가 변경되는 등의 사유로 이 기간 내에 청약을 철회할 수 없는 경우에는 그 주소를 안 날부터 14일 이내에 청약을 철회할 수 있다.[5] 통신판매와 관련한 청약철회과정 및 효력은 지금까지 살펴본 할부거래 및 방문판매의 경우와 같다.

(3) 다단계판매

다단계판매방법이 사회에 확산되면서 불법피라미드판매 등이 극성을 부리게 되자 사회적 문제로 확대되었다. 다단계판매로 인한 여러 가지 사회적 문제 및 소비자피해를 줄이기 위한 다단계판매법에 대해 살펴보면 다음과 같다.

① 다단계판매란?

다단계판매란 판매업자가 특정인에게 일정한 이익을 얻을 수 있다고 권유하여 판매원의 가입이 단계적(판매원의 단계가 3단계 이상)으로 이루어진, 즉 다단계판매 조직을 통한 상품판매방법을 의미한다. 다단계판매는 무점포판매방법의 하나로 다른 형태의 무점포판매와 마찬가지로 영

소비자수첩 17-5

불법 다단계판매로부터의 피해

일부 다단계판매업체가 불법적인 피라미드판매를 계속하면서 사회적 문제로 대두되고 있다. 합법적인 다단계판매의 수익은 상품판매에 의해서만 발생되어야 하나, 판매원을 등록시키는 행위만으로도 수당을 얻는 '사람장사'를 행하고 있기 때문에 불법다단계판매는 피라미드판매로 불리기도 한다. 이처럼, 불법다단계판매업이 성행하는 이유는 점포가 필요 없고, 광고비가 들지 않으며, 유통마진을 줄일 수 있기 때문이다.

이 같은 불법다단계판매는 '자본 없이도 쉽게 돈을 벌 수 있다'는 유혹으로 주부, 교사 및 공무원 등 취업자, 심지어는 대학사회로까지 퍼져, 마치 사이비 종교조직(예 : 세뇌교육)처럼 세력을 확장하고 있다. 대학교의 경우 학과, 동아리, 동문회 등으로 판매원을 확대하고 있으며, 등록금을 날리거나 심지어는 자취방 보증금까지 날리는 대학생이 나타나고 있다. 최근에는 대학 홈페이지 게시판에 까지 '쉬운 아르바이트', '한 시간에 10만 원을 벌 수 있다' 등의 제목으로 사기성이 높은 광고가 게재되기도 한다.

불법다단계판매 업체는 판매원 등록 희망자를 합숙시키면서 세뇌교육을 시키고 수백만 원어치의 물품을 구매하도록 하여 이 같은 부담은 점차 하위판매원에게 전가되는 것이 보통이다. 해약이나 물품반환에 대비 시제품인 것처럼 사용을 권유하거나, 포장을 뜯음으로써 반품 및 환불을 못하도록 하는 수법을 쓰고 있다. 또한, 피라미드판매는 가입비, 교제비, 세미나참가비 등의 명목으로 금품을 징수하거나 판매원 등록 또는 후원수당 명목으로 강제구매를 유도한다. 다단계판매와 관련하여 또 다른 문제점은 합법적인 다단계판매 조직인지 불법적인 조직인지를 판가름하기도 매우 어렵다는 점이다.

---

5) 이외에도 정부에서는 방문판매 관련 법을 개정하여 2001년부터는 통신판매를 통해 제품을 구입한 경우 상품에 하자가 없더라도 10일 이내에 반환하면 계약파기에 따른 위약금 없이 환불을 받을 수 있도록 할 방침이다(2000년 5월 1일 동아일보).

| 표 17-3 | 다단계판매와 피라미드판매의 차이점

구 분	다단계 판매(합법)	피라미드 판매(불법)
입회비	낮은 입회비 (2만 원 이하), 무료	높은 입회비 또는 제품구매 강요
주요 상품	우수한 품질의 다양한 생활용품	제품의 품질이 조악하고 비싼 내구제 제품
환불제도	100% 환불보증제도	없음 (반품을 허용하지 않음)
판매방식	장기적인 비즈니스 광고가 필요없고 입에서 입으로 전해짐	회원의 가입수에 따라 수익이 발생하며 단기간에 손쉽게 돈을 버는 판매방식
보상제도	판매실적에 따른 보상제도와 그외 그룹의 크기에 따라 보너스 지급됨	가입비 등에 의한 실적금액의 규모에 따라 직위를 사는 경우도 있음
구매방식	자유의사에 따른 상품구입	강제구매를 유도 당하기도 함
권유방식	부업으로 권유	전업으로 활동하기를 강요
주수입원	제품판매에 따른 수입 및 보너스	판매원 등록 시 발생하는 등록비
교육비	무 료	유 료

출처 : 신용묵 · 김선환. 다단계 판매원 및 개선방안. 한국소비자보호원(1977).

업비용을 절감할 수 있는 장점이 있다. 그러나, 다단계판매는 연고판매나 강요판매 등 비자발적 판매로 연결되어 소비자피해를 유발할 수 있으며, 판매단계가 길어질 수록 소비자가격이 높아지는 경향이 있고, 반품거절 등 소비자권리가 제대로 실현되지 않을 수 있다. 특히, 하위판매원을 모집하는 과정에서 부당이익강요 등의 문제가 발생하는 등 그 폐해가 속출하고 있다.

② 다단계판매와 피라미드 판매의 차이

다단계판매방법은 합법적인 판매방법이다. 그러나, 불법적 다단계판매, 즉 피라미드판매방법이 성행되고 있어 사회적 문제가 되고 있다. 어느 판매방법이 합법적 다단계판매방법인지, 어떤 형태의 판매방법이 불법적 판매인지를 판단하는 기준은 〈표 17-3〉에 제시한 바와 같다.

③ 다단계판매업자의 의무사항

다단계판매로부터 소비자문제를 방지하기 위한 규정이 제정되었다. 다단계판매 시 다단계사업 등록의무, 가격표시의무, 광고의무, 고지의무, 계약서 작성 및 교부의무, 부당행위금지의무를 다단계판매업자에게 부여하고 있는데 보다 구체적인 내용을 살펴보면 다음과 같다.

다단계판매는 무점포, 연고판매형식으로 이루어지고 있는 경우가 많아 판매업체의 실체가 은닉되는 경우가 빈번하고 소비자가 청약을 철회하려고 해도 사업자의 소재파악이 어려워 그로 인한 피해가 많아지고 있다. 따라서 이를 규제하기 위해 다단계판매업을 하는 자는 시 · 도지사에게 등록하여야 하며, 자본금 3억 원 이상의 주식회사 형태로 설립되어야 할뿐만 아니라 일정한 시설기준도 갖추어야 한다. 한편, 다단계판매업자는 다단계판매원에게 공급하거나 소비자에게 판매하는 개별상품 또는 용역에 권장소비자가격을 표시하여 임의적으로 제품가격을 요구하지 못하게 하고 있다.[6]

　다단계판매업자가 상품 등에 관하여 광고를 할 때에는 다단계판매업자의 상호, 주소, 전화번호, 대표자의 성명, 상품의 종류, 용역의 내용, 판매가격, 일정한 이익의 내용 등을 표시하여야 한다. 허위사실을 표시하거나 실제의 것보다 현저히 우량하거나 유리한 것으로 오인시킬 수 있는 표시를 하여서는 안 된다. 또한 다단계판매업자가 계약을 체결하고자 할 때에는 상대방이 계약의 내용을 이해할 수 있도록 다단계판매업자의 주체에 관한 사항, 상품의 내용 등을 서면으로 고지하여야 한다.

　다단계판매업자는 계약 상대방에게 위력을 가하는 행위, 과장된 사실을 알리는 행위, 다단계판매원에게 부담을 지게 하는 행위, 허위정보를 제공하는 행위 및 청약의 철회를 방해하는 행위 등을 하여서는 안 된다.

④ 다단계판매와 관련한 청약철회제도

소비자는 계약서를 교부받은 날부터 14일 이내, 상품의 인도, 용역이 늦게 이루어져도 용역을 받거나 제공받을 날부터 14일 이내에 청약을 철회할 수 있다. 또한, 판매자의 사유로 앞의 기간 내에 청약의 철회를 할 수 없는 경우 다단계판매자 주소를 안 날 또는 알 수 있었던 날로부터 14일 이내에 당해 계약에 관한 청약을 철회할 수 있다. 소비자가 철회의사를 표시한 서면을 내용증명으로 발송한 경우 발송한 그 날부터 효력이 발생한 것으로 간주한다.

　한편, 1999년 7월부터 다단계판매 등 무점포판매업체로부터 피해를 본 소비자는 행정기관으로부터 확인만 받으면 소비자는 법원의 결정 없이 즉시 환불받을 수 있다. 이에 따라 다단계판매업자로부터 피해를 본 소비자는 시·도 소비자보호기관에서 피해사실을 확인받은 뒤 다단계판매업자가 시도에 맡긴 공탁금 중 피해액을 환불받을 수 있다.

6) 전자상거래 관련 법

전자상거래를 통한 경제활동 비중이 높아지고, 이로 인한 소비자피해의 발생이 가속화되면서 '전자거래기본법', '전자서명법', '전자상거래법' 등에서 '소비자보호에 관한 법률' 등이 제·개정되었다. 이 중 '전자상거래 등에서의 소비자보호에 관한 법률'이 2002년 3월 공포되고, 7월부터 시행되고 있다. 이 법률은 기존의 방문 판매법상의 통신판매규정을 별도로 독립시키고, 전

---

6) 최근 정부는 1999년 7월부터 다단계판매 등 무점포판매업체로부터 피해를 본 소비자는 행정기관으로부터 확인만 받으면 법원의 결정 없이(7월 이전에는 법원의 결정이 있어야만 했음) 다단계판매업체가 시도에 맡긴 공탁금 중 피해액을 즉시 환불을 받을 수 있도록 하였다(동아일보, 1999년 3월 22일).

저가충동구매증

IMF한파 이후 백화점보다 비교적 싼 상가쪽으로 발길을 돌린 주부들 중에 저가충동구매증에 걸린 주부들이 늘고 있다. 저가충동구매증이란, 상품의 품질과 가격을 비교해 싼 물건을 보면 사버리는 것을 말한다.

저가충동구매증은 쇼핑중독증과 유사하면서 본질적으로는 다르다. 쇼핑중독증은 일만 몰두하는 남편에게 복수하기 위해서, 남편의 관심을 끌기 위해서, 자신의 존재를 확인하기 위해서 고가의 물건을 사들이는데 반해, 저가충동구매증은 알뜰 쇼핑을 하려고 나섰다가 싼 물건을 너무 많이, 자주 구매하게 되어 결과적으로 낭비하는 것이다.

서울 동대문 상가, 남대문 상가, 대형 할인매장 등에 이런 주부들이 늘고 있는데, 이는 경기가 나빠짐에 따라 중산층 주부들이 고가의 물건을 구입하면 죄책감을 느끼는데 비해 저가의 물건을 사면 마음이 편해져 그러한 구매를 계속하다 오히려 지출이 더 많아지는 것이다.

출처 : 동아일보, 1998년 4월 14일

자상거래와 관련된 소비자보호 규정을 추가하여 제정된 법률이다. 이 법의 목적은 전자상거래 및 통신판매 등에 의한 재화 또는 용역의 공정한 거래에 관한 사항을 규정함으로써 소비자의 권익을 보호하고, 시장의 신뢰도 제고를 통하여 국민경제의 건전한 발전에 이바지하는 것이다. 전자상거래 또는 통신판매에서의 소비자보호에 관하여 이 법과 다른 법률의 규정이 경합하는 경우에는 이 법을 우선 적용하되 다른 법률을 적용하는 것이 소비자에게 유리한 경우에는 그 법을 적용한다.[7]

(1) 전자상거래 및 통신판매의 개념

이 법에서 정의하는 전자상거래는 전자거래의 방법으로 상행위를 하는 것을 말하며, 전자거래란 재화나 용역을 거래함에 있어 그 전부 또는 일부가 전자문서에 의하여 처리되는 거래를 일컫는다. 또한 전자문서는 정보처리 시스템에 의하여 전자적 형태로 작성, 송신·수신 또는 저장된 정보를 말한다. 전자거래를 이용해서 상행위를 한다는 것은 정보처리 시스템에 의해 저장된 정보를 통해 재화나 용역을 영업적으로 거래하는 것을 의미하므로, 단순한 일회성 거래나 비영업적 거래는 전자거래에는 해당하지만, 전자상거래에는 해당되지 않는다.[8]

---

7) 일반적으로 법률의 적용순서를 정할 때 특별법이 일반법에 우선 적용되는데, 전자상거래에 있어서 소비자보호에 관해서는 본 법이 '소비자기본법', '전자거래기본법', '약관규제법' 등 보다 우선적으로 적용하도록 규정되어 있다. 다만, 다른 법률을 적용하는 것이 소비자에게 유리한 경우에는 그 법을 적용한다고 되어 있는데, 이 경우 어떤 법률이 소비자에게 유리한지 여부의 판단기준이 모호할 수 있다.

8) 통신판매는 우편·전기통신 기타 총리령이 정하는 방법에 따라 재화 또는 용역의 판매에 관한 정보를 제공하고 소비자의 청약에 의해 재화 또는 용역을 판매하는 것을 말하며, 다만 전화권유판매를 제외한다. 이 법에서는 전자상거래를 통신판매의 한 형태로서 개념 정의하고 있다.

(2) 조작실수 등의 방지

사업자는 전자상거래 및 통신판매에서의 표시·광고, 계약내용 및 그 이행 등 거래에 관한 기록을 상당한 기간 보존해야 하고, 소비자가 거래기록을 쉽게 열람·보존할 수 있는 방법을 제공해야 한다. 또한 이 법은 소비자의 조작실수를 정정할 수 있는 절차를 마련할 의무를 사업자에게 부과하고 있다. 즉, 사업자는 전자상거래에서 소비자의 조작실수나 의사표시 착오 등으로 발생하는 피해를 예방할 수 있도록 거래 대금이 부과되는 시점 또는 청약에 앞서 그 내용의 확인 및 정정에 필요한 절차를 마련해야 한다. 소비자의 조작실수는 입력에 있어서의 실수가 대표적인 형태인데, 일반 전자상거래의 경우는 사업자 또는 그 피용인이 시스템을 운영하기 때문에 비교적 수월한데 반해, 자동화거래의 경우에는 정정을 위한 시스템을 반드시 마련해야 한다.

(3) 전자적 대금지급의 신뢰 확보

이 법에서는 재화나 서비스 거래에 있어서, 전자적 수단에 의한 거래대금 지급의 신뢰도를 높이기 위하여 전자결제수단 발행자로 하여금 소비자 피해보상보험 등 보험계약체결을 의무화하고, 전자상거래 또는 통신판매업자에 대해서는 이를 권장하도록 하였다. 사업자가 전자적 수단에 의한 거래대금의 지급방법을 이용하는 경우 사업자와 전자결제수단 발행자·전자결제 서비스 제공자 등 대통령령이 정하는 전자적 대금 지급 관련자는 관련 정보의 보안 유지에 필요한 조치를 취하여야 한다. 또한 사업자와 전자결제업자 등은 전자적 대금 지급이 이루어진 후 소비자에게 그 사실을 통지하고, 언제든지 소비자가 전자적 대금 지급과 관련한 자료를 열람할 수 있도록 해야 한다.

(4) 배송 사업자의 협력

일반적으로 전자상거래 사업자들이 배송을 전문업체에 위탁하므로, 배송과정에서의 잘못으로 인하여 소비자와 사업자 사이에 분쟁이 일어난 경우 소비자는 배송과 관련된 사고 원인을 파악하는 것이 거의 불가능하다. 그러므로 이 법에서는 전자상거래나 통신판매에 따른 재화 등의 배송을 행하는 사업자는 배송 과정의 사고·장애 등으로 인하여 분쟁이 발생하는 경우 대통령령이 정하는 바에 따라 당해 분쟁의 해결에 협조해야 한다고 규정하고 있다.

(5) 사이버몰 및 통신판매업자의 신고

전자상거래를 행하는 사이버몰의 운영자는 소비자가 사업자의 신원 등에 관하여 쉽게 알 수 있도록 상호 및 대표자 성명, 영업소 소재지 주소(소비자의 불만을 처리할 수 있는 곳의 주소를 포함), 전화번호·팩스번호·전자우편주소, 사업자등록번호, 사이버몰의 이용약관, 기타 소비자보호를 위하여 필요한 사항 등을 표시해야 할 의무를 지닌다. 또한, 통신판매업자는 대통령령이 정하는 바에 따라 일정한 신원정보 등에 관한 사항을 공정거래위원회나 특별시장·광역시장 또는 도지사에게 신고해야 한다. 다만, 소규모 통신판매업자 등 대통령령이 정하는 통신판매업자의 경우에는 신고의무를 면제하고 있다.

(6) 청약확인

전자상거래 사업자는 소비자가 인터넷 쇼핑몰을 통해 주문신청을 하면 바로 주문확인 및 판매 가능 여부에 관한 정보를 소비자에게 신속하게 통지함으로써 소비자가 자신의 주문이 제대로 되었는지를 확인하고, 만약에 잘못되었을 경우에는 정정할 수 있도록 기회를 주어야 한다. 또한 재고 물품이 없는 경우에도 그 정보를 소비자에게 신속하게 알려주어야 한다. 통신판매업자는 소비자가 청약을 한 날부터 7일 이내에 재화 등의 공급에 필요한 조치를 취하여야 한다. 통신판매업자가 이미 재화 등의 대금의 전부 또는 일부를 받은 경우에는 대금의 전부 또는 일부를 받은 날부터 2영업일 이내에 재화 등의 공급을 위하여 필요한 조치를 해야 한다. 다만, 소비자와 통신판매업자 간에 재화 등의 공급시기에 관하여 별도의 약정이 있었던 경우에는 예외가 적용된다.

(7) 청약철회

전자상거래에서의 소비자보호에 관한 법률에서는 조건 없는 청약철회제도를 수용하여 재화 등을 공급받은 소비자가 7일 이내에 그 청약을 철회할 수 있도록 규정하고 있다. 다만, 그 서면을 교부받은 때보다 재화 등의 공급이 늦게 이루어진 경우에는 재화 등의 공급을 받거나 공급이 개시된 날부터 7일 이내에 할 수 있다. 그리고 계약내용에 관한 서면을 교부 받지 않은 경우, 통신판매업자의 주소 등이 기재되지 않은 서면을 교부 받은 경우 또는 통신판매업자의 주소 변경 등의 사유로 제1호의 기간 이내에 청약철회 등을 할 수 없는 경우에는 그 주소를 안 날 또는 알 수 있었던 날부터 7일 이내에 할 수 있다. 또한 재화 등의 내용이 표시·광고 내용과 다르거나 계약내용과 다르게 이행된 경우에는 당해 재화 등을 공급받은 날부터 3월 이내, 그 사실을 안 날 또는 알 수 있었던 날부터 30일 이내에 청약철회 등을 할 수 있다(법 제17조 3항). 한편, 소비자는 다음에 해당하는 경우에 통신판매업자의 의사에 반하여 청약철회 등을 할 수 없다.

- 소비자에게 책임 있는 사유로 재화 등이 멸실 또는 훼손된 경우. 다만, 재화 등의 내용을 확인하기 위하여 포장 등을 훼손한 경우는 제외
- 소비자의 사용 또는 일부 소비에 의해 재화 등의 가치가 현저히 감소한 경우

- 시간의 경과에 의해 재판매가 곤란할 정도로 재화 등의 가치가 현저히 감소한 경우(예 : 신문이나 잡지 등).
- 복제가 가능한 재화 등의 포장을 훼손한 경우(예 : CD, 소프트웨어 등)
- 기타 거래의 안전을 위하여 대통령령이 정하는 경우

청약철회를 행한 경우, 소비자는 이미 공급받은 재화 등을 반환해야 하고, 통신판매업자는 재화 등을 반환 받은 날부터 3영업일 이내에 대금을 환급해야 한다. 또한 소비자가 신용카드와 같은 결제수단으로 대금을 지급한 경우, 통신판매업자는 지체없이 당해 결제수단을 제공한 사업자에게 대금의 청구를 정지 또는 취소하도록 요청해야 하고, 통신판매업자가 결제업자로부터 대금을 이미 지급 받은 때에는 지체없이 이를 결제업자에게 환급하고, 그 사실을 소비자에게 통지해야 한다. 청약을 철회한 경우, 재화 등의 반환에 필요한 비용은 소비자가 부담하며, 통신판매업자는 소비자에게 청약철회 등을 이유로 위약금 또는 손해배상을 청구할 수 없다. 그러나 재화 등의 내용이 표시·광고 내용과 다르거나 계약내용과 다르기 때문에 청약을 철회한 경우에는 반환비용을 통신판매업자가 부담한다.

2. 리콜제도

현대사회가 점차 고도화·다양화·복잡화되면서 소비자피해도 보편화·광역화·대형화되고 있는 실정이다. 특히, 제품의 안전성 결여로 인한 소비자의 생명이나 신체의 피해 및 경제적 피해는 날로 급증하고 있다. 보일러 배출가스 질식사고, 녹즙기 손가락 절단사고,[9] 엘리베이터 사고, 실리콘 유방수술 부작용 사건, 장난감 총기 눈부상 사건, 불량건강식품 부작용, 외국 수입상품의 저급·불량으로 인한 피해 등으로 신체 및 재산 피해가 급증하고 있어 소비자안전이 위협받고 있는 실정이다. 또한 국제화시대, 개방화시대와 더불어 저질 또는 결함 수입상품의 급증속에서 소비자안전이 위협받고 있다. 수입농산물의 경우 인체에 해로운 농약이나 방부제가 검출되는 등 소비자안전과 관련한 문제로 사회적 물의를 빚기도 하였다.

소비자피해 급증이 사회적 문제로 대두되면서 소비자안전 및 소비자피해 구제를 효과적으로 하기 위하여 최근 우리 정부는 리콜제도를 적극적으로 유도하기 시작하였다. 리콜제도에 대해 구체적으로 살펴보면 다음과 같다.

---

9) 1994년 이후 녹즙기에 손가락이 절단된 사례가 24건이나 되며 주로 어린이가 피해대상으로 매우 위험한 상해로 판정되었다(소비자, 1994, 3월호, pp. 18-19).

1) 리콜제도란?

리콜(recall)제도란 안전성에 문제가 있는 결함상품이 발생할 경우 제조업자가 제품결함을 스스로 공개하고 시정하는 제조자결함시정 제도이다. 이 제도는 결함상품 공급자의 공개적, 자율적 조치를 원칙으로 하지만, 소비자안전에 문제가 발생하였음에도 자발적으로 위해한 제품을 제거·회수하지 않을 경우에는 정부가 강제적으로 리콜실시를 요구할 수 있는 제도이다.[10] 리콜제도는 제품제조 후 불안한 요인, 잠재적 위해, 또는 위험요인 발생 시 이 요인들을 사전에 제거, 시정하여 결함발생 가능성을 줄이고 소비자피해를 예방하는 사전적 제도로서 소비자의 안전할 권리 실현을 위한 중요한 제도이다.

2) 리콜제도의 기능

리콜제도의 주요 기능은 세 가지 측면으로 구분할 수 있는데 보다 구체적으로 살펴보면 다음과 같다.

(1) 소비자안전의 실현

상품의 복잡·다양화, 새로운 기술제품 개발, 충분한 안전검사를 거치지 않은 신제품, 안전성을 검증받지 못한 수입제품 등이 급증하면서 소비자들의 안전문제가 심각한 문제로 대두되기 시작하였다. 이 같은 상황에서 위해제품 또는 결함제품을 회수 또는 보상, 수리하는 리콜제도의 운영은 소비자안전확보의 중요한 역할을 수행하게 된다.

17-7

학원의 리콜제 도입

학원계 최초로 학원 리콜제가 도입되었다. 광진구 구의동에 있는 화동학원(입시학원)은 리콜제를 선언한 광고를 하였다. 광고내용은 더 이상 강남으로 갈 필요가 없다는 것으로 다음과 같다.

"리콜회원은 6개월 교육 후 학습효과나 동기면에서 전혀 진전이 없을 경우 3개월 무상으로 특별 재보충 교육 실시로 성적을 증진시켜 줍니다".
"리콜회원은 적성검사, 인성검사, 학습진단 및 진학상담 등 본원의 모든 특별 서비스를 제공받게 됩니다."

출처 : 화동학원 광고전단, 1997년 2월 말

---

10) 앞으로 소비자에게 위해를 끼칠 우려가 있는 제품에 대해 정부가 강제리콜을 내리기에 앞서 사업자의 자발적 리콜을 권고하는 리콜권고제가 도입될 예정이다.

(2) 소비자불만 및 소비자피해 예방

리콜제도는 결함제품으로부터의 위해발생 등 각종 소비자문제를 예방하는 기능을 수행하므로 소비자불만 및 소비자피해를 사전에 예방하게 된다. 제조물책임제도는 상품결함으로 인한 문제 발생 이후의 사후적 해결수단인 반면, 리콜제도는 잠재적 위해요인에 대한 시정조치의 수단으로 사전에 문제가 될 소지가 있는 제품을 수거, 회수, 또는 폐기처리함으로써 사전적 피해예방 또는 피해확대방지를 위한 제도로서의 기능을 수행하게 된다.

(3) 기업의 경쟁력강화

리콜제도의 운영으로 정부규제 및 사회적 감시가 철저해지면서 안전제품 생산에 대한 기업의 노력이 강화된다. 여러 선진국가에 수출경험이 많은 대기업조차도 수출품의 경우 안전제품생산에 많은 노력을 기울이면서 자국 내에서는 이 같은 노력을 충분히 해오지 않은 문제들이 적극적인 리콜제도의 운영으로 해결될 수 있다. 소비자안전에 대한 기업의 책임강화는 세계 소비자를 대상으로 기업활동을 해야 하는 국내 기업의 경쟁력강화 측면에서도 긍정적 영향을 미친다.

3) 리콜제도 실시 현황

우리나라 기업의 리콜실시는 1991년부터 자동차부문에서 가장 먼저 실시되어 왔다. 지금까지 '자동차관리법'(1992년 제정)에 규정된 '자동차와 대기환경보전법'(1991년 제정)에 따른 배기가스 부품에 관한 자발적 리콜이 실시되어 왔다. 리콜제도가 본격적으로 도입되기 이전에 자동차리콜은 자발적 실시가 아니라 고객들이 일부기능의 결함을 묻고 항의하면 해당차종을 가진 사람들에게 은밀히 연락하여 고쳐주는 형태로 활성화되지 못했다. 그 동안 자동차업계의 리콜실시 미흡함은 수출자동차의 경우 수출국가에서는 적극적으로 리콜을 실시하는 반면 우리나라

| 표 17-4 | 우리나라 리콜실시 사례

제품 및 회사	리콜 연도	리콜내용
현대자동차 엘란트라(DOHC)	1991	무상부품교환 및 정비서비스
기아자동차 스포티지	1994	차축 베어링 마모에 대한 수리
해태제과 빙글빙글주렁주렁	1994	전량 회수
현대자동차 엑센트	1996	안전벨트 되감김 기능문제로 수리
삼성전자 무선전화기	1996	기술적 하자로 인한 수리 및 교환
유공 컴퓨터(YC&C)	1996	노트북 PC에 대한 수리
LG전자 싱싱냉장고	1996	교환 및 환불

에서는 리콜을 실시하지 않은 점에서 잘 알 수 있다. 1991년부터 1995년까지 우리나라 국내자동차 5개사 수출차량 중 63.9%, 내수차량은 2.9%가 리콜되는데 그쳤다(매일경제, 1996년 2월 28일). 따라서 우리나라 수출자동차가 해외에서 리콜된 경우 내용보고를 의무화하고 이 제품의 경우 국내에서도 리콜실시를 검토하여야 한다는 지적이 높아왔다. 이 같은 상황에서 리콜과 관련한 법제도적 정비는 필수불가결한 일이었다.

(1) 리콜실시기관과 법적 근거

1996년 소비자안전과 소비자피해예방을 위한 리콜제도의 중요성이 인식되면서 위해요인이 발생했거나 발생우려가 있는 식품, 첨가물, 기구, 용기, 포장 등 모든 품목에 리콜제도를 시행하기 시작하였다. 리콜실시 관련 정부기관은 공산품의 경우 통상산업부, 식품과 의약품의 경우 보건복지부, 농축산물은 농림수산부, 자동차 및 아파트 및 건축물은 건설교통부가 담당한다. 복지부 및 지방자치집단장이 임명한 회수담당관이 해당품목의 폐기 등 회수절차에 관한 전권을 행사하게 된다.

리콜실시를 위한 법적 근거는 위해 관련 모든 제품 및 서비스의 경우 '소비자보호법'에 의거하게 되고, 식품의 경우 '식품위생법', 자동차의 경우 '자동차 관리법', 자동차 배기가스 배출기관 부품의 경우 '대기환경보전법'에 의거하여 리콜제도를 운영하고 있다.

(2) 리콜대상 품목 선정

안전기준에 위배된 경우 리콜대상이 되고, 안전기준에 부합되어도 자주 피해사고가 발생하면 리콜대상이 될 수 있다. 리콜대상의 위해제품은 한국소비자보호원, 병원, 경찰서 등에 안전사고 사례가 자주 보고 된 제품 및 결함시정건의를 받은 제품이다. 리콜실시 여부는 소비자보호원에서 위해정보평가 위원회를 열어 판정한다. 판정결과 위해성이 있다고 결정된 경우 사업자, 소비자, 해당제품을 관장하는 주무부처, 재경원 등에 통보하게 되고 주무부처는 리콜시행을 요구한다.[11]

(3) 리콜 절차

소비자의 생명, 신체, 재산상의 피해를 주었거나 줄 여지가 있는 위해상품이 리콜대상으로 선정되면 정부는 즉각 이를 제공한 사업자에게 통보, 스스로 결함을 시정토록 한다. 이때, 사업자에게 소명의 기회가 주어진다. 사업자가 리콜을 거부하거나, 시정결과가 미흡한 경우, 정부는 해

---

11) 이때, 주무부처가 위해성여부를 다시 평가 할 수 있다. 자동차의 경우 건설교통부가 자동차성능시험검사소에, 공산품은 통산산업부가 국립기술 품질원에, 식품은 보건복지부가 식품의약안전본부에 시험평가를 의뢰할 수 있다.

당제품의 수거 및 파기 명령을 내리고 사업자가 이에 응하지 않을 경우 직접 수거·파기할 수 있다.

(4) 사업자의 리콜실시 관련 의무

리콜실시가 통보되면 사업자는 리콜수행계획서를 제출하고 리콜을 실시하여야 한다. 리콜계획서에는 리콜을 알리는 광고문안, 개별통지, A/S체계, 교환시기 및 장소, 인력보충 등의 구체적 명시가 필요하다. 또한, 사업자는 리콜사실을 일반 소비자에게 고지하여야 한다. 강제 회수명령을 받은 경우, 2일 이내에 2개 이상의 중앙일간지와 1개 이상의 전국방송에 공표문을 싣도록 하고 있다. 뿐만 아니라, 사업자는 리콜완료 후 리콜완료보고를 하여야 한다.

외국의 리콜제도 운영 현황

리콜은 세계적인 추세로서, 미국 및 유럽 선진국, 일본 등의 경우 리콜제도를 철저히 운영하고 있다. OECD소비자정책위원회에서도 회원국에게 안전성결함제품에 대한 소비자안전확보를 위한 리콜제도를 권고하고 있으며 대부분의 회원국가들이 리콜제도를 실시하고 있다.

미국의 경우 다른 어느 나라보다도 소비자안전의 중요성을 일찍부터 인식하여 리콜제도가 잘 정착되었다. 리콜제도는 크게 식·의약품, 자동차, 일반공산품으로 구분하여 전담기관에 의해 체계적으로 운영되고 있다. 식·의약품의 경우 식·의약품관리국(FDA)에서 1906년에 제정된 '식품·의약품법(FDA법)'에 근거하여 과학적으로 입증되지 않은 식·의약품의 제조·판매를 금지하고 부실한 표시사항이나 주의사항의 경우도 리콜대상이 된다. 자동차의 경우, 1966년 제정된 '교통 및 자동차 안전법'에 근거하여, 일반공산품의 경우 1972년 제정된 '소비자제품 안전법'에 근거하여 리콜을 실시하고 있다.

일본에서는 1973년 '소비생활용제품 안전법', '유해물질을 함유하는 가정용품 규제에 관한 법률'에 근거하여 소비생활용제품에 관한 리콜을 실시하고 있다. 자동차리콜은 1969년부터 도입되어 자동차안전상 또는 공해방지상 문제가 있는 경우 리콜제도를 실시하고 있다(최병록, 1996).

일본의 최근 리콜실시 실례를 살펴보면 1988년 마쯔시다 TV에서 발화화재가 발생하자, 파급효과로 다른 많은 일본의 TV회사들은 TV를 회수하여 리콜을 실시하였다. 이외에도 1985~1986년에는 석유팬히터 결함으로 인한 사망자발생, 도요타 코로나 자동차 엔진부품결함 등으로 인한 리콜을 실시한 바 있다.

그러나 일본의 경우 소비자안전에 관한 법적 근거가 마련되어 있음에도 리콜제도가 활성화되지는 못하였다. 이유는 리콜대상 품목이 한정되어 있고, '제조물책임법'(1995년 7월 시행)이 제정되기는 하였으나 제대로 활용이 되지 않고 있으며, 집단소송법 등의 법규가 미비하기 때문이라는 지적이다.

3. 소비자피해 구제 관련 법

1) '제조물책임법'

상품과 서비스의 복잡화, 유통과정의 복잡화 등으로 소비자피해는 보편적으로 그리고 광범위하게 급증하여 왔다. 소비자피해의 경우 원인규명이 어렵고 기술, 정보, 자금, 조직력 등 기업에 비해 소비자는 불리한 입장에 처해 있어 구제받기가 어렵다. 따라서 소비자피해 구제와 관련한 특별 법안, 즉 '제조물책임법'을 제정하여 소비자피해를 효과적으로 구제하여야 한다는 사회적 요구가 높아져 왔다.

리콜제도가 상품의 결함이나 위해요소로 인한 생명, 신체, 또는 재산과 관련한 소비자피해를 예방하는 사전적 피해예방제도인 반면, '제조물책임법'은 피해발생 후의 신속하고 효과적인 피해보상을 위한 사후적 피해구제제도이다. '제조물책임법'의 효과적 운영은 리콜제도의 활성화를 유도하게 되며 리콜제도는 소비자안전확보를 위한 사전적·직접적 조치이므로 이 두 제도의 효과적 운영을 통해 소비자안전확보 및 소비자피해 구제를 기할 수 있다.

우리나라에서는 1994년부터 한국소비자원에서는 '제조물책임법' 제정을 위한 정책세미나 및 공청회를 개최하는 등 이 법의 도입을 추진해 온 결과 1999년 이법안은 12월 국회를 통과하였고 2002년 7월 시행할 예정이다. '제조물책임법'의 구체적 내용, 도입의 문제점과 효과적 수행방안, 외국의 '제조물책임법' 실시 현황 등에 대해 살펴보면 다음과 같다.

(1) '제조물책임법'이란?

'제조물책임법(product liability)'이란 상품결함으로 인한 소비자피해 발생 시 생산, 유통, 판매 등 일련의 과정에 참여한 자가 손해배상책임을 지는 소비자보호제도이다. 이 제도는 제조물의 결함으로 인한 소비자피해보상을 용이하게 하는 피해구제책이다. 소비자피해 발생 시 소비자들이 현행법에 근거하여 소비자피해를 구제받기란 사실상 매우 어렵다. 따라서 지금까지 민법상의 규정과 별도로, 제조자의 제품결함으로 인한 소비자피해를 용이하게 구제하고, 제품의 안전성확보를 위한 취지의 법적 규정이라 할 수 있다.

(2) '제조물책임법'의 기능

① 소비자피해 구제의 용이성

'제조물책임법'은 제품결함으로 인한 소비자피해를 쉽게 보상받을 수 있게 한다. 현행 민사소송법으로 소비자피해 구제를 받기 위해서는 소비자가 판매자와 소비자 간의 계약관계, 피해원인과 제조자의 고의 또는 과실을 입증해야 함으로 사실상 대부분의 소비자들이 피해청구상의 어려움(시간, 비용)으로 청구를 포기하게 된다. 소비자는 제조물에 대한 전문적 지식이 부족하고 또 기업도 결함제조물에 대한 자료를 공개하지 않으므로 소비자가 상품의 결함 또는 제조자의 과실을 증명한다는 것은 매우 어렵다. 그러나, '제조물책임법'의 도입으로 소비자는 결함 때문에 당한 피해만 입증하면 소비자피해를 보상받을 수 있다.

② 소비자안전 확보

'제조물책임법'은 소비자피해를 예방하는 직접적인 조치는 아니나, 이 제도의 활용으로 소비자 안전이 보장될 수 있다. 기업들은 제품결함으로 인한 손해배상을 하지 않기 위해 제조과정, 표시사항, 검사과정에서 안전제품 생산에 많은 노력을 기울이게 되므로 '제조물책임법'은 소비자 안전확보의 기능을 수행하게 된다. 또한, 제조물책임법은 리콜제도를 활성화시켜 궁극적으로 소비자안전 확보에 중요한 역할을 담당한다.

③ 기업의 경쟁력 강화

'제조물책임법'을 통한 소비자피해의 신속하고 적절한 구제는 생산자, 유통업자 및 판매자들이 안전상품을 제조, 관리하고자 하는 의욕을 고취시켜 궁극적으로 기업의 경쟁력 강화에 일조한다. '제조물책임법'의 적절한 운용은 소비자안전을 최우선으로 하는 기업풍토를 정착시켜 전 세계 소비자를 대상으로 하는 기업의 경쟁력 강화에 긍정적인 역할을 하게 된다.

이외에도 제조물책임배상의 책임부담을 대비하기 위한 손해배상보험산업의 활성화 등 관련 산업의 활성화가 기대된다. '제조물책임법'의 운영은 제조물책임배상과 관련한 위험예측, 상품 개발, 보험료 산출근거 등의 영업기술을 축적하여 책임보험시장을 활성화시키는 계기가 될 수 있다.

(3) '제조물책임법'의 구체적 내용

'제조물책임법'의 내용은 적용대상, 결함의 정의, 책임소재, 면책조항 등에 따라 각 나라마다 차이가 있다. 우리나라에서는 1999년 12월 말 이 법이 국회를 통과하여 2002년 7월부터 시행되었다. 1999년 12월 국회를 통과한 '제조물책임법'에 대해 간단하게 살펴보면 다음과 같다.

① 제조물 적용 대상

'제조물책임법'에 따르면 제조물은 동산이나 부동산의 일부를 구성하는 제조 또는 가공된 동산을 말한다고 규정되어 있다. 여기서, 동산이란 공업 제조물 및 가공품을 지칭하며, 비영리목적의 제조물, 부동산, 서비스, 제조 또는 가공되지 않은 농산물, 수산물, 축산물 등은 제조물책임 대상 제외 품목이다. 아파트 및 분양공급주택의 경우 제조물책임 대상에 추가하고자 하였으나 주택 관련 업자들의 강한 반발 등으로 입법과정에서 제외되었다. 그러나, 미국에서는 주택건설업자, 부동산 임대업자, 전기서비스도 제조물책임 대상품목으로 인정하고 있으며, 우리나라의 경우 최근 가스와 관련한 대형사고가 빈번하고 또 그 피해가 심각하므로 아파트 및 분양주택도 책임대상에 포함하여야 한다는 의견이 끊이지 않고 있다.

② 결함의 정의 및 입증책임

결함은 통상적으로 기대할 수 있는 안전성이 결여되어 있는 것으로 제조상의 결함, 설계상의 결함, 표시상의 결함으로 구분하고 있다. 이 규정은 상품의 안전과 관련한 표시 또는 주의사항, 일

소비자수첩 17-9

미국의 '제조물책임법' 운영실태

'제조물책임법'은 미국 및 유럽 국가 등 선진국뿐만 아니라 일본, 브라질, 중국, 폴란드, 러시아, 필리핀 등도 이미 이 법을 제정, 시행하고 있다. 이 중 미국의 '제조물책임법' 운영실태를 살펴보면 다음과 같다.

미국은 '제조물책임법'을 가장 광범위하고 강력하게 시행하고 있는데 1960년대초부터 적극적으로 시행되었다. 미국의 경우 제조물책임법이 매우 활성화되어 있는데, 예를 들면, 전화번호부 손해배상 관련 전문변호사들의 광고에서 잘 알 수 있다. 전화번호부 광고내용은 다음과 같다. "제품을 사용하다 사고를 당하셨습니까?" "911(응급전화)에 전화하기 전에 먼저 저희에게 전화하세요. 배상 못 받으면 수임료 안 받습니다." 판례를 중심으로 결함요건하에 엄격책임이 일반화되어 있는데 1963년 캘리포니아주에서 이 법을 채택한 이후 1970년대부터는 대부분의 주에서 채택하고 있다. 미국의 '제조물책임법' 적용사례를 제시하면 다음과 같다.

사 례	사건 내용	사건 처리결과
타이레놀	독극물 주입사건으로 사망자발생	거액의 배상금지불 및 안전뚜껑개발
맥도날드커피	뜨거운 커피로 다리에 3도화상	20만달러배상 및 270만달러 징벌금
1회용라이터	어린이가 사용하여 화상발생	배상금지불 및 안전잠금장치개발
Honda삼륜차전복	얼굴 및 머리 중상	약92만달러배상 및 5백만달러 징벌금

미국에서 제조물책임과 관련한 소송이 급증하자 각종 개인상해 관련 소송판례를 수집, 분석하여 어떤 사건 발생 시 소송결과(예 : 피해보상가능 액수)를 예측해 주는 곳도 설립되었다. 펜실베니아주에 있는 배심평결위원회(jury verdict research)는 1959년 설립 이후 각종 개인상해 관련 소송판례를 수집, 분석하고 있다. 또한 소송평가 소프트웨어를 개발하여 어떤 사건 발생 시 자료를 입력하여 소송결과를 어느 정도 예측해 주고 있을 정도이다.

그러나, 미국에서 소비자피해보상권이 점차 강화되자 소송비용과 배상금액이 급증하였고, 소액피해액수에 관계없는 소송비용, 변호사 성공보수제로 인한 소송남발, 무작위로 선임된 배심제도의 문제점, 지나친 징벌적 손해배상 등의 문제점이 초래되기 시작하였다. 뿐만 아니라, 배상액 증가로 제조물책임 보험료인상과 보험인수거부사태 등 '제조물책임법'과 관련한 문제점들이 발생하자 배상액수의 제한과 재판외 분쟁처리제도의 도입을 적극 검토하고 있다.

반적으로 기대할 수 있는 상품의 안전성의 정도, 위험의 정도, 상품의 유통기간, 현재의 기술수준 등을 고려하여 결함의 유무를 결정하는 기준을 시사하고 있다.

③ 책임대상자

통상적으로 제품안전에 문제가 있는 결함제품의 제조업자가 주요 책임대상자이다. '제조물책임법'에 따르면, 제조물의 제조 및 가공 또는 수입을 업으로 하는 자, 제조물에 성명, 상호, 상표, 기타 식별 가능한 기호를 사용하여 자신을 표시한 자 등이 제조업자로 규정되어 있다. 만약, 제조물의 제조업자를 알 수 없는 경우 제조물을 영리적 목적으로 판매, 대여 등의 방법에 의해 공급한 자가 손해배상책임 대상자가 된다.

④ 예외적 면책사유

면책사유조항으로서 제조업자가 당해 제조물을 공급하지 아니 한 사실, 제조업자가 당해 제조물을 공급한 때의 과학·기술수준으로는 결함의 존재를 발견할 수 없었던 경우, 제조업자가 당해 제조물을 공급할 당시의 법령이 정하는 기준을 준수함으로써 발생한 결함문제, 부품이나 원재료 공급자의 경우 공급한 부품과 원재료 결함이 주문자의 설계와 지시로 인하여 결함이 발생한 경우는 손해배상책임으로부터 면제시켜 주도록 되어 있다.

책임기간과 관련하여 손해발생 또는 결함을 발견한 날로부터 3년 이내에 피해자 또는 법정 대리인이 손해배상청구를 하지 아니 한 경우, 제조물을 공급한 날로부터 10년이 지난 후에는 피해 책임을 지지 않도록 하고 있다.

(4) 제조물책임법의 최근 개정

2002년 7월 1일부터 시행한 제조물책임법이 소비자피해 구제에 실효성을 발휘하지 못하고 있다는 소비자단체들의 비판이 지속적으로 제기되어 왔고, 제조물책임법의 개정안이 국회에 수차례 제기되었다. 1994년부터 2011년까지 10년 동안 판매된 가습기살균제로 인하여 소비자들이 사망하거나 폐 손상 등 심각한 건강피해를 입은 사건이 발생하여 사회적으로 엄청난 파장을 일으켰다. 가습기살균제로 인한 피해규모는 2016년 5월 기준으로 사망 266명을 포함 1,848명이 넘는 것으로 발표되었다.

소비자안전이 심각하게 침해되는 크고 작은 사건이 발생하여 사회적인 비판여론이 팽배하자 국회에서는 제조물책임법의 개정안이 의원입법형태로 다수 제기되었는데 단일안이 마련되면서 「제조물책임법」 개정안이 2017년 4월 국무회의를 통과하여, 2018년 4월부터 개정된 제조물책임법이 시행되었다.

개정 이유를 자세하게 살펴보면, 제조물의 대부분이 고도의 기술을 바탕으로 제조되고, 이에 관한 정보가 제조업자에게 편재되어 있어서 피해자가 제조물의 결함여부 등을 과학적·기술적으로 증명한다는 것은 지극히 어렵고, 대법원도 이를 고려하여 제조물이 정상적으로 사용되는 상태에서 사고가 발생한 경우 등에는 그 제품에 결함이 존재하고 그 결함으로 인해 사고가 발생하였다고 추정함으로써 소비자의 증명책임을 완화하는 것이 손해의 공평·타당한 부담을 원리로 하는 손해배상제도의 이상에 맞는다고 판시한 바 있었다. 이에, 대법원 판례의 취지를 반영하여 피해자가 '제조물이 정상적으로 사용되는 상태에서 손해가 발생하였다는 사실' 등을 증명하면, 제조물을 공급할 당시에 해당 제조물에 결함이 있었고, 그 결함으로 인하여 손해가 발생한 것으로 추정하도록 하여 소비자의 증명책임을 경감하고자 하였던 것이다.

한편, 우리 법원의 판결에 따른 손해배상액이 일반의 상식 등에 비추어 적정한 수준에 미치지 못하여 피해자를 제대로 보호하지 못하고, 소액다수의 소비자피해를 발생시키는 악의적 가해행위의 경우 불법행위에 따른 제조업자의 이익은 막대한 반면 개별 소비자의 피해는 소액에 불과하여, 제조업자의 악의적인 불법행위가 계속되는 등 도덕적 해이가 발생하고 있다는 인식이 확산되고 있다. 이에 징벌적 손해배상제를 도입하여 제조업자의 악의적 불법행위에 대한 징벌 및 장래 유사한 행위에 대한 억지력을 강화하고, 피해자에게는 실질적인 보상이 가능하도록 하려는 것이 개정 이유이다.

구체적으로 개정된 내용을 살펴보면 다음과 같다. 첫째, 제조업자가 제조물의 결함을 알면서도 필요한 조치를 취하지 아니한 결과로 생명 또는 신체에 중대한 손해를 입은 자가 있는 경우, 그 손해의 3배를 넘지 아니하는 범위에서 손해배상책임을 지도록 하는 규정을 신설하였다(제3조제2항 신설). 둘째, 제조물을 판매·대여 등의 방법으로 공급한 자가 피해자 등의 요청을 받고 상당한 기간 내에 그 제조업자 등을 피해자 등에게 고지하지 아니한 경우, 손해배상책임을 지도록 하였다(제3조제3항). 셋째, 피해자가 '제조물이 정상적으로 사용되는 상태에서 손해가 발생하였다는 사실' 등 세 가지 사실을 증명하면, 제조물을 공급할 당시에 해당 제조물에 결함이 있었고, 그 결함으로 인하여 손해가 발생한 것으로 추정하도록 하였다(제3조의2 신설).

2017년 4월 개정된 제조물책임법의 가장 큰 특징으로는 미국의 징벌적 손해배상제도를 받아들여서 우리나라에도 도입한 것이다. 징벌적 손해배상(punitive damages)은 특정한 유형의 불법행위에 있어서 피해자가 실제로 입은 손해(actual damage)를 배상하는 통상의 전보적 손해배상(compensatory damages)에서 더 나아가 특별히 손해배상을 지우는 또 다른 배상을 의미한다. 우리나라의 경우에는 징벌적 손해배상이 불법행위에 대한 손해배상에서 일반적으로 인정되고 있는 것은 아니지만 판례법을 통하여 징벌적 손해배상을 확립한 영국을 비롯하여 미국, 캐나다 등 여러 영미법계 국가에서는 징벌적 손해배상이 인정되고 있다. 우리나라에서 징벌적 손해배상제도를 도입하게 된 배경을 들자면, 첫째, 소비자를 대상으로 하는 악의적인 영리형 불법

소비자 수첩 17-10

징벌적 손해배상의 신설(제3조)

① 제조업자는 제조물의 결함으로 생명·신체 또는 재산에 손해(그 제조물에 대하여만 발생한 손해는 제외한다)를 입은 자에게 그 손해를 배상하여야 한다.

② 제1항에도 불구하고 제조업자가 제조물의 결함을 알면서도 그 결함에 대하여 필요한 조치를 취하지 아니한 결과로 생명 또는 신체에 중대한 손해를 입은 자가 있는 경우에는 그 자에게 발생한 손해의 3배를 넘지 아니하는 범위에서 배상책임을 진다. 이 경우 법원은 배상액을 정할 때 다음 각 호의 사항을 고려하여야 한다.

　1. 고의성의 정도

　2. 해당 제조물의 결함으로 인하여 발생한 손해의 정도

　3. 해당 제조물의 공급으로 인하여 제조업자가 취득한 경제적 이익

　4. 해당 제조물의 결함으로 인하여 제조업자가 형사처벌 또는 행정처분을 받은 경우 그 형사처벌 또는 는 행정처분의 정도

　5. 해당 제조물의 공급이 지속된 기간 및 공급 규모

　6. 제조업자의 재산상태

　7. 제조업자가 피해구제를 위하여 노력한 정도〈2017. 4. 18. 신설〉

③ 피해자가 제조물의 제조업자를 알 수 없는 경우에 그 제조물을 영리 목적으로 판매·대여 등의 방법으로 공급한 자는 제1항에 따른 손해를 배상하여야 한다. 다만, 피해자 또는 법정대리인의 요청을 받고 상당한 기간 내에 그 제조업자 또는 공급한 자를 그 피해자 또는 법정대리인에게 고지(告知)한 때에는 그러하지 아니하다.〈2017. 4. 18. 개정〉

행위, 사회적·경제적 지위를 내세운 부당한 강요행위 등이 여러 피해를 야기하고 있는 상황에서 징벌적 손해배상이 악의적 가해자를 응징하는 제재적 기능을 수행할 수 있다는 점이다. 둘째, 가해자가 불법행위로 취득한 부당이익을 환수함으로써 불법행위의 재발을 실효적으로 방지할 수 있다는 점, 그리고 셋째, 현재까지는 재산적 손해 외에 비재산적 손해에 대해서는 충분한 배상이 이루어지지 않고 있다고 판단되므로 징벌적 손해배상이 재산적 손해를 충분히 배상할 수 있도록 하는 전보적 기능을 지닐 수 있다는 점을 들 수 있다.

2) '집단소송법'

소비자피해가 보편화되고 광범위하게 발생되는 특성 이외에 또 다른 특성은 소비자피해가 점차 집단화의 특징을 나타낸다는 것이다. 각종 제품 및 서비스의 사용으로부터 발생하는 소비자피해, 부당한 경제행위로부터의 피해, 환경오염으로 인한 피해는 다수의 소비자들에게 공통적으로 나타나는, 즉 집단피해의 성격을 띠는 것이 보통이다. 이같이 집단피해가 가속화되는 상황에서 다수의 피해를 효과적으로 구제하기 위한 '집단소송법' 제정이 시급하다는 사회적 요구가

소비자 수첩 17-11

효과 없는 태반주사제 '집단손해배상訴' 급물살

효과 없는 일명 '맹물 태반주사제'를 생산·유통한 제약사와 이를 허가해준 식품의약품안전청을 상대로 한 소비자들의 손해배상 청구 소송이 본격적으로 점화되었다. 손해배상 청구 소송을 대리하고 있는 소비자시민모임(이하 소시모)에 따르면 2009년 4월 7일 효과 없는 태반주사제를 투여 받은 의료소비자들을 상대로 손해배상 소송에 참여할 원고인 모집을 시작한 결과, 2009년 4월 14일, 10 여건의 신고가 접수됐다. 소시모는 연령대가 높은 피해소비자들을 위하여 라디오 방송 등을 통해 효과 없는 태반주사제 손해배상청구 소송 진행을 홍보해 소비자들의 많은 참여를 이끌어낼 것이라 알렸다. 또한 소시모는 원고인단 모집이 본격화되면 곧 소송을 위한 변호인단을 구성할 계획이라고 밝혔다. 한편 이번 태반주사제(갱년기증상 개선 효과) 손해배상 소송은 현재 효과를 검증하기 위해 임상 재평가가 진행되고 있는 또 다른 태반주사제(간 기능 개선효과) 9개 제품과 태반액제(자양강장 효과) 5개 제품의 손해배상 소송 여부에도 영향을 미칠 것으로 보인다. 식약청에 따르면 액제 5개 제품은 2009년 7월경에, 태반주사제 9개 제품은 이르면 2009년 12월경 임상재평가결과가 공개될 예정이라고 한다. 이들 제품 가운데 임상 재평가를 통해 효과가 없는 것으로 드러나는 제품이 있다면 이를 생산·유통한 제약사들도 손해배상 소송에 휘말릴 공산이 크다.

출처 : 청년의사, 2009년 4월 15일

높아지고 있다.[12]

　소비자집단피해를 효과적으로 구제하기 위한 대표적인 법제도는 미국의 '집단소송법(class action)'과 독일의 '단체소송법(verbandsklage)'이 있다. 세계 각 나라마다 차이는 있으나 '집단소송법'과 '단체소송법'을 기본으로 집단피해구제를 하고 있다. 다시 말해, 이 두 법제도는 다른 세계 국가들의 집단피해법의 운영 및 입법기준이 되고 있다.

(1) '집단소송법의' 정의

'집단소송법'은 대표당사자소송, 집단대표소송 등으로 불리는데, 동일한 피해를 입은 다수의 소비자들 중 한 사람 또는 몇 사람이 동일한 피해를 입은 나머지 피해자들을 대표하여 소송을 제기하는 형태로서 소송결과는 대표자 및 나머지 구성원 전원에게 효력이 발생하는 제도이다. 동일한 원인으로 집단소비자피해가 발생한 경우, 피해구제를 받기 위해 개별적으로 소송을 제기할 경우 개별 소비자들의 시간·노력·비용 그리고 사회 전체적 차원의 낭비를 초래하게 된다. 따라서 집단피해를 동일사건으로 처리하여 소송경제의 이점을 살리고 집단피해를 효과적으로 구제하기 위한 취지의 법적 조치로서 미국에서는 '집단소송법'을 매우 적극적으로 활용하여 왔다.

---

12) 우리나라에서는 2007년 '소비자보호법'을 명칭개칭한 '소비자기본법'에 소비자단체 및 시민단체가 단체소송을 제기할 수 있도록 하였으나, 손해피해보상액에 관한 내용은 담고 있지 않고 있다. 다만, 일괄피해보상제도를 운영하여 다수의 피해보상을 해주도록 하고 있다. 본문에서 집단소송의 용어는 주로 미국식의 '집단소송법'을 의미한다.

소비자
수첩 17-12

집단소송법 제정의 움직임

주식투자자들을 보호하고 기업경영의 투명성을 높이기 위한 '집단소송법'의 제정에 대한 목소리가 높다. '집단소송법' 도입의 필요성은 소액주식투자자들의 권익보호 측면에서 먼저 제기되어왔다. 부실감사로 인한 피해발생 시 회계법인을 대상으로 집단소송을 제기 할 수 있으며 회계장부조작, 사기적 거래, 거짓 공시 등으로 인한 피해발생 시 기업에 대해 집단소송을 제기할 수 있어야 한다는 목소리가 높아 왔다.

이 같은 집단소송 도입의 주장은 시민단체인 '참여연대'의 운동에서 더욱 활발하게 전개되었다. 참여연대는 1998년 IMF사태 이후 제일은행의 부실경영에 대한 소액주주들의 집단소송을 제기한 바 있으며, 대기업의 횡포를 막기 위해 '10주 갖기 운동'을 제기해 왔다.

이 같은 분위기에서 정부는 소유자, 대주주의 전횡을 막고, 유가증권의 공정한 거래 및 투자자보호를 위해 그리고 기업경영의 투명성을 높이고 기업 간의 M&A(인수합병)을 촉진키 위한 기업구조조정의 차원에서 정부는 '주주집단소송법'을 도입할 것으로 보인다.

경영진의 잘못으로 회사가 피해를 본 경우 특정 주주가 회사를 대표해 대표소송/집단소송을 제기해 승소하면 소송비용의 전액을 보상받는 것을 물론 승소금액의 일부를 가져가도록 해 소송을 활성화시키는 방향으로 법 제정 목소리가 높다. 또한, 소액 주주보호 차원에서 집중투표제를 활성화시켜 주주들이 연대해 의결권을 행사(자신의 이해를 대변할 수 있는 사람을 이사로 선출하는 권리행사)할 수 있도록 하는 법안을 강구중이다.

출처 : 조선일보, 1999년 1월 15일

(2) 집단피해의 유형

집단소송의 대상이 되는 집단피해의 주요 유형은 크게 세 가지로서 소비자피해, 부당한 경제행위로부터의 피해, 환경오염 피해이다.

① 소비자피해

소비자피해는 전형적인 소액다수피해, 즉 집단피해 유형이다. 예를 들면, 아파트계약 평수와 실평수의 차이, 권장가보다 비싸게 산 경우의 환불, 과다한 부동산중개비, 자동차수리비 가격의 과다책정 등 제조물결함으로 발생하는 다수 소비자들의 피해 등은 우리 주변에서 광범위하게 발생할 수 있는 대표적인 소비자집단피해 사례이다.

② 부당한 경제행위로부터의 피해

부당한 경제행위로부터의 피해는 독과점적 구조하에서 기업이 시장지배적 지위를 남용하여 발생하는 피해로서 부당한 가격결정, 부당표시, 부당광고, 불공정한 약관, 중량부족 등으로 발생하는 소비자피해이다. 뿐만 아니라, 재판매가격유지, 배타적 거래, 거래거절이나 고객제한, 끼워팔기, 차별거래, 구입강제 등 각종 기업 간의 불공정거래행위로부터 소비자피해 또한 부당한 경제행위로부터의 피해유형이다.

불공정거래행위 중 하나인 부당광고로 인한 집단소비자피해의 대표적인 사례는 1988년 백화

광고피해로 인한 집단소송의 실례

현행 '민사소송법'에 근거하여 광고로 인한 집단적 소비자피해를 구제받은 대표적인 사건 두 가지를 살펴보자. 먼저 1988년 제기된 백화점사기세일소송으로 1988년 12월 28일 롯데쇼핑 등 10개 백화점사업자가 변칙세일, 허위할인율 광고 등 불공정거래위반행위를 함에 따라 공정거래위원회로부터 시정조치를 받은 바 있다.

백화점의 이 같은 불공정거래행위에 대해 '시민의 모임'은 백화점사기세일 피해 소비자를 접수(총 720명 중 영수증 제출 소비자 52명)받아 손해배상청구소송(소비자구입가격과 위자료의 합)을 제기하여 승소하였다. 이 소송은 8명의 무료 변호인단의 지원으로 승소할 수 있었으나, 대법원까지 가는 동안 총 4년 5개월이라는 긴 시간이 소요되었고, 소비자들의 피해액수는 1만 원에서 10만 원(52명의 총 피해보상액은 417만 원)으로 소액피해사건이었다.

한편, 기업의 허위 · 과장광고로 인한 소비자피해를 구제받기 위한 집단소송이 제기되어 승소한 사례가 있다. 서울지법은 시민 317명이 고름우유광고로 정신적 피해를 입었다며 파스퇴르유업과 사단법인 한국유가공협회를 상대로 손해배상청구소송을 제기하였는데, 판결결과 원고들에게 1인당 3만 원씩 모두 951만 원을 배상하라는 원고승소판결을 내렸다.

이 같은 승소사실로 인해 비방광고가 실렸던 1995년 10월 당시 우유를 마시고 있었다는 것을 입증할 수 있는 모든 국민은 소송제기시효가 만료되는 1998년 10월 안에 소송을 제기할 경우 승소하여 손해배상을 받을 수 있다. 그러나 이 손해배상소송의 경우 3만 원이라는 소액의 배상을 받기 위해 파스퇴르우유를 마신 많은 소비자들이 시간, 노력, 비용을 감안 할 때 소송을 제기하기는 쉽지 않다고 본다.

출처 : 한국경제신문, 1997년 8월13일; 소비생활연구(1993), 12, pp. 144~149.

환경오염으로 인한 피해 구제

집단소송제도가 도입되지 않았으나, 한 농부의 적극적인 노력으로 환경오염으로 인한 피해구제를 받은 사건이 있다. 경기도 남양주군에서 농사를 짓던 농부 조씨는 근처의 폐아크릴 재생공장에서 나오는 폐수로 인해 자신의 수막재배시설 중 하나인 비닐이 못쓰게 되고 재배채소가 죽어버리는 등 환경오염으로 피해를 입게 되었다. 결국, 조씨는 인근 피해자 다섯 명과 함께 환경오염과 관련한 피해구제를 조정해 주는 환경부 '중앙환경분쟁조정위원회'에 증거자료를 첨부한 피해구제요청서류를 제출하여 피해액 7천8백만 원을 구제받게 되었다.

출처 : 소비자시대(1998), 8월호, pp. 100~101.

점 변칙세일 사건이다. 당시, 10여 개 유명백화점에서 허위할인율을 광고하여 대폭 할인판매하는 것처럼 소비자를 기만하는 사건이 발생하여 이로 인한 집단소비자피해가 속출하였고 이를 구제하기 위한 집단소송이 제기된 바 있다.

③ 환경오염으로 인한 집단피해

낙동강유역의 페놀오염사건, 유조선의 침몰로 인한 기름유출 등 대기, 수질, 토양, 바다를 오염시키는 환경침해는 광범위한 지역에 거주하는 다수의 소비자들에게 엄청난 피해를 주고 있다. 이같이 환경오염으로 인한 피해는 집단피해의 또 다른 유형으로 더 이상 방치해 둘 수 없는 사회적 문제이다.

(3) '집단소송법' 제정의 필요성

각종 집단피해가 날로 증가함에도 불구하고 현행법에 근거하여 집단피해를 구제하기에는 역부족이다. 다수의 피해 발생 시 민간소비자단체 또는 한국소비자원의 조정이나 중재를 통하거나 개별적 소송을 통해 피해 구제를 받는 것이 보통이다. 그러나, 현실적으로 많은 피해소비자들이 어떤 형태로든 피해 구제를 받지 못하고 있다. 특히, 소송을 통한 사법적 피해 구제는 실제적으로 매우 어렵다. 이처럼 집단피해 구제가 제대로 되지 못하는 이유는 대부분의 소비자피해가 소액이므로 법적소송까지 벌려 피해구제를 받지 않으려 하는 점, 많은 피해자들이 피해 구제방법을 알지 못하는 점, 법원이나 변호사와의 접촉에 대한 주저감, 또는 이들에 대한 불신이 높은 점, 소송으로 인한 시간, 에너지, 그리고 화폐적 비용이 높은 점 때문이다. 이 외에도 소비자들이 현행 민법에 근거하여 법적 소송을 통해 피해구제를 받기 어려운 또 다른 이유는 크게 피해원인 규명의 어려움과 사업자 과실증명의 어려움이다.

지금까지 살펴본 여러 가지 이유로 인해 소비자들은 법적 피해구제소송을 기피하게 된다. 피해자들이 소송을 통해 법적으로 피해 구제를 받는 경우 그 혜택은 개별적 피해 구제신청을 한 피해자에게만 주어지며 동일한 피해를 입은 다수의 소비자(법적 소송을 내지 않은 소비자)들의 경우 피해 구제를 받지 못한다. 특히, 소비자피해의 경우 피해액수가 소액이므로 구제받기를 포기하게 되나 피해유발 기업의 입장에서는 엄청난 부당한 이익을 얻게 되므로 이는 사회정의실현 측면에서 계속 방치할 수 없는 것이다. 게다가, 사법적 피해구제를 기피하는 경향은 저소득층 소비자, 사회적으로 불리한 조건의 피해자들에게서 더욱 두드러지므로 정의실현의 차원에서 무시할 수 없다. 우리나라의 경우 2007년 '소비자기본법'에서 소비자단체소송제도를 도입하고 있으나 손해에 대한 피해보상규정은 없으며 대신 일괄피해구제제도를 운영하고 있다. 가능하다면 집단손해배상을 포함하는 미국식의 '집단소송법'을 도입해 동일한 피해를 입은 소비자들 모두에게 '집단소송에 관한 법률'을 제정하여 다수 피해자들의 피해구제를 효과적으로 수행하여야 한다.

'집단소송법'을 통한 피해구제는 기업의 경쟁력강화 측면에서도 필요하다. '집단소송법'이 제정되면 기업은 상품품질, 약관, 거래조건, 제조상의 과실 등 여러 측면에서 발생하는 피해를 줄이고자 많은 노력을 취하게 될 것이므로 건전하고 경쟁력 있는 기업활동을 유도하게된다. 게다가, '집단소송법'의 추가적 도입은 제조물의 결함으로 인한 집단소비자피해 구제를 보다 효과적으로 수행할 수 있어 '제조물책임법' 나아가 리콜제도의 활성화에 도움이 되므로 '집단소송법'의 제정은 필요하다.

(4) '집단소송법'의 기능

'집단소송법'의 주요 기능은 크게 세 가지로 나누어 볼 수 있는데 이에 대해 살펴보면 다음과 같다.

① 법적 소송의 용이성

'집단소송법'의 활용은 소액다수의 소비자피해, 환경오염으로 인한 집단피해 등을 효과적으로 구제할 수 있다. 피해를 입은 모든 사람들이 각자 법적 소송을 제기할 필요없이 피해자들의 대표자가 소송을 제기하여 피해자들이 모두의 피해보상을 받아내게 되므로 개별적 법적 소송의 어려움을 완화시켜 주며, 결국 피해보상을 용이하게 하는 중요한 기능을 수행한다.

② 소비자피해 예방

소액피해 소비자의 경우 피해액수가 크지 않으므로 적극적으로 피해 구제를 받지 않으려고 하는 경향이 있다. 소액피해자들이 손해배상을 청구하지 않는 경우 기업입장에서는 소액다수 피해소비자들에게 엄청난 손해배상을 하지 않게 되기 때문에, 부당 이득을 취하게 된다. 이 같은 상황이 계속되면 기업은 적극적으로 문제해결을 하지 않게 되고, 소액다수의 소비자피해가 끊이지 않게 된다. 그러나, 이 법이 도입되면 손해배상을 줄이려는 기업의 적극적인 노력으로 소비자피해를 예방할 수 있다.

17-15

미국의 '집단소송법' 적용 사례

'집단소송법'은 미국에서 1960년대 이후 공해, 제조물책임, 소비자피해 등의 분쟁에 광범위하게 활용되어 왔다. 최근 미국에서는 수백만의 흡연자들을 대표하여 소비자단체가 담배회사를 상대로 집단소송을 제기하여 거액의 보상을 받게 되었으며, 흡연환자에 대한 피해보상 및 의료지원을 제공하는 데 합의하였다(기업소비자정보, 1997).

한편, 루지애나법원에서는 1,800명의 피해자를 대표한 8명의 원고가 제기한 다우케미컬사에 대한 실리콘유방집단소송에서 원고승소판결을 내린 바 있다(경향신문, 1997년 8월 20일). 원고 측은 실리콘 화합물이 인공유방의 벽을 통해 스며나오거나 갈라진 틈을 통해 튀어나와 통증, 피로 등 면역체계 관련 질병을 유발했다고 주장하였다. 판결은 이 회사가 인체이식용 실리콘에 대한 실험을 제대로 실시하지 않았으며 이물질의 위험성을 여성과 의사들에게 은폐하였다고 결론내렸다.

출처 : 김기옥 외(1998). 소비자와 시장. 학지사. p. 520.

③ 사회적 비용 절약

많은 소비자가 동일한 사건으로 피해를 입은 경우 현행법을 적용하여 이를 구제받기 위해서는 피해를 입은 개별 소비자 각자가 피해구제소송을 제기하여야 한다. 결국, 동일한 사건으로 여러 번의 법적 소송을 열어야 하는 법원의 업무 증가 등 사회적 낭비를 초래하게 된다. 다수집단의 피해발생 시 소송외적 조정이나 법원에의 개별적 제소로는 날로 증가하는 집단분쟁이나 집단피해를 대처하기에 역부족이다. 따라서 통일적인 소송진행을 통해 소송의 개인적·사회적 비용을 경감시키기 위해서는 '집단소송법'의 운영이 필요하다.

3) 징벌적 손해배상 법제도

(1) 징벌적 손해배상제도란?

징벌적 손해배상제도는 손해배상 금액보다 더 많은 액수의 피해구제 배상을 부과하는 제도이다. 이 제도는 소비자 피해의 대부분이 소액다수 피해이다 보니 소송까지 제기하여 손해배상청구를 하지 않는 경우가 많은데 다수 소비자들의 소액피해는 가해자의 큰 부담이익을 초래한다. 따라서 가해자의 도덕적 해이를 방지하고 안전사고 등을 사회후생을 극대화하기 위해서 징벌적 손해배상이 유용하다는 관점의 제도이다. 여러 소비자에게 소액피해를 끼쳤으나 피해자들이 손해배상을 받지 못하는 경우가 많아 기업의 안전주의 수준이 나아지지 않고 기업의 도덕적 해이가 계속될 수 있어 징벌적 손해배상 법제도가 필요하다는 것이다.

징벌적 배상이란 제품 제조자가 고의적으로 또는 악의적으로 안전사고를 유발했을 때 그 기업이 일으킨 실제 손해배상금에 추가적으로 배상을 피해자에게 지급하도록 하는 것이다. 징벌적 손해배상은 피해자가 가해자의 고의 또는 그것에 가까운 악의에 의해 피해를 입은 경우, 이러한 행위가 재발하지 않도록 손해액과는 관계없이 고액의 배상금을 가해자에게 부과하는 제도로 미국에서는 현재 부가되는 징벌적 손해배상액이 실 손해액의 2배부터 몇 배까지 달하는 경우도 발생되고 있다. 보통 기업이 사전에 위험을 알고도 방치했거나 악의성이 있는 상황에서 생산·판매한 상품이나 서비스로 소비자가 피해를 입은 경우 그 실제 피해액수 외에 추가적으로 사회적 책임에 대해서도 손해배상책임을 부과하는 제도이다.

우리나라에서는 2011년 3월 공정거래위원회 관할 하도급법에서 징벌적 손해배상 규정을 도입한 바 있다. 이 규정으로 하도급업체가 본사 또는 하청 수준 사업자에 의한 기술 탈취 등으로 손해를 입은 경우 그 실제 손해액의 3배 까지 손해배상을 받을 수 있다. 기술 탈취는 기업 생명 자체를 위태롭게 할 수 있기 때문이다. 이 같은 악의적 행위에 실제 손해액보다 훨씬 많은 액수를 배상하게 하면, 유사행위의 반복을 막을 수 있다는 게 징벌적 손해배상의 주요 긍정적 기능이다.

오랜 기간 입법의 노력 끝에 가습기 살균제 피해사건을 계기로 2017년 제조물책임법 개정, 2018년 시행을 통해 제품안전사고 3배의 징벌적 피해보상 규정을 추가시켰다. 그러나 소송 남발과 기업활동의 위축 등을 이유로 징벌적 손해배상제도의 도입을 반대하는 기업들도 많다. 반대의 논리는 영미법계에 퍼져 있는 징벌적 손해배상제도가 한국 법체계에 부합하지 않는다고 주장한다. 반대론자들은 민사소송에서는 손해 본 만큼만 배상하게 하고, 악의에 대한 징벌은 국가가 형벌로 내리는 게 적절하다는 논리를 펼치고 있다. 3배씩 배상금을 물리는 것은 과잉 처벌로써 헌법 정신에 어긋난다고 반대하는 주장도 있다(뉴스토마토, 2014.06.14.).

(2) 징벌적 손해배상 제도의 기능

징벌적 손해배상제도는 손해배상 금액이 소송비용보다 작아 손해배상청구를 하지 않은 사람이 많을 때, 소비자피해유발 사업자의 도덕적 해이를 방지하여 사회후생을 극대화하려는 취지의 법제도이다(이인권, 2010). 즉, 사회의 여러 사람에게 피해를 끼쳤으나, 피해자들이 손해배상을 받지 못하는 경우 또는 기업의 주의수준이 사회적으로 적정한 수준에 미달하는 경우 사회적 손해를 모두 배상하게 하여 도덕적 해이와 사회 후생의 감소를 방지하려는 제도이다(오지영, 여정성, 2012).

이 징벌적 손해배상제도의 기능을 구체적으로 잘 살펴보면 다음과 같다. 첫째, 처벌기능, 둘째, 억지기능(특별억지 및 일반억지), 셋째, 사인(私人)에 의한 법 실현의 장려이다. 그런데 징벌적 손해배상의 기능인 처벌과 억지 기능을 효과적으로 달성하기 위하여 합리적 배상액 산정기준이 가장 큰 쟁점이다(이인권, 2010). 보통, 배상액을 산정 함에 있어 고의 또는 손해 발생의 우려를 인식한 정도, 위반행위로 인하여 수급사업자와 다른 사람이 입은 피해 규모, 위법행위로 인하여 원사업자가 취득한 경제적 이익, 위반행위에 따른 벌금 및 과징금, 위반행위의 기간·횟수 등, 원사업자의 재산상태, 원사업자의 피해구제 노력 등이 중요한 기준으로 간주 되고 있다.

결국 소비자가 손해배상청구 시, 가해자에게 손해 원금과 이자뿐 아니라 형벌적인 요소로서의 금액을 추가적으로 포함시켜 배상받을 수 있게 한 제도다. 기존 민사상 불법행위 책임에 형벌로서의 벌금을 혼합한 제도다.

이 제도가 의도하는 바는 원고로 하여금 재산상의 손해배상을 얻게 하는 동시에 아울러 원고가 입은 정신적인 충격 또는 고통에 대해 그 위자를 꾀하려 하거나 또는 피고의 행위의 악성에 대하여 징벌을 가하고 일반적 예방에도 이바지 하려는 것이다. 미국 연방대법원은 "응징과 억제를 위해 민사재판의 배심원에 의해 부과되는 사적 벌금" 이라고 정의한다.

미국 등 영미법 국가에서 시행되고는 있지만 국내에서는 전보적 손해배상을 시행 중이다. 최근 소비자들에 대한 권익 보호가 사회적으로 이슈화 되면서 징벌적 손해배상 법제도에 대한 사회적 관심이 높아지고 있고 일부 법에서 징벌적 손해배상 규정이 도입되고 있다. 다만 징벌적 손해배상 제도는 소비자의 권익보호와 기업의 신뢰도 향상이라는 순기능도 있지만 피해사고 발생시 정확한 인과관계 파악이 힘들뿐 아니라, 개인적 요인에 의한 것이 많아 이를 악용하는 일부 소비자들이 증가할 수 있다는 우려가 늘고 있다. 최근 일부 시민단체에서 도입을 추진 중인 미국식의 징벌적 손해배상의 경우, 고액 보상을 요구하는 악성 클레임 및 소송남발을 유발할 수 있고 이로 인한 보험료 인상 및 제품가격 상승 등의 현상이 나타나 선의의 소비자 피해가 발생될 수 있어 벌써부터 이에 대한 경계의 목소리가 높다. 징벌적 손해배상 제도의 선진국인 미국에서도 천문학적인 비용 문제가 발생되고 있어 철저한 준비 없이 제도를 도입하는 것은 사회적인 부담 및 기업의 경제 활동을 위축하게 할 수 있다는 것이다.

(3) 우리나라 징벌적 손해배상 도입 논의

소비자피해유발 사업자에 대한 제재조치는 공정거래위원회가 담합, 불공정거래행위 등 사업자의 경쟁제한행위에 대한 조치를 하고 있다. 그러나 소비자피해유발 사업자에 대한 조치가 미흡하다는 지적이 끊이지 않고 있다(국민권익위원회, 2012). 솜방망이식 처벌이라는 지적이 높았던 사례를 살펴보자. 지광석(2013)은 2012년 공정거래위원회가 두 개 대기업에 대해 가전제품의 가격담합 사실을 적발하고 총 446억 원 가량의 과징금을 부과하였으나 제재조치가 약했다고 밝혔다. 한편, 2011년 공정거래위원회는 사전 동의 없이 소비자의 위치정보를 수집·축적한 애플과 구글에 대해 각각 과태료 300만 원을 부과하였는데 솜방망이식 행정조치처벌이라는 지적이 많았다(SBS뉴스, 2011년 8월 5일). 공정거래위원회 측은 이용자의 사전 동의를 받지 않고 서비스를 껐는데도 저장된 부분의 최대한 적용할 법규를 찾은 결과 법령상 과태료 300만 원을 부과할 수밖에 없다는 설명이었다. 시행령상 1차 위반시 300만 원, 2차 600만 원, 3차는 1000만 원 부과가 규정되어 있기 때문이라는 것이다. 결국 당시 법제도의 개선으로 제재수위를 더 높여야 한다는 주장이 많았다. 이 사건의 경우 현행 법제도가 기술 속도를 따라가지 못하는 상황에다가 관련 매출이 없어 강력한 과징금부과가 어렵다는 것이었다. 그러나 소비자 입장에서는 위치정보축적이 개인 사생활을 침해할 가능성이 있어 이와 관련한 충분한 제재조치가 필요하다. 2014년에는 신용카드 3사로 인해 1억 건의 개인정보가 유출되는 등 개인정보유출로 인한 피해가 증가하면서 소비자피해 유발시 행정조치적, 법제도적 조치의 적정성 및 개선방향에 대한 논의 및 연구조사가 필요하다는 지적이 제기되기 시작하였다.

이 같은 사회적 분위기를 반영하여 2014년 12월 국회 정무위에서는 신용정보이용 및 보호에 관한 법률(이하 신용정보법)을 개정하여 금융회사의 잘못으로 개인정보가 유출돼 손해를 입었다면 금융社에 징벌적 배상책임을 최대 3배까지 인정하고, 개인정보를 불법으로 활용해 영업땐 매출 3% 과징금을 부과하도록 하였다(한국경제신문, 2015년 1월 12일).[139) 금융회사가 정보유출 방지 의무를 다하지 못했을 경우 부과되는 과태료도 현행 최대 600만 원에서 5000만 원까지 상향조정하고 신용정보 관리인인 최고경영자(CEO)가 정보보호 관련 보고의무를 게을리 할 경우 최대 5000만 원의 과태료를 부과하도록 하였다.

최근에는 소비자피해 외에도 사회적, 행정 비용을 유발한 부분도 과징금 등의 형태로 규제해야 한다는 징벌적 손해배상 개념을 도입해야 한다는 주장이 계속되고 있다. 그러나 여전히 소비자피해에 대한 법제도적 규제 및 정부의 행정조치에 대한 소비자, 사업자, 전문가의 인식, 요구, 기대는 상충되거나 일치하지 않고 있다. 사업자들의 경우도 모두 한 목소리라고 보기는 어렵다. 즉 소비자피해 방지를 위한 일정 수준을 갖춘 사업자의 경우 그렇치 못한 사업자에 대한 규제 조치가 약하다고 인식하는 것이 보통이기 때문이다. 결국, 소비자, 사업자, 전문가의 소비자피해 유발 사업자에 대한 법제도적 규제 수위에 대해서는 논란이 존재하고 있다고 하겠다.

(4) 징벌적 손해배상 입법 방향 논의 및 이슈

소비자기본법에 징벌적 손해배상에 대한 일반 조항의 규정을 마련하거나, 소비자피해에서 발생 원인의 다양성 및 형태의 복잡성 등을 고려하여 구체적 타당성을 확보할 수 있도록 소비자보호와 관련한 각각의 개별법에 징벌적 손해배상규정을 반영하도록 하는 방안들이 논의되고 있다(김태선, 2010; 김현수, 2013). 손해배상제도가 도입되고 소비자피해 구제 소송이 활성화 되면 소비자피해의 적절한 구제효과 외에도 담합, 불공정거래행위 등으로 발생하는 가격인상과 사장

| 표 17-5 | 영국과 미국의 징벌적 손해배상제도의 비교

구분	주요 내용의 비교
영국	– 전보배상이 원칙, 징벌적 배상은 예외적으로 인정됨. – 징벌적 배상은 다음의 경우에 한하여 인정함. 　① 공무원의 억압적, 자의적 또는 위헌적 행위, ② 불법행위의 이익이 전보배상액보다 크다는 계산 하에 이루어진 불법행위, ③ 제정법에서 명시적으로 징벌적 배상을 인정한 행위
미국	– 대부분의 주에서는 징벌적 배상을 인정하나, 일부 주에서는 명시적으로 부정함. – 징벌적 배상은 일반 불법행위보다 가중된 요건 하에서만 인정됨. 　① 일반불법행위요건, ② 피해자의 권익 침해에 대한 악한 동기(evil motive)나 미필적 고의에 의한 무관심 (reckless indifference) 등

---

13) 개정안은 금융회사나 신용정보회사가 고의나 중대과실로 신용정보를 유출해 금융소비자피해가 발생했을 경우 피해액의 세 배까지 배상책임을 지도록 했다. 피해자가 입은 재산상 손해액보다 더 큰 금액을 부과하는 징벌적 손해배상제도다. 고의나 중대과실이 아니라는 사실은 금융회사가 입증해야 한다. 법원이 정보유출에 따른 손해액을 정해주는 '법정손해배상제도'도 생긴다. 법원은 정보가 유출됐다는 사실만 가지고도 최대300만 원까지 손해액을 인정해 줄 수 있다.

된 후생순손실, 정부가 불법행위를 적발·감시하고 집행하는 과정에서 발생하는 규제비용 등을 환수하는 효과를 창출할 수 있다(강병모, 2008; 김두진, 2008; 김성천, 2003).

4. '소비자생활협동조합법'

1960년대 이후 정부의 성장위주의 수출지향적 경제정책이 추진된 결과 우리나라는 경제성장을 이룰 수 있었고 물질적 풍요를 얻게 되었다. 그러나 대기업 중심의 경제력 집중, 산업간의 불균등의 심화, 도시와 농민간의 격차 심화, 도시 저소득층 형성 등의 문제가 제기되기 시작하였다. 특히, 복잡한 유통구조로 인해 도·소매유통업자들의 높은 중간이윤, 지나치게 긴 유통단계 등 공급자지향적인 유통구조가 고착되면서 소비자는 생산지가격에 비해 지나치게 비싼 가격으로 농수산물을 구입해야 했다. 반면, 농어민들은 도시 유통자본가들에 의해 농산물을 싸게 공급해야 하는 상황이 계속되었다. 경제성장은 계속되었음에도 더 높은 생활수준에 대한 욕구, 물가상승의 현실 속에서 저소득층 소비자들의 실질적인 생활수준은 크게 나아지지 않았다. 게다가, 비료 등에 오염된 농수산물, 저질·위해 수입농수산물 제품, 유전자조작제품, 다국적 기업의 위해제품 등으로 인한 소비자불만 및 소비자피해는 계속적으로 증가하게 되었다. 이 같은 상황에서 농수산물의 가격안정, 생산자와 소비자들의 직접거래를 통한 양자 이익추구, 유통구조혁신, 환경보호 및 생태계안정을 추구하기 위한 소비자생활협동조합(consumer's cooperative)의 활동이 전개되기 시작하였다.

소비자생활협동조합은 소비자들이 직접 나서서 스스로의 권익을 보호하기 위해 활동하는 경제조직이라고 할 수 있다. 10여 년 전부터 농산물 직거래를 주요 활동으로 하는 소비자생활협동조합의 활동이 서울과 경기도를 중심으로 전개되어 왔으나 법적 기반의 미비로 유럽이나 일본과 같이 활성화되지 못하였다. 이 같은 상황에서 소비생활협동조합의 활동을 지원할 수 있는 '소비자생활협동조합법'을 제정하여야 한다는 사회적 요구가 높아지기 시작하였다. '소비자생활협동조합법' 제정의 기본 취지는 경제적·사회적 차원의 긍정적 기능이 높은 소비자생활협동조합 활동, 즉 물가안정, 소비자 및 농어민 이익증진, 가계안정, 유통구조 개선, 자연보호 및 생태계보존, 사회적 민주화 촉진 등의 활동을 적극적으로 지원하고자하는 것이다. 이 같은 상황에서 정부는 1998년 '소비자생활협동조합법'을 제정하여 1999년 8월 시행에 들어갔다.

1) 소비자생활협동조합이란?

소비자생활협동조합은 소비자들의 경제적·사회적·문화적 지위 향상을 위하여 소비자들이 자주적으로 결성한 소비경제조직이다. 독과점적 시장구 조속에서 소비자들은 기업에 비해 상대적으로 불리한 입장에서 부당한 제품가격, 불공정거래, 오염된 농수산물 및 불량가공식품, 위해수입 농수산물, 다국적 기업들의 위해제품 등에 무차별적으로 노출되어 있으며 방어능력이 부족한 실정이다. 이 같은 시장환경 속에서 소비자는 스스로 소비자협동조합을 설립하여 생산자와 직접거래 또는 계약 재배함으로써 소비자들 욕구에 맞는 양질의 제품을 구매하고, 유통단계를 축소하여 저렴한 가격에 제품을 구매함으로써 소비자이익을 도모하고 나아가 환경운동까지 펼치고 있다. 같은 마을이나 지역에 사는 주민들끼리, 직장동료나 뜻이 맞는 주부들끼리 자금을 공동으로 출자하여 조합을 결성하고 생산자와 직접거래, 계약재배 등의 활동을 민주적이며 협동적으로 전개하는 것이 기본적 운영방법이다.

소비자생활협동조합은 생산자들이 만든 조직인 농·수·축·임업협동조합, 중소기업협동조합 등과는 달리 소비자들이 조직하였다는 점에서, 그리고 소비자들의 이익을 추구한다는 점에서 차이가 있다. 또한, 소비자협동조합은 가계자금 공급을 주요 목적으로 하는 신용협동조합이나 새마을금고와도 구별된다.

한편, 소비자생활협동조합의 활동은 소비자단체들의 활동과도 다소 차이가 있다. 소비자단체들의 활동은 소비자불만처리 및 피해구제, 상품품질비교조사 등 사후 처방에 중점을 두고 있으나, 소비자협동조합 활동은 생산자와 소비자의 직접연계를 통한 중간이윤배제, 불량식품 배제 등 사전적 예방활동에 초점을 두고 있는 점에서 구별된다. 또한, 소비자단체들의 여러 활동에 개인 소비자들은 간접적으로 참여하는 경향이 높다면, 소비자협동조합의 활동에는 개인 소비자들이 직접 참여하여 스스로 사전에 자신들의 이익을 추구하는 직접적이면서 적극적인 활동을 펼친다는 점에서도 구분된다.

2) 소비자생활협동조합의 기능

소비자생활협동조합의 긍정적 기능은 크게 두 가지로서 경제적 기능과 사회적 기능이라고 할 수 있다. 〈표 17-6〉에 정리 제시한 바를 중심으로 구체적으로 살펴보면 다음과 같다.

(1) 경제적 기능
소비자협동조합활동의 경제적 기능은 크게 소비자복지 증진, 물가안정, 가계안정, 유통구조개

| 표 17-6 | 소비자생활협동조합의 기능

경제적 기능	사회적 기능
• 소비자복지 증진 • 농어민 실질소득보장 • 물가안정 • 가계안정 • 유통구조 개선	• 사회적 불평등과 불균형 해소 • 공동체의식 형성 • 환경 및 생태계보존 • 사회적 민주화 촉진

선이라고 할 수 있다. 불량제품이나 위해제품이라도 돈만 벌면 된다는 식의 상도덕이 만연되어 있고, 기업윤리가 존재하지 않는 상황에서 소비자생활협동조합은 기업의 독점이윤을 억제시키고 양질의 제품을 적정가격으로 구매할 수 있도록 함으로써 소비자이익 확보, 소비자복지 증진이 실현되는 기능을 수행한다. 소비자협동조합이 있는 지역에서 소비자들이 상대적으로 싸게 제품을 구입하므로 인근지역 점포들도 가격을 내리게 되는 효과를 창출한다. 뿐만 아니라, 우리 농산물소비 촉진으로 수입농수산물이 범람하는 최근의 상황에서 우리 농어촌의 황폐화를 막을 수 있으며, 적정한 농수산물가격이 형성되어 농어민들의 소득증대 등 농어민이익도 보장된다. 게다가 농수산물직거래, 무급봉사자들의 활동, 유통구조개선 등을 통해 소비자생활협동조합의 활동은 제품을 적정가격에 소비자에게 공급함으로써 물가안정에 긍정적인 역할을 수행할 뿐만 아니라 미시적으로는 가계경제를 안정시킨다. 뿐만 아니라, 소비자생활협동조합들은 보통 사전 구매계획을 통해 구매를 하게 되므로 계획적이고 규모 있는 소비선택, 합리적 소비생활을 유도하는 효과도 있다.

소비자생활협동조합의 활동은 공급자위주의 유통구조에서 소비자지향적 구조로 재편하는 기능을 수행한다. 유통구조를 개선하는 기능은 '소비자생활협동조합법'의 주요 기능이라고 하겠다. 농수산물의 경우 직거래유통을 통해서, 공산품의 경우 소비자생활협동조합이 중간도매기능을 수행함으로써 유통경비를 절감시키며 이는 일반유통업자들에게 새로운 유통기구의 도입, 거래단계축소를 촉진시키므로 유통구조개선의 효과를 창출한다.

(2) 사회적 기능

소비자생활협동조합의 활동은 사회적 불평등과 불균형의 조화, 공동체의식 형성, 환경 및 생태계보존, 사회적 민주화 촉진 등 사회적 기능도 수행한다. 소비자생활협동조합은 농수산물이나 공산품의 염가판매를 통해 저소득층 노동자들의 부담을 줄여 주고, 농수산물의 직거래를 통해 상업자본가나 독점자본가로부터 농어민을 보호함으로써 장기적으로 생산, 분배, 교육, 정치 등에 영향을 미치게 되어 계층 간의 불협화음을 줄이고 사회 전체의 불균형이나 불평등을 완화시키게 된다. 한편, 안전한 소비생활을 추구하기 위하여 무농약·무공해 유기농제품을 직거래하며, 가루비누 안 쓰기 운동, 재활용품사용운동 등의 활동을 통해 자연보호 및 생태계보존의 기능을 수행한다. 게다가, 조합원들은 생산, 유통, 재활용 등 소비자생활협동조합의 모든 활동에 적극적인 참여를 하게 되므로 소외되기 쉬운 현대자본주의 사회에서 연대감 및 상호간의 친밀감형성 등 공동체의식을 갖게 하는 긍정적인 효과가 있다. 조합공개원칙, 일인 일표의 민주적 원칙, 조합원 스스로의 자발적 참여원칙 등은 시민의식을 높여 민주사회 형성에 기여한다. 또한 소비생활자로서 주체적으로 소비생활협동조합 운영에 활동함으로써 민주적 조합운영과 공동체적 활동을 통해 민주시민으로서의 의식제고와 자질향상을 꾀할 수 있게 된다. 나아가서는 사회교육기관으로서의 기능을 수행함으로써 사회전체의 민주화 촉진, 시민사회의 성숙에 기여할 수 있다.

3) 소비자생활협동조합활동 현황

우리나라에서 현대적 의미의 소비자생활협동조합의 시작은 1960년대이다. 한국여성소비조합, 마포구 중앙여고동창 및 교직원 중심의 동심소비조합, 부산 소하조합, 인천 화수동 소비조합, 마포구 가별소비조합 등의 활동이 있었으나 경영능력의 결여, 경영방식의 낙후성, 자금조달의 어려움 등으로 모두 실패하여 문을 닫았다.

1980년대 접어들면서 소비자생활협동조합의 활동이 보다 적극적으로 다시 전개되기 시작하였다. 초기에는 종교단체, 노동조합, 사회단체들이 우루과이라운드에 대비한 '우리 농산물 살리기 운동'의 형태로 농산물직거래를 꾀하였다. 이처럼 농촌살리기 운동 또는 농산물직거래활동으로 시작한 소비자생활협동조합의 활동은 불량품불매운동, 무공해 환경제품사용운동, 환경친화적 농·공산품의 개발보급, 육아보육시설 및 보건의료시설 등 공동이용시설 운영사업, 지역사회발전을 위한 문화복지사업, 소비자보호운동, 심지어 여성운동에까지 그 활동영역이 확대되기에 이르렀다.

한편, 1983년 소비자생활협동조합중앙회(1987년 법인설립허가)가 설립되면서 지역 중심의 활동으로 전개되기 시작하였다. 또한, 전국 50여 개 소비자생활협동조합들이 연합하여 1988년 한국소비자생활협동조합연합회를 결성하였다. 1985년에는 한국노총 내에 소협연합회가 창설되어 노동운동의 일환으로 소비자생활협동조합 활동이 전개되기도 하였다. 이 외에도 농협연쇄점, 신용협동조합 구매사업, 새마을금고 주최의 구매장 등의 활동은 소비자생활협동조합의 활동을 부추기게 되었다.

소비자생활협동조합은 1986년 한살림공동체 소비자생활협동조합이 결성되면서 더욱 활기를

띠기 시작하였다.[14]

5~10세대 단위의 조직적인 조합원 중심의 무점포형태 운영방식을 기초로 생산자와 소비자가 직접 만나 유대감을 형성하며 상호유기적인 조화와 화합을 통해 농수산물의 품질이나 수량의 표준화, 농수산물의 적정가격 유통, 무농약농산물 보급 등으로 자연환경보존 등의 활동을 펼치고 있다. 이외에도 1991년 더불어 사는 생활협동조합이 결성되어 활동을 펼쳤으나 실패하였는데, 그 이유는 자금압박(사채로 운영)과 소비자들을 이해시키는 데 한계가 있었던 것으로 밝혀지고 있다.

소비자생활협동조합은 1995년 당시 약 700여 개, 조합원 수는 약 100만 명, 연간매출액은 2,000억 원 정도로 추정되었다. 이 중 1,500명 이상의 대규모 소비자협동조합은 한살림공동체, 경실련 정농, 여성민우회 등이 있으며, 1,000명 이하의 조합원을 확보하고 환경문제를 주요 활동으로 하고 있는 녹원, 농촌지역에 의료활동을 펼치고 있는 안성의료생협 등의 활동이 괄목할 만하다. 소비자생활협동조합법이 제정·시행되면서 1999년 현재 생활협동중앙회에 가입한 단위조합수는 72개로서 조합원 수는 약 8만 가구에 이르고 있다.[15]

주요 활동은 유기농산물 및 환경물품을 생산자와 직거래하여 조합원에게 공급하고 있으며, 각종 공동이용시설(예 : 예식장, 미장원 등)을 설치·운영하고 있다. 또한, 병원이나 약국들을 설치·운영하며, 소비자권익향상을 위한 교육사업도 펼치고 있다.

지금까지 소비자생활협동조합들의 활동을 살펴보았는데, 자금문제를 해결하고, 소비자들의 신뢰를 받기 위해서는 '소비자생활협동조합법'의 제정에 의해 공신력 획득, 정부의 재정, 금융, 세제상의 지원(예 : 공공건물 및 토지의 무료 또는 저가임대) 등이 절실함을 알 수 있다.

4) '소비자생활협동조합법' 제정의 원칙 및 내용

'소비자생활협동조합법'이 어떻게 제정·규정되느냐에 따라 소비자협동조합이 자조·자율의 단체로서, 소비자이익을 추구하고 나아가 국민경제에 기여하는 조직체로서 성장할 수 있다. 따라서 소비자협동조합의 기본적 이념과 원칙을 충실히 반영하면서 어떤 외부적 간섭이나 원조 없이 자율적인 조직으로 발전할 수 있어야 한다.

그러나, '소비자생활협동조합법'은 소비자생활협동조합이 이윤추구화하는 것을 경계하여 영

---

14) 1992년 현재 조합원 수 약 7,000세대, 출자총액 2억 3,000원 정도이며, 취급품목은 유기농산물, 안전한 생활재로서 구체적으로 주식, 잡곡, 야채, 과일, 수산물, 가공품, 축산품, 생활용품 등이다.
15) 소비자가 소비자생활협동조합에 가입하려면 생협에 가서 가입신청서, 가입금, 출자금(1~5만 원 정도)을 납부하면 조합원이 된다. 출자금은 탈퇴시 돌려 받을 수 있으며, 이익이 발생하면 배당을 받을 수 있다. 각 조합마다 이용방법은 다소 차이가 있는데, 조합매장에서 제품을 직접 구매하거나 사전예약주문제를 통해 제품을 구입할 수 있다.

"이름만 변호사" 파산 브로커 대거 적발

일부 금융권 출신자들이 변호사 명의를 빌린 뒤 금융권 경력을 살려 '개인회생·파산' 관련 브로커로 나서는 사례가 검찰에 대거 적발됐다. 28일 변호사 등의 명의를 빌려 신용불량자들을 대상으로 개인회생·파산 업무 등과 관련한 법률 사무를 대행한 혐의(변호사법 및 법무사법 위반)로 법무사 사무장 이모씨(42) 등 세 명을 구속 기소했다.

신용카드 회사 출신으로 법무사 사무장을 맡고 있는 이씨는 법무사 L씨의 명의를 빌린 뒤 2005년 11월부터 올 3월까지 678건의 파산·면책 등 사건을 취급, 신청인들로 부터 총 5억 7,000만 원의 수임료를 받아 챙긴 혐의다. 이들은 주로 2005년부터 올해 초까지 서울·수도권 일대에서 생활정보지 등에 '개인회생, 파산·면책 대행'이라는 광고를 대대적으로 게재한 뒤 이를 보고 찾아온 신용불량자들로부터 한 건당 100~150만 원의 수임료를 받고 불법으로 법률사무를 취급했다고 검찰은 설명했다.

검찰은 올해 초 개인회생, 파산·면책 사건의 증가로 브로커가 활개치고 있다는 여론이 일자 지난 3월부터 본격적인 수사에 착수, 주요 14개 법무사 사무실 등을 집중 단속해 이들을 사법처리했다. 특히 이들은 금융권에서 근무하며 습득한 파산 관련 노하우를 가지고 법률시장에 진입, 그동안 관리해 온 채무자 명단을 활용해 각 채무자들에게 다이렉트메일(DM)을 발송하는 등 영업에 이용하기도 했다.

검찰 관계자는 "일부 파산 신청자들이 부정한 방법으로 파산을 신청해 면죄부를 받는 등 금융질서 혼란 등의 부작용이 발생하고 있다"며 "이 같은 범죄에 대해 지속적인 수사를 벌여나갈 방침"이라고 말했다.

출처: 머니투데이 2007년 06월 28일

리적 요소는 법적으로 배제·금지하고, 단위조합 중심의 생활밀착형 공동체가 되도록 독려하고 있다. 또한, 비조합원이용 배제원칙, 비전문가의 경영으로 인한 조합원의 피해방지, 비조합원을 대상으로 하는 편법운영, 이사장 등 소수의 이익추구활동 등이 되지 않도록 규정하고 있다.

소비자협동조합법의 내용을 간단하게 살펴 보면, 첫째, 조합에 법인자격을 부여하여 협동조합의 대외공신력을 높여 주고 있다. 둘째, '법인세법' 및 각종 조세감면 세제상의 혜택을 부여하여 자금조달이 용이하도록 하고 있다. 한편, 소비자생활협동조합의 사업범위를 일반공산품이 아닌 농·수·축·임산물, 재활용품으로 제한하고 있으며, 학교생활물품의 경우 예외적으로 인정하고 있다. 조합원이 아닌 사람은 조합이 운영하는 제품을 구입할 수 없으며, 조합임직원이 조합활동 목적이외에 조합자금을 사용하거나 재산을 처분할 수 없도록 하고 있다. 또한, 소비자생활협동조합의 금융업무취급은 허용되지 않도록 하고 있다.

5. 소비자파산제도

우리나라의 경우 1962년 '파산법'이 제정되었으나 소비자파산제도는 이에 대한 사회적 인식 부족으로 사문화된 제도였다. 그러던 중 1996년 11월 현모 씨가 소비자파산신청을 하여 1997년 5

월 법원으로부터 면책허가를 받음으로써 소비자파산이라는 용어조차 생소하던 우리에게 소비자파산제도에 대한 사회적 관심을 불러 일으켰다. 최초의 소비자파산 이후 IMF사태로 개인파산자가 증가하면서 소비자파산에 대한 관심은 더욱 폭증하기 시작하였다. 소비자신용 및 소비자금융이 일찍부터 발달한 서구 선진국에서 소비자파산이 급증하자 미국, 유럽, 일본 등 세계 각국은 종전의 사업자파산 위주에서 소비자파산에 관한 법적 개정을 일찍부터 시행·운영하여 왔다. 그러나 우리나라에서는 최근에야 소비자파산에 대한 사회적 관심이 높아지게 되었다.

1) 소비자파산제도란?

소비자파산제도란 채무자인 소비자가 채무를 변제할 수 없는 지급불능의 상태에서 파산신청을 제기하면 법원은 채무자의 재산을 금전으로 환가하여 채권자에게 배당하고, 일정 조건을 갖춘 경우 채무를 면하게 해 주는 절차를 말한다.[16] 다시 말해, 소비자파산제도란 소비생활과정에서 발생하는 빚이 재산보다 많아 이를 갚다보면 정상적인 생활을 도저히 못하고 자살, 가족해체, 범죄 등 인생파탄으로까지 이르는 것을 막기 위한 소비자보호제도이다. 소비자파산절차를 통해 채무에 대한 면제가 허가되면 세금이나 벌금 등 공적인 채무를 제외한 모든 빚으로부터 해방되며 새로 번 소득으로 빚을 갚을 필요가 없어 갱생(更生)의 기회를 갖게 된다. 그러나, 파산선고만 받고 면책허가를 받지 못하면 파산자로서 여러 가지 공·사법상의 제약을 받으며 채무를 갚아야 한다. 소비자파산이란 채권자가 아닌 채무자가 스스로 파산신청을 한다는 의미에서 자기파산신청으로도 불리는데, 파산의 주요 원인이 소비활동에서 발생하며 파산신청이 소비자에 의해 제기된다는 의미에서 지칭되는 용어이다.

2) 소비자파산의 원인

소비자파산의 주요 원인은 크게 세 가지로 분류할 수 있다.

- 사치형 파산 : 과소비 등 무분별한 소비생활로 인한 파산 형태
- 구조적 파산 : 경제가 나빠지거나 경기변동으로 인한 파산의 형태로 실업, 부동산가격하락, 임금하락 등과 같은 구조적 불황형 파산
- 보증형 파산 : 연대보증이나 담보 등으로 인한 파산

---

16) 일반 개별 채권자도 소비자파산을 신청할 수 있다. 그러나, 소비자파산 신청이 주로 채무자에 의해 제기되는 경우가 많다.

우리나라 및 일본 등의 경우 사치형 파산은 소비자파산의 주요 원인이 되고 있지 않는 편이나, 미국의 경우 '구매는 크레디트카드로, 지불은 법원에서' 라는 유행어가 있을 정도로 '사치형 파산' 이 많은 것으로 알려지고 있다. 한편, 불황 및 경기변동에 따른 파산자 급증으로 인한 구조적 파산은 대부분의 국가에서 소비자파산의 주요 원인이 되고 있다. 한편, 보증형 파산은 일본 및 우리나라에서 많이 나타나는 현상으로 우리나라 최초의 소비자파산 역시 친척의 은행대출에 연대보증을 섰다가 친척의 부채를 안게 되어 파산신청을 한 경우이다. 한 개인이나 사업자의 파산은 채무보증을 선 다른 개인이나 사업자의 파산으로 확대되는 등 연속적인 파산, 즉 파산의 도미노 현상을 일으키게 되는 경우가 많아 사회적 문제로 확대되는 경향이 있다.

3) 소비자파산제도의 기능

소비자파산제도의 기능은 다음과 같다.

첫째, 과중한 채무를 진 소비자의 경제적 재기 또는 갱생의 길을 마련해 주는 주요 기능을 수행한다는 데 있다. 소비자파산절차를 통해 채무를 면제해 줌으로써 파산자를 갱생시키고 인간으로서의 기본적 존엄과 가치 있는 생활을 할 수 있게 한다. 과중한 채무를 진 채무자의 경우 심한 채무독촉에 시달리는 경우가 많고 동반자살, 자살, 야밤도주, 가족해체, 심지어는 범죄를 저지르는 등 인생을 포기하는 경우가 많아 이 같은 사건들은 사회적 문제가 되므로 소비자파산제도를 통해 빚을 면제해 줌으로써 채무자와 그 가족들에게 삶의 길을 터주는 역할을 수행한다.

둘째, 소비자파산제도는 사회 전체의 안녕을 유도한다. 소비자파산제도는 채권자에게는 불리한 것이 사실이나 극단적인 경우 채권자를 보호하는 기능도 한다. 예를 들면, 채권행사과정에서 채권자를 해치는 등 최악의 사태로까지 가는 경우도 종종 발생하고 있어 소비자파산제도를 통해 채무면제를 시키는 것이 오히려 채권자를 보호하는 방법이 될 수도 있다. 과중한 빚을 진 채무자가 변제능력이 전혀 없는 경우 어차피 채권자는 채권을 행사하지 못하게 되며, 채무이행을 미루다 보면 채권유효기간을 넘기게 되는 경우가 많이 발생한다. 이처럼, 채무자가 이미 채무변제능력이 없는 경우 빚을 받기가 어렵다면 차라리 소비자파산제도를 통해 채무자에게 갱생의 길을 주는 것이 사회 전체적 입장에서 바람직하다.

셋째, 소비자파산제도는 공공복지를 높인다. 채무자의 자살 및 도주, 채권자와 채무자 간의 분쟁 등은 개인적 문제일 뿐만 아니라 사회적 문제이다. 특히, 대출 시 연대보증이나 담보를 요구하는 우리의 금융관행에서 한 개인의 파산은 다른 개인의 파산으로 확대될 가능성이 높아 사회적 문제로 확대된다. 따라서 소비자파산제도는 채무자의 제기를 돕고 채권자에게도 최악의 사태를 피할 수 있게 하는 공공의 복지제도 또는 소비자보호제도로써 기능하게 된다.

4) 소비자파산 제도 운영 현황

우리나라에서는 1996년 11월 처음으로 소비자파산신청이 있었으며, 1997년 5월 면책허가를 받은 사건이 있었다. 이 사건에 대해 간단하게 살펴보면, 43세 기혼여성인 간호사 현모 씨 부부는 사업을 하는 친정오빠 부부의 은행대출에 연대보증을 서 준 바 있다. 또한, 현모 씨는 자신의 명의로 신용카드를 발급 받은 후 친정올케가 사용할 수 있도록 하였다. 그러나 1996년 6월 말경 신청인의 친정오빠 부부가 파산하여 도피하자 신청인은 사채업자들에게 협박을 받기에 이르렀고 신청인은 직장에 사표를 제출하였다. 신청인은 퇴직금과 은행에서 융자를 받아 보증채무를 변제하였으나 파산신청 당시 재산이 거의 없어 계속적으로 보증채무를 변제할 수 없게 되자 파산신청을 법원에 제기하였다. 신청 당시 파산신청절차의 비용을 납부하기에도 부족한 재산상태였으므로 파산신청을 제기하였다. 그 후 법원은 심리를 거쳐 1997년 5월 파산선고를 내렸으며 동시파산폐지를 허가하였다. 이 사건은 최초의 소비자파산사건으로 소비자파산에 대한 높은 관심을 불러일으켰다.

이 사건 이후 소비자파산신청이 잇달아 제기되었다. 1997년 4건의 소비자파산신청에 이어, 1998년 4월까지 36건의 파산신청이 제기되었다. 36건의 신청자를 조사한 결과 남성 19명, 여성 17명으로 사업가(15명), 주부(6명), 보험업종사자(3명)이었다. 빚을 지게 된 사유는 사업실패(16명), 신용카드 관련(6명), 보증(5명)이었다.

우리나라 소비자파산제도의 운영은 일정한 요건이 존재하면 면책을 허가하는 적극적 차원이라기 보다는 불가피한 경우에만 면책을 허용하는 소극적 방식을 채택하고 있다. 특히, 면책을 허가받기 위해서는 채무자의 모든 재산이 채무변제에 사용되어야 하는 조건이 필요하다. 우리나라의 소비자파산제도는 이제 시작 단계로서 소비자파산 및 면책을 받는데 있어 제한적인 형태를 띠고 있다. 최초의 소비자파산사건에서도 현모 씨는 14년간 다니던 직장을 그만두고 받은 퇴직금을 모두 보증채무변제에 사용하였고 남편도 월급의 절반을 압류당하여 더이상 채무변제가 어려워져 면책허가결정이 내려진 것이다. 결국, 우리나라에서는 불가피한 상황으로 채무가 발생했고, 채무변제를 위해 최대한 노력했으나 어쩔 수 없는 경우에만 제한적으로 면책이 허가되고 있다고 하겠다.

5) 소비자파산 절차

소비자파산절차는 크게 두 가지 절차로서 소비자파산선고를 위한 절차와 채무면책절차가 있다. 소비자파산제도의 이해를 돕고자 소비자파산 절차를 도식화하여 〈그림 17-2〉에 제시하였다.

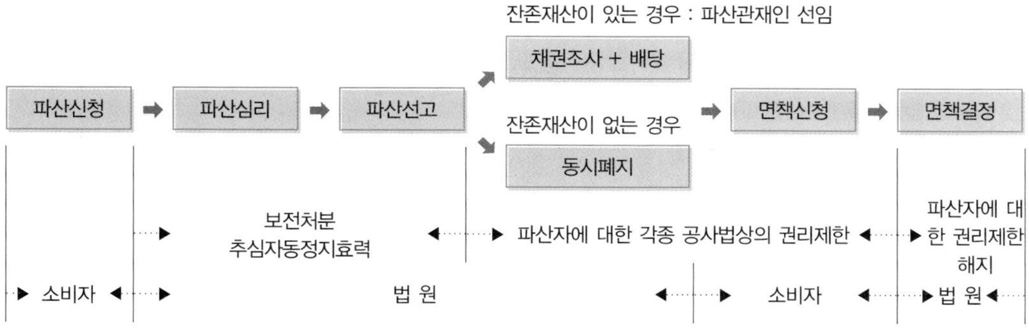

그림 17-2 소비자파산 절차

법원에서는 급증하는 소비자파산에 대한 소비자들의 궁금증 및 파산신청에 대응하기 위하여 파산신청방법, 파산 절차, '파산법'에 관련한 각종 정보 등을 일반인에게 제공하기 시작하였다.[17] 과중한 채무를 진 소비자가 우리 '파산법'에 의거하여 소비자파산신청 및 파산선고 그리고 면책허가를 받기 위해 어떤 절차 및 요건을 갖추어야 하는지는 관련 홈페이지(http://www. scourt.go.kr)에서 찾아볼 수 있다.

6. 금융소비자보호 법제도

1) 금융소비자보호 법제도의 현황

2020년 3월 제정, 2021년 3월 25일 시행된 금융소비자보호에 관한 법률(이하 금소법)에서 소비자 입장에서 관심있는 것은 금융상품 6대 판매원칙(적합성, 적정성, 설명의무, 부당권유 금지, 불공정행위 금지, 허위과장 광고 금지) 규정이다. 해당 판매원칙을 위반할 경우 위법계약 해지권, 징벌적 과징금 도입 등 판매원칙 준수를 위한 법적 근거가 마련되었다.

한편, 금소법에 따라 소비자는 원칙적으로 모든 금융상품에 청약 철회권과 위법계약 해지권을 갖게 돼 일정 기간 안에 투자를 철회할 수 있다. 이때 소비자가 설명의무 위반을 이유로 손해배상을 제기할 경우 판매자가 위법행위가 없었다는 점을 입증해야 한다. 또한, 소비자와 금융회사의 분쟁조정 과정에서 금융회사가 이탈할 수 없도록 하고(조정이탈금지제도), 소비자가 금융

---

17) 서울지법원 민사 50부는 소비자파산에 관한 각종 안내문, 신청서양식 등을 2층 민사신청과에 비치하였고, 관련 홈페이지 (http://www.scourt.go.kr)에서 찾아볼 수 있다.

회사에 필요한 자료를 요구할 수 있도록 했다. 한편, 소송중지제도가 포함되었기 때문에 분쟁조정이 신청된 사건은 소송이 진행 중이라도 법원이 소송을 중지할 수 있다. 조정이탈금지제도는 소비자가 소액분쟁을 신청해서 진행 중일 경우 금융회사는 분쟁조정 완료 시까지 제소 금지한 제도이다. 또한, 금융회사의 판매원칙 위반 등 잘못으로 소비자 피해가 발생했을 때는 최고 1억원의 과태료에 더해 수입의 최고 50%까지 징벌적 과징금을 부과하는 내용도 포함하고 있다.

그러나 집단소송제, 징벌적 손해배상제가 포함되어 있지 않아 소비자보호 강도가 약하다는 지적도 있다. 그러나 판매제한명령, 위법계약해지권 등 판매원칙 준수를 위한 강력한 수단이 마련돼 금융소비자보호에 대한 긍정적 효과는 충분히 기대된다고 하겠다.

| 표 17-7 | 금융소비자보호법 요약

구분	법률	시행령(안)
적용대상	• 은행, 보험사, 금투업자, 여신 전문회사, 저축은행을 열거 → 추가 적용대상 위임	• 신협, 온라인 투자 연계금융업자(P2P), 대형 대부업자 추가
진입규제	• 개별법상 인허가·등록된 자는 금소법상 등록된 자로 간주, 그 밖의 자는 금소법상 등록 의무화 → 등록요건 위임	• 대출모집인·독립자문업자 등록요건 마련 – 온라인업자는 소비자와의 이해상충 방지를 위한 알고리즘 탑재 의무화
내부통제	• 소비자보호 내부통제기준 마련 의무 부과 → 기준 마련 시 준수해야 할 사항 위임	• 기준에 포함시켜야 할 사항으로 소비자보호 전담조직 설치, 평가/보상체계 적정성 검토 등 규정
영업규제	• 개별법상 산재되어 있던 6대매규제 등 영업규제를 통합 → 추가 규율사항 위임 – 적합성 적정성 확인, 설명의무 준수, 불공정영업행위 부당권유 행위 및 허위·과장광고 금지	• 추가 규율사항을 상세 규정하고 실효성 확보를 위해 관련 제도를 일부 개선 – 예: 판매 시 상품숙지의무 부과, 행정지도로 운영해오던 대출모집인 규제의 법규화 등
소비자 권리	• 청약철회권·위법계약해지권 신설 → 적용대상 등 위임	• 금융상품 특성상 적용이 어려운 경우 외에는 모두 적용
분쟁조정	• 현 금융위 설치법 규정 이관 → 분쟁조정위원회 구성·운영 및 조정절차에 관한 사항 위임	• 분쟁조정위원회 활성화 및 신뢰성 제고를 위해 분쟁조정위원회의 구성·운영 등을 대폭 개선
감독제재	• 징벌적 과징금 제도 도입 → 부과기준 위임	• 과징금 상한(수입등의 50%)의 기준인 '수입등'을 투자성 상품은 '투자액', 대출성 상품은 '대출액'으로 규정

2) 금융소비자보호법상의 금융소비자보호제도

금융소비자가 이의를 제기한 시점을 기준으로 금융소비자보호와 관련한 제도는 '사후적 보호제도'와 '사전적 보호제도'로 구분이 가능하다. 금융소비자를 위한 사전적 보호제도는 영업행위 준칙, 공시·약관·광고에 대한 규제, 불건전 영업행위 규제 등으로 주로 '규제'와 관련된

| 표 17-8 | 금융소비자보호법상 6대 판매규제 세부사항

① 적합성 원칙 (§17)	• 고객정보를 파악하고, 부적합한 상품은 권유 금지 – 소비자의 연령, 재산상황, 거래목적, 투자경험 등에 비추어 부적합한 금융상품의 권유를 금지
② 적정성 원칙 (§18)	• 고객이 청약한 상품이 부적합할 경우 그 사실을 고지 – 소비자가 자발적으로 구매하려는 금융상품이 소비자의 연령, 재산상황, 거래 목적 등에 비추어 부적 절할 경우 이를 고지 및 확인
③ 설명의무 (§19)	• 상품 권유 시 또는 소비자 요청 시 상품을 설명 – 금융상품 권유 시 또는 소비자가 요청 시 수익 변동 가능성 등 금융상품의 중요사항을 이해할 수 있 도록 설명
④ 불공정영업 금지(§20)	• 우월적 지위를 이용한 소비자 권익 침해 금지 – 금융상품판매업자 등이 금융상품 판매 시 우월적 지위를 이용하여 소비자의 권익을 침해하는 행위 (대출 시 다른 상품 가입을 강요, 부당하게 추가 담보 요구 등) 금지
⑤ 부당권유 금지(§21)	• 불확실한 사항에 단정적 판단을 제공하는 행위 등 – 금융상품 권유 시 소비자가 오인할 우려가 있는 허위사실 등을 알리는 행위를 금지
⑥ 광고 규제 (§22)	• 광고 필수 포함사항 및 금지행위 – 금융상품 또는 금융상품판매업자 등의 업무에 관한 광고 시 필수 포함사항 및 금지행위 등을 규정

것이다. '사후적 보호제도'는 민원, 분쟁조정, 소송 등과 관련한 제도로서 금융소비자가 제기한 불만에 대한 문제를 해결하는 일반적인 프로세스에 해당한다.

(1) 영업행위 준칙

자본시장법과 금융투자법에 관한 법률(이하 자본시장법)은 금융소비자보호 관점에서 금융회사와 금융회사 종사자가 금융소비자와의 거래에서 지켜야 할 행위에 대해 안내하고 있다. 자본시장법은 금융업권별 법률 중에서 영업행위 준칙을 가장 모범적으로 입법화한 것으로 평가된다. 금융소비자보호를 위한 영업행위 준칙은 신의성실의 원칙, 설명의무, 적합성 원칙, 적정성 원칙 등이 있다.

① 신의성실의 원칙과 이해상충 관리

자본시장법에서 금융투자업자는 신의성실의 원칙에 따라 공정하게 금융투자업을 영위하여야 한다고 규정하고 있다. 그리고 정당한 사유 없이 투자자 이익을 해하면서 자기 및 제3자의 이익을 추구하는 행위에 대해 금지하고 있다(자본시장법, 제37조). 또한, 투자자와 금융투자업자와 간의 이해상충을 관리하기 위해 이해상충 발생 가능성에 대해 파악하고 내부통제 기준에 따라 관리하여야 한다고 적시되어 있다(자본시장법 제44조). 2006년 제정된 금융소비자보호 모범규준에는 신의성실의 원칙을 명시하고 있다. 모범규준에 따르면 금융회사가 금융상품을 판매하는 과정에서 법령을 준수하고 건전한 금융거래질서 유지를 위해 노력해야 한다. 그리고 불완전판매가 발생하지 않도록 충분한 선택정보를 소비자에게 제공해야 한다. 그러나 이것은 법적인 효력을 발휘하지 못하고, 금융소비자보호를 위한 감독 당국의 행정지도의 수준이라는 한계를 가지고 있다.

② 설명의무

설명의무란 금융투자회사가 일반 투자자에게 금융투자상품을 투자권유하는 경우 상품 내용과 위험 등을 투자자가 이해하도록 설명해야 할 의무이다. 즉, 금융소비자에게 꼭 알아야 할 금융상품의 핵심내용을 설명하는 것이다. 자본시장법에서 금융투자업자는 일반 투자자에게 금융투자상품의 내용, 위험 등을 설명하며 투자를 권유해야 한다. 설명의무에서는 금융소비자에게 설명을 받고 이해하였음을 서명 등을 통해 받도록 하고 있으나 이 조항은 역으로 금융소비자가 서명을 근거로 금융회사와의 소송이나 분쟁에서 불리한 상황이 될 수 있는 근거가 되기도 한다.

③ 적합성 원칙

적합성 원칙은 금융소비자의 투자목적, 재산, 경험 등의 상황에 가장 적합한 상품을 제공할 원칙이라 할 수 있는데, 적정성 원칙과 본질적으로 큰 차이는 없다고 할 수 있으나 일반적으로 구매권유가 있을 경우에는 적합성 원칙을, 구매 권유 없이 계약을 체결하는 경우 적정성 원칙을 적용하기도 한다. 금융투자업자가 투자 권유를 하는 경우 투자경험, 투자목적, 재산상황 등의 정보를 파악한 후 적합하지 않다고 판단될 경우에는 일반 투자자에게 투자권유를 금지한다(자본시장법, 제46조).

④ 적정성 원칙

적정성 원칙은 금융소비자가 금융상품을 스스로 선택했을 경우, 금융회사가 그 금융상품이 금융소비자에게 적정한지를 적극적으로 판단해야 한다는 것이다. 금융투자상품의 경우 적정성 원칙에 대한 실효성이 가장 높다. 즉, 금융투자업자는 투자권유를 하지 않더라도 그 상품이 투자자의 투자경험, 투자목적, 재산 등에 따른 상황에 적정한지를 파악하고, 이에 대한 확인을 받아야 한다(자본시장법, 제 46조).

(2) 부당 영업행위 규제

건전한 거래질서를 해하고 금융소비자의 권익을 침해할 우려가 있는 행위에 대해서는 금융업권별로 법률에 명시하고 이를 금지하고 있다. 우선 자본시장법 제47조에는 금융투자업자가 금융소비자에게 투자 권유시 부당권유를 금지한다. 부당권유란 불확실한 사항에 대해 확실한 사항이라고 오인하게 할 내용을 알리거나 거짓된 내용을 알리는 행위이다. 이것은 선관의무 및 충실의무에 반하는 행위이다. 금융투자업자는 선량한 관리자의 주의로 투자자의 이익을 보호하기 위해 충실하게 업무를 수행해야 한다(자본시장법 제79조, 제96조 등). 또한, 자본시장법은 부정 거래행위에 대해서도 금지하고 있다. 모든 금융투자업자의 부정한 수단이나 계획 혹은 기교를 사용하는 거래 행위 등을 일체 금지한다. 금융투자업자가 거래를 체결할 목적의 거짓 시세를 안 내하는 것과 재산상의 이익을 얻고자 거짓의 문서를 사용하는 것을 금지하고 있다.

보험업법 제97조에 의하면 불건전 영업행위에 대한 규제를 상세하게 열거하고 있다. 동법에 서는 보험사, 보험 설계사 등이 주체가 되어 이루어지는 보험계약의 체결이나 모집에 관한 금지 행위를 규정한다. 보험계약 내용에 대한 사실여부, 상품의 중요 사항에 대한 사전 고지여부, 사 실에 근거하지 않고 거짓으로 상품을 홍보하는 행위, 부당하게 기존 계약을 소멸시키는 행위, 명의도용 행위 등을 법률로써 금지하고 있다.

은행법에서의 영업행위 규제는 신용 공여한도 규제와 금지업무가 있다. 이는 금융소비자 보 호를 위한 간접적인 건전성 감독 수단이며, 금융소비자보호 대한 영업행위 규제는 은행업 감독 규정 및 감독업무시행세칙에서 적용하고 있다.

그동안 신용협동조합법과 상호저축은행법에서는 금융소비자보호와 관련한 영업행위 금지내 용이 규정되어 있지 않았다. 그러나 2021년 3월말부터 시행된 금소법으로 인해 금융소비자보호 가 강화된 것이다.

(3) 공시, 약관, 광고에 대한 규제

① 공시규제

금융회사의 공시는 회사의 경영에 대한 부분과 금융상품에 대한 부분으로 나누어 접근해 볼 수 있다. 회사의 경영정보 공시 중 하나인 건전성에 대한 부분은 금융소비자에게 금융계약의 지속 성을 판단하게 해주는 중요한 정보이다. 회사의 건전성이 악화되어 부도가 발생하면 거래를 지 속할 수 없을 뿐만 아니라 손실을 볼 수도 있게 때문이다. 금융 거래에 필요한 정보를 제공하는 것이 금융상품에 대한 공시이다. 이는 크게 각 협회가 제공하는 비교공시[18]와 금융회사가 제공 하는 상품 관련 공시로 나눌 수 있다.

자본시장법 제58조에 의하면 금융투자업자의 경우 수수료 부과기준이나 부과절차를 홈페이 지 등에 공시하도록 규정하고 있다. 금융투자협회를 통해 이를 금융투자업자별로 비교 공시하 는 의무조항을 두고 있다. 또한, 자본시장법 제90조에는 금융투자협회가 집합 투자재산의 운용 실적을 비교하여 공시하도록 규정하고 있다.

---

18) 유사한 서비스를 제공하는 금융상품들의 주요 특성을 금융소비자가 쉽게 비교할 수 있도록 공시와 관련된 자료 등을 체계적으로 정 리하여 공시하는 것을 말한다.

보험업법 제124조에서는 보험계약자의 보호를 위해 보험회사 및 보험협회가 공시하여야 할 중요 사항에 대해 규정하고 있다. 보험업법 시행령을 통해 보험료, 보험금, 보험기간, 보험회사의 면책사유, 보장위험, 모집 수수료율, 공시이율, 특별계정 자산의 기준가격 및 수익률의 공시를 규정하고 있다.

은행의 경우 은행법 제52조를 통해 금융소비자와의 금융분쟁 발생 방지를 위해 중요 정보에 대한 의무를 규정하고 있다. 그러나 판매하는 금융상품에 대한 비교공시에 대한 법률적 의무를 규정하지는 않는다. 이에 대한 보완을 위해 금융감독원은 금융상품 비교공시 활성화 방안을 마련해 소비자의 상품 선택권 강화하였다. 소비자정보 포털에는 예금, 적금, 대출 등과 같은 금융상품의 비교조회, 퇴직연금 수익률 공시, 연금저축 통합공시 서비스를 제고한다.

② 약관규제

약관규제에 관한 법률(이해 약관법)은 사업자가 지위남용을 통해 공정하지 않은 내용의 약관을 통해 거래를 체결하는 것을 금지한다. 불공정약관을 규제하여 금융소비자보호를 위한 건전한 거래질서를 확립한다. 때문에 금융상품은 약관법에 적용을 받는다. 그리고 개별 금융법을 통해 필요한 약관규제를 추가 부과하고 있다. 약관법에 따라 금융회사는 금융소비자에게 약관 내용에 대해 설명해야 한다. 모호한 약관 내용은 소비자에게 유리하게 적용하도록 규정한다. 그리고 소비자에게 불리한 약관은 무효화 할 수 있도록 명시하고 있다. 그러나 이러한 조치가 금융소비자에게 실제적으로 사전적 구제가 되기는 힘든 상황이다. 금융소비자가 이해하기에는 전문적이고 어려운 약관이 많기 때문이다. 결과적으로 대부분의 금융소비자는 금융거래에서 피해가 발생한 후에 사후적 구제를 받고 있다.

③ 광고규제

일반 상품과 같이 금융상품에 대한 광고도 표시·광고의 공정화에 관한 법률(이하 표시광고법)이 적용된다. 금융광고는 상품광고와 회사에 대한 이미지 광고로 분류한다. 회사 이미지 광고는 표시광고법, 방송법, 소비자기본법 등의 적용을 받는다. 금융상품 광고는 홈쇼핑, 공중파, 라디오 등의 방송광고와 신문, 잡지, 옥외광고, 전단지 등의 비방송 광고를 통해 이루어진다. 최근에는 모바일 환경에 적합한 SNS 마케팅이 확산되면서 광고 채널이 다양하고 복잡해지고 있다. 금융업권의 광고 규제를 살펴보면, 금융투자업자로 등록되지 아니한 자는 금융투자상품에 대한 광고를 금지하고 있다(자본시장법 제 57조). 그리고 투자위험에 대한 부분을 명확하게 공지하도록 규정하고 있다. 투자자는 투자원금의 손실이 발생할 수 있다는 점을 고지해야 한다. 그리고 그 손실은 투자자에게 귀속된다. 운용실적에 대해서는 미래의 수익률을 보장하는 것이 아니다. 금융투자상품의 광고는 이러한 내용을 투자 광고 내용에 반드시 포함하도록 규정하고 있다.

은행업에서는 예금, 대출 등 은행이 취급하는 상품에 대한 광고에 필수적으로 은행의 명칭, 상품의 내용, 거래 조건을 포함해야 한다. 은행법 제52조에는 금융소비자의 올바른 선택을 위해서 이자 지급 시기와 부과 시기, 이자율의 범위 및 산정방법, 부수적 혜택 및 비용 등을 명시하게 하고 있다. 보험업의 경우 제95조에 모집광고 관련 준수사항을 규정하고 있다. 예를 들어 보험 상품에 대해 광고하는 경우 보험회사는 보험계약 체결 전에 상품설명서 및 약관을 읽어 볼 것을 권유하는 내용을 명시하여야 한다.

3) 사후적 금융소비자보호제도

(1) 분쟁조정제도

분쟁조정은 크게 소송을 통한 해결하는 방법과 소송 외 분쟁조정기구를 통해 해결하는 방법으로 나눌 수 있다. 그리고 소송 외 분쟁조정은 크게 대안적 분쟁조정(ADR) 방법과 회사 내 분쟁조정(IDR) 방법이 있다. 우리나라의 경우 회사 내 분쟁조정의 비중은 크지 않다. 그리고 대안적 분쟁조정(ADR)은 행정형 분쟁조정과 민간형 분쟁조정이 있다. 행정형 분쟁조정은 행정부 또는 유사한 기능을 수행하는 기관을 통해 이루어지고, 민간형 분쟁조정은 자율규제기구를 통해 운영되는 것이다(송민규, 2013). 금융감독원과 소비자보호원은 각각 '금융분쟁조정위원회'와 '소비자분쟁조정위원회'를 통해 금융회사와 소비자간 발생한 분쟁을 조정하는 역할을 수행하고 있다. 금융소비자는 두 기구에 중복해서 분쟁조정을 신청을 할 수 없으며, 소송과의 병행도 제한하고 있다.

① 금융분쟁조정위원회(금융감독원)

1999년 공표된 금융위원회법에 근거해 금융감독원의 금융분쟁 제도가 운영되고 있으며, 2020년 3월 24일 일부 개정되었다. 금융감독원의 검사를 받는 기관은 대부분 분쟁조정을 하는 대상이다. 은행, 보험회사, 증권금융회사, 금융투자업자, 종합금융회사, 여신전문금융회사 및 겸업 여신업자, 상호저축은행과 그 중앙회, 농협은행, 신용협동조합 및 그 중앙회 등이 이에 속한다.

금융위원회법 제52조(조정위원회의 구성)에 근거하여 금융감독원의 금융분쟁조정위원회는 위원장 1명(소속 부원장보)을 포함하여 30명 이내의 위원으로 구성된다. 위원의 자격은 소비자 단체 임원, 학자, 금융기관 경력자, 전문의 의사, 변호사 등으로 제한하고 있다.

금융감독원은 금융위원회법 제53조(분쟁의 조정)에 의해 분쟁조정의 신청을 받으면 당사자들에게 그 내용을 알리고 합의를 권고할 수 있다. 금융감독원장은 분쟁조정 신청을 받고, 합의가 이루어지지 않는 경우에는 30일 이내에 조정위원회에 지체없이 이를 회부하여야 한다. 그리고 조정위원회는 이를 60일 이내에 심의를 진행하여 조정안을 작성하여야 한다. 조정안을 수락한 경우 그 조정안은 재판상의 화해와 동일한 효력을 갖는다.

② 소비자분쟁조정위원회(한국소비자원)

한국소비자원은 소비자의 권익 증진과 소비생활의 향상을 통해 국민경제의 발전에 기여하기 위해 국가에서 설립한 전문기관이다. 소비자기본법에 의거 설립되었으며 소비자 권익을 증진할 수 있는 제도 및 정책 연구, 정보 수집 및 제공, 물품 등의 조사, 건의, 교육과 홍보 등의 업무를 수행한다. 그리고 소비자기본법 제33조 및 34조에 의해 소비자 불만처리와 피해구제를 위한 업무를 수행한다. 소비자기본법 제60조에 의거 한국소비자원에서는 '소비자분쟁조정위원회'를 설치하여 소비자와 사업자 사이에 발생한 분쟁을 조정하는 역할을 수행하고 있다. 소비자분쟁조정위원회는 소비자분쟁조정요청 사건을 심의하여 조정결정 수행하는 준사법적인 기구이다. 이는 법원에 의한 사법적 구제 절차 전에 당사자 간 분쟁 해결을 할 수 있는 마지막 수단이다. 소비자 분쟁조정위원회는 위원장 1명이 포함된 150명 이내의 위원으로 구성하며, 위원장이 포함된 5명은 상임으로 하고 나머지는 비상임으로 한다(소비자기본법 61조).

(2) 손해배상책임

금융소비자는 금융회사의 위법 행위에 대한 손해배상 청구의 권리가 있다. 민법 제750조에 의하면 고의 또는 과실로 인행 위법행위로 타인에게 손해를 가한 자는 그 손해를 배상할 책임이 있다. 현행 금융업법상 손해배상책임에 대한 규정이 자본시장법에는 있으나 은행법, 보험업법 등에는 규정이 없다. 따라서 은행업과 보험업은 민법에 따라 손해배상 책임을 진다. 반면 자본시장법 제48조에 따르면 금융투자업자가 일반 투자자에게 설명의무를 위반한 경우 손해배상책임을 부담한다. 제64조에서는 금융투자업자가 법령, 약관, 투자설명서, 집합투자규약에 위반하는 행위를 하거나 그 업무를 소홀히 하여 투자자에게 손해를 발생시킨 경우에도 손해배상 책임이 있다고 규정하고 있다.

　최근에는 귀책사유가 판매 직원에게 있을 경우, 판매자도 책임을 부담하고 있다. 그동안 금융회사가 대부분의 손해배상책임을 부담해오던 것에서 한층 더 강화한 조치이다. 우리나라는 금융회사가 파산할 경우 금융상품 투자로 발생한 금융소비자의 손실에 대해 예금보험공사만 책임의 역할을 수행한다. 때문에 예금자보호 대상을 제외한 투자상품의 경우에는 해당 금융회사가 파산할 경우 보상받을 수 있는 방법이 없다(예금보험공사, 2020).

4) 금융감독체계

(1) 금융감독체계 유형

금융감독을 위한 역할은 크게 건전성 규제와 영업행위 감독으로 구분한다. 먼저 건전성 규제는 금융회사가 부실해지는 것을 방지하기 위해 금융시스템의 안정성에 중점을 두는 것이고, 영업행위 감독은 영업질서 확립(불완전판매 금지 등)을 통한 금융소비자 보호에 중점을 두는 것이다.

건전성 규제 중 미시적 건전성 감독은 각각의 금융회사를 대상으로 진행하는 직접적인 감독행위의 개념이다. 일반적으로 지급능력(solvency)에 대한 부분을 감독하여 금융회사의 지급불능상태로부터 소비자를 보호하는 것을 목적으로 한다. 예를 들면 금융회사의 자기자본 규제, 진입 및 퇴출제도, 경영공시제도, 자산보유 및 운용에 대한 규제 등이 이에 해당한다.

거시적 건전성 감독은 거시적 금융환경 변화에 따른 시스템 리스크를 적절하게 관리하여 금융시스템의 안정성을 확보하는 감독개념이다. 시스템 리스크는 분산되지 않는 위험(undiversifiable risk)으로 위험관리가 되지 않을 경우 금융 산업 전반에 구조적인 위기를 가져온다. 시스템 리스크는 기존 미시적 건전성 감독만으로는 효과적으로 관리할 수 없다. 때문에 새로운 거시적 건전성 감독의 필요성이 부각되었다.

금융감독체계의 유형에는 단일감독기구 모형(Single integrated regulator model)과 쌍봉형 감독기구 모형(The Twin-peaks model)이 있다. 이는 소비자 보호 기능과 건전성 규제의 통합 여부에 따른 구분이다.

윤석헌(2014) 등은 금융감독체계 개편을 위한 기본방향으로 1감독기구의 독립성 확보, 소비자보호 강화, 감독체계간 협력체계 확립을 요구하였으며 구체적으로 건전성 감독기구로부터 소비자보호기구를 분리하여 양자 간 책임소재 명확화가 중요하며 소비자보호기구 분리방안으로 쌍봉형(Twin-Peaks) 체계 도입을 추천하였다(윤석헌, 2014). 그리고 쌍봉형 체계 도입에 대한 구체적인 방법론을 제시하였다. 금융 선진국인 영국의 쌍봉형(Twin-Peaks) 체계의 도입을 사례로 제시하며, 소비자보호기구와 건전성감독기구간 업무분장, 지배구조설계 등에 대한 개선방안을 모색하였다. 정홍주, 이현복(2014)은 금융감독기구의 독립성, 책무성, 투명성 강화 방안에 대해 연구하고 주요국의 사례를 통하여 우리나라 금융감독에 대한 정책 방향을 제시하였다(정홍주 외, 2014).

① 단일감독기구 모형(Single integrated regulator model)

단일감독기구 모형은 '통합형 금융감독기구'라고도 한다. 단일기관에서 금융소비자보호와 금융회사 건전성 규제 기능이 수행되는 구조이다. 단일감독기구가 금융 산업 전반에 대한 건전성 및 영업행위 규제를 담당하며 동시에 금융소비자보호 업무도 수행한다. 그런데 통합형 금융감독기구는 각 금융업권별로 발생하는 차이와 업계별 특성을 제대로 반영하지 못한다는 한계가 있다. 특히, 영업행위 감독과 미시건전성 감독을 균형감 있게 수행하기 쉽지 않다는 비판이 있다. 싱가폴, 독일, 스위스, 일본 등이 단일감독기구 모형의 감독체계를 채택하였으며, 우리나라 역시 단일감독기구 체계에 속한다(김동원, 2014).

② 쌍봉형 감독기구 모형(The Twin-peaks model)
쌍봉형 감독기구 모형은 영업행위 규제 기능과 건전성 감독기능을 독립된 규제기구가 수행하는 이원화된 감독형태이다. 이는 목적에 따라 기능을 분리한 규제체계라고 할 수 있다. 결과적으로 금융소비자보호 기능과 건전성 규제를 독립된 기관에서 수행한다. 현재는 쌍봉형 금융감독체계가 전 세계적으로 증가하는 추세이다. 감독기구를 분리하여 이원화하는 것은 감독 기구가 고유의 감독목표를 가지고 있기 때문에 역할과 책임에 대한 명확한 인식과 전문성을 확보할 수 있다. 쌍봉형 감독기구는 네덜란드, 뉴질랜드, 호주 등 주로 유럽에서 채택하고 있는 금융감독 체계이다.

③ 혼합형(Hybrid models)
혼합형은 소형 금융기관 감독기구를 독립적으로 분리하는 형태이며 미국의 연방 예금보험 공사(FDIC: Federal Deposit Insurance Corporation)을 대표적인 예로 들 수 있다. FDIC는 미국 정부의 독립적 산하 기구로 보험에 가입한 미국 소재 은행이 파산하는 경우 해당 은행 예금주들이 예금손실을 입지 않도록 보호한다.

7. 블랙컨슈머 문제와 감정노동자 보호 관련 법제도

소비자가 사업자로부터 제품(서비스)을 구매·사용·불만제기 과정에서 사업자 및 제3의 기관에 무리한 요구를 하거나 상대방과의 상호 작용에 불만을 과잉 표출하는 행동이나 소비자를 문제행동 소비자, 악성적 소비자, 블랙컨슈머라고 부른다. 블랙이라는 용어는 언론에서 몇십 년 전부터 사용해 온 용어로써 여러 측면에서 부적합하나 오래전부터 일반인들에게 사용되어 왔고 다른 대안적 용어가 정립되지 않고 있어 일반인의 이해를 돕기 위해 여기서는 블랙컨슈머 용어를 사용하기로 한다.

블랙컨슈머는 인터넷의 사용화, IT 발달과 함께 그 유형과 내용 측면에서 더욱 진화하고 다양해지고 있다. 극소수 소비자들이 부당한 민원을 제기하고, 사은품이나 상품권 요구, 욕설이나 샷

대질 등을 하는 경우도 있어 민원처리가 늦어지면서 일반 선량한 많은 소비자가 피해를 보고 있다. 기업체의 소비자상담 담당자들은 3~4년 전과 비교해 소비자의 문제행동이 '매우 증가' 했다고 인식하고 있다는 보도가 나오고 있다. 특히 상담 업무 담당자들은 보상에 대한 소비자의 높은 기대 수준 때문에 가장 스트레스를 많이 받는 것으로 조사됐으며 확인되지 않은 사실의 인터넷 공개, 다른 소비자상담 기관이나 단체로 문제 확대 등으로 스트레스를 받는 것으로 조사됐다.

소비자의 문제행동, 즉 블랙컨슈머가 근절되지 않는 것은 보상에 대한 소비자의 높은 기대 수준 때문으로 밝혀지고 있다. 블랙컨슈머의 수법이 갈수록 지능화 된다는 주장도 커지고 있다. 업체 측에 전화를 걸어 사과나 보상을 요구하던 과거와 달리 의사 소견서를 발부받아 다수 업체에 보상을 요구하는 등 전문화되고 있다는 지적이다. 요즘 블랙컨슈머들은 법망을 피하기 위해 기업 쪽에서 자신이 원하는 보상안을 내놓을 때까지 계속 허위사실을 유포하는데 휴대폰이나 SNS를 통해 악성 소문이 순식간에 퍼지기 때문에 기업 이미지 훼손이 심각한 상황이다.

공공기관이나 정부 기관을 상대로 과도한 민원을 제기하는 경우도 증가하고 있다. 정상적으로 처리된 민원에 불만을 갖고 반복·감정적으로 민원을 제기하거나, 진정한 소비자권리 실현이 아닌 직원을 괴롭히기 위한 목적으로 민원사항을 유발하는 사례가 증가하고 있다는 것이다. 막무가내로 조사 및 처벌을 요구하는 경우, 민원담당자의 업무처리가 적정했음에도 감찰실, 상급 감독기관 등에 민원담당자의 처벌 등을 요구하는 경우가 종종 발생한다고 한다.

은행권에서 추산한 블랙컨슈머 숫자는 1만 명에 육박한다고 한다. 예를 들면, 사은품 등의 혜택을 노리고 상품에 가입했다 계약 내용을 무시하고 해지를 요구하는 소비자, 신용카드 발급이나 이용 한도 증액 등의 소비자 요청을 거절하면 금감원에 민원을 제기하겠다고 항의하는 사례가 적지 않다. 각종 불만에 대해 소비자가 원하는 수준의 보상을 해주지 않으면 인터넷에 악의적인 내용의 글을 올리겠다는 식의 협박에 기업들은 애를 먹고 있다.

소비자의 갑질, 악덕행위를 예방하고 국민 모두가 행복한 삶을 유지하기 위해서는 블랙컨슈머가 왜 발생하는지, 기업은 어떻게 대응하고 있는지, 블랙컨슈머 관련 고민해 보아야 할 이슈는 어떤 것인지 등에 대한 충분한 분석과 논의가 전제되어야 한다.

1) 블랙컨슈머란?

모든 소비자는 자신이 선량한 소비자라고 생각하고 있고, 민원을 제기할 경우 소비자주권을 실현하고자 하는 행동으로 인식한다. 그야말로 내로남불이 소비자와 기업 간의 관계에서도 성립되는 것이다. 한국소비자원에 고발하겠다, 금융감독원에 신고하겠다, 청와대와 신문고를 들먹이는 소비자의 요구를 들어주지 않으면 끝없이 괴롭힐 것으로 보이는 경우에 보다 못한 담당 간부가 직접 전화요금 등의 명목으로 소액 경비를 건네고 민원을 끝내기도 했다는 보도가 있었다.

그렇다면 과연 누가 블랙컨슈머인가? 어떤 행동이 갑질 또는 악성적 행동인가? 실제 원인이 뚜렷하지 않은 상태에서 동일한 민원을 제기했다고 해서 블랙 컨슈머라고 단정하기 어려운 것이 현실이다. 소비자 민원이나 불만 접수의 기본 목표가 기업의 부당한 횡포, 결함이 있는 제품, 부적절한 서비스 등을 고치기 위한 것이 아니고 금전적인 과다한 보상을 얻기 위함이라면 이는 블랙컨슈머의 행태라고 하겠다. 구체적으로는 재산적 피해에 대한 복구가 됐음에도 불구하고 이와는 별도로 정신적 피해에 대한 과도한 보상을 요구하는 경우, 불친절 또는 사소한 업무과실을 빌미로 과도한 보상 또는 조치(대표 사과, 징계요구 등)를 요구하는 경우, 다른 소비자와 달리 민원인에게만 특별한 계약 조건 부여(정기예금 가입 시 과도한 금리 우대 등)를 요청하는 등 계약상 없는 내용을 부당하게 요구하는 사례가 블랙컨슈머 행동에 해당한다.

2) 블랙컨슈머 유형

블랙컨슈머는 억지·생떼형, 과도한 보상요구형, 협박·성희롱·욕설형 등으로 구분되는데, 한국소비자원은 소비자의 문제행동으로써 억지 주장형, 무례한 언행형, 과도한 요구형, 협박·위협형, 업무방해형으로 구분한 바 있다.

경기도 소비자정보센터가 발표한 조사결과에 따르면 기업들이 블랙컨슈머의 대표적인 부당한 요구 유형으로는 근거 없는 피해보상요구(43.1%), 보상기준을 넘는 피해보상요구(23.5%), 간접적 피해보상요구(15.7%), 상담자에 대한 부당한 언행(15.6%), 불만 사항을 근거로 언론 유포 협박(2.0%) 등이었다. 경기도 소비자정보센터가 구분한 블랙컨슈머의 유형은 다음과 같이 다양하다.

- 억지 민원을 넣고 트집을 잡아 보상을 요구하거나 이유 없는 화풀이
- 사은품 등을 노리고 가입 후 해지나 실수 빌미 보상요구
- 업무방해
- 억지 주장형
- 무례한 언행형
- 과도한 요구형
- 협박·위협형
- 업무방해형

3) 블랙컨슈머 증가 원인

(1) 소비자 측면 요인

블랙컨슈머 증가의 대표적인 원인은 보상에 대한 소비자의 높은 기대 수준, 거래 및 소비 과정의 오해 또는 소비자의 미약한 책임의식에서 비롯될 수 있다. 소비자의 높은 기대 수준, 왜곡된 소비자권리의식, 소비자지식 부족, 개인성향 등이 원인으로 지적되고 있다.

소비자들은 상품 및 서비스 이용 전과 이용 후의 기대치에 현저한 차이가 있고, 대기업, 브랜드 제품에 대한 과도한 기대 등 제품(서비스)에 대한 기대 수준이 높으며, 소비자가 왕이라는 의식, 소비자는 피해자, 사업자는 가해자라는 잘못된 인식, 자신의 과실은 생각하지 않고 소비자 원리만 일방적 요구, 자기 중심적 사고 등 왜곡된 소비자 권리의식을 가지고 있다.

게다가 관련 법규, 규정, 계약내용에 대한 지식 및 이해가 부족하며, 특히 인터넷 등을 통한 보상기준에 대한 부정확한 정보습득의 특징을 가지고 있다. 특히, 소비자상담 기관이 소비자의 모든 요구사항을 해결해주고 법적 구속력이 있는 것으로 오인하여 악성적 불평행동이 발생한다는 지적이다. 개인주의적 성향, 사회에 대한 불신, 언론이나 미디어의 기업 고발 증가 등도 블랙컨슈머 증가에 영향을 미치고 있다.

(2) 기업 측면 요인

사업자의 부정확한 정보 제공, 지나친 판매중시 경영 태도 등이 원인으로 지적되고 있다. 허위·과장광고로 제품에 대한 소비자의 기대치가 상승하고, 판매자가 제품 설명시 소비자와 충분한 상호소통이 되지 않아 소비자의 악성적 불평행동을 유발하기도 한다. 제품자체의 하자 및 불친절한 서비스, 소비자의 악성적 불평행동에 대한 기업의 미숙한 대응 때문이라는 지적이 있다. 한편, 소비자가 1차 불만제기시 내부절차에 의해 처리가 지연되는 과정에서 2차 불만이 제기되는 경우도 있다. 기업이 소비자가 불만제기시 배째라식의 무심한 태도 및 대응을 보이는 경우도 있다.

어떤 경우 기업이 심각한 악성적 불평행동을 보이는 소비자에게는 과다한 보상을 하는 한편, 정상적 범위에서 합리적 소비자불만을 제기하는 소비자에 대해서는 불성실하게 대응하는 기업의 태도 역시 소비자의 악성적 불평행동의 원인이 되고 있다는 지적이 있다. 보험사들은 보험금 지급을 합의하는 빈도가 늘어났다고 한다. 예를 들어 떼를 쓰는 고객에게 이번 한번만 보험금을 지급하고, 다음부터는 주지 않겠다고 약속을 한 뒤 보험금 지급액보다 적은 규모의 액수를 합의금 조로 주는 식이다.

소비자가 언론유포 등을 미끼로 과도한 보상요구 시 기업 이미지 훼손을 우려 일부 기업이 명확한 기준 없이 소비자요구를 수용함으로써 잘못된 소비자권리 의식을 조장하는 측면이 있다.

(3) 언론 및 매스미디어 측면 요인

언론이나 매스미디어의 영향, 인터넷 활성화가 소비자들의 악성적 민원제기 행동의 원인으로 지적되고 있다. 예를 들어 소비자들은 TV 소비자고발 프로그램을 보고 자신의 문제도 처리가 될 것이라고 생각하는 등 매스미디어의 영향을 많이 받고 있다는 지적이다.

한편, 인터넷 발달로 소비자들은 소비자간 정보(다양한 사례)를 공유하면서 보상에 대한 성공 체험을 학습할 기회를 갖는다는 것이다. 뿐만 아니라 경제상황 악화, 사회에 대한 불신감 팽배 등도 소비자의 악성적 불평행동의 원인이라는 지적이 있다. 이밖에 보상에 대한 주위의 부추김, 법적인 대처 지상만능주의, 소비자와 사업자 간의 힘의 불균형, 피해의식 확대 등의 원인도 밝혀지고 있다.

4) 블랙컨슈머 폐해 및 감정노동자 문제

블랙컨슈머 증가의 폐해는 일반 소비자의 피해로 이어지고 감정노동자 문제를 유발시키며 사회적 불신과 비용을 초래한다. 민원처리가 늦어지는 등 악성적 행동으로 인한 부작용은 기업뿐만 아니라 선량한 일반 소비자에게도 돌아가게 된다. 자신의 감정과는 상관없이 항상 웃는 모습으로 고객을 응대해야 하는 근로자는 감정노동자로 불려지고 있다. 라면 상무에게 혼난 스튜어디스, 차량을 빼 달라고 요구했다가 빵 회장에게 얻어맞은 호텔 지배인, 늦은 탑승을 제지하다 신문지 회장에게 얻어맞은 항공사 용역 직원이 모두 감정노동자라고 할 수 있다. 보험 분야에서는 블랙컨슈머가 곧 금융사기로 직결될 수 있다는 우려가 제기되고 있다. 특히 보험사기는 보험금 누수로 보험료 증가를 초래하고, 강력범죄와 연계돼 사회적 불안 요인으로도 작용할 수 있다.

한국노동연구원에 따르면 콜센터 노동자의 90% 정도가 고객으로부터 인격 무시, 욕설, 성희롱 등 부정적 사건을 경험했다고 한다. 모든 콜센터 노동자는 이러한 일을 일주일에 평균 1.4회 꼴로 겪지만, 절반 정도의 노동자는 부정적 사건이 발생해도 규칙상 오히려 고객에게 사과를 해야 하거나 최소한 전화를 먼저 끊지 못하는 것으로 조사됐다. 또한 한국노동연구원은 이들 가운데 25%는 우울증 증상이 의심됐고, 사회심리적 건강 고위험군으로 분류된 비중은 40%로 나타났다고 밝혔다. 감정노동자들은 열악한 근무 조건과 습관적인 자기기만 속에서 감정노동자들은 극단적인 선택을 할 위험에도 노출되어 있다는 것이다.

(1) 기업의 블랙컨슈머와 감정노동 문제 근절 어려움

기업 측면에서 블랙컨슈머 및 감정노동 문제가 근절되지 않는 이유는 다음과 같다.

① 기업의 비일관적 대응

감정노동자 문제가 쉽게 해결되지 않은 것은 블랙컨슈머에 대한 기업의 소비자에 대한 대응에도 원인이 있다. 일부 기업은 사태가 확대되는 것을 우려하여 제도나 규정을 넘어선 보상을 해주고 우선 입막음하려는 저자세를 보임으로써 일부 소비자들의 부당 요구를 부추킨다는 지적이 나오고 있다.

② 무조건 민원발생 감축 전략

금융보험기관의 경우 민원발생을 줄여야 금융기관 평가에 유리하기 때문에 무조건 민원을 줄이려다 보니 감정노동이 사라지지 않는다는 지적이다. 많은 기업에서 민원처리 결과별로 가중치를 둬 근로자들의 승진과 급여에 영향을 주는 성과평가 지표인 KPI 점수에 반영하고 있다. 상황이 이렇다 보니 해당 보험사 직원들은 민원의 질을 평가하기보다는 건수를 줄이기 위해 안간힘을 쓰고 있어 소비자의 갑질이나 블랙컨슈머가 줄어 들지 않고 있다. 다행히 금융감독기관에서도 이 같은 업체의 애로사항을 감안하여 제도적 개선을 추구하고 있다.

③ 기업 이미지 훼손 우려

인터넷과 SNS의 발달 속에서 블랙컨슈머들은 기업 이미지나 상품에 악영향을 미치는 정보가 SNS를 타고 급속히 확대, 재생산될 수 있다는 점을 악용하고 있다. 사이비 언론도 가세하고 있다. 잘못된 보도가 SNS를 통해 순식간에 퍼지는 데다 기업들의 해명은 거짓으로 받아들여지는 사회 분위기 탓이다. 또한 정당한 민원과 악의적 민원을 구분하기가 쉽지 않은 경우가 많다. 기업들은 소비자의 고의성 여부를 밝히기 쉽지 않아 울며 겨자먹기 식으로 제품을 교환하고 있는 실정이다. 게다가 기업들이 소비자를 무시했다, 불량품이 많다는 등의 입소문에 취약하기 때문이다. 이 때문에 기업들은 블랙컨슈머 문제에 대해 이야기하는 것조차 조심스러워한다.

④ 기업간 정보 비공유 및 비밀 유지

기업의 일관적이지 못한 소비자대응도 악성적 민원이나 블랙컨슈머를 줄이지 못하는 요인으로 지적되고 있다. 기업들이 피해를 입어도 민원에 공식적으로 대응하기보다 쉬쉬하기에 급급한 경우가 많다. 오히려 잦은 민원이 외부에 새나갈까 전전긍긍하고 있다는 지적이다. 아무리 악성민원이라고 해도 사례가 많아지면 기업 이미지가 하락할 우려가 있기 때문이다. 민원 제기로 개인 근로자 또는 기관 전체가 불이익을 우려해 무리한 요구를 들어주고 있고 이 같은 대응이 인터넷 개인 소비자들에게도 정보 공유되어 더 많은 수준의 보상을 요구하는 소비자가 출현하게 되는 것이다.

(2) 기업의 블랙컨슈머 대응 현황

소비자들에게 친절하고 그들을 보호해야 하는 것은 당연한 것이나, 몇몇 악성적 소비자들의 민원제기로 다수의 선량한 소비자가 피해를 입고 있다. 블랙컨슈머 검증의 어려움, 즉 업계에서 블랙컨슈머를 구분하는 일이 어렵다. 업종에 따라 블랙컨슈머에 대한 개념 및 기준을 통일하는 것도 어렵다. 기업이나 금융사, 금융당국, 소비자단체가 정의하는 블랙컨슈머의 기준이 각각 달라 해석상의 차이가 발생하고 있다. 블랙컨슈머에 대한 통일된 기준이 있어야 자율조정이 가능하므로 명확한 판단 기준을 만들고, 공동 방안을 마련해야 하는 상황이다.

한편 기업의 소비자 민원에 대한 과도한 대응이 건전한 소비자에게 불쾌감을 주는 경우 기업은 물론 제품 이미지에 악영향을 미칠 수 있다는 점도 대응의 어려움이다. 악성 민원은 업무에 지장을 주고 결국 일반 고객들에 대한 서비스 지연 등의 피해로 이어지므로 심각하나 뾰족한 해결책이 보이지 않는다는 것이 지배적 견해이다.

블랙컨슈머가 늘어나는 이유 중의 하나는 기업들의 소비자 응대 태도에도 기인한다. 사태가 확대되는 것을 우려, 제도나 규정을 넘어선 보상으로 우선 입막음하려는 기업의 대응이 일부 소비자들의 부당 요구를 부추긴다는 지적이 있다. 블랙컨슈머에 대한 기업들의 대응이 달라지고 있다. 과거에는 기업 이미지 보호를 위해 최대한 인내할 것을 요구했지만, 더이상 블랙컨슈머를 용인하지 않겠다는 분위기가 확산되고 있다. 전화로 욕설이나 성희롱을 하는 고객은 상담원이 먼저 전화를 끊게 하고, 증거 자료 확보를 위해 CCTV 등을 활용하는 기업도 늘고 있다. 최근 기업들의 블랙컨슈머 대응 유형을 살펴보면 다음과 같다.

① 소비자들에게 호소

기업체에서는 '오가는 배려와 미소가 더 기분 좋은 하루를 만듭니다.' 라는 문구를 매장에 설치하고 있다. 또한, '개인의 인권보호를 위해 고성·욕설 등을 자제 바랍니다.' 라는 당부 글도 게시하고 있다. 그런데 무엇보다 기업들의 진심 어린 민원대응이 우선적으로 중요하다. 실제 사례로서 A회사 콜센터에서는 상담을 요청한 고객들에게 일일이 자필편지를 보내며 진심을 보여줘 좋은 반응을 얻은 바 있다. 감동한 고객들이 역으로 콜센터에 감사편지를 보낼 정도였다는 보도가 있었다.

② 전화끊기 및 고발

기업이 그동안 이미지 보호위해 참았지만 욕설·성희롱하면 전화 끊거나 CCTV 활용해 증거자료 확보 모욕죄로 경찰 신고하기도 한다. 고객상담실에서는 상대방이 욕설하기 시작하면 "상담종료합니다."라고 말하고 바로 전화를 끊는다는 지침을 가지고 시행한 결과 폭언 전화가 70% 이상 줄었다는 보도가 있었다.

③ 녹음 및 CCTV

악성 민원인이 지점을 방문할 경우 CCTV가 설치된 민원상담실로 안내하는 방안을 시행하고 있다.

④ 고객응대 매뉴얼 배포

매장에서 폭언을 하거나 난동을 부리는 고객에 대한 대응 요령을 담은 행동 매뉴얼을 배포하고 있다. 매뉴얼에는 난동 고객에게 "형법 제311조 모욕죄에 해당되며, 경찰에 신고하겠다."라고 고지하라는 내용이 포함되어 있다. 예를 들어 단계별로 구체적인 행동 매뉴얼을 제시하면 다음과 같다.

- 1단계 : "고객님 차분히 말씀해주세요."라고 상대방을 진정시킨다. 그래도 상대방이 욕설을 하면 2단계로 경고한다.
- 2단계 : "고객님 그런 말씀은 형법 제311조 모욕죄에 해당합니다.", "그런 행동은 형법 제260조 폭행죄에 해당합니다."라고 경고한다. 사건이 해결되지 않으면 3단계로 넘어간다.
- 3단계 : "이제 경찰에 신고하겠습니다."라고 말하고 신고를 하게 된다.

⑤ 업무방해 고발

많은 기업은 민원인이 비합리적 요구나 폭언을 할 경우 민원 응대를 중단하고, 심할 경우 업무방해죄로 고발하는 방안까지 검토 중이다.

⑥ 전담 TF 구성 및 대응방안 마련

기업들은 문제행동 소비자 대응 전담 TF(태스크포스)를 만들어 블랙컨슈머 대응방안 논의 중이다. 블랙컨슈머의 무리한 요구를 들어주지 말고 중립적인 제3의 기관의 도움을 받거나 분쟁조정을 하는 것이 바람직하다.

(3) 기업의 공동 대응 및 강력 대응 필요성

많은 기업이 블랙컨슈머 대응 태스크포스팀(TFT)을 운영하여 공동 대응 메뉴얼을 마련하고 있다. TFT는 악성 민원과 일반 민원을 가려낼 수 있는 기준을 만들어 선량한 소비자에게 피해가 가지 않도록 노력하고 있다. 상황별 대응책을 문서화 작업 후 악성 민원 정도가 심할 경우 법적인 근거 자료로도 사용될 수 있도록 하고 있다.

그러나 공동 대응 등은 소비자단체 등으로부터 반발을 살 수 있고 소비자들의 권익을 무시한 처사라는 비난에서 자유롭기 어렵다. 기업들이 응대방안과 매뉴얼 등을 만들고 전문 상담사를 두는 등 대책을 찾고 있지만 기업들 간, 유관 기관 간 정보가 공유되지 못하고 처벌규정도 미미해 근절에는 한계가 있다는 지적이다.

금융감독원은 최근 접수된 민원 9만5,000여 건 가운데 7~10%가량을 악성 민원으로 추정하고 있다. 보험연구원이 추정하는 보험사기 규모는 금감원이 실제 적발한 금액의 10배에 이르고 있다. 블랙컨슈머는 보험사기와도 맞닿아 있는 만큼, 블랙컨슈머 근절 차원에서라도 보험사기에 대한 처벌 강화를 추진할 필요가 있다. 블랙컨슈머가 조금 더 진화하면 보험사기가 되고, 보험사기범의 상당수가 블랙컨슈머이기도 하다. 실제로 한 보험사 보상센터의 경우, 보험사기로 구속된 사람 모두가 기존에 반복해서 민원을 제기했던 소비자였다는 보도가 있었다. 보험업계가 올해 악성 민원인(블랙컨슈머)에게 과다지급한 보험금이 5,000억 원에 이른다고 한다.

상습적으로 악성 민원을 제기하는 차원을 넘어 "보험금을 더 타낼 수 있게 해 주겠다."며 소비자를 부추기는 브로커까지 등장하고 있다. 분기마다 금융당국에 민원 감축 실적을 보고해야 하는 보험사들은 울며 겨자 먹기로 악성 민원인들에게도 보험금을 주었다는 지적도 있다. 보험약관에는 없지만, 보험금 합의시점에 피해자 몸 상태를 고려해 합의금에 포함시키는 향후 치료비 지급도 크게 늘었다. 전체 자동차보험 사고의 85% 정도가 약관에도 없는 향후 치료비를 피해자 민원이 두려워 지급하고 있다고 한다. 약관이나 엄밀한 심사보다 민원을 무마하기에 급급한 결과이다.

브로커와 블랙컨슈머가 활개를 치면 선량한 다수 가입자의 보험료는 오를 수밖에 없다. 이 같은 부작용을 차단하려면 보험사들이 심사를 제대로 하고 금융당국이 블랙컨슈머나 보험사기에 대한 제재를 강화하는 수밖에 없다.

최근 성희롱이나 욕설을 지속적으로 할 경우 상담사가 특정 버튼을 누르면 법적 조치 관련 ARS(자동응답전화) 안내가 나가고 바로 전화가 끊기는 형태가 사용되고 있다. 이런 블랙컨슈머의 통화 내역은 모두 보관해 나중에 법적 자료로 활용하고 있다. 일부 기업의 경우 블랙컨슈머로 간주되는 민원인을 위한 전담 상담역을 배치하고, 이 단계에서도 해결이 안 될 경우 '악성민원 중지촉구 공문'을 내용증명으로 발신하고 있다. 기업 자체적으로 명확한 원칙과 운영 방식을 확립해 시행하려는 노력이 계속되고 있다.

5) 산업안전보건법상의 감정노동자보호 규정

우리나라 감정노동자의 규모는 대략적으로 560만~740만 명이며, 이는 전체 임금근로자의 30~40% 수준으로 파악되고 있다. 최근 우리나라의 서비스업 고용이 크게 증가하면서 앞으로 감정노동자 문제 및 피해는 증가할 것으로 보인다.

감정노동의 유발 요인은 소비자들의 과도한 권리 주장과 폭언 등의 인격 및 인권침해, 기업 내부의 조직문화와 노사관계 속에서 나타나는 감정적 피해, 즉 구성원 간 소통의 부재, 서로 간의 배려가 없는 경직된 조직문화, 열악한 노동조건 등이다. 근로자의 감정노동은 근로자의 직무 스트레스, 근로자의 사회생활에 상당한 지장을 주며 신체·정신적 피해를 야기한다는 점에서 향후 이 분야에 대해 중요하게 다루어야 할 것이다.

감정노동 문제는 소비자의 과다보상요구, 의도적 구매·사용 후에 환불 요구 등 악성소비자의 행동이 자주 발생하게 되면서 근로자의 감정노동문제가 계속되고 있으므로 악성적 소비자행동에 대한 경각심을 갖게 한다. 소비자의 과도한 요구 상담이나 악성소비자 대응은 감정노동 증가로 이어지고 근로자의 직무 만족 및 직무 스트레스에 영향을 미치고 있다. 따라서 감정노동자 주변의 노동환경을 중심으로 그들의 정신 건강에 영향을 미칠 수 있는 제반의 요소들을 분석하고 감정노동에 악영향을 미치는 요인을 제거할 필요가 있다.

우리나라 법률에서는 감정노동과 관련한 성희롱 예방에 대한 내용을 남녀고용평등법에 명시하고 있고 폭력방지 및 직무 스트레스 방지에 관한 내용은 근로기준법, 산업안전보건법, 민법, 헌법, 형법 등에 명시되어 있다. 따라서 과거 현행법에 제시된 해석만으로도 감정노동자를 보호하기 위한 법적 근거들을 다수 찾을 수 있었다. 그러나 감정노동문제가 커지면서 직접적인 감정노동으로 인하여 제3자나 산재방지책인 소비자에 의한 산재 방지, 폭력 예방을 위해 지속적으로 해야 할 의무 등을 산업안전기본법에서 체계적으로 명시하게 되었다(2018년 10월). 악덕소비자, 블랙컨슈머, 매너없는 소비자의 횡포가 도를 넘자 2018년 10월 18일부터 산업안전보건법 개정(제26조)되고, 시행된 것이다.

개정된 산업안전보건법상 감정노동자보호의 주요 내용을 살펴보면, 사업주는 고객의 폭언 등으로 고객 응대 근로자의 건강장해 발생이나 우려가 있는 경우 업무 일시중단이나 전환 등의 조치를 해야 한다고 규정하고 있다. 또한, 판매직 노동자 등이 이 같은 경우 업무중단 등을 요구할 수 있고 사업주가 이 같은 요구를 했다는 이유로 해당 노동자를 해고 또는 불리한 처우를 하면 5천만 원 이하 과태료를 부과할 수 있도록 하고 있다. 감정노동자 보호 관련 규정이 명시된 산업안전보건법에 따르면 사업주는 감정노동자를 보호해야 한다. 각 업소의 사업주는 고객을 응대하는 근로자들이 고객으로부터 폭언이나 폭행당하지 않게 사전 예방조치를 취해야 한다는 내용을 담고 있다. 구체적으로 사업주에게 ① 고객을 응대하는 노동자를 보호해 달라는 취지의 고객 안내문 부착 ② 문제를 일으키는 고객을 대처하는 업소 자체의 대응 매뉴얼 마련 ③ 근로자의 건강 장해 예방조치는 물론, 사고 발생 시 근로자의 정신 건강을 위한 상담 지원이나 고소 고발 등을 지원할 것을 의무화하고 있다. 만약 사업주가 이런 보호조치를 이행하지 않으면 1차 위반시 300만 원, 2차 위반 시 600만 원, 3차 위반 시 1000만 원의 과태료가 부과된다. 사업주가 보호조치를 요구한 근로자에게 불리한 처우를 하면 1년 이하의 징역, 또는 1000만 원 이하의 벌금에 처해 질 수 있다. 구체적으로 산업안전보건법 제24조의 2(직무 관련 스트레스 예방 등)를 살펴 보면 다음과 같다.

① 사업주는 신체적 피로 및 정신적 스트레스 등이 많은 작업으로서 고용노동부령으로 정하는 작업에 근로자를 종사시키는 경우에는 이로 인해 건강장해를 예방하기 위하여 고용노동부령으로 정하는 바에 따라 필요한 조치를 하여야 한다.

② 사업주는 근로자가 주로 소비자, 승객, 환자 등을 직접적으로 대면 또는 음성 대화 매체 등을 통하여 상대하면서 상품을 판매하거나 서비스를 제공하는 직무에 종사하는 경우 직무 관련 스트레스, 소비자 등에 의한 폭언 및 폭력과 괴롭힘 등을 예방하기 위해 고용노동부령으로 정하는 바에 따라 필요한 조치를 하여야 한다.

③ 사업주는 제2항의 직무에 종사하는 근로자가 소비자 등의 폭언 및 괴롭힘 등으로 인해 건강장해가 발생한 경우, 직무의 전환과 휴식시간 연장 등의 필요한 조치를 취하도록 노력해야 한다.

④ 제2항과 제3항에 의해 필요한 조치를 해야 할 사업 종류, 규모, 그 밖에 필요한 사항은 대통령령으로 정한다.

사업자나 자영업자들도 자체적으로 감정 노동자를 보호하기 위한 노력을 펼치고 있다. 예를 드면, 유통 매장 계산대 앞에는 "지금 응대하고 있는 직원은 고객 여러분의 가족 중 한 사람일 수 있습니다"라는 문구가 적힌 종이가 붙어 있다. 어떤 회사 로비에는 "타인의 감정을 배려하는 당신! 진정한 고객입니다"라는 문구가 적힌 커다란 엑스배너가 설치돼 있고, 공연장 객석 입구에 감정노동자보호법 배너가 비치 된 바 있다.

콜센터에서는 고객이 상담원과 연결되기 전에 고객들에게 상담 시 매너 있는 말투를 요청하는 자동 녹음된 멘트가 나온다. 부산문화회관 공연장 공연안내원의 유니폼에 달린 뱃지에 감정노동자를 보호하자는 문구가 적혀 있었다.

그러나 산업안전보건법상 감정노동자보호규정 시행 전과 후 감정노동자를 대하는 고객에 관한 통계 결과에 따르면 아직도 소비자들의 변화가 나타나지 않고 있다. 산업안전보건법 개정 시행 전인 2015년 인권위가 감정노동자 3470명을 대상으로 실시한 '유통업 서비스, 판매 종사자의 건강권 실태조사'에 따르면, 응답자 중 61%가 조사 시점으로부터 1년 내에 고객에게서 폭언, 폭행, 성희롱 등의 괴롭힘을 경험했다고 밝혔다. 산업안전보건법 시행 이후인 2019년 대전시 노동권익센터가 대전 시내 공공부문 감정노동자 831명을 대상으로 설문조사를 실시한 결과에 따르면, 조사 대상자의 71%가 언어적 폭력을 겪었으며, 신체적 폭력을 겪은 비율도 19.6%에 달하는 것으로 나타났다. 이 두 조사의 대상이 달라 과학적인 비교는 될 수 없지만, 수치상 감정노동자법 시행 전과 후의 차이가 없어 보인다.

8. 자동차관리법 상의 신차 교환 · 환불제도

1) 레몬법이란?

신규 구매한 자동차의 교환 · 환불 제도는 소비자가 쉽게 피해구제 받기 어려운 자동차 시장 환경에서 소비자보호를 위한 법이 흔히 말하는 일명 레몬법이다. 레몬(lemon)은 영미권에서 결함 있는 불량품을 지칭하는 말로 쓰인다. 이는 달콤한 오렌지(정상 제품)를 기대하고 구매했는데 기대와 달리 오렌지를 닮은 매우 신 레몬(불량품) 이었다는 뜻을 담고 있다. 한마디로 레몬법은 신차의 교환 · 환불 제도를 말한다. 비싼 새 자동차가 문제가 있어도 소비자들이 교환 · 환불 등 대응이 쉽지 않은 것이 현실이다. 자동차의 교환 · 환불은 전문 지식이 요구되며 거대 기업을 상대해야 하기 때문이다.

레몬법은 미국에서 1975년 제정된 법으로 자동차 및 전자제품에 결함이 존재하는 경우 제조사가 교환, 환불 등을 해주도록 하는 법이다. 레몬법의 정식 명칭은 매그너슨-모스 보증법(Magnuson-MossWarrantyAct)으로 미국 상원 의원 워런 매그너슨(Warren G. Magnuson)과 하원 의원 존 모스(John E. Moss)의 이름을 딴 것이다.

이 법은 구체적으로 차량 또는 전자 제품에 결함이 있어 일정 횟수 이상 반복적으로 수리를 해 주어야 할 만큼 문제가 있는 경우 제조사는 소비자에게 교환, 환불을 해주어야 한다는 내용을 담고 있다. 미국에서 이 법의 내용은 주(州)별로 조금씩 차이가 있는데 1975년 연방법으로 처음 제정된 이후 1982년 코네티컷 주에서 최초 시행돼 점차 다른 모든 주로 확산되었다.

2) 한국 자동차관리 관련 법에서 레몬법 시행

국토교통부는 2018년 7월 한국형 레몬법, 즉 자동차관리법, 하위 법령인 시행령, 시행규칙을 개정한 법률을 입법 · 예고했다. 개정한 자동차관리 관면 법에서는 레몬법의 내용을 반영하여 자동차 교환 · 환불 요건과 환불 기준, 교환 · 환불 중재 절차 등 세부사항 등을 포함하고 있다. 2019년 1월부터 자동차관리법을 개정하여 우리나라에서도 새 차를 구입한 후 동일한 고장이 반복될 경우 교환 또는 환불을 받을 수 있도록 하는 일명 레몬법이 시행된 것이다.

2019년 1월부터 시행되고 있는 레몬법의 내용을 살펴보면, 신차 구매 후 중대한 하자가 2회

발생하거나 일반 하자가 3회 발생한 이후 또 다시 하자가 발생하면 중재 과정을 거쳐 교환·환불이 가능토록 하고 있다. 중대한 하자에 해당하는 범위는 법에서 정한 내용으로써, 원동기, 동력전달장치, 조향·제동장치, 주행·조종·완충·연료공급 장치, 주행 관련 전기·전자 장치, 차대 등이 포함되어 있다. 자동차의 교체·환불 여부를 결정하는 중재위원회는 법학·자동차·소비자보호 분야 전문가로 구성된 '자동차안전·하자 심의위원회'에서 담당한다.

2019년 1월부터 시행된 한국형 레몬법 내용을 구체적으로 살펴보면 자동차관리법(일명 한국형레몬법)은 제47조 2(자동차의 교환 또는 환불 요건) 제①항 제1호에서 하자발생 시 소비자 중 신차로의 교환 또는 환불 보장 규정, 즉 국토교통부령으로 정하는 사항이 포함된 서면계약서를 작성하고 구매한 자동차만이 신차 교환 또는 환불이 가능(임의 규정)하다. 그런데 한국형 레몬법을 거부하며 계약서 작성 시 교환 및 환불 규정 수용을 거부하고 있는 자동차 회사가 있다. 이같은 제조사는 소비자들이 신차 구입 이후 하자가 발생해도 교환 환불을 해 주지 않겠다는 것이므로 이들로부터 자동차를 구매하였거나, 구매하려는 소비자들의 주의가 필요하다.

환불액수의 결정 기준은 계약 당시 판매가격에서 주행거리만큼의 사용 이익을 공제하되 필수비용은 포함하고 있다. 사용 이익산정은 우리나라 승용차 평균 수명을 주행거리 15만 km로 간주하고 그에 비례 해 산정하고 있다. 한편, 자동차 제조사는 소비자와 신차 매매계약 체결 시 교환·환불 관련 내용을 계약서에 반드시 포함하도록 하고 있다. 계약서 작성에서는 하자 발생 시 신차로 교환·환불을 보장한다는 내용, 환불액 산정에 필요한 총 판매가격, 인도 날짜 등을 기재하고, 이를 소비자가 충분히 인지할 수 있도록 설명해야 한다.

그동안 레몬법이 제정되기 이전에는 공정거래위원회 관할 '소비자분쟁해결기준'에 의거 자동차 교환 또는 환불을 인정해 왔으나 그 기준은 강제력이 없었다. 일종의 권고에 지나지 않았던 것이다. 그 결과 2019년 레몬법 시행 이전에는 막강한 자동차 제조사들이 무상수리 수준에서 타협했고, 힘없는 소비자는 대안이 없었다. 일부 소비자는 억울하다는 현수막을 걸거나, 인터넷상에 호소, 골프채로 새 차를 부수는 행동을 표출한 경우도 있었다.

3) 한국 레몬법의 평가

한국형 레몬법은 자동차관리법의 일부 개정, 제5장 2항 자동차의 교환 또는 환불 조항 신설로 시작되었다. 레몬법 관련 조항에는 자동차 교환·환불 조건과 절차, 중재부 구성 등을 포함하고 있다. 그러나 교환·환불의 요건을 살펴보면 완벽한 강제력이 있다고 보기 어려운 게 현실이다. 또한, 중재 절차가 소비자들에게 여전히 부담된다는 평가가 제기되고 있다. 교환·환불 요건을 갖췄다고 모두 교환이나 환불을 받을 수 없다는 것이 소비자들의 불만이다. 소비자가 환불 또는 교환을 요청하는 절차를 살펴보면, 자동차 소유 소비자는 국토부 자동차안전하자 심의위원회에 중재 신청을 해야 한다. 중재 신청이 접수되면 법학, 자동차, 소비자보호 분야의 전문가 등으로 구성된 50인 이내의 위원회 중 3인이 중재부로 선정된다. 이중 과반수 이상의 찬성이 있어야 소비자가 교환·환불을 받게 된다. 자동차안전 하자위원회의 중재 결정은 법원의 확정 판결과 같은 효력을 가지므로 자동차 제작사는 반드시 결정 사항을 이행해야 한다.

하자가 있는 신차를 교환 또는 환불을 받으려면 소비자는 교환·환불 조항이 포함된 서면 계약서를 체결하고 신차를 구입해야 한다. 아직까지 자동차 구매 계약서는 제조사마다 다르다. 즉 계약서에 교환·환불 조항을 넣는 것은 자동차 제조사의 선택이며 강제 조건이 아니다. 이 규정으로 인해 '자동차 교환·환불 제도'를 시행하지 않고 있는 자동차 제조업체도 있다. 현대자동차, 볼보코리아, 기타 많은 자동차 제조사들은 개정안 시기에 맞춰 2019년 1월부터 레몬법을 적용하고 있다. 그러나 여전히 자동차 교환·환불 제도, 한국형 레몬법에 모든 자동차 제조업체가 동참하고 있지 않은 상태이다.

문제는 한국형 레몬법을 거부하고 있는 외국 자동차 제조사들이 미국, 유럽 등 강력한 자동차 레몬법을 시행하고 있는 국가에선 레몬법 주요 내용을 모두 수용하여 소비자들을 보호하고 있다는 것이다. 다른 나라들의 레몬법과 비교하여 교환·환불 범위와 배상의 범위가 낮은 편인 우리나라 자동차관리법상의 교환·환불 제도를 무시하며 이를 거부하고 있어 소비자들의 불만이 거세다. 한국형 레몬법 규정인 신차 판매 시 교환·환불 명시 계약을 이행하지 않아도 되는 임의규정 형태는 향후 우리나라 레몬법의 한계로 지적되고 있다. 다시 말해, 한국형 레몬법이 포함된 개정된 자동차관리법이 2019년부터 시행되고 있으나 신차 구입 이후 결함 및 하자가 발생하면 교환·환불을 받을 수 있도록 하는 레몬법 주요 요건이 자동차 제조사들의 동의가 있어야 하고, 동의하지 않아도 임의규정으로써 유명무실한 법 제도가 되고 있다. 그 결과 소비자는 신차 구입 이후 결함 및 하자가 발생하여 교환·환불을 받을 수 있는 요건이 충족되었음에도 일부 수입업체의 자동차를 구입한 경우 중재 신청을 할 수 없는 것이다.

이 같은 상황에서 소비자들은 자동차 제조사들의 레몬법 이행의지에 교환·환불이 결정되는 규정인 국토교통부령인 자동차관리법 시행규칙 제98조의 2의 제1항 제3호와 4호, 5호 단서 조항의 개정 또는 삭제가 시급하다고 주장한다. 신차 교환·환불의 전제 조건인 신차구입 계약서에 자동차 제조사의 레몬법 이행 동의를 적어야 하는 법조항은 레몬법의 실효성을 낮추므로 삭제해야 한다는 지적이 거세다. 소비자들 입장에서는 신차 구입 이후 하자가 발생하여 교환·환불 요건이 충족되면 제조사들의 동의 여부와 상관없이 교환·환불 중재 신청을 할 수 있도록 해야 한다고 주장하고 있다.

참고문헌

국내문헌

강병모(2008). 소비자권리실현을 위한 징벌적 손해배상의 도입에 관한 연구. 한국소비자원 연구보고서.

강성진(1996). 일본의 지방소비자행정체계에 관한 소고. 소비자문제연구, 17.

강성진 · 김인숙(1996). 지방소비자행정의 활성화 방안. 한국소비자보호원. 연구보고서.

강이주 · 김영신 · 허경옥(1999). 가계경제학의 이해. 학지사.

강이주 · 김영신 · 허경옥(2006). 알기 쉬운 가계경제학. 도서출판 신정.

강창경 · 김성천(1990). 부당거래기준제정에 관한 연구. 한국소비자보호원 연구보고서.

강창경 · 김성천(1991). 소비자보호관계법 체계화에 관한 연구. 한국소비자보호원 연구보고서.

강창경 · 두성규(1992). 소비자보호법제 및 행정체계 비교연구. 한국소비자보호원 연구보고서.

강창경 · 손수진(1996). 개정 소비자보호법해설. 한국소비자보호원 연구보고서.

강창경 · 정순희 · 허경옥(1998). 소비자법과 정책. 학지사.

강창경 · 정순희 · 허경옥(2003). 소비자 법과 정책. 시그마프레스.

강창경 · 최병록 · 박희주(1994). 제조물책임법의 제정에 관한 연구. 한국소비자보호원.

공업진흥청 편(1979). 세계주요국의 소비자피해구제제도. 공업진흥청.

공정거래위원회(2006). 과징금부과 세부기준 등에 관한 고시, 제2004-7호.

공정거래위원회 · 한국개발연구원(1991). 공정거래 10년.

공정거래위원회 · 한국개발연구원(1995, 1996, 1997). 공정거래 연보.

공정거래위원회 · 한국개발연구원(1995, 1996, 1997). 독점규제 및 공정거래에 관한 심결집.

구혜정, 이기춘(2004). 내용분석을 통한 기업 홈페이지 실태 연구 - 소비자정보제공과 의사소통을 중심으로.
　　　　대한가정학회지, 42(1).

국민권익위원회(2012). 담합 방지 및 피해 구제 위한 제도개선 권고. 보도자료, 권익위원회.

권오승(1987). 소비자문제와 다수당사자소송. 다수당사자소송연구 · 법무자료, 제90집.

권오승(1994). 소비자보호법. 법문사.

기술표준원(2004). 어린이 고령자 장애인 안전 보호를 위한 공산품 안전관리 개선방안.

기술표준원(2005). 기술표준백서.

기술표준원(2006). 소비자 · 기업 속으로 가까이 간다.

기술표준원(2007). 리콜 가이드라인 제정 공청회. 공청회자료집.

기술표준원(2007). 소비자안전모니터링 제도. 기술표준, 64호.

기술표준원(2007). 제품안전관리기본체계 구축방안연구.

기술표준원(2007). 각국 제품안전정책 기준 · 동향 한눈에.

기술표준원(2008). 공산품안전관리제도 질의 · 답변 사례집.

기술표준원(2008). 글로벌 시장에서 제품안전성 향상을 위한 각계의 역할. 2008 제2회 국제제품안전 워크숍.

기술표준원(2008). 미국 소비제품안전법.

기술표준원(2008). 미국의 소비제품 안전관리제도.

기술표준원(2008). 안전정책개발 워크숍. 워크숍자료집.

기술표준원(2008). 전기용품안전인증, 궁금증 풀어드립니다.

기술표준원(2009). 대한강좌용 제품안전 개론 개발 용역보고서.

기술표준원(2009). 제1회 제품 안전관리 민·관 협동 워크숍.

기술표준원(2009). 제품안전관리제도.

기업소비자정보(1995). 여론조사동향. 3(33).

기업소비자정보(1996). 일본소비자운동의 역사, 44(4).

김경근(1994). 청소년 경제의식조사 보고서. 한국 개발연구원부설 국민경제교육연구소. 연구보고서.

김경자·김기옥·이승신·정순희(1994). 시장개방에 관한 소비자의식과 행태. 소비자학연구, 5(1).

김관태(1998). 소비자파산의 영향과 방지대책. 조흥경제, 4월호.

김관태(1998). 일본의 불황형 개인파산 급증과 국내 시사점. 조흥경제, 9월호.

김기옥(1993). 경제학에서의 가족 연구, 가족학 논집, 5.

김기옥·허경옥·정순희·김혜선(1998). 소비자와 시장. 학지사.

김기옥·허경옥·정순희·김혜선(2001). 소비자와 시장경제. 시그마프레스.

김기홍(1991). 변모하는 국제무역질서 GATT, 우루과이라운드 그리고 한국. 한울출판사.

김난도(1998). 소비자파산제도의 개선방향에 관한 연구 : 파산상담제도의 도입을 중심으로. 98년도 정기총
    회 및 학술대회 : 21세기의 소비자주권. 한국소비자학회.

김남우(2011). 현행 과징금 제도의 주요 쟁점과 그 해결 방안. 경제법연구, 10(2), 77-79.

김대휘(1991). 집단적 소송에 관한 법률의 제정방향. 집단소송의 법리, 법무자료, 제149집.

김동주(1991). 우리나라 소비자피해구제제도 개선방안. 연세대학교 행정대학원 석사학위논문.

김두진(2007). 공정거래법 및 소비자 관련 법상 징벌적 손해배상제도 도입방안 연구. 한국법제연구원 연구
    정책 세미나, 1-210.

김미현(1995). 품질과 안전성 테스트로 소비자의 알 권리 충족시킨다. 소비자시대, 한국소비자보호원.

김보현, 신영근(2010). 공정거래법상 과징금제도의 개선방안에 관한 연구. 사회과학연구, 16(2), 63-87.

김병준·전우영(2007). 인터넷 쇼핑에서 사용후기가 제품에 대한 평가에 미치는 영향: 제품에 대한 지식의
    역할, 한국심리학회 연차학술발표대회 논문집.

김상일(2004). 대한민국 소비트렌드. 원앤원북스.

김석호·박성용·황정선(1988). 수입상품에 관한 소비자보호방안연구. 한국소비자보호원 연구보고서.

김성대·박영택(2001). 브레인스토밍 및 그 파생기법들의 분류 및 활용에 관한 연구. 품질경영학회지 : 응용
    논문, 29(2).

김성숙(1997). 소비자의 안전의식과 안전추구행동. 서울대학교 박사학위논문.

김성주(1991). 행정법상의 단체소송 : 독일의 환경법 분야를 중심으로. 집단소송의 법리, 법무자료, 제149집.

김성준(1987). 다수당사자 소송연구. 법무부 법무자료, 제 90집.

김성천(2003). 징벌적 손해배상와 소비자피해구제. 한국소비자원.

김성환 · 김세환(2003). 마케팅조사. 도서출판 두남.

김세원 · 김갑용 · 권태한 · 홍승표 · 유창근 · 김기영 · 장봉규 · 김홍기(1995). OECD가입과 금융시장개방. 비봉출판사.

김영신 · 강이주 · 이희숙 · 허경옥 · 정순희(2000). 소비자의사결정. 교문사.

김영신 · 김인숙 · 이희숙 · 강성진 · 유두련(2007). 새로 쓰는 소비자법과 정책. 교문사.

김영신 · 이희숙 · 유두련 · 이은희 · 김상욱(2002). 소비자정보관리의 이해. 시그마프레스.

김용자(1996). 소비자정보제공체계에 관한 연구. 소비자문제연구, 제18호. 한국소비자보호원.

김원길(1998). 소비자보호 행정 및 법제를 체계적으로 정비해 소비자주권을 실질적으로 보장할 터. 월간 소비자, 3월호.

김윤식 · 정규엽(2008). 호텔 블로그 특성이 구매의도 및 온라인 구전 커뮤니케이션에 미치는 영향 : 블로그 태도를 매개변수로-20대 30대 블로그 이용자 중심으로. 호텔경영학연구, 18(3).

김은희(1998). 인터넷 전자상거래에 관한 연구 : 국내 현황과 기업의 인식을 중심으로. 숙명여자대학교. 석사학위논문.

김재옥(1985). 소비자운동의 현황과 소비자의식에 관한 연구. 이화여자대학교. 석사학위논문.

김정호(1996). 리콜제도의 국내 · 외 운영에 관한 고찰. 소비자문제연구, 17.

김종구 · 박성용(1997). 소비문화에 관한 연구. 한국소비자보호원 연구보고서.

김종인(1998). 소비자파산이란?. 월간소비자. 5월호.

김진국(1998). 20대 80법칙을 이용한 고객유지 전략. 기업소비자정보, 9~10월호.

김태선(2010). 징벌적 손해배상제도에 대한 고찰. 민사법학, 235-274.

김현수(2013). 징벌적 손해배상액의 산정기준 - 소비자보호 등 개별법 분야에서의 징벌배상제 도입 가능성을 전제로. 이화여자대학교 법학논집, 18(1), 155-183.

김혜선(1995). 소비자정보의 중요도 측정과 그 응용에 관한 연구. 소비자학연구. 한국소비자학회, 94.

김혜선 · 김시월 · 김정훈 · 허경옥 · 정순희 · 배미경(2002). 소비자 교육의 이해. 시그마프레스.

김혜선 · 배미경(1998). 가계재무관리. 학지사.

김홍규(1991). 집단분쟁처리를 위한 특별법제정에 관하여. 집단소송의 법리. 법무자료, 제149집.

김홍규(1994). 집단분쟁처리절차법의 제정에 관하여. 민사법학, 11 · 12.

김홍열(1996). 소비자보호 규제 정책의 비교 연구 : 한국, 미국, 일본의 정책을 중심으로. 인하대학교 행정대학원 석사학위논문.

김희은(2007). 레스토랑 이용에 대한 온라인 구전커뮤니케이션 평가에 관한 연구. 세종대학교 대학원 조리외식경영학과 석사학위논문.

노형화(1993). 다국적 기업의 환경문제와 이에 대한 대응. 소비생활연구, 11호.

녹색소비자(1997). 일본소비생활실태조사. 10(3).

대외경제연구원(1996). OECD가입의 분야별 평가와 과제.

문상식(1997). 일본 생활협동조합탐방 : 소비자들의 신뢰도·만족도 최고. 녹색소비자, 10(3).

문숙재·여윤경(2005). 소비트렌드와 마케팅. 신정.

문숙재·정순희·허경옥(2000). 가족경제학. 교문사.

문정숙(1994). 유럽연합(EU)의 소비자정책에 관한 연구. 소비자문제연구, 13.

박명호(1996). 시장경제질서와 국민의식함양 방안. 한국 개발연구원부설 국민경제교육연구소. 연구보고서 9603.

박명희(1996). 소비자의사결정론. 학현사, 195-230.

박명희·이상협(1990). 한국시장에 있어서 외국/국내 상표 청의류의 가격과 품질관계에 관한 연구. 소비자학연구, 1(1).

박민영(1991). 미국 Class Action제도의 현황과 문제점. 집단소송의 법리. 법무부 법무자료, 149.

박성용·황정선·송순영(1990). 소비자협동조합에 관한 연구. 한국소비자보호원 연구보고서.

박수경·이기춘(1988). 서비스약관과 관련된 소비자문제의 실증연구. 대한가정학회지, 36(5).

박수경·이기춘(1988). 소비자보호의 실효를 위한 약관규제연구: 약관심결례를 중심으로. 대한가정학회지, 34(1).

박안식(1996). 지방자치출범 1년과 소비자보호 : 광주광역시를 중심으로. 소비자문제연구, 17.

박종백(1987). 단체소송을 통한 다수인의 피해구제에 관한 연구. 서울대학교 석사학위논문.

백경미(1997). 우리나라 소비문화에 관한 고찰. 한국소비자학회 97년 총회 및 학술대회.

백경미·이기춘(1995). 도시주부의 과시소비성향에 관한 분석. 한국가정관리학회지, 13(4).

백창화(1993). 환경마크 상품과 리필 제품, 소비자시대, 1993(9). 한국소비자보호원.

보스턴컨설팅 그룹(2005). 소비의 새물결 트레이딩 업. 세종서적.

브랜드마케팅연구소(2004). 2003 전국소비자조사.

삼성경제연구소(2002). 시장에서 무슨 일이 일어나고 있나 : 5대 소비트렌드와 기업의 대응.

삼성경제연구소(2003). 불황일 때는 팔릴 물건을 만들어라 : 고객 마음을 읽는 마케팅 조사기법.

서정희(1991). 소비자주권을 실현하기 위한 소비자보호행정의 역할과 기능. 소비생활연구, 7.

서정희(1993). 소비자주권론. 울산대학교 출판부.

서정희(2005). 소비트렌드 예측의 이론과 방법. 내하출판사.

소비자문제를 연구하는 시민의 모임(1995). UN의 환경보호와 여성의 역할. 소비자교육자료, 94.

송보경, 김재옥(1987). 소비자운동 : 저항인가 협력인가. 소비자문제를 연구하는 시민의 모임.

송순영(1998). 한국사회 과소비문화의 특징. 1998년 한국 가족 · 문화학회, 한국가족학회 춘계학술대회 발표집.

송연성(1995). 재활용 마크 표시제로 쓰레기 분리 배출 쉬워진다. 소비자시대, 1995(5). 한국소비자보호원.

송연성(1996). 눈속임 · 거품 가격 심한 화장품, 품질 불신으로 이어진다. 소비자시대, 1996(11). 한국소비자
　　　보호원.

송인숙(1992). 소비자의 구매중독성향 및 영향요인. 서울대학교 박사학위논문.

송인숙 · 제미경 · 김경자(2002) 역. 고객만족조사법. 시그마프레스.

송태희(1997). 우리나라 소비자정책의 기본 방향. 소비자문제연구, 19.

송태희(1988). IMF시대를 극복하기 위한 소비자의 역할. 한국소비자보호원 연구보고서, 98(1).

신경림 외 7인 공역(2004). 질적 연구방법 포커스 그룹. 현문사.

신경제 5개년계획(1993~1997) 소비자보호부문계획. 소비자문제연구, 13.

심정남(1990). 한미일 3국의 소비자보호실태 비교연구. 숙명여자대학교 석사학위논문.

안승철(1996). 소비자보호와 피해구제. 중 · 문출판사.

여운승(1995). 마케팅 관리. 민영사.

여운승(1997). 마케팅조사방법론. 민영사.

여정성(1996). 한국의 소비자보호정책과 그 실행. 월간 소비자. 12월호.

연기영(1994). 제조물책임의 성립과 입법동향. 소비자문제연구, 14.

오상락(1986). 소비자-그 문제와 보호. 한국경제신문사.

오창수(1995). 법과 소비자보호의 법률대책. 법률계.

오창수(1997). 소비자피해구제의 법률지식, 청림출판.

옥경영(1991). 우리나라 소비자피해구제제도에 관한 연구 : 소비자피해구제 주체 및 단계별 분석. 숙명여자
　　　대학교 석사학위논문.

월간소비자(1996). 일본소비자운동의 역사, 176(6).

월간소비자(1997). 21세기 소비자운동의 위상과 방향. 7 · 8호.

유광필(1993). 소비자단체의 위상과 역할. 월간소비자. 11 · 12월호.

유진희(1996). 양질의 국민생활 책임지는 일본 소비자행정. 월간소비자, 176(3).

윤영각(1995). WTO시대의 반덤핑제도. 도서출판 한송.

윤정혜 · 여정성(1996). 서비스거래에서의 소비자피해 실태와 바람직한 피해구제방안의 모색. 한국소비자학
　　　회 1996년도 총회 및 학술대회 논문집.

윤택림(2004). 문화와 역사를 위한 질적 연구방법론. 아르케.

윤형석(1996). 고객만족경영과 고객만족도. 기업소비자정보, 9월호.

윤훈현(1997). 소비자행동론. 시그마프레스.

이기춘(1996). 소비자교육. 교문사.

이기춘 · 송인숙(1988). 소비자제품의 비교테스트정보 분석에 의한 가격과 품질의 상관관계에 관한 연구. 한국가정관리학회지, 6(2).

이기춘 · 여정성 · 송인숙(1997). 한국소비자정책의 현황과 발전방향. 소비자학연구, 8(2).

이득연(1996). 소비자불매운동:현황과 평가. 소비자문제연구, 18.

이명희(2007). 행동경제학. 도모노 노리오 Behavioral Economics 번역서. 지형.

이상률(1996). 문화와 소비. McCraken의 Culture and consumption 번역서. 문예출판사.

이상영(1998). 소비자파산제도의 국제동향과 향후 전망. 국제소비자정책동향, 제15호.

이상인(1994). 미래를 읽으면 세계가 보인다. 도서출판 푸른산.

이상정(1988). 소비자단체소송 및 집단소송에 관한 연구. 한국소비자보호 연구보고서, 88(4).

이승신 · 김기옥 · 김경자 · 심영 · 정순희(1996). 가계경제학. 학지사.

이승우(1997). 소비자운동에 관한 제언. 한국여성신문. 1997년 7월 21일.

이양교(1989). 일본소비자정책론. 한국소비자보호원 출판부.

이유재(1999). 고객가치 증대를 위한 고객만족경영. 기업소비자정보, 1~2월호.

이인권(2010). 손해액 추정을 통한 과징금 산정방안 모색 - 입찰담합을 중심으로. 경쟁저널, 48-61.

이재신, 성민정(2007). 온라인 댓글이 기사 평가에 미치는 영향 : PR적 관점을 중심으로. 한국광고홍보학보, 9(4).

이재웅 · 전우영(2008). 인터넷 쇼핑에서 사용후기의 양식이 소비자 판단에 미치는 영향. 한국심리학회 연차학술발표대회 논문집.

이종영(2008). 제품안전 정책기본방향 연구(제품안전기본법의 제정방안 검토). 기술표준원 연구보고서.

이지영(1992). 제조물책임을 둘러싼 국제적 동향과 주요논점. 소비생활연구, 10.

이창범(1998). 일본의 소비생활협동조합, 그 현황과 문제점. 국제소비자정책 동향, 15호.

이창범(1997). 전자상거래에 있어서 소비자보호의 법적고찰.

이학식(2001). 마케팅조사. 법문사.

이학식 · 안광호 · 하영원(1999). 소비자행동, 2판. 법문사.

이한득(1998). 미 · 일의 소비자파산 동향과 대책. 국제소비자정책동향, 제15호.

임종원 · 김재일 · 홍성태 · 이유재 (1994). 소비자행동론. 경문사.

임종철(1989). 과소비의 경제학. 언론과 비평, 4.

임치룡(1998). 미국파산법의 주요 내용. 인권과 정의, 4, 90-102.

장경학(1991). 민법대의(전). 법문사.

장만익(2003). 미래의 불확실성, 더 이상 두려워 말자. 미래포럼.

장석영(1990). 경제개방화에 따른 소비자보호정책 : 수입식품에 대한 소비자보호를 중심으로. 서울대학교

　　행정대학원 석사학위논문.

장수태(1996). 소비자파산제도에 관한 연구. 소비자문제연구, 18.

장원석(1993). 소비자생활협동조합법 제정의 필요성과 주요내용. 소비생활연구, 11.

장재윤(2000). 전자브레인스토밍 : 집단 창의성 기법으로서의 허와 실. 한국심리학회지 : 사회 및 성격,
　　14(3).

장홍섭 · 안승철(1998). 현대소비자론. 삼영사.

전병서(1998). 최초의 소비자파산사건과 관련한 파산법의 검토. 변호사.

전병서(1998). 파산면책의 입법적 검토, 저스티스, 3.

전병서(1998). 파산자의 면책에 관한 고찰. 법조, 1.

전상일(2009). 가격비교사이트의 지각된 서비스품질이 방문의도 및 추천의도에 미치는 영향, 홍익대학교 석
　　사학위논문.

정동윤(1987). 다수당사자소송의 구조와 문제점. 다수당사자소송연구, 법무자료, 제90집.

정동윤(1991). 미국의 대표당사자소송 : 그 활용실태와 도입상의 문제점. 집단소송의 법리, 법무자료, 제149집.

정원 · 박송동(1992). 수입자유화 어떻게 대응할 것인가. 법문사.

정준(1997). 소비사회의 실상과 바람직한 소비문화의 모색. 한국소비자보호원 연구보고서.

조영달(1993). 소비자의사결정의 합리성과 소비자교육 : 소비자선택의 경제학적 분석에 대한 비판. 소비생
　　활연구, 11.

조용환(1999). 질적 연구방법과 사례. 교육과학사. 품질경영학회지 : 응용논문, 29(2).

지광석(2012). 기업의 가격담합과 소비자권익에 대한 소고. 한국소비자원 소비자정책동향, 32, 1-18.

지광석(2013). 담합 규제의 적정성에 대한 고찰: 과징금의 규모와 산정절차를 중심으로. 국가정책연구,
　　27(1), 65-93.

지수현(1994). 제조물책임보험. 소비자문제연구, 14.

진홍복(1985). 협동조합공화국 : 협동조합경제학. 아르네스트 포아슨 저서 번역. 선진문화사.

참여연대(2010). 담합 관련 과징금 제도의 문제점과 대안. 이슈리포트.

채서일(1987). 마케팅조사론. 무역경영사.

최병록(1993) 소비자소송지원제도에 관한 연구. 한국소비자보호원, 연구보고서.

최병록(1993). 소비자분쟁의 소송외적 해결제도. 소비생활연구, 11.

최병록(1993). 소비자소송지원제도에 관한 연구. 한국소비자보호원, 연구보고서.

최병록(1994). 제조물책임법의 주요내용. 소비자문제연구, 14.

최병룡(1996). 최신 소비자행동론, 박영사.

최선향(1993). 소비자단체의 발전 방향에 관한 연구. 한국소비자보호원.

최용진 · 김현주(1996). 품질 인증 마크, 어떤 것들이 있으며 믿을 수 있는가. 소비자시대, 10.

최은희(1998). 전자상거래에서의 소비자 프라이버시보호에 관한 연구. 숙명여자대학교. 석사학위논문.

최재희(1996). 권장가 · 공장도가 · 표준소매가 등 가격표시, 얼마나 알고 계십니까?. 소비자시대, 10.

하시용 · 지용근 역(2000). 윈슬로 페럴 저. 히트상품 어떻게 탄생하는가?. 푸른솔.

하영태(2015). 자본시장법상 과징금제도 확대도입과 효율적 운영방안. 경제법연구, 14(1), 127-170.

한국공정경쟁협회(1996). 공정거래법 심결 해설 및 평석.

한국공정경쟁협회(1996). 공정거래법 자율준수편람 : 준수프로그램의 작성과 운영.

한국사회과학연구소 사회복지연구실(1995). 한국 사회복지의 이해. 도서출판 동풍.

한국소비자보호원 (1988). 장애자 소비생활에 관한 연구. 한국소비자보호원 연구보고서.

한국소비자보호원(1988). 소비자문제입문.

한국소비자보호원(1988). 소비자보호 : 각국의 사례로 본 현상과 대책.

한국소비자보호원(1989). 85-86 OECD회원국의 소비자정책. 기획관리자료, 89(6).

한국소비자보호원(1989). 개방화시대의 소비자의식.

한국소비자보호원(1993). 백화점사기세일에 관한 대법원판례, 12.

한국소비자보호원(1994). 소비자문제해결을 위한 경제 주체별 역할.

한국소비자보호원(1994). 소비자보호법과 친구하기.

한국소비자보호원(1994). 소비자협동조합법 제정방향. 정책공청회자료.

한국소비자보호원(1996). 국민소비행태 및 의식구조. 4차 조사통계.

한국소비자보호원(1996). 소비자피해보상규정.

한국소비자보호원(1997). 소비자 피해구제 연보 및 사례집.

한국소비자보호원(1997). 한국의 소비생활지표.

한국소비자보호원(1998). 방문판매 피해구제.

한국소비자보호원(1998). 소비자 위해실태 및 안전의식.

한국소비자보호원(1998). 알쏭달쏭 소비자피해 101가지 사례여행.

한국소비자보호원(1998). 일본의 전자상거래 소비자보호 지침.

한국소비자보호원(1998). IMF 전후의 소비자 의식 및 행태 비교.

한국소비자보호원(1999). 전문서비스 분야 소비자상담 및 피해구제 100일 현황분석.

한국소비자보호원(2000). 유아용 완구의 안전성 실태조사, 한국소비자보호원.

한국소비자보호원(2005). 공산품안전제도 개선 위해사례 연구. 기술표준원 보고서.

한국소비자보호원(2005). 영유아 위험물질 삼킴 안전사고 실태조사 : 삼킴, 삽입, 흡입 안전사고. 연구보고서.

한국소비자보호원(2006). 소비자위해감축방안에 관한 연구. 한국소비자보호원.

한국소비자보호원(2006). 소비자위해정보백서.

한국소비자보호원(2006~2008). 소비자피해구제 연보 및 사례집.

한국여성개발원(1994). 시장개방과 여성 소비자.

한철수(1994). 서비스산업개방과 WTO. 다산출판사.

한홍렬(1996). 주요 선진국무역규제의 불공정성에 관한 연구. 대외경제정책연구원, 정책자료.

허경옥(2010). 생활속의 소비자안전확보를 위한 소비자안전관리정책의 방향. 한국생활과학회지, 19(2) 311-323.

허경옥(2011). 리콜 관련 법제도 현황조사 및 리콜 활성화 방안 조사연구. 소비자정책교육연구, 7(1), 87-108.

허경옥(2011). 소비자의 제품안전의식과 관련 행동, 제품안전사고 현황 파악 및 경제주체들의 제품안 전추구행동 방향 모색: 제품 관련 안전정보, 안전교육, 안전정책을 중심으로. 소비자정책교육연구, 7(3), 101-121.

허경옥(2012). 소비자의 가격비교정보와 이용후기정보 탐색량, 신뢰도, 활용도에의 영향요인 분석. 소비자정책교육연구, 8(3), 69-88.

허경옥(2013). 소비자의 구전정보생산과 구전정보 수용도 및 영향요인 분석. 소비자정책교육연구, 9(1), 19-38.

허경옥(2013). 소비자의 인터넷 사이트별 소비자정보행동분석: 소비자정보탐색, 생산, 활용을 중심으로. 소비자정책교육연구, 9(2), 1-17.

허경옥(2013). 다양한 유형의 소비자정보가 소비자 구매의사에 미치는 영향조사 분석. 소비자정책교육연구, 9(3), 1-22.

허경옥(2013). 정부의 소비자안전정보정책 및 안전정책에 대한 소비자평가 분석. 한국소비자안전학회지, 3(2).

허경옥(2014). 소비자의 개성에 따른 구매행동유형, 광고와 사적구정정보에 대한 신뢰 및 만족도, 구매 욕구에 대한 분석. 소비문화연구, 17(2), 63-84.

허경옥(2014). 소비자의 윤리의식, 짝퉁에 대한 소비자태도가 짝퉁구매행동에 미치는 영향분석. 소비자학연구, 25(5), 63-84.

허경옥(2014). 블랙컨슈머에 대한 소비자상담사와 기업의 대응행동에 관한 연구. 소비자정책교육연구, 10(4), 73-93.

허경옥(2014). 소비자안전확보를 위한 정부의 소비자안전정보 정책의 효율성 제고 방향: 소비자의 안전정보 행동과 외국의 안전정보시스템 고찰을 중심으로. 소비자문제연구, 45(3), 55-79.

허경옥(2015). 기업 소비자상담사의 블랙컨슈머 대응행동과 업무스트레스가 업무만족도 및 업무수행 평가에 미치는 영향. 대한가정학회지, 53(4), 351-362.

허경옥(2016). 소비자의 구매행동유형과 과시성향이 소비자의 구매 가격과 구매 장소의 거짓구전행동에 미치는 영향 분석. 소비자문제연구, 46(3), 143-165.

허경옥(2016). 소비자피해유발 사업자에 대한 행정조치적, 법 제도적 규제조사 및 소비자 관점에서의 개선

방향 모색: 소비자, 사업자, 전문가의 규제에 대한 인식 및 요구도 조사를 중심으로. 소비자정책교육연구, 12(3), 167-190.

허경옥(2016). 소비자의 합리성추구, 유행추구, 과시추구성향이 국산 및 수입유명상표추구행동에 미치는 영향 구조분석. 소비자정책교육연구, 12(4), 249-268.

허경옥(2017). 고객업무 근로자의 자질과 업무 특성이 감정노동에 미치는 영향. 소비자정책교육연구, 13(2), 103-123.

허경옥(2018). KS 인증제도 운영 및 발전방향에 대한 제언. 표준과 표준화연구, 8(1), 49-64.

허경옥(2018). 생활용품 및 어린이제품 안전관리 법제도 변화 및 주요 이슈 조사, 효율적 안전관리정책 방안 모색: 상생과 소비자지향적 관점을 중심으로. 소비자정책교육연구, 14(2), 1-19.

허경옥(2018). 6월 정부 및 공공기관의 대국민 서비스 및 악성 민원 대응 개선을 위한 방안 모색: 표준화 전략을 중심으로. 표준인증안전학회지, 8(2).

허경옥(2018). 기업 고객상담실의 소비자불만처리에 대한 소비자만족, 기업에 대한 소비자신뢰가 소비자의 불만제품 재구매의사에 미치는 영향 분석. 소비자문제연구, 49(2), 1-26.

허경옥(2018). 고객상담센터 근로자의 개인적 특성, 소비자불만행동 및 소비자악성행동에 대한 인식이 직무 소진에 미치는 영향 분석. 소비문화연구, 21(3), 1-18.

허경옥(2019). 소비자의 피해보상요구행동에 대한 소비자인식, 소비자책임 및 권리의식이 소비자의 윤리적 소비행동에 미치는 영향 분석. 소비문화연구, 22(2), 125-143

허경옥(2020). 우리나라의 서비스표준 현황 및 주요 이슈 조사. 표준인증안전학회지, 10(2), 19-32.

허경옥(2021). 제품안전관리 정책의 현황, 주요 이슈 및 과제, 향후 개선 방향 모색. 표준인증안전학회지, 11(2), 115-132.

허경옥, 차경욱, 이신애(2015). 소비자소외에 영향을 미치는 소비자특성 요인에 대한 구조분석. 소비자학연구, 26(2), 143-162.

허경옥, 홍지현(2017). 소비자의식 유형이 비윤리적 행동에 미치는 영향-악성불평행동에 대한 인식을 매개 변수로. 소비문화연구, 20(2), 255-272.

허경옥, 천경희, 최병록, 황혜선(2015). 공산품 규제에 관한 소비자의 인식: 소비자인지, 기대, 필요성 인식을 중심으로. 소비자정책교육연구, 11(3), 163-187.

허경옥(2000). 정보사회와 소비자. 교문사.

허경옥(2006). 삶의 경제. 성신여대 출판부.

허경옥(2011). 소비자상담과 피해구제. 교문사

허경옥(2011). 소비자안전. 교문사

허경옥, 김혜선, 김시월, 정순희, 박선영(2008). 소비자정보론. 파워북.

허경옥, 배미경, 김기옥, 이승신, 박선영(2012). 에센셜 연구방법. 교문사.

허경옥, 배미경, 김기옥, 이승신, 박선영(2012). 에센셜 통계분석. 교문사.

허경옥, 여윤경, 유현정, 고선강, 차경욱(2006). 소비자 투자와 보험. 교문사.

허경옥, 이은희, 김시월, 김경자(2006). 소비자트렌드와 시장. 교문사.

허경옥, 최혜경, 이성림(2008). 저소득, 노인, 장애인 가족의 소비자복지. 파워북.

김영신, 이희숙, 정순희, 허경옥, 이영애(2016). 새로 쓰는 소비자의사결정. 교문사.

허경옥, 박희주, 이은희, 김혜선, 김시월(2011). 소비자법과 정책의 이론과 실제. 파워북

허경옥, 차경욱, 유현정, 김성숙, 허은정(2011). 소비자투자와 자산관리. 교문사.

허경옥, 차경욱, 유현정, 김성숙, 허은정(2012). 보험과 은퇴설계. 교문사.

홍은표(1992). 현대소비자론. 석정

황용철(1998). 소비자행동론. 제주대학교 출판부.

황유인·이상정(1993). 소비자보호법 : 경제법. 대학출판사.

황태호,한용석(1996). 제2의 커브 : 새로운 기술, 새로운 소비자, 새로운 시장이 몰려 온다. 아이언모리슨 번역판. 경향신문사 출판.

LG 경제연구원(2005). 2010 대한민국 트렌드. 한국경제신문.

Huh, Kyungok, Chul Choi(2016). PRODUCT RECALL POLICIES AND THEIR IMPROVEMENT IN KOREA 7(4), 39-47. SCOPUS http://mper.org/mper/Management and Production Engineering Review(Polish Academy of Sciences) DOI: 10.1515/mper-2016-0034.

국외문헌

Anderson, J. J.(1997). *Bankruptcy for Paralegals*. Prentice Hall Paralegal Series. Prentice Hall. New Jersey.

Baer, W. J.(1996). Surf's up: Antitrust enforcement and consumer interests in a merger wave. *The Journal of Consumer Affairs, 30*(2).

Blood, R.(2003). *Weblogs and journalism : Do they connect?*. Nieman Report, Fall.

Davis, R.(1979). *Comparison of consumer acceptance of rights and responsibilities*, Proceedings of the 25th Annual Conference, American Council on Consumer Interests.

Eagel, J. E., Blackwell, R. D., & Miniard, P. W.(1995). *Consumer behavior.* 8th eds. Dryden.

Fulop, C.(1977). *The consumer movement and the consumer.* The Advertising Association, Abford House, London.

Gordon, Lee(1977). *Economics for consumers*, New York: Van Nostrand comp.

Greer, T. V. (1992). Product liability in the European Community : The legislative History. *The Journal of Consumer Affairs, 26*(1).

Grunert-Beckmann, S. C., Pieters, A. G., Dam, Y. V.(1997). The environmental commitment of consumer organizations in Denmark, the United Kingdom, The Netherlands, and Belgium. *Journal of Consumer Policy, 20*(1).

Harland, D. (1987). The United Nations Guidelines for consumer protection. *Journal of Consumer Policy, 10*(3).

Helen S. D & Wagner, C. (2006). *Weblog success: Exploring the role of technology*, International Journal of Human-Computer Studies, June.

Joo, S. (1997). Consumer protection in South Korea. *Consumer Interests Annual, 43*.

Katona, G. C. (1975). Psychological Economics, New York : Elsevier Scientific Publishing Co.

L' Heureux, N. (1992). Effective consumer access to justice : Class Actions. *Journal of Consumer Policy, 15*(4).

Magrabi, F. M. Chung, Y. S. Cha, S. S. & Yang, S. (1991). *The economics of household consumption. Praeger Publishers*.

Mayer, R. N. (1989). *The consumer Movement : Guardians of the marketplace*. Twayne Pub.

Maynes, E. S. (1990). Price discrimination: Lesson for consumers. *Advancing the Consumer Interest, 2*.

McCraken, G. (1988). *Culture and consumption*, Moonye Pub. Co.

Mitchell, J. (1978). *Marketing and the consumer movement*. McGraw–Hill Book Company, UK.

Moschis, G. P. (1976). *Acquisition of the consumer role by adolescents*. Ph.D. Dissertation, Univ. of Wisconsin.

Ramsay, I. (1985). Framework for regulation of the consumer market place. *Journal of Consumer Policy, 8*(4).

Rhee, K., & Lee, J. (1996). Review of consumer activism in Korea, 1910–1995 : A political–economic approach. *Journal of Consumer Policy, 19*.

Singh, G. (1995). Group actions and the law : A case study of social action litigation and consumer protection in India. *Journal of Consumer Policy, 18*(1).

Stampfl, R. W. (1979). Family research: Consumer education needs in the family life cycle. *Journal of Home Economics, 71*(1).

Stigler, G. J. (1961). The economics of information. *The Journal of Political Economy, 3*.

Sullivan, T. A., Warren, E., & Westbrook, J. L. (1994). The Persistence of local legal culture : Twenty years of evidence from the federal bankruptcy courts. *Harvard Journal of Law and Public Policy, 17*.

Sullivan, T. A., Warren, E., & Westbrook, J. L. (1997). Consumer bankruptcy in the United States : A study of alleged abuse and of local legal culture. *Journal of Consumer Policy, 20*(2).

Warne, C. E. (1991). The role of litigation in consumer protection. *The Journal of Consumer Affairs, 25*(2).

Warne, C. E., & Morse, R. L. D.(1993). *The consumer movement*. Family Economics Trust Press, Manhattan, Kansas.

Whitford, W. C.(1997). Changing definitions of Fresh Start in U.S. Bankruptcy law. *Journal of Consumer Policy, 20*(2).

經濟企劃處國民生活局 消費者行政第一課(1990). 消費者教育への提言：消費者教育を考える會'とりまとめ ~

國民生活センタ-(1996). 消費者運動50年：20人が語る戰後の步み. ドメス 出版

柏尾昌哉, 小谷正守(1984). 現代日本の消費生活：講座 現代日本の流通經濟 5. 大月書店

찾아보기

ㄱ

가격인지적 소비자 6
가격협정 233
가망 고객 105
가상 상사중재제도 284
가연성직물제품법 391
가족 만들기 85
가치함수 61
감성 중시 트렌드 76
개성형 소비자 6
갱 서베이 80
거래강제 236
거래거절 235
거래기준청 329
거래조건협정 233
게슈탈트 심리학 56
결합정보보고의무제도 379
경제적 소비자 6
경품 238
경험재 161
고객 유기 118
고객 유지 118
고객 획득 118
고객관계 관리 119
고객만족경영 103
고객만족경영 패러다임 106
고객만족도 91, 110
고객만족도조사 108
공개현상경품 239
공급자적합성선언 377
공급제한협정 234
공동행위 233
공산품 안전인증제도 377
공산품 자율안전확인제도 377
공산품안전품질표시제도 378
공정거래청 328

과부하 129
과소비 28
과소비지수 29
과시소비 30
과시형 소비 31
과장광고 197
과점시장 225
관계 마케팅 114
관여도 160
관찰법 83
광고 174
광고 전략 182
광고규제 203, 204
광고규제 관련 법 209
광고기법 186
광고실증제 211, 214
교환기준 418
구매력(money vote) 3
구조적 파산 470
국제소비자기구 335
국제소비자정책위원회 338
규모의 경제 225
균일가격분포 167
금융상품표시, 광고공정거래지침 203
기술표준원 376
기업결합 232
긴급수입제한조치 124

ㄴ

내부 마케팅 115
내적 정보탐색량 157
냉장고안전법 391
노인소비자 11
노출 155
녹색소비자연대 307

ㄷ

다단계판매 438
다른 사업자의 사업활동 제한 234
단위당 가격제도 137
당신이 소유한 화폐의 가치 318
댓글 250
데이터 베이스 119
데이터베이스 마케팅 117
델파이법 89
도의적 소비자 6
독과점규제 229
독성방지포장법 391
독점규제 및 공정거래에 관한 법률 426
독점시장 226
독점적 경쟁시장 225
등급사정 145
딩크족 97

ㄹ

리콜제도 372, 376, 384, 387, 444

ㅁ

마케팅 믹스 42
면접법 86
면접조사 80
모니터링 376
모방소비 35
무관심한 소비자 6
무차별곡선 47
미국 연방 소비자 관련 법 321
미국 CPSC 391
미국소비자연맹 318
미국의 소비자운동 316
미니홈피 250
미분류 소비자 6

미스터리 쇼핑 90
민감도 체감성 63

ㅂ

반덤핑관세 124
방문판매 436
방문판매 등에 관한 법률 426
방문판매법 435
밴드웨건 효과 26
베블런 효과 25
보유 156
보조금 124
보증형 파산 464
부당광고 195
부당한 표시 및 광고 행위 237
부품보유기간 417
불공정거래 행위 234
브레인스토밍 82
블랙컨슈머 21
블로그 249
비경합성 128
비교광고 192
비대칭성 128
비방광고 199
비배타성 128
비합리적 소비자행동 28

ㅅ

사고보고신고제도 394
사교적 소비자 6
사다리기법 73, 90
사전검사제도 372
사전안전관리제도 376
사치형 파산 470
사회 · 윤리적 조건 27
사후검사제도 372
사후안전관리제도 376

상계관세 124
상품의 종류 및 규격제한협정 234
상품의 차별화 225
생산자 추적(이력) 시스템 372
생활표준 25
서구형 소비자 6
선택할 권리 319
선호 46
설비제한협정 234
성인소비자 10
세계경제협력기구(OECD) 120
세계무역기구 120
소비자 5
소비자 관련 법 426
소비자 리포트 151
소비자 안전체감지수 375
소비자경품 239
소비자교육 15
소비자구매이득 39
소비자권리 18
소비자권리 및 책임 18
소비자기본법 210, 387, 426
소비자능력 18, 22
소비자단체협의회 299
소비자대통령 319
소비자문제를 연구하는 시민의 모임 303
소비자문제연구소 326
소비자보호법 426, 427
소비자보호법 시행령 426
소비자복지 2
소비자상담 15
소비자생활협동조합 465
소비자생활협동조합법 464
소비자수요이론 46
소비자심의회 327
소비자안전 368

소비자안전경보 발령 379
소비자역할 18, 20
소비자요구 70
소비자요구(needs) 4
소비자욕구(wants) 4
소비자운동 294, 295, 310
소비자위해감시시스템 379
소비자의 위험인지도 162
소비자의사결정 39
소비자자문센터 328
소비자정보 15
소비자정보처리 관점 59
소비자정책 342
소비자정책 및 소비자법 15
소비자조사 78
소비자주권 18, 23, 226
소비자주의 18, 22
소비자책임 19
소비자트렌드 74
소비자파산 절차 472
소비자파산제도 469
소비자피해 402
소비자피해보상 416
소비자피해보상규정 416
소비자학 13
소비자행동 24
소비자현상경품 239
소비자협회 324
소비제품안전법 391
소송외적 피해 구제 415
손실 회피성 63
손해배상책임 419
쇼핑중독증 34
수용 또는 동의 156
수직결합 232
수출자율규제 124
수평결합 232

스노브 효과 26
스마트 소비 트렌드 76
습관적 결정형 소비자 6
시장 220
시장구조 222
시장구조제약 4
시장분할협정 234
시장세분화 115
시장조사 108
시장질서유지협정 124
시판품검사 376
시판품조사 383
식품위생법 203
식품의약품법 318
신고약관 429
신뢰재 161
신문구독 약관 431
신속정보교환 시스템(RAPEX) 396
신속조치 376
신속조치제도 383
심리경제학 모델 45
심리경제학(Psychological
    Economics) 51
심리분석모델 52
심리분석적 접근 45

ㅇ

아동소비자 7
아웃사이드 인 117
안전 368
안전넷 380
안전인증 376
안전정보시스템(CISS시스템) 379
안전할 권리 319
안티 사이트 262
알 권리 319
약관규제법 428

약관의 규제에 관한 법률 426
약관의 유형 429
약관정보 141
약관채용의 문제 431
약사법 203
어린이보호포장 376
어린이보호포장제도 378
연대보증 470
연방거래위원회 194
연방위험물질법 391
예산제약 46
오도광고 198
오픈 프라이스(open price)제도 132
온라인조사 80
완전경쟁시장 224
완전정보선 163
외적 정보탐색량 157
요금반납제도 285
우월적 지위 남용 행위 237
우편조사 80
원초아 54
위해 정보보고제도 372
위해정보보고제도 376
위해정보통보제도 394
유럽 제품안전포럼(PROSAFE) 399
UL 인증 392
유전자변형 농산물 405
육류검사법 318
의사가 반영되어야 할 권리 319
이탈 고객 105
이해 또는 지각 156
인가약관 429
인지적 소비자 6
인지적 조건 27
일반불공정거래 유형 237
일반불공정거래 행위 235
일반약관 429

일본생활 협동조합 연합회 331
일본소비자 연맹 331
일본소비자 협회 331
일상적 문제해결방식 160
임시중지령 215

ㅈ

자동차안전법 320
자아 54
자원제약 4
자율안전인증 376
자율적 피해구제 415
잠재 고객 105
장바구니 분석 119
저가충동구매중 33
전국소비자심의회 325, 328
전국연방소비자 그룹 326
전문가 모니터링 73, 87
전자상거래 관련 법 440
전자상거래 표준약관 282
전자상거래에서의 소비자보호에
    관한 법률 426
전통형 소비자 7
전화 모니터링조사 91
전화조사 80
정규가격분포 168
정량조사 79
정보제약 5
정부기관 작성약관 429
정서적 소비자 6
정성조사 81
정신분석학적 접근 54
제조물책임법 449
제조물책임제도 376
제품믹스 116
제품안전 모니터링 384
제품안전자율이행협약 376

제품안전자율이행협약제도 383
제품안전협회 394
제품평가기술기반기구(NITE) 394
제한적인 문제해결방식 160
주의 156
준거점 62
준거점 의존성 62
중독소비 33
지방소비자정책 358
지역 및 고객 제한 236
지역소비자 그룹 325
지적재산권(Intellectual Property) 123
직업안정법 203
집단소송법 454

ㅊ

차별거래 235
참여관찰법 73
청소년소비자 9
청약철회 443
청약철회권 433
초자아 54
충동소비 32
충동적 소비자 6
충성 고객 105

ㅋ

크 슈아지 150
클럽(club) 마케팅 119

ㅌ

타운 워칭 93
타율적 피해 구제 415
탐색재 161
터부 효과 26
텔레마케팅(telemarketing) 119

통신판매 437
투사법 84
특성이론 46, 48
특수 불공정거래 행위 238

ㅍ

패널조사 80
포괄적인 문제해결방식 160
포지셔닝 116
포커스그룹 인터뷰(FGI) 87
표시정보 135
표적집단면접법(FGI : Focus Group Interview) 86
품질보증기간 417
품질비교정보 145
품질인증정보 143
품질표시 376
풍선 그림(bubble drawings) 85
프로슈머마케팅 111
프로스펙트이론 61
프리퀀시(frequency) 마케팅 119

ㅎ

학습론적 접근 55
학원설립운영법 203
한국부인회 308
한국소비생활연구원 307
한국소비자연맹 301
한국소비자원 378
할부거래법 433
할부거래에 관한 법률 426
합리형 소비자 7
핫라인 380
허가제도 371
허위광고 196
현재 고객 105
혼돈형 소비자 6

혼합결합 232
화재안전담배법 392
확률가중함수 61, 63
환불기준 418
환타지와 데이드 기법 85
회사의 설립 234
회색무역규제조치 124
효용 47
효율곡선(efficiency frontier) 49

A ~ Z

product differentiation 225
CLT 80
e-mail 80
economy of scale 225
Engel, Blackwell & Miniard 모델 45
FGI 73
GATT 121
Howard & Sheth 모델 45
HUT 80
ICPHSO 398
ICPSC 398
ISO 338
ISO-COPOLCO 398
ISO 소비자정책책위원회 340
Katona 51
NEISS 392
Nicosia 45
panel 80
Ralph Nader 319
VOC(Voice Of Customer) 112
which? 325
ZMET 73, 88
4P 42

저자소개

허경옥

이화여자대학교 경제학과 졸업
미국 University of Wisconsin-Madison 소비자경제학(석사, 박사)
현재 성신여자학교 소비자생활문화산업학과 교수

주요 저서

정보사회와 소비자(2000)
삶의 경제(2006)
소비자 투자와 보험(2006)
소비자트렌드와 시장(2006)
소비자정보론(2008)
저소득, 노인, 장애인 가족의 소비자복지(2008)
소비자법과 정책의 이론과 실제(2011)
소비자상담과 피해구제(2011)
소비자안전(2011)
소비자투자와 자산관리(2011)
보험과 은퇴설계(2012)
에센셜 연구방법(2012)
에센셜 통계분석(2012)
새로 쓰는 소비자의사결정(2016)

개정판

소비자학의
기초

2010년 3월 10일 초판 발행 | 2021년 8월 27일 개정판 발행

지은이 허 경 옥
펴낸이 류 원 식 | 펴낸곳 **교문사**

편집팀장 김경수 | 책임진행 심승화 | 표지디자인 신나리 | 본문편집 벽호미디어

주소 (10881) 경기도 파주시 문발로 116(문발동 536-2)
전화 031-955-6111~41 | 팩스 031-955-0955
등록 1968. 10. 28. 제406-2006-000035호

홈페이지 www.gyomoon.com | E-mail genie@gyomoon.com
ISBN 978-89-363-2220-5 (93590)

값 27,000원

*잘못된 책은 바꿔 드립니다.
*저자와의 협의 하에 인지를 생략합니다.
*불법복사는 지적재산을 훔치는 범죄행위입니다.